JN222130

CM

コンストラクション・マネジメント

ガイドブック

第4版

Construction
Management
Guidebook

発行■一般社団法人日本コンストラクション・マネジメント協会　　発売■水曜社

CM ガイドブック　第 4 版

『CMガイドブック第4版』
発刊にあたって

『**CMガイドブック第4版**』を発刊する運びとなりました。

本『CMガイドブック』は、私たちが行う建設および関連分野における コンストラクション・マネジメント（CM）業務を体系的にまとめたものであり、CM業務を委託する発注者にとっても、CM業務を実施するコンストラクション・マネジャー（CMr）にとっても、あるいは、CMを採用するプロジェクトに関わる設計者や工事施工者、運営管理者の方々にとっても、具体的な業務の位置付け・内容・流れを詳細に的確に記述しているため、業務の理解を助ける指針として十分に活用できるものです。もちろん、これから本格的にCMrを目指す方々にとっても最適の指南書となります。

今回の改訂第4版は、2004年の発刊以来、20周年を迎えて3度目の大改訂となりました。時代とともに移り変わる社会情勢や経済状況、建設分野における産業構造や法的・制度的環境の変化、CMの国内普及浸透に伴うCM業務そのものの順化や変遷に適合させるべく、一定期間ごとに改定作業を行ってきました。その経緯は、以下のようになります。

【**初版**】『CMガイドブック』は、当協会のさまざまなCM普及活動の一環として、「CM方式を実施する場合の使いやすいマニュアル」をめざして、2005年3月の第1回認定資格試験にあわせて、2004年9月に作成、発刊されました。

……しかし、それでも、発注者からはCM業務の本質がわかりにくいという声も強く、また、CMr自身からもCM業務の教科書的なものが欲しいとのニーズが数多く寄せられております。それらに応えるために本『CMガイドブック』を発刊することにした次第であります。……このため、単にCM業務の説明に終わることなく、いくつかのCM採用事例をベースに「仮想的プロジェクトにおいて、CM業務を追体験すること」により、わかりやすく、実用的なガイドブックとなるよう努めました。……

（2004.09（初版の）発刊にあたって　日本CM協会会長　古阪秀三 より）

【改訂版】2010年4月の協会の一般社団法人化による再出発を受け、CMの領域拡大や事業プロセスの複雑化に応えるものとして、2010年12月に、『CMガイドブック 改訂版』を発行しました。……CMの活動実績が増大するなかで、現実のCMとのズレが無視できないものとなってきました。特に、『CM約款・業務委託書』との整合性が問われ、……両者が全く一致するというものではありませんが、テキストとしての内容の調整が求められました。一方、CMを取り巻く社会環境も大きく変化し、プロジェクトの企画や構想段階へのCMrの参画、……などが求められ、CMの対象領域が拡大・深化しています。こうしたことを踏まえてでき上った改訂版は初版の全面的改定となりました。……

　（2010.12　改訂版の発刊にあたって　日本CM協会会長　近江　隆より）

【改訂第3版】2010年代の民間事業におけるCM導入の急速な浸透や、2014年6月の公共工事品質確保促進法（公共工事品確法）改正で一気に進展した、公共工事における多様な発注方式（プロジェクト実施方式）の採用と、これに伴うCM方式の積極的な導入によって、CMを取り巻く環境は大きく変化しています。大都市圏の民間事業においては、CMが定常的に採用される業務として着実に増加し、公共事業においても地方自治体、公共団体などで全国的に普及していこうとしています。また、一方でCMの業務領域も、建物のライフサイクル全体を射程に入れて、広範囲な広がりを見せています。このような状況を踏まえ、……現状に適合した内容とするため、大改訂を行った第3版を発行することになりました。……

（2017.12　改訂第3版の発刊にあたって　日本CM協会会長　中井　進より）

改訂第3版の発刊から7年が経過し、その間もCMを取り巻く環境は大きく変化しました。2020年から3年続いたコロナ禍を経て急速に定着したオンライン会議システムをはじめとするデジタル化の浸透や就業スタイルの変化、公共工事品確法を含む担い手3法の複数回にわたる改正と働き方改革への対応、カーボンニュートラルに代表される環境意識のいっそうの高まり、建設需要の逼迫とインフレの常態化などの実態を踏まえ、大幅な改稿による『**改訂第4版**』を発刊することにいたしました。主な改訂ポイントは、次の4点となります。

1. 2014年、2019年、2024年の公共工事品確法の改正に伴い、公共事業における多様な発注方式（プロジェクト実施方式）がさらに広がり、コンセッションを含むPPP/PFIまでを包含して、それらの業務推進に言及しました。

2. 改訂第3版の「CMrのスキル」を、新たに章を立てて「コンストラクション・マネジメントに関わる能力」として、CMrが業務を実施するにあたり、必要となるマネジメント要素である全体・調達・品質・コスト・スケジュール・リスクの6つに、「運営・管理」および「環境」を加えて、8つのマネジメント要素で整理しました。

3. CM業務に、デジタル領域との親和性を高めていくために、オンライン会議システムによるプロジェクト推進や情報管理、BIMとDXとのつながりなど、今後のデジタル社会に対応していくための業務展開を示唆する内容を強化しました。

4. 社会情勢や働き方の変化に伴う、ワークプレイス・コンサルティングやグローバル・プロジェクトの項を新たに追加しました。

5. CM事例について、本書添付のIDとパスワードで当協会ホームページの実例紹介のページにアクセスすることができ、CM選奨受賞プロジェクトを中心に、200件におよぶその実例詳細版を閲覧することができます。この閲覧件数は、今後も年を重ねるごとに最新案件を含めて追加されていきます。

当協会は、これからもCMの健全な普及と浸透を通して、建設生産システムの発展と顧客への価値向上、公共の福祉の増進に寄与していく活動に精励してまいりたい所存です。そして、CMが日本全国にまんべんなく広がり、地産地消の優秀なCMrによって、おのおのの地域で、発注者・受注者・社会の「三方良し」を育む環境が実現する未来を目標としていきたく存じます。本『改訂第4版』がその一助となることを心より期待しています。

　最後に、発刊にあたって執筆・編集にあたられた関係者、貴重な情報の掲載をご許可いただいた関係者および企業・団体の皆様に深く感謝し御礼申し上げます。

一般社団法人 日本コンストラクション・マネジメント協会

会長　川原秀仁

目 次

CM事例をご覧いただくには

2013年からのすぐれたCM事例（CM選奨全事例）をWeb上でご覧いただけます。

本書最終頁のQRコードから、一般社団法人日本コンストラクション・マネジメント協会の「CM選奨事例ページ」にお入りください。

ご覧いただくためのIDとパスワードは、シール（最終頁）の下に記載しています。ぜひご活用ください。

凡 例

本書の全編で共通に用いられる用語・文献・法令などの記載を以下の通りとする。

1. 用語など

- ◆ 本書の対象は「建築」と「土木」を含む「建設」を基本とし、法令・契約などに基づく使い分けが必要な場合には、それぞれ「建築」または「土木」と記載する。
- ◆ 公共事業で用いられる「CM方式」「ピュア型CM方式」「アットリスク型CM方式」について、本書では民間事業 (海外共) を包含して、それぞれ「CM」「ピュアCM」「アットリスクCM」と記載する。
- ◆「プロジェクト構成員」は、建設プロジェクトの設計・工事施工に直接的に携わる発注者・CMr・設計者・監理者・工事施工者などの主体の総称とする。
  「プロジェクト関係者」は、プロジェクト構成員の他に、出資者・所有者・施設運営者・施設管理者などのより広い建設プロジェクトに携わる主体の総称とする。
- ◆ ただし、業務委託契約の当事者を法律的・専門的に解説する場合は「委託者」および「受託者」、同様に工事請負契約の当事者は「発注者」および「受注者」などと記載する。

2. 文献など

- ◆『CM方式活用ガイドライン』(国土交通省、2002年2月) は、「CM方式活用ガイドライン (2002)」と記載する。
- ◆「地方公共団体におけるピュア型CM方式活用ガイドライン」(国土交通省 不動産・建設経済局建設業課入札制度企画指導室、2020年) は、「ピュア型CM方式活用ガイドライン (2020)」と記載する。
- ◆『四会連合協定 建築設計・監理等業務委託契約約款』(四会連合協定 建築設計・監理等業務委託契約約款調査研究会、2020年4月) は、「四会連合協定 建築設計・監理等業務委託契約約款」と記載する。
- ◆『民間 (七会) 連合協定 工事請負契約約款』(民間 (七会) 連合協定 工事請負契約約款委員会、2023年1月) は、「民間連合協定 工事請負契約約款」と記載する。
- ◆『CM (コンストラクション・マネジメント) 業務委託契約約款・業務委託書』(一般社団法人日本コンストラクション・マネジメント協会、2022年7月) は、「CM業務委託契約約款・業務委託書」と記載する。
- ◆『CM賠償責任保険 (コンストラクション・マネジメント業務特約条項付専門的業務賠償責任保険)』(一般社団法人日本コンストラクション・マネジメント協会が団体保険の保険契約者) は、「CM賠償責任保険」と記載する。
- ◆『プロジェクトマネジメント知識体系ガイド PMBOK ガイド 第6版』(Project Management Institute、2018年) は、「PMBOKガイド 第6版」と記載する。
- ◆『プロジェクトマネジメント知識体系ガイド PMBOK ガイド 第7版 ＋プロジェクトマネジメント標準』(一般社団法人PMI日本支部、2022年) は、「PMBOKガイド 第7版」と記載する。

3. 法令など

- ◆「公共工事の品質確保の促進に関する法律 (平成17年法律第18号)」(国土交通省、2005年) は、「品確法」と記載する。
- ◆「公共工事の品質確保の促進に関する法律の一部を改正する法律 (平成26年法律第56号)」(国土交通省、2014年) は、「改正品確法 (2014)」と記載する。
- ◆「公共工事の品質確保の促進に関する法律の一部を改正する法律 (令和元年法律第35号)」(国土交通省、2019年) は、「改正品確法 (2019)」と記載する。
- ◆「公共工事の品質確保の促進に関する法律の一部を改正する法律」(国土交通省、2024年) は、「改正品確法 (2024)」と記載する。
- ◆「担い手3法 (品確法・建設業法・入契法)」(国土交通省、2014年) は、「担い手3法」と記載する。
- ◆「新・担い手3法 (品確法・建設業法・入契法の一体的改正)」(国土交通省、2019年) は、「新・担い手3法」と記載する。
- ◆「第三次・担い手3法 (品確法・建設業法・入契法の一体的改正)」(国土交通省、2024年) は、「第三次・担い手3法」と記載する。

第1章

コンストラクション・マネジメントの概要

1 マネジメントとCM

1-1 マネジメントとは

「マネジメント（Management）」は一般に、経営や管理、更にその統合されたものと解釈される。ただそれだけではなく、他にも多くの意味を含んだ難解な言葉でもある。マネジメントの父と呼ばれたピーター・F.ドラッカーは、最も簡素な説明として「マネジメント」を「人の強みを生かして組織の成果につなげること」と表し、以下の4点を付記した。

①マネジメントが組織を組織として機能させるものであること
②人に関わるものであること
③成果志向の考え方であること
④権限の正当性の根拠が示されていること

マネジメントは、人の持つ能力を最大限に活用することを基本に、組織や事業の使命について考え、社会的責任について考え、事業の生産性と働く人の達成感について考え、これらの達成すべき目標を定めて成果を上げるための全体活動を促進させていくことを、一定の権限を持って実践するものとされている。

これを建設生産におけるコンストラクション・マネジメント（CM）に当てはめた場合、「人や組織や仕組みをもって目標・目的を達成し、成果を上げるための機能・機関・手段・道具」を指すことが、CMの持つ「マネジメント」の意味に最もふさわしいと考えられる。

1-2 CMとは

①CMの定義

CM（Construction Management）を直訳すると「建設管理」となるが、近年、国内におけるその業務領域は整備が進み、更なる広がりを見せている。CM（コンストラクション・マネジメント）とは、建設生産に関わるプロジェクトにおいて、発注者からの依頼を受けたCMr（コンストラクション・マネジャー）がプロジェクト目標や要求条件の達成を目指し、制約条件を考慮して、プロジェクトを円滑に進めていくことで発注者にその成果をもたらす活動全般のことである。

また、プロジェクトを実施する方式として「CM方式」という言葉がある。例えば「CM方式活用ガイドライン」（国土交通省、2002年2月）において、「CM方式とは、米国で多く用いられている建設生産・管理システムの一つであり、コンストラクションマネージャーが、技術的な中立性を保ちつつ発注者の側に立って、設計・発注・施工の各段階において、設計の検討や工事発注方式の検討、工程管理、品質管理、コスト管理などの各種マネジメント業務の全部または一部を行うものである」としている。

発注者の側に立つという視点からは、更にプロジェクトの早期である事業構想・基本計画から完成・引渡し後の運営・管理プロセスに至るまでマネジメント業務をはじめ、複数施設のマネジメント、いわばCRE（企業不動産）戦略やPRE（公共不動産）戦略の一翼を担う業務も行われている。

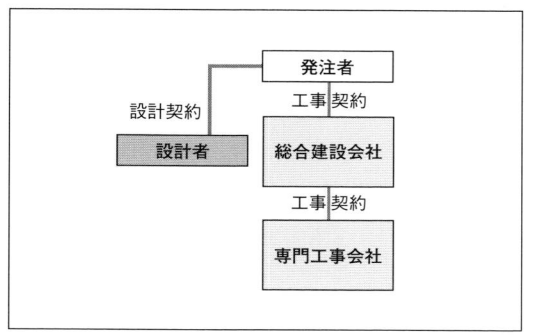

図 1-1 ●従来の契約関係　一括請負方式

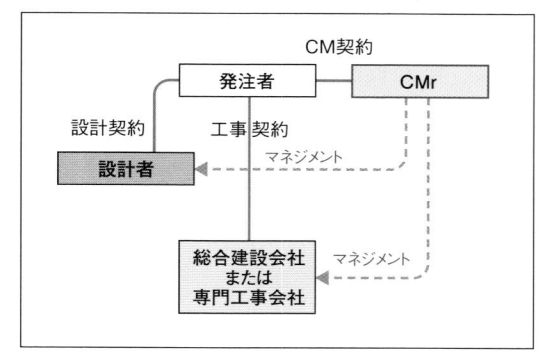

図 1-2 ●ピュア CM

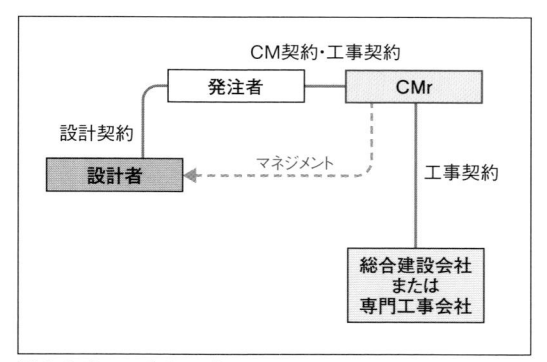

図 1-3 ●アットリスク CM

②ピュア CM とアットリスク CM

　建設生産システムにおける CM としては、発注者業務の支援（代行）を行う「ピュア CM」と、プロジェクトの工事費に関して最大保証金額（GMP：Guaranteed Maximum Price）を設定して工事費を担保などをする「アットリスク CM」に大別される。

　CMr を採用しない従来の契約関係（図 1-1）に対し、「ピュア CM」においては、発注者は設計者・工事施工者と直接契約を行い、それとは別に CMr と CM 契約を直接締結する。CMr は、設計者および工事施工者である総合建設会社または専門工事会社をマネジメントすることになる（図 1-2）。この方式は、CMr が純粋にマネジメント業務だけを行うもので、「ピュア CM」「Professional CM」「Agency CM」「Traditional CM」などと呼ばれてきた。発注者は CMr の支援などを踏まえて、設計者・工事施工者などと多様なプロジェクト実施方式にて契約する。国土交通省では、前述の「CM 方式活用ガイドライン（2002）」に加えて、2020年に「地方公共団体におけるピュア型 CM 方式活用ガイドライン」（以下、「ピュア型 CM 方式活用ガイドライン（2020）」）を公表し、その業務内容について解説している。

　「アットリスク CM」は、基本的に発注者と CMr は、CM 契約および工事契約（日本では基本的に請負契約）を締結し、工事契約に関しては、CMr が総合建設会社または専門工事会社と契約を締結する方式である（図 1-3）。

　本書においては、「ピュア CM」に内容の重点を置くが、「アットリスク CM」についても、東日本大震災後の復興事業をはじめ一定の事例がある。

➡第4章「15-2　アットリスク CM」

③プロジェクト・マネジメント（PM）と CM

　『プロジェクトマネジメント知識体系ガイド（PMBOK ガイド）第6版』（Project Management Institute、2018年）を参考に、本書では PM を「種々のプロジェクト（建設プロジェクトに限らない）において、その目標や要求事項の達成を目指して、知識・スキル・ツールと技法を適用して、意図した成果を上げるために行われる活動全般」と解釈する。

　PM を担う団体としては、1969年に設立された米国 PM 協会（PMI：Project Management Institute）が挙げられる。『PMBOK ガイド』の発

刊やPMP (Project Management Professional) の資格認定などを通じて、PM実践の標準化・高度化と普及を図っている。日本支部は1998年に設立され、建設・エンジニアリング関連のみならず、ICT関連のプロジェクトにおいてもその普及を目指している。

　国内におけるCMの基本は、この趣旨と合致しており、建設生産に関連する発注者の側に立ったプロジェクトのマネジメントは、すなわちCM業務であると見なすことができる。

1-3　建設プロジェクトに関連するマネジメント

①ファシリティ・マネジメント (FM)

　公益社団法人日本ファシリティマネジメント協会 (JFMA：Japan Facility Management Association) では、「ファシリティマネジメント」を「企業・団体等が保有又は使用する全施設資産及びそれらの利用環境を経営戦略的視点から総合的かつ統括的に企画、管理、活用する経営活動」と定義している。

　米国FM研究所 (FMI：Facility Management Institute) は、施設資産に対し「（社会環境・地球環境の）変革が烈しいとリスクが生じ、意思決定を必要とする。これに従って運営主体をつくり、支持機構を整備しなければならない」と1984年に声明を出している。

　こうした背景をもとに日本では1997年にファシリティ・マネジャー資格制度が創設された後、資格試験が実施され、認定ファシリティ・マネジャー (CFMJ) としての資格認証を行っている。

②アセット・マネジメント (AM)

　一般社団法人日本アセットマネジメント協会 (JAAM：Japan Association Asset Management) では、「アセットマネジメント」を投資家・事業者・不動産所有者から委託を受けた対象資産（アセット）について、そのアセットからより大きな価値を生み出せるよう、組織の調整された活動全般のことだとしている。更にメンテナンスという修繕更新などの概念よりも、アセットのライフサイクルにわたり、価値を創造していく側に重きを置いた積極的活動としている。

③プロパティ・マネジメント (PpM)

　一般社団法人日本ビルヂング協会連合会では、「プロパティマネジメント」を事業者・不動産所有者またはアセット・マネジャーの代行として、ビル経営に関して資産の管理を行う業務であり、その目的は、テナント賃料等の収入の最大化、管理費等の費用の適正化をして、収益と資産価値を最大化することとしている。

　これら①②③については、程度の差こそあれCM業務と重なる部分も多い。

1-4　建設プロジェクトのプロセス

　建設プロジェクトにおける建設生産の基本的なプロセスは、①事業構想→②基本計画→③基本設計→④実施設計→⑤工事施工→⑥運営・管理である。しかしながら、これらの実務的な行為の取進めは多様化・複層化しており、CMrが発注方式（特にプロジェクト実施方式）の選定に果たす役割が大きくなっている（図1-4）。

①事業構想

　事業構想は、基本的に発注者が実施する。その事業構想に施設などを必要とする場合、それを実現するためのプロジェクト発足の有無について検討する。プロジェクト発足に向けての目標・要求条件・制約条件を抽出し、資金調達・収益性などのファイナンス面も含めて事業の企

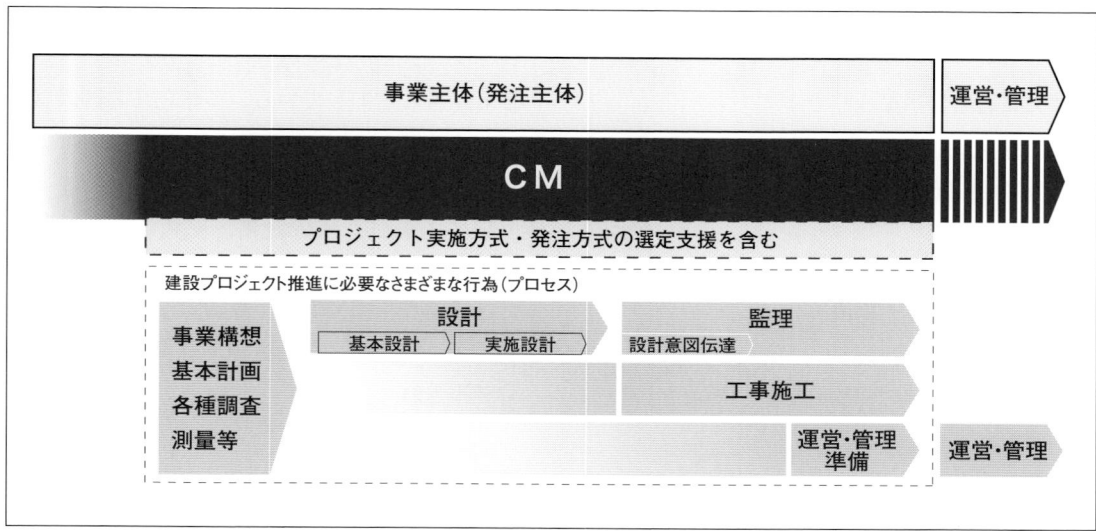

図 1-4 ●建設生産のプロセスと行為

画*を行う。

　発注者は、このプロセスにおいてもコンサルタント・CMr・設計者などに支援を求める場合がある。特にCMrに支援を依頼する場合は、年々増加する傾向にある。いずれにしろ、このプロセスにおける検討の度合いが、その後のプロジェクトの成否を大きく左右する。

　　*企画
　　「企画する」とは「実現すべき物事の内容を考え、計画し立案する」ことをいう。

②基本計画

　基本計画は、事業構想に基づいたプロジェクト発足を念頭に、実現可能性をより高めていくために実践される。対象となるプロジェクト目標・要求条件の精度を高め、制約条件（自然・社会・法令・経済・物的などの制約）を整理しつつ、そこに設ける施設の概要（施設規模・配置計画・内部機能・施設イメージなど）を計画する。それらをもとに、全体案の検討、事業と施設の構成、概算事業費・マスター・スケジュール・品質目標・環境目標の設定、引渡し後の運営・管理方針の検討などを実施し、実現可能な目標枠にまとめる。

　CMrは、この目標枠の実現に最も適したプロジェクト実施方式を発注者とともに検討し、その選定に向けての支援を行う。設計者の選定も通常この行為の中に包含される。

③基本設計

「国土交通省告示第8号による標準業務」において、以下のように示されている。

　基本計画などで提示された与条件に基づき、

・設計条件などの整理
・法令上の諸条件の調査および関係機関との打合せ
・上下水道・ガス・電力・通信などの供給状況の調査および関係機関との打合せ
・基本設計方針の策定
・基本設計図書の作成
・概算工事費の検討
・基本設計内容の建築主への説明など

を行う。

④実施設計

　基本設計の内容を実際の工事契約や確認申請

などの各種許認可申請が可能な程度に具体化する。

国土交通省告示第8号では、

- 要求などの確認
- 法令上の諸条件の調査および関係機関との打合せ
- 実施設計方針の策定
- 実施設計図書の作成
- 概算工事費の検討
- 実施設計内容の建築主への説明など

を行うと記されている。

⑤工事施工

工事契約に基づいた施設として実現する。工事施工者は、総合仮設計画・施工計画・総合図・工程表・工事施工方針書・各種施工図を作成し、工事施工を進める。

一方、監理者は工事と設計図書の照合および確認を実施し、その結果を発注者に報告する。

工事中の各種検査、完成後の各種検査を経て「竣工・引渡し」が行われる。

⑥運営・管理

竣工（完成）・引渡し後の施設に関するアフターケアや運営・管理などへの対応は、発注者や事業ごとにさまざまであるが、事業運営自体を効率的・効果的に支える業務が数多く存在する。建設プロジェクトを支援したCMrが、完成後も継続して発注者を支援・協力することによる利点は大きく、その事例も顕著に増加している。

こうした一連の行為により、建設プロジェクトが進行するのが一般的である。しかしながら、プロジェクトの最適化を更に図る意味では、「各行為が終了後に次のプロセスへ移行する」という直線的な進め方ではなく、「それぞれの行為を重ねて、プロセスを並行的に進行させる」というプロジェクトの組立てと手法が取られることも顕著に増加している。多様化する建設プロジェクトの枠組みを構築することがCMrの重要な役割にもなっている。

更に、引渡し後の修繕・更新・保全・運用および解体・廃棄といった行為も発注者にとっては重要な事項であり、施設および事業のライフサイクル全般にわたるマネジメントが、より必要視されている。

1-5 建設プロジェクトに関わる主体

建設生産のプロセスに関わる主体は、基本的には「発注者」「設計者」「監理者」「工事施工者」である。建設生産の特徴として、設計と工事施工が異なる組織によって行われることが挙げられる。設計・工事施工が同一主体で行われる場合においても、その内部で組織は異なる。

建設生産におけるさまざまな業務は、専門化し、分業化の道をたどってきた。設計と工事施工が分立しているだけでなく、それぞれの内部において更に分業化や外部化が進んでいる。その結果、主体間だけでなく、各主体の内部における調整・マネジメントが必要不可欠となっている。

旧来、設計は設計事務所、工事施工は総合建設会社（ゼネコン）が、それぞれの守備範囲をマネジメントしてきた。発注者と設計者、発注者と工事施工者、設計者と工事施工者における横断的領域を明示的にマネジメントする主体は存在しなかった。主体間の長期的で継続的な取引関係に根差した「相互信頼」による「あいまいな関係によるマネジメント」が行われてきた場合も多い。

社会状況の変化、リスク・マネジメントの強化、契約の厳格化により、この「あいまいな関

係によるマネジメント」が失われ、主体間の調整は発注者のみとなる。加えて、発注者と主体間の膨大な調整、すなわちマネジメントが必要となる。

これが、発注者の立場でプロジェクトを一貫してマネジメントする主体であるCMrが求められる所以である。単純に調整を行うのであれば、当事者である設計者もしくは工事施工者が行うこともあり得るが、プロジェクトの全てのプロセスで一貫した透明性や説明責任の確保、利益相反の排除、発注者へのよりよい価値提供の観点から、設計者でも工事施工者でもない第三者としてのCMrが行うことに意義がある。

1-6 建設プロジェクトの発注方式

日本の民間発注者による建設プロジェクトにおいて、長年「設計施工一括方式（DB方式：Design Build方式）」ならびに「設計施工分離方式」が基本的なプロジェクト実施方式として採用されてきた。

いずれの場合も、工事施工については発注者と工事施工者は「請負契約」（民法第632条）を交わし、「請負人」である工事施工者は「仕事」の完成を約束し、発注者は「仕事」の完成に対する報酬を支払う。

発注者にとっては、工事施工に伴うリスク（品質・工期・工事費など）を工事施工者が負う半面、一括請負契約では、各工種の専門工事会社への発注・契約・支払などの内容が発注者へ原則として開示されない。

そのため各専門工事の契約などの内容を発注者が明確にした上で、その統括管理業務を元請となる総合建設会社などに委託して全体の請負契約を締結する「コストオン方式」、発注者が工事全般を統括し、各専門工事と直接契約する「分離発注方式」も採用される。

一方で設計と工事施工に関するプロジェクト実施方式も多様化している。「改正品確法」（2014年・2019年・2024年）を契機に、CM方式の採用が公共工事においても検討され、採用されるようになり現在に至っている。

また、プロジェクト実施方式として「設計施工一括方式（DB方式）」「早期工事施工者参画方式（ECI方式）」「官民連携（PPP）：PFIや施設管理付設計施工一括方式（DBO方式）を包含する」なども従来の公共工事の原則である「設計施工分離方式」に加えて採用が可能となり、その普及が急速に進んでいる。

これらの多様化したプロジェクト実施方式を念頭に、CMrは事業全体の枠組みを構築する必要がある。

2 CMの重要性とCMrの選定

2-1 CMの活用と普及

　日本におけるCMの導入は、外資系企業などを中心に民間プロジェクトで先行して始まった。新たな資金調達に関する事業手法であるプロジェクト・ファイナンス（不動産証券化など）の登場がその大きな要因となった。それに類する投資プロジェクトにおいて、プロセスの透明性確保・情報開示・説明責任履行などが求められる社会的背景や事業構成から「CMrによる第三者性」が必要視されたことや、「適切なプライスで、求める品質が確保されているのか」といった設計や工事施工に対する前述の発注者による要求の高まりによるものだった。更に発注者における施設部門の合理化による技術者の不足に対する補完や支援も、導入の要因となった。

　前述の経緯で日本にCMが定着してくると、建設プロジェクト全体をより円滑かつ効率的に進め、発注者により高い成果をもたらすことを目的に、CMrにプロジェクトの主体的な推進を依頼する傾向となり、その要求は近年になってより強くなっている。

　公共プロジェクトにおいても、特に技術者が不足している地方自治体などで、大規模な建設事業などに民間の技術力を活用するCM方式が改正品確法＊によって制度化されたこともあり、これがCM方式の導入・普及の大きな要因となって全国に広がっている。

＊改正品確法
2014年6月に「公共工事の品質確保の促進に関する法律の一部を改正する法律」（2014年法律第56号）が施行された。これにより、
①多様な入札及び契約方法の中から適切な方法が可能となる（第14条）。
②技術提案の審査及び価格等の交渉による方式の導入（第18条）。
③発注関係事務の運用に関する指針により、CM方式の活用（第22条）。
の道筋がつけられた。

2019年6月、2024年6月にも品確法は一部改正されたが、上記内容は変わらず、時勢に基づいた柔軟な対応条文が付記された。

2-2 CMへの社会からの期待

　近年の建設プロジェクトでは、発注者がプロジェクト全体を主導的に推進していきたいという要求が強まっている。事業運営と建設投資に対して、以前にも増して緊密に連携した形で経営判断が求められるようになったからである。これに加えて民間と公共の発注者とも、内部に抱える技術者をはじめとする専門家が不足している現実がある。そこで、発注者の臨時建設室的な役割としてCMrがその任を受け、発注者の立場で建設プロジェクトを主体的に推進して成功に導いていく需要が高まり、これが現在のCMの主流を形成している。

　そのために、CMに従来から要求されてきた「透明性」「情報開示」「説明責任」の実施に、主体性・積極性・リーダーシップ・ファシリテーション・情報ハブとしての機能などが加わり、CMrが発注者主導のプロジェクト推進を可能にし、受注者である設計者や工事施工者などのプロジェクト構成員の能力を最大限に引き出して、最大効果をもたらす役割への期待は高まるばかりである。

　この事実から、CMの導入とそれを担うCMrに期待される効果をまとめると、以下の

とおりとなる。

- ・プロジェクト全体の主体的で円滑な推進
- ・最適な発注方式の選定支援
- ・発注者業務の量的・質的な支援と補完
- ・プロセスの透明性と説明責任の確保と向上
- ・要求品質の実現
- ・コストの適正化と透明化
- ・スケジュールの最適化
- ・事業運営への支援
- ・環境施策への対応と支援

　もちろん、CMrに期待されるものはこれに限定されず、更に事業的な付加価値までをもたらすような業務領域に及ぶものまである。その期待と要求は時代と環境の変化によって、ますます高まる傾向にある。CMrにはこうした期待に応えるため、社会環境の変化に的確に対応して自己の役割をよく理解し、自らを高めつつ業務を遂行することが求められる。

2-3 CMrの選定

　CMを採用する場合、発注者が目指す建設プロジェクトの成果の実現に向けて、発注者はいかにそれに適合した能力のあるCMrを選定するかが重要になる。

　CMrの選定において発注者は、CMrの能力や実績および業務提案などを総合的に評価し選定することが求められる。決してCM業務報酬だけで選定されるべきではない。CMrの選定が、プロジェクト全体の成否を左右する大きな要因となるからである。

　したがってCMrの選定は、民間事業・公共事業とも、プロポーザル方式による選定を前提とすべきである。CMrのマネジメント能力や実績、プロジェクトに対する理解度・実施

方針・課題解決力・技術力などを評価することとなるが、プロジェクトの多様性を考慮し、適切な選定方法・評価基準を設定してCMrを選定する。

　特にWTO政府調達協定の対象となるような一定規模以上のCM業務の調達については公募型プロポーザル方式*が多く採用されている（図1-5）。一定規模に達しない場合などは指名型プロポーザル方式など、その状況に即した適切な選定方式の採用が望まれる。

　なお、民間事業においては、発注者との信頼関係に基づき特命によって選定される場合もある。ただし、CM業務が報酬のみの評価で選定されることは非常にまれである。

　***公募型プロポーザル方式**
　事業へのCMrの参加を公示により広く募集し、業務提案書・技術提案書・企画提案書などの審査により契約締結交渉者を選定する方式である。

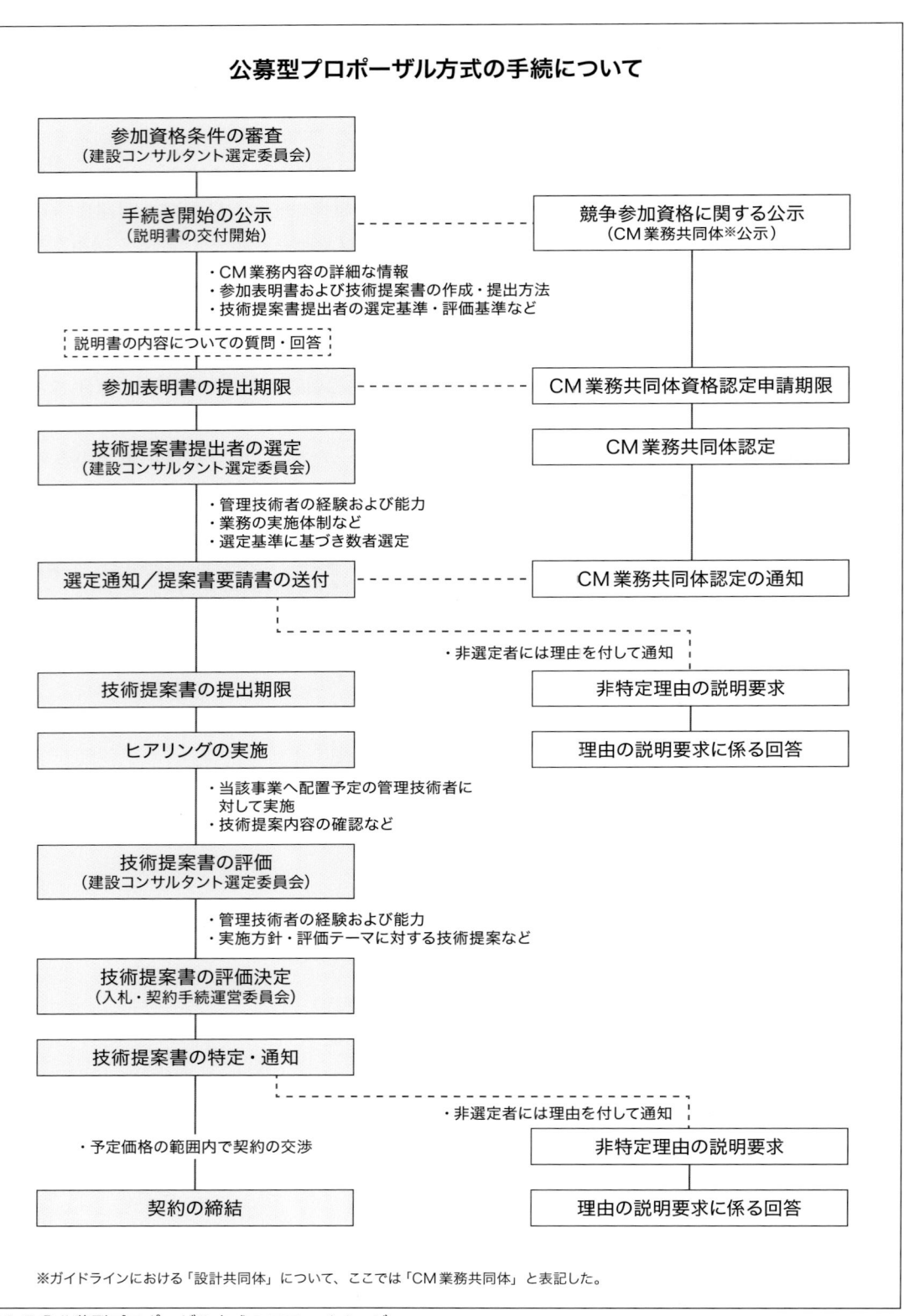

図 1-5 ●公募型プロポーザル方式のフローイメージ
国土交通省「地方公共団体におけるピュア型CM方式活用ガイドライン」2020年9月より作成

3 CMrの業務

3-1 CMrの基本的な業務

　発注者はCMrにCM業務を委託し、助言・支援、あるいは代行を通して建設プロジェクトを進めていく。発注者の意思決定に際して、適切な判断材料を提供することもCMrの重要な役割の1つである。

　CMrがプロジェクトのどの時点で参画するかは発注者の判断となるが、参画が早いほどより高い効果を発揮することは、近年のCMを採用したプロジェクトの成果がそれを証明してい

る。発注者の所期の目標を達成するために、適切なプロジェクトの推進を構築・実践していく機会と幅が広がるからである。CM業務の具体的な内容については、発注者の要望に応じて設定し、委託することになる。

　「CM業務委託書」に示されるCMrの基本的な業務内容は第2章で詳述し、その概念図を図1-6に示す。加えて、本章「1-4 建設プロジェクトのプロセス」においても述べたように、それぞれのプロセスにおけるプロジェクト構成員の業務が設計施工一括方式やECI方式などの多様な発注方式に展開する場合も一般的になりつ

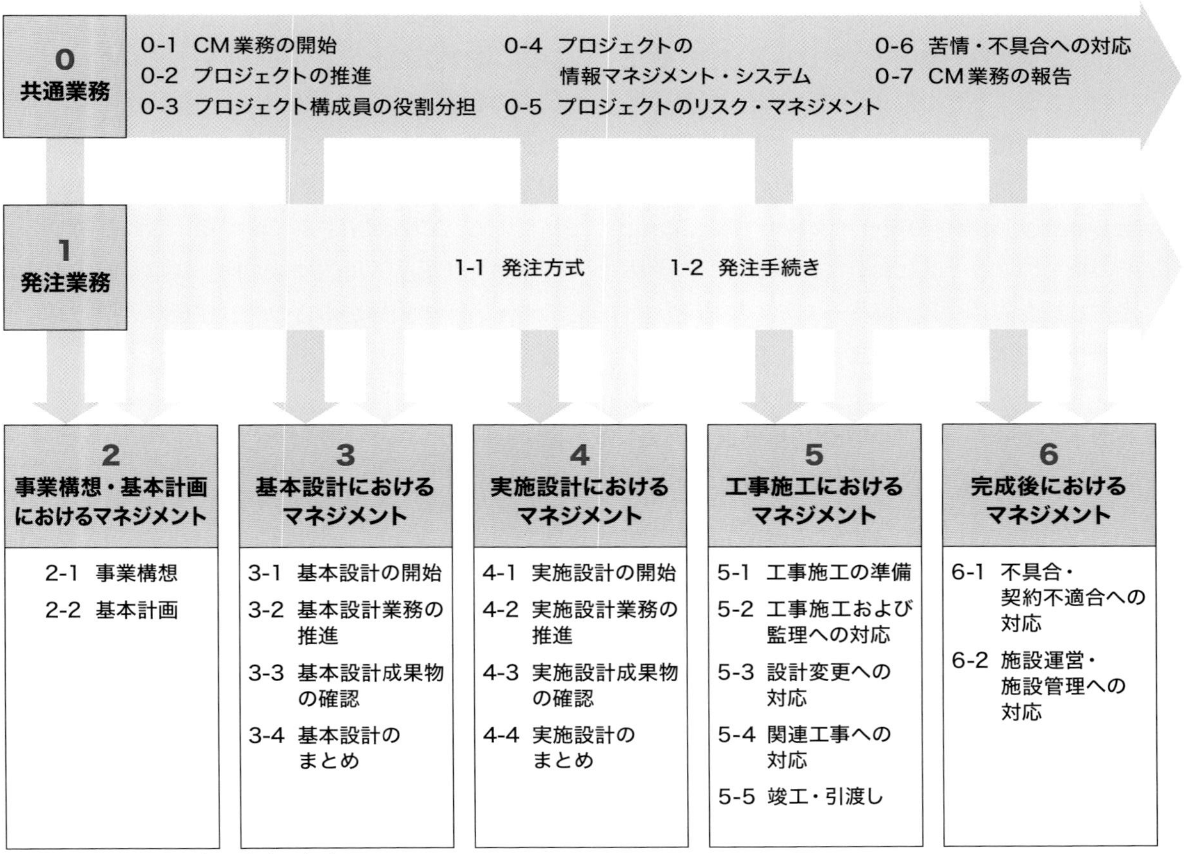

0 共通業務	0-1 CM業務の開始 0-2 プロジェクトの推進 0-3 プロジェクト構成員の役割分担	0-4 プロジェクトの 　　情報マネジメント・システム 0-5 プロジェクトのリスク・マネジメント	0-6 苦情・不具合への対応 0-7 CM業務の報告

1 発注業務	1-1 発注方式　　1-2 発注手続き

2 事業構想・基本計画におけるマネジメント	3 基本設計におけるマネジメント	4 実施設計におけるマネジメント	5 工事施工におけるマネジメント	6 完成後におけるマネジメント
2-1 事業構想 2-2 基本計画	3-1 基本設計の開始 3-2 基本設計業務の推進 3-3 基本設計成果物の確認 3-4 基本設計のまとめ	4-1 実施設計の開始 4-2 実施設計業務の推進 4-3 実施設計成果物の確認 4-4 実施設計のまとめ	5-1 工事施工の準備 5-2 工事施工および監理への対応 5-3 設計変更への対応 5-4 関連工事への対応 5-5 竣工・引渡し	6-1 不具合・契約不適合への対応 6-2 施設運営・施設管理への対応

図1-6 ● CMrによる主要業務の概念図

つある。

したがって、プロジェクト全体のフレームをどのように組み立てるかが重要となり、第2章「0　共通業務」で行うプロジェクトの枠組みの検討の中で、個々のプロセスを1つの検討・作業のユニットと捉え、それらをどのように組み合わせていくかが、プロジェクトの成否を大きく左右することになる。その上で、おのおののプロセスが推進され、それに適合したCM業務が実施されることになる。このことから第2章では、「段階」という表現を必要最小限としている。

3-2　CMrの業務の多様化

近年のCM業務では、「CM業務委託書」に含まれない項目が増える傾向がある。基本計画以前の事業構想への参画や、完成後の運営・管理におけるさまざまな提案・検討など、業務内容が更に多様化している。それは、事業の発意から建築プロジェクト全般、完成後の事業運営に至るまで、建築物を事業サイクルの一環と考え、その全てのプロセスにおいてマネジメントを採用する社会的ニーズが高まったからである。

昨今の日本CM協会によるCM選奨の受賞プロジェクト（巻末のQRコードから日本CM協会のホームページを参照）の業務領域からも、その傾向は明らかである。建設プロジェクトの前後に広がるだけでなく、これまでCMrの基本的な業務には詳細に言及されていない関連工事や付帯業務、既存施設の改修・用途変更、既存施設の改修と新設施設の新築を組み合わせて行うプロジェクトなどにもCM業務は広がりを見せている。それは、発注者が保有する複数施設をどのように有効活用し、将来の健全経営へつなげていくかを実践するCRE戦略やPRE戦略の基盤を形成する業務になりつつある。

現在のCMrの基本的な業務を中核として、今後もCMrの能力に応じた多種・多様な業務内容へ進展していくものと考えられる。

3-3　「地方公共団体におけるピュア型CM方式活用ガイドライン」との比較

地方公共団体が実施する公共事業において、高度化する建設プロジェクトへの対応と減少していく技術者の相反する問題を解決し、設計や工事施工に関わる発注者のマネジメントや発注事務を支援するためのCM方式を健全に普及・浸透させることを目的に、2020年9月に「ピュア型CM方式活用ガイドライン（2020）」が国土交通省より公表された。

この中には公共事業のピュア型CM方式の推進における、CMrの選定方法、CMrの参加要件、CM業務報酬の積算の考え方、CM業務の契約図書、建築事業と土木事業の違いとそれぞれのCMrの役割、CMrの業務内容と業務分担などが記述されており、公共発注者がCM方式を採用し、活用しやすい枠組みで構成されている。

ただし、このガイドラインで用いられる用語と本書で使用する用語には、同一対象を表すものでも若干の差異があるので、注意が必要である。主な用語の対比表を、**表1-1**に示す。

3-4　建築プロジェクトと土木プロジェクト

建築プロジェクトと土木プロジェクトには違いがあり、CM業務の役割も異なる。特に設計や工事施工においてプロジェクト構成員の役割や関係法令が異なるため、それぞれの性質の違いを十分把握してCM業務を検討し、実施していく必要がある。

建築プロジェクトでは、建築基準法と建築士法が適用され、設計者と工事監理者は法的に位

表1-1 ●主な用語の対比表

CMガイドブック	地方公共団体における ピュア型CM方式活用ガイドライン	解　説
CMr	CMR	CM業務を実施する企業・法人・事務所を指す。本書では、個人の場合と区別せず「CMr」と表記する。
CMr	CMr	CM業務を実施する専門人財個人を指す。
監理者	工事監理者	本書では、建築関係法規が関連する場合は「工事監理者」、その他の標準外業務を含む監理業務全般を意味する場合は「監理者」と表記する。
設計意図伝達業務	設計意図伝達業務	建築事業における、「工事施工段階で設計者が行うことに合理性がある実施設計に関する標準業務」を指す。
（多様な）発注方式	（多様な）入札契約方式	公共事業では一般競争入札や指名競争入札の採用が基本となるが、民間事業での採用は稀で、さまざまな選定方式が採用されるため本書では表現を統一する。

置付けられているが、土木プロジェクトにおいては同様の法的な位置付けは存在しない。

　土木プロジェクトの場合、一般的に発注者は建設コンサルタントに設計を委託し、その成果物（設計図書など）を発注者が受け取った上で、工事施工では発注者と工事受注者の2者間で工事請負契約を締結するため、設計図書の責任は発注者が負う。

　一方、建築プロジェクトの場合、基本的には設計図書の責任は設計者が負う。設計者が作成した設計図書の一部を変更する際、当該設計者の承諾を求めなければならない。また、工事施工者が行う工事施工を設計図書と照合し、それが設計図書どおりに実施されているかを確認する「工事監理業務」が法的に存在する。加えて、設計図書に表現しきれない設計意図を工事受注者および工事監理者に伝達する「設計意図伝達業務」も国土交通省告示第8号により位置付けられている。

　土木プロジェクトでは、工事施工者からの設計意図に関する質問には発注者または三者協議の場などを通じて対応するのが一般的であり、建築プロジェクトで見られるような「設計意図伝達業務」に該当する法的な位置付けはない。

　これらの状況を踏まえ、前述の「ピュア型CM方式活用ガイドライン（2020）」の中で、建築プロジェクトと土木プロジェクトそれぞれのCM業務の役割が示され（図1-7、図1-8）、特に公共事業での適用が進んでいる。

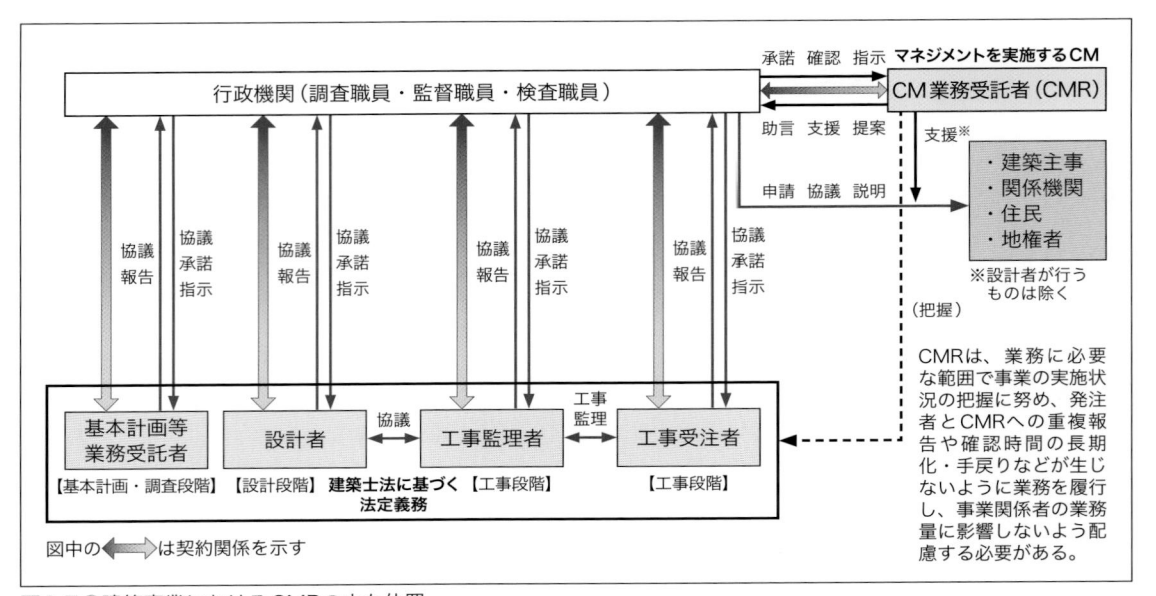

図1-7 ●建築事業における CMRの立ち位置
国土交通省「地方公共団体におけるピュア型 CM 方式活用ガイドライン」2020 年 9 月より作成

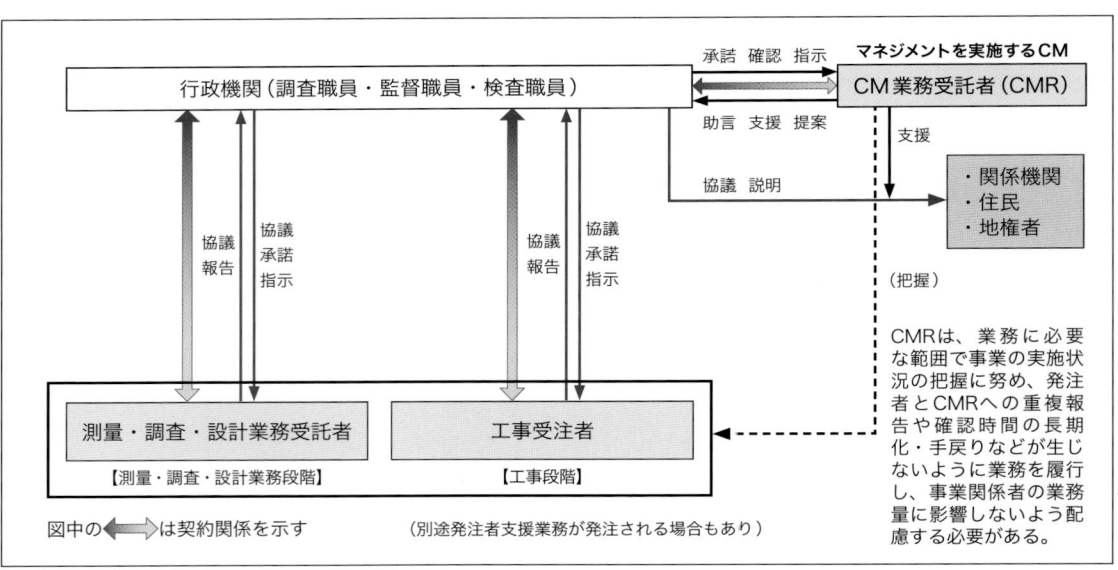

図1-8 ●土木事業における CMRの立ち位置
国土交通省「地方公共団体におけるピュア型 CM 方式活用ガイドライン」2020 年 9 月より作成

4 CMrの責任

4-1 責任と義務

「責任」という言葉は、法的解釈から「法律上の不利益や制裁を負わされること」を意味する。また、「不利益や制裁を負わされる」前提には「一定の義務を負っていること」がある。

「義務」に違反することによって「不利益や制裁」が現実的なものとなる。

4-2 公法的義務と私法的義務

法律上の義務には「公法的」なものと「私法的」なものとがある*。「公法的」な義務は、資格制限や公的機関による監督などいわゆる行政上の規制に関連するものが多い。今のところCMrについて直接の公法的な義務は基本的にはない。

一方で「私法的」な義務は、主として契約上の約束に関連するものである。公的義務がなくても発注者は自己の責任でCMrを選任し、監督することになるため、「どのような契約を締結するか」が重要である。したがってCMrの法的責任とそれに伴う義務の中心は契約に基づくものと考えてよい。

ただし、契約上の責任以外にも「不法行為責任*」が生じることがある。

＊公法と私法
公法には憲法・刑法・民事訴訟法・刑事訴訟法・建築士法・建築基準法・建設業法など、私法には民法・商法・会社法などが挙げられる。

＊不法行為責任
「故意又は過失によって他人の権利又は法律上保護される利益を侵害した者は、これによって生じた損害を賠償する責任を負う」（民法第709条）。契約の有無を問わず、違法性を有する行為によって損害が生じた場合に負う責任である。
また、2007年に最高裁で次のような判決が下されている。「建物の建築に携わる設計者・施工者等は、建物としての基本的な安全性が欠けることのないように配慮すべき注意義務を負う。この義務を怠ったために建物に基本的な安全性を損なう瑕疵があり、それにより居住者等の生命、身体又は財産が侵害された場合には、これによって生じた損害について不法行為による損害賠償責任を負うべきである。」

4-3 契約上の責任

契約に基づく責任は、契約書で定められていることが優先され、定められていなければ民法などの一般規定によることになる。

したがってCMrの義務の中心は「受託したCM業務を委託契約に定められたとおりに実施すること」である。CMrが契約上の所定のCM業務を実施できなければ、それに応じて損害賠償義務などが生じる。

工事完成に関しては、ピュアCMでは、そのリスクは発注者と直接契約した工事施工者が契約上の責任を負い、CMrは直接的な責任を負わない。一方で、アットリスクCMの場合には、CMrが工事施工者などと直接工事請負契約を締結する点において契約上の責任を負うことになる。

4-4 善管注意義務

善管注意義務とは「善良なる管理者の注意義務」の略語であり、委任契約または準委任契約*によって仕事を引き受けた受任者は、「受任事項を処理する際に善管注意義務を負う（民法第644条）」とされている。

この義務は「明確に結果を出せ」ということではなく、「人から信用されて仕事を任された

■CMrについて直接の公法的な義務は基本的にはない
CMrは建築士法のような直接的な公法の範疇の対象にはなっていない。しかし、建築士法や建設業法の関わりには十分留意する必要がある。例えば、国土交通省告示第8号における建築士事務所の「標準業務」は、CMrの基本的な業務としては行わないが、同告示第8号における「標準業務に含まれない業務」（図1-9）を委託される場合がある。その際、CMrは公法の範疇と

なる業務以外の業務に限り委託を受けるべきである。また、アットリスクCMとして、CMrが工事施工の完成まで約束すると、当該CM契約が建設工事の請負契約とみなされ、建設業許可を取得していない場合は、建設業法違反（公法の違反）となる。
さらに、建設プロジェクトに携わる以上、関係する建築基準法・都市計画法などの関連諸法については熟知の上、業務を遂行する必要がある。

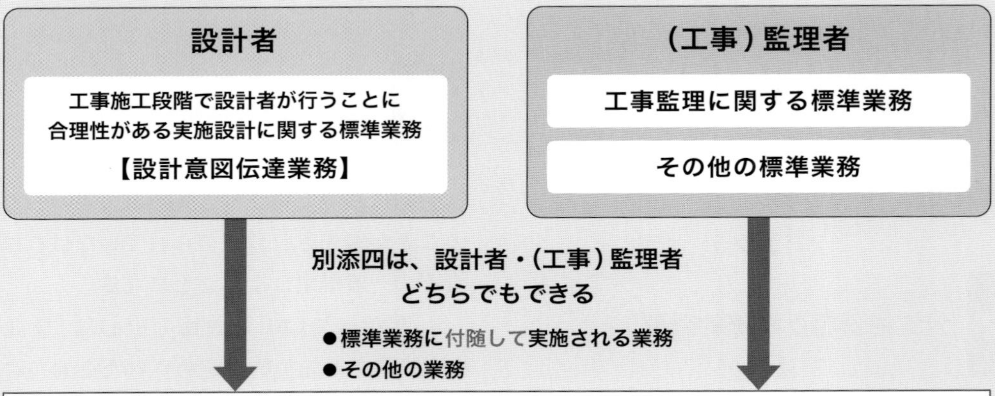

設計者

工事施工段階で設計者が行うことに
合理性がある実施設計に関する標準業務
【設計意図伝達業務】

（工事）監理者

工事監理に関する標準業務

その他の標準業務

別添四は、設計者・（工事）監理者どちらでもできる

● 標準業務に付随して実施される業務
● その他の業務

別添四
「設計受託契約に基づく別添一第1項に掲げる設計に関する標準業務に付随して実施される業務」並びに「工事監理受託契約に基づく別添一第2項に掲げる工事監理に関する標準業務及びその他の標準業務に付随して実施される業務」は、次に掲げる業務「その他の業務」とする。

1. 建築物の設計のための企画及び立案並びに事業並びに事業計画に係る調査及び検討並びに報告書の作成等の業務
2. 建築基準関係規定その他の法令又は条例に基づく許認可等に関する業務
3. 建築物の立地、規模又は事業の特性により必要となる許認可等に関する業務
4. 評価、調整、調査、分析、検討、技術開発又は協議等に関する業務で次に掲げるもの
　　一　　建築物の防災又は減災に関する業務
　　二　　環境の保全に関する業務
　　三　　建築物による電波の伝搬障害の防止に関する業務（標準業務に該当しないものに限る。）
　　四　　建築物の維持管理又は運営等に係る収益又は費用の算定等に関する業務
　　五　　建築物の地震に対する安全性等の評価等に関する業務
　　六　　法令等に基づく認定若しくは評価等又は補助制度の活用に関する業務
　　七　　特別な成果物の作成に関する業務
　　八　　建築主以外の第三者に対する説明に関する業務
　　九　　建築物の維持管理又は運営等の支援に関する業務
　　十　　施工費用の検討及び算定等に関する業務
　　十一　施工又は発注の支援に関する業務
　　十二　設計の変更に伴い発生する業務
　　十三　その他建築物の計画に付随する業務

図1-9 ● 国土交通省告示第8号において標準業務に含まれない業務

者は、その信頼に応えるべく引き受けた事柄の目的に合うよう、職業や社会的地位に応じて通常期待される程度の一般的な注意を払って仕事をする」という意味である。この善管注意義務に違反すれば損害賠償義務が生じることになる。

CMrは、自らの責めに帰すべき事由によって善管注意義務に違反した場合は責任を負い、契約解除や損害賠償請求を受ける恐れがある。

> ＊**準委任契約**
> 法律行為でない事務を委託する契約（民法第656条）。
> CM契約は、基本的にこの準委任契約と考えられる。

4-5 コンプライアンス

コンプライアンス（法令遵守）とは、狭義では法令や社内規則などの遵守を意味するが、広義では、より本質的な企業倫理・社会規範などに則った誠実な行動をすることを意味する。建設業界においても建設生産に関連して多発した入札談合や贈収賄事件などの不祥事への反省から、企業や組織が方針・指針を定めて対応を図ってきた。

日本の社会においても「法令さえ守っていれば良い」という時代は過ぎ去り、企業倫理や社会規範を含む幅広い概念で捉える時代となっている。情報の非公表や隠蔽が社会的に糾弾され、法令違反がなくても企業や組織の存続を危うくする場合もある。こうした社会的な背景を受けて、「内部統制システムの構築整備」（コーポレート・ガバナンス）が促された。会社法では、同システムの構築整備が明記され、コンプライアンス体制の整備は、法的責任となっている。

また海外におけるプロジェクトにおいても同様に留意する必要がある。特に海外における贈収賄に関係するコンプライアンス遵守については、米国や英国の法律が域外適用され

る場合もある。

更に発注者のプロジェクトに関わるCMrは、自身が所属する組織のコンプライアンスに従うほか、発注者のコンプライアンスについても十分理解し、遵守すべく業務を行う必要がある。

5 CMrの倫理

5-1 社会的責任と倫理の確立

　建設プロジェクトの推進において、CMrは発注者の支援者・補助者もしくは代行者であり、発注者に成果をもたらし発注者の利益を守ることが重要な責務である。しかし、設計者・監理者・工事施工者にとっても良き理解者であり、建設生産にかかる全てのプロジェクト関係者がその力を十分に発揮できるように尽力し、その仕組みを整える必要がある。

　また、CMrは発注者のさまざまな情報を知り得る立場にあり、発注者との信頼関係が大前提となる。このためCMrには高い倫理が要求される。

　CMrの業務遂行にあたり、設計者・監理者・工事施工者をマネジメントする立場にあるため、それぞれのプロジェクト構成員から独立して利益相反を生じない立場を確保することが必要となる。

　CMrが関与するプロジェクトにおいて、社会的責任を果たすには、CMrとしての倫理の確立が必須である。日本CM協会では、2009年に倫理規程を定め、2013年の改定を経て、会員の遵守を前提としている。

　倫理が要求する水準は法令などよりも厳しく、法令を守っているだけでは倫理を尽くしたことにはならない。倫理と法令が異なり、倫理上の義務が法令上の義務となる場合もある。法令は道徳の最低限を定めたものであるといわれるのは、このことをよく表している。

　倫理の確立のためには、CMrが当該プロジェクトにおいて設計者・監理者・工事施工者からの独立性・客観性を確保することが必要である。

そのためには次のような制度の積極的な活用を推進している。

①CMrの育成制度

　日本CM協会では、CMrの育成制度を制定し実施している。会員には、この資格制度・各種研修の積極的な活用が望まれる。

②CMrの適正な評価制度

　社会においてCMrが正しい評価を受ける必要がある。2013年に開始された日本CM協会「CM選奨」制度はこの一翼を担う。

5-2 専門家の倫理

　CMrが社会的責任を果たすには、何よりもCMr自身が専門家の倫理を持たなければならないと自覚し、実行することが大切である。

①専門家としてのCMr

　一般的に専門家の特色として次のような点が挙げられる。

- 業務の性質が技術的・専門的で、その実質的部分は精神的なものであり、養成には学理と事実において一定の訓練期間が要求される。
- 一般的な誠実義務を超える定められた倫理に拘束される。
- 通常その専門家の団体に所属し、その団体は個人に対して団体への帰属を促し、専門職の基準の維持を企画し、試験を課したり、行動に関する倫理規程を定める。
- 社会的な地位が高い。

このような特色は相互に関連し合っている。つまり、技術的・専門的な仕事は、単に誠実に行うという一般的な義務を超える強い倫理観のもとになされなければうまくいかない。そして、その倫理を拘束するために専門家の団体が存在する。したがってCMrは専門家に該当すると考えられる。

②専門家と倫理

専門家というのは、仕事の内容が専門性を持つということのほかに、強い倫理観を持つことが本質的に要求されている。そこで、CMrは自らがそのような高い倫理を要求される存在であることを自覚する必要がある。

CMrは、自己が所属する団体の倫理規程はもちろん、関連する団体の動きにも目を配り、時代に即した倫理を身に付けていく必要がある。

③専門家と倫理違反

倫理に違反した場合、社会の非難を受けたり、道義的責任を問われたりはするが、制裁が用意されているわけではない。一般的に倫理というものは、自主的に守るべきものであって、制裁をもって強制すべきではないということである。しかし、専門家の場合、その倫理違反は所属団体によって制裁の対象となり得る。

日本CM協会の『倫理規程』は、その第27条で「会員が本規程に違反した場合の処置は、別に定める懲戒規程によらなければならない」としている。倫理規程が常に懲戒の対象になるとは限らないが、CMrは所属団体の倫理が、単なる道徳的要請ではないということを、よく承知しておかなければならない。

一般社団法人日本コンストラクション・マネジメント協会
倫　理　規　程

2009 年 12 月 17 日制定
2013 年　6 月 14 日改訂

第1章　総　則
（目的）
第1条　本規程は、一般社団法人日本コンストラクション・マネジメント協会（以下、「本会」という）会員（以下、「会員」という）がコンストラクション・マネジメント業務（以下、「CM業務」という）を遂行する上で遵守すべき倫理を定め、もって、会員が遂行するCM業務の健全性を担保し、CM業務に対する社会の信頼を得ていくことを目的とする。
（適用範囲）
第2条　本規程は、会員に適用する。

第2章　倫　理　綱　領
（信義誠実）
第3条　会員は、信義に従って、誠実かつ公正にCM業務を行う。
（信用の維持）
第4条　会員は、信用を維持するとともに、品位を高めるように努める。

(科学的判断)
第5条　会員は、CM業務を遂行するにあたり、利益にとらわれることなく、かつ科学的判断をゆるがせにしてはならない。

(専門的知識の維持)
第6条　会員は、CM業務に関する専門的知識の維持向上に努める。

第3章　一　般　規　律
(社会への責任)
第7条　会員は、委託者の要請に応えるとともに、社会の公益性に配慮して、公正な立場で業務を遂行しなければならない。

(委託者への責任)
第8条　会員は、委託者の要請に応え、誠実に業務を遂行することによって委託者の正当な利益を守らなければならない。

(広告宣伝)
第9条　会員は、CM業務に関して、品位・信用を損なう方法又は内容の広告や宣伝をしてはならない。

(委託の勧誘)
第10条　会員は、不当な目的のため、又は品位・信用をそこなう方法によって、CM業務の委託を勧誘し又は誘発してはならない。

(委託者の対価)
第11条　会員は、CM業務の委託又は紹介を受けたことに対する謝礼その他の対価を支払ってはならない。

(法令等の遵守)
第12条　会員は、CM業務を遂行するに当たり、違法な手段を用いてはならない。

第13条　会員は、違法行為を助長し、又はこれらの行為を利用してはならない。

(公序良俗に反する事業への参加)
第14条　会員は、公序良俗に反する事業を営み、若しくはこれに加わり、又はこうした事業に自己の名を利用させてはならない。

第4章　委託者との関係における規律
(秘密の保持)
第15条　会員は、CM業務を遂行する上で知り得た委託者の秘密を正当な理由なく他に洩らし、又は利用してはならない。

(利害関係等の告知)
第16条　会員は、CM業務を遂行するにあたり、プロジェクト関係者との利害関係等、委託者との信頼関係をそこなうおそれのある事情があるときは、委託者に対して、その事情を告げなければならない。

(受託の趣旨の明確化)
第17条　会員は、CM業務を受託するにあたり、受託の趣旨、内容及び範囲を明確にするように努めなければならない。

(適正妥当な報酬の明示)
第18条　会員は、CM業務の受託に際して、その適正・妥当な報酬金額又は算定方法を明示するように努めなければならない。

(委託者との紛議)
第19条　会員は、委託者との信頼関係を保持して紛議が生じないように努めなければならない。

第5章　他の会員との関係における規律

（名誉の尊重）

第20条　会員は、相互に名誉と信義を重んじなければならない。

（会員に対する不利益行為等）

第21条　会員は、他の会員の誹謗・中傷又は、正当な業務慣行もしくは信義に反する行為等他の会員を不利益に陥れる行為を行ってはならない。

（他の会員のCM業務への介入）

第22条　会員は、他の会員がすでに受託しているCM業務に正当な理由なく介入しようとしてはならず、委託者の希望によってそのCM業務に協力する場合には、他の会員と委託者との間の信頼関係を尊重するように努めなければならない。

（他の会員の参加）

第23条　会員は、すでに受託しているCM業務について委託者が他の会員の参加を希望するときは、正当な理由なくこれに反対してはならない。

第6章　会員以外のCM業務提供者との関係における規律

（会員以外のCM業務提供者との関係）

第24条　会員は、会員以外のCM業務提供者との関係においても、第5章で定める他の会員との関係における規律を準用して、その遵守に努めなければならない。

第7章　プロジェクト関係者との関係における規律

（プロジェクト関係者からの利益供与）

第25条　会員は、CM業務に関し、設計者、施工者等のプロジェクト関係者から利益の供与もしくは供応を受け、又はこれを要求し、もしくはその約束をしてはならない。

第8章　日本CM協会との関係における規律

（法制度の遵守）

第26条　会員は、建築基準法、建築士法、建設業法等、CM業務に関わる法令のほか、日本CM協会が定める会則等を遵守しなければならない。

第9章　本規程に違反した場合の処置に関する規程

（本規程に違反した場合の処置）

第27条　会員が本規程に違反した場合の処置は、別に定める懲戒規程によらなければならない。

（本規程に違反した場合の退会届不受理）

第28条　会員が本規程に違反し、懲戒規程による処分が確定的になったのち懲戒処分発効前に退会届が提出された場合は、本会はこれを受理しない。

第10章　補　則

（規程の改廃）

第29条　本規程の改廃は、総会の決議による。

（施行）

第30条　本規程は、2013年6月14日よりこれを施行する。

6 マネジメント要素と業務・能力・知識

6-1 CMのマネジメント要素

　建設プロジェクトに関わるマネジメント要素は、国内外の関連する専門団体などにより幾つかの知識体系・業務標準として定められている。これらも参考に、本書においてCMに必要なマネジメント要素を以下の8分類とする。

　　①全体マネジメント
　　②調達マネジメント
　　③品質マネジメント
　　④コスト・マネジメント
　　⑤スケジュール・マネジメント
　　⑥運営・管理マネジメント
　　⑦環境マネジメント
　　⑧リスク・マネジメント

　建設プロジェクトにおけるマネジメント要素は、さまざまなCMrの業務に適用されており、上述の一部の要素のみの場合もあれば、複数の要素が相互に関連し合う場合もある。更にCMの能力として修得すべき理論・手法や、CMの知識として習得すべき項目・分野もさまざまであるが、上述の8分類のマネジメント要素を共通の一貫した軸と捉えて、CMの業務・能力・知識を体系的に把握することが重要である。

6-2 マネジメント要素の概要

　それぞれのマネジメント要素の詳細は、第3章「コンストラクション・マネジメントに関わる能力」で解説するが、CMに関わる業務や知識と合わせて全体を横断的に理解する上で必要

となるマネジメント要素の概要は以下のとおりである。

①全体マネジメント

　プロジェクト組織・意思決定・全体進捗・要求水準・プロジェクト情報などの多様で詳細な内容が含まれる。事業の中心となる発注者において、全てのマネジメント要素を統合し、プロジェクト目標に基づき要求条件・制約条件を踏まえて建設プロジェクトを円滑に運営・推進するために重要なマネジメント要素である。

②調達マネジメント

　調達とは、一般的にはプロジェクトを遂行するために必要な業務・製品・資源などを外部から購入・取得するプロセスとされる。建設プロジェクトにおける調達マネジメントとは、設計・工事施工・運営・管理などに関わる業務・技術・資機材・労務などを対象に、発注方式（プロジェクト実施方式・選定方式・支払方式）を実践するためのマネジメント要素であり、品質・コスト・スケジュール・環境・リスクなどのマネジメント要素とも密接に関連している。

③品質マネジメント

　建設プロジェクトにおける品質は、最終的な目的物である建築物以外に設計図書・遂行業務なども広義の対象と考えられ、発注者を含むプロジェクト関係者による要求品質の定義に始まり、期待品質を実現するための計画・実行・管理（プランニング・コントロール）に関わる一連のプロセスを指す。製造・サービス・ICTなどの他の産業界と影響し合うさまざまな理論・手法が存在するのも特徴である。

④コスト・マネジメント

所定の予算内で建設プロジェクトを完了することを目的とした予算策定・実行計画・資金調達・進捗確認・変更管理などで構成される一連のプロセスである。CMによるコスト・マネジメントの主な対象となる建設工事費については、コストとプライス、公共プロジェクトと民間プロジェクト、建築工事と土木工事、地域性と経年動向などに関わる建設コストの特性を理解する必要がある。

⑤スケジュール・マネジメント

所定の期限内で建設プロジェクトを完了することを目的としたスケジュールの作成・実行・管理に関わる一連のプロセスを指し、作業定義・順序設定・期間見積を経てクリティカル・パスの設定に至るマネジメント手法が広く活用されている。多様な発注方式において、CMには設計・工事施工・運営・管理を対象とした、より複合的なスケジュール・マネジメントが要求される。

⑥運営・管理マネジメント

CMの市場規模・業務領域の拡大に伴い、施設の運営・管理に関わる実績・要望も多様化している。一般的な建設プロジェクトの設計・工事施工への運営・管理に関わるプロセスの付加・統合と合わせて、多様な発注方式の施設管理付設計施工一括方式（DBO方式）・PFI・コンセッション（公共施設等運営権）方式・指定管理者制度などでは、CMの施設運営・施設管理に関わる専門的な業務・能力・知識が必要不可欠となる。

⑦環境マネジメント

環境マネジメントに関わる取組みはあらゆる産業界・プロジェクトを対象に世界規模で急速に広がっている。建設プロジェクトにおいても、カーボンニュートラルと脱炭素、次世代のエネルギー利用、循環型社会における政策・法令、気候変動と自然共生などが官民を問わず発注者を含むプロジェクト関係者による活発な議論・検討が進められており、CMrにも関連する幅広い業務・能力・知識が要求されている。

⑧リスク・マネジメント

全てのプロジェクトにはさまざまなリスクが存在し、成否に重大な影響を及ぼすため、専門的なマネジメント（理論・手法）が重要となる。実務的には、リスクの事象特定・要因分析・計画検討・措置対応・進捗監視・事後評価などの一連のプロセスを指し、建設プロジェクトにおける発注者のリスクに関しては、他のマネジメント要素との相互の関連を踏まえた適切な対応・助言がCMrに要求される。

6-3 CMの業務・能力・知識

本書では本章で分類したマネジメント要素を共通の軸として、図1-10の概念図に示すように後続の各章にコンストラクション・マネジメントの業務（第2章）・コンストラクション・マネジメントに関わる能力（第3章）・コンストラクション・マネジメントに関わる知識（第4章）へと横断的に展開している。第2章の目次は建設プロジェクトのプロセスごと、第4章の目次は関連する領域ごとの体裁としているが、8分類のマネジメント要素を全編で体系化することを意図した構成としている。

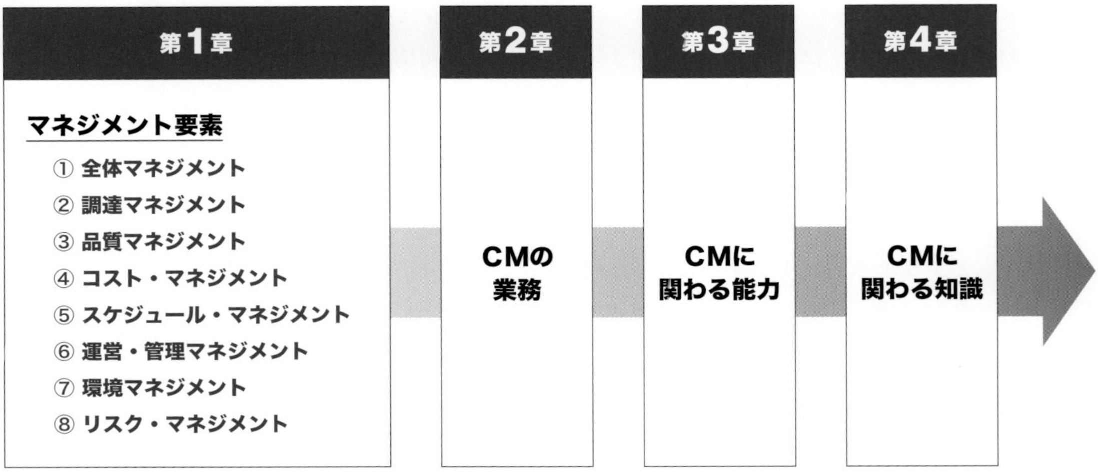

第1章	第2章	第3章	第4章
マネジメント要素 ① 全体マネジメント ② 調達マネジメント ③ 品質マネジメント ④ コスト・マネジメント ⑤ スケジュール・マネジメント ⑥ 運営・管理マネジメント ⑦ 環境マネジメント ⑧ リスク・マネジメント	**CMの 業務**	**CMに 関わる能力**	**CMに 関わる知識**

図1-10 ●マネジメント要素とCMの業務・能力・知識

〈第1章　参考文献〉
⑥ CMの業務・能力・知識の体系
『プロジェクトマネジメント知識体系ガイド（PMBOK ガイド）
第6版』Project Management Institute、2018年

第2章

コンストラクション・マネジメントの業務

● CMの業務

0 共通業務

0-1 CM業務の開始
- ◆ CM業務の組織構築
- ◆ CM業務計画書の作成
- ◆ CM業務計画書の説明

0-2 プロジェクトの推進
- ◆ プロジェクト推進の概要
- ◆ プロジェクト組織の構築支援
- ◆ 会議体の計画と運営
- ◆ プロジェクト関係者への説明
- ◆ プロジェクトの品質マネジメント
- ◆ プロジェクトのコスト・マネジメント
- ◆ プロジェクトのスケジュール・マネジメント

1 発注業務

1-1 発注方式
- ◆ 発注方式の検討
- ◆ プロジェクト実施方式の検討
- ◆ 選定方式の検討
- ◆ 支払方式の検討

2 事業構想・基本計画におけるマネジメント

2-1 事業構想
- ◆ 事業構想の検討支援
- ◆ プロジェクト目標の確認と要求条件・制約条件の立案
- ◆ プロジェクト推進計画書の作成

2-2 基本計画
- ◆ 基本計画の検討と基本計画書の作成
- ◆ プロジェクト目標の確認
- ◆ 要求条件の確認と更新
- ◆ 制約条件の確認と更新
- ◆ プランニングの実施
- ◆ マスター・スケジュールの検討
- ◆ 工事費の概算
- ◆ 事業予算の概算支援
- ◆ 実施体制の検討
- ◆ プロジェクト推進計画書とCM業務計画書の更新

3 基本設計におけるマネジメント

3-1 基本設計の開始
- ◆ 基本設計の開始支援
- ◆ 基本設計方針書の確認

3-2 基本設計業務の推進
- ◆ 設計進捗状況の確認
- ◆ 基本設計内容の確認
- ◆ 工事費概算の確認
- ◆ 許認可に関わる事前協議への助言
- ◆ 設計変更への対応
- ◆ 運営・管理方針の検討
- ◆ 工事施工スケジュール・総合仮設計画・品質管理計画の検討

3-3 基本設計成果物の確認
- ◆ 基本設計図書などの確認
- ◆ 計画説明書（基本設計）の確認

3-4 基本設計のまとめ
- ◆ プロジェクト推進計画書の更新
- ◆ CM業務計画書の更新

4 実施設計におけるマネジメント

4-1 実施設計の開始
- ◆ 実施設計の開始支援
- ◆ 実施設計方針書の確認

4-2 実施設計業務の推進
- ◆ 設計進捗状況の確認
- ◆ 実施設計内容の確認
- ◆ 工事費概算の確認
- ◆ 許認可に関わる申請への助言
- ◆ 設計変更への対応
- ◆ 運営・管理方針の検討
- ◆ 工事施工スケジュール・総合仮設計画・品質管理計画の検討
- ◆ 生産計画の検討

4-3 実施設計成果物の確認
- ◆ 実施設計図書などの確認
- ◆ 計画説明書（実施設計）の確認

4-4 実施設計のまとめ
- ◆ プロジェクト推進計画書の更新
- ◆ CM業務計画書の更新

0-3 プロジェクト構成員の役割分担
- 役割分担の検討
- 役割分担表の作成
- 役割分担表の更新

0-4 プロジェクトの情報マネジメント・システム
- 情報マネジメント・システムの検討
- 情報マネジメント・システムの構築
- 情報マネジメント・システムの運営・管理

0-5 プロジェクトのリスク・マネジメント
- プロジェクトのリスク・マネジメントの概要
- リスク・マネジメントの例

0-6 苦情・不具合への対応

0-7 CM業務の報告
- CM業務報告書の作成
- CM業務報告書の内容

1-2 発注手続き
- 選定の業務
- 選定対象ごとの留意点
- 公共プロジェクトの留意点

5 工事施工における マネジメント

5-1 工事施工の準備
- プロジェクト推進計画書の更新
- CM業務計画書の更新
- 情報マネジメント・システムの 構築と運営
- 会議体運営方針の策定と管理
- 設計意図伝達業務方針書・監理業 務方針書・工事施工方針書の確認
- 着工に関わる届出などの確認
- 設計意図の伝達への対応
- 生産計画の検討

5-2 工事施工および監理への 対応
- 工事施工におけるCMrの役割
- 工事施工の実施状況の確認
- 分離発注方式における工事施工の 確認
- 各種検査の立会いおよび確認
- 出来高・支払状況の確認

5-3 設計変更への対応
- 工事施工における設計変更の概要
- 変更手続き方針の策定
- 設計変更検討の対応支援
- 設計変更決定後の対応支援
- 軽微な変更への対応支援

5-4 関連工事への対応
- 関連工事におけるCMrの役割
- 家具・什器・備品工事の支援
- 情報通信設備工事の支援
- その他の関連工事の支援

5-5 竣工・引渡し
- 竣工・引渡時の役割
- 発注者検査の支援
- 引渡しと入居支援
- 工事費精算の支援
- 竣工引渡書類と各種データの確認

6 完成後における マネジメント

6-1 不具合・契約不適合 への対応
- 不具合・契約不適合の概要
- 不具合への対応支援
- 契約不適合への対応支援

6-2 施設運営・施設管理 への対応
- 施設運営計画・施設管理計画 の概要
- 施設管理体制の検討支援

共通業務

　CMrがプロジェクトを円滑に推進するためには、プロジェクトの全体を通して定常的に行わなければならない業務がある。ここでは、これらの共通業務について説明する。

　CMrはCM業務契約の締結後、CMrの組織構築を行い、CM業務計画書によって発注者と業務の方針について合意しておく必要がある。発注者が検討した事業構想を確認し、それらに基づいてプロジェクト組織の構築、会議体の計画、プロジェクト関係者への説明を行った上で、プロジェクトの品質・コスト・スケジュールなどのマネジメントを行う。同時に、プロジェクト構成員の役割分担とプロジェクトの情報マネジメントをプロジェクトの状況に応じて最適化し、またプロジェクトに内在するリスクをCMrが予測・評価して、発注者とともに対処・検証する。

　これらの共通業務は、プロジェクトの進行やCMrの参画する時期に応じて臨機応変に対応する必要がある。共通業務は、プロジェクトの効果的・効率的な推進に強く影響を与えるものであり、まさにCMrの力量が問われるところである。CMrはそのことに常に注意を払って取り組まなくてはならない。本節ではその他に苦情・不具合への対応やCM業務の報告についても述べる。

0-1 CM業務の開始

◆ CM業務の組織構築

> CMrは、プロジェクトの特性とCM業務の内容に合ったCMr組織を編成する。

プロジェクトにおけるCMrの組織は、そのプロジェクトの特性によって編成および人員計画が異なる。プロジェクト組織全体の構成員として検討しなければならない項目である。

● CMrの体制

CM業務の組織はプロジェクトの特性に合致したCMrの体制を編成すべきである。一般的にはプロジェクト全体をマネジメントする統括CMrを中心に、主任技術者と複数名の各種担当者とともにCM業務を進める場合が多い（図2-1）。また、建築・構造・設備・コスト・工事施工などの各種専門担当者は、相互に複数の領域を補完・連携し合ってプロジェクトを推進する。

プロジェクトの特殊性や業務の必要に応じて、専門性を持った技術者を総括CMrとすることや、一部の業務を外部委託することも行われる。ただし、外部委託者は、発注者に対して利益相反にならないよう注意しなければならない。

● 人員計画

プロジェクトの状況によって、関与する担当者の数は変化する。小規模なプロジェクトの場合や、限られたCM業務を提供する場合には、月1〜2回程度の頻度で発注者などと打合せをすれば完結することも多い。一方、大規模なプロジェクトの場合や、特殊性の高いCM業務の場合には担当者が発注者の指定する場所に常駐することも検討する。また、建設生産の各プロセスによっても、あるいは、発注者に提供する業務内容によっても、専門性をもつ担当者の関わり方が変わる。効率的な人員計画の立案は業務収支面から考えても重要な要素である。また、プロジェクトが大規模になるほど、プロジェクト環境が複雑化するほど、マネジメント能力が高いCMrを配することが望ましい。

◆ CM業務計画書の作成

> 発注者との契約締結後、CMrはCM業務計画書を作成する。

発注者がCMrを特定した後、発注者とCMrはCM業務契約の締結前に相互確認のための協議を行う。CM業務契約の締結後にCMrはそれらの内容を踏まえてCM業務計画書を作成する。

CMrが提示したCM業務提案書、または発注者がすでに提示しているCMr募集要項書あるいは契約書に添付されたCM業務仕様書、もしくは新たに発注者より提示された資料（事業計画など）をもとに協議してCM業務計画書に反

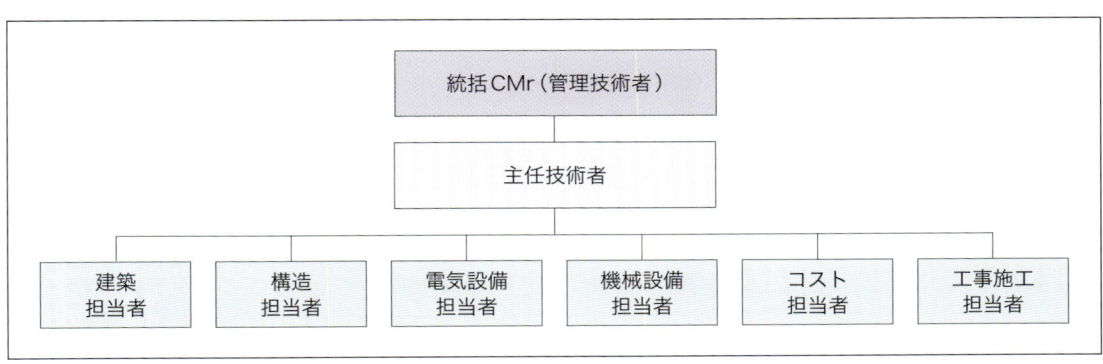

図2-1 ● CMの組織構成（例）

表2-1 ● CM業務提案書とCM業務計画書の構成

CM業務提案書		CM業務計画書	
・CM導入の検討からCMrの選定までは発注者が独自で実施することが原則（ただし、複数のCMrへの公明正大なサウンディング・ヒアリングは可） ・以下は民間プロジェクトを想定した内容で、公共プロジェクトでは相当部分を発注者がCM選定の関係書類で明文化し、業務提案ではより具体的な課題に対する企画提案などを要求		・CM業務提案書を経て、CMrが業務着手時に発注者（選定担当以外の実務担当などを含む）および先行して参画しているプロジェクト関係者にCM業務の概要を伝達、共有するツール（業務着手後の新規のプロジェクト関係者への活用も可） ・対象者を限定してより簡易な内容で共有する場合に、「CM業務説明書」として作成・管理することも可能	
〈事業計画概要〉		〈事業計画概要〉	
事業目標	事業計画書からCM業務提案時に開示される範囲で記載	（同左）	CM業務提案書から必要に応じて抜粋
敷地概要（権利関係／敷地現況／関係法令／インフラ状況など）		（同左）	
施設概要（建物用途／施設規模／計画内容など）		（同左）	
プロジェクト実施体制（プロジェクト関係者／契約関係など）		（同左）	
事業スケジュール（企画調査／設計／工事施工／許認可／供用時期など）		（同左）	
〈業務提案〉	（発注者からの交付資料に記載がある場合は省略可）	〈業務計画〉	
業務目標／実施方針	事業目標に応じてCM業務を対象に記載	（同左）	CM業務提案書から必要に応じて抜粋（CM業務提案後に交渉・変更などがあれば更新し、プロジェクト関係者に特筆すべき事項などがあれば適宜で追記・補足）
業務仕様	可能な限り詳細な業務内容（前提条件共）	（同左）	
業務期間	事業スケジュールを前提とした業務実施スケジュール	（同左）	
業務実施体制	CM業務に携わる詳細な組織体制・役割分担など	（同左）	
担当者経歴	職務経歴・保有資格・業務実績などの一覧	（同左）	
企画提案	具体的な課題に対するCM業務の取組提案など	（同左）	
その他	契約条件・再委託業務などの特記事項がある場合に記載	（同左）	
業務料見積	内訳明細の詳細は提案要項書に応じて記載	（省略）	
〈会社案内〉		〈会社案内〉	
会社概要	沿革・組織体制・技術者数・資格者数など	（原則省略）	CMrの認知度などに応じて、プロジェクト関係者に共有する必要があれば添付
業務実績	同種・類似の業務実績など	（原則省略）	
その他	財務状況・加入保険・取引先などが必要な場合に記載	（原則省略）	

映する。プロジェクト実施方針やCM業務方針に対する認識を発注者とCMrが明確に共有することが目的である。同時に、この時点で何が不明確であるかについて、またそれが明確化される過程で、どのように今後の実施状況や業務内容に影響するかについても認識を共有して文書化することが望ましい（**表2-1**）。

◆ CM業務計画書の説明

> CMrは、CM業務計画書を用い、CM業務方針やCM業務仕様について、プロジェクト関係者に説明する。

　CMr参画以降に新たに選定される設計者や工事施工者、もしくはCMr参画時にすでに参画している設計者や工事施工者に対して、CMrはCM業務計画書を用いてCM業務方針やCM業務仕様などについて説明を行う。説明の際にCM業務計画書を簡易にしたCM業務説明書を作成し配布する場合もある。CM業務は定型的な業務ではないため、発注者のみならず、プロジェクト関係者に対しても参画の趣旨や立場、業務内容などについて説明し、理解を得ることが望ましい。CMrはプロジェクト関係者とそれぞれの立場を保った良好な関係を築き、プロジェクト目標の達成に向けて協業する意識を醸成するよう心掛ける。

0-2　プロジェクトの推進

◆ プロジェクト推進の概要

> CMrがリーダーシップを発揮し、主体的にプロジェクトを推進する。

　CMrがプロジェクトを推進する上で、特に重点的に取り組まなければならないことは、以下となる。

- ・発注者の検討内容（事業計画など）との連携
- ・プロジェクト目標の明確化
- ・要求条件と制約条件の明確化
- ・プロジェクト組織の構築
- ・会議体の計画と運営
- ・プロジェクト関係者への説明
- ・品質マネジメントの計画・実施
- ・コスト・マネジメントの計画・実施
- ・スケジュール・マネジメントの計画・実施
- ・リスク・マネジメントの計画・実施

　プロジェクトは、事業構想から建物を引き渡し、運営・管理を行うまでの各プロセスでの検討と決定事項の積み上げで完成する。プロジェクトを成功させるためには全てのプロジェクト構成員の力を結集することが不可欠で、おのおのの主体が求められる役割を全うし、また相互の情報の齟齬が生じないようにプロジェクト構成員の意思統一を行う必要がある。

　そのためにCMrはプロジェクト構成員として必要な主体を選定し、最適な組織を定め、それぞれのマネジメント要素に基づく業務を行い、プロジェクトの進捗を管理していくことが重要である。プロジェクトのプロセスにより、プロジェクト構成員やその組織編成は変化するが、品質・コスト・スケジュールなどのマネジメント要素に関する方針を設定し、全てのプロジェクト構成員と共有化を図る。

　また、プロジェクトの推進にあたっては、プロジェクト構成員の役割に応じて目的（最終的に到達したい理想・ゴール）の明確化を行う。目的を達成するための目標を設定し、目的の達成までのロードマップを示す。プロジェクトが長く経過しても目的から逸れないようCMrはリーダーシップを発揮し、主体的にプロジェクトを推進していくことが重要である。

　なお、プロジェクトの目的を明確化した後は、プロジェクト構成員の専門性が最大限に発揮でき、相乗して力が発揮される活躍の場をつくる

0　共通業務
1　発注業務
2　事業構想・基本計画
3　基本設計
4　実施設計
5　工事施工
6　竣成後

ことが重要となる。目的への共感とやりがいを引き出し、プロジェクト構成員全員による目的の達成を目指すことが望ましい（図2-2）。

◆ プロジェクト組織の構築支援

> CMrは、プロジェクトの組織構成を立案し、発注者に明示する。

　プロジェクト組織の構築は、構成員の役割・関係を明確にすることで、プロジェクト構成員がおのおのの立場を理解して円滑に業務を遂行するために重要であり、プロジェクトの成否に大きく関わる。そのため、CMrがプロジェクト組織の構築を支援することは重要な業務の1つであり、CMrはプロジェクト構成員を把握し、役割分担や責任区分などを検討し、相互の関係性を明確にしたプロジェクト組織を立案する。そして、プロジェクト組織を平易に理解できるようプロジェクト組織体制図の作成を行い発注者に明示する（図2-3）。このプロジェクト組織体制図に従い、各組織の役割に応じた担当者の選定を行い、またこれら担当者の連絡先一覧表も作成する。

　更に、プロジェクト組織はプロジェクトの進捗に応じて変わるため、適時に見直しを行う。

◆ 会議体の計画と運営

> 会議体は、情報交換・意思疎通および意思決定のための場であり、CMrはこれを総合的に計画・運営する。

　プロジェクトの会議体の計画と運営は、プロジェクトの情報マネジメントの取決めの一部として取り扱われる業務であるが、プロジェクトを円滑に推進するための重要な要素であり、CMrが特に注意を払う必要のある業務の1つである。

● 会議体の計画

　会議体の計画は、プロジェクトの円滑で効率的なコミュニケーションを図る上で必須の行為である。プロジェクトの会議体は、大きく分けて以下の3つの要素から成る。

- プロジェクトの意思決定、進捗状況の把握、情報および課題の共有
- プロジェクトの課題解決のための検討
- プロジェクトで生産性の高い発想の創出（ブレイン・ストーミングなど）

　会議体の持つ、この3つの要素を理解し、適切に会議体を設置することが、プロジェクトの生産性の向上につながり、プロジェクト成功の鍵となることを理解しておくべきである。その

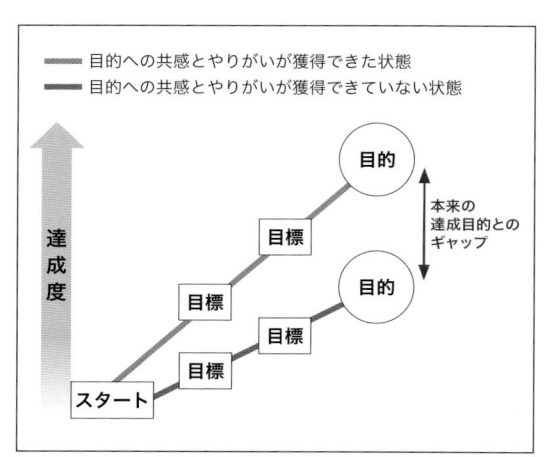

図2-2 ● 目的への共感とやりがいが及ぼす目的達成への影響

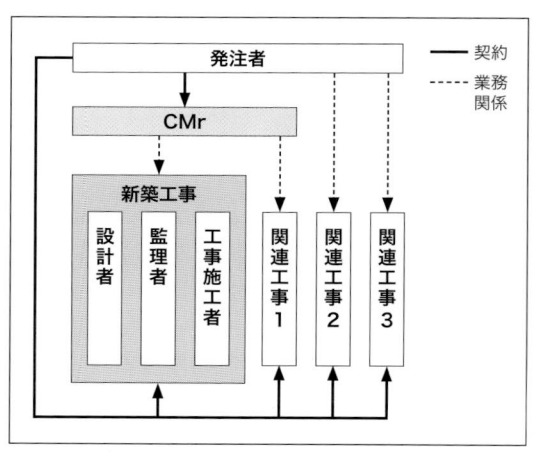

図2-3 ● プロジェクト組織体制図（例）

上で各種会議体の目的を明確にし、それに応じた参加者・頻度・方法を設定する。特にプロジェクトが複雑で多くの会議体が必要な場合は、各会議間での齟齬がないよう、情報集約および方針整理・決定の会議体を設置することが重要となる。

会議体の設置に際しては事業構想・基本計画・基本設計・実施設計・工事施工のつながりを意識し、プロジェクト全体を通しての体系化を行い、その目的に応じた範囲で開催する（図2-4）。通常、最も重要なプロジェクト会議は発注者とCMrが参画し、プロジェクトの推進に関わる事項の検討と決定を行う。通常の週単位での定例会議や分科会などは設計・工事施工の時期に応じて発注者・CMr・設計者・監理者・工事施工者などが参画し、設計や工事施工に関わる議題について打合せを行う。

● 会議体の運営支援

会議体を適正に運営することにより、CMrはプロジェクトを円滑に進めることができる。また、プロジェクトの進行中あるいは完了後に苦情・不具合などの問題が発生した場合、各種の会議の議事録は、そうした問題の解決のための重要な資料（記録）の1つとなる。CMrは、このような会議体や会議体で扱われる情報の性質を理解し、その円滑な運営に寄与しなければならない。

会議の運営にあたっては、手順やルールを明確にし、その内容に沿って執り行われる必要がある。また、会議の目的に応じて必要な事前準備の内容が異なる。

● 会議体の運営における留意点

CMrはプロジェクト全体を通して、あるいはプロセスごとに、その目的に応じて必要な会議体を設置する。つまり、プロジェクトで発生している問題点や必要な協議事項が、解決に向けていずれかの会議において適切に扱われるように運営する必要がある。そのために、会議体の主催者は、事前に以下の事項を確認しておく。

- 会議開催の趣旨と議事内容の提示（議題の作成）
- 必要な出席者の招集
- 議事進行・議事録作成などの役割分担

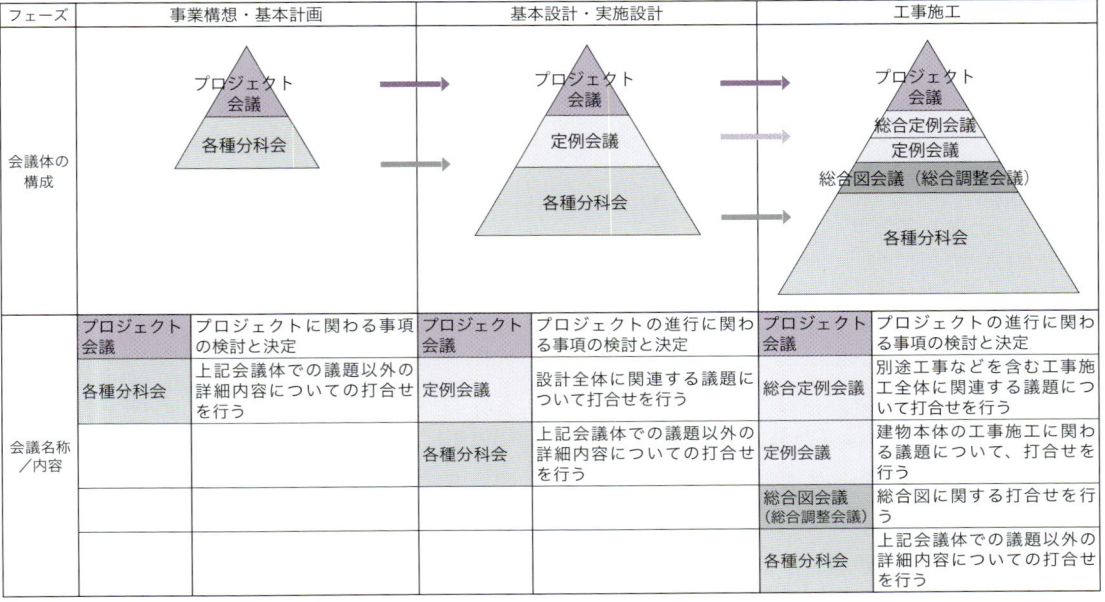

フェーズ	事業構想・基本計画		基本設計・実施設計		工事施工	
会議体の構成	プロジェクト会議 / 各種分科会		プロジェクト会議 / 定例会議 / 各種分科会		プロジェクト会議 / 総合定例会議 / 定例会議 / 総合図会議（総合調整会議）/ 各種分科会	
会議名称／内容	プロジェクト会議	プロジェクトに関わる事項の検討と決定	プロジェクト会議	プロジェクトの進行に関わる事項の検討と決定	プロジェクト会議	プロジェクトの進行に関わる事項の検討と決定
	各種分科会	上記会議体での議題以外の詳細内容についての打合せを行う	定例会議	設計全体に関連する議題について打合せを行う	総合定例会議	別途工事などを含む工事施工全体に関連する議題について打合せを行う
			各種分科会	上記会議体での議題以外の詳細内容についての打合せを行う	定例会議	建物本体の工事施工に関わる議題について、打合せを行う
					総合図会議（総合調整会議）	総合図に関する打合せを行う
					各種分科会	上記会議体での議題以外の詳細内容についての打合せを行う

図2-4 ● 会議体の構成（例）

会議体の設置についてはCMrが主体性を持って提案するが、CMrは必ずしも全ての会議体の主催者である必要はない。しかしながら、CMrは積極的にファシリテーションを行い、会議の目的が達成されるように発言の促進や議論の整理を行うことが重要となる。また、全ての会議体が計画どおりに適切に運営されているかを把握する必要がある。会議体の運営が、計画された目的と異なる状態で行われている場合、会議の結果からは期待した効果や成果が得られない。CMrは必要に応じて会議体のあり方を修正しなければならない。

● 会議体で扱われる情報

プロジェクトの会議体で扱われる全ての情報は、プロジェクトの情報マネジメントの方針に従いながら、CMrが情報ハブとして着実にマネジメントする。各会議体の議題、議事録など関連書類の書式、配布手段および承認フローなどを、プロジェクトの情報マネジメントの取決めで確認しておく必要がある。特に、議事録の承認の手順と方法は、プロジェクトの重要な意思決定と密接な関係を持つ場合がある。また、会議体は目的に応じていくつも並行して運営されている。それぞれの会議体での議事内容が全体として整合性の取れたものとなるよう、また、プロジェクトの意思決定に齟齬が生じないように、議事録の承認と配布には留意が必要である。

◆ プロジェクト関係者への説明

> CMrは、発注者によるプロジェクト関係者へのプロジェクトの説明を支援する。

プロジェクトで直接の契約関係にある「プロジェクト構成員」とは異なり、「プロジェクト関係者」とは、「ステークホルダー」とも称される利害関係者を指し、プロジェクトに影響を与える可能性がある投資家・従業員・株主・取引先・近隣住民・行政機関などの団体あるいは個人のことをいう。CMrは、発注者がプロジェクト関係者に当該プロジェクトに関する必要事項を説明するための支援を行う。このような説明は、適当な時期に適切な方法で行われなければならない。

説明の当事者はプロジェクトの事業主体である発注者であるが、CMrにはそれを支援することが求められる場合がある。

● プロジェクト関係者の特定とその影響度

プロジェクト関係者は、それぞれのプロジェクトによって異なる。プロジェクトの初期段階に、想定されるプロジェクト関係者を抽出し、抽出されたプロジェクト関係者が、プロジェクトにどのような影響をもたらすのか、ある程度の予測をする。また、プロジェクトのスケジュールとコストにどの段階でどのような影響を与えるのかを整理し、必要に応じてその対応策を検討し、事業計画などに適切に盛り込む。

● プロジェクト関係者への説明支援体制

プロジェクト関係者の特性や発注者との関係は必ずしも一様ではない。プロジェクト関係者の要求に応じて、専門チームを組織するなどの説明支援の体制を整える場合もある。プロジェクト関係者への説明資料や記録などの情報は、情報マネジメントの方針に従って取り扱う。場合によっては、説明の記録が整理されていないために、プロジェクト関係者との間に誤解が生じ、プロジェクトに大きな支障をもたらすこともある。口頭による情報でも記録を残し、特に、プロジェクト関係者から得られた確認・合意の事項は、定められた情報マネジメントの取決めに従って、適正に配布および記録（保管）する。また、プロジェクト関係者は、発注者の意向と利害相反する立場の場合もある。プロジェクト関係者の要求に応じた柔軟な説明支援の体制を考える必要がある。

● プロジェクト関係者との意思疎通

プロジェクト関係者に対する個別の説明や報

告だけでは調整できない場合があり、その際は打合せなどによる意思の疎通が必要になる。発注者が主催するプロジェクト関係者との打合せなどは、プロジェクト構成員の会議体と同様に、打合せなどの目的・手順・ルールを明確にして運営する必要がある。プロジェクト構成員の会議体は、基本的に同じ目的を持った者が集まって行われるのに対し、プロジェクト関係者との打合せなどは、利害が異なる者が集まる場合があるため、注意深く運営する必要がある。

◆ プロジェクトの品質マネジメント

> CMrは、プロジェクトの品質管理項目の抽出と品質確保のための手法を明確にする。

　発注者から示された内容に基づき、プロジェクト目標を設定し、プロジェクトを推進することが重要であることは、前述の「◆プロジェクト推進の概要」に記載のとおりである。この目標を達成するための品質、あるいは社会が建設生産に要求する品質について、これを保持し、もしくは向上させるために品質管理方針を定め、これに基づいてプロジェクト構成員が成果物、またはサービスを提供することが重要である。

　CMrは、プロジェクト目標・要求条件・制約条件などを勘案して、プロジェクトの要求品質の設定を行い、品質確保のための手法を明確にする。品質確保の手法はプロジェクト構成員の業務内容・業務費用にも関係する場合がある。そのため、品質管理の範囲や役割など新規の参画者には事前に説明・提示を行う。

➡第3章「3 品質マネジメント」

◆ プロジェクトのコスト・マネジメント

> CMrは、コストを予測し、発注者と協議の上プロジェクト予算として設定・管理する。

　コスト・マネジメントは、プロジェクトの推

進にあたって最も注目されるマネジメント要素の1つである。コスト・マネジメントとは、コスト（事業費）を予測し、発注者の事業予算との関係から発注者と協議の上、プロジェクト予算としてプランニング・コントロールしていくことである。すなわち、適時に適切な概算算出・見積確認などを行い、予算額と比較検討すること、およびその結果を受けて現状を整理し、是正処置を提案した上で発注者と調整することである。

➡第3章「4 コスト・マネジメント」

● 予算管理表

　表2-2に例示したような予算管理表は、プロジェクト予算を管理していく上で重要なツールである。予算と実績との差異、予備費（コンティンジェンシー）＊の運用状況などを管理する表であり、項目ごとに予算額・実行額・差額などで構成する。

　ここで例示した予算管理表は、工事施工の途中段階のものであり、発注区分ごとの内訳書を要約した金額が表示されている。「予算額」の欄は、発注者が認める予算を記載する欄であり、プロジェクト開始時点で設定された予算額とその後において予算見直しが行われた過程を表現している。「実行額」の欄は、発注区分ごとの契約金額を記入したものである。

> ＊予備費（コンティンジェンシー）
> コンティンジェンシーのもともとの意味は、偶発、偶然。ここでは、プロジェクト関係者が予想することのできない突然の費用発生に対し、発注者が別途備えておく「予備費」のことであり、工事施工時に通常起こりうる費用を工事費の中に盛り込んでおくこととは異なる。通常、経験値などをもとに独自に算出し、コンティンジェンシーとして事業予算の中で別計上するが、その額はプロジェクト関係者には公表されないことが多い。

◆ プロジェクトのスケジュール・マネジメント

> CMrは、スケジュールを計画し、工程表として表現した上で、その計画を効果的にコントロールする。

　スケジュール・マネジメントは、コスト・マ

0 共通業務

1 発注業務

2 事業構想基本計画

3 基本設計

4 実施設計

5 工事施工

6 完成後

表2-2 ●予算管理表（例）

項　目		予算額	実行額	差　額
A　調査・設計・マネジメント費				
	1　調査費	3,250,000	2,880,000	−370,000
	2　設計・監理費など	61,300,000	52,100,000	−9,200,000
	3　CM業務費	37,100,000	38,200,000	1,100,000
	4　各種申請関係費	6,820,000	5,460,000	−1,360,000
B　工事費				
	1　解体工事費	26,800,000	32,400,000	5,600,000
	2　開発工事費	14,500,000	16,300,000	1,800,000
	3　本体工事費	1,935,000,000	2,112,000,000	177,000,000
	4　関連工事費	351,000,000	422,000,000	71,000,000
C　整備関連費				
	1　用地関連費	655,000,000	652,000,000	−3,000,000
	2　開館準備費	5,520,000	3,420,000	−2,100,000
D　その他				
	1　租税公課	79,700,000	82,200,000	2,500,000
	2　予備費	129,000,000	—	−129,000,000
総　計		3,304,990,000	3,418,960,000	113,970,000

ネジメントと並びプロジェクトのマネジメント要素の中核的な位置付けにある。スケジュール・マネジメントには、プロジェクトのプロセス（業務や行為）を計画し、その計画を工程表として策定するというプランニングと、その立てた計画を効果的に管理するコントロールという二面がある。

　CMrは、プロジェクト全体を俯瞰するマスター・スケジュールをもとに、詳細な各工程の調整・進捗管理へと展開していくことが重要である。特に前工程から後工程への切替りに注意し、何がクリティカルパスなどの重要な課題かを分析し、前工程と後工程の関係性を十分把握してスケジュールのプランニングとコントロールを実施する。また、発注者の意思決定の観点からスケジュールをマネジメントすることを意識する。そのために工程の終わりで何を発注者が意思決定することになるかを発注者に事前に説明を行い、決定のために何を提示する必要があるのか明確にする。そうすることで、後戻りのない工程につながる。

➡第3章「5　スケジュール・マネジメント」

0-3　プロジェクト構成員の役割分担

◆役割分担の検討

> CMrは、プロジェクトの実施体制を検討し、プロジェクト構成員の役割を明示する。

　CMrは、プロジェクト目標・要求条件・制約条件に基づき、プロジェクトの実施体制について検討し、発注者の同意の下にプロジェクト構成員の役割を明示する立場にある。プロジェクト推進計画書を定めるにあたって検討すべき重要事項であり、業務間の整合性が取れているか整理・確認する必要がある。プロジェクト構成員の役割分担については、以下のような点について検討が必要である。

・国土交通省告示第8号で定められた設計者・工事監理者の標準業務以外の業務内容の役割分担
・コンサルタントを採用する場合の、コンサルタントとプロジェクト構成員の役割分担
・分離発注を行う場合の工事施工者間の工事区分と業務区分

- 分離発注を行う場合の共通費の負担に関する区分
- 発注者の内部における各担当者の役割と関わり方
- CMrの役割と責任範囲

→第3章「1-2 組織のマネジメント」

◆ 役割分担表の作成

> CMrは、プロジェクト構成員と業務内容で役割分担表を作成し、役割を明確にする。

プロジェクト構成員の役割分担表の作成にあたっては、プロジェクト構成員と業務内容の抽出が必要となる。その2つの要素で役割分担表を作成し、誰が何の役割を担うのか明確にする。表2-3に一例を示す。

● 役割分担表作成の留意点

役割分担表を作成する際はプロジェクト構成員の契約内容との整合性に注意する。すでに契約が完了しているプロジェクト構成員の役割を記載する場合は契約業務との齟齬がないか、これから選定するプロジェクト構成員の役割を記載する場合は業務仕様書案との齟齬がないか確認する必要がある。

また、役割分担表の中では用語の定義が重要である。表2-3に一例を示す。同じ用語であっても、理解が異なることがあるため、トラブルを回避するためにも用語の定義を明確にする必要がある。

◆ 役割分担表の更新

> CMrは、プロジェクト構成員に変更があった場合は更新を行い、プロジェクト関係者に周知する。

プロジェクトの進捗に応じて役割分担表の更新を行う。工事施工の開始時に監理者と工事施工者の追加を行い、設計者と監理者と工事施工者の役割を明確化する必要がある。設計施工一

括方式など設計開始時から工事施工者の参画が決まっているプロジェクト実施方式の場合は設計開始時から設計者と工事施工者の役割を明確化する必要がある。また、プロジェクトによっては、発注者・CMr・設計者・監理者・工事施工者の他に、デザイン監修者・インテリアデザイナー・ランドスケープデザイナー、および関連工事の設計者・工事施工者、更に施設管理者・施設運営者・専門コンサルタントなどが参画する場合もあるため、プロジェクト構成員がおのおのの役割を認識できるよう、プロジェクト構成員の変更があった場合は更新を行い、プロジェクト関係者に周知する。なお、図2-3「プロジェクト組織体制図」も同様に更新を行い、プロジェクト関係者に周知する。

0-4 プロジェクトの情報マネジメント・システム

◆ 情報マネジメント・システムの検討

> プロジェクトの情報マネジメントはCMrの主要な役割であり、CMrはできるだけ早期に情報マネジメント・システムの検討を実施する。

ここで述べる情報マネジメント・システムの検討とは、いわゆるICTに関わるツールだけではなく、広範囲なコミュニケーションの方針について立案することである。プロジェクトに関する情報の生成・収集・配布・保管・廃棄などについて、その管理方法を規定し、プロジェクト関係者の誰が何の役割を担うかについてまで定義することが包含される。

会議体や報告書もコミュニケーション・ツールの1つである。例えば工程会議は、工事施工者が工事工程表を作成した上、プロジェクト構成員に対して事前に配布し、会議などにて説明を行い、プロジェクト構成員が特記事項や工程表に対する意見を表明し、CMrが議論の内容を記録に残し、のちにプロジェクト構成員に配布

0 共通業務

1 発注業務

2 事業構想基本計画

3 基本設計

4 実施設計

5 工事施工

6 完成後

表 2-3 ●役割分担表（例）

項目	発注者	CMr	設計者	監理者	工事施工者
基本設計段階					
A 会議体					
1 プロジェクト会議	出席	主催	−	−	−
2 定例会議	出席	出席	主催	−	−
3 各種分科会	出席	出席	主催	−	−
B 基本設計方針					
1 基本設計方針書の作成	承認	確認	実施	−	−
〜マスター・スケジュールの作成		実施	協力		
6 工事〜	承認		実施		
D 基本設計図書等					
1 基本設計図書等の作成	受領	確認	実施	−	−
実施設計段階					
A 会議体					
1 プロジェクト会議	出席	主催	−	−	−
2 定例会議	出席	出席	主催	−	−
3 各種分科会	出席	出席	主催	−	−
B 実施設計方針					
1 実施設計方針書の作成	承認	確認	実施	−	−
〜マスター・スケジュールの作成		実施	協力		
5 工事〜	承認		実施		
D 実施設計図書					
1 実施設計図書の作成	受領	確認	実施	−	−
工事施工段階					
A 会議体					
1 プロジェクト会議	出席	主催	−	−	−
2 総合定例会議	出席	出席			
3 定例会議	出席	出席	プロジェクトに応じて、適宜設定が必要		
4 総合図会議	出席	出席			
5 各種分科会	出席	出席			
B 工事施工準備					
1 工事監理業務方針の作成	承認	確認	確認	実施	確認
2 設計意図伝達業務方針の作成	承認	確認	実施	確認	確認
3 工事施工方針の作成	承認	確認	確認	確認	実施
4 工事施工計画書の作成	プロジェクトに応じて、適宜設定が必要		確認	検証・承認	実施
5 着工に関わる届出			実施	確認	実施
C 工事施工					
1 工事施工の実施状況の報告	受領	確認	−	実施	実施
〜設計変更に伴う確認申請の〜		確認	実施		協力
9 試運転〜	受領			立会	
D 竣工・引渡し					
1 発注者の検査	実施	協力	−	立会	受検
2 工事監理報告書・工事報告書の作成	受領	確認	−	実施	実施
3 最終工事費支払いの請求	承認	検証	−	検証	実施
4 取扱説明書の作成	受領	確認	−	−	受検
5 引渡し書類の作成	受領	確認	−	−	実施

　　　：主体者

用語の定義

立会：臨場し、内容を確かめる。

確認：業務・資料などの成果・経緯などを調査して妥当性を評価・検証する。

協力：業務事項に関して、その実行の準備、書面の作成などの補助を能動的・積極的に行う。

受領：提出された書面を受け取り、内容を把握する。

検証：一定の根拠・経験などに基づき、特定の事項について妥当性・適切性を確かめる。

承認：業務・資料などを確認して正式に了承する。

実施：業務を実際に行う。

受検：検査を受け、報告書を作成する。

出席：会議などに出席し意見を述べる。

主催：会議などの時間・場所の設定、議題・議事録の作成、司会・進行などを行う。

するという一連の行為がコミュニケーションということになる。各種の報告書についても、具体的に記載すべき内容を定め、どの時期に誰に配布するかを定めることが情報マネジメント・システムの検討に含まれる。

　並行して当該プロジェクトの運営・管理にあたり、ICTの面からも情報マネジメント・システムが十分機能するものであるかを検討する。関係者が多い大規模なプロジェクトの場合や関係者が遠隔地にいる場合は、セキュリティ対策が講じられたクラウドサービスなどのICT技術を利用した情報マネジメント・システムの積極的な採用を提案することも必要である。

　プロジェクトの進捗状況に対して、CMrは構築された情報マネジメント・システムが当初の規定どおり運営・管理されているかを確認し、必要に応じて関係者に対して告知することが求められる。また、新たなプロジェクト構成員が参加したときなどは、情報マネジメント・システムを更新する必要がある。

　また、ICT技術を活用するためには、同時にシステム導入・管理に関するコストの検討および情報漏洩などへのセキュリティ対策の検討が求められる。

➡第4章「13-5　情報セキュリティ」

◆ 情報マネジメント・システムの構築

> CMrは、具体的に伝達・記録しなければならない情報を規定・抽出し、その伝達方法および記録・保存方法を設定する。

　プロジェクトの情報マネジメント・システムは大きく分けて、クラウドサービスなどのICT技術を活用した管理ツールとしてのシステムと、書類の流れや承認ルール、保管ルールといった手続きやルールという意味合いでのシステムに分けられる。いずれも重要な要素であり、情報マネジメント・システムを構築する際には、これらを総合的に検討する必要がある。プロジェ

クトの特性によって、また、発注者やプロジェクト関係者からの要求によって、必要な情報の種類や伝達・記録の方法はさまざまである。CMrは、必要な情報の適切な伝達・記録方法を明確にし、プロジェクトの規模・段階に応じた効率的な情報マネジメント・システムを構築・更新することが求められる（表2-4）。プロジェクトの組織体制も、情報に関する要求事項に大きな影響を与える。情報マネジメント・システムを構築する際には、プロジェクト全体の組織構成との関係に留意しながら進めていく必要がある。

➡第4章「13　ICT（情報技術）」

◆ 情報マネジメント・システムの運営・管理

> CMrは、プロジェクト関係者へ構築・更新された情報マネジメント・システムを周知し、その運営・管理状況の定期的な監視と改善を行う。

　CMrは情報マネジメント・システムの運営・管理を、プロジェクトの円滑な実行と情報の持つ重要度・機密性に留意しながらプロジェクト全体を通して確実に実施する必要がある。そのために、ICTに精通した組織・人材と連携してシステムの管理責任者を専任し、一元的な運営・管理を行うことが求められる。ここでは、情報マネジメント・システムの運営・管理にあたっての主な留意点を説明する。

● プロジェクト関係者への情報マネジメント・システムの説明

　プロジェクト関係者は、情報マネジメント・システムを十分に理解しなければならない。CMrは、情報マネジメント・システムを運営・管理するに際して、プロジェクト関係者に情報マネジメント計画の具体的な内容・ルールなどを適切に説明し、その周知徹底を図る。

　例えば、大規模プロジェクトなどで、情報マネジメント・システムの運営・管理が、あるICT技術に基づくものである場合には、プロ

表2-4 ●情報マネジメント・システムについてのCMrの役割と考慮すべき項目

段階	CMrの業務内容	考慮すべき項目
情報マネジメント・システムの検討	情報マネジメント基本方針の策定・周知	情報の伝達・管理・承認・変更・保管などについての方針を策定し、プロジェクト構成員に周知する。プロジェクト構成員が変化した場合には基本方針の再協議・修正・再周知を行う。
	情報ごとの書式・様式・記載事項の検討・周知	プロジェクト構成員が変化した場合には書式・様式・記載事項の再協議・修正・再周知を行う。
	情報マネジメント業務の検討・設定・遂行	プロジェクトの推進において、情報マネジメント業務の遂行・監視・フォローを行う。プロジェクト構成員が変化した場合には、再検討・再設定を行う。
情報マネジメント・システムの構築・運営・管理	グループコミュニケーションシステムの選択・周知	プロジェクトの各プロセスにおいて、新規メンバーを追加し、再周知を行う。
	オンライン会議システムの選択・周知	
	ドキュメント管理システムの選択・周知	
	BIM活用の検討・システム選択・周知	基本設計・実施設計においては、設計BIMの構築を支援し、工事施工においては、設計BIMと連携した施工BIMの構築支援を行う。運営・管理においては、施工BIMと連携した維持管理BIMの活用支援を行う。
	上記システム導入の検討と導入後の研修・運用・保守	各種システムのアクセス制御やセキュリティ対策、バックアップなどについて、研修・運用・保守を行う。利用メンバーが増えた場合には、セキュリティの更新とバックアップ設定の確認も行う。
ドキュメント管理システムの運営・管理	契約書・届出書・議事録・報告書・計画書・設計図・概算書・予算書・タスク・工程表などの保存・管理	書庫・ICTシステムに保存し、情報ごとにアクセスを制御する。新規メンバーに対しては、情報ごとのアクセス権を付与する。

ジェクト関係者はそのICT技術を理解し利用できるようになっていなければならない。システムを利用するために必要なマニュアルの作成・講習会の実施などの対応も求められる。

● 情報の配布と記録（保管）

　情報の配布は、計画された情報マネジメント・システムに定めた情報配布フローに従って実施する。情報配布フローは、プロジェクトの意思決定フローと密接に関係して計画されているので、厳密に扱う必要がある。

　また、配布された情報は情報マネジメント・システムで定めた方法で記録（保管）・バージョン管理する。紙媒体と電子媒体のいずれを利用する場合にも、より検索しやすい情報の記録方

法が確立され、保管された情報の種類に応じたアクセス制御・ログが適正に管理された状態で運営・管理される必要がある。

● 情報マネジメント・システムの変更管理

　情報マネジメント・システムの更新・改訂は、必要に応じてプロジェクト構成員の合意のもとに行う。プロジェクトはその進行に伴って、扱われる情報の種類・量・詳細度・重要度・機密性・対象者に変化を生じるものである。プロジェクトの状況に従って、常に的確な情報マネジメント・システムを維持できるように、随時、更新・改訂・再周知される必要がある。同時にICT技術によるシステムでは、バックアップ・アップデート・セキュリティ対策などが実施されなけ

ればならない。

0-5 プロジェクトのリスク・マネジメント

◆ プロジェクトのリスク・マネジメントの概要

> CMrは、プロジェクトの全体を通して、プロジェクトに内在するリスクを把握する。

　建設プロジェクトにおける代表的なリスクとしては表2-5のようなものがある。CMrから発注者に説明すべきリスクには、プロジェクト共通のリスクの他、調査・計画・設計のリスク、工事施工のリスク、運営・管理でのリスクなどがある。発注者の事業に関するリスクや、資金調達に関するリスクなどは含まれないとするのが一般的な考え方である。

　リスクは対象プロジェクトによってさまざまであるため、どこにどの程度のリスクが内在しているかについて分析・評価する必要がある。リスク・マネジメントについては第3章「8 リスク・マネジメント」において詳しく説明するが、それぞれのリスクが、各種契約において関係者で分担することができるものか、保険を付保することで転嫁できるものか、発注者が受け入れざるを得ないものかについて、内在するリスクとその対応策を検討し、発注者に説明することが求められる（図2-5）。

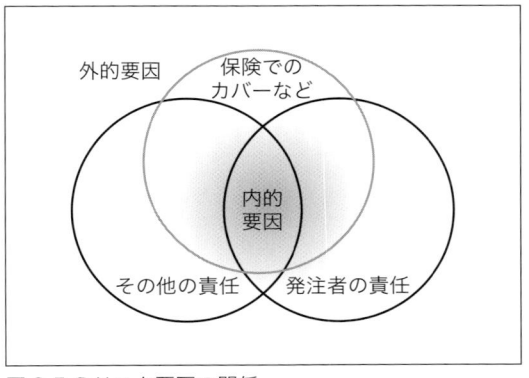

図2-5 ●リスク要因の関係

　一方で、事前に全てのリスクを網羅することは不可能であり、対策をしたとしても完全にリスクを回避することは不可能である。この事実を発注者に十分に説明する必要がある。

➡第3章「8 リスク・マネジメント」

◆ リスク・マネジメントの例

> CMrはリスクを洗い出し、評価・特定した上でそれらを処理し、結果の検討とフォローを行う。

　ここではスケジュールに関するCMrのリスク・マネジメントの例を記載する。

○リスクの洗い出し（PLAN）

　CMrは発注者と協議の上、プロジェクトの特性などを確認し、リスク管理表などを活用し発注者にリスクを提示する。

　スケジュールにおいては、マスター・スケジュールの不確実性・工期の遅延・設計変更の可能性・意思決定の遅延・施工手間の増大・地中障害の発覚などのリスクが含まれる。

○リスクの評価・特定（DO）

　リスクの洗い出しで抽出されたリスクに対し、「発生の可能性」×「被害の大きさ」の視点で評価・特定を行う。

　CMrのマネジメントの対象としては、スケジュールの遅延・予算の超過・発注者要求品質の低下などが「被害の大きい」項目となる。そのためCMrは、発注者（必要に応じプロジェクト関係者）へのヒアリングの実施、前提条件の確定、調査の深度化などを行う。また、プロジェクト構成員とのブレインストーミングなどの手法も活用することでリスクを評価・特定し、その優先順位を設定する。

　マスター・スケジュールの遅延に大きな影響を及ぼす、あるいは回復が困難なリスクとして、工事施工での施工手間の増大などが一例として挙げられる。

表2-5 ●建設プロジェクトの代表的リスク（例）

共通	
制度関連リスク	事業期間中の関連法令などの変更に関するリスク
社会的環境リスク	近隣や関係者の反対などに起因するスケジュールや事業計画の変更リスク
経済的リスク	資金調達、補助金などの予定変更による資金計画、収益計画へのリスク
環境リスク	世界的な脱炭素社会へ実現に向けた建物に対する要求性能の変更リスク
事業継続性リスク	感染症・自然災害
物価変動リスク	急激な物価変動、インフレによるリスク
デフォルトリスク	資金支払い能力、倒産など、能力不足、債務不履行リスクの受発注者間、双方のリスク
賠償責任リスク	第三者賠償などに関するリスク
地形学的リスク	戦争・暴動・テロなどによるリスク
調査・計画・設計段階でのリスク	
調査リスク	測量や地質など、調査の不足・ミスなどに起因するリスク
業務仕様設定リスク	設計者への業務委託仕様、業務範囲が明確になっておらず、設計対象に漏れが発生するリスク
性能リスク	設計ミスなどに起因するリスク
計画変更・遅延リスク	環境アセスメント・公聴会などで計画が変更・遅延するリスク
契約不適合リスク	調査・設計内容の契約不適合責任に関するリスク
建設段階でのリスク	
周辺リスク	用地買収・収用の遅れ、用地費が予算を超過するリスク、インフラ整備などに起因するリスク
土壌汚染・地中障害物に関するリスク	土壌汚染・地中障害物による工事遅延、工事不能などのリスク
工事完成遅延リスク	工事が契約より遅延するリスク
完工リスク	工事が完成しないリスク
契約不適合リスク	施設が定められた仕様・規格を満たさず、手直しが必要となるリスク
メーカー・専門工事会社の倒産リスク	予定していたメーカーや専門工事会社の事業撤退・倒産により、工事遅延や予算超過のリスク
施設損傷リスク	工事中の事故・火災などによるリスク
移転・保有段階でのリスク	
移転リスク	機能移転・引っ越しが遅延するリスク
維持管理費増大リスク	保有後維持管理費が想定よりも増大するリスク
原状回復リスク	移転元建物の原状回復および保有後の原状回復ルールが遵守されないリスク

○リスクの処理（CHECK）

　リスクの処理には、リスクの保有、移転・転嫁、低減・予防、回避が含まれる。例えば施工手間の増大のリスクに対しては、事前の調査とその調査範囲を的確に設定することで、工事施工でのスケジュールの遅延を回避できる。

　CMrの役割としてはリスクの低減・予防、回避に向け、施工手間の増大の事前調査の役割分担、調査スケジュールや調査結果の妥当性確認、発注者への報告などが考えられる。

○結果の検討とフォロー

　リスクの処理の結果を共有すべきプロジェクト関係者に報告する。また、設定されたリスクはその発生確率が変化する場合もあり、適時の見直しが不可欠である。また、リスクの処理に関して見直しがなされた場合は、リスク管理表を適切に更新することなどが重要である。

　CMrがどのようにリスクを可視化し処理したかについては、CM業務報告書で発注者に報告する。

0-6　苦情・不具合への対応

> 発注者が対処すべき苦情・不具合に対し、CMrは技術的助言を行う。

　プロジェクトに関わる苦情・不具合は、発注者・設計者・工事施工者などのプロジェクト構成員から発生するものと、直接ではないが利害関係が生じるプロジェクト関係者から発生するものとがある。

　プロジェクト構成員からの苦情・不具合については、特定の主体の対応が遅い場合などに、CMrが当該主体に告知することで解消可能なものもある。しかし、紛争は当事者間において解決するのが原則であり、CMrが積極的に関与することは適切ではない。紛争解決や調停は法律家の領域であるため、CMrは発注者の求めに応じて技術的な観点からの助言にとどめるべきである。

　また、建設工事は、設計図書に基づく請負契約であることから、完成後、契約不適合責任が生じる可能性もある。そのため是正などを行うように発注者から苦情・不具合が出た場合、発注者からCMrが設計者・工事施工者などとの調整を求められる場合がある。CM業務の契約期間外の業務実施にあたっては、発注者と協議する必要がある。

　なお、苦情・不具合の多くは事前に説明を行っておくことで防ぐことができることも多い。契約不適合責任の範囲など、適時・適切に設計者や工事施工者を含むプロジェクト構成員から発注者に対して必要な説明を行うよう、CMrは助言を行いプロジェクトを進めることが重要である。

0-7　CM業務の報告

◆ CM業務報告書の作成

> CMrは、プロジェクトの進捗状況、問題点や将来の課題および対応策などについてCM業務報告書にまとめ、発注者に提出する。

　CM業務は基本的に準委任契約であることからプロジェクトの実績報告でもあるCM業務報告書は、情報マネジメント・システムの中でCMrから提出される重要な成果物の1つである。一般的には、発注者に対する定期報告書のことを指し、その報告の頻度は業務開始時に発注者に確認する。発注者以外のプロジェクト関係者に対して報告が求められる場合もある。提出する対象者により、報告すべき事項、もしくは報告してはいけない事項などが異なるため、事前に確認することが重要である。

0 共通業務

1 発注業務

2 事業構想 基本計画

3 基本設計

4 実施設計

5 工事施工

6 完成後

◆ CM業務報告書の内容

> CMrは、プロジェクトごと、あるいはプロジェクトのプロセスに応じて報告書の内容を検討する。

CM業務報告書の項目例を表2-6に示すが、プロジェクトごと、あるいはプロジェクトのプロセスに応じて、報告書に記載すべき項目を検討する必要がある。

CM業務報告書ではプロジェクト推進計画書などに基づき、マスター・スケジュールおよび予算や出来高などの予定と実績との比較を行い、各種のマネジメント要素の観点からそれぞれの目標達成の状況を把握・整理し、その分析結果を含めて報告する。また、マネジメント要素ごとの分析結果を総括的にまとめた報告、プロジェクトの将来予測や報告対象の期間中に開催された会議体やCMrが出席した会議体、重要な決定事項などを記載する。より効果的なプロジェクト目標達成のために必要な対策や改善策も含める。

特に、課題の明確化と対策の提言、更には対応者や目標期日の明確化が最も重要な項目である。発注者も他のプロジェクト構成員とともに積極的に解決へ向かえるように助言することも重要である。

表2-6 ● CM業務報告書項目（例）

項目	内容
プロジェクト概要	プロジェクト構成員名、業務期間と範囲、施設概要など
状況報告	プロジェクトの全般的状況報告
	大きなイベントやマイルストーンなどの状況
実績と当初定めた予定との比較	定量的な視点での出来高（進捗）などの実績報
	コスト・スケジュールなどをそれぞれの当初予定と比較し、またその差異など
	差異の原因分析と説明
将来予測	上記、実績と当初予定との比較分析を踏まえた予測あるいは見通し
問題点の確認とその対策および改善策	具体的な問題点
	問題解決のための対策・改善案の提案
	問題対応の担当者
	対応の期
添付資料	予算管理表
	各種スケジュール
	状況写真
	議事録（CMrが作成したもの）

0 共通業務

1 発注業務

2 事業構想
基本計画

3 基本設計

4 実施設計

5 工事施工

6 完成後

1 発注業務

　CMrが行う業務の中でも重要度が高く、プロジェクトの成否を決める要因ともなり得るのが発注業務である。CMrはプロジェクトの特性を十分に分析・把握するとともに、発注者・設計者・監理者・工事施工者などの特徴、また業界全般の動向を鑑みながら、高度な専門家としての知見と総合的な判断力に基づき最適な発注方式を立案し、発注者とともに発注業務を推進していく必要がある。

　また、選定されたプロジェクト構成員は、共に最後まで伴走する同志であり利害関係者である。発注者の意向のみならず、プロジェクトの特性や他のプロジェクト関係者との関係性にも留意して最適な選定・契約を行わなければならない。

　選定・契約は昨今の多様な発注方式の普及により、さまざまな時期に、さまざまな単位で実施されることから、本書では発注業務を独立した節として扱っている。発注業務に必要となる調達マネジメントについては、第3章「2　調達マネジメント」を参照のこと。

1-1 発注方式

◆ 発注方式の検討

> CMrは、プロジェクトの特性、発注者のニーズ、地域の実情などを考慮し、発注方式を検討する。

　CMrは、プロジェクトの特性、発注者のニーズ、地域の実情などを含めた種々の事項を考慮し、設計・監理などの業務、各種の工事施工などの発注方式を発注者とともに検討し、発注者の承認を得た上で発注方式を決定する。発注方式は、「プロジェクト実施方式」「選定方式」「支払方式」の3つの要素で構成されており、この要素からプロジェクトに合わせて最も適切な組み合わせを選定することが重要である（表2-7）。

　なお、以下の内容については民間プロジェクトを主眼において述べているが、公共プロジェクトにおける用語の定義など、特筆すべき事項があった場合には補記することとする。

◆ プロジェクト実施方式の検討

> CMrは、最適なプロジェクト実施方式を立案し、発注者による決定の後、その実行を支援する。

● プロジェクト実施方式の種類

　プロジェクト実施方式には、設計施工分離方式・設計施工一括方式（DB方式：Design Build方式）・早期工事施工者参画方式（ECI方式：Early Contractor Involvement方式）などがあり、プロジェクトを進める上での実施体制を指している。「公共工事の入札契約方式の適用に関するガイドライン（2022年3月改正）」（以下、「入札契約方式ガイドライン」）においては、これらを指して「契約方式」とし、「仕様、前提条件や工事価格の各程度」、「事業・工事の複雑度」、「施工の制約度」などを考慮して選択するものとしている。

- 設計施工分離方式：設計・監理・工事施工を別々の会社もしくは企業体に発注する方式
- 設計施工一括方式（DB方式：Design Build方式）：設計・監理・工事施工を同じ会社

表 2-7 ●発注方式の構成

発注方式				
①プロジェクト実施方式	②選定方式		③支払方式	
	競争参加者の募集方式	契約の相手方の選定方式		
・設計施工分離方式 ・設計施工一括方式 　（DB方式：Design Build方式） 　− 基本設計からの設計施工一括方式 　− 実施設計からの設計施工一括方式 ・早期工事施工者参画方式 　（ECI方式：Early Contractor Involvement方式） ・官民連携 　（PPP：Public Private Partnership） 　− PFI：Private Finance Initiative 　　・BTO方式：Build Transfer Operate方式 　　・BOT方式：Build Operate Transfer方式 　　・コンセッション（公共施設等運営権）方式 　− 施設管理付設計施工一括方式 　　（DBO方式：Design Build Operate方式） 　− 指定管理者制度	・一般競争方式 ・指名競争方式 ・特命方式	・価格競争方式 ・総合評価方式 ・技術提案・交渉方式	・総価請負方式 ・実費精算方式 　（コスト＋フィー方式） ・単価精算方式	

※プロジェクト実施方式の名称については国土交通省の設定と異なる場合がある。

もしくは同じ企業体に発注する方式。基本設計からの設計施工一括方式と、実施設計からの設計施工一括方式がある。

・早期工事施工者参画方式（ECI方式：Early Contractor Involvement方式）：実施設計などに工事施工者が技術協力者として参画する方式。技術協力の実施期間中に工事施工の数量・仕様を確定した上で工事契約を行う。

公共プロジェクトにおいては、これらに加えて施設の運営・管理までを包括して民間に委託する場合がある。このように民間が公共サービスの提供に参画することを官民連携（PPP：Public Private Partnership）というが、代表的なものとしてPFI・施設管理付設計施工一括方式（DBO方式：Design Build Operate方式）・指定管理者制度などがある。

・PFI：選定された民間事業者が自ら資金を調達し、設計・監理・工事施工・運営・管理の全部または一部を行う方式である。BTO方式・BOT方式・コンセッション方式などの事業方式があり、「民間資金等の活用による公共施設等の整備等の促進に関する法律」（以下、PFI法）に基づき実施される。BTO方式は、民間事業者が施設を整備し、その所有権を公共に移管した上で施設の運営・管理を行う。BOT方式は、民間事業者が施設を整備し、その所有権を保有したままで施設の運営・管理を行い、事業期間終了後に施設の所有権を公共に移管する。コンセッション方式は、民間事業者が施設を整備し、その所有権は公共が保有したままで施設の運営権を民間事業者に設定する。

・DBO方式：公共が資金を調達し、設計・監理・工事施工・運営・管理を民間事業者に一括で発注する方式である。

・指定管理者制度：公共施設の運営・管理を民間に委ねる方式である。公共に代わり、公共施設の使用許可に関する業務や利用料金の収受を民間が行うことができる。

DBO方式などで運営・管理を民間に委託する際には、民間事業者を指定管理者として指定する必要がある。また、PFIにおいては、運営・管理はPFI事業契約または運営権に基づき実施されるが、指定管理者制度とは根拠法が異なるため、公共の施設の管理者として、PFI事業者を指定管理者として指定することが必要になる※。

※コンセッション方式などの一部においては、下水道事業、空港事業、上水道事業など特例的に指定管理者制度を併用する必要がない場合がある。

● プロジェクト実施方式の立案

CMrは、設計・監理・工事施工などの各プロセスを包含する「プロジェクト実施方式」を立案する。

建設プロジェクトには莫大なコストがかかり、完了後には資産として長期的に発注者の事業や財務に大きな影響を及ぼすことも多いため、プロジェクトの成否を大きく左右するプロジェクト実施方式の立案は慎重に行う必要がある。

CMrは立案に先立ち、施設が供用開始される時期、予算の承認および執行の時期、意思決定の仕組みなどの前提条件を発注者に確認し、早期に理解することが不可欠である。その上でプロジェクトの特性や各方式の特徴を十分に把握し、プロジェクトや発注者に起因する内的要因および外的要因を考慮した上で最適な方式を立案することが重要である（図2-6）。

● プロジェクト実施方式の決定

CMrが立案したプロジェクト実施方式は、発注者との協議、検討を十分に行った上で決定される。プロジェクト実施方式の概要とその選定時期について表2-8に整理する。

以下にプロジェクト実施方式の検討における

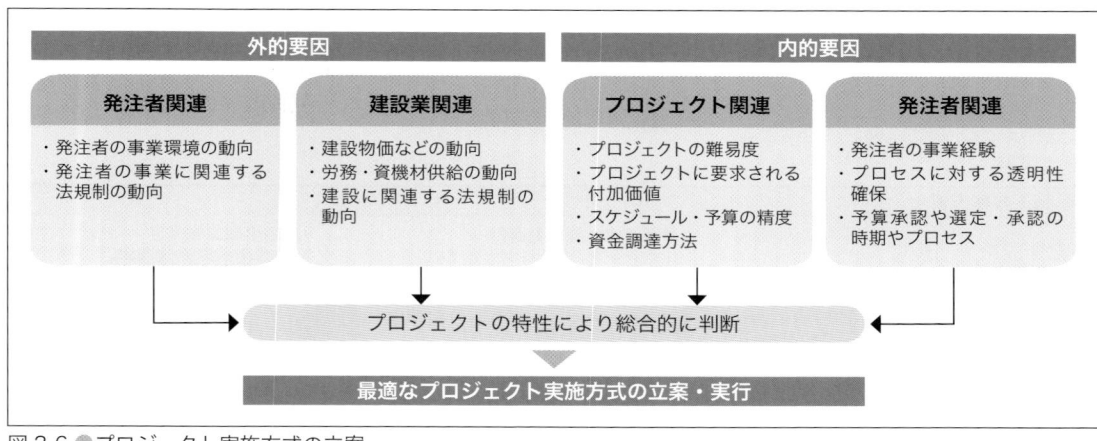

図 2-6 ●プロジェクト実施方式の立案

考え方と具体例を挙げる。

○発注方式の意思決定がされる時期の考え方

　市場動向・法令改廃・制定などの外的要因は予測が困難であるが、CMrは常に最新情報の入手に心がけ、契約締結時・着工想定時・竣工想定時などに考えられるリスクについて発注者と十分に協議しておく必要がある。また、このリスクへの対処方法と関連して、発注方式の意思決定がプロジェクトのどの時期でなされるかは、プロジェクトが置かれた状況により異なる。

○実施設計などで工事施工に関する特殊技術が要求される場合

　敷地の制約による施工条件が厳しいプロジェクトや、事例の少ない特殊な施工技術が要求されるプロジェクトなどにおいては、担当する設計者が保有しない専門分野の施工技術などを、設計の早い段階から導入する必要がある場合がある。

　設計施工一括方式やECI方式は、一般的な設計者が持ち得ない特殊な構工法や施工計画などの技術提案を実施設計などで工事施工者から受け、それらを設計内容に織り込むことができる。また同時に工事施工者の立場からの、設計課題に対する合理的な解決案も期待することが可能であり、このような技術的な難易度の高いプロジェクトにおいて、品質・コスト・スケジュールに関する幅広い課題を早期に解決することが

できる方式であるといえる。

○設計施工分離方式では完成時期目標を達成し得ない場合

　設計施工一括方式は、設計施工者の選定を一度に行うため、設計者・監理者・工事施工者のそれぞれを選定する設計施工分離方式に比べ、必要とされる選定期間は短いのが一般的である。

　設計施工分離方式の場合、工事施工者が必要な資機材を調達するのは工事施工者選定以降となる。一方、設計施工一括方式の場合、設計施工者が発注者の指示のもと、実施設計などと並行して必要な資機材を調達することが可能になる。マスター・スケジュールを立案し、クリティカルパスを検証した結果、設計施工一括方式の採用によりマスター・スケジュールの短縮が可能となる場合がある。

○市場動向が特殊かつ不安定である場合

　急激な資材・労務費の上昇・下降が見込まれる場合や時期的・地域的に特殊な状況で労務不足が不足される場合などにおいて、設計や工事施工の調達が困難なことが想定される場合、プロジェクト実施方式を立案して選定・発注の時期を決定する際には、想定されるリスクを発注者と事前に十分共有するとともに、そのリスクを最小限にする方策を実行する必要がある。

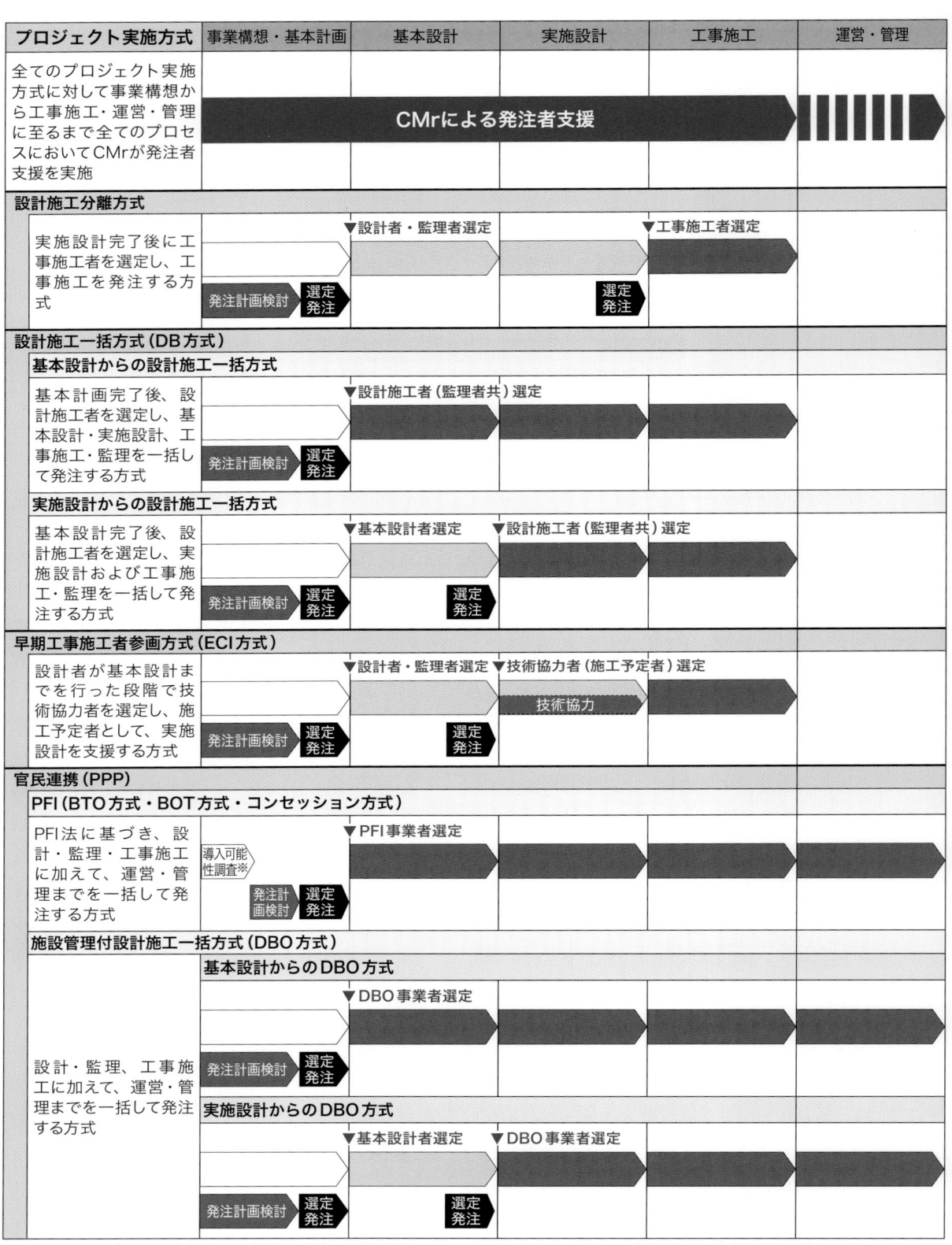

図 2-7 ●プロジェクト実施方式の特徴と選定・発注時期

※ PFI 方式においては基本計画の策定と併せて導入可能性調査を行う。導入可能性調査を経て特定事業に選定された後に発注・選定に進むこととなる。

● プロジェクト実施方式の実行

　決定したプロジェクト実施方式によって設計者・監理者・工事施工者の選定の時期は異なる（図2-7）。また、複数の設計者・工事施工者を選定する場合、確認申請の時期や工事施工の手順を念頭におきつつ、それぞれの設計者・工事施工者が参画すべき時期を見極める必要がある。CMrはプロジェクト全体を見据え、プロジェクト構成員が適切な時期に業務を遂行できるようにプロジェクト実施方式を実行することが求められる。

◆ 選定方式の検討

> CMrは、透明性・説明責任および実現可能性などに配慮して、最適な選定方式を検討する。

● 選定方式の種類

　設計者・監理者・工事施工者などの契約先を決定するための選定方式を示す。競争への参加者の募集方法としては、参加への制限の度合いに応じて、一般競争方式・指名競争方式・特命方式の3つの方式がある。また、候補者の中から選定する方法としては、価格だけの競争、価格と質の競争、質だけの競争の3つがあり、代表的な方式としては、価格競争方式、総合評価方式、技術提案・交渉方式がある。なお、本書の「選定方式の検討」と「支払方式の検討」において、民間プロジェクトにおける一般的な呼称に加え、「入札契約方式ガイドライン」における呼称が異なる場合、（　）内に示している。

○ 競争参加者の募集方法

- 一般競争方式（一般競争入札方式）：参加資格を満たす者のうち、参加申込みを行った者で競争を行う方式
- 指名競争方式（指名競争入札方式）：発注者が指名を行った特定の者で競争を行う方式
- 特命方式（随意契約方式）：競争によらず、発注者が任意に特定の者を選定する方式

○ 候補者からの選定方法

- 価格競争方式：価格提案のみを求め、契約先を決定する方式
- 総合評価方式（総合評価落札方式）：価格提案以外にさまざまな技術提案を求め、これらを総合的に評価して契約先を決定する方式
- 技術提案・交渉方式：技術提案を募集し、最も優れた提案を行った者を優先交渉権者とし、その者と価格などを交渉し、契約先を決定する方式

● 選定方式の決定

　選定方式は、透明性・説明責任および実現可能性などに十分考慮した上で決定する。特に以下の点に関しては発注者と協議して同意を得る必要がある。

- プロジェクトの難易度に応じた参加資格の設定
- 実施スケジュールの整合性
- 選定者・選定体制の立案
- 想定される候補者の多寡

◆ 支払方式の検討

> CMrは、透明性・説明責任および公正性などに配慮して、最適な支払方式を検討する。

● 支払方式の種類

　設計・工事施工などの対価を支払う方法を示す。支払方式には、総価請負方式・実費精算方式・単価精算方式などがある。

- 総価請負方式：内訳単価を定めず、総額をもって請負金額とする方式
- 実費精算方式（コスト＋フィー方式）：工事の実費（コスト）の支出を証明する書類とともに請求を受けて精算し、これにあらかじめ合意された報酬（フィー）を加算して支払う方式
- 単価精算方式（総価契約単価合意方式）：請負金額の変更があった場合の金額の算定

0　共通業務
1　発注業務
2　事業構想・基本計画
3　基本設計
4　実施設計
5　工事施工
6　完成後

や部分払金額の算定を行うための単価など
を前もって協議し、合意しておくことによ
り、設計変更や部分払いに伴う協議の円滑
化を図ることを目的として実施する方式

●支払方式の決定

支払方式は、プロジェクト特性とともに透明
性・説明責任・公正性などを総合的に勘案して
決定される。いずれにせよ、支払方式は契約に
含まれる重要な事項の1つであり、精算時に遅
延などが生じないよう、具体的な手続き方法や
必要書類などについても契約時点においてあら
かじめ発注者・受注者の双方の同意を得ておく
必要がある。

1-2 発注手続き

◆選定の業務

> CMrは、プロジェクト構成員を選定する業務に
> ついて十分な時間を確保し、発注者の意思を確
> 認しなければならない。

CMrが行う選定に関する業務は大別して以
下の3種類となる。プロジェクト構成員を決
める非常に重要な行為であるとともに、スケ
ジュール上も重要なマイルストーンとなること
が多く、十分な期間を確保し、発注者の意思を
確認することが必要である。

・選定に関する準備：選定方式や契約区分な

どを策定する。

・選定用資料の作成：候補者に計画の趣旨や
発注者の意図が十分に伝わる選定用資料を
作成・提示する。

・選定業務の支援：あらかじめ設定した評価
項目・採点基準などに基づき、候補者から
提出された資料に対して公正な審査を支援
する。また、審査の上、選定された優先交
渉権者との契約締結に関する支援を行う。

●CMrに期待される資質・能力

CMrは設計者・監理者・工事施工者などの
選定に際して、発注者の適正な利益を第一に考
え、プロジェクト特性に応じた発注方式に基づ
き、候補者に対して公正な選定を行い、適切な
受発注関係を形成することを志向しなくてはな
らない。そのためにCMrには以下の資質・能
力が求められる。

・中立的な立場で選定・評価ができる。

・発注者・候補者と対等な意見交換ができる。

・候補者と同等以上の技術力がある。

・事業の特質を理解し、候補者に必要不可欠
な技術や経験を的確に把握できる。

◆選定対象ごとの留意点

> CMrは選定対象に応じて、的確な選定業務を実
> 施しなければならない。

プロジェクト実施方式に応じた選定の具体的
な内容については、第3章「2　調達マネジメ
ント」を参照願いたい。ここでは、設計者・工
事施工者・設計施工者・技術協力者の選定にお
いて特に留意すべき事項について述べる。

●設計者の選定

設計者の選定は、発注者の要求を具現化し、
プロジェクトの先行きを決定付ける最も重要な
業務の1つといえる。

不特定多数の応募者の提案を審査・評価する
ことは、発注者およびCMrにとって効率的と

はいえない場合が多く、同時に選定されなかった応募者に不必要な労力や出費を強いることになる。指名型においては候補者を絞ることができるが、公募型においても応募資格を適切に設けることにより、発注者の労力を軽減することができる。

更に、事前審査を設けて候補者を絞った上で提案を依頼することがある。その際、事前審査の資料は基本的な会社概要や類似実績などを求め、本審査の資料はプロジェクト固有の提案を求めるなどといった方法が取られる。

● **工事施工者の選定**

工事施工者の選定は、CMrとして倫理観が問われる業務であり、CMrは公正な姿勢を貫かねばならない。CMrが手続き上の窓口業務を担当する場合が多いが、特定の候補者に他の候補者に提供した情報以外の情報を提供することは公平性の観点から問題がある。過去の経緯から、特定の候補者がすでに多くの情報を知り得ている場合もある。全ての情報を提供することは現実的ではないが、提出物に有用と思われる情報はできる限り提供できるよう配慮すべきである。また募集開始後は、CMrは個別の候補者とは接触しないなど、コンプライアンスの遵守に努めなければならない。

また、CMrは自らが選定の権限を持つのではなく、発注者から委託された業務として、発注者を支援する立場であることを常に認識しなければならない。

● **設計施工者の選定**

設計施工者の選定に際しては、前述の設計者・工事施工者の選定に関する事項のみならず、設計と工事施工の相乗効果が得られるような提案を促し、設計施工一括方式の長所を最大限に享受できる選定用資料の作成が求められる。また、工事施工者から工事費だけではなく、設計に関する合理的・効率的な提案が得られる募集要項書などの作成を行わなければならない。

● **ECI方式における技術協力者の選定**

ECI方式における技術協力者の選定に際しては、前述の設計施工者の選定に関する事項と共通して、工事施工の視点から設計に関する品質・コスト・スケジュールなどへの合理的・効率的な提案が得られる募集要項書などの作成が求められる。特に限られた期間内で採用可能な提案が期待できるようにすることが重要である。

また実施設計などでそれらの提案を設計者と技術協力者が、どのように役割分担して設計に反映していくか、明確に取り決めておく必要がある。設計施工一括方式と異なり工事費や工期の確定は実施設計完了後となるため、その時の協議・交渉の根拠資料となるよう、技術協力者の選定時の設計条件・概算見積根拠・工程算出根拠などを事前に合意しておくことが重要である。

➡第3章「2 調達マネジメント」

◆ **公共プロジェクトの留意点**

> 公共プロジェクトにおいて、CMrは公共調達の原則を理解した上で、選定業務を実施しなければならない。

公共事業の選定においては、公共調達の原則について理解した上で業務にあたることが必要である。国が発注者となる場合には会計法などを、地方自治体が発注者となる場合には地方自治法などをそれぞれ確認しておくことに加え、PFI事業を推進する際にはPFI法、都市公園における事業推進にあたっては都市公園法など、関連法規については十分に留意する。

また、公共事業においては、上述に合わせて議会への対応、市民への情報公開などが必要となる点に留意されたい。特に発注に関する準備の段階では、予算や発注内容などについて議会への説明が必須であり、議会スケジュールや、その他行政手続きにかかる期間も考慮しておく必要がある。

■公共プロジェクトの発注に関してCMrが知っておくべき事項

● PPP/PFIの促進

公的負担の抑制を図りつつ、効率的かつ効果的で良好な公共サービスを実現するため、公共施設の整備・運営に民間資金や創意工夫を活用するPPP/PFIが推進されており、2016年度より「PPP/PFI推進アクションプラン」が定められている。2024年度改訂版においては、「1.分野横断型・広域型PPP/PFIの形成促進」「2.民間事業者の努力や創意工夫により適正な利益を得られる環境の構築の促進」「3.事業件数10年ターゲットの上方修正及びPPP/PFIの活用領域の拡大」「4.PPP/PFIによる地方創生の促進」が主要事項とされた。「4.PPP/PFIによる地方創生の促進」においては、地方公共団体が所有・取得する空き家などを民間の創意工夫を活かして価値向上させて、地域経済・社会にメリットをもたらすスモールコンセッションの普及促進の方針などが示されている。

● 第三次・担い手3法

2024年に「公共工事の品質確保の促進に関する法律」および「建設業法及び公共工事の入札及び契約の適正化の促進に関する法律」が改正された。2014年および2019年の改正以降も建設業就業者の減少は著しく、建設現場に担い手の確保に向けた対策の強化が急務とされる中で、持続可能な建設業の実現と、そのために必要な担い手の確保を目的としている。改正の内容としては、「担い手確保」「生産性向上」「地域における対応力強化」の3本を軸としているが、「地域における対応力強化」として、従前からの「発注関係事務の全部又は一部を行うことができる者」の活用に加え、「発注者が発注関係事務の適切な実施」を行えるようにするために、「民間団体による研修の活用の促進」に努めなければならないとしている。

● 不調・不落対策

2020年から約3年にわたり続いたコロナ禍以降、戦争・原油高騰・円安などに起因した急激な物価上昇による資材高騰、建設業界の慢性的な人手不足、働き方改革などによる人件費の高騰、大規模プロジェクトの連続による施工者の繁忙度などにより、建設費の高騰が著しく、各地で不調・不落が生じている。予算・計画の大幅な見直しが生じ、結果として事業が数年単位で遅れる事態も多発している。公共工事の遅延は、行政サービスや市民生活に支障が生じる懸念を意味しており、CMrは極力このような事態を避けるべく、公共発注者とともに対策を検討しなければならない。

○工事費に対する対策
・市況を踏まえた予算設定
・工事着工時期の物価上昇を踏まえた予備費の想定

○建築計画に対する対策
・DXやペーパーレス化などを踏まえた施設計画の最適化
・既存改修による施設計画の最適化
・整備の優先順位付けよる施設計画の最適化

○市場に対する対策
・施工候補者への適切なサウンディング
・施工候補者に関心をもたれる事業内容の整備

さまざまな懸念事項とそれに対する方策を、公共発注者とコミュニケーションの上で共有・協力し合い、1つひとつ対策を講じていくことである。

● 設計者の選定

建築工事における設計者の選定は、価格と品質が総合的に優れた契約の実現を目指し、総合評価方式が本格的に導入されつつあり、国土交通省は2009年3月に「建設コンサルタント業務等におけるプロポーザル方式および総合評価落札方式の運用ガイドライン」を定めている。

また、2007年11月に、「国等における温室効果ガス等の排出の削減に配慮した契約の推進に関する法律」が施行され、プロポーザル方式においては、環境配慮型プロポーザル方式が適用されている。

● 工事施工者の選定
○法令に基づく規定

公共工事においては、会計法と予算決算および会計令（予決令）にて、入札・契約手続きに関する規定がある。また、地方公共団体の場合は、地方自治法および政令において手続きに関する規定がある。更に入札・契約手続きについて、以下に挙げるような関連法令があり、各公共発注者において独自の指針・要領・規程が設けられている場合がある。CMrは、それらの何に準拠しなければならないかを見定めて、プロジェクトの特徴に合致した手続きを検討する必要がある。

・公共工事の入札および契約の適正化の促進に関する法律
・入札談合等関与行為の排除および防止に関する法律
・公共工事の品質確保の促進に関する法律

○入札に関わる留意事項

契約については、中央建設業審議会が公共工事標準請負契約約款を決定し、多くの公共発注者がこれをもとに施工者との工事契約を行っている。公共工事のうち、特に建築工事においては、建築と設備が分離発注される事例が多く、その場合でもこの契約約款が活用されている。 以下に公共工事の入札手続きについて、留意すべき項目を記載する。これらの内容は、発注者と運用方法について確認していく必要がある。また、CMrを含めた関係者が、どのように対応するのかについても検討する必要がある。

- ・入札参加資格登録
- ・補助金にかかる予算執行の適正化
- ・予算繰越について
- ・単年度予算と国庫債務負担行為
- ・予定価格と算定基準 ・総合評価方式（特に高度技術審査型の予定価格の扱いについて）
- ・随意契約予定工事の有無の表記
- ・不落の場合の対応（再度入札・不落随意契約の適用可否）
- ・最低限価格制度
- ・低入札価格調査・特別重点調査
- ・支払時期と条件（部分支払、出来高確認）
- ・工事成績評定

○ **WTO 政府調達協定**

WTO（世界貿易機関）のGATT（関税と貿易に関する一般協定）ウルグアイ・ラウンドにおける合意に基づき、1995年1月に成立。同協定は、1994年4月に作成され、1996年1月1日より発行し、日本は1995年12月に同協定を公布している。

○ **公共事業の入札・契約手続きの改善に関する行動計画**

WTO政府調達協定を前倒しする形で、1994年1月18日に閣議了解。更に運用指針が策定され、具体的な手続きが示された。そしてその後、協定の適用を受ける機関およびサービスの拡大を含む「政府調達に関する協定を改正する認定書」が2014年4月6日に発効され、政府調達市場が更に開放されることとなった。

● **請負契約におけるスライド条項**

スライド条項（賃金または物価の変動に基づく請負代金額の変更）は、賃金水準や物価水準の変動により請負代金額が不適当となる場合に、受注者の請求により請負代金額の増額変更が可能となる契約条件である。

国土交通省の公共工事標準請負契約約款では、①全体スライド（比較的緩やかな価格水準の変動に対応する措置）、②単品スライド（特定の資材価格の急激な変動に対応する措置）、③インフレスライド（急激な価格水準の変動に対応する措置）に大別され、参考資料などで請負代金額の変更に関する適応範囲の対象、請求可能な時期、具体的な手続きなどが示されている。経済状況・社会状況の急激な変化による建設物価の著しい変動が顕在化する際には、契約単位でのプロジェクト関係者による対応と合わせて、制度面での適切な対応も必要となる。

● **入札契約方式に関わる参考資料**

これまでに述べた公共プロジェクトの発注方式や選定方式などの考え方は、国土交通省などから詳しいガイドライン・マニュアルなどが発行されている。定期的な改訂もされているため、CMrはプロジェクトの特性に合わせて関係する資料の最新版を確認の上、適切に公共発注者の支援を行う必要がある。

0 共通業務

1 発注業務

2 事業構想 基本計画

3 基本設計

4 実施設計

5 工事施工

6 完成後

2 事業構想・基本計画における マネジメント

　事業構想におけるCMrの主な役割は、発注者が意図する事業について発注者とともにプロジェクト目標・要求条件・制約条件を整理し、それを事業計画書としてまとめる支援を行うことである。CMrは設計・工事施工・運営・管理などの専門的な能力を活かし、発注者の事業計画書の作成を支援することで、その精度を高め、発注者にとってより良いプロジェクトとしていくことが求められている。そしてCMrは、事業計画書の内容を踏まえた上で、事業計画や推進計画、発注計画を含むプロジェクト推進計画書を作成し、以降は進捗状況に応じて更新し、プロジェクト完了までの基本方針とする。

　基本計画においては、事業計画書やプロジェクト推進計画書を参照しつつ、要求条件や制約条件の確認、マスター・スケジュールや事業費の検討などを行って、CMrが基本計画書としてまとめ、基本設計以降の手戻りを防止する。運営・管理や環境対応の方針検討については、基本設計以降への影響が大きいため、基本計画での検討が望ましい。

▶ 事業構想・基本計画におけるCMrの業務フロー

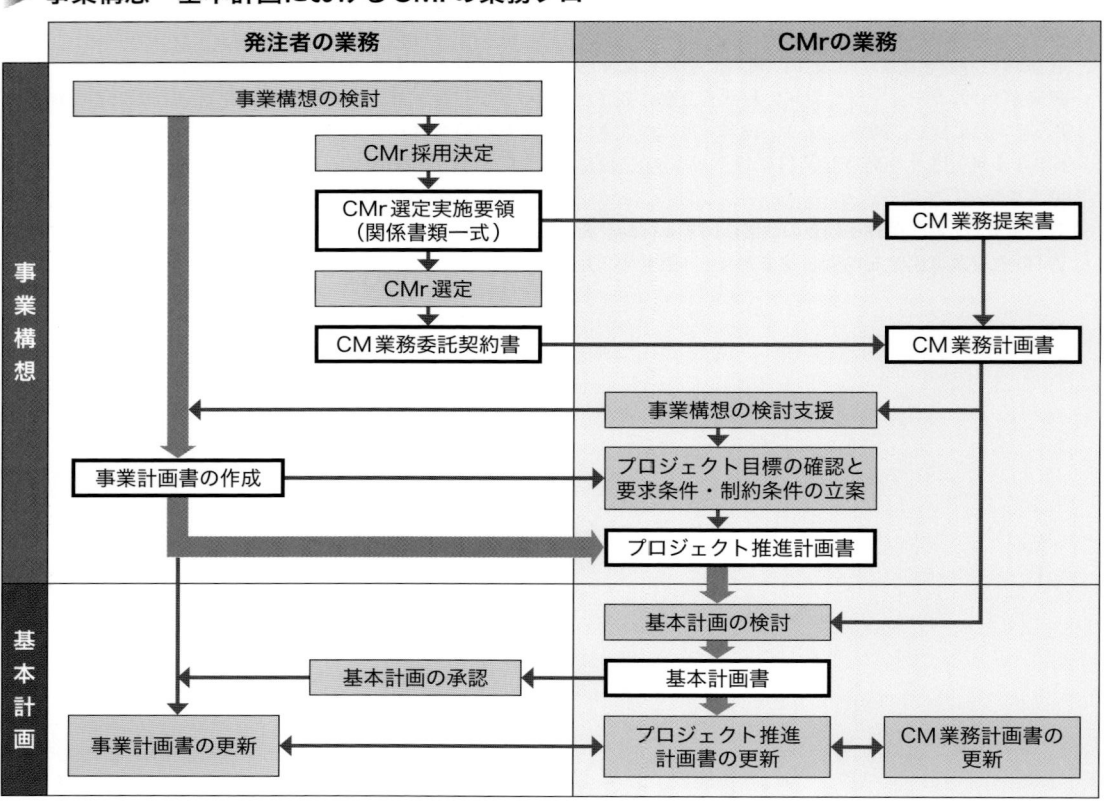

2-1　事業構想

◆ 事業構想の検討支援

> CMrは、事業の実施の決定に際して、プロジェクト目標・要求条件・制約条件に従い、事業構想の検討支援を行う。

　民間企業が保有する施設について、その有効活用や収益性向上を目指して、それらを経営資源として戦略的に運用していくことが経営者の責務となってきている。このCRE（Corporate Real Estate）戦略構築への技術支援として、CMrがその専門性を活かして参画していく機会が増大している。

　公共事業においても施設の複合化やプロジェクトの複雑化により、発注者を支援して事業を円滑に推進するマネジメント業務の必要性が高まっている。合わせて責任範囲の明確化・コストの透明性・リスクの低減などに注目する発注者のニーズとプロジェクトを一貫して総合的にマネジメントを行うCMrの業務が合致している。

　更には、環境問題の深刻化、市民合意の重要性の高まり、公共サービスの民間活用など、社会環境も大きく変化している。また、共同事業の機会の増加や資金調達の高度化、開発・管理・運営の専門分化など、事業主体も複雑化してきていることから、マネジメントに関わる業務の形態も多様化してきている。一方で、設計者には最新の専門技術や先駆的なデザイン・エンジニアリングなどが要求されるようになりつつあり、また工事施工者にはコストの透明性や責任範囲の明確化などが求められるようになっている。

　発注者が主体的に実施する事業構想において、事業の目的や採算性を事前に確認するために、CMrの専門性を求める機会が増えている。本書ではプロジェクトの早期においても、CMrが事業計画を発注者とともに検討し、プロジェクト全体を一貫して支援していくことが重要で

あると考え、事業構想の策定支援もCM業務の範疇として位置付けている。

　事業構想は、基本計画・基本設計につながるように与条件を明らかにしていくプロセスでもある。事業構想をまとめたプロジェクト推進計画書は、事業計画・推進計画・発注計画で構成される。このうち、事業計画は発注者が検討しなければならないが、推進計画と発注計画についてはCMrの主体的な関与が必要となる。特に公共事業では、事業構想を担う部署と設計以降を担う部署が異なることが多く、事業構想での推進計画・発注計画の検討のためにCMrの一貫した関与が有効である。

● 事業計画書の作成支援

　事業計画書は原則として発注者が作成するが、CMrはその支援・助言を行う。

　事業計画書の内容やその精度は、発注者の特性や事業の内容・進め方などによりさまざまではあるが、その内容としては表2-8のような項目が考えられる。

● 民間プロジェクトにおける事業構想の検討支援

　事業構想の発注者の検討状況は、以下のようにさまざまであり、それぞれに応じて実施するべき検討内容は異なってくる。

- 収益施設や自社施設を建てるために土地の購入を検討している。または、敷地が定まっていない。
- 建てることは決まっているが、具体的な内容や建てる時期が決まっていない。
- 遊休地を有効活用するか売却するか検討している。

　また、社会環境が激変する時代においては、事業構想の意思決定が容易でない場合があり、プロジェクトの中止や延期に関わる条件をあらかじめ検討することもある。

● 公共プロジェクトにおける事業構想の検討支援

　事業構想のために行われる業務は調査業務や

表2-8 ●事業計画書とプロジェクト推進計画書の構成（例）

事業計画書		プロジェクト推進計画書	
・発注者が事業構想で作成することが原則（ただし、記載の内容・精度は発注者や事業の内容・特性・進め方などによりさまざま） ・作成後の各段階での管理（更新など）も発注者による実施が原則 ・CMrは発注者の作成・管理に対する支援・助言を基本とし、必要に応じてプロジェクト推進計画書で補完・補足		・プロジェクト関係者を主な対象として受注者選定や業務着手などで〈事業計画〉の概要を伝達し、具体的なプロジェクトの〈推進計画〉と〈発注計画〉をプロジェクト関係者と共有・周知するためのツール ・〈事業計画〉は発注者による作成・管理を原則とし、CMrは〈推進計画〉と〈発注計画〉を主体的に作成・管理（各段階で進捗状況に応じて深度化）	
〈事業計画〉	発注者の作成・管理が原則	〈事業計画〉	CMrは必要に応じて発注者への支援・助言
プロジェクト目標	プロジェクト目標やコンセプトなどを併記	（同左）	プロジェクト関係者への周知を目的として、発注者が作成する事業計画書から、CMrがプロジェクト目標・要求条件・制約条件の関連部分を抜粋して記載 環境や運営・管理に関する方針を含む
敷地概要（権利関係・敷地現況／関係法令／インフラ状況共）	必要に応じて敷地測量図・周辺図・地盤調査資料・インフラ図などを添付	（同左）	
施設概要（建物用途／施設規模／計画内容 など）	必要に応じてボリュームチェック図・レイアウト図（生産設備など）などの検討図を添付	（同左）	
プロジェクト実施体制（プロジェクト関係者／契約関係など	必要に応じてプロジェクト組織図を添付し、事業スキーム・ステークホルダーなどを併記	（司左）	
マスター・スケジュール（企画調査／設計／工事施工／許認可／供用時期など）	可能な範囲で主要なマイルストーンとクリティカルパスの相互関係などを併記	（同左）	
事業予算（建設工事費／関連工事費／諸費用など）	可能な範囲で細分化して算出根拠（床面積当たり単価など）を併記	（原則として省略）	
事業収支（収入想定／供用後費用／損益検討／事業性評価など）	必要に応じて事業性検討資料・市場調査資料などを添付	（原則として省略）	
〈推進計画〉	CMrに作成・管理を委託が原則	〈推進計画〉	CMrが主体的に作成・管理（進捗に応じて深度化）
		業務役割分担	発注者・CMrと建設関連のプロジェクト関係者の各段階における役割分担・責任区分を一覧化
		プロジェクト情報管理方針	プロジェクト文書(図面・議事録・関連資料など)を定義し、管理フロー（作成・承認・配布など）を管理媒体などとともに一覧化
		会議体運営計画	会議体の構成・名称・目的などを定義し、開催の日時・頻度・出席者（主催・必須・適宜など）・方法・場所などを一覧化
〈発注計画〉	CMrに作成・管理を委託が原則	〈発注計画〉	CMrが主体的に作成・管理（進捗に応じて深度化）
		プロジェクト実施方式	プロジェクトを推進する上で、設計・監理・工事施工の実施体制を記載
		選定方式	調達する業務ごとに、契約の相手方を決定するための方法を記載
		支払方式	業務および工事施工の対価を支払う方法を記載

あり方検討業務として実施されることが多い。CMrは社会資本整備のための発注者の事業構想を支援する。設計や工事施工の担い手ではなく、第三者性を持ちつつ設計や工事施工の知見を提供できるCMrは、事業構想の業務に最も適しているといえる。

近年、社会資本整備を取り巻く状況が大きく変化してきており、公共事業においては発注者が市民への説明責任を十分に果たすことが求められている。このため、CMrが発注者を支援する従来の役割に加えて、社会的な合意形成やマネジメントを発注者とともに実施する役割や、第三者の立場で設計や工事施工に関する業務や成果物を確認する役割を担うことが求められることも多くなってきている。具体的な業務としては以下のものが挙げられる。

- ・公共事業の可能性調査
- ・社会的な合意形成などの支援
- ・委託者選定のための発注支援
- ・既存の公共施設の利活用計画の策定支援
- ・PFI事業における導入可能性調査
- ・必要に応じた専門家としての助言

● 専門コンサルタントの活用

事業構想にはCMrの専門性を超える専門家の参画が求められる場合がある。CMrは既存建物の調査に関わる診断業務などの専門家、医療施設における医療コンサルタント、商業施設における商業コンサルタント、生産設備における調達コンサルタントなど、外部の専門コンサルタントを必要に応じて発注者に推奨する、あるいはCMrがこれらコンサルタントと協働することで発注者の利益になる場合も多い。

◆ プロジェクト目標の確認と要求条件・制約条件の立案

> CMrは、発注者が作成する事業計画書から、プロジェクト目標・要求条件・制約条件を立案する。

CMrは、それまでに発注者が行った事業構想の検討内容や、発注者が作成した事業計画書から、プロジェクト目標・要求条件・制約条件を立案する。それらは、具体的に定まった状況ではない場合が多いが、決定事項と未決定事項の確認や変更の可否も含め、建設プロジェクトの進め方を定める情報として重要な作業である。

● プロジェクト目標の確認

発注者のプロジェクト目標を明確にすることは特に重要である。事業構想では、発注者のプロジェクト目標が明確でない場合もあるが、発注者と協議して明確化を図る。プロジェクト目標とは、発注者の事業計画の実現を目的として、建設プロジェクトが施設整備を通じて目指すべき目標である。一定の書式などはないが、後述する要求条件・制約条件の上位に位置付けられる具体的な方針・指針となることが望ましい。

● 要求条件の立案

CMrは発注者の事業計画を前提に、施設整備に求められる性能・仕様など（必要諸室・耐震性能・環境性能・設備仕様など）を要求条件として立案する。書式・項目は一様ではないが、定量的な条件設定を基本とし、継続して客観的に評価・検証できることが望ましい。もし定性的な条件設定となる場合でも可能な限り具体的な記載内容とする。これらの要求条件は、CMrを含むプロジェクト構成員の業務内容に大きな影響を与えるので、発注者による事業構想の検討内容や事業計画書から確認し、明確化を図る。

● 制約条件の立案

事業予算・竣工時期・敷地条件・環境条件・法令条件などの制約条件は、基本構想では未確定な内容も多いが、何が決まっていて何が決

0 共通業務

1 発注業務

2 事業構想
基本計画

3 基本設計

4 実施設計

5 工事施工

6 完成後

まっていないかも重要な要素であり、整理しておく必要がある。

◆プロジェクト推進計画書の作成

> 事業構想において、プロジェクトを推進する上での指針として、CMrはプロジェクト推進計画書を策定する。

CMrは事業構想において、発注者が整理・確定した事業計画書をもとに、プロジェクト推進計画書を作成する。

プロジェクト推進計画書に含むべき内容は、表2-8のような項目が例として考えられる。

プロジェクト推進計画書は、発注者による承認を経て、その後のプロジェクト推進の基本方針となる。更にプロジェクト目標や種々の要求条件・制約条件を明確にする。プロジェクト推進計画書はプロジェクトの出発点としてプロジェクト関係者で共有される文書となる。事業予算などの情報も含まれているため、情報の取り扱いには十分に注意が必要である。

また、プロジェクト推進計画書の中で設計・工事施工に関わる項目以上に重要な項目は、環境や運営・管理に関する方針である。これらは、事業の成否をはかる尺度として発注者が念頭におかなければならない要素である。CMrはこれらの情報について事業構想で発注者に助言し、専門家としての立場から必要な情報を提供する必要がある。プロジェクト推進計画書は、以降の進捗状況に応じてCMrが更新する。

2-2 基本計画

◆基本計画の検討と基本計画書の作成

> CMr は、事業構想で作成したプロジェクト推進計画書をもとに、発注者との協議や調査・検討を実施し基本計画書としてまとめる。

基本計画の検討にあたり、CMrはまず事業構想で作成したプロジェクト推進計画書、または発注者が作成した事業計画書を確認する。それは基本的な内容であるため、基本計画において1つひとつの内容を検証し、発注者による更なる検討や、CMrによる詳細な調査や検討を通して、より具体的な内容にしていく。

CMrは事業構想で立案したプロジェクト目標・要求条件・制約条件を確認し、必要に応じて深度化・詳細化した上で、基本計画書で重要な項目の1つとなる施設コンセプトの立案を行う。特に事業構想の制約条件は概要であることが多いため、基本計画において実施するプランニングに備えて、敷地条件・法令条件などを調査する。それらを踏まえてプランニングを行うが、あくまでも以降の設計の自由度を妨げない程度の計画を行う。プランニングでは、諸室の与条件の設定や概略平面図・概略断面図・施設イメージだけでなく、構造計画や設備計画の概要も検討し、事業予算やマスター・スケジュールの精度を高めておく必要がある。事業予算やマスター・スケジュールは、事業構想で検討したものから、基本計画でより具体的になる内容を反映して更新し、発注者と合意しておかなければならない。そして、それらを実現するための実施方針として、プロジェクト推進計画書の推進計画や発注計画を更新する。

CMrは基本計画において、以上のような基本計画の検討を行い、基本計画の成果物として基本計画書をまとめ、発注者の承認を得なければならない。基本計画書に含むべき内容は、表2-9の項目が例として考えられる。

◆プロジェクト目標の確認

> CMr は、プロジェクト推進計画書の内容をもとに、発注者と協議してプロジェクト目標を確認する。

プロジェクト目標を明確化することは基本計画における最も重要な行為といえる。CMrが事

業構想から参画している場合は、プロジェクト推進計画書の内容をもとに、またCMrが基本計画から参画する場合は、発注者が作成した事業計画書の内容をもとに、今後の検討の際の根幹となるプロジェクト目標を十分に発注者と議論し、明確にする必要がある。CMrはそれらの議論を促し、プロジェクト目標を明確化しなければならない。以降、プロジェクト構成員が同じ目標に添って活動できるよう、わかりやすい目標の設定を行うことが求められる。

◆ 要求条件の確認と更新

> CMr は、プロジェクト目標に基づき、基本計画に求められる与条件を確認し、事業構想で立案した要求条件を更新する。

　プロジェクト目標に沿って、施設の基本計画に求められる具体的な与条件をプロジェクト関係者で要求条件として整理する。要求条件の確認では、必要に応じてワークショップの開催、アンケート・ヒアリングの実施、周辺の不動産市況の調査などの要否も発注者と検討して、基本計画に必要な規模計画(各種面積)・動線計画・配置計画・諸室計画・その他(性能・仕様など)を設定する。その上で制約条件も踏まえたプランニングを行い、施設コンセプトを施設計画として落とし込んでいく必要がある。

　建物の用途によっても重点的な検討内容は変わるため、用途に応じた要求条件を設定する必要がある。

　重要度の高い施設においてはBCP(事業継続計画)の検討が必要とされる。事業予算や計画内容にも大きな影響を与えるため、プロジェクトの早期でBCPの基本的な考え方を検討しておくことも必要である。

表2-9 ● 基本計画書の目次構成 (例)

項　目	内　容
上位計画との関連	発注者が作成する事業計画書などの上位計画との関連性を記述する。公共事業においては、広域の計画などが策定されている場合があり、関連する計画を漏れなく列記する。
施設整備の目的	発注者が作成したプロジェクト推進計画書の「プロジェクト目標」などから、基本計画で発注者と協議して深度化させた内容を記述する。
施設コンセプト・配慮事項	プロジェクト推進計画書の「プロジェクト目標」や、発注者から確認した要求条件を参考としながら、施設整備の目的を達成するための施設コンセプトや、配慮事項を記述する。
計画地・周辺環境	プロジェクト推進計画書の「敷地概要」を確認し、基本計画で調査した敷地条件や環境条件に関する内容を記述する。
法的条件	計画地の調査を踏まえて、関連する法規・規則・条例などを確認し、大きな事業リスクとなる法的条件を明らかにする。
施設概要	プロジェクト推進計画書の「施設概要」をもとに、基本計画で詳細化した要求条件や制約条件を踏まえてプランニングを実施し、その検討結果の概要を記述する。
概略平面図・概略断面図	基本計画で明らかになった要求条件や制約条件を確実に満たしつつ、かつ以降の設計の自由度を妨げることのない概略の平面図や断面図を掲載する。
構造概要・設備概要	基本計画での要求条件や制約条件を満たしつつ、基本計画での事業予算やマスター・スケジュールの前提となっている構造や設備の概要を記述する。
施設イメージ	基本計画でのプランニングの結果を踏まえ、施設コンセプトに合致した施設イメージを簡易なパースなどを用いて明らかにする。
事業予算	基本計画で検討した内容を踏まえ、工事費やその他の費用の概算を算出して、プロジェクト推進計画書の「事業予算」を更新する。
マスター・スケジュール	基本計画で検討した施設概要や発注計画を踏まえ、プロジェクト推進計画書の「マスター・スケジュール」を更新する。
施設整備の進め方	事業構想のプロジェクト推進計画(業務役割分担・情報管理方針・会議体運営計画)、発注計画(プロジェクト実施方式・選定方式・支払い方式)などを基本計画で検討した内容を踏まえて更新する。また、基本計画で検討した環境目標の設定や、引渡し後の運営・管理方針についても記述する。

また、近年は事業における環境目標の達成に寄与するために、さまざまな施設で環境性能の定量的な目標を設定することが重要とされている。基本計画において、法令のリスト化、数値目標の設定、与条件の具体化、費用対効果の検証などにより、発注者の検討および意思決定を支援する。

◆ 制約条件の確認と更新

> CMr は、事業予算・竣工時期などを発注者に確認し、外的な敷地条件・環境条件・法令条件などとともに制約条件を具体的に整理する。

制約条件には発注者の条件に加えて外的な条件も含まれる。準拠すべき関連法令、敷地条件・プロジェクト内容による諸条件など、敷地（周辺を含む）や関係諸官庁で必要な調査・確認を行うことにより判明してくるものもある。ここで漏れが生じた場合、プロジェクトの進捗に影響を与えるので表2-10に示すような必要項目を洗い出したチェックリストなどを活用することが望ましい。また制約条件の整理に不備があった場合、CMrが善管注意義務違反に問われる可能性があるため、注意が必要である。

● 敷地条件の確認

敷地の現況、周辺の環境、地域の特性、将来の計画などの幅広い条件がある。プロジェクトの品質・コスト・スケジュールに重大な影響を与える可能性がある項目を抽出し制約条件として記載する。調査が必要なものについては発注者と協議した上で実施する。

以下のような場合は工事費の増加につながる可能性が高いので、リスクを回避するためにも制約条件として明確にしておく。

- ・想定されるハザード（洪水・津波・地震）
- ・現状植生や既存建物
- ・登記上の里道・水路
- ・地下水位や軟弱地盤
- ・地中障害物や地下鉄近接

表2-10 ● 制約条件の調査（例）

立地調査	類似施設・競合施設
	立地の経済的・社会的条件（交通・人口）
	大規模小売店舗立地法など各種法令
	開発許可
経済調査	公示価格・路線価など
	PML*（予想最大損失率計算：既存建物を使用する場合）
	不動産鑑定評価
開発のための敷地調査	公図・登記簿・道路台帳など
	測量・ボーリング・写真撮影などを含む敷地状況
	地下埋設物
	埋蔵文化財
	既存建物状況
環境調査	土壌汚染に対する地歴
	土壌汚染が疑わしい場合の実地測定および既存建物
	地下水汚染
	アスベスト・PCB など

* PML（予想最大損失率）
Probable Maximum Loss
建物の一般的耐用年数 50 年間に確率的に起こりうる最大規模の地震（再現期間 475 年の地震に相当）により生ずる損失を表したものであり、ある想定する地震による被害復旧費用が再調達費用の何%に相当するかを予測した数値である。

- ・上下水道などのインフラ
- ・敷地境界の確定
- ・工事用排水に対する規制
- ・敷地上部の架空電線

● 環境条件の確認

基本計画においては、プロジェクトの着手に際して必要となる環境に対する調査を実施する。調査すべき代表的な項目としては以下のものが挙げられる。

- ・土壌汚染状況
- ・埋蔵文化財
- ・PCB 含有機器
- ・ダイオキシン
- ・アスベスト（石綿）

● 法令条件の確認

関連法令による制約条件には、法令などによるものと、必要な手続きの手順によるものとがある。CMrはこれらの関係が正確に理解され

るよう発注者に報告しなければならない。これらの制約条件を確認・整理することは、基本設計以降の申請業務を円滑に進めるために必要である。

　CMrによる基本計画は設計を始める前に与条件を明確にし大きなリスクを把握するために、発注者が行う調査や検討を支援するものである。

　建築物そのものや敷地・設備について規定しているのは「建築基準法」であるが、プロジェクトを進めるにあたっては、そのほかにも関連する法規・規則・条例などは多い。また、地方公共団体などのさまざまな指導要綱などで、建築計画に際しての住宅の附置、公共施設の整備、緑化確保などを義務付けているところもある。基本計画に際しては、計画地の関係諸官庁で確認する必要がある。

　更に、都市計画法第29条による開発行為の許可申請が必要な場合（開発区域面積500㎡以上）は、道路・上下水道・消防・緑化などについて関係諸官庁との事前協議が必要となることも認識しておかなければならない。

　その他に基本計画でCMrが確認しておくべき法令条件としては、以下のものが挙げられる。

- ・地域・地区ごとの建築制限や特殊な条例・規制
- ・施設用途に関する法令
- ・景観条例・開発指導要領・防災計画書評定などの自治体特有の規制
- ・活用可能な都市開発諸制度
- ・活用可能な規制緩和や補助金・助成金

◆プランニングの実施

> プロジェクト目標・要求条件・制約条件を分析・検討した上でプランニングにより具現化する。

　プランニングとは、事業構想で策定したプロジェクト目標・要求条件・制約条件に基づき、施設概要・概略図・構造概要・設備概要などを具現化することを指す。

　プロジェクト目標・要求条件・制約条件は事業構想よりも具体化されてはいるが、まだ詳細とはいえない。しかし詳細な必要諸室や断面構成までは判断できなくても、施設の用途や規模などを確認できる概略平面図・概略断面図が作成されていれば、より具体的な検討ができる。

　ただし、このプランニングが前提となり、その後の設計の自由度を妨げる懸念もあるため、プランニングにおいては最小限の施設概要と概略図を提示する程度にとどめることが望ましい場合もある。その他に構造概要や設備概要の検討も行う場合もある。図2-8は概略図、表2-11は施設概要の一例である。

　CMrがプランニングを実施する際に重要な事項の1つは、発注者に選択肢を示し、それぞれの選択肢の長所と短所を説明して、発注者に合理的で妥当性のある意思決定を促すことである。特に、基本計画は設計者選定前であることが多く、設計の与条件に関する発注者の意思決定を促すために、主にCMrが作成する。

　概略図における平面計画の詳細や構造計画・設備計画の内容まで踏み込んで見直すことが十分可能な時期であり、基本設計以降の指針となる重要なプロセスである。

◆マスター・スケジュールの検討

> CMrは、基本計画から発注・設計・工事施工・供用開始までを含むマスター・スケジュールを作成する。

　マスター・スケジュールはプロジェクト全体の流れを把握し、進捗をマネジメントするツールであり、基本計画から発注・設計・工事施工・供用開始に至るプロジェクト全体を通して総括的に表現されたものをいう（図2-9）。このスケジュールをもとにプロジェクトの全体計画や各段階のスケジュール・マネジメントが展開される。

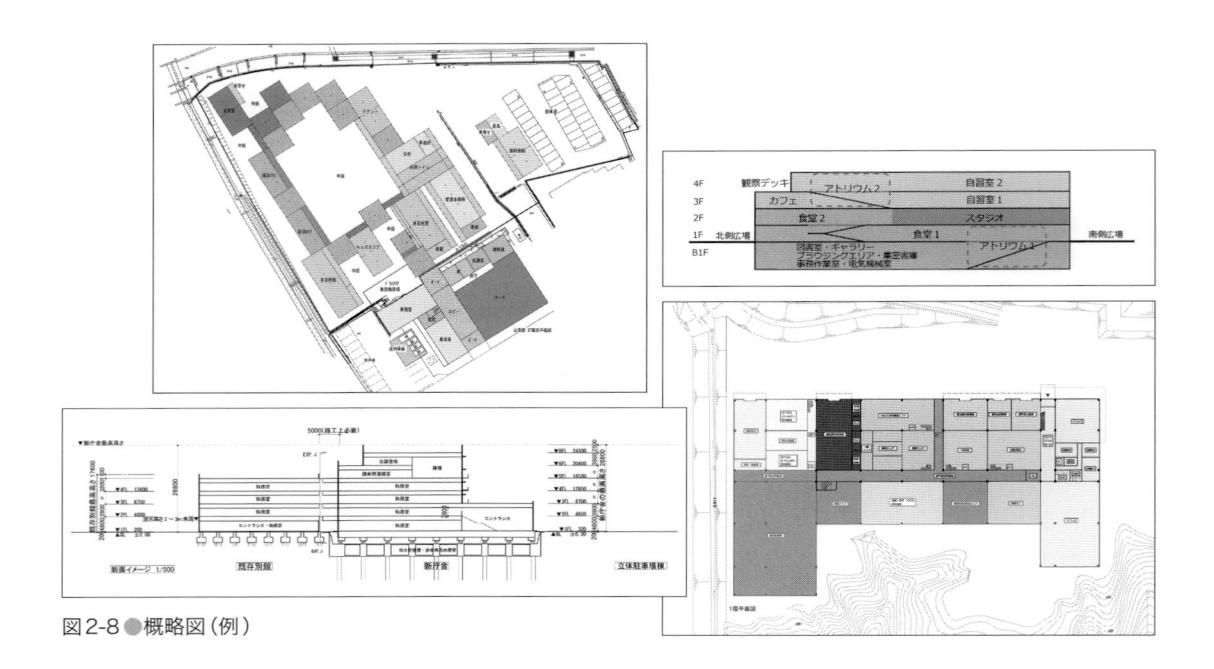

図2-8 ●概略図（例）

表2-11 ●施設概要（例）

計画概要

敷地面積	3,000.00 ㎡	
基準建ぺい率	80.00%	角地および防火地域内の耐火建築物による緩和を含む
建築面積	1,756.00 ㎡	
建ぺい率	58.50%	
基準容積率	335.00%	
法定延床面積	10,025.00 ㎡	
容積対象面積	10,025.00 ㎡	
容積率	334.10%	
階数	地上7階、PH 1階	
建物高さ	34.50 m	
構造	鉄骨造	
駐車場台数	33 台	
	うち荷捌用	2 台	付置義務台数2台
	うち身障者対応	1 台	付置義務台数1台

面積表

階	法定延床面積（㎡）		専有面積（㎡）				共用計（㎡）
	容積対象面積	左記以外	店舗	オフィス・研究用途	オフィス	専有計	
PH 階	50	0					50
7階	1,475	0		1,130		1,130	345
6階	1,475	0		1,130		1,130	345
5階	1,475	0		1,130		1,130	345
4階	1,475	0			1,130	1,130	345
3階	1,475	0			1,130	1,130	345
2階	1,300	0			800	800	500
1階	1,300	0	600		100	700	600
合計	10,025	0	600	3,390	3,160	7,150	2,875

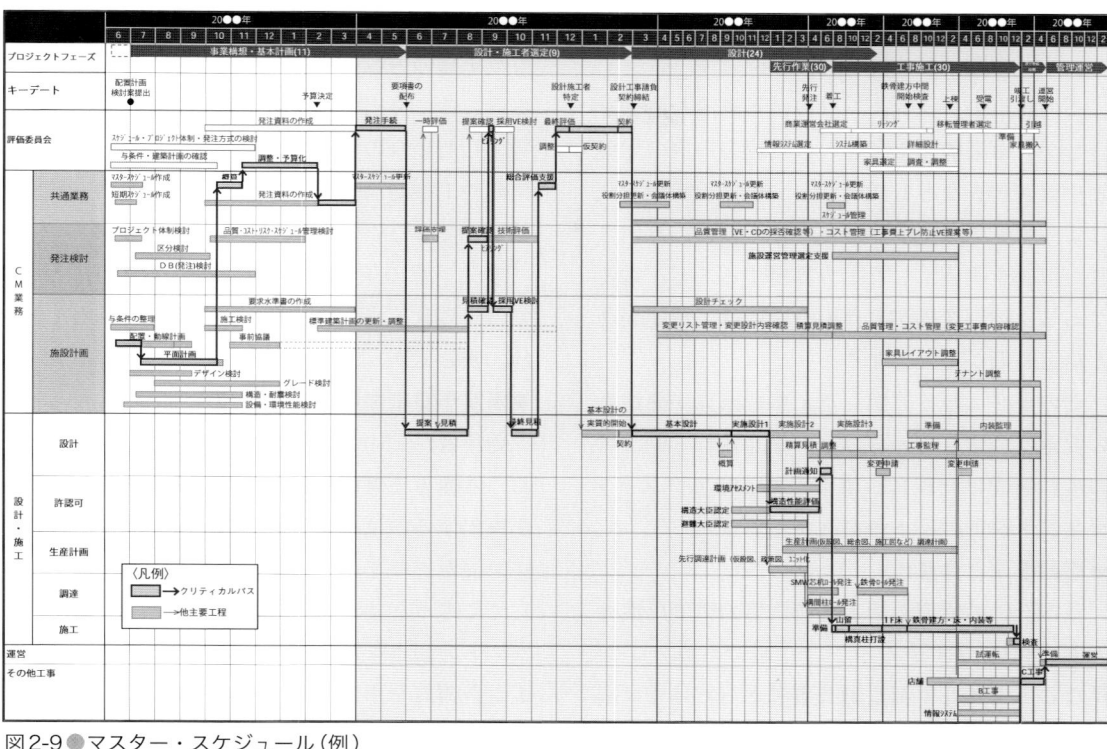

図2-9 ● マスター・スケジュール（例）

マスター・スケジュールの作成にあたっては、プロジェクト特性に応じて必要な業務を抽出し、それぞれの実施主体や時期・期間などについての検討を適正に行う必要がある。また、許認可申請に関する事前協議や手続きの時期とそれに必要とされる期間を確認しておくことが重要である。

プロジェクトの各段階における発注者の承認行為や、その時期・期間などをあらかじめ想定し記載しておくことも必要である。公共プロジェクトにおいては、議会開催予定との関連を明確にする。関連工事が想定される場合は、併せて記載する。

プロジェクト目標・要求条件・制約条件が明確でない場合は前提条件を明記し、変動する可能性について発注者へ説明し理解を得ることが重要である。マスター・スケジュールは、プロジェクト全体を見通すロードマップといえるものであり、CMrの重要なマネジメント・ツー

ルである。CM業務を受託する際にマスター・スケジュールの実現が困難と考えられる場合は、合理的なスケジュールを示し、発注者の期待するスケジュールを実現することが困難であることの理解を得ることも必要である。

プロジェクト内外におけるさまざまな状況の変化によりプロジェクトの進捗に大きな影響が生じる場合は、CMrがこのスケジュールを変更または修正し、プロジェクト関係者の理解を得る必要がある。ただし、容易に変更できるものではないため、発注者の承認を得た上でなければ変更できない場合も多い。

◆ 工事費の概算

> CMrは、要求条件や制約条件を考慮したプランニングをもとに工事費の概算を行う。

CMrはプランニングをもとに工事費概算を行い、発注者が想定しているプロジェクトの事

業予算における工事費の相当分と合致するかどうかや、事業予算のバランスを確認する。

この時点のプランニングには不確定な情報を含むが、事業構想で参考とした過去事例の坪単価や実例調査なども活用する。更に、発注方式によっても工事費は影響を受けるので、算出された根拠を明確にした上で算定することが重要である。物価変動が大きい時期には、算定根拠と算定時期が重要となる。

このようにして算出した工事費概算が発注者の要求に合致していることが確認され、発注者の承認を受けた後に、事業予算としてコスト・マネジメントの基本資料とする。

●概算手法と注意点

基本計画の情報量や工事費概算の精度は案件ごとにばらつきがあることは避けられないが、単なる工事費坪単価や過去事例からだけでは説得力に欠けることにもなる。基本計画における具体的な概算手法と注意点は、第3章「4　コスト・マネジメント」を参照のこと。

●事業予算との確認と調整

事業構想に設定された事業予算との整合性を確認し、必要に応じて調整する。

確認で事業予算との差異や問題点があれば、発注者に報告し調整する。また特殊要因などがあれば発注者に十分な説明をを行い、必要に応じて事業予算との調整を図りつつ、基本計画の見直しを検討する場合もある。

この工事費概算に関わる前提条件を明確にしておき、将来変更された場合の理論的裏付けをもつことが大切である。

◆事業予算の概算支援

> CMrは、基本計画の検討に基づき事業予算について発注者に対し情報を提供し、必要に応じて支援を行う。

CMrは、前述の工事費概算などに基づいて発注者の事業予算の策定を支援する。発注者が自ら検討する場合でも、発注者から提示された事業予算の内容を確認し基本計画との整合を図る。ここで算出する工事費概算などは現時点で発注した場合の目安であり、将来的な設計委託契約や工事請負契約の金額とは必ずしも一致するものではない。

事業予算の項目としては、**表2-12**が例として考えられ、また、各種費用の算出方法としては、**表2-13**のような例がある。

●事業予算における工事費概算

発注者がCMrに対し期待するのは事業予算における概算工事費の信頼性である。ただしCMrが算出するのは基本計画でのコストであり、発注を経たプライスではないことを発注者に理解してもらう必要がある。また、ライフサイクルコストの観点も踏まえて、発注者に対しCMrは工事費概算を事業予算の中でどのように扱うかを助言する。

●事業予算の項目

工事費概算に関連工事の費用などは含めないが、事業予算には、関連工事などを含む全ての費用を見込まなければならず、発注者にとっては事業予算に別途という考え方はできないことを認識しなければならない。

発注者が事業収支を検討する上で、事業予算は事業が計画どおり実現できるか否かの判断をする極めて重要な要素である。単なる数字合わせではなく、実現可能な事業予算でなければならず、慎重な検討が必要となるが、事業予算には予備費も見込んでおく必要がある。

ここでの事業予算はあくまでも基本計画での想定に従ったものであり、ここで算出された事業予算がそのまま最終的な金額になるわけではないことを、発注者には理解しておいてもらわなければならない。

●補助金・助成金の調査・検討

市街地再開発事業に対する補助金、屋上緑化に対する補助金、雇用促進に対する補助金、

表2-12 ●事業予算の項目（民間大規模工事の場合）（例）

1　新築施設建築工事関連	1.1 本体工事関連	①本体工事
		②インテリア工事
		③情報機器・什器備品類
		④地下駐車場工事
	1.2 その他関連工事	①建物解体費（既存建物）
		②その他工事（サイン・電波障害対策・敷地外整備など）
		③地盤改良工事
	1.3 設計関連	①設計業務
		設計料
		監理料
		その他（サイン設計・敷地外歩道設計など）
		②特別技術業務
		特殊行政協議
		特殊申請業務（防災・構造評定など）
		その他（環境影響評価・模型・CGなど）
		③調査などの外注関連
		測量調査
		有害物質調査（アスベストなど）
		土壌汚染調査
		埋蔵文化財調査
		電波障害調査・交通量調査・風洞実験
		④近隣関連
		説明会対応（資料作成・会場準備など）
		⑤申請手数料など
		確認申請手数料（申請・計画変更・中間検査・竣工検査など）
2　その他費用		①事業推進関連
		建設準備室・会議経費など
		式典経費
		管理運営コンサルタント
		開業前準備関連費用（竣工までの電気代・管理会社事前費用など）
		リーシング・ツール関連費用
		②移転関連費用
		引越し費用
		挨拶状などの印刷経費
		③工事費以外予備費

表2-13●事業予算の算出方法（例）

1　土地購入関係費		
①土地代	坪単価×土地面積	事業のために土地を取得する場合の土地代。参考数値：時価1.1 ＞公示価格1.0 ＞相続税路線価格0.8 ＞固定資産評価額0.7
②仲介手数料	土地代×3％＋6万円が上限	
③登録免許税（所有権移転）	土地固定資産税評価額×2％	軽減措置適用の可能性あり。
④司法書士報酬	5万円〜30万円程度	
⑤不動産取得税	土地固定資産税評価額×4％	軽減措置適用の可能性あり。
⑥土地固定資産税	土地固定資産税評価額×1.4％	購入から完成までの期間
⑦土地都市計画税	土地固定資産税評価額×0.3％	購入から完成までの期間
⑧敷地造成費	造成坪単価×造成面積	開発行為に関わるか否かにより金額が大きく異なるので注意が必要。
⑨土地関係費の金利	土地関係費×購入から完成までの期間×金利	

2　建築関係費		
①解体整備費	解体建物面積×解体工事費単価	
②建築工事費	建物面積×工事単価	単価の取扱いに注意。「法定床面積」と「施工床面積」の2通り
③設計・監理費	国土交通省告示第8号により人工積上げにより算出した額	
④コンサルティング費用	個別の場合による	調査や企画に関して外部のコンサルタントに依頼する場合の委託費
⑤CM業務費用	個別の場合による	
⑥基盤整備費・開発関連施設費	個別の場合による	基盤整備費（取付け道路や上下水道・電気・ガスなどの引き込み費用）。施設整備費用（開発指導事項などにより設置が義務付けられる施設の費用）
⑦開発負担金	個別の場合による	
⑧近隣対策費	参考数値： 商業地工事費×0.5〜1％ 住宅地工事費×1〜4％	電波障害や風害などの補償費も含む。一般に商業地より住宅地の場合が高い。
⑨工事中金利	建築費×完成までの期間×金利	
⑩不動産取得税	課税標準額×4％	課税標準額は建築工事費の60〜70％
⑪登録免許税	課税標準額×0.4％	課税標準額は建築工事費の60〜70％。
⑫司法書士報酬	5万円〜30万円程度	
⑬土地家屋調査士報酬	20万円〜50万円程度	
⑭事業所税	延べ面積2,000㎡超のものにつき、600円/㎡	政令指定都市などで事業所用建物新増設に適用、住居系建物は非課税
⑮抵当権設定料	債権金額×0.4％	
⑯予備費	参考数値：建築工事費の1〜5％程度	予期せぬアクシデントや計画変更のための準備金設定は重要
⑰消費税	税金および土地関係費以外の費用×10％	

※税金関係には軽減措置が適用される場合があるため、確認が必要

表2-14●損益とキャッシュ・フロー

損益計算書	目的とする事業から入ってくる収益および修繕維持費・運営費・借入金利子・固定資産税など、事業の運営に関わる費用をシナリオに従って想定する。税金も大きな要素となる。
キャッシュ・フロー計算書	建設費など損益計算書上では減価償却を行うような要素も実質的に支払いが生じる項目であり、計上する。損益と資金繰りが別のものであることは理解しておく必要がある。

PFIに対する補助金など、事業・開発・建設に関わるさまざまな補助金制度があるが、CMrは必要に応じて適用できそうな補助金・助成金の調査を行い資金計画からどれが活用できるかを助言する。

● **プロジェクトの財務的評価**

事業収支は収益性とキャッシュ・フローなどから検討されることが多いが、キャッシュ・フローの財務的評価をDCF（Discounted Cash Flow）法*で行うことがある。CMrによって損益計算書とキャッシュ・フロー計算書の技術的な根拠が準備されることにより発注者の事業収支計画の確実性が高くなる（表2-14）。ただし、事業収支の算出については、CMrはあくまでも発注者の支援を行うものであり、その内容についての責任を負うものではない。

> * **DCF法**
> 複数年の将来のキャッシュ・フローを作成するときに、時間的価値を考慮に入れ、将来の価値を割り引いて現在価値に置き直すもの。
> ➡第4章「3-3 不動産投資」

◆ **実施体制の検討**

> CMrは、プロジェクト構成員、その参画時期・プロジェクト組織体制・発注方式などを検討する。

どのようなプロジェクト構成員がいつ頃参画して、どのようなプロジェクト組織を構築するかは、事業やプロジェクトの成否に大きく影響する。CMrは多くのマネジメント経験を活かし、プロジェクト特性を十分に理解し、最適な組織体制の構築に向けて発注者を支援しなければならない。

● **プロジェクト構成員の検討**

一般的に参画することが多いプロジェクト構成員の属性としては、設計事務所・総合建設会社・専門工事会社のほか、デザイナー・調査会社・専門コンサルタントなどがある。これらの中でも、どのような構成員を入れる必要があるかなどを発注者とともによく検討し、必要に応じて対象のリストアップや選定の支援などをCMrが行う。

● **発注方式の検討**

発注方式については、基本計画からの検討が必要となる。どのような発注方式とするかにより、基本設計・実施設計に向けて、設計者をどのような条件で選定するかが変わってくるためである。特に設計施工分離方式とするのか、基本設計からの設計施工一括（DB）方式とするのか、実施設計からの設計施工一括（DB）方式とするのかなどにより、基本計画の内容や基本設計者の選定方式が大きく異なる。中でも基本設計からのDB方式とする場合は設計施工者を基本計画後に選定することになるため、基本計画の内容に留意が必要である。

◆ **プロジェクト推進計画書とCM業務計画書の更新**

> CMrは、基本計画に基づきプロジェクト推進計画書およびCM業務計画書を更新してプロジェクト関係者と共有する。

基本計画の成果物として、CMrは基本計画書を作成し、発注者からその内容の承認を得なければならない。発注者は、承認した基本計画書の内容を自らが事業構想において作成した事業計画書に反映する。CMrも、基本計画書から必要な情報を抽出し、発注者が更新した事業計画書に連携して、プロジェクト推進計画書を更新しなければならない。更に、この更新したプロジェクト推進計画書を、CMrが事業構想で作成したCM業務計画書に反映し、プロジェクト関係者と共有しておかなければならない。

0 共通業務
1 発注業務
2 事業構想 基本計画
3 基本設計
4 実施設計
5 工事施工
6 完成後

3 基本設計におけるマネジメント

　基本設計は基本計画に基づき、詳細な検討を進め基本設計図書にまとめるプロセスであり、建築士法や国土交通省告示第8号に定められた設計者の独占業務である。設計条件の整理や設計内容の説明は設計者が行う業務であるが、CMrは、発注者が設計内容の理解を深め、最適な意思決定をするために必要十分な判断材料を提供するなど、発注者の立場からプロジェクトを推進する。

　基本設計においてCMrは、配置・立面・平面・断面・構造や諸室計画を含む建築計画の仕様・性能を効率よく、かつ目標とする工期やコストから外れないように定めていくための適切なマネジメントを実施しなければならない。更に、前倒し検討（フロントローディング）することで、検討の精度を高め、手戻りを減らす効果を狙っていくべきである。

　なお本節以降では、設計施工分離方式を前提とし、工事施工者は実施設計後に選定する前提で記述している。

▶ 基本設計におけるCMrの業務フロー

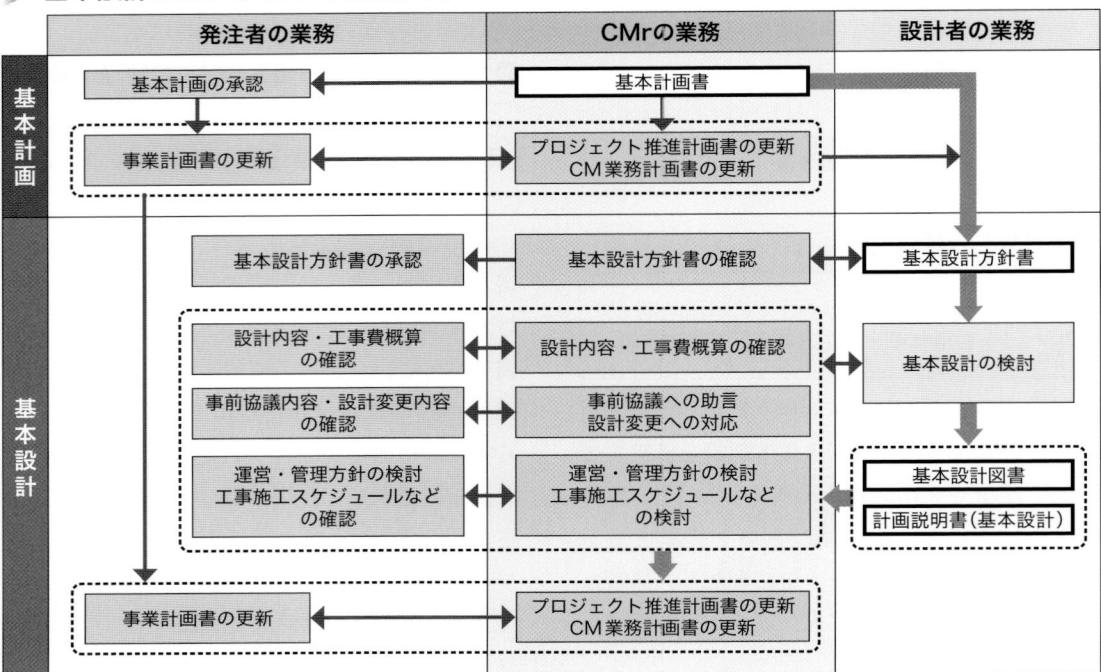

3-1 基本設計の開始

◆基本設計の開始支援

> CMrは、基本設計者に基本設計方針書の作成を依頼し、内容を確認して、キックオフ・ミーティングを開催する。

●基本設計者への基本設計方針の作成依頼

　CMrは、基本設計者に対し、プロジェクト推進計画書や基本計画書の内容を、その経緯とともに説明する。基本設計で継続して検討する課題や、重点的に検討する項目などを伝達して、基本設計の進め方をまとめた基本設計方針書の作成を設計者に依頼する。その際、CMrが作成した基本設計方針書案を設計者に提示することも有効である。

　国土交通省告示第8号には、基本設計の設計者の標準業務の1つとして「総合検討の結果を踏まえ、基本設計方針を策定し、建築主に対して説明する」と記述されており、それを文書化したものを基本設計方針書と位置付ける。基本設計に臨む基本的な業務方針、検討の方法、目標工事費の捉え方、発注者の要求条件や制約条件の整理方法、それを実現するための業務体制・設計スケジュールなどを総合的に示したものである。

●業務内容と成果物の調整

　CMrは、基本設計の設計業務および成果物を、設計契約前に調整する必要がある。国土交通省告示第8号において基本設計の標準業務および成果図書は規定されているが、プロジェクト特性により、成果物の追加を検討する必要がある。

　国土交通省告示第8号で規定される基本設計の成果物は最小限の内容であり、プロジェクト特性により以下のような項目の追加を検討する必要がある。

○成果図書の追加項目の例

　・デザインの考え方

　・建築仕上げ・耐震性能・設備性能などに関してのグレード設定の考え方
　・動線計画・セキュリティ計画の考え方
　・耐久性・メンテナンス性についての考え方
　・環境への配慮、環境性能の達成への方針
　・ユニバーサルデザイン・安全性・防災性の考え方
　・仮設計画・工事工程・施工性を考慮した構工法の検討
　・精度の高い工事費概算書・工事区分表の検討
　・VE案検討の考え方（検討時期を含む）
　・運営・管理方針

　設計者がプロポーザルなどで選定されている場合は、技術提案書や選定時の質疑応答・協議内容など、合意された内容の反映を確認する。オプション業務の検討には、「四会連合協定 建築設計・監理等業務委託契約書類」の委託一覧に細かく例示されており参考となる。

●キックオフ・ミーティングの開催

　CMrは基本設計着手にあたり、プロジェクト推進計画書・CM業務計画書の内容、これまでの経緯、今後の進め方などをプロジェクト構成員に明確に伝えるためにキックオフ・ミーティング（基本設計の最初にプロジェクト構成員を招集し、進め方を共有する会議）を開催する。この会議は発注者が主催し、CMrが発注者を支援して議事進行を担当する。次回以降は設計会議として設計者が主催する。

　会議の開催にあたり、表2-15に示す議題の資料をCMrが準備する。

○プロジェクト組織体制図

　プロジェクト構成員の契約関係と情報の流れを図を使って表現し、CMrの関与の仕方を明確にする（図2-10）。

○プロジェクトメンバー表

　会社名・役割・部署・役職・氏名・電話番号・メー

表2-15 ●キックオフ・ミーティングにおいての一般的な議題（例）

議題	説明者	主な内容	資料の例
発注者の挨拶	発注者	プロジェクト概要の説明	
プロジェクト推進計画書の説明	CMr	プロジェクト情報管理方針 会議体運営計画 発注計画	プロジェクト推進計画書（抜粋） ・プロジェクト目標 ・プロジェクト実施体制（プロジェクト組織体制図） ・事業スケジュール ・プロジェクトメンバー表 ・業務役割分担表 ・会議体リスト
基本計画の説明 重点検討課題などの説明	基本計画者 （CMr）	重点検討課題・継続検討項目	基本計画書（抜粋） ・施設概要 ・敷地概要など ・課題リストなど
CM業務計画書の説明	CMr	CMr参画の経緯・プロジェクト組織・設計変更手順・検討課題管理方法	CM業務計画書（抜粋） ・CM業務内容とプロジェクトにおける役割 ・設計変更フロー ・検討課題一覧表ひな形
基本設計方針の説明	設計者	設計与条件整理 設計業務体制 基本設計スケジュール 基本設計成果物	・設計体制表 ・基本設計スケジュール表 ・成果物リスト
その他関係者からの伝達事項	その他関係者	必要に応じて説明	

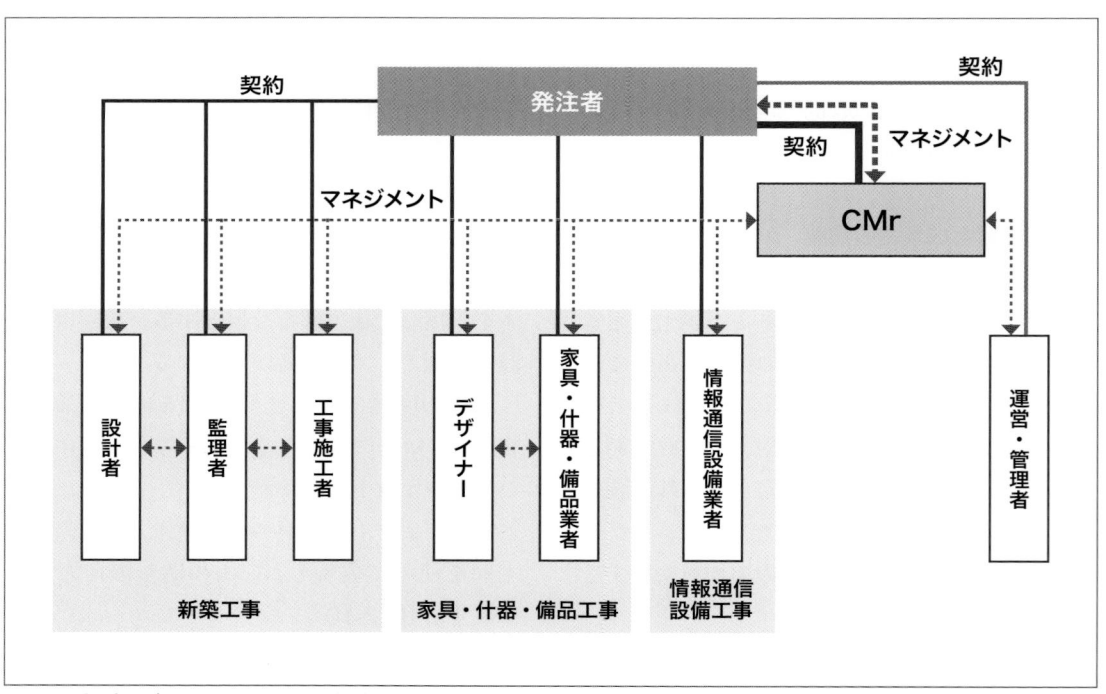

図2-10 ●プロジェクト組織体制図（例）

ルアドレスなどを一覧表として整理する。人数が多い場合、役割は責任・窓口・課題ごとの担当など、別紙で会社ごとにまとめるなどの具体的な記述が望ましい。

○業務役割分担表

プロジェクト推進計画書の業務役割分担に基づき、具体的な分担表を検討し、共有する（表2-16）。

○会議体リスト

プロジェクト推進計画書の会議体運営計画に基づき、具体的な会議体リストを検討し、共有する（表2-17）。

◆ 基本設計方針書の確認

> CMrは、基本設計者から提出された基本設計方針書が、プロジェクト推進計画書などの内容と合致しているかを検討する。

●基本設計方針の確認

CMrはキックオフ・ミーティング前に内容を確認し、必要に応じて修正を依頼する。設計者がプロジェクト推進計画書などを踏まえているかどうか、プロジェクト特性を深く理解し合理的な進め方が提案されているかなどについて、以下の観点を中心に総合的に確認し、必要に応じて見直しを依頼する。

●基本設計スケジュールのプランニング

設計スケジュールに影響を与える可能性のある項目が網羅されているか、検討の時期が適切か、各課題は相互関係を考慮して手戻りがない設計スケジュールになっているかなどの観点で、以下の記載を確認する。

- 基本設計におけるマイルストーンや重要な会議体
- クリティカル・パス（計画上の問題点の抽出）
- 諸官庁との事前協議・許認可のスケジュール
- 重要課題と発注者の承認時期、工事費概算確認時期
- 成果物の提出時期および検収の期間

行政協議は、情報開示が可能な時期や範囲、協議の適切な時期と、必要な期間を確認する。

発注者の合意形成に必要な期間が確保されているか、上位の意思決定に諮る必要があるかを確認する。

成果物の図面の作成工程や工事費概算書の算定工程が実現可能かどうかを確認する。

●基本設計スケジュールのコントロール

プロジェクト特性に応じて最適な設計スケジュールを発注者・設計者と検討する。

プロジェクト特性による設計スケジュールのマネジメント事例を以下に示す。

○フロントローディング（前倒し検討の促進）

基本設計図書の作成については、フロントローディングを検討する。例えば、基準階がある事務所ビルや基本ユニットがあるホテルや共同住宅の詳細検討（平面図・天井伏図・展開図・プロット図など）を早期に行うことは、設計精度を上げ、設計作業の手戻り防止に有効である。基準階や基本ユニットの繰返しということは、当該部分の割合が高く、1つの検討により全体の精度が高まることにつながる。

例えば事務所ビルなどの収益施設では貸床面積が重要である。基準階のトイレ・階段・エレベーターなどのコア計画が、構造計画や設備計画の詳細（躯体寸法・配管ルートなど）とともに概ね成立することを確認するためには詳細検討が有効である。検討の精度が低い場合は貸床面積の精度に影響する可能性がある。

○基本設計スケジュールの分割管理

発注者の会議体に合わせて段階的に意思決定する場合や、事業進捗などのマイルストーンがある場合には、その時点に決定する項目を優先的に検討する場合がある。

○基本計画の再整理（必要な場合）

基本計画の未確定条件（敷地条件や地盤条件などの外的要因、発注者の基本計画での積残し項目、設計者選定過程における条件見直しなど）

表2-16●業務役割分担表（例）

プロジェクトにおける業務項目	プロジェクト関係者					備考
	発注者	CMr	設計者	ワークプレイスコンサル	ビル管理会社	
工程						
1 設計工程	承認	確認	実施	確認	確認	CM業務受託者は、設計者からの報告に基づき設計工程を確認し、業務促進に関して委託者に助言する。
設計業務の履行の確保						
1 設計業務計画	承認	確認	実施	—	—	CM業務受託者は、設計者から提出された業務計画書に関してその内容を確認し、委託者に助言する。
2 業務履行	承認	確認	実施	—	—	CM業務受託者は、設計業務期間中、その履行状況について確認し、必要に応じて委託者に助言する。
3 設計変更	承認	支援	実施	確認	確認	CM業務受託者は、設計業務の設計条件の変更に関する検討の必要が生じた場合には、その内容を検討し、委託者に助言する。
4 業務調整	承認	支援	実施	確認	確認	CM業務受託者は、複数の設計業務の調整が必要な場合には、設計者が行う調整を支援する。
5 ワークプレイス関連	承認	助言	協力	実施	—	CM業務受託者は、ワークプレイスの履行状況について把握し、必要に応じて委託者に助言する。
6 施設管理関連	承認	助言	協力	—	実施	CM業務受託者は、施設管理計画の策定の履行状況について把握し、必要に応じて委託者に助言する。
7 設計成果物	受領	確認	実施	確認	確認	CM業務受託者は、設計業務の完了検査に先立ち、契約図書により提出を義務付けられた資料、検査に必要な書類および資料などについて契約図書または設計仕様書に照らして確認し、その結果を委託者に報告する。

表2-17●会議体リスト（例）

会議体	出席者				
	発注者	CMr	設計者	ワークプレイスコンサル	ビル管理会社
CM会議	○	◎	—	—	—
キックオフ・ミーティング	○	◎	○	△	△
設計会議	○	○	◎	△	△
内装分科会	○	○	◎	△	△
ワークプレイス会議	○	○	△	◎	—
運営・管理検討会	○	△	△	—	◎

◎：主催・記録　○：出席　△：必要に応じて出席

がある場合は、条件を整理し、事前に発注者と合意した後で、本格的な基本設計に着手する方が手戻りが少ないこともある。

要求条件などの未決事項が相当な比重を占める場合は、基本計画に戻り、検討時間を確保して条件を整理するべきであり、結果として手戻りが少なく最適解となることが多い。

実施設計や工事施工まで想定し、実施設計の概略スケジュールや、竣工までの全体スケジュールを確認することも有効である。

● **重点検討課題の確認**

プロジェクトの用途や特性に応じて以下の内容を確認する。

- 不確定要因：敷地条件・法的規制など不確定要因がある場合、整理の方法や完了時期
- BCP：必要な仕様・性能や運用方法・検討方法
- 外観：デザインの方向性、検討案評価の観点、プレゼンテーションの方法
- 環境配慮：達成すべきまたは目標とする環境性能や認証の早期設定。建築計画や工事費のほか、検討工程に大きな影響がある。
- 運営・管理：基本的な運営・管理に対する考え方。発注者の保有施設や同種事例を参考に方向性を共有する方法もある。
- リーシング：貸床面積や収益上の各種条件・必要資料を確認する。

● **設計体制の確認**

プロジェクト特性に応じた特殊課題の有無や難易度を鑑み、必要な体制が組まれているかを確認する。複雑なプロジェクトでは、課題ごとの検討主体と責任者・担当者が明確かを確認する。設計品質の設定・検証の方法が記載されているかを確認する。また、設計者の変更事項説明の実施方法についても確認しておく必要がある。

● **工事費管理方針の確認**

目標工事費を共有し、不確定要因に関する継続的な検証方法などを確認する。発注方式に応じた工事区分を早期に検討する。

● **基本設計成果物リストの確認**

必要な成果物や、成果物の具体的な内容が記載されているかを確認する。プロジェクト特性に応じて業務内容や成果物を標準業務以外から追加する場合、CMrは設計開始前に発注者と調整しておく必要がある。

3-2 基本設計業務の推進

◆ 設計進捗状況の確認

> 基本設計スケジュールをもとに、CMrは基本設計者が実施する設計業務の進捗状況を確認し、発注者に対して報告する。

CMrは、設計会議で進捗状況の説明を受け、設計スケジュールのマイルストーンに照らして確認する。CMrは会議の提示資料と説明内容から進捗状況を把握し、遅れる可能性がある場合は、設計者に遅延理由の説明と全体工程への影響、挽回工程の検討を依頼する。発注者に起因する場合、CMrは発注者との協議を行い、対応策を検討する。

設計スケジュールに大幅な変動が生じる恐れがある場合は、速やかに発注者に報告し、発注者・設計者・その他のプロジェクト関係者と対応を協議する。

スケジュールを順守するためには、表面的な指摘にとどまることなく、プロジェクト関係者への働きかけや、作業計画の調整への積極的な関与など、プロジェクト全体での継続的な配慮が重要となることもある。

意思決定の促進という点では、設計者の説明に対し、発注者が判断するための多面的な視点を提供する。専門用語の理解を深めるための補足説明や、設計提案と運営・管理との間で相反する要素がある場合は、事業的な観点での総合

的な判断ができるよう助言する。

◆ 基本設計内容の確認

> CMrは、設計内容だけでなく、予算・工期とともに、発注者の要求条件が基本設計図書に反映されているかを確認する。

設計は設計者の業務であり、設計責任は設計者が負うこと、CMrは設計者ではないことを念頭に置き、基本設計に発注者の要求条件などが的確に反映されているかを確認し、必要に応じ設計者に助言する。

設計の進捗に従い、設計会議などで設計内容の説明を受け、継続的に確認を行う。課題管理表などで課題と対処方法を文書化し、検討経緯を追跡できるようにする。

設計者の成果物が発注者の意図する内容となっているかが重要である。食い違いがある場合や、品質・コスト・スケジュール、運営・管理、施工性などから不具合があると思われる場合は、発注者に報告し、設計者に対応策の検討を依頼する。

発注者の要求条件などが不明確な場合は、その後の設計業務が滞るだけではなく、大幅な手戻りが発生する可能性もあるので、CMrは設計者と協力して確認する。発注者の検討の深度化や、設計者独自の提案などにより、当初の要求条件が変更される場合は、工事費増減についての見解を示すなど、CMrは発注者に対して適切な判断のための情報を提供する。

事務所の基準階や集合住宅の基本ユニットがある計画の場合、部分的な総合図（設備プロット図を含む）の作成は、発注者の使い勝手に関する与条件を引き出し、設計精度を高めるために有効である。

◆ 工事費概算の確認

> CMrは、基本計画で策定した工事費概算書に影響を与えると思われる設計内容について、中間確認などで進捗状況を確認する。

基本設計で決まっていく要素は、工事費に対しても大きな影響がある。大規模なプロジェクトであれば、当初から工事費概算とVE案検討*を行い、工事費の検証を行いながら設計を進めていく。しかし、小規模なプロジェクトでは、CMrが必要性を認めたときに随時検討を行うことも多い。

プロジェクト推進計画書で作成した事業予算の想定条件を再確認しながら、その変化・変更を反映した進捗管理・変更管理を実施することが重要である。

> **＊VE案検討**
> VE手法を適用した代案検討のことを表しているが、VE手法を採るか否かにかかわらず、コストの検証を行わなければならない。
> ➡第3章「4-2 コスト・マネジメントの手法と理論 → VE（Value Engineering）」

● 設計以外のコスト

工事費以外の、各種調査・コンサルタント業務・別途工事などの管理をCMrが支援する場合がある。発注者と役割分担を明確にした上で、項目の漏れがないか、予算設定が妥当かを確認する。

◆ 許認可に関わる事前協議への助言

> CMrは、許認可の進捗状況を確認し、手続きや事前協議などについて助言する。

基本計画で確認した内容に基づき、より具体的な協議を行う。設計者は設計契約に基づき、法令上の諸条件の調査や建築確認申請に関わる関係機関と具体的な協議を行う。

CMrは設計者に許認可スケジュールの検討を依頼する。大臣認定・都市計画・近隣関係などの難易度が高いと思われる協議がある場合は、

必要な協議期間を見込んでいることを確認し、設計者や専門コンサルタントなどとの役割分担を明確にする。例えば、開発行為の許認可、都市計画手法の採用、施設運用に関する認証取得、補助金の申請などがある。協議には状況判断が大切であり、発注者や専門コンサルタントなどと密に情報共有する。

● 事前協議・問合せ

基本計画において法令調査を実施している前提ではあるが、基本設計では、建築関連の事前協議は設計者の責任において再度実施することを設計者と確認する。CMrは基本計画の事前協議の未確定事項を中心に、設計者に確実に伝達するとともに、協議方針などに対し助言する。また、建築関連以外の協議がある場合は責任区分を明確にする。

表2-18は、一般的な地方公共団体の問合せ・事前協議の事例である。多岐にわたるので、抜け漏れがないよう十分に注意することが大切である。ホームページなどで確認できるものもあるが、詳細な内容については個別に確認することが望ましい。

建築基準法や関連法令は、頻繁に改正されているので、最新情報を必ず確認する。

◆ 設計変更への対応

> CMrは、設計変更を一元的に管理し、手戻りがない円滑な設計の進捗を推進する。

設計スケジュールの進捗において、基本設計着手時の与条件の変更や、さまざまな検討課題が生じる。CMrはそれら全体を把握し、検討課題の相互関係を考慮の上、手戻りがない円滑な進捗を推進する。全体スケジュールへの影響もあるため設計者と連携し対応する。

○ 変更や検討項目の例
・基本計画で継続検討課題とされ、基本設計に引き継がれた項目

・基本設計着手時に設定された与条件の変更による項目（主に発注者要望への対応）
・基本設計の行政協議により対応を要する項目（図面に基づき具体的な協議が可能となることに留意）
・基本設計の調査（測量・地盤調査など）により対応を要する項目（基本計画で調査できない場合）
・設計進捗に伴い建物利用者などとの具体的なヒアリングにより修正する項目（発注者起因）
・基本計画の改善案・VE提案など（CMr提案・設計者提案）
・工事費低減や工期の変更などを求められる場合の検討項目
・基本計画での各種の不整合を是正する項目

● CMrの対応方法

CMrは各種課題を一元的に管理する。課題を深く理解し、課題検討の対応者・決定期限を明確にし、プロジェクト関係者に共有の上、進捗を管理する。変更が生じた場合のコスト増減、運営・管理への影響、設計検討に要する時間などを設計者に確認し、方針決定の判断根拠を明確にする。発注者の検討期間を確保するとともに、課題の重要度によっては発注者の意思決定プロセスを確認する。なお、コスト増減に関してこの段階で積上げによる算出が難しい場合、概算による方法・結果の妥当性を確認する。

○ 設計変更のフロー

図2-11に設計変更のフローを示す。

○ 検討課題管理一覧表

設計変更のフローは検討課題管理一覧表にて管理し、検討プロセス・決定理由を記録する。起因者・提案日・決定期限・対応者・検討内容・決定内容・概算金額などを記載する（表2-19）。

表2-18●建築関連の事前協議に関わる事項（例）

種類	概要	所轄・担当部署
用途地域 都市計画道路 地区計画	・用途地域・防火・準防火地域・建蔽率・容積率・高度地区・日影規制・特別用途地区など ・都市計画道路（未完成）の境界、区域について事業の進捗状況について ・地区整備計画等の区域内で建築等の計画をする場合	都市計画課
公道の幅員や境界	・公道の幅員や境界について	土木管理課
建築基準法上の道路	・建築基準法上の道路の種別について	建築課
細街路拡幅整備 （狭隘道路）	・幅員4m未満の道路に接して建築を行う場合	開発指導課
航空法による高さ制限・航空障害標識	・高さ制限や航空障害標識	航空局
電波伝搬障害 （マイクロウェーブ）	・電波伝搬障害防止区域内で高さ31mを超える建築物または工作物	総合通信局
埋蔵文化財・指定登録文化財	・埋蔵文化財包蔵地に指定された地域内で建築などを行う場合	文化財課
鉄道などに近接する建築計画など	・鉄道や高速道路などに近接する敷地において建築の計画をする場合	各鉄道・高速道路会社
上水道・下水道	・公道における上水道・下水道の埋設位置、状況	下水道課
ハザードマップなど	・津波・土砂災害・高潮浸水・浸水ハザードマップ・液状化・揺れやすさマップ	防災課
建築確認・許可・認定	・建築確認・建築計画概要書の閲覧・建築の許可・認定・総合設計の許可	建築課
開発許可	・指定面積以上の開発区域で建設などを目的とし、土地の区画形質の変更（切土、盛土、道路の指定・廃止など）をする場合	開発指導課
建築計画等の事前周知	・高さが10mを超える建築物などの計画をする場合	建築紛争課
景観（建築物・工作物） 屋外広告物	・建築物・工作物の新築等や外観を変更する修繕等を行う場合 ・屋外広告物・看板などを設置する場合	景観課
福祉のまちづくり	・特定都市施設で一定規模以上の建築物の新設または改修する場合	建築課
駐車場の附置義務 路外駐車場	・商業地域・近隣商業地域内や、共同住宅などの場合	建築課
駐輪場の附置義務	・物販店舗・飲食店・集客施設・共同住宅の建築の計画をする場合	建築課
高度地区	・建築の計画をする場合、絶対高さ制限を定める高度地区	開発指導課
廃棄物の保管場所等の設置	・延べ面積が指定面積以上の建築物や単身者向け共同住宅等の建築の計画をする場合	清掃事務所
省エネルギーの措置	・延べ面積が指定面積以上の住宅の新築・増改築を行う場合 ・床面積の合計が指定面積以上の非住宅部分がある建築物の新築・増改築を行う場合	建築課
低炭素化の促進	・延べ面積が指定面積以上の建築物を計画する場合	環境課
国産木材活用	・延べ面積が指定面積以上の建築物を計画する場合	環境課
緑化	・敷地面積が指定面積以上の建築の計画をする場合	環境課
雨水流出の抑制	・指定面積以上の敷地に対して行う個人・民間企業などの事業または公共的な事業を実施する場合	土木課
排水計画	・排水量が指定容量以上、敷地が指定面積以上または延べ面積が指定面積以上の建築の計画をする場合	下水道課
解体工事の事前周知 石綿の事前調査、 飛散防止対策など	・建築物の解体工事や石綿除去などの工事の場合、指定規模以上の解体工事・改修工事の場合	環境課
土壌地下水汚染対策	・有害物質を取り扱っていた工場などの廃止時や大規模な土地の改変時	環境課

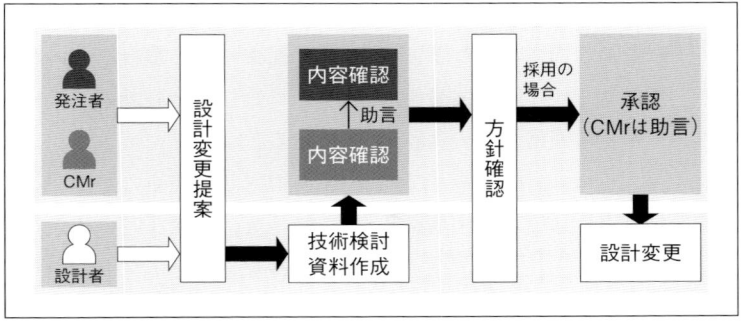

図2-11 ● 設計変更のフロー

表2-19 ● 検討課題管理一覧表（例）

No.	分類	検討課題	検討内容・採否理由	起案日	起案者	対応者	決定期限	関連工種	概算金額	採否	決定日	備考
【A. 建築】												
A1	工事区分	事務所内造作家具	既製品に変更し、別途工事とする	○/○	発注者	設計者WPコンサル	○/○	建築家具	●●●●●●	○	○/○	
A2	構造	付属建屋の構造	付属建屋RC造とS造の比較をする →○/○　比較表提出（設計者） →○/○　RC造をS造に変更	○/○	発注者	設計者	○/○	構造	●●●	○	○/○	
A3	内装仕上げ	エントランス床仕上げ	1階エントランスの床仕上げ、石またはタイル、割付寸法の検討をする →○/○　比較検討図提出（設計者） →○/○　300角タイル	○/○	発注者	設計者	○/○	建築	●●●	○	○/○	
A4	内装仕上げ	特定天井	特定天井と同等仕様とするかの検討 →○/○　一般天井とする	○/○	発注者	設計者	○/○	建築電気機械	●●●●●●●●●	×	○/○	

◆ 運営・管理方針の検討

> CMr は、竣工後の施設の運営・管理の視点で検討しておくべき項目を整理し、基本設計に反映する。

基本設計において、運営・管理について概略検討する。詳細の検討は次の実施設計での検討でもよいが、動線・セキュリティ・管理諸室・基幹設備など、面積・建築計画・工事費に影響のあるものは、基本設計で方向性を確認して共有する必要がある。

基本設計で決めておくべき運営・管理の項目として、代表的なものを例示する。

→第3章「6 運営・管理マネジメント」

○施設運営について

・権利関係の整理（区分所有・賃貸借の条件など）

・将来計画（増築・建替えなど）における上位計画

・既存建物に関する既存不適格・越境・被越境物などの対応

・周辺住民や関係者への配慮（騒音・振動・交通量など）

・特殊な施設の運営（多目的ホール・食堂・カフェ・売店・物販・展示スペースなど）

・駐車場の運営計画（法令対応・必要台数・車種設定・荷捌きスペース・課金方法など）

・建物各部のフレキシビリティ（レイアウト変更・用途変更などへの備え）

○施設管理について

・設備管理計画・清掃衛生計画など（外装や室内の清掃、廃棄物の処理、設備機器の日常点検・保守・業務委託など）

- セキュリティ計画の基本仕様・工事区分（防犯・警備方針・機械警備設備の仕様など）
- 管理諸室の規模・配置など（管理室・設備監視・防災センター・委託業務控室・倉庫など）
- 耐用年数や将来的な建物の利用方針・増築対応・隣接地の利用
- 機器更新・大規模修繕を想定した計画
- 年間の光熱費の試算
- エネルギーの管理計画（計測・分析・出力の方法）

○その他
- LEED・ZEB・CASBEE・WELL（働き方・ワークプレイス）などの認証取得
- 自然災害の想定と対応（地震・台風・洪水・内水氾濫・津波・火山噴火・感染症など）
- 社会的災害の想定と対応（事件事故・犯罪・テロ・戦争・風評被害など）
- 交通機関やインフラ途絶および帰宅困難者対応
- BCP計画の与条件（他拠点との連携を含む）

◆工事施工スケジュール・総合仮設計画・品質管理計画の検討

> CMrは、工事施工スケジュールと総合仮設計画および品質管理計画を検討し、発注者に提案する。

●工事施工スケジュール検討の留意点

　CMrは工種ごとの工事工程・構工法・施工計画・調達方法などの影響を考慮に入れ、工事施工スケジュールを検討する。検討にあたっては基本設計の早い時期から着手し、基本設計の内容を考慮しながら、繰返し見直しを行う。プロジェクト特性により設計者が検討することがふさわしいこともあるので事前に調整する。また、複数の工区に分かれているプロジェクトの場合は、CMrが全体の工事施工スケジュールを作成する場合もある。

　検討した工事施工スケジュールがマスター・スケジュールと整合していない場合は、設計内容の見直し含め設計者とも協議し、発注者に報告する。マスター・スケジュールの更新の必要性も検討し、更新の必要がある場合はすみやかに修正を行い発注者に報告し、承認を得て、その内容をプロジェクト関係者に周知する。

　検討した工事施工スケジュールは、そのまま工事施工の工程表として使われるものではないが、実施設計の内容も踏まえて工事施工における基礎となる。また、工事費概算の前提となることにも留意し、工事区分によるそれぞれの工事施工者が工事工程を検討できるようになものになっていなければならない。また、この段階で全てを網羅することができなくても、実施設計以降で修正できるようにしておく。また、必要に応じてマスター・スケジュールに反映させる。

○先行発注の検討

　鉄骨や機器類の調達時期や製作期間が工事施工スケジュールのクリティカルパスとなり、工期短縮のため先行発注が必要となる場合には、工事区分ごとに、発注用設計図書の完成度を設計者と協議し、交付時期・契約時期・製作期間・着手時期を十分に検討する必要がある。

　また、設計内容が確定していない段階での先行発注はリスクを伴うので、慎重に進めなければならない。

●総合仮設計画図および構工法の検討

　CMrは設計内容に基づいて具体的な施工計画を想定する。必要に応じて、工事施工を行う際に必要となる敷地条件などを調査し、実現性の高い具体的な総合仮設計画図（図2-12）を検討する。プロジェクト特性により、設計者が検討することがふさわしい場合もあるので事前に調整する。また、複数の工区に分かれているプロジェクトの場合は、CMrが全体の総合仮設計画を作成する場合もある。

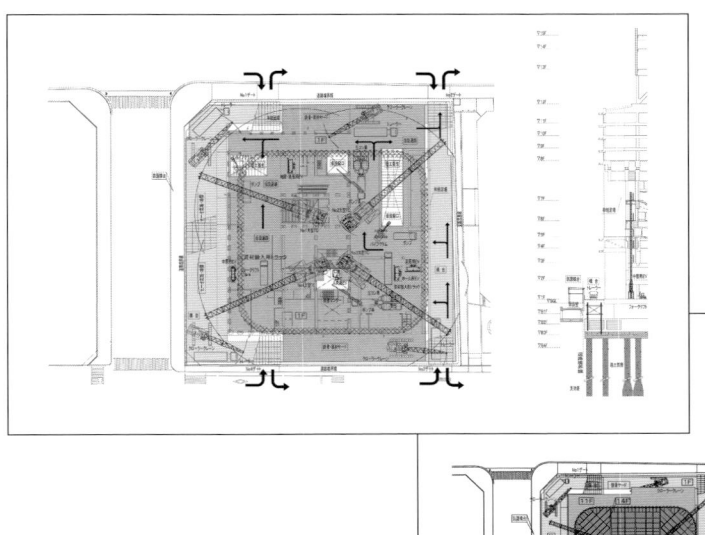
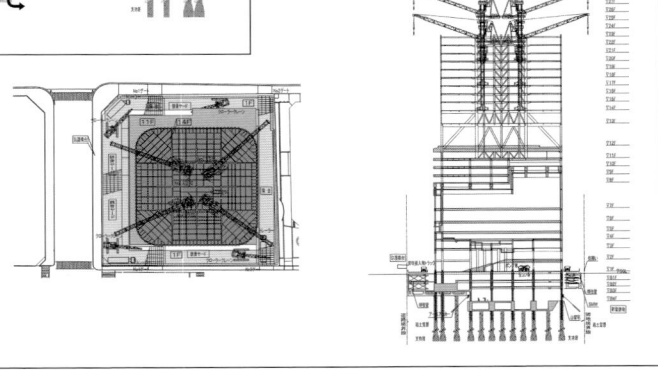

図2-12●総合仮設計画図（例）

　総合仮設計画はコストやスケジュールに影響がある。特に道路の搬入条件、敷地内ヤードの確保状況、大型重機の使用、インフラの盛替計画、地下の山留計画、排水計画・揚重計画、敷地内既存棟や近隣への配慮が必要な場合などは、具体的な検討が必要である。

　敷地内の既存棟で発注者が事業を継続する場合は、それぞれが稼働するための一般動線と工事動線の分離、騒音・振動対策などが事業継続に影響しないかなどの発注者とのすり合わせ、仮使用申請などの許認可の確認も必要である。段階的に工事施工を行う場合は、段階ごとの総合仮設計画が必要である。

○総合仮設計画として検討すべき主な項目例

- ・仮囲い・ゲート・標識・車両動線・安全通路・警備員の概要
- ・仮設電源・仮設給排水の計画
- ・現場事務所・作業員詰所・仮設便所・ごみ収集場所・資材置場の配置
- ・足場・桟橋・構台などの計画
- ・クレーン（旋回範囲含む）・工事用エレベーター・揚重機の位置
- ・ポンプ車・ミキサー車・ダンプ車などの駐車位置とその進入・退出動線

●品質管理計画の検討

　CMrは、工事施工で要求される施工品質を達成すべき指針として品質管理計画の概要を検討することがある。その場合、工事施工者選定時の条件としても活用し、評価項目・選定基準の拠りどころとなる。特に分離発注を行う場合、各工事施工者の品質管理の基本設計を定める。

　CMrが品質管理計画を作成する場合は、以下を考慮する。

- ・品質管理方針（プロジェクト特性を鑑み施工上の重要な品質管理方針、品質確保の具体的方針、安全管理の基本方針）
- ・品質管理工程（マイルストーンの設定、中間時の進捗管理方法）

- 品質管理体制（建築工事・各設備工事を含めた全体体制・役割分担・連携方針・会議体構築）
- 重点品質管理項目（高難度工事や特殊工事がある場合の品質管理方針および検査・確認方法）
- 資機材・メーカーなど（発注者の指定・推薦の有無など）
- 社会貢献要素（工事施工の環境配慮など）
- リスク要因（市況変化・自然災害・地中障害など）

3-3 基本設計成果物の確認

◆ 基本設計図書などの確認

> CMr は設計者から提出された基本設計図書および関連する成果物の内容を確認し、発注者に報告する。

● 基本設計図書の内容確認

基本設計の与条件は、プロジェクト推進計画書（基本設計着手時の与条件）と、基本設計の検討において承認された項目（基本設計の与条件変更）および設計会議で協議された内容である。

これらの与条件が基本設計図書に反映されているかを設計者が確認し、CMrは設計者の報告を受け再確認する。確認した内容はレビューシートにまとめ、その対処の方法を発注者と設計者と協議し、必要に応じてその他のプロジェクト関係者と共有しておく必要がある。

確認の留意点を以下に例示する。

- 設計着手時のプロジェクト特性に応じた重点的に検討すべき課題
- 総合（建築）・構造・設備間の整合性
- 主要材料や主要機器の仕様・性能（特許工法の有無、使用材料の汎用性、品質の過不足など）

- 運営・管理に基づく技術的な確認（施設管理・賃貸借契約・事業運営に基づく仕様・性能・計画など）
- 特記仕様・工事区分・発注区分など

基本設計図書および関連する成果物の内容について疑義が生じた場合、設計者に伝えるとともに発注者に報告する。発注者からの要請があった場合、CMrは改善案や対応策について助言する。発注者と協議の上で設計者にフィードバックを行い、修正など必要な措置を取るよう依頼する。

● 設計者による工事費概算の確認

国土交通省告示第8号において、工事費概算書の作成は基本設計の標準業務とされており、CMrは設計者から提示される工事費概算書を確認する。全体的な把握と個別の確認の双方を行い、全体的な把握は基本計画で行った概算との比較、個別の確認は項目・数量・単価の確認を行う。そして、その結果を発注者に報告する。この工事費概算に基づき実施設計の増減管理を行うため、工事費概算の算定根拠を明らかにし精度を高める必要がある。工事費概算の算出は、原則として「数量×単価」での積上げによって行う。

➡第3章「4-2 コスト・マネジメントの手法と理論」

○ 共通費の区分と内容

共通仮設費・現場管理費・一般管理費をそれぞれ算定する。小規模な工事や定型化した工事などでは直接工事費に対する割合で計算することが多いが、必要に応じて積上げで積算する。表2-20に一般的な項目を掲載している。

○ 数量の確認

- 工事費全体に影響を与える主要な数量の確認を行う。
- 必要に応じて、主要な数量について積算し、妥当性を確認する。

表2-20 ●共通費の区分と内容

共通費			
共通仮設費	現場管理費	一般管理費		付加利益等
準備費 仮設建物費 工事施設費 環境安全費 動力用水光熱費 屋外整理清掃費 機器・器具費 その他	労務管理費 租税公課 保険料 従業員給料手当 施工図等作成費 退職金 法定福利費 福利厚生費 事務用品費 通信交通費 補償費 その他	役員報酬 従業員給料手当 退職金 法定福利費 福利厚生費 維持修繕費 事務用品費 通信交通費 動力用水光熱費 調査研究費 広告宣伝費 交際費	寄付金 地代家賃 減価償却費 試験研究償却費 開発償却費 租税公課 保険料 契約保障費 雑費	法人税・都道府県民 税・市町村民税など 株主配当金 役員賞与 内部留保金 支払利息および割引 料、支払い保証料そ の他の営業外費用

出典：一般社団法人建築コスト管理システム研究所『公共建築工事積算基準 令和3年12月版』より

○ 単価の妥当性の確認

- ・計画されている仕様・性能との整合を確認する。
- ・建設市場での実勢価格になっているか確認する。
- ・主要な各部位・材料・機器の単価の確認を行う。

工事費概算を確認後、基本計画で算出した工事費概算との差異や増減を確認する。工事費推移表を作成すると視覚的に理解できる。

設計内容に関する増減要因は、地盤条件・行政協議・発注者要望・仕様変更などがある。建設市況の変化（物価変動）がある場合、設計内容と建設市況の要因は分けて管理し、特に変動が著しい場合は頻度を高めて管理することが望ましい。必要に応じて、工事費概算がその他の関連する工事費などと合わせた全体の事業予算に収まっているか、今後の予備費が十分かを確認する。

予算超過の場合、CMrはコストの調整方法を立案し、発注者に提案・報告して承認を得る。調整方法は、大きくは予算の追加あるいは設計変更の2通りである。設計変更は設計者と連携し代替提案と採否検討を行う。その他、発注方法の工夫、工事区分の組直しなども考えられる。

● ライフサイクル・コストへの配慮

コストを考える際は、初期費用としての工事費のほか、運営・管理に必要な光熱費・維持管理費などのランニング・コストや、大規模修繕・除却などを含めたライフサイクル・コストの視点も考慮してプロジェクトを推進する必要がある。初期費用を圧縮するか、長期的なランニング・コストを重視するかは、発注者と協議し方向性を定める必要がある。環境技術の採否は、費用対効果・維持管理・目標性能・社会的責任など、総合的な観点で採否を決定する。

◆ 計画説明書（基本設計）の確認

> CMrは、設計者から提出された計画説明書（基本設計）の内容を確認し、発注者に報告する。

設計者が作成した計画説明書（基本設計）と、プロジェクト推進計画書・基本設計図書などとの整合を確認する。

計画説明書（基本設計）は、基本設計の概要と法令・条例の適合性などをわかりやすく整理してあるので、実施設計の指針となり、発注者およびプロジェクト関係者のプロジェクトへの理解を深めるためにも重要な資料となる。

○計画説明書（基本設計）の記載例

〈本編〉

- 計画概要・総合（建築）計画・構造計画・電気設備計画・機械設備計画・昇降機設備計画
- 工事区分・発注区分

〈資料編〉

- 法的制約条件・行政協議資料および記録
- 都市計画手法の概要
- ゾーニング・スタッキング・動線・BCPなどの考え方
- 外観・内観・外構デザイン・ユニバーサルデザインのコンセプトおよびイメージ
- エレベーター交通計算・トイレ器具数計算・排煙・換気方式・熱源方式（ガス・電気・コジェネレーション・システムなど）などの詳細
- 環境性能認証（CASBEE・ZEB・WELL認証など）の検討資料

3-4 基本設計のまとめ

◆ プロジェクト推進計画書の更新

> CMrは、基本設計の成果物を踏まえ、プロジェクト推進計画書を更新する。

　CMrが確認した基本設計図書と計画説明書（基本設計）は、発注者からその内容の承認を得なければならない。発注者は、承認した基本設計図書と計画説明書（基本設計）のうち、主に事業計画に関する内容を確認し、事業計画書を更新する。CMrは必要に応じて、その更新の支援を行う。またCMrも、発注者が更新した内容に連携して、プロジェクト推進計画書を更新する。特に事業費・発注計画・マスター・スケジュールは重要であり、発注者にしっかりと理解してもらうことが必要である。

◆ CM業務計画書の更新

> CMrは、実施設計に向け、CM業務計画書を更新する。

　実施設計では、プロジェクト関係者や検討課題が増えるので、プロジェクトを円滑に進めるため、プロジェクト推進計画書の更新に基づき、プロジェクト組織図・役割分担表・プロジェクトメンバー表を更新する。設計者以外の専門コンサルタントや関連工事関係者が新たに参画する場合や、業務内容が複雑で関係者の役割が交錯する場合は、プロジェクト構成員のほか、各プロジェクト関係者の役割分担と責任区分を明確にする。

　併せて会議体運営計画を更新し、実施設計において、定例的に実施する設計会議のほか、設計分科会・個別課題検討会などを必要に応じて設定し、円滑に合意形成できる仕組みを構築する。効率的で効果的な実施設計の推進に向けて実施設計者と密な調整が必要であり、設計スケジュールのマイルストーンを考慮し、会議体の頻度を設定する。

0 共通業務

1 発注業務

2 事業構想
基本計画

3 基本設計

4 実施設計

5 工事施工

6 完成後

4 実施設計におけるマネジメント

　実施設計は、発注者から示される基本的な要望事項・与条件をもとに基本設計者が作成した基本設計図書を、デザイン・性能や仕様・製作や工事施工・工事費などの面からより詳細に検討を進め、工事施工者が見積や施工計画を立案するための設計図書を取りまとめるプロセスである。詳細な設計の取りまとめを行うので、より細部についての発注者の要望をもらさず引き出すこと、実施設計内容や課題を発注者が理解することが重要となる。

　与条件の整理や設計内容の説明は設計者の業務であり、また実施設計は建築士法に定められた設計者の独占業務であるが、CMrは発注者が設計内容を理解するための支援を行い、方針を決定するための判断材料を提供するなど、発注者の立場から積極的に推進する。

▶ 実施設計におけるCMrの業務フロー

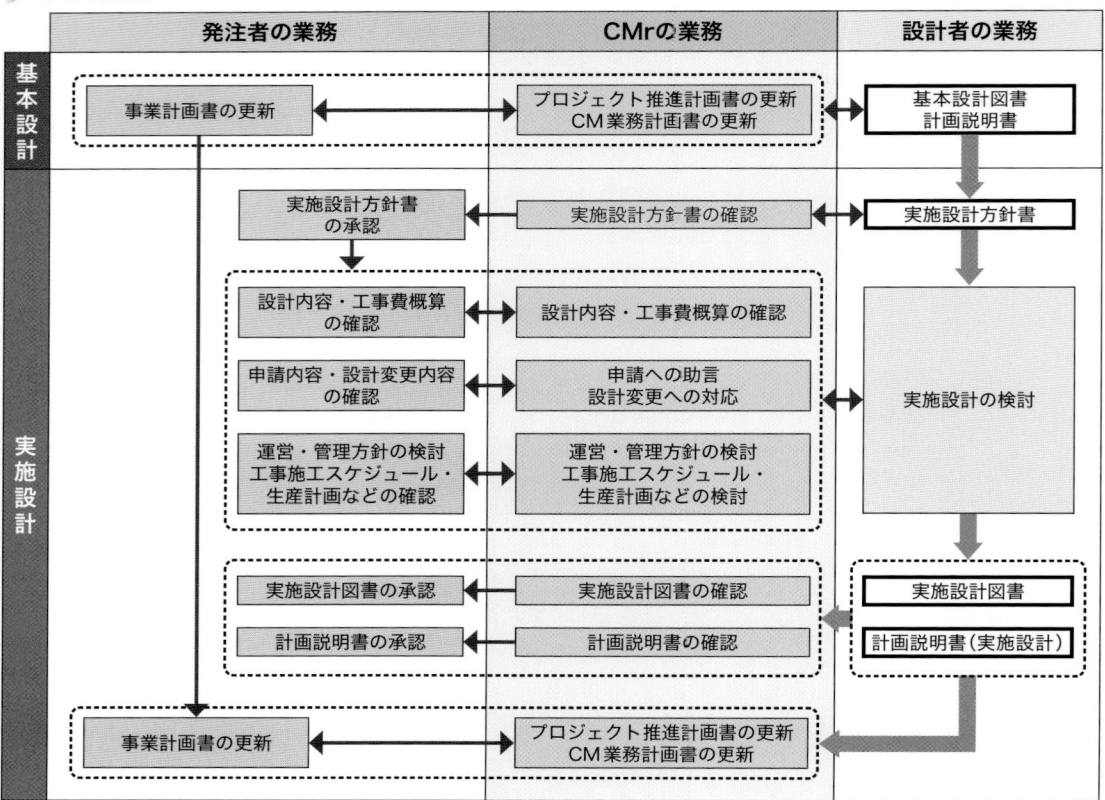

4-1 実施設計の開始

◆実施設計の開始支援

> CMrは、実施設計者に実施設計方針の提示と実施設計スケジュールの作成を依頼し、キックオフ・ミーティングを開催する。

●実施設計者への実施設計方針の作成依頼

実施設計着手にあたって、CMrは実施設計者に対し、プロジェクト推進計画書や基本設計図書の内容とともに、基本設計図書の内容と実施設計における検討課題などを伝え、課題への対応、実施設計図書のまとめ方、実施設計スケジュールなどをまとめた実施設計方針の提示を求める。

実施設計方針書の作成に先立ち、CMrが作成した実施設計方針書案を実施設計者に提示することも有効である。

●業務内容と成果物の確認

実施設計は、設計者が発注者の承認を受けた基本設計を発展させ、工事施工に必要な詳細図・特記仕様などを詰めて作りこむプロセスである。

国土交通省告示第8号では、実施設計の標準業務および成果図書は規定されているが、CMrはプロジェクト特性に応じてそれらを調整し、項目の追加も含めた検討を行う必要がある。

●キックオフ・ミーティングの開催

基本設計と同様に、キックオフ・ミーティングを開催する。基本設計以降の新たな参画者や、実施設計の検討課題・会議体運営・役割分担・実施設計スケジュールなどについて情報共有する。会議の開催にあたっては、基本設計で作成した、プロジェクト組織体制図・プロジェクトメンバー表・業務役割分担表・会議体リストなどをCMrが更新して提示する。

実施設計者と基本設計者が異なる場合は、基本設計から引き継ぐ課題や基本設計の経過状況も共有する。

基本設計から継続検討課題に工事費の削減項目がある場合は、削減目標と代替案の検討時期を実施設計者と調整する。

●実施設計スケジュールの確認

実施設計者およびその他の専門コンサルタントなどに、それぞれの業務に関するスケジュールの作成を依頼する。すでに基本設計で提出されていれば更新を依頼する。その中で設計者に作成を依頼した実施設計スケジュールには以下の項目が含まれていることを確認する。

- 実施設計におけるマイルストーン
- クリティカル・パスや計画上の問題点の抽出時期
- 関係諸官庁との事前協議および許認可関連のスケジュール
- 実施設計者が想定する竣工までのスケジュール（発注期間・工事施工期間が含まれているもの）
- 発注者の承認時期および必要期間

発注方式や発注区分によっては、実施設計図書のまとめ方が変わるので注意が必要である。

◆実施設計方針書の確認

> CMrは、実施設計者から提出された実施設計方針が、プロジェクト推進計画書および基本設計図書と合致しているかの検討を行う。

●実施設計方針の確認

CMrは実施設計者が作成した実施設計方針について、基本設計図書との整合性や基本設計において確認（必要に応じて更新）された与条件を踏まえているかどうかを確認し、異なっている場合は発注者も交えて協議する。

プロジェクト推進計画書などで示された要求条件・制約条件、および基本設計において追加された発注者の与条件と、実施設計者から提出された実施設計方針を比較して整理し、実施設計者から提示された実施設計方針を確定させる

ために、発注者・実施設計者を交えて確認する。この中で設計方針に対する理解を発注者と相互に確認し、共通認識を持つことが重要である。

また、基本設計から変更された工事費に大きな影響を及ぼすおそれがある与条件がある場合は、工事費概算の見直しを設計者に依頼し確認を行った上で必要な対応策について協議し、発注者の承認を経て実施設計図書の作成に移行しなければならない。

事業スケジュールや発注者の意向により、十分な確認がないままに実施設計者が実施設計に着手する場合には、工事費への影響などについて発注者にそのリスクを説明し、実施設計での変更管理の進め方と合わせて理解を得ておくことが重要である。

設計者から示された実施設計方針が与条件と異なる場合は、発注者に報告する。発注者からの依頼があれば実施設計者に実施設計方針の修正を依頼する。また、実施設計者の重要事項説明の要否と、要の場合の実施状況についても、CMrは確認しておく必要がある。

4-2 実施設計業務の推進

◆ 設計進捗状況の確認

> 実施設計スケジュールをもとに、CMr は実施設計者が実施する設計業務の進捗状況を確認し、発注者に報告する。

CMrは基本設計と同様のマネジメントを行う。実施設計スケジュールに対する進捗を常に確認し、特に設定したマイルストーンの進捗に留意する（図2-13）。

実施設計の遅れが見受けられる場合、原因が作図の遅れなのか、方針決定の遅れなのかを見極め、対策を講ずる必要がある。マスター・スケジュールへの影響も予測し、プロジェクト関係者への報告、プロジェクト構成員との調整・

督促、各種スケジュールの修正などを実施する。

実施設計者の実施設計スケジュールの管理と同様、発注者の承認スケジュールの管理も重要である。判断材料が揃っている場合は発注者に対して意思決定を促し、遅延する場合は全体スケジュールへの影響を確認する。

実施設計におけるスケジュール・マネジメントの留意点として、事前協議や許認可手続きについての準備状況や進捗状況を確認することもCMrにとって重要な業務である。

また、CMrは設計業務の進捗状況の確認を行う。実施設計は工事発注と重なることもあるので、設計者との調整が必要となる。

実施設計図書では図面枚数も多い。分離発注などで発注区分が多い場合、図面枚数やまとめ方も異なるため、発注方式を早期に示す必要がある。必要に応じて、図面リストで項目内容が十分かなどの確認を行う。

◆ 実施設計内容の確認

> CMr は、設計内容だけでなく予算・工期とともに発注者の要求条件が、実施設計図書に反映されているか確認する。

実施設計では、成果物としての設計図書において不確定要因を最小化することが重要である。また、発注区分に対応しているかを確認することも大切である。以下、留意点を挙げる。

- ・検討課題管理一覧表などにおいて不確定要因を適切に管理する。
- ・詳細図・特記仕様などに記載内容の過不足がないかを確認する。
- ・特殊な事情がない限り、原則的に特定のメーカーなどに偏らない設定となっているかを確認する。特に金属建具・設備機器などには注意する。

実施設計者が作成する実施設計図書について、CMrは発注者の要求条件などに沿った設計が

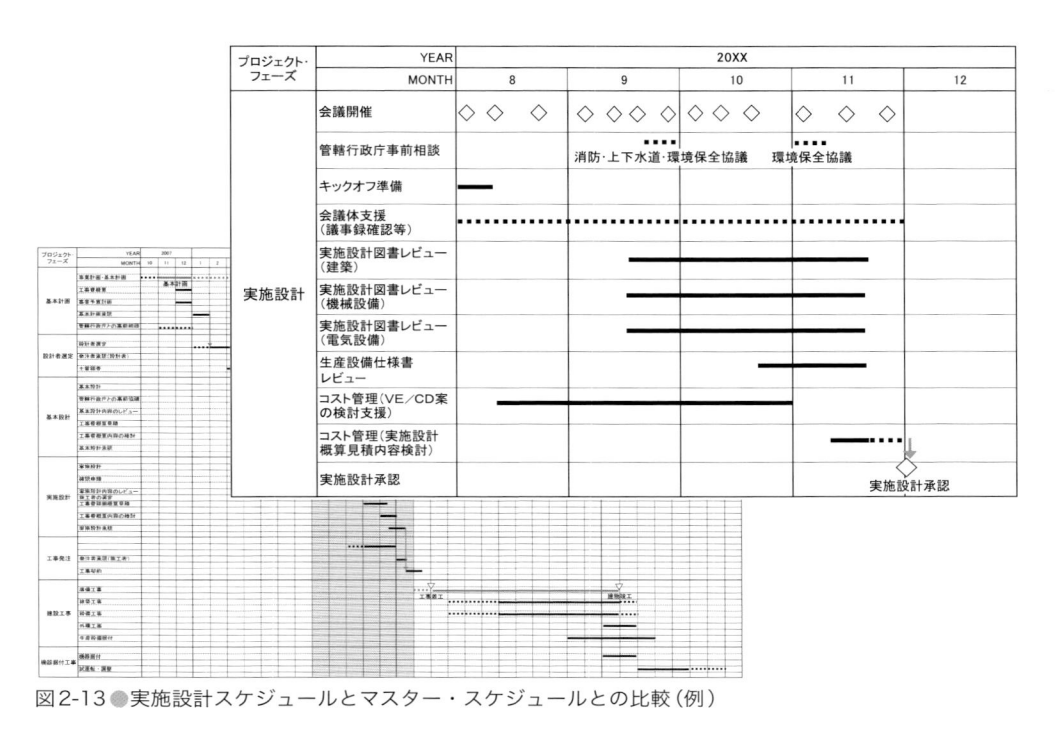

図2-13 ●実施設計スケジュールとマスター・スケジュールとの比較（例）

進められているかの確認を随時行う。確認については、基本設計図書の内容確認と同様である。また、発注者の要求条件などが不明確であることが顕在化した場合には、CMrが発注者と協議して確認された内容を実施設計者に速やかに伝達する。

実施設計が発注者の要求条件などから逸脱する内容となっている場合、CMrは基本計画書や基本設計図書との整合性を確認して発注者に報告し、実施設計者に見直しを依頼する。併せて、発注者の要求条件などの確認も随時行う。

実施設計図書に関連する運営・管理・施工計画・調達時期などを踏まえた助言は、工事施工における「もの決め」などに効果的である場合が多い。

● 設計品質の確保

設計品質は、その設計に基づいて建築物が完成したときに具体化するので、完成形を想定して設計品質を確認する。

各部位の詳細な納まりについて、CMrは施工性も考慮して確認する。納まりによっては、所

定の品質を実現できない可能性があるので、実施設計において施工上の課題を残さないような注意が必要である。

デザインを重視しすぎた設計のために、引渡し後の漏水・異音・結露など施工上の契約不適合とは言い切れない不具合が発生する場合もある。実施設計で十分な検討が行われて、間違いのない設計品質が確保されることで、不具合の生じる可能性を抑えることができる。同時に、無駄のない納まりを推奨することで、工事費を削減できることもある。

これらの点で、CMrによる客観的な実施設計図書の内容確認により、設計品質の改善・向上が図られる。

◆ 工事費概算の確認

> CMr は、実施設計の進捗状況に合わせて、適宜工事費概算を確認し、予算超過を未然に防がなければならない。

CMrは基本設計の工事概算に基づき実施設計の進捗状況に合わせて適宜確認を実施する。

一般的には設計者は実施設計完了時に工事費概算を提出する。しかし、この時点では、すでに実施した設計内容を追認する形となるので、予算超過による手戻りを避けるために、実施設計の期間中の設計図書がある程度できた時点で工事費概算を確認することが重要である。

CMrは基本設計完了時の工事費概算をもとに工事費の増減を把握し、必要に応じて主要な数量などを検討しながら進捗状況を把握する。実施設計では、原則として基本設計に基づいた設計検討を行っているので、大きく事業予算に影響を与えるような工事費の変動は少ないはずである。ただし、期間中に生じた設計変更や細部の詳細検討などにより、予期せぬ工事費の増加につながることもある。基本設計図書をもとに行った工事費概算に、数量の増減・仕様の変更による影響などを加味し、また予算管理表などを活用して、予測を立てて状況を発注者に報告する。

必要であれば、中間概算・代替案検討などを行うことを提案し、実施設計完了時に予算を大幅に超えるような実施設計に導かないように注意しなければならない。

◆ 許認可に関わる申請への助言

> 発注者および設計者が実施すべき許認可に関わる協議・申請について、CMrは助言および支援を行う。

実施設計者は、設計規約に基づき建築確認申請に関わる許認可の協議・申請を実施する。事業関連の許認可に関わる協議・申請は発注者の業務のため、CMrは実施設計者と連携してその支援を行い、発注者および実施設計者の役割分担と責任区分を確認して業務にあたる。

関係諸官庁から要求または指導される内容は、全体スケジュール・工事費・設計内容に影響する可能性があるのでプロジェクト関係者にフィードバックする。

● スケジュールとの関連

許認可に関わる協議・申請の日程は、実施設計スケジュール・事業スケジュールに大きく影響するので、CMrは実施設計者に協議・申請スケジュール表の作成を依頼する。この表をもとに進捗を確認し、実施設計者が協議・申請の期限を厳守するように助言する。近隣説明や都市計画手続きなど、難易度が高い協議となることが予想される場合は、必要な期間を見込んでいることを確認する。

確認申請に関わる標準的な手順およびそれに要する期間は定めがあるが、提出予定の審査機関と実施設計者がスケジュールを調整し、実施設計スケジュールに反映されていることを確認する。

➡第2章「3-2 基本設計業務の推進→表2-18 建築関連の事前協議に関わる事項（例）」

◆ 設計変更への対応

> CMrは、検討課題を一元的に管理し、基本設計からの設計変更に対応する。

基本設計で基本的な与条件は整理されており、基本設計図書や工事費概算は承認されている前提で、基本設計図書を起点に、検討課題管理一覧表により設計変更や検討課題を一元的に進捗管理する。CMrの役割や業務、検討課題管理一覧表の書式や管理方法などは基本設計と同じでよい。

➡第2章「3-2 基本設計業務の推進→ ◆ 設計変更への対応」

○実施設計における検討課題の例
- 基本設計で決定せず、実施設計の検討とされた課題（課題が残る場合も、図面表記と概算条件は整合させ、起算点を合意しておくことが重要）
- 基本設計以降の発注者起因の与条件変更
- 建物利用者などの関係者へのヒアリングなどによる与条件の見直し（発注者起因）

・具体的な図面での協議や申請時の行政指導（明文化された規定では読み取れない解釈によるもので、一般的な内容は原則として基本設計で整理しておく）

・実施設計で実施した調査への対応（基本設計で実施しておくべきであるが、各種制約により敷地測量や地盤調査が遅れる場合もある）

・建築工事と関連工事の工事区分の変更

・設計進捗に伴う工事施工者などからの技術的な提案、施工性を考慮した合理化案・代替案

・基本設計の不整合など

実施設計では基本設計と比較して精度の高い検討が必要となる。さまざまな観点で、基本設計に修正を加えることも検討する。

・工事施工者の選定時の工事費見積との差異がないよう設計内容の精度を向上させるとともに、工事費概算を適宜補正し、目標工事費と照らし合わせて仕様を確定する。

・施工計画により工事費見積に不確定要因が生じる可能性があるものは、必要に応じ設計内容の補足・修正を依頼する。例えば、既存の地下躯体が残置される場合の山留工事や基礎工事は工事費や工期への影響が大きい。

・建設市況を確認し、建設物価・資材調達状況・建設労務環境に変化がある場合は、設計内容や調達方針について検討する。

・基本設計を修正する場合、発注者の了解を得て設計変更の扱いとして処理する。

◆ 運営・管理方針の検討

> CMrは、竣工後の施設の運営・管理方針について精度を上げて検討し、実施設計に反映する。

実施設計では、竣工後に円滑に運営・管理で

きる施設の与条件を確定し設計に反映する。検討すべき項目は、基本設計で例示した項目と同様であるが、運営・管理の方法や体制を具体的に想定し、精度を上げて検討する。

竣工後の運営・管理を担う組織（発注者内の担当部署や外部委託先のビル運営会社・ビル管理会社など）が決定している場合は、早期に詳細の設計内容を検討することが望ましい。CMrは具体的な検討項目ごとに、関係者の確認、会議体の構築などの検討体制の立案、設計上の決定期限から逆算した検討期間の設定などを総合的に整理し、発注者に提案の上、プロジェクト関係者との協議を支援する。

具体的な運営・管理の方法や体制は、実施設計で確定していない場合でも、施設の用途や規模から一般的な与条件を想定し、発注者と確認の上で実施設計に反映する必要がある。

施設の性格によりさまざまであるが、運営・管理を考慮し、実施設計で方向性を整理するべきものとして、以下のような項目を例示する。

なお、運営・管理の検討のうち、実施設計者の業務の一部として実施することが合理的な場合がある。その場合は設計業務の委託項目に含めるなど事前調整が必要である。同様に、工事施工者に運営・管理の技術的な検討を依頼する場合は、契約時の業務仕様書に含めることを検討する。

➡第3章「6 運営・管理マネジメント」

○施設運営について（本社事務所の場合）

・施設の管理者・使用者へのアンケート・ヒアリング・ワークショップによる意見聴取

・ワークプレイス・執務環境整備・働き方に関する検討支援および施設利用ルールの整理

・家具類などのレイアウト検討、情報設備や文書管理（書類収納）などとの調整

・関連工事の発注方式の検討

○施設運営について（複合用途・賃貸施設ビルの場合）

- テナント内装設計者などの体制構築、テナントへの交付資料や貸方基準などの作成
- 複合用途における各施設の運営方針の検討や業務委託の支援（社員食堂・売店・ホール・広報施設など）
- 広域開発などにおける隣接地権者との調整、エリア・マネジメントとの調整、共用部や空地でのイベント企画の検討
- 区分所有など権利関係が伴う場合における所有区分・管理区分などの整理

○施設管理について

- 具体的な管理方法を考慮した管理諸室・管理倉庫などの緒元の確定
- 非日常も含めさまざまなシーンを想定した動線計画やセキュリティ計画の確定
- 外壁・大空間を含めた清掃計画、日常点検・定期的点検の作業性、更新時の施工計画に対する設計検討
- 貸床面積や清掃面積の算定、利用状況を考慮した光熱費などの概略算定
- 定期点検項目の洗い出し、管理備品・予備品の計画支援
- 長期修繕計画の検討
- 大規模修繕や基幹設備更新時の概略仮設計画および事業継続への影響に対する検討

○その他

- 移転・引越しの条件整理、既存施設の利用計画（転用・除却・売却など）、残置物や備品の再利用・処分
- 対外的な情報公開の準備（プレス発表・ホームページ公開など）

◆ 工事施工スケジュール・総合仮設計画・品質管理計画の検討

> CMrは、実施設計の内容を考慮し、工事施工スケジュール・総合仮設計画・品質管理計画を検討する。

● 工事施工スケジュールの更新

○工事施工スケジュール案と事業スケジュールの整合

CMrは実施設計図書を考慮して、工事施工スケジュールを検討する。また、検討した工事施工スケジュールが事業スケジュールと整合しているかを確認する。実施設計完了後に工事施工者の選定を行う場合は、工事施工候補者からの積極的な技術提案（施工計画・工事工程など）が可能となる程度まで工事施工スケジュールの詳細検討を行う。複数の工区に分かれているプロジェクトの場合は、CMrが全体の工事施工スケジュールを作成する場合もある。

○工事施工スケジュールの検討の留意点

実施設計完了時には数量・仕様ともに詳細が検討されるため、それらの情報に基づいて、より詳細に工事施工スケジュールを検討する。数量については建設資材などの具体的なスケジュールへの影響の検討が可能になる。仕様については、調達に関するスケジュールも考慮して必要な場合は代替案の検討を行い、実施設計へフィードバックする。その際、実施設計の修正期間が工事施工者の選定に影響が出ないよう留意する。

検討した工事施工スケジュールが事業スケジュールと整合していない場合は、実施設計の見直しを含め実施設計者とも協議し、施工計画や発注方式における工夫による回復の可能性の検討を行い、発注者に報告する。

○発注区分の考慮

分離発注方式を採用する場合、CMrはおのおのの工事施工者が全体の工事施工のスケジュールを理解できるようにする。また、CMrは実

施設計図書の完成時期について実施設計者との調整を十分に図っておく。

●総合仮設計画図の検討

CMrは実施設計図書に基づき、総合仮設計画図を検討し、工事施工者の選定の根拠とする。複数の工区に分かれているプロジェクトの場合は、CMrが全体の総合仮設計画図を作成する場合もある。

実施設計完了後の工事施工者の選定に際しては、特に分離発注方式などにおいて工事施工候補者に対して、仮設工事の発注区分・責任範囲などを明確に説明しなければならない。必要に応じて、見積要項書の説明のみではなく総合仮設計画案を提示し、更に一部を「指定仮設*」とすることもある。また、この総合仮設計画案を工事施工候補者に提示する場合には仮設工事に関わる数量が積算できる精度でなければならない。更に、着工時の関係諸官庁への届出書類として使用する場合があることにも留意する。

＊**指定仮設**
工事施工者の任意で行う「任意仮設」に対して設計図書に定められているとおりに施工しなければならない仮設のこと。

●品質管理計画の検討

CMrは品質管理計画の概要をより具体的に検討する。

工事施工における品質管理は監理者および工事施工者が中心となるが、CMrは発注者の立場から品質管理についての確認を行う。そのためには品質管理を適切に行えるように、CMrの具体的な業務内容や監理者・工事施工者との業務フローなどを明記した品質管理計画案を作成する。また、工事施工者にどのような品質管理を求めるか明らかにするために、必要に応じて見積要項書などにも添付する。

CMrの作成する品質管理計画案は、重点管理項目ごとに品質確保のためのチェックリストとしてまとめる方法がある。特に工事種別ごとにまとめて作成しておけば効率的に使用できる。

発注者と実施設計者との契約内容により、CMrを含むプロジェクト構成員の役割分担は変化するため、第2章「0　共通業務」を合わせて参照のこと。

◆生産計画の検討

CMrは、生産計画について、プロジェクト実施方式に応じた役割分担と責任区分を検討し、立案する。

●プロジェクト実施方式に応じた役割分担

本章の「3　基本設計におけるマネジメント」以降では、設計施工分離方式を想定したCMrの業務を記述しているが、昨今の多様な発注方式で採用されるプロジェクト実施方式によっては、プロジェクト構成員の役割分担に留意が必要である。

設計施工一括方式では、設計施工者の組織内で設計者と工事施工者が基本設計・実施設計で協働することが特徴の1つである。例えば工事施工者が施工計画や工事工程を早期に検討することにより、設計者による設計の検討や図面の取りまとめ、さらには工事費概算の算出への支援・助言が可能となる。

ECI方式でも、設計者の役割は設計施工分離方式と原則として変わらないが、技術協力者（工事施工予定者）が施工計画や工事工程に関する技術的な支援・助言を行うことにより、実施設計などで設計者にもプロジェクト特性を考慮した精度の高い仮設計画や工法検討の確認が可能となる。

いずれの方式においても、CMrはプロジェクト構成員の業務内容を事前に取り決めておくことが望ましい。多様なプロジェクト実施方式におけるプロジェクト構成員の役割分担の留意点は以下のとおりである。

・工事施工者の業務範囲（仮設計画の作成、工事工程の作成、工事費の検討、施工上の特殊条件の検討、工期や工事費の確定時期

と条件の明確化、調達の検討と先行発注の対応など）

・設計業務に関連する技術提案の可否（躯体工事や外装工事の工業化工法・合理化提案・特許工法など）

・実施設計と工事施工の責任の明確化

・実施設計の深度化に伴う工事費の管理、実施設計期間中の物価上昇への対応

●総合図などの活用

実施設計で検討することが合理的な施工性について検討する。例えば総合図は、総合（建築）・構造・設備を一元的に表現したもので、発注者・設計者・監理者・工事施工者での合意形成を図るためのツールである。期待される効果は、実施設計図書から施工図に円滑につなげることができること、発注者の理解を深め運営・管理の要望を反映できること、工事施工中の手戻りと竣工後の不具合を防止できることなどがある。

総合図には、設計者・監理者・工事施工者の明確な役割分担が存在しない。また、一般的な設計や工事施工に関わる業務仕様や契約約款に具体的な記載がなく、そのためCMrが役割分担を調整し、それぞれのプロジェクト構成員の業務仕様や特記仕様などで位置付ける必要がある。

プロジェクト特性に応じて、実施設計で設計者が総合図を作成することにより、上述の効果が高まることがある。その場合は、総合図を作成する対象範囲などを事前に定め、あらかじめ実施設計の業務仕様書に位置付けるなどの調整が必要である。

また、一部の資材を先行発注する場合には、早期にその部分の施工図や製作図の提出を求め、内容の確認と調整が必要となる。

※「総合図作成ガイドライン」（公益社団法人日本建築士会連合会）に詳しく説明されている。

4-3 実施設計成果物の確認

◆実施設計図書などの確認

> CMrは、設計者から提出された実施設計図書および関連する成果物について、内容を確認し、発注者に報告する。

●実施設計図書の内容確認

業務仕様書に基づき、CMrは成果物および設計契約の履行状況を確認する。

実施設計の与条件は、基本設計で更新されたプロジェクト推進計画書と実施設計の検討課題管理一覧表のうち承認された項目（実施設計の与条件変更）および設計会議で協議された内容である。実施設計者は、これらの条件を実施設計図書に反映して提出する。CMrは提出された実施設計図書を確認する。

CMrが確認した内容はレビューシートにまとめ、その対処の方法を発注者・設計者・その他のプロジェクト関係者（必要に応じて）と共有しておく。実施設計図書の内容確認には、CMrの総合（建築）・構造・電気設備・機械設備・コスト・工事施工などの各担当者がそれぞれの分野での確認を行い、更におのおのが整合しているかの全体確認を行う。

○実施設計方針と要求条件・制約条件

要求条件・制約条件や実施設計方針で確認した与条件を確認する。

○実施設計図書との整合性

それぞれの分野での設計図書を対象に確認するのが通例であるが、総合図が作成されている場合は、設計図書間の整合性が検証しやすい。設計図書が BIMを利用して実施されている場合には検証作業の軽減につながる可能性がある。その場合は、CMrは実施設計者が検証を行ったことを確認する。

○その他の確認

法令の確認や許可申請との整合性も同様に確

認する。

○発注区分に関わる整合性

発注区分に基づく工事区分・取合い詳細表示、更には図面・仕様書の構成などを確認する。

○施工計画などの確認

施工計画・仮設計画などと関連して、施工性の観点から合理的な設計内容かを確認する。

●工事費概算の確認

CMrは、実施設計図書に基づき実施設計者が作成した工事費概算を確認する。数量の拾い方、資材や労務の単価、特殊な工事の参考見積、諸経費の料率などの妥当性を確認する。

より慎重に進める必要がある場合には、CMrも独自に概算を算出し、実施設計者の概算と比較し妥当性を確認する方法もある。

工事費内訳書が必要な場合、実施設計者が作成するのが合理的な場合もあるので、プロジェクトごとに事前に調整する。

基本設計の工事費概算、実施設計の中間での工事費概算などの経緯を確認し、変動要因を分けて検証する。

○設計内容に起因する変動要因（承認された基本設計からの変更）

・発注者による与条件の変更
・実施設計者による提案
・新たな要因（実施設計での調査に基づく変更など）
・行政協議による変更
・代替案の採否（VE検討など）

➡第2章「4-2 実施設計業務の推進」

○建築市況・発注方式などに起因する変動要因

・資材の単価・人件費などの変動
・建設業界の繁忙度・労務環境による変動
・発注方式・工事区分の変更

CMrが総合仮設計画図を作成している場合は、それに基づき仮設工事費・現場管理費・諸経費などの間接経費や共通費を算出し、実施設計者

の算出した工事費概算との調整を図る。

工事費概算の確認の結果、予算を超過する場合は、以下のような視点で工事費低減に向けた検討を行う。

・要求品質に影響の少ない仕様などの見直し
・乖離が大きい場合は、工事費の比較的大きな工事種別などに減額要素がないかを再確認（例：基礎工事・外装工事など）
・規格外の資材、特注対応の資材、物流コストのかかる資材などの抽出
・汎用性のある資材の検討、海外調達が安価な場合はその検討
・発注方式・工事区分の再確認

前述の検討を行っても、なお乖離が大きい場合は、発注者・実施設計者と協議の上で、与条件を大幅に見直すか、予算超過の可能性を把握した上で工事発注を進めるかの判断を行う。ただし、この場合でも工事施工者の工事費見積が予算を超過した場合の対応策は事前に発注者と協議して定めておく必要がある。

・大幅な設計変更の想定（面積を含む全体計画の見直し）
・発注方式・工事区分の更なる検討
・事業スケジュールへの影響の確認

◪ 計画説明書（実施設計）の確認

> CMrは、設計者から提出された計画説明書（実施設計）の内容を確認し、発注者に報告する。

設計者から提出された計画説明書（実施設計）と、プロジェクト推進計画書・実施設計図書などとの整合を確認する。

基本設計で全体計画の主要な部分の検討は完了し、実施設計は基本設計に基づいて行われるため、計画説明書（実施設計）は計画説明書（基本設計）の変更を更新したものとなる。大幅な変更がある場合は新たに作成する。実施設計図

書は詳細な図面なども含まれ全体像を把握しにくいため、計画説明書（実施設計）は発注者およびプロジェクト関係者のプロジェクト概要の理解を深めるために重要な資料となる。ただし、実施設計の計画説明書は国土交通省告示第8号に正式な位置付けがないため、あくまでも設計者のオプション業務となることに注意が必要である。

ジェクトの運営方針を再構築し、プロジェクト組織体制図・業務役割分担表・プロジェクトメンバー表・会議体リストを更新する。会議体は、工事会議（総合定例など）のほか、各種の分科会や個別課題の検討会などの必要な会議体を設定し、円滑に合意形成できる仕組みを構築する。

4-4　実施設計のまとめ

◆ プロジェクト推進計画書の更新

> CMrは、実施設計の成果物を踏まえ、プロジェクト推進計画書を更新する。

　CMrが確認した実施設計図書と計画説明書（実施設計）は、発注者からその内容の承認を得なければならない。発注者は、承認した実施設計図書と計画説明書（実施設計）のうち、主に事業計画に関する内容を確認し、事業計画書を更新する。CMrは必要に応じて、その更新の支援を行う。またCMrも発注者が更新した内容に連携して、プロジェクト推進計画書を更新する。特に事業費・発注計画・事業スケジュールは重要であり、発注者にしっかりと理解してもらわなければならない。

◆ CM業務計画書の更新

> CMrは工事施工に向け、CM業務計画書を更新する。

　更新されたプロジェクト推進計画書に基づき、CM業務計画書を更新する。
　工事施工では、プロジェクト関係者がさらに増加するため、各プロジェクト構成員のほか、その他のプロジェクト関係者との役割分担と責任区分を明確にすることが重要である。プロ

5 工事施工におけるマネジメント

　工事施工におけるCMrの役割とは、プロジェクトによって業務は多様であるものの、発注者・設計者・監理者・工事施工者を含む複数のプロジェクト構成員の情報共有と意思決定を円滑にする仕組みづくりや、各種方針書や計画書の内容の確認と助言や調整の実施、発注者のプロジェクト目標に沿った工事施工が契約図書どおりに行われるよう総合的なマネジメントなどを行うことである。CMrは工事施工における発注者・設計者・監理者・工事施工者の役割をしっかりと把握し、品質に漏れがないようにマネジメントを行うと同時に、今後もますます進行すると予想される人手不足への対応や、いっそう早くなる社会情勢の変化に対応するために、適切な業務を行わなければならないことに留意するべきである。

　本節では、工事施工から竣工・引渡しまでにおけるCMrの役割と、関連工事でのCMrに必要とされる対応について説明する。関連工事については主に、家具・什器・備品の与条件整理および基本計画立案から、引渡しまでを解説する。

　なお、国土交通省告示第8号に規定する「工事監理に関する標準業務」のみを行う場合を「工事監理業務／工事監理者」、「その他の標準業務」なども行う場合を「監理業務／監理者」と整理されているが、本章の記載においては煩雑を避けるため、全て「監理業務／監理者」と表記する。

監　理 （監理者の業務）			
告示第8号			
［別添一］第2項「工事監理に関する標準業務及びその他の標準業務」		［別添四］第2項に掲げる工事監理に関する標準業務及びその他の標準業務に付随して実施される業務 (1)〜(4)	告示第8号に含まれない追加的な業務
一「工事監理に関する標準業務」	二「その他の標準業務」		
項目 (1)〜(3)	項目 (1)〜(7)		

↓

工事監理 （建築基準法・建築士法が定める範囲）

監理と工事監理の定義（国土交通省告示第8号による）

▶ 工事施工におけるCMrの業務フロー

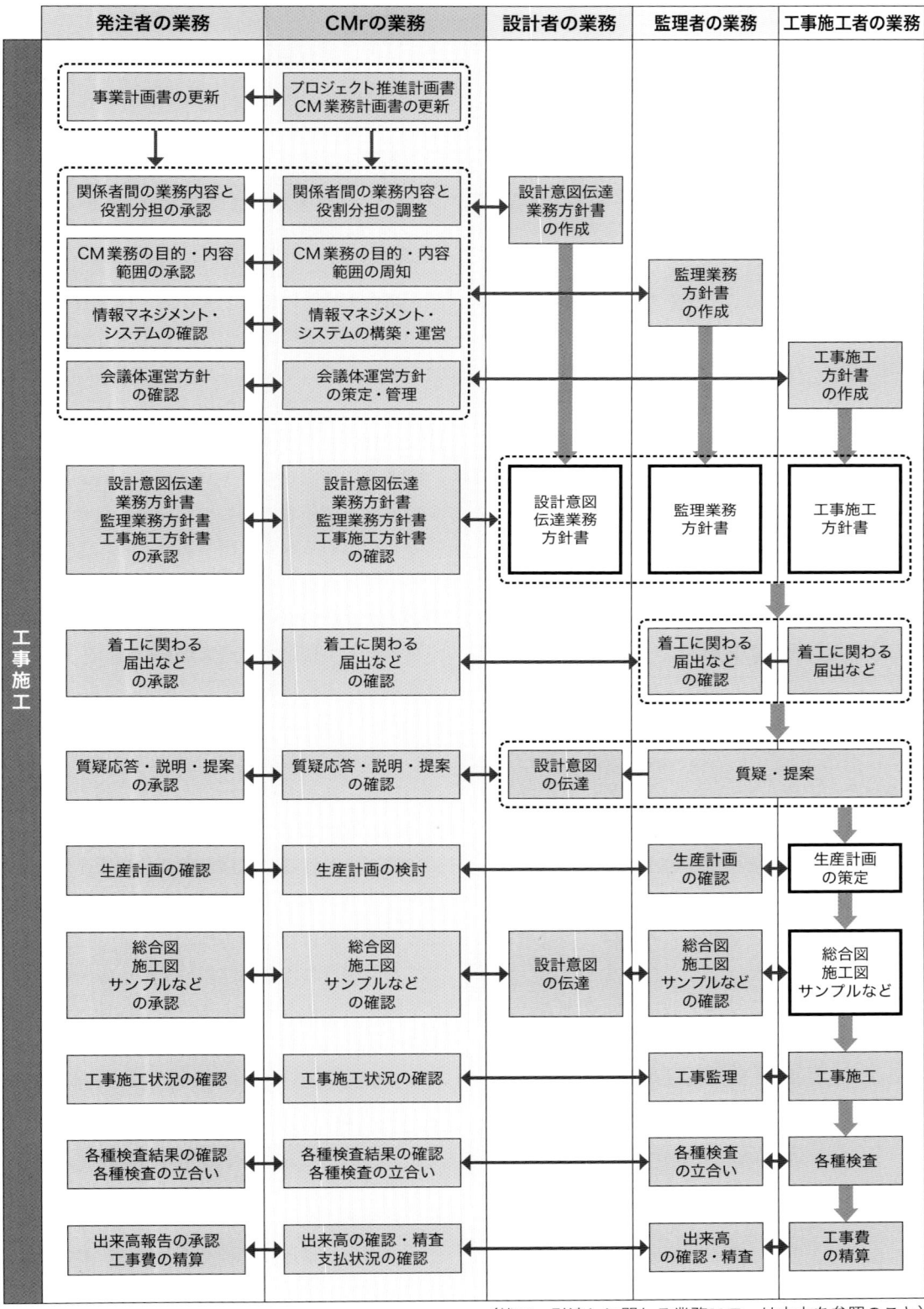

（竣工・引渡しに関わる業務フローは本文を参照のこと）

◆ プロジェクト推進計画書の更新

> CMrは、工事施工に関わるプロジェクト特性を踏まえ、プロジェクト推進計画書の内容を確認し、必要に応じて更新する。

CMrは、工事施工者の選定経緯や契約内容などを踏まえてプロジェクト推進計画書の内容を確認し、必要に応じて更新する。更新した場合は、発注者に確認を得て、それぞれの業務が適切に遂行されるために設計者・監理者・工事施工者などにも周知する。

また、CM業務に関連工事・付帯業務など関わる支援が含まれる場合は、それぞれの工事工程とマスター・スケジュールとの調整や、工事費・業務費と全体の事業費の調整なども支援し、プロジェクト推進計画書に反映させる。

◆ CM業務計画書の更新

> CMrは、工事施工に関わるプロジェクト特性と、プロジェクト推進計画書の内容を確認し、CM業務計画書を更新する。

CMrは、更新されるプロジェクト推進計画書の内容を踏まえてCM業務計画書を更新する。この際には、監理者や工事施工者の契約内容や実施体制などを踏まえて、CM業務計画書を更新する必要があり、更新した場合は、発注者に説明して確認を得る。

工事施工では、発注者・設計者・監理者・工事施工者のほかにも多くのプロジェクト関係者が関与するため、CM業務に対する必要な認識を共有して効果的にプロジェクト推進を実施することが重要である。このためには、CM業務計画書を用いてプロジェクト関係者にCM業務の目的・内容・範囲などを周知することが必要となる。

また、監理者の監理業務方針や工事施工者の工事施工方針などに対しても、CM業務の内容と整合する必要があるため、CM業務計画書の更新および説明は、工事施工の準備段階で実施する必要がある。

◆ 情報マネジメント・システムの構築と運営

> CMrは、工事施工における効果的な推進に向けて、有効な情報マネジメント・システムを構築して運営する。

工事施工においては、発注者・設計者・監理者・工事施工者に加え、専門工事会社や資機材メーカーなど、多くのプロジェクト構成員が関与するため、効果的な情報の伝達・共有が効率的なプロジェクト推進で重要となる。

CMrは円滑なプロジェクト推進を目的に、プロジェクト関係者の情報の伝達・共有を主導することが求められる立場であり、特に工事施工においては工事工程の流れとプロジェクト関係者の広がりを視野に情報マネジメント・システムを構築して運営する必要がある。

● 会議体による情報マネジメント

建設プロジェクトにおける情報マネジメントは、各種の定例会議や個別打合せなどによる情報の伝達・共有と意思決定が基本となる。対話や対面は進捗確認や課題解決への確実な方法で、工事施工における会議体が体系的に設定される必要がある。後述の「◆会議体運営方針の策定と管理」を合わせて参照のこと。

また設定された会議体以外でも、臨時の打合せや電子メールなどによる情報の伝達・共有が存在する。全てを把握することはできないが、必要な情報は適宜に必要な会議体に展開されるように留意するなど、CMrは適切な情報マネジメントによる円滑なプロジェクト進捗に努める必要がある。

● 工事施工におけるプロジェクト文書

工事施工のプロジェクト文書には、契約関連図書・設計図書・工事費見積書、更には着工時

の届出書類、中間時の品質管理記録・設計変更関連書類、竣工時の引渡書類など、多種多様な文書が存在する。

多くのプロジェクト構成員がそれぞれの役割に応じて各種の文書を作成し、配布・確認・承認・保管・保存などを実施することにより、必要な進捗管理や合意形成がなされる。その際には、適切な主体による適時の情報の発信・受信、更には変更管理がなされること、合わせて情報セキュリティが確保されることも必要である。

● プロジェクト文書の管理

CMrは必要なプロジェクト文書を一覧化し、各文書の書式ひな型・記載要領などを整備するとともに、文書の作成から確認・承認を経て保管・保存までの管理方針を管理主体とともに明確にし、発注者の確認を得てプロジェクト構成員に周知する。また、各文書が管理方針どおりに運用されているかを台帳などで継続的に確認にする必要がある。

● ICTの活用

プロジェクト文書の管理にICTが活用されることが多い。CMrは、以下の項目を参考にICTの活用方針を検討し、プロジェクト構成員の合意と協力により効果的な情報マネジメントを実現する。

- プロジェクト文書（特に図面）に使用するソフトウェアの種別・バージョン
- プロジェクト文書を提出・授受する際のデータ形式
- クラウドサーバーや情報共有ツールの運用ルール（フォルダ構成・アクセス権など）
- 電子メールや各種コミュニケーション・ツールの運用ルール
- 情報セキュリティの方策

ICTの革新は日進月歩であり、CMrも常に知識や能力を更新して、適切に情報マネジメント・システムに反映する必要がある。

◆ 会議体運営方針の策定と管理

> CMrは、工事施工に関わるプロジェクト構成員の契約関係や組織体制を把握し、目的に応じた会議体の運営方針を策定・管理する。

工事施工では、各種の会議体を通じて多くのプロジェクト構成員による情報の伝達・共有が行われる。会議体の適切な管理を通じて、確実な合意形成や意思決定を推進することは、適切なプロジェクト進捗に重要である。

CMrは、プロジェクト構成員の契約関係や組織体制を適切に把握し、目的に応じた会議体の運営方針を策定し、発注者の確認を得て必要なプロジェクト関係者に周知する。

● 会議体の種類と運営

工事施工において一般的に実施される定例的な会議体を以下に例示する。

- プロジェクト会議（月1回程度）
- 総合定例会議（月1回程度）
- 現場定例会議（週1回程度）
- 総合図・施工図等調整会議（週1回程度）
- その他（設計分科会・設備分科会・監理分科会など）

CMrは全ての会議体に出席する必要はないが、各種の会議体が適切に運営されていることを確認する必要がある。特に、発注者が関与する会議体は、CMrの支援が必要となる。その他の会議体については、目的に応じて最適な主体が開催・運営し、CMrは必要に応じて支援や助言を実施する。

● キックオフ・ミーティングの開催

CMrは工事施工に関係するプロジェクト関係者が参加するキックオフ・ミーティングを開催する。CM業務説明書によりCMrの業務・役割、CMrと設計者・監理者・工事施工者との業務区分・役割分担などを説明し、プロジェクト関係者に周知する。

キックオフ・ミーティングでは、設計者によ

0 共通業務
1 発注業務
2 事業構想・基本計画
3 基本設計
4 実施設計
5 工事施工
6 完成後

る設計意図伝達業務方針書、監理者による監理業務方針書、工事施工者による工事施工方針書もそれぞれに説明・周知される。

　CMrはキックオフ・ミーティングに先立ちそれぞれの業務区分・役割分担を確認し、CM業務説明書の内容と齟齬がないようにそれぞれの主体と事前に調整を図る。詳細は以下の「◆設計意図伝達業務方針書・監理業務方針書・工事施工方針書の確認」を参照のこと。

◆設計意図伝達業務方針書・監理業務方針書・工事施工方針書の確認

> CMrはキックオフ・ミーティングに先立ち、設計意図伝達業務方針書・監理業務方針書・工事施工方針書を確認して、それぞれの作成主体との調整を図る。

　CMrは、キックオフ・ミーティングに先立ち、設計者に設計意図伝達業務方針書、監理者に監理業務方針書、工事施工者に工事施工方針書の作成を依頼し、内容を確認して相互に齟齬がないようにそれぞれの主体と調整を図る。

　特に、それぞれの契約内容（業務仕様など）に基づく業務区分・役割分担をもとに、円滑なプロジェクト推進を前提に、それぞれの業務内容の過不足・不整合などがないように留意する。

●設計意図伝達業務方針書の確認

　CMrは、設計者の契約内容（業務仕様）に基づき、CMrを含む他のプロジェクト構成員との業務区分・役割分担に留意して、設計意図伝達業務方針書の内容を確認する。

　設計意図伝達業務方針書に記載される内容は他の方針書に比べて多様であるが、国土交通省告示第8号の「工事施工段階で設計者が行うことに合理性がある実施設計に関する標準業務」なども参考に、以下の内容を確認する。

- 設計業務の実施方針・組織体制
- 発注者の「もの決め」への設計者の関わり方（成果物・会議体など）
- 設計変更の実施方針（書式ひな型・業務フ

ローなど）
- 許認可などに関わる伝達事項
- 実施設計からの伝達事項（補足説明・継続課題など）

●監理業務方針書の確認

　CMrは、監理者の契約内容（業務仕様）に基づき、CMrを含む他のプロジェクト構成員との業務区分・役割分担に留意して、監理業務方針書の内容を確認する。

　監理業務方針書の確認は、以下の内容を参考にする。いずれも事前に設計意図伝達業務方針書・工事施工方針書との調整が必要である。

- プロジェクトの概要（主に監理業務関連）
- 監理業務の実施方針（重点監理項目など）
- 監理者の組織体制
- 会議体の運営計画（主に監理業務関連・工事施工関連の一覧・頻度・日時・場所・出席など）
- 総合図・施工図・施工計画などの管理方針（管理台帳・生産工程・関係書式などの作成・検討・確認・承認の生産プロセスなど）
- 施工品質の管理方針（施工状況・品質検査・性能試験などの施工品質に関わる確認・検査の方法・頻度など）
- 設計変更の実施方針（設計者と調整の上での書式ひな型・業務フローなど）
- 工事施工関連の届出書類（工事施工者が作成して監理者が確認してプロジェクト関係者に届出を実施する書類一覧・提出時期・提出先など）
- 監理業務関連の届出書類（監理者が作成してプロジェクト関係者に届出を実施する書類一覧・提出時期・提出先・書式ひな型など）
- 緊急時の連絡網（緊急時の定義・対応などを含む）
- その他（適宜）

●工事施工方針書の確認

　CMrは、工事施工者の契約内容に基づき、

CMrを含む他のプロジェクト構成員との業務区分・役割分担に留意して、工事施工方針書の内容を確認する。

工事施工方針書の内容の確認は、以下の内容を参考にする。また、一部の具体的な内容を**表2-21**に例示する。

- プロジェクトの概要（主に工事施工関連）
- 工事施工の運営方針（工事工程管理・施工品質管理・安全衛生管理などの実施方針）
- 工事施工者の組織体制
- 工事工程（ネットワーク工程）
- 生産工程（総合図・施工図・施工計画などの作成・検討・確認・承認の生産プロセス）

- 総合仮設計画
- 品質管理計画
- 安全衛生管理計画
- 環境対策
- 工事施工の届出書類（監理者の確認後にプロジェクト関係者に届出を実施する書類一覧・提出時期・提出先など）
- 諸官庁への届出書類（工事施工者が届出を実施する書類一覧・提出時期・提出先など）
- 緊急時の体制および対応（緊急時の定義・対応で監理者と事前に調整が必要）
- その他（近隣対策など）

表2-21 ●工事施工方針書の構成・内容（例）

項目	記載内容	CMrとしての確認の視点
1 プロジェクトの概要	工事名称／工事場所／対象建物概要／発注者・受注者・設計者・監理者／工期／工事内容・区分／発注者要求／設計趣旨／許認可内容／留意すべき現場状況／その他	当該工事にかかる基本的な情報や必要な事項が適切に把握・整理されているか。
2 工事施工の運営方針	工事全体の進め方／施工管理区分／主要工事別施工計画概要／その他	基本的な工事施工・管理方針は明確にされているか。
3 工事施工者の組織体制	工事管理体制／現場代理人・主任技術者などの配置／施工体系図／その他	工事にかかる組織体制は明確かつ適切に構築されているか。
4 工事工程	総合工程表／主要工程計画／その他	契約工期に対して適切な工程計画となっているか。
5 生産工程	施工図等作成・管理体制／施工図等の作成・提出～承認手順／施工図工程表／主要施工図等の提出時期／見本・サンプル・試験成績書などの提出／その他	現場施工前段階の生産計画管理方策およびもの決め工程の管理方針は適切に計画されているか。
6 総合仮設計画	仮囲いなどの計画／現場事務所／仮設電力・水道など／安全施設・設備計画／排水計画／作業員動線／揚重機等配置計画／資機材搬入ルート／危険物置場／その他	各種仮設の計画は合理的であるとともに安全性に配慮したものとなっているか。
7 品質管理計画	品質目標／品質管理方針／品質管理体制表／立会検査項目／品質記録／その他	発注者要求品質の確保方策が明確にされているか。
8 安全衛生管理計画	安全衛生管理組織表／安全教育・訓練・パトロール／交通安全管理／現場入退場管理／作業服装・装備／作業内容に応じた安全管理事項／作業員の健康管理／その他	必要な安全衛生管理方策が適切に計画されているか。
9 環境対策	関係法令／騒音・振動・大気汚染・水質汚濁・土壌汚染・地盤沈下などの対策方針・計画／再生資源の利用促進および建設副産物の適正処理にかかる方針／環境物品等調達方針／必要な届出・手続きなど／その他	必要な環境対策が適切に計画されているか。
10 届出管理	届出が必要な書類一覧／提出時期／提出先／その他	届出が必要な書類が網羅されているか。提出時期や提出先が適切か。
11 緊急時の体制および対応	緊急時の連絡体制・系統図／災害および事故発生時の対応・役割分担／その他	緊急時の対応が明確にされているか。
12 その他	近隣対策／その他	その他必要な事項が適切に計画されているか。

■分離発注方式における工事施工方針書の留意点

一括発注工事では元請である工事施工者（一般的に総合建設会社）が工事施工方針書を作成するが、分離発注方式では複数の専門工事会社を含む工事施工者がそれぞれに作成する。特に建築工事を複数の専門工事会社に細分化する分離発注方式において留意が必要な工事工程・総合仮設計画・安全衛生管理計画について解説する。

●工事工程

一括発注方式では元請である工事施工者が契約に基づく工事工程表を作成し、監理者が検討して発注者に報告する。CMrはその工事工程表を発注者の立場で確認し、中間時で工事施工が工事工程どおりに進捗しているかを確認する。

分離発注方式ではCMrが各工事施工者の工事工程表を確認・調整して全体を取りまとめる場合がある。この際には、中間検査・竣工検査・受電時期など、それぞれの専門工事会社のマイルストーンを踏まえた確認・調整が必要となる。

●総合仮設計画

一括発注方式の場合でも、大規模プロジェクトにおける工区分割の工事施工や同一敷地の建替計画における段階的な工事施工（解体工事と新築工事の繰り返し）などにおいて、CMrが実施設計などで総合仮設計画を検討する場合がある。この際には、着工前に工事施工者に総合仮設計画の内容・経緯などを伝達して具体的な確認・検討を依頼する。

分離発注方式を前提にCMrが実施設計などで総合仮設計画を検討する場合には、CMrが総合仮設計画を更新して、それぞれの工事施工者と共通仮設工事と直接仮設工事に関わる工事区分・費用負担・責任範囲を明確化する必要がある。また、統括管理業務と共通仮設工事を、総合仮設計画の検討とともに特定の工事施工者（一般的には総合建設会社）に委託・委任する場合も考えられる。

●安全衛生管理計画

一括発注方式では、全体の工事施工に関わる安全衛生管理を元請である工事施工者に委ねることになり、CMrは工事施工方針の内容を確認する。

分離発注方式（特に建築工事を複数の専門工事会社に細分化する場合）では、安全衛生管理をそれぞれの工事施工者が実施するため、CMrは関連する法令に準して特定元方事業者*における統括安全衛生責任者*の選任を確認する必要がある。

*特定元方事業者
「元方事業者」（下請負業者を指揮し、現場の労働安全を確保する上で、重要な役割を担う事業者）のうち、建設業と造船業（特定事業）を行う事業者のこと。労働安全衛生法第30条では、特定元方事業者は、①協議組織の設置及び運営、②作業間の連絡及び調整、③作業場所の巡視、④関係請負人が行う安全衛生教育に対する指導及び援助、⑤仕事の工程に関する計画や作業場所における機械・設備等の配置に関する計画、などの措置を講じることが定められている。

*統括安全衛生責任者
➡第3章「1-2 組織のマネジメント→●工事施工者の組織体制→［参考］統括安全衛生責任者」

◆着工に関わる届出などの確認

> CMrは、着工に際して諸官庁およびプロジェクト関係者への届出の書類・実施などについて確認する。

工事施工に関わる諸官庁への届出は、所轄の労働基準監督署や自治体により異なるが、一般に労働安全衛生法などに基づく以下の届出が必要である。原則として工事施工者が届出を実施し、必要に応じて監理者が確認する。

・労働安全衛生法第88条第4項に基づく工事計画

・同、第2項に基づく計画届の必要な設備

・同、第2項に基づく設置・変更の届出が必要な機械

・同、第3項に基づく大規模計画

・その他（建設リサイクル法・土壌汚染対策法・大気汚染防止法・河川法・下水道法・騒音規制法・振動規制法などに基づく届出）

CMrは、前述の工事施工に関わる届出の他、

設計に関わる諸官庁への届出、プロジェクト関係者への監理者・工事施工者からの届出などが確実に実施されていることを確認する。設計や工事施工に関わる諸官庁への届出は発注者が申請者となることも多く、工事施工の中間時に継続して対応が必要な場合や、分離発注方式などでは手続き上の工事施工者が複数となる場合もあるので注意が必要となる。

工事施工に関わる手続きを表2-22に例示するが、プロジェクトごとに詳細は異なる。また、直接の手続きではないが、公共工事においては、工事実績情報システム*などへの情報提供を行うこともあるので発注者およびプロジェクト構成員に確認する。

*工事実績情報システム（CORINS）
全国の公共発注機関および公益民間企業が発注した、請負金額2500万円以上の工事に関する工事契約内容や施工内容などの実績データをデータベース化し、各発注機関へ提供するシステムをいう。

◆ 設計意図の伝達への対応

CMrは、設計者の設計意図の伝達に関わる監理者・工事施工者との質疑応答や発注者への説明・助言などの内容を確認し、必要に応じて発注者を支援する。

● 質疑応答などへの対応

設計者が実施設計図書の設計意図を監理者・工事施工者に伝達する際には、発注者を通した実施が原則であるため、CMrは設計者から監理者・工事施工者への説明に立ち会うことにより発注者を支援する。

着工時と中間時を含めて工事施工者から実施設計図書に関する質疑が監理者を通じて提示され、設計者が回答する際には、CMrは質疑応答の内容を確認して発注者を支援する。

また、実施設計図書の設計意図が反映されていることを確認するために設計者が実施する施工図等の確認について、CMrはその方法・進捗・結果を把握して、発注者の対応が求められる場合には支援する。

● 工事材料・設備機器などの選定への対応

実施設計図書に基づき、工事施工における工事材料・設備機器などの選定およびそれらの色・柄・形状などの選定に関して、設計者が設計意図の観点で実施する助言などの内容を確認し、発注者の意思決定を支援する。

◆ 生産計画の検討

CMr は、設計者・監理者・工事施工者の役割分担・業務フローを踏まえて生産計画を検討し、発注者の関わり方を明確にする。

生産計画とは、プロジェクト構成員がそれぞれの役割分担に応じて実施する総合図・施工図等（躯体図・工作図・製作図など）・施工計画・生産工程の作成・検討・確認、および工事材料・設備機器の選定（色・柄・形状を含む）などに関わる一連のプロセスを計画することである（図2-14）。

CMrは生産計画を早期に検討し、プロジェクト構成員とともに工事施工において生産計画が適切に実施されることを確認する（図2-15）。特にプロジェクト目標に応じた発注者の関わり方を明確にし、以下の事項に留意して生産計画に主体的に関わることが重要である。また継続的に進捗状況を確認し、改善・是正などが必要な場合は発注者の支援・助言を行う。

・生産計画がプロジェクトの要求条件・制約条件と合致しているか。
・設計図書や契約内容と整合しているか。
・事業予算やマスター・スケジュールに影響はないか。
・技術的に妥当であるか。

生産計画における主な成果物の概要とCM業務における留意点を後述する。

● 総合図

総合図とは、設計図書における建築図・構造図・設備図などの整合性を総合的に確認し、工

105

表2-22 ●建築基準法および関連法規に基づく主な手続き（例）

手続項目		内容（概要）・補足事項	手続き先（所管・管轄）	根拠法令
設計関連手続	建築確認（または計画通知）	※対象建物以外に昇降機、工作物などにも留意が必要	建築主事または指定機関	建築基準法
	開発許可（開発行為の許可）	※建築工事を一体的に実施する場合は制限解除手続などにも留意が必要	都道府県知事	都市計画法
	※開発許可に準じて各自治体が定める手続き	開発指導要綱など（※開発行為非該当でも手続きが必要な場合あり）	※各自治体ごとに要綱の有無、運用などの確認が必要	
	※開発許可に類する各種手続き	林地開発許可（森林法）、臨港地区内の行為の届出（港湾法）など	※対象敷地に応じて適用法令などの確認が必要	
	都市計画法に基づく各種許可手続きなど	市街化調整区域内、都市計画施設などの区域内、風致地区内の建築許可など	都道府県知事	都市計画法
	建築基準法に基づく各種許可・認定手続きなど	道路位置指定・接道条件・用途地域（用途制限）に関する許可など	特定行政庁	建築基準法
	開発手法等に関わる各種許可・認定手続きなど	都市開発諸制度等にかかる手続き、総合設計許可、一団地認定など	※適用項目に応じて所管・手続き内容の確認が必要	
	対象施設用途等に基づく手続きなど	大規模小売店舗立地法、工場立地法に基づく手続きなど	※施設用途に応じて必要な手続きなどの確認が必要	
	省エネルギー関連の手続き	建築物エネルギー消費性能適合性判定（省エネ適判）など	所管行政庁または登録機関	建築物省エネ法
	バリアフリー法関連の手続き	バリアフリー法に基づく認定、各自治体条例に基づく届出など	所管行政庁	バリアフリー法／関係条例
	景観・緑化・屋外広告物関連の手続きなど	景観関連条例・緑化計画関連条例・屋外広告物関連条例等に基づく手続き	※適用項目に応じて所管・手続内容の確認が必要	
	その他（1）：一般的な環境関連の手続きなど	土壌汚染・アスベスト・雨水流出抑制・埋蔵文化財関連の手続きなど	※適用項目に応じて所管・手続内容の確認が必要	
	その他（2）：地域環境関連の手続きなど	中高層建築物関連・電波障害関連・駐車場附置義務関連の手続きなど	※適用項目に応じて所管・手続内容の確認が必要	
工事関連手続	建築工事届・建築物除却届	※行政庁により建築確認申請と一体的な提出を求める場合が多い	都道府県知事	建築基準法
	建築工事看板の設置（掲示）	建築確認済の表示、建設業許可の表示、労災保険関係成立表など		
	工事途中の報告	（工事）施工状況報告書など	※行政庁により運用が異なるため確認が必要	
	道路関連の届出・手続きなど	道路占用許可・道路工事施工承認（道路法）／道路使用許可（道路交通法）など	道路管理者／所轄警察署	道路法・道路交通法
	消防用設備等に係る届出・手続きなど	工事整備対象設備等着工届出書・消防用設備等設置届出書	所轄消防署	消防法
	自家用電気工作物関連の届出・手続きなど	保安規定・主任技術者選任・工事計画届（特高受電の場合）など	経産省・産業保安監督部など	電気事業法

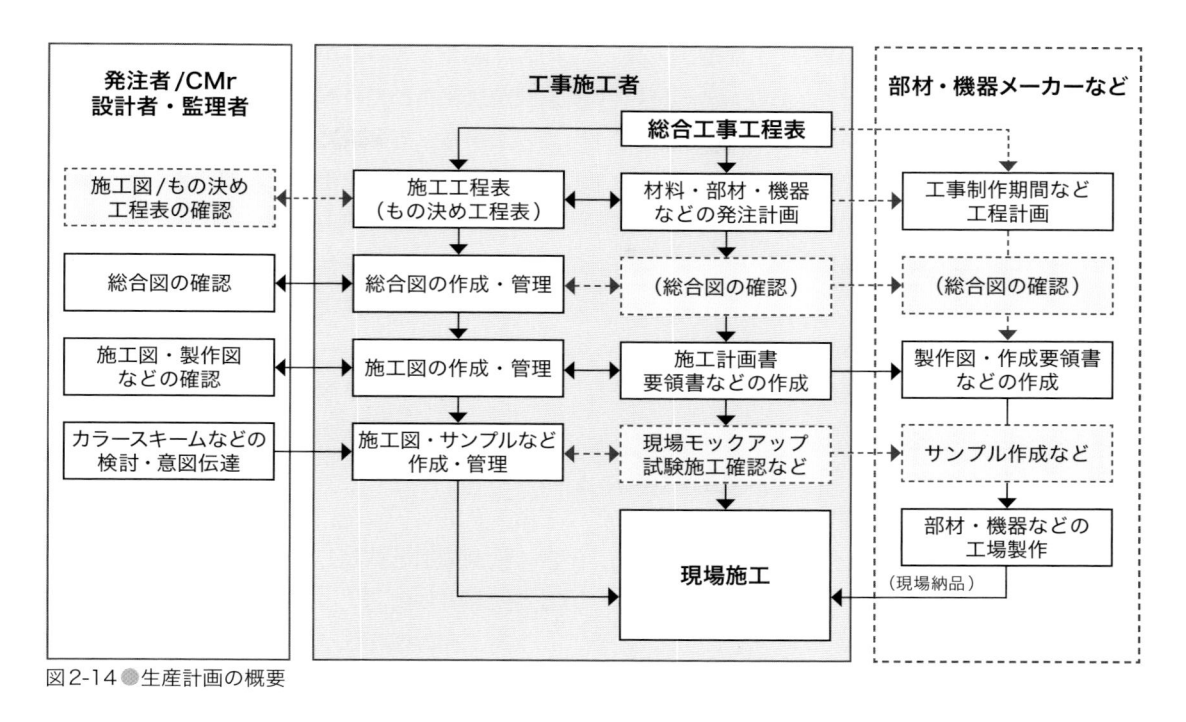

図2-14 ●生産計画の概要

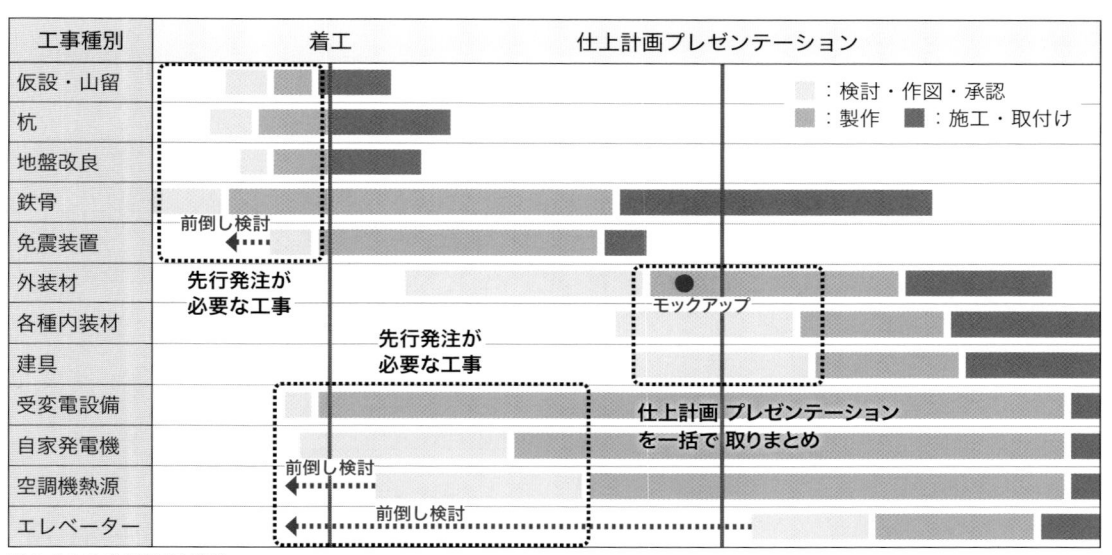

図2-15 ●生産計画（例）

事施工に際して発注者を含むプロジェクト関係者が最終的な確認をする図面である。総合図が設計図書の一部か施工図等の一部かなど、その位置付けは一様でないため、発注者と設計者・監理者・工事施工者との契約により実務的な役割分担を定めることが多い。CMrは総合図に関するプロジェクト構成員の役割分担を発注者の関わり方と合わせて事前に確認する必要がある。

総合図の確認時期では工事材料・設備機器などの発注時期を考慮する必要があり、更に分離発注方式では、発注区分に応じた工事施工者ごとの工事区分を明確にする必要もある。今後は

BIMを活用した3次元での建築図・構造図・設備図などの取合いの確認、メンテナンス・使い勝手の検証、デジタル・モックアップによる設計意図の視覚的な確認なども行われるため、生産計画の策定で考慮する必要がある。

→第2章「4-2 実施設計業務の推進→●総合図などの活用」

●施工図等（躯体図・工作図・製作図など）および工事材料・設備機器（色・柄・形状など）

施工図等には躯体図・工作図・製作図などの図面・書類が含まれ、製作見本や見本施工なども対象となる場合があるので、プロジェクトごとに必要な施工図等を一覧化することは適切な施工品質の確保、円滑なプロジェクト関係者の合意形成に重要である。

施工図等は、一般的に工事施工者が専門工事会社などの協力で作成し、監理者が設計図書の内容に適合しているかを検討し、設計者は設計意図が反映されていることを目的に確認するので、工事施工方針書においてプロジェクト関係者の関わり方を明記することが望ましい。更にCMrは、発注者が施工図等を確認する場合の対象・方法・時期を具体的にし、発注者の確認（もの決め）を支援する。

●生産工程

工事施工者は工事施工方針書の生産工程において、総合図・施工図等・施工計画の作成・検討・確認、および工事材料・設備機器の選定などのスケジュールを作成し、プロジェクト関係者の役割分担を整理して、発注者・CMr・設計者・監理者に確認する。

生産工程の呼称は「もの決め工程」や「プロダクション工程」など一様でなく、また書式体裁・運用方法・作成時期も多様である。このた

■総合図の役割

意匠・構造・設備間で設計情報を一元化し、調整するための図面を総合図という。通常、工事施工での施工図のために作成されるが、実施設計時に作成される場合もある。更に、その前段階からプロット図などの名称で作成され、総合図に継承される場合もある。

総合図については、さまざまな議論が交わされており、設計者の業務範囲であるとする意見も多い。ここでは、その是非について議論するつもりはない。しかしながら、総合図の必要性と利便性は非常に高い。

それは平面計画・立面計画・断面計画の空間的整合性および、意匠・構造・各設備の整合性を検証することができるからである。

昨今のICT技術の革新は総合図において単なる整合性の確認だけにとどまらず、時系列的展開も可能にしている（BIMの活用など）。遡っての基本計画見直しのシミュレーション、施工図・製作図の作成、数量の計算などまで統合された設計図に発展している。

【参考文献】
『総合図作成ガイドライン』日本建築士会連合会、2017年

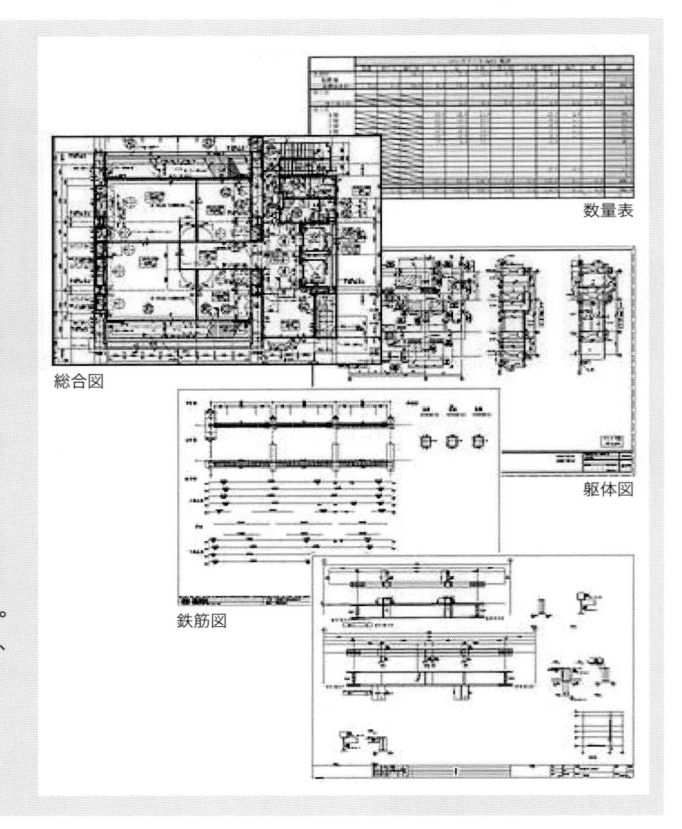

数量表

総合図

躯体図

鉄筋図

め、CMrは生産工程による発注者の確認（もの決め）の対象・方法・時期に留意するとともに、プロジェクト構成員の進捗管理の一元化が図られるような書式体裁や運用方法を監理者・工事施工者と整備する必要がある。発注者による確認（もの決め）時期は、工事材料・設備機器の発注時期を考慮する。

また分離発注方式の場合には、CMrが生産工程の取りまとめを実施する場合もある。

5-2　工事施工および監理への対応

◆ 工事施工におけるCMrの役割

> CMrは、プロジェクト構成員の業務遂行を確認するとともに、プロジェクト目標に則った工事施工が実施されていることを確認する。

実際の工事施工が開始されてからは、CMrは、各工事関係者の役割が適切に実行されているか確認するとともに、必要に応じて工事関係者間の調整を行い、プロジェクトが発注者のプロジェクト目標に則って進行するようにマネジメントを行う。分離発注方式が採用された場合や発注者による関連工事がある場合などには、各工事施工者間の調整には特に留意する必要がある。

◆ 工事施工の実施状況の確認

> CMrは、工事施工があらかじめ確認・合意された工事施工方針および施工計画に則って進められていることを確認する。

CMrは、CM業務計画書の規定に基づき、工事施工があらかじめ確認・合意された工事施工方針や施工計画に則って進められていることを各種会議体や監理者からの報告によって確認し、必要に応じて調整を行う。確認内容や結果はCM業務報告書などで適切に発注者に報告する。

● 工事工程の確認

CMrは工事施工者が設定した工事工程どおりに工事が進捗しているか確認を行い、全体工程に遅れが生じないよう必要に応じて助言を行う。特にマイルストーンを中心に工事施工の進捗確認を行い、マイルストーン達成に影響するリスクとなる要素を、できるだけ早期に把握し関係者に伝達・報告するとともに、必要に応じて当事者に対策を取るように依頼する。分離発注方式を採用する場合などには、工事施工者間の調整の必要性が増加することが考えられる。複数の工事施工者が工程計画どおりに作業を行うためには、現場乗込の時期、前工程の完了、関連する工事との調整、現場の施工条件などを広範囲に把握した上で調整することが必要となる。

● 各検査スケジュールの確認

工事施工における各検査のスケジュール は、発注者ならびに工事施工者・監理者・設計者との間で調整されるが、CMrは検査の進捗を把握し、全ての検査が契約工期内に完了するように、必要に応じて個別の検査スケジュールについて助言を行う。

● 総合仮設計画の確認

総合仮設計画は、建設工事において工事現場の安全性・効率性・作業環境の確保を目的に、敷地内の仮設施設・仮設設備・建設機械などの配置計画、建設資機材および車両・人の動線計画、仮設電気・水・排水などの引込計画など、仮設設備や施設に関する計画を総合的にまとめたものである。通常、元請となる総合建設会社が全体計画を行うが、複数の工事施工者に分離発注されている場合には、主要な建築工事を担当する総合建設会社が総合仮設計画を取りまとめることが多い。

総合仮設計画は工事施工者の責任下で検討が進められるが、CMrとしても計画の妥当性や立案計画どおりに実施されているかを確認し、必要に応じて助言を行う。

●品質管理の確認

監理者が行った設計図書に照らした施工図等の検討や工事施工との照合による品質管理とともに、CMrは発注者の視点で確認し、施設の運営・管理において課題となりそうな事項があれば発注者に報告し助言を行う。この際、CMrは発注者の立場で施工品質管理を行うことを前提としていても、発注者の承認・了解なしに監理者や工事施工者へ個別の指示を行うことがないように注意する必要がある。

CMrが行う品質管理業務は、基本的には工事施工者と監理者により実施された報告などを踏まえた書面による確認が中心となるが、必要に応じて、現場での工事状況を目視にて確認する。すでに工事施工が完了または施工中の部分で不具合が見つかり、是正にコストや時間を要する場合、発注者の事業運営に大きな影響がでないように、プロジェクト関係者と協議の上、最善の対応がなされるように発注者を支援する。

●安全衛生管理の確認

CMrは工事施工に直接的に携わるものではないが、災害・事故の防止と働きやすい職場環境の確保は、発注者の支援者であるCMrとしても極めて重要な事項である。

もし現場内で災害が発生した場合や災害の原因となるような事項が把握された場合においては、工事関係者が迅速に適切な処置や対策を取り、プロジェクト関係者に対して必要な連絡・報告を行っていることをCMrは確認する必要がある。更に、これらの情報をもとに、発注者に対して適切に助言を行わなければならない。

●工事費の推移の確認

CMrは工事契約金額・既決設計変更金額などの確定値だけではなく、今後発生する設計変更や追加工事なども含めた全体工事費の推移を的確に把握することが重要である。必要に応じてこれらを「工事費増減管理表」に取りまとめ管理する場合や、発注者の要請によっては、建設

工事費以外の費用も含めたプロジェクト全体の予算を管理し、発注者に定期的に報告する場合も考えられる。いずれの場合においても、工事予算との差異や予備費(コンティンジェンシー)の運用状況を確認し、予算超過などの課題が懸念される場合には発注者に報告し、VE／CD*や設計変更の内容検討など、予算内でのプロジェクト実行に向けた助言を行う。

> *VE／CD
> ➡第3章「4-1 コスト・マネジメントの概要→●今後のコスト・マネジメント」

◆分離発注方式における工事施工の確認

> 分離発注方式の場合、CMrは各工事施工者間の調整から工事全体の進捗までを総括的に確認・管理する。

分離発注方式が採用された場合、CMrは主体的に各工事施工者間の調整や工事全体の進捗管理の役割を担う場合があるが、基本的には総合建設会社の立場を代行するものではない。分離された各工事は同時に発注されるとは限らず、工事進捗に合わせて随時発注されるものも少なくない。このため、工事施工中も各工事の発注計画や着工時期などの条件を適切に把握し、現場全体の状況との調整を行うことも必要になる。

一方で、総合仮設計画や統括安全衛生管理などについては工事施工者の統括管理が必要となり、建築工事を担当する総合建設会社など、適切な立場の者がその役割を担う。CMrは、契約上の取決めや責任区分などの確認に加え、業務の実施状況などを随時把握し、必要に応じて発注者に報告・助言を行う。

◆各種検査の立会いおよび確認

> CMrは、発注者の補助あるいは代行の立場で必要な検査に立会い、検査結果を確認し、発注者に報告を行う。

○工事中の検査への立会い

工事期間中に行われる検査には、建物の構造

体の健全性を確保するための配筋検査・コンクリート打設前検査・鉄骨溶接検査や、性能確保のための防水工事検査・気密水密検査などがある。これらは工事施工者の品質管理のための検査、監理者による設計内容との照合および品質確認のための検査として行われる。また、工事進捗状況や要求条件への適合状況について、発注者による検査も実施される場合がある。CMrは必要に応じて発注者とともに、または発注者の補助あるいは代行として検査に立ち会い、その結果を発注者へ報告する。

工事完了時の検査は、工事施工者による工事完了確認を踏まえて、設計者・監理者による完了検査が行われ、その後に発注者による完成（竣工）検査が実施される。

➡第2章「5-5 竣工・引渡し」

○官庁検査の立会い

関係諸官庁によって確認・許可された申請図書に基づき、工事期間中および工事完了時に検査が行われる。建築基準法第7条による「建築物に関する中間検査」および「建築物に関する完了検査」などである（表2-23）。

建築基準法第7条による中間検査および完了検査は、発注者（条文では「建築主」）が申請を行い、建築主事あるいは国土交通大臣などの指定を受けた者が検査を行うこととなっている。検査に先立ちCMrは、工事施工者に対し法的な要求項目に対して適合しているか事前に確認するよう注意を喚起し、検査時の不適合を未然に防ぐようにすることも大切である。問題があれば、監理者および工事施工者に助言を行い解決にあたる。検査にあたっては、発注者の補助あるいは代行として官庁検査に立ち会い、官庁検査の結果を確認し発注者へ報告する。

○関係諸官庁などの各種法定検査

建築基準法第7条による「建築物に関する中間検査」および「建築物に関する完了検査」以外の具体的な検査を表2-24および表2-25に例示する。プロジェクトの規模・内容などにより異なるのでプロジェクトごとに確認する必要がある。

◆ 出来高・支払状況の確認

> CMrは、工事施工者の出来高報告を確認・精査するとともに、中間支払請求に対しては実際の出来高との整合を検証し、発注者に助言を行う。

建設工事における「出来高」の意味を一言で言えば、工事施工完了部分（「出来形」の本来の意味）を金額換算したものである。

工事工程表を作成した場合、そのとおりに工事が進捗した場合の予定出来高が、請負工事費およびその内訳から時系列的に算出され、工事進捗管理の主要な指標となる。予定出来高は工事完了時を100%として各時点の出来高で表現され、通常はいわゆる「Sカーブ」と称される出来高曲線を描く。これに工事進捗に応じた実際の出来高が併記され、

「予定出来高±0%」のように工事進捗報告が行われることが一般的である。

● 出来高の確認方法と時期

工事費の中間支払いに「出来高払い」が採用される場合は、前述の工事進捗の指標としての出来高比率ではなく、実際の出来高金額が確認対象となり、発注者と工事施工者の相互の確認や合意が極めて重要になる。CMrは、当該工事における出来高確認の方針を検討し、あらかじめ工事関係者に周知するとともに、報告される出来高の精査・確認を行い、発注者に適切に報告し必要に応じて助言を行う場合がある。

出来高確認は、その工事工程に沿って作成した出来高計算書などの資料の値と出来形などの状況を対比して行う。工事の出来形については、形状・寸法・精度・数量・品質および出来栄えを確認し、工事管理状況については、書類・記録および写真などを参考として確認する。

出来高確認の時期と回数はプロジェクトに

0 共通業務
1 発注業務
2 事業構想 基本計画
3 基本設計
4 実施設計
5 工事施工
6 完成後

表 2-23 ●建築基準法第 7 条による特定行政庁の検査

検査名	検査項目	
中間検査	基礎・地中梁配筋および杭頭処理 各階躯体配筋検査 鉄骨建方完了検査 鉄骨耐火被覆 防火区画 避雷針アース埋設検査	
完了検査	建　　築	避難動線・防火区画・防災機構・採光面積など
	建築設備	排煙設備・煙突・避雷設備・浄化槽・換気など
	機械設備	駐車設備・昇降機設備など
	その他建築基準法の適用を受ける工作物	

※検査後、検査済証の交付、または第 7 条による仮使用の承認

表 2-24 ●消防法および関係条令による検査

検査名	検査項目	
消防用設備などの主な検査項目	建築関連	防火区画・防火扉・避難誘導・区画貫通部・FD位置・消防隊進入口・消防活動空地など
	消火設備	ステッカー表示、防災盤点灯表示、泡消火設備の発泡、炭酸ガス消火設備の放出、スプリンクラー設備のポンプ警報の作動、消火栓の放水圧、連結送水管の作動、消火器の設備など
	電気設備	非常灯・誘導灯・火災報知器・防火区画内の耐熱配線、ステッカー・防火盤ランプ表示など
消防署に届出、申請し、竣工検査に合格し、検査済証の交付を要する項目	防火対象物使用開始届（自動火災報知設備・通路誘導灯・立体駐車場消火設備が含まれる） 消防用設備など着工届 火を使用する設備などの使用申請 受電設備・発電設備・蓄電設備各設置届 危険物（オイルタンクなど）の中間検査申請（水張・水圧・防水など） 危険物製造所・貯蔵所・取扱所の完成検査申請 その他	

表 2-25 ●関係諸官庁および公共事業者によるその他の検査

検査機関	検査内容
特定行政庁	高圧ガス製造施設に対する公害部の検査 給水装置および排水装置に対する水道局および下水道局の検査 医療法による病院施設に対する維持部の検査 その他、建物の用途による関係管理当局の検査 各種条令の検査
労働基準監督署（または基準局）	ボイラー落成検査 クレーンなど落成検査など
保健所	食品衛生法による食堂などの使用前検査 旅館業法による使用前検査 浄化槽の使用前検査など
通産局	500kw 以上の自家用電気工作物使用前検査 100kw 以上の発電機使用前検査など
公共事業会社	50kw 以上の自家用電気工作物使用前検査（電力会社） 自営構内電話交換設備竣工検査（NTT） ガス使用開栓検査（ガス会社） 電柱関係の新設・離隔距離など（電力会社）
その他	都市計画法による開発行為許可申請の検査 汚水放流同意書などに関する検査など

よって異なり、月次の出来高を確認する場合や
プロジェクトの節目で確認する場合などがある。

中間検査を行って出来高確認する場合の時期
や回数の例を示す。

・掘削完了時
・地下躯体完了時
・地上躯体完了時
・天井内設備配管配線完了時
　（内装天井仕上着手前）
・外装完了時
・天井・壁下地完了時
・外構仕上着手前（地中の工事完了時）

○設計変更による工事費などの変更

設計変更などにより、工事費や工事工程など
に変更が発生している場合、CMrはその状況
を確認し、事前に設定した出来高の確認方法に
則り的確に評価しなければならない。

○支払状況の確認

支払条件は、発注区分ごとの工事請負契約に
おいて決定されているので、CMrはその条件を
正確に把握しなければならない。分離発注方式
などの採用により発注区分が多くなる場合、工

事施工者ごとに支払条件を整理し、支払状況が
明確にわかるように管理する必要がある。

○分離発注や関連工事などへの対応

一括請負方式の場合には、元請となる工事施
工者が工事出来高の管理を行うが、分離発注の
場合はCMrが各工事施工者の出来高計画およ
び出来高報告を総括して全体の出来高状況を把
握し、確認および管理を行う場合がある。

各工事施工者の工事内容・契約工事費・工事
工程などに応じて出来高計画もさまざまであり、
その確認と管理は多大な労力を要する業務とな
る。また、各種設備工事などにおいては、既製
品の機器や設計仕様に基づく工場製作機器の費
用比率が相対的に高くなるなど、出来高の確認
を行う際にも各工事の特性を考慮する必要もあ
る。

分離発注方式で「出来高払い」を行う場合は、
その調整・確認の業務量は更に膨大なものとな
るため、各工事施工者とも連携して綿密な支払
計画の検討を行った上で、工事進捗に応じて確
実に確認・管理を行う必要がある。

参考

■出来形と出来高

●出来形
建設業法・請負契約約款などにいわれる請負代金に対
する部分完成額の意味である。
一般に建設物の「形としてでき上がった部分」の額を指
す。建設工事について請負代金の部分払い・中間払い
などに使用される出来形査定の方法は、発注者によっ
て多少異なるが、多くは目的物のでき上がった形を基準
とし、発注者により現場搬入の材料などを含める場合
もある。出来形の計算は、一般に請負代金内訳書によ
り、直接工事費に間接費を配賦した額の総工事費に対
する割合とされる。また、土木工事では一位代価表＊管
理の習慣があって、工事施工者側の内部原価管理にも
発注者の言う出来形をそのまま月別進捗率としている
場合がある。

●出来高
建設業界では一般的に工事進捗とも言われている。先

の出来形に対し、主として工事施工者内部の工程的原
価管理に用いられているもので、基本的には出来形の
考え方と同様であるが、工事施工者側の工事進捗は形
としての完成に関係なく、その工事施工に対する先行
投資や準備費など出来形に含まれない費用の発生など
を含めて考えているものが出来高である。ただ、出来
高の企業内部での処理方法については、個々にかなり
差異があり、厳密に規定することは難しい。
また、出来高は出来形と同様、月ごとに出来高と累計
出来形の両者を意味するが、状況に応じて使い分けら
れているのが実情である。

＊**一位代価表**
　土木工事でよく使われる単価の明細説明書。一次代価
　表あるいは単に代価表との呼び方もある。

出典：「1999年3月建設工事進捗率調査」国土交通省

5-3 設計変更への対応

◆ 工事施工における設計変更の概要

> CMrは、工事施工において発生する設計変更が円滑に進むように支援する。

実施設計や発注・契約が適切に行われていても、工事施工段階ではさまざまな要因から各種の設計変更が発生する。

設計変更の主要な要因とは以下のようなものである。

- 発注者が必要であると認めたもの（要求条件や制約条件の変更など）
- プロジェクト構成員による、品質改善や工事費低減につながる提案
- 設計図書に示された施工条件の実際との相違、または不測の事態の発生
- 設計図書の内容の誤りや漏れ、または不明確

設計変更は、工程・品質・工事費など、事業全体に多大な影響を及ぼし、その管理が疎かになるとさまざまなトラブルの要因となることから、プロジェクトの成否に大きく関わる。

CMrは、工事施工の準備から、設計変更の起案・検討・実施・後処理までの一連のプロセスについての設計変更手続き方針を検討・策定し、プロジェクト構成員に周知した上で、発注者を支援し、設計変更のプロセスが円滑に進むようにプロジェクト構成員に助言する。また、実施された設計変更をCMrが一元的に管理する。

◆ 変更手続き方針の策定

> CMrは、発注者と協議して設計変更手続き方針を策定し、プロジェクト構成員に周知徹底する。

CMrは工事施工準備段階において、設計変更手続き方針を策定し、発注者の承認を得た後に、プロジェクト関係者に周知徹底する。

設計変更の実施までの一連のプロセスを（図2-16）に示す。

● 設計変更手続きにかかる書式および管理ツール

設計変更にかかる書式や管理ツールとしては以下のようなものが挙げられる。

- 設計変更指示書：プロジェクト構成員のいずれかが起案し、工事施工者の協力により、設計者・監理者が作成し、発注者の確認を経て発行される。
- 設計変更管理表：設計変更項目をリスト化し、一元管理するためのツールとして運用される。CMrが作成し、更新することが推奨される。

◆ 設計変更検討の対応支援

> CMrは、設計変更を検討するプロセスで発注者が果たすべき役割を支援し、円滑な検討の推進のためにプロジェクト構成員に助言する。

設計変更の起案から採否の判断までに必要なプロセスを以下に詳述する。CMrは、これらのプロセスの推進を支援し、発注者の適切な判断を導くよう努めなければならない。

● 設計変更の起案

設計変更はさまざまな要因から発生するが、その要因によって起案者は変わる。

発注者が要求条件や制約条件を変更するなどによって、設計変更が必要となった場合には、発注者が起案者となるが、その場合は発注者の指示のもと、CMrが基本的な検討を行う場合がある。

プロジェクト構成員による、品質改善や工事費低減につながる提案がある場合には、その提案者が起案者となり、その概要や基本的な検討内容を発注者に伝える。CMrは、発注者による提案概要の確認の支援や助言を行い、発注者に設計変更内容の具体的な検討を実施するかどう

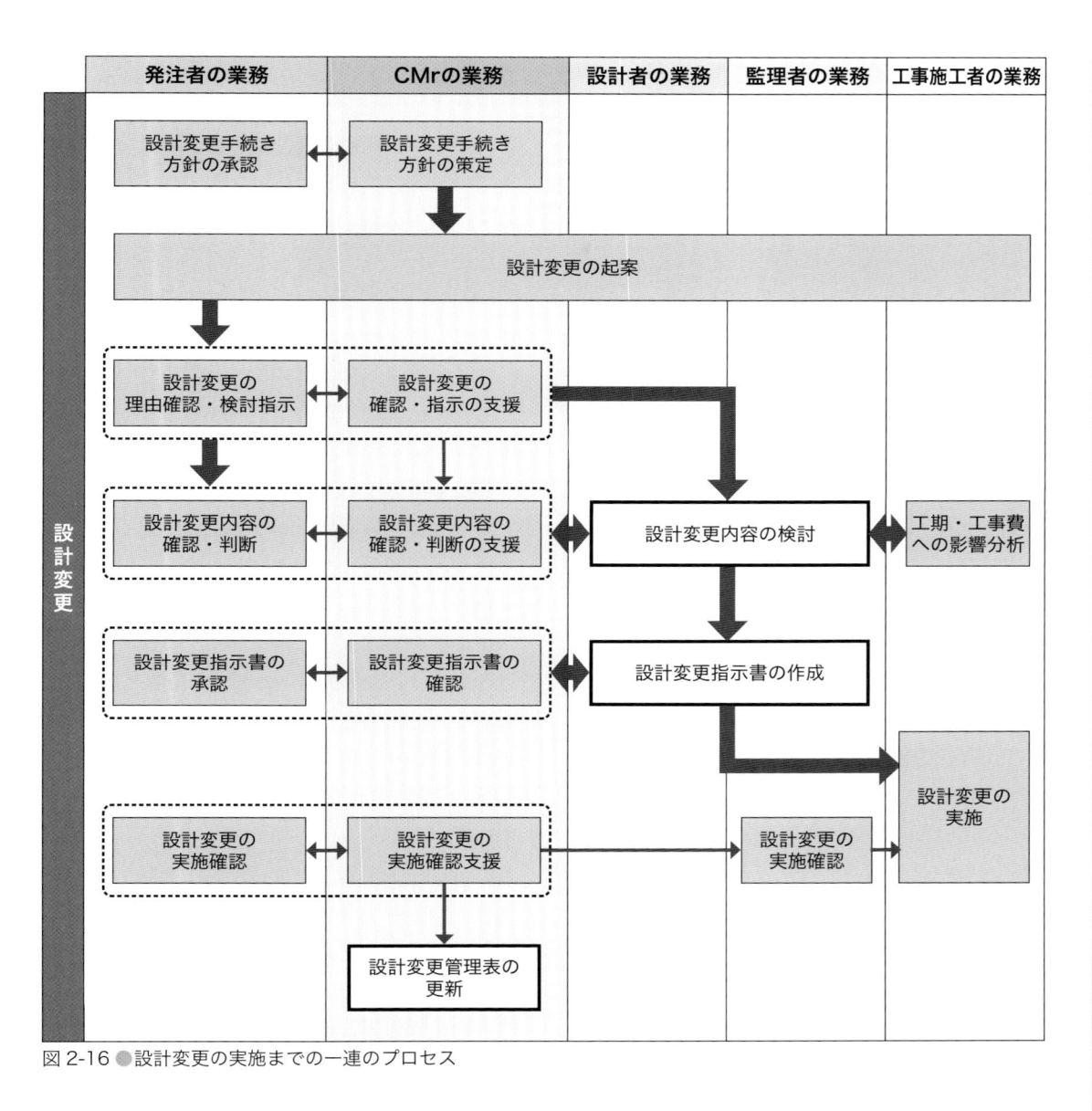

図 2-16 ●設計変更の実施までの一連のプロセス

かについて判断を促す。

　設計図書の内容に誤りや漏れ、不明確な箇所があった場合や、施工条件が実際と異なっていたり、不測の事態が発生した場合には、工事施工者が主な起案者となり、速やかに発注者による事実確認が必要となる。CMrは事実確認の支援や助言を行い、発注者の判断を支援する。

●設計変更内容の検討

　CMrは、設計変更の起案が出された場合、変更の必要性と効果、技術的な妥当性、プロジェ

クトへの影響などについて評価を行い、発注者に適切に報告・説明し、具体的な設計変更の検討を実施するか否かの判断を仰ぐ。発注者が設計変更についてそれ以上具体的な検討を望まない場合には、速やかに検討の中止をプロジェクト構成員に伝える。

　設計変更の検討には、その検討を行う設計者や工事施工者に費用が発生する場合があるので、追加費用発生の有無を早い時点で確認しておく必要がある。

具体的な設計変更の検討を実施する場合、設計図書の訂正・変更、技術検討資料の作成、変更工事費の検討（初期段階では概算、最終的には工事施工者による変更見積書）などの要否を発注者に助言し、設計者や監理者・工事施工者による具体的な検討の推進を支援する。

○設計変更にかかる遵法性の確認

　建築確認取得後の設計変更に対する法令上の制約がますます厳しくなっている。特に構造に関わる変更は建築確認の再申請が生じて、再取得まで関連部分の工事中断という事態も生じ得る。また、中間検査・完了検査における不合格や確認図面との食い違いも、同様に工事中断や検査済証の不交付につながる恐れがある。

　これ以外にも、関連法令の高度化（各種の高度な検証法や適合性判定、許可・認定制度など）や各種の法令改正関連事項などについても、慎重に確認する必要がある。

　CMrは、設計変更にかかる遵法性の確認について、確認申請上の責任を負う設計者や監理者、必要に応じて工事施工者を含めて、十分に協議・確認を行い、発注者に対して適切な助言を行うことが求められる。

○設計変更に伴う品質の確認

　CMrは、設計者・監理者・工事施工者とは異なり、直接的に設計変更に関与する立場ではないが、設計変更の検討にあたり、発注者の要求・品質を確保するために、必要に応じて調整を行う必要がある。

　設計変更の起案に対して、CMrは、品質に関わる検討・確認・調整を実施し、プロジェクト構成員の知見を集約して、総合的な観点から妥当性の確認を行い、発注者に報告・助言を行って適切な結論を導くよう支援する。

　責任の所在についても、単に「発案者帰責」という安易な認識ではなく、検討を通じて適切な責任区分を明確にするとともに、プロジェクト構成員で変更に伴うリスク管理を行うことが望まれる。

○デザイン（意匠性）の確認

　デザインに関する設計変更は、主に発注者の要望や設計者の意向によるほか、ライフサイクル・コストの観点からのVE検討などの可能性も想定される。

　CMrは、デザイン自体について評価・判断を行うものではないが、デザイン変更に伴う機能・性能や品質・工程・コストへの影響について確認し、発注者に不利益が生じないよう、適切に確認・調整・管理を行う。

○設計変更の工事工程への影響の検証・確認

　設計変更の検討において、工事工程への影響の検証・確認および変更判断の決定時期の管理は重要である。

　早期に起案され、余裕をもって検討・判断できる場合は、工事工程への影響、リスクの回避・吸収も可能であるが、すでに施工中の箇所の変更は直接的な手戻りを生じるほか、材料などの調達や労務の調整など、少なからず工事工程への影響が発生する。

　CMrは、工事施工者や監理者が検討する工事工程への影響度合いを把握し、リスクを適切に検証・評価して、発注者やプロジェクト関係者と共有する必要がある。

　また、工程影響の回復には工事施工者に大きな負担を生じ、後工程への影響も広範囲に及ぶ可能性もある。特に留意すべきは、これらが工事費に影響する懸念であり、CMrは発注者にそのことを十分に説明し、適切な認識を促すようにする。

○設計変更に伴う工事費への影響の検証・確認

　多くの場合、設計変更の採否の判断においては、最終的に工事費への影響が決定的な要素となる。あらゆる設計変更には必然的に工事費の変動が伴い、適用する単価などによっては想定外の増額見積につながる場合もある。

　CMrは、設計変更手続き方針の策定の際に、

変更見積の基本的な考え方を提示し、適切な協議・確認を通じて発注者・工事施工者間の基本的な合意を促すとともに、設計者・監理者にも周知徹底する。

CMrは、工事施工者の変更見積に対して、概算レベルの「言い値」交渉とならないよう、増減数量の積算やメーカーによる参考見積などの十分な根拠の提示を求め、監理者や設計者とも連携して、十分な精査を行うことが必要である。

以上の5要素を柱としてCMrは、発注者による設計変更の検討結果の確認を支援し、採否についての意見も含めて発注者へ報告し、判断を促す。発注者による設計変更の採否判断については、会議体などを通じて、プロジェクト関係者に検討結果にかかる認識の共有化をはかる必要がある。

◆ 設計変更決定後の対応支援

> CMrは、決定した設計変更が確実に実施されるよう推進を支援するとともに、以降の経過および事後処理を適切にマネジメントする。

CMrは、決定した設計変更の確実な実施と適切な事後処理の観点から、以下の項目の確実な実施について、適切にマネジメントを行う。

● 設計変更指示書の発行

CMrは、設計変更が決定した場合、発注者から設計者・監理者への設計変更指示書案の作成依頼を支援する。提出された設計変更指示書案は、CMrによる助言のもと発注者によって確認され、設計変更指示書として発注者から工事施工者に発行される。

設計変更関連書類の扱いは、プロジェクトによって考え方が異なることもあるが、契約図書の一環として、変更内容・金額・その他条件などを明記した書面により、相互の確認・合意を明確にすることが重要である。曖昧な口頭指示も契約行為とみなされ、トラブルとなる恐れも

あることに留意する。

● 設計変更管理表の更新

設計変更の履歴管理は、より発注者に近い立場にあるCMrがその任に当たることが望ましい。

CMrは、決定した設計変更について必要な事項を設計変更管理表に記載するとともに、マスター・スケジュールや予算管理表などに反映させ、必要な事務処理を行い、プロジェクト関係者にも周知徹底する（図2-17）。

● 設計変更に対する継続的なコスト・マネジメント

CMrは、決定した設計変更について、発注者と工事施工者との間で合意した工事費変更額を予算管理表に確実に記載するとともに、設計変更による工事費増減の累積金額を継続的に確認し、目標工事費から乖離しないようマネジメントする。

CMrが更新した予算管理表は随時発注者に報告するとともに、目標工事費の達成に向けた必要な助言を行う。増額変更が重なり、工事費の上振れが想定される場合は、VE／CD項目の検討も必要となり、CMrはあらかじめ設計者・監理者・工事施工者にも働きかけてVE／CD項目案やアイデアなどを収集・共有しておくことも効果的である。

● 設計変更に対する契約処理の検討・支援

原則として、設計変更は適切な時期に契約変更を行い、完了確認や工事費支払の根拠として明確化される必要がある。

設計変更の契約への影響度合いがさほど大きくない場合は、工事完了前に一括して変更手続きを行う場合もあるが、発注者や工事施工者の事情で、中間段階で契約変更処理を行う場合もある。

CMrは、発注者による設計変更に関わる契約処理方針の検討の支援を行うとともに、工事施工者の意向も確認し、プロジェクト構成員で

0 共通業務
1 発注業務
2 事業構想・基本計画
3 基本設計
4 実施設計
5 工事施工
6 完成後

□□ビル新築工事 ： 設計変更管理表

予算管理書番号	変更提案書番号	設計変更項目番号	設計変更概要	設計変更決定額	施工者見積合計	CMr検討金額	施工者・CMr差額	摘要
T-2								
T-2-1								
			会社名　施工者 A				日付	0000/4/25
			業務範囲　建築工事					
			支払通貨　日本円					
	5	Co.AS-18	階段 A 仕様変更	24,300,500	26,200,500	24,300,500	−1,900,000	
	5	Co.AS-19	階段 B 仕様変更	28,403,000	30,140,600	28,403,000	−1,737,600	
	5	Co.AS-20	外壁材 材質変更	3,250,300	3,623,500	3,250,300	−373,200	
			変更金額	55,953,800	59,964,600	55,953,800	−4,010,800	
			会社名　施工者 A				日付	0000/5/23
			業務範囲　建築工事					
			支払通貨　US$（円換算@85円）					
	7	Co.AS-21	階段 S 手すり材仕様変更	7,060,500	7,350,000	7,060,500	−289,500	
	7	Co.AS-22	一階床仕上げ石材変更	3,403,000	3,540,000	3,403,000	−137,000	
			変更金額	10,463,500	10,890,000	10,463,500	−426,500	
			会社名　施工者 A					
			業務範囲　建築工事					
			支払通貨　日本円					
	12	Co.AS-25	木製床材質変更					
	12	Co.AS-26	EVシャフト アルミパネル追					
			変更					
			会社名　施工者 A					
			業務範囲　建築工事					
			支払通貨　日本円					
	11	Co.AS-24	カーペット仕様変更					
	17	Co.AS-27	EVホール吸気ドア形状変更					
	18	Co.AS-28	照明補強用鉄骨材形状変更に伴う増額					
			変更					
			会社名　施工者 A					
			業務範囲　建築工事					
			支払通貨　日本円					
	26	Co.AS-29	噴水装置仕様変更					
	29	Co.AS-31	8階鉄骨柱根回り化粧版仕様変更					
	25	Co.AS-32A	彫刻台補強変更					
	21	Co.AS-30	外壁版割付変更（幅広材使用）					
	30	Co.AS-33	階段 踏み面材形状変更					
			変更					

設計変更指示書

プロジェクト名		プロジェクトコード	○△□
敷地住所			
期間		Order No.	

施工者		Date	
		発注者	
住所		発注者	
		住所	
Tel No.		Tel No.	
Fax No.		Fax No.	

契約金額の変更は下記の設計変更による

当初契約金額　　　　　　　　　　　　　　　　　　　　　（円）
事前累計変更契約金額
現行契約金額
当設計変更による契約の増減金額
今回変更契約後の金額

当該変更による工事工程の変更

承認　　　　　　　　　　　　　　　　確認

発注者　　　　　　　　　　　　　　　CMr

住所

BY　　　　　　DATE　　　　　　　　BY　　　　　　DATE

図2-17●設計変更管理表と設計変更指示書（例）

共通認識を持つように支援する。

契約変更手続きを実施する際には、明確かつ公正な契約内容が維持されるよう、CMrが適切な支援を行う。

◆ 軽微な変更への対応支援

> 一括して整理・処理される軽微な変更であっても、CMrは慎重に確認・検証を行う。

多数の設計変更を効率的に処理する観点から、変更内容が比較的軽微であり、工事施工や工事費・契約への影響が限定的と考えられる項目を、「軽微な変更*」として一括して整理・処理する方法が採られる場合がある。

CMrは、「軽微な変更」に関する確認・協議・判断について発注者と事前に協議し、設計変更手続き方針にまとめておく必要がある。その方針に則り、発注者の意に沿わない判断が独り歩きしないよう、随時報告・説明を行い、明確な了解を得るよう留意する必要がある。

「軽微な変更」の項目は、工事費増減を伴わないか、増減があっても少額であり、一括して整理する中で増減の相殺調整を行い、工事施工者が「増額請求なし」として処理することがある。なお、累計額が多少でも減額の場合に「増減なし」とすることは、発注者利益の観点から望ましくない。

また、軽微な変更でも、品質や機能などに影響し、竣工後に想定外の問題を生じる可能性もあることから、CMrは十分な確認・検証を行い、発注者に確認するとともに、確実な記録を残すことに留意する。

> ***軽微な変更**
> 「営繕工事請負契約における設計変更ガイドライン（案）」（国土交通省官庁営繕部、2015年5月）では、「構造、工法、位置、断面等の変更で重要なもの」、「新工種に係るもの又は単価若しくは一式工事費の変更が予定されるもので、それぞれの変更見込み金額又はこれらの変更見込み金額の合計額が請負代金額の20％（概算数量発注に係るものについては25％）を超えるもの」以外のものとされている。

5-4 関連工事への対応

◆ 関連工事におけるCMrの役割

> CMrは関連工事について、発注者と協議の上、支援業務の内容を定め、本体工事との調整を行う。

関連工事とは、本体工事施工者と直接的には工事請負契約関係にない工事施工者が実施する工事のことを指す。これらは、発注者自らが意思決定・発注およびマネジメントを行う必要があるが、本体工事との関わりも深く、プロジェクト全体、とりわけ運営・管理において大きな影響を及ぼす工事でもあるため、CMrが確実にマネジメントする必要がある。

関連工事は建物用途により多種多様であり、本体工事と工事区分を明確に整理する必要がある。建物用途別の代表的な関連工事の事例を**表2-26**に示す。

● 関連工事におけるCMrの支援業務内容

CMrは関連工事について、その支援の範囲を発注者と協議・調整した上で実施する。建物用途や発注者の属性により、関連工事の内容および支援の範囲は異なり、多種多様な支援業務が想定される。発注者には専門的な知識や経験を持たない場合もあり、発注者の要望や理解度に応じて、あらかじめ適切なCMrによる支援業務を決めておく必要がある。

● 発注者の要求条件の整理

関連工事の範囲は発注者の要求条件や本体工事との取合い・難易度・スケジュールなどを考慮して検討する必要があるが、その結果、工事区分を見直す場合もある。

まずは発注者と協議して、以下の与条件整理を行う。

・必要な関連工事の抽出および決定
・各関連工事の要求条件・制約条件の設定
・関連工事のスケジュール作成

表2-26●関連工事の事例

プロジェクト分類	民間プロジェクト			公共プロジェクト	
建物用途	ホテル・商業施設・事務所(賃貸)・倉庫など	事務所(本社)など	工場・作業所・研究所など	庁舎・図書館・博物館・学校など	病院・消防署・警察署・ごみ焼却施設など
関連工事分類 ①家具・什器・備品工事	テーブル・デスク・椅子・ソファ・スツール・キャビネット・書庫など サイネージ・オフィス什器など サイン・カーテン・ブラインド・ファブリック・装飾品・絵画・観葉植物など				
②情報通信工事	通信設備：電話システム・LAN配線・無線LAN・サーバー設備・WEB会議システムなど セキュリティ設備：監視カメラ(ITV・CCTV)設備・機械警備設備など AV設備：映像設備・音響設備・デジタルサイネージ議場システムなど				
③その他の工事	OSE(運営備品・家電・消耗品など)・販売管理システム(PMS・POSなど)・自動ラック・在庫管理システムなど	勤怠管理システムなど	生産機器・作業機器・生産管理システム・特殊ガス設備など	行政オンラインシステム・防災システム・議会システムなど	各種特殊設備・専門機器など

●基本計画の立案

　関連工事の内容を具体的に検討し、要求条件・制約条件をより明確にするために、CMrは基本計画を立案する。

　基本計画では要求条件・制約条件を具体的なプロット図や仕様書などに落とし込んでいくが、併せて、関連工事の施工時期や工事区分、設計や工事施工者の選定方法、供用開始後の運営・管理の方針や修繕計画も合わせて計画しなければならない。関連工事のスケジュールの立案に際しては、本体工事および全ての関連工事などを考慮しなければならない。

　また、関連工事のうち、非常に専門性が高くCMr単独での計画が難しいものについては、工事施工者選定に先立ち、専門コンサルタントへの協力を求めることも検討する。ただし、発注方式の公平性を担保するため、可能な限り複数コンサルタントへの依頼、情報の開示など透明性の確保に配慮すべきである。

●概算工事費の算出

　基本計画に基づきCMrは概算工事費の算出を行う。専門性の高い工種など、CMrで独自に工事費算出が難しい場合は複数の専門工事会社からの参考見積書の取得を行う。事業予算としては、開業もしくは供用開始時に必要な全ての関連工事を網羅する必要があり、各関連工事の概算金額を予算管理表に記載し、関連工事の予算の設定を行う。

　また、昨今の建設物価や労務費の高騰、将来的な設計変更などを想定した適切な予備費を計上することも重要である。

●発注方式の検討

　関連工事は多種多様な工種が想定されるため、プロジェクトや発注者の属性、運営・管理方針などを考慮し、各工種に最適なプロジェクト実施方式の検討が必要である。表2-27に主なプロジェクト実施方式を示す。

●設計者・工事施工者の選定支援

　関連工事における設計者や工事施工者の選定方式については、原則は価格競争方式となるが、専門性が高くなる場合には、技術提案の併用も考慮する場合がある。

　また、設計者や工事施工者に加え、必要に応じて各種コンサルタントなどを採用する場合もある。そのためCMrとしては、これら専門職種の選定も視野に入れておく必要がある。

表2-28に主な専門職種を示す。

●設計支援

選定された設計者により関連工事の設計を行うが、CMrは発注者の意向に従い、関連工事設計者と本体工事設計者との調整を行う。最終の調整では、本体工事の設計内容と関連工事の設計内容が全て反映された総合図が有効である。しかし、総合図の作成は本体工事施工者の業務である場合が多いが、関連工事の情報の落とし込みは通常の業務としては含まれていないため、これら業務区分も事前に整理しておく必要がある。一般的には、本体工事施工者が作成した総合図に関連工事施工者が図面情報を落とし込む場合が多い。

関連工事が建物の竣工・引渡し後に実施される場合、特に大型機械（生産設備などの特殊設備）については、適切な施工ヤードや資機材の搬出入ルートなどを確保しておく必要がある。これらの計画は関連工事の設計者または工事施工者が行うが、CMrはその妥当性を適時検証しなければならない。

また、近年ではBIMを利用した設計も普及しており、今後は設計に使用するツール・データ形式を発注時に指定しておくことも必要になる。

●工事施工支援

関連工事は建物竣工・引渡し後に実施される

表2-27 ●主なプロジェクト実施方式の分類と特徴

発注方式	設計施工分離方式	設計施工一括方式	コストオン方式
主な工種	・特注家具・特殊照明・ICTシステム設備・大規模厨房設備・映像音響設備など ・デザイン性や専門性が高く、デザイナーや専門コンサルタントなどによる設計や設計支援が必要な工種	・弱電設備などの専門性がそれほど高くなく、一定の実績のある工事施工者であれば一定の品質が確保できる工種 ・機械警備設備などの設計施工者と運営・管理者が同一となる工種 ・工場特殊機械などの工事施工も合わせた対応が必要な専門性の高い工種	改修工事・短工期工事・遠方工事など 本体工事施工者の管理下での施工が必要であり、他工種との取合い調整が煩雑になることが想定され、発注者による安全管理や工程管理などが困難な工種
注意事項	本体工事設計者と関連工事設計者間の調整を、CMrが主体的に行う必要がある。	設計内容が偏ったり、工事費の内訳が不透明となる可能性があり、選定時の工夫や詳細な見積りが提示される選定方法が必要である。	本体工事施工者に対し、安全衛生管理にかかる統括管理業務および共通業務の設定（業務区分）を行い、事前に取り決めておく必要がある。

表2-28 ●主な専門職種（例）

職種	業務内容
インテリア・デザイナー	主に内装・家具・特殊照明デザインなどによる空間演出のデザインを担う。
ランドスケープ・デザイナー	都市や景観のデザインを構想する。建物単体としては外構や庭の演出のデザインを担う。
グラフィック・デザイナー	主に平面上の情報伝達手段（文字・画像・配色）をデザインする。サインや文字デザインを担う。
オフィス・コンサルタント	働く場の空間や環境などの提案や、家具などの配置計画を担う。
照明コンサルタント	照明計画の提案、デザイナーのイメージを照明計画として作成、照明全般のアドバイスを担う。
キッチン・コンサルタント	必要な厨房機器の提案や計画、供食サービスの計画を担う。
ICTコンサルタント	施設運営・管理に必要なICTシステムや情報通信設備などの計画を担う。
アートディレクター	主に建物内外のアート（絵画・美術品）の提案や調達を行う。
P.A（Purchasing Agent）	主にホテルの家具・什器・備品・OSEのオーナーに代わり買付けを行う。

場合と、本体工事と同時に施工する必要がある場合がある。後者のいわゆる「相番工事」の場合、本体工事施工者と密な連携を行い、工事工程の遅延防止や安全確保への細心の注意を払う必要があり、関連工事施工者に対し注意を促すこともCMrの重要な役割である。一方、前者の場合においても関連工事施工者間の相番工事（例えばオフィスのデスク設置工事のタイミングでOAフロアから電源タップやLAN配線の立上げを実施など）のスケジュール調整はCMrで実施または調整を行う必要があり、本体工事および関連工事全般を把握しておく必要がある。

更に、養生などの共通仮設について、以下のような各種ルールの設定もCMrの重要な役割である。

- ・養生の種類と範囲
- ・養生の期間
- ・複数社が同時に施工する場合の養生実施施工者の決定および調整

●検査・引渡し支援

引渡しについては、基本的には本体工事と同じ対応となる。

➡第2章「5-5 竣工・引渡し」

●引越し・移設作業

建築プロジェクトにおいては、竣工・引渡し後、既存建物から新設建物への引越しおよび既存品の移設作業が発生する場合がある。CMrは既存建物について移転部署などの現状把握を行い、引越しに必要な準備、転用可能な什器・備品の選定、設置工事などの確認を行う。引越しは、引渡し後、全ての関連工事の完了後に行われることが多い。そのため、各種の関連工事は引越しスケジュールに合わせた完成が必要である。引越しは専門会社が担うことが多いが、機密文章などの取扱いに注意が必要である。引越し前の各種書類の梱包および封印、引越し後の封印確認が必要であり、引越しスケジュールにはこれら日程を考慮し併用開始日を決定する必

要がある。また、転用が必要な什器・備品がある場合、適切な搬出入ルートの検証が必要である。特に重量物・大型什器・精密機器などがある場合、専門会社による移設作業が必要となる可能性が高く、事前の検証が重要である。

◆家具・什器・備品工事の支援

> CMrは家具・什器・備品工事について、電気設備工事や下地工事との調整、養生のルール設定などに留意する。

家具・什器・備品工事は一般的に、FFE工事（Furniture：家具、Fixture：什器、Equipment：備品）とも呼ばれ、建物本体に固定されていない（転倒防止や振れ止めなどの簡易的な固定を除く）設置物などを指す。ただし、明確な定義はなく、対象についてはプロジェクトごとに設定が必要となり、本体工事での対応および予算管理表においてプロジェクトの早期から予算を見込んでおく必要がある。また、プロジェクトによっては費用負担が発注者でなく運営・管理者である場合がある。この場合、運営・管理者の決定時期によっては、本体工事の設計に影響を及ぼすこともあり、変更に伴う費用負担に対する発注者の意思決定や、費用負担先の調整なども必要になることもある。

●発注方法

例えばオフィス家具・什器の場合、メーカーへの発注が一般的となるが、このメーカー選定においてもさまざまな方法がある（表2-29）。

●詳細設計・工事支援

家具・什器・備品工事において、以下のような本体工事との調整が必要となる。

- ・電源容量と種類
- ・電源が必要なアイテムの電源設置位置と渡し方
- ・必要な取付下地の強度と範囲

一般的な家具・什器・備品工事の場合、電気

容量はさほど大きなものはなく、100V電源である場合が多いが、電源の種類・電気容量・電源位置については本体工事の実施設計時に明確にすることが望ましい。また、床・壁・天井への固定が必要なアイテムについては、範囲や下地材料についてもできるだけ早い段階で明確にし、本体工事の実施設計に反映しておく必要がある。電源や下地の指示が遅れると、追加工事費が発生するだけでなく、下地の追加設置に伴う建築工事のやり直しが発生し、全体工程に影響を及ぼす場合もあるため注意が必要である。また、工事区分によっては本体工事の竣工検査に必要な工事（例えば、避難経路図を別途サイン工事で対応など）を関連工事で行う場合があり、関連工事の中でも個別の調整が必要な場合もある。

本体工事との調整については前述したとおりであるが、特に家具・什器・備品工事は本体工事との取合い事項が多く、早期の調整が必須と

なる。例えば1階床仕上げにOAフロアが設定されていない場合、地業工事の段階から床下配管・配線ルートを確保する必要があり、CMrは特に留意する必要がある。

また、関連工事の工事施工で傷の問題が頻繁に発生する。これは建物の竣工・引渡し後に家具・什器・備品工事を行うことが多いため、家具・什器・備品の設置中または設置後に傷などが見つかった場合に本体工事が要因なのか家具・什器・備品工事が要因なのかの判断が付きにくいといったことが原因であり、また家具・什器・備品工事の最中に本体工事の手直し工事を行う場合があることも原因の1つである。これらの対策としては、家具・什器・備品工事の養生ルールをCMrで設定し、養生時に該当箇所の写真を撮るように指示するほか、関連工事における入退館管理や搬出入および工事内容を日ごと明確にするなどの工事管理が重要となる。

表2-29●オフィス家具・什器の発注方法（例）

選定方法	単価決定型	自由提案型	単純見積＋一部提案型	単純見積型
発注者 与条件	掛け率決定型 使用人数程度	オフィスイメージ 使用人数 会議室数	オフィスイメージ レイアウトプラン	オフィスイメージ レイアウトプラン
判断材料	主要家具の単価 掛け率	提案内容 価格総額	提案内容 価格総額	価格総額
主な特徴	・主要家具の定価率や単価の取決めをメーカーを先に決定し、その後に設計から設置までを依頼する方法。 ・選定時に与条件詳細やレイアウトを決定しておく必要がない。 ・選定時に予算感がつかみにくい。	・建物やオフィス空間が決定し、与条件詳細が詰まった状態で、各メーカーにオフィスイメージ、レイアウト、金額などの提案を受け、決定する方法。 ・選定時にオフィスイメージや予算がつかめる。 ・与条件を明確におかないと要求する提案を評価できない。	・オフィスコンサルタントや設計者でプランニングや仕様書を作成。ただし、部分的な提案課題を設定。 ・メーカーは課題に対する提案と、自社商品に置き換えた見積金額を提示する方法。 ・価格競争に加え、メーカー提案も受けた上での判断ができる。 ・メーカーとは別に設計者を選定する必要がある。	・オフィスコンサルタントや設計者でプランニングや仕様書を作成。 ・メーカーは自社商品に置き換えて単純に見積金額を提示する方法。 ・メーカーにより商品の違いがあるものの価格での判断となる。 ・メーカーとは別に設計者を選定する必要がある。

◆ 情報通信設備工事の支援

> CMrは情報通信設備工事について、端末機器の設置調整だけでなく、配線ルートの確認や運用時の保守に配慮した調整が必要である。

電話やLANなど情報通信設備工事も関連工事になることが多いが、この調整を誰が行うかを明確にする必要がある。情報通信設備の端末機器については関連工事としてあと施工が可能であるが、配線類は建物本体での工事施工となるため、ルート調整も含めて設計の早期で検討を行う必要がある。設計図書の工事区分表では表現しきれない本体工事と関連工事の責任分界点を明確にすることにも留意する。

表2-30にLAN設備と映像音響設備の工事区分（例）をまとめた。

● 詳細設計・工事支援

情報通信設備工事は関連工事の中でも機器だけでなく電源やLAN配線などが必要な工事が多く、本体工事との調整事項が比較的多い傾向にある。そのため、総合図での配線ルートの確認や運用後の保守メンテナンスも見据えた天井点検口位置の調整など、CMrとしてはこれらの進捗確認を確実に行う必要がある。

◆ その他の関連工事の支援

> CMrは、専門機器工事やシステム工事、OSEについて、本体工事との調整などの必要な支援を行う。

前述する工事のほか、さまざまな関連工事が想定されるが、代表的なその他の関連工事を以下に記す。

● 専門機器工事

生産施設における製造機械や特殊設備、病院における医療機器、インフラ施設における防災機器など、施設を運営するために必要となる専門機器については、高い専門性を必要とするため、関連工事として専門会社がその設計・工事施工などを請負うことが多い。専門機器工事は関連工事であるが、施設の主役ともいえる設備であり、本体工事に大きな影響を与える。CMrは、本体工事と連携した対応を実施することが必要となる。

● システム工事

現在の全ての施設は何らかのシステムにより管理されているといえる。代表的なシステムとして、販売管理・予約管理システム、生産管理・在庫管理システムなどが挙げられるが、システム・エンジニアリングは日々進歩しており、さまざまなシステムが存在し日々生み出されている。一般的に大規模な設備工事を要しないが、通信設備との接続が不可欠であり、前述した情報通信設備と合わせて検討されるべきである。併せてこれらシステムを管理するサーバー設備の計画も重要である。施設内に独自のサーバーを設置するオンプレミス、施設外の外部サーバーを利用するクラウドサービス、オンプレミス・クラウド両者を併用するハイブリッド・クラウドサービスが想定される。これらの仕様は発注者または運営者により決定され、CMrはその要求事項に従い各種計画の妥当性を検証する。

● OSE

OSE (Operating Supplies & Equipment) とは主に商業施設やホテルなどにおいて、その運営者が用意する消耗品・備品などを指す。主要なOSEを以下に記す。

- 運営にかかる消耗品：ホテルアメニティ・清掃具・販促物・印刷物・管理用在庫品など
- 運営にかかる備品：食器類・家電製品・ユニフォームなど

OSEは工事に直接的に影響することは少ないが、施設に設置される倉庫や家具・什器に格納されることが多く、CMrは運営に支障のないスペースの確保を確認する必要がある。スペースが不足する場合、運用上の検討が必要である

表2-30 ●情報通信設備工事の工事区分 (例)

分類	内容	建築本体工事		情報通信設備工事	備考
		建築	電気設備		
L A N 設備	インターネット敷地内引込み (管路)		●		
	インターネット敷地内引込み (配線)			●	
	館内LAN配管・ボックス類		●		
	館内LAN配線			●	
	インターネット機器			●	Wi-Fi含む・設置共
	機器設定			●	
	留意点	・ハブの設置場所の調整が必要 ・配線ルートの検討及び調整が必要			
映像音響設備	ビデオプロジェクター			●	設置共
	同上下地補強	●			
	ビデオプロジェクター用電動スクリーン			●	設置共
	同上電源		●		
	同上スクリーンボックス	●		●	BOXは関連工事支給、設置は本体工事
	天吊りスピーカー			●	設置共
	同上下地補強	●			
	LEDディスプレイ			●	壁面取付金物・設置共
	同上下地補強	●			
	同上電源		●		コンセントプレート渡し
	機器設定			●	
	留意点	・制御盤などの設置が必要な場合のスペースの調整も必要 ・LEDディスプレイのHDMIケーブルの引込み方法の検討および調整が必要 ・天井裏内に舞台装置が必要な場合、必要天井裏スペースの情報共有が必要			

が、必要に応じて建築計画の見直しも検討すべきである。

5-5 竣工・引渡し

◆竣工・引渡時の役割

> CMrは、契約図書に基づく建築物を確認し、引渡しの支援を行う。

　CMrは契約図書に従い、建築物が確実に完成しているか確認し、引渡しの可否を発注者に報告する。この確認は監理者の観点からではなく、発注者の視点から行う。引渡しを受けることが承認されたら、関係者への取扱説明、施設管理・

運営への引継ぎ、工事費残高の支払い、引越しなどに関する業務を支援する。

◆発注者検査の支援

> 工事施工が完了した時点で、CMrは発注者による竣工検査を支援・助言する。

　詳細検査・官庁検査は設計者・監理者・工事施工者により実施されているため、CMrは工事請負契約の内容に基づいて、発注者の視点から工事の出来ばえや品質・機能・精度などについて発注者の検査を支援・協力する。

　検査と並行して、監理報告書・工事報告書などにより監理状況・管理状況などについて確認するとともに、関係諸官庁への完了報告の状況

も確認する。併せて、近隣住民との関係、周辺道路との関係など、設計図書には記載されにくいような事象についても、工事に起因して関係がこじれないように確認しておくことが必要である。

●監理報告書・工事報告書の確認

監理者は、監理業務が終了した時点で「工事監理報告書」、工事施工者は工事施工が完了した時点で「工事完了報告書」を発注者へ提出する。CMrは発注者によるそれらの内容確認を支援する。もし内容に不備があれば、修正・追記などを指摘する。CMrは監理者や工事施工者と同程度に詳細にわたり完全な内容確認を行うものではないが、明らかな誤りに気がつかなかった場合、善管注意義務違反に問われる可能性があるので注意が必要である。

工事監理報告書は建築士法において15年間の保存義務がある。2020年の民法改正により不法行為に基づく損害賠償請求権の消滅時効が20年と明文化されたため、必要に応じて書類の保存期間延長を考慮する必要がある。

工事完了報告書はCMrが監理者を通じて取りまとめを行うが、発注区分が細分化されている分離発注の場合は、各工事施工者からの工事完了報告書を単にまとめて発注者へ報告するのではなく、工事全体についての総括となる工事完了報告書をCMrが作成する場合がある。

◆ 引渡しと入居支援

> CMrは完成にあたり、建物の引渡しや取扱説明に立ち会う。また入居支援を行う場合もある。

●引渡しの立会い

CMrは発注者が工事施工者から建物の引渡しを受けるにあたり、発注者を支援する。監理者の報告に基づき、契約図書に基づく工事施工であること、建物を運営・管理していく上で必要な引渡書類が備えられていることなどを確認し、発注者が工事施工者から建物の引渡しを受けることの可否について助言を行う。また、引渡しの際には立会い、鍵などの引渡物の確認に対する支援を行う（引渡物が多い場合には事前に確認しておくことも必要となる）。

○確認事項

- 監理者・工事施工者の竣工検査報告書
- 許認可に関わる検査済証など
- 工事施工者の引渡書類など
- 未完成工事および手直し工事内容と是正スケジュール（必要に応じて）

●取扱説明への立会い

CMrは建物引渡しに引き続き、建物に付属する設備機器類の取扱説明に立ち会う。

取扱説明は、原則として発注者が対象であるが、必要に応じて入居テナントなどの施設の利用者、ファシリティ・マネジャー、プロパティ・マネジャーなどの施設の運営・管理者の出席に配慮する。設備機器類によっては一定期間、操作方法を習得してもらうためのトレーニングを要するものもあるので、工事施工者から事前に情報を入手し、十分なスケジュールを見込んでおく必要がある。

○取扱説明書

発注者が建物を維持管理していく上で、必要と思われ設備機器類などについて、その工事施工者は取扱説明書を作成し、引渡書類の一部として提出する。CMrは取扱説明に先立ち、監理者と調整の上、わかりやすい取扱説明書となっていることを確認し、必要に応じて監理者を通して工事施工者に修正を依頼する。

CMrは設計図を確認し、設備機器類などについて、提出された取扱説明書の内容が妥当であるかどうか検討する。

CMrにそれらの取扱説明書を必要に応じて監理者・工事施工者に対して整理を促し、引渡しを支援する。

●入居支援

CMrは発注者から要請を受け、入居支援を行う場合がある。CMrは引渡しに先立ち、プロジェクトの進捗状況を確認し、契約図書に基づき引渡しが可能か判断し、引渡し完了後、速やかに発注者または、その入居者が支障なく入居できるようスケジュールの調整を行う場合がある。更に、引渡し以降に手直し工事、未成工事が行われる場合、発注者・入居者の都合と、それらの工事との取合いを調整した上で、入居スケジュールを作成する場合もある。

◆工事費精算の支援

> CMrは、竣工検査後に工事施工者からの工事費支払請求に基づき、工事費精算を支援する。

●設計変更に伴う工事費の変更契約

多くのプロジェクトにおいて、工事期間中、本章「5-3 設計変更への対応」の手順に基づき、さまざまな設計変更が行われるが、承認された設計変更に伴う工事費の変更契約を締結する必要がある。変更契約の締結時期は、発注者と工事施工者の合意により決定されるが、資材発注や施工時期を考慮した適切な時期に締結されるべきである。

変更契約に際し、CMrは工事費および支払時期を確認し、発注者の資金計画に支障のないよう支援する。

●工事費の精算

竣工検査に合格し、発注者より工事費支払が認められた場合、CMrは、工事施工者から提出された工事費支払請求の内容確認を行い、発注者へ報告する。変更契約などが適切に反映されているかに注意する。

関係諸官庁およびプロジェクト構成員による竣工検査の結果および報告書などを取りまとめ、内容を確認の上、発注者に提出し、工事完成時の支払手続きを行い、工事費を精算する。

最終支払いの場合は、契約不適合などに関わる保留金に注意しなければならない。また引渡し時に未完成工事などがある場合、残工事にかかる債務確認書などの取交しを行うことが望ましい。

●固定資産管理の支援

発注者は、引渡しを受けた施設を固定資産として計上し、管理していくことになる。経理上、資産計上した固定資産は、償却しなければならない。そのためにCMrは工事費を固定資産台帳の項目に合わせた整理を支援する。一般的に、変更工事請負契約を反映した精算見積書を工事施工者から受領する必要がある。詳しくは、監査法人・税務法人などの専門家の意見を入れ、調整していく必要がある。

◆竣工引渡書類と各種データの確認

> CMrは、竣工引渡書類が運営・管理に活用できる図書となるように支援する。

CMrは、工事完了後、プロジェクト構成員と調整の上、竣工引渡書類の内容確認を行い発注者へ引き渡す。竣工引渡書類は設計および工事施工などの業務履行履歴を含む重要な書類であり、発注者はこれらの竣工引渡書類に基づき、施設の資産価値の最大化および継続的な運営・管理を実現させることとなる。したがって、これらは情報資源として重要な記録であり、その後の運営・管理に有効活用できるよう整備される必要がある。必要に応じて、適切なデータ形式でのデジタル納品も検討する。竣工引渡書類はその履歴を大きく3つに分類して整備する（表2-31）。

●契約に関する履歴

CMrは設計・工事監理等業務委託契約、工事請負契約などの契約書および付属書類が適切に整備されていることを確認するとともに、各業務が契約どおりに完了されたことを確認する。

表2-31 ●竣工引渡書類の一覧（例）

竣工引渡書類リスト		
契約に関する履歴	資産に関する履歴	運営・管理に関する履歴
1. 設計・工事監理等業務委託契約 2. 工事請負契約 3. 業務完了届・工事完了証明書 4. 引渡受領書・鍵引渡書 5. 竣工引継書・引継ポートフォリオ・ファイル 6. 支払請求書 7. 実施工程表 8. その他必要な書類	1. 竣工図書 　（総合図・構造計算書・設備計算書などを含む） 2. 竣工写真 3. 各許認可申請書類 4. 最終工事費内訳書（資産分割用） 5. 工事履歴 　（制作図・施工図・各種検査記録・各種試験成績表・出力データなどを含む） 6. 監理報告書・工事報告書 7. その他必要な書類	1. 取扱説明書 2. 施工会社・下請会社リスト 3. LCM計画書 4. 鍵・備品・予備品引渡リスト 5. 竣工図書BIMデータ 6. BMS／BEMS入力一覧表 　（施設台帳などを含む） 7. その他必要な書類

将来的に契約先とのトラブルが発生した場合、契約に関する書類は契約不適合責任および不法行為責任などの重要な根拠資料の1つとなるため、適切に整備され、保管される必要がある。

●資産に関する履歴

　竣工図書（建築図（総合図などを含む）、構造図（構造計算書などを含む）、設備図（設備計算書などを含む）およびそれぞれのデータ）は建物の完成、引渡し後のアフターケアや運営・管理、長期修繕などの対応のために重要である。また、工事施工において設計変更があった場合には、それらの項目を確実に修正しておくことが重要である。CMrは、工事施工者および設計者により修正され監理者が確認した竣工図書について、設計変更履歴に照らし合わせて確実に変更されていることを確認し引き渡す。

●運営に関する履歴

　運営に関する履歴は、供用開始以降の運営・管理やCRE戦略（企業の不動産価値有効活用）、BCP戦略などの基礎資料となる。近年、運営・管理におけるBIMデータの活用が進んでいる。竣工図書BIMデータ納品が要求される場合、施設管理者が必要とするLOD＊に応じた竣工図書BIMデータの精度が求められるため、CMr

はEIR＊に基づき属性データが適切に整備されているかを確認する必要がある。

＊LOD：Level of Detail
＊EIR：Employer Information Requirements
どちらも、第4章「13 ICT（情報技術）」を参照。

0 共通業務

1 発注業務

2 事業構想
基本計画

3 基本設計

4 実施設計

5 工事施工

6 完成後

6 完成後におけるマネジメント

　完成後の建物の運営や管理は、発注者の組織・体制・方針などによりさまざまであるが、そこには建設に対する専門的な知識や能力が求められる場面が数多く存在するため、CMrが果たす役割も大きい。また、当該建物の建設プロジェクトに関与した CMrが、完成後も継続して発注者を支援することには、より多くの利点もあると考えられる。

　本書では、建物完成後における業務を「事業運営」「施設運営」「施設管理」に分類して整理する。このうち、建物の経営に関するさまざまな業務を指す「施設運営」と、建物の運営・管理を行う業務を指す「施設管理」については、発注者などからCMrに対して、これらの支援を求められる場合は増えており、今後はCMrがこれらの業務に携わる機会が多くなるものと予想される。

　本節では、建物完成後の不具合・契約不適合への対応や、施設運営・施設管理における業務内容、CMrの立場と役割などについて述べるが、運営・管理のマネジメントについては、第3章「6　運営・管理マネジメント」も合わせて参照のこと。

6-1 不具合・契約不適合への対応

◆ 不具合・契約不適合の概要

> CMrは、発注者から、不具合や契約不適合についての相談があれば、CM業務の契約内容に基づき原因究明および問題解決への助言を行う。

　竣工・引渡し後に、建物に何らかの不具合*が発見された場合、発注者はその不具合が何に起因するものなのかを判断し、適切に対処する必要がある。工事施工に起因する場合で、契約不適合責任期間であれば、契約不適合責任の追及ができる。具体的には、無償での手直し、差額の返還請求、損害賠償の請求などである。

　「民間連合協定 工事請負契約約款」においては、契約不適合責任期間は引渡し日から2年以内とされている。一方、建築設備の機器本体、室内の仕上げ・装飾・家具・植栽などの契約不適合については、引渡しの時、発注者が検査して直ちに指摘しなければ、工事施工者はその責任を負う必要はない。ただし、当該検査において一般的な注意の下で発見できなかった契約不適合については、引渡しを受けた日から1年とされている。

　しかしながら、工事施工者の不具合・契約不適合に該当するかが断言できないような状況の場合、設計に起因する不具合・契約不適合の場合、複数の工事施工者が関与することで責任区分が不明確である場合、メーカーの製造責任的要素が強い場合などは、原因の特定や問題解決への対応策に関しての合意に時間と労力が必要となることがある。このような場合においてCMrが発注者を支援することは意義がある。建築の専門知識に加え、各種契約内容を理解し、検証を行うことが望ましい。

　2020年4月に「民法の一部を改正する法律」（以下、民法改正法）が施行され、それに伴って瑕疵担保責任は契約不適合責任に名称が変更となったが、「住宅の品質確保の促進等に関する法律」（以下、住宅品確法）や「特定住宅瑕疵担保責任の履行の確保等に関する法律」（以下、住宅瑕疵担保履行法）などでは、引き続き「瑕疵」の用語が残った。民法改正の主項目を**表2-32**に示す。

表2-32 ● 民法改正の主項目（2020年4月）

名称	改正前 瑕疵担保責任	改正後 契約不適合責任
責任を負う不備	隠れた瑕疵	種類、品質、数量に関しての契約内容との不適合
買主の請求権	修補請求権 損害賠償請求権 契約の解除	履行の追完請求権 代金減額請求権 損害賠償請求権 契約の解除
買主の権利行使	知ってから1年以内に行使する	知ってから1年以内に通知する
時効期間	10年	権利行使を知った時から5年、または権利行使ができる時から10年の短い方

＊**不具合**
「不具合」とは一般に、使用・動作・作動などに軽微な欠陥がある状況・事象を示す。

◆ 不具合への対応支援

> CMrは、資料確認・現場調査・関係者ヒアリングなどを実施し、不具合の発生理由・起因者を確認し、対応方針を発注者と協議する。

　対応支援の手順の例を以下に記載する。
　①発注者からの依頼内容および不具合事象を把握する。
　②図面・契約書・不具合報告書などの関係資料を精査し、不具合の原因を検証する。必要に応じ現地調査、関係者へのヒアリングなどを行う。
　③検証結果をもとに発生理由・起因者などの推察、契約不適合であるか否かの意見をまとめ、発注者に報告する。
　④発注者からの依頼内容によっては、関係者との協議を行い、対応方針を決定する。
　⑤関係者による発生理由の究明や起因者の特定が難しい場合には、中立的な立場にある

0 共通業務
1 発注業務
2 事業構想 基本計画
3 基本設計
4 実施設計
5 工事施工
6 完成後

外部の研究機関などへ調査依頼を行うことも検討する。

⑥以上の対応を行ってもまだ合意に達することができなければ、法的手段に進むべきかを発注者と協議する。

大部分の不具合は、上記③または④の段階で解決されると考えるが、契約不適合に分類され不具合で、複数要因の絡む事象で関係者による費用負担の協議が生じてまとまらない場合では、⑤の段階に進むものもある。⑥の法的手段は最終的な対応策といえる。

また、CMrは関係者が加入している保険とその内容も把握し、保険を利用した現実的な解決策も想定した上で関係者との交渉を進める必要がある。

代表的な保険としては、以下のようなものが挙げられるが、それぞれに免責事項・免責金額が決められているので注意を要する。

- 設計者賠償責任保険
- 建築士賠償責任保険
- 事業総合賠償責任保険
- 建設工事保険・土木工事保険
- 生産物賠償責任保険
- 瑕疵保証責任保険
- 施設保有者管理者賠償責任保険
- CM賠償責任保険

◆契約不適合への対応支援

CMrは、契約不適合に関して発注者が請求できる権利について助言し、その対応を支援する。

●契約不適合の概念と分類

契約不適合とは、売主や請負人が相手側に引き渡した目的物が、その種類・品質・数量に関して「契約内容に適合していない」と判断された場合（債務不履行）、売主や請負人が相手側に対して負う責任を指す。建設プロジェクトに

おける主な関係者ごとに分類し、説明する。

○設計者の契約不適合

法令または条例の定める基準に適合させる義務に違反した場合[1]、設計契約に反する設計を行った場合[2]が挙げられる。具体的には計画上のミス、構造計算上のミス、材料選定上のミスなどが考えられ、設計者の責任によるものが該当する。

例えば、寒冷地などにおいて当然ながら考慮しなければならない凍結問題について配慮をしていない、指摘があったにもかかわらず対応をしていないなどが契約不適合に該当する。

また、VE提案などが原因で契約不適合が発生した場合、工事施工者は設計図書どおりに工事施工をしたが、VE提案の採用を決定した設計者、それを確認したCMrに責任を求められる場合も考えられる。その場合は、VE提案を起案した主体から十分に情報の開示が発注者にあったのかなど、更なる原因の究明を要する場合もある。

※1　建築士法第18条第1項
※2　民法第415条　債務不履行による損害賠償

○工事施工者の契約不適合

工事施工上の契約不適合は、以下のような項目と内容が該当する。

- 設計図書との相異（設計仕様を工事施工判断で変更したなど）
- 材料・機種選定の誤り（内部用の材料を外部に使用したなど）
- 材料の欠陥（不良品が混入したなど）
- 工事施工技能・精度などの不足（鉄筋の精度・調整が悪く型枠に接触したなど）
- 機械器具・工具の不良（工具の管理を怠ったことでのボルト締付工具の不足など）

○監理者の債務不履行

監理者が施工図等の検討で、設計図書と異なることを見つけられずに契約不適合が発生したような場合で、善管注意義務違反が原因であれ

ば、監理者に責任が求められる。しかしながら、工事施工者が設計図書と異なる施工図を作成したことに責任を求めることもできると考えられる。

○ CMrの債務不履行

　工事施工者の選定は、CMrの重要な業務の1つである。選定された工事施工者の資質の欠如や会社経営の不安定さなどが原因となって不具合が発生した場合で、CMrがその評価に関与した場合は、CMrの債務不履行が問われる可能性がある。

　CMrが行った確認などが不適切であるために発生した契約不適合の場合は、設計や工事施工の契約不適合に該当するかのように見えたとしても、CMrの善管注意義務違反として債務不履行責任を問われる可能性があると考えられる。しかし、CMrの確認などが不適切であると設計者や工事施工者が知っていたにもかかわらず発注者に通知しなかった場合は、設計者や工事施工者にも責任が及ぶこととなる。

　また、分離発注方式において工事施工者間の調整不足により契約不適合が発生した場合、調整作業を行ったCMrが債務不履行責任を問われる可能性もある。

● 契約不適合の責任と権利

　2020年4月の民法改正法以前の「瑕疵」は、さまざまな解釈がなされていたのに対し、「契約不適合」の判断は「引き渡された成果物が種類、品質または数量に関して、契約内容に適合しないとき」に絞られた。

　当然ながら、契約不適合が発注者の指示によって生じたものであるときは適用されない。ただし、受注者である工事施工者などが、その指示が不適当であることを知りながらそのことを通知しなかったときは、受注者は契約不適合責任を負うこととなる。

　また民法改正法以降、従来は発注者が請求できる権利は修補請求権・損害賠償請求権・契約解除であったのに対し、履行追完請求権・代金減額請求権・損害賠償請求権・契約の解除と改正された。

○ 履行追完請求権

　契約不適合である場合に発注者が受注者に対して補修や代替物や不足分の納品などを行い、当初の契約内容を追行することを請求できる。ただし、不適合が発注者の責めに帰すると判断される場合にはこの請求は認められない。

○ 代金減額請求権

　発注者が追完*の催促を行っても期日内に一定の対応がない場合には支払金額を減額するよう請求することができる。なお、追完が不能となったり、相当の期間の経過前に受注者が追完を拒否したりした場合には、その時点で代金の減額を請求することが可能である。

＊追完
契約内容に適合しない成果物の代わりに、後から契約内容と適合した成果物を引き渡すこと。

○ 損害賠償請求権

　追完請求や代金減額請求と併せて、発注者は受注者に対し、契約不適合責任に基づく損害賠償を請求することもできる。ただし、契約不適合が契約および取引上の社会通念に照らして受注者の責めに帰することができない事由によって生じたときは、請求できない。

○ 契約解除

　追完を催告したにもかかわらず、受注者が相当の期間内に履行の追完を行わない場合、発注者は契約を解除し、成果物の撤去、代金の返還などを請求できる。ただし、不適合の程度が契約および取引上の社会通念に照らして軽微である時は、契約解除までは認められず、その他の救済を受けられるにとどまる。なお、そもそも引渡しが履行不能である場合や、不適合を是正できなければ契約の目的を達成できない場合などには、無催告解除が認められている。

● 契約不適合責任期間

　民法改正法以前は、発注者がその事実を知っ

0 共通業務
1 発注業務
2 事業構想・基本計画
3 基本設計
4 実施設計
5 工事施工
6 完成後

てから1年以内に権利を行使しなければならず、その時効期間は10年であったが、民法改正法以降は契約不適合による権利行使を知った時から5年、または権利行使ができる時（原則として引渡し時）から10年の短い方となった（**表2-32**）。

また、民法で定める契約不適合責任期間は、個別の契約で変更することができる。例えば、「民間連合協定 工事請負契約約款」では、その第27条で、2年（建築設備の機器本体、室内の仕上げ・装飾・家具・植栽等の契約不適合については、引渡しの時、発注者が検査して直ちにその履行の追完を請求しなければ、受注者は、その責めを負わない。ただし、当該検査において一般的な注意の下で発見できなかった契約不適合については、引渡しを受けた日から1年）としているが、契約不適合が受注者の故意または重過失により生じたものであるときには民法の定めるところによること、また、住宅品確法に該当する契約の場合は住宅品確法の定めるところによることが明記されている（**表2-33**）。

住宅品確法では、民法改正後も「瑕疵」という言葉は残り、新築住宅の構造耐力上で主要な部分と雨水の浸入を防止する部分（以下、基本構造部分）について10年間の瑕疵担保責任が義

表2-33 ● 民間連合協定 工事請負契約約款における契約不適合責任期間

	民法改正前	民法改正後
木造	1年	
その他（石造・金属造・コンクリート造など）	2年	
木造 ※受注者の故意または重大な過失による場合	5年	2年
その他（石造・金属造・コンクリート造など） ※受注者の故意または重大な過失による場合	10年	
建築設備の機器、室内装飾、家具など	1年	1年
新築住宅の基本構造部 ※上記項目にかかわらず、品確法による	10年	10年

務付けられている。瑕疵担保責任は特約などによって排除することは認められておらず（20年まで延長することは可能）、建物の欠陥や瑕疵に関して発注者が保護されているといえる。ただし、隠れた瑕疵が発見された場合は、その事実を知った時から1年以内に瑕疵担保責任を問い、修補請求や損害賠償請求をする必要がある。

2009年10月より施行された住宅瑕疵担保履行法では、瑕疵の補修などが確実に行われるよう、新築住宅を供給する事業者（建設業者や宅建業者）に対して保険加入や供託が義務付けられるようになった。これにより万が一、事業者が倒産した場合などでも、消費者は保険法人から補修費用の支払いが受けられる。

更に、消費者契約法では、事業者（売主）が消費者（買主）に対して締結した請負契約において、民法で定めているよりも一方的に不利な特約を結んだ場合などは、消費者保護の観点から無効になる。

● 契約不適合の法的解決

契約不適合についての法的な解決手段として、建設工事紛争審査会・裁判所および住宅専門の裁判外紛争処理体制の3つの方法がある。

○ 建設工事紛争審査会

建設業法では、建設工事の請負契約に関する紛争の解決を図るため審査会の設置を規定している。建設工事紛争審査会は、あっせん・調停・仲裁を行う権限を有している。

○ 裁判所

裁判所での解決方法では、民事裁判と民事調停がある。民事裁判は通常の民事上の争いに関する裁判で、民事調停は裁判所の調停委員会のあっせんのもと、話合いによる円満妥当な解決を目指す手続きである。建築訴訟の2大類型としては、請負代金未払請求訴訟と瑕疵をめぐる訴訟がある。

○ 住宅専門の裁判外紛争処理体制

住宅性能表示制度（住宅品確法による任意の

選択制度）で指定住宅性能評価機関より発行された建設住宅性能評価書の対象住宅では、不具合の解決について、指定住宅紛争処理機関（国土交通大臣から指定された地域の弁護士会など）が調停・あっせんなどの裁判外の紛争処理を行う。

6-2 施設運営・施設管理への対応

◆施設運営計画・施設管理計画の概要

> CMrは、発注者の施設運営および施設管理の方針を把握し、施設運営計画と施設管理計画の策定支援を行う。

建物の運営や管理を行う会社をグループ会社として有する不動産会社や、自社内にその部門を持つ事業会社などは、CMrによる支援を必要としない場合もあるが、その組織を持たない発注者にとって、完成後の施設の運営・管理体制の構築は課題である。

完成後に通常行われている業務を「施設運営」と「施設管理」に大別して以下に記載する。「施設運営」は不動産経営のさまざまな業務であり、不動産価値の最大化を担うとともに、長期修繕計画の立案も行う。「施設管理」は、建物を適切に管理し、資産価値を維持することを目的とした以下の業務を行う。また、建物の用途によって異なる部分も多いため、本章においては、一般的な賃貸事務所を想定している。

〈施設運営〉
・リーシング・マネジメント業務
・テナント管理業務
・請求出納業務
・資産保全業務
〈施設管理〉
・環境・衛生管理業務
・設備管理業務
・警備・防災業務

・エネルギー管理業務

CMrは、プロジェクトの早期から完成後の運営・管理に関して、発注者と十分に打合せを行い、その意図や要望を反映した建物となるようプロジェクトを推進すべきである。

特に設計者が基本設計と実施設計で異なる場合や、工事施工者が複数存在する分離発注方式やコストオン方式などの場合は、プロジェクトにより広範囲に関与したCMrが、竣工図書や関連書類の保管や管理方法などから、施設運営計画・施設管理計画の策定支援を行う意義は大きい。

◆施設管理体制の検討支援

> CMrは施設管理の内容を把握し、施設管理体制の構築を支援する。

●施設管理の方式

施設管理の業務を達成するために、自営（発注者の内部）で実施する業務範囲と、外部委託する業務範囲を明確にした管理体制の構築が重要となる。施設管理体制の主な類型と特徴を以下に記載する。

○自営で実施する場合

所有者が自らの組織内で施設管理を実施する。所有者の組織内で施設管理を実施するため、経営的な判断により、管理費・業務品質などを含めた管理が可能となる。その半面、管理要員の採用・教育などの諸費用への対応に留意する必要がある。

○外部委託で実施する場合

外部委託にはアウトソーシングとアウトタスキングがある。アウトソーシングは、業務の範囲を決め、これに携わる組織・人・協力企業などの管理も含めて総合的に外部に委託する成果ベースの契約方式である。アウトタスキングは、業務を個別にそれぞれの受託者に外部委託する

0 共通業務
1 発注業務
2 事業構想・基本計画
3 基本設計
4 実施設計
5 工事施工
6 完成後

契約方式である。受託者は委託された業務の範囲での実施が中心で管理の範囲は限られる。近年、建物の大規模化や高度化によって、利用者の快適性や満足度、更には生産性向上に貢献することが期待されている。一方、管理費の縮減傾向が強く、外部委託を成果ベースの契約方式とし、受託者の窓口を一本化したアウトソーシングが浸透しつつある。

● 施設管理体制の検討

対象施設に対する管理体制を構築する場合の検討手順を以下に示す。

①自営と外部委託について、それぞれの特徴と留意点を総合的に検討し、基本方針を決める。

②それぞれの業務について、関係法令などに従って、法定資格者の要否や業務の特殊性を加味し、施設管理の業務仕様を具体化する。

③外部委託の業務については、アウトソーシングかアウトタスキングかの方針を決める。

④アウトタスキングする項目については、法定点検の要否や、メンテナンスの頻度などを考慮しながら、修繕や更新が発生した都度、個別に専門工事会社や専門メーカーへ発注する形態とするか、定期点検から消耗品交換までが含まれるフルメンテナンス契約とするかなどを決める。

⑤常駐管理体制か巡回管理体制か、また、緊急事態に対する体制をどうするかを決める。

⑥日常のヘルプデスク業務（問合せ・苦情・不具合・応急対応）体制を決める。

⑦自営における組織と要員、外部委託における組織と要員、関係する部署・会社などの連携体制および役割分担と責任区分を整理する。

⑧自営から外部委託に移行するの場合の実施方針（教育・訓練含む）を決める。

● 外部委託先選定のポイント

施設管理を外部委託する場合の選定の主要ポイントを以下に示す。

①委託業務を適切に遂行するための類似業務実績・社内体制・必要資格・再委託先が妥当で適正か。

②委託業務に対する改善や合理化への意欲（委託対象業務に対して調査・分析・改善提案によるマネジメント能力）があるか。

③委託者の視点で顧客満足度を追求して自立的に業務遂行ができるか。

④業務効率化のためのICT活用や投資に積極的で協力的か。

⑤委託者の事業や業務の変化に前向きに対応できるか。

⑥委託業務に対して委託者の求める品質を保証するシステムを有しているか。

⑦品質を維持し、向上させるための教育・訓練制度があり実施されているか。

⑧緊急事態に対する俊敏な対応と連絡体制が取れているか。応急対応・原因解明・再発防止の体制が整っているか。

施設管理の外部委託先の選定支援業務などをCMrが担うこともある。新築建物における供用開始前の新規の委託先選定の場合と、既存建物における委託先再選定がある。いずれの場合においても、発注者とともにさまざまな施設管理方式の中から最適な施設管理体制を検討することが重要である。

〈第2章　参考文献〉
⑥ 完成後におけるマネジメント
「CM（コンストラクション・マネジメント）業務委託契約約款・業務委託書」（抜粋）日本コンストラクション・マネジメント協会、2022年7月改訂
「民間（七会）連合協定 工事請負契約約款」2023年1月改訂版
「多様化した発注形態への契約の手引き」建築業協会、2003年9月
「建築工事監理業務委託共通仕様書」公共建築協会、2012年3月
「建物検収のしおり」ロングライフビル推進協会（BELCA）、2002年1月
『公式ガイド ファシリティマネジメント』FM推進連絡協議会、2009年3月

第3章

コンストラクション・マネジメントに関わる能力

第2章の建設プロジェクトの各プロセスにおけるマネジメント実務を記載した「コンストラクション・マネジメントの業務」に続いて、第3章では専門的なマネジメント業務を遂行するCMrに必要な「コンストラクション・マネジメントに関わる能力」について説明し、第4章の「コンストラクション・マネジメントに関わる知識」へと展開している。

第3章は、第1章「6　マネジメント要素と業務・能力・知識」で抽出した独自のマネジメント要素に基づく構成とし、それぞれに一般的なプロジェクト・マネジメントの知識体系・業務標準を踏まえた建設プロジェクトにおけるCMrの能力について解説している。

第2章　コンストラクション・マネジメントの業務

| 0 共通業務 | 1 発注業務 | 2 事業構想・基本計画におけるマネジメント | 3 基本設計におけるマネジメント | 4 実施設計におけるマネジメント | 5 工事施工におけるマネジメント | 6 完成後におけるマネジメント |

第3章　コンストラクション・マネジメントに関わる能力

1 全体マネジメント
2 調達マネジメント
3 品質マネジメント
4 コスト・マネジメント
5 スケジュール・マネジメント
6 運営・管理マネジメント
7 環境マネジメント
8 リスク・マネジメント

第4章　コンストラクション・マネジメントに関わる知識

① 事業運営関連

1 法務・コンプライアンス
2 財務・会計
3 発注者の事業運営
4 CRE戦略・PRE戦略
5 事業継続計画（BCP/BCM）
6 契約

② リスク・マネジメント関連

7 デュー・デリジェンス
8 保険

③ CM業務関連

9 ライフサイクル・マネジメント（LCM）
10 施設管理
11 CMrが押さえておくべき近年の主要な法改正
12 都市計画と地方創生
13 ICT（情報技術）
14 安全管理
15 CMの更なる多様化

1 全体マネジメント

1-1 全体マネジメントの概要

　全体マネジメントとは、プロジェクト全体を俯瞰的な視点から捉え、プロジェクト目標達成に向けた仕組み構築のために行われるマネジメントであり、CMrが業務を実施するにあたり必要とされる能力の1つである。米国PM協会（PMI：Project Management Institute）による一般的なPM（プロジェクト・マネジメント）の知識体系である『プロジェクトマネジメント知識体系ガイド（PMBOKガイド）第6版』では知識体系を10のマネジメント要素に分類し、「統合マネジメント」について「プロジェクトマネジメント・プロセス群内の各種プロセスとプロジェクトマネジメント活動の特定・定義・結合・統一・調整などに必要なプロセスおよび活動」と説明されている。

　本書では、CMrが業務を実施するにあたり、重要と考えられる組織のマネジメント・意思決定のマネジメント・全体進捗のマネジメント・要求水準のマネジメント・プロジェクト情報のマネジメントの要素を包含して以下に解説する。

1-2 組織のマネジメント

◆ プロジェクト構成員

　建築プロジェクトの基本的な構成員は、発注者・設計者・監理者（工事監理者）[*]・工事施工者で、CMrがこれに加わる。設計者は監理者を兼務する場合が多く、設計施工一括方式では、設計者・監理者・工事施工者が同一組織となることが一般的である。また、ECI方式では、工事施工（予定）者が設計段階から参画して設計業務に協力する。昨今では、契約方式の多様化に伴い建築プロジェクトにおける構成員の業務・役割も多様化してきた。

　発注者・設計者・監理者・工事施工者は、建築基準法・建築士法などの関連法令で表3-1のように位置付けられている。一方で、土木プロジェクトでは構成員の呼称や関連法令における位置付けが異なるので留意する必要がある。

　また、建築基準法で建築物（建築設備を含む）として定義されていない情報通信設備工事、外構工事、家具・什器工事なども建築プロジェクトの一部となることが多く、それぞれの設計者・監理者・工事施工者の役割分担・責任区分は個々の契約内容で明確にする必要がある。

　プロジェクト構成員の詳細は、プロジェクト特性（種別・用途・規模など）に応じて異なる。大規模で複雑な建築プロジェクトでは、発注者・設計者・監理者・工事施工者のそれぞれに複数の設計事務所・総合建設会社・専門工事会社などが多様な形態で存在し、更にCMr以外にも複数の主体（専門コンサルタント・関連工事会社など）が関与することにより、プロジェクト構成員が数百人規模となる事例もある。

　建設プロジェクトが大規模化・複雑化するほど、CMrには発注者リスクの最小化を目的としたプロジェクト構成員の役割分担・責任区分に関わる適切な確認・助言が求められる。この際には、プロジェクト構成員と業務内容のマトリックス表やプロジェクト構成員の契約体系図などを用いて役割分担・責任区分を可視化し、それぞれのプロジェクト構成員との調整・協議を行うことも有効である。

　以降では、一般的な関連法令や契約約款など

表3-1 ●発注者・設計者・工事監理者・工事施工者の定義

発注者に関する法における定義	
建築基準法第2条1項16号	**建築主** 建築物に関する工事の請負契約の注文者又は請負契約によらないで自らその工事をする者をいう。
設計者に関する法における定義	
建築基準法第2条1項17号	**設計者** その者の責任において、設計図書を作成した者をいい、(中略)建築物が構造関係規定(中略)又は設備関係規定(中略)に適合することを確認した構造設計一級建築士(中略)又は設備設計一級建築士(中略)を含むものとする。
建築基準法第2条1項12号	**設計図書** 建築物、その敷地又は第88条第1項から第3項までに規定する工作物に関する工事用の図面(現寸図その他これに類するものを除く。)及び仕様書をいう。
建築士法第2条第6項	この法律で「設計図書」とは建築物の建築工事の実施のために必要な図面(現寸図その他これに類するものを除く。)及び仕様書を、「設計」とはその者の責任において設計図書を作成することをいう。
建築士法第3条第1項	(条文に定める用途・規模等の)建築物を新築する場合においては、一級建築士でなければ、その設計又は工事監理をしてはならない。
建築士法第3条の2	(条文に定める用途・規模等の)建築物を新築する場合においては、一級建築士又は二級建築士でなければ、その設計又は工事監理をしてはならない。
建築士法第3条の3	(条文に定める用途・規模等の)建築物を新築する場合においては、一級建築士、二級建築士又は木造建築士でなければ、その設計又は工事監理をしてはならない。
工事監理者に関する法における定義	
建築基準法第2条1項11号	**工事監理者** 建築士法第2条第8項 に規定する工事監理をする者をいう。
建築士法第2条第8項	この法律で「工事監理」とは、その者の責任において、工事を設計図書と照合し、それが設計図書のとおりに実施されているかいないかを確認することをいう。
工事施工者に関する法における定義	
建築基準法第2条1項18号	**工事施工者** 建築物、その敷地若しくは第88条第1項から第3項までに規定する工作物に関する工事の請負人又は請負契約によらないで自らこれらの工事をする者をいう。
建設業法第2条第3項	この法律において「建設業者」とは、第3条第1項の許可を受けて建設業を営む者をいう。
建設業法第3条第1項	建設業を営もうとする者は、次に掲げる区分により、この章で定めるところにより、二以上の都道府県の区域内に営業所(本店又は支店若しくは政令で定めるこれに準ずるものをいう。以下同じ。)を設けて営業をしようとする場合にあっては国土交通大臣の、一の都道府県の区域内にのみ営業所を設けて営業をしようとする場合にあっては当該営業所の所在地を管轄する都道府県知事の許可を受けなければならない。

に基づくプロジェクト構成員の役割分担・責任区分を説明する。

＊**監理者(工事監理者)**
本書での「監理者」「工事監理者」の記述については、第1章「3 CMrの業務」参照。

◆ 発注者の役割と責任

設計契約や工事契約における発注者の役割分担・責任区分は、契約内容に基づき原則として任意に定められる。CMrは発注者の業務を支援する前提で、発注者とCMrおよび発注者と設計者・監理者・工事施工者などとの役割分担・責任区分を明確にすることが重要である。

設計者・監理者・工事施工者などを選定する際には、業務仕様書などを提案条件・見積条件

の一部として交付することが一般的であるため、発注者はこの段階で自らの役割分担・責任区分をプロジェクト構成員との相互関係において明示する必要がある。

● 設計・監理契約における発注者

「四会連合協定 建築設計・監理等業務委託契約約款*」において、「委託者（発注者）は、受託者（設計者・監理者）に対し、設計業務・監理業務又は調査・企画業務を遂行するにあたり必要となる、建設企画・建築物設計の意図、建設計画の概要、要求条件、資料、その他業務遂行上必要となる情報を、受託者の求めに応じて、速やかに提供しなければならない」と記載されている。

「四会連合協定 建築設計・監理等業務委託書」における主な発注者の役割は、以下のとおりである。

- ・設計条件の承認
- ・設計条件の変更等の協議（基本設計・実施設計）
- ・設計方針の承認（基本設計・実施設計）
- ・設計意図および設計内容の承認
- ・設計者による設計に関わる作業内容や進捗状況の報告、意向の確認に対する明確な応答
- ・監理業務方針の承認
- ・監理業務方法条件の協議
- ・監理者による施工図等、工事材料・設備機器等の検討および報告に対する工事施工者への承認
- ・工事が設計図書等のとおりに実施されていない場合で、工事施工者が監理者の指摘・是正に従わない場合の協議
- ・その他、設計者・監理者からの報告の確認、提出の受領

　＊四会連合協定 建築設計・監理等業務委託契約約款
　　1999年に建築四会（（公社）日本建築士会連合会、（一社）日本建築士事務所協会連合会、（公社）日本建築家協会、（一社）日本建設業連合会）により制定され、

数回の改正を重ね、現在に至るまで建築設計・監理の契約約款として広く使われている。

● 工事契約における発注者

「民間連合協定*工事請負契約約款」における、主な発注者の役割は以下のとおりである。

- ・請負代金の支払い
- ・監理業務の委託、監理者への協力の要請
- ・敷地および工事用地などの確保
- ・関連工事の調整（必要があるとき）
- ・監理業務の担当者の氏名および担当業務の工事施工者への通知
- ・支給材料または貸与品の検査または試験
- ・法定検査の受検（工事施工者と監理者の立会いのもと）
- ・部分使用・部分引渡しにつき、法令に基づいて必要となる手続き（監理者に委託することも可能で、いずれの場合も工事施工者は協力）

この他に必要に応じて、発注者が以下の役割を果たすことがある。

- ・引き渡された目的物に契約不適合があるときの修補の要請、または損害賠償の請求
- ・工事の変更、工期の変更の要求
- ・工事の追加または変更などによる請負代金額の変更の要求
- ・工事の中止または契約の解除、および再開の要求

　＊民間（七会）連合協定
　　（一社）日本建築学会、（一社）日本建築協会、（公社）日本建築家協会、（一社）全国建設業協会、（一社）日本建設業連合会、（公社）日本建築士会連合会、（一社）日本建築士事務所協会連合会（以上が七会）の協定。

◆ CMrの役割と責任

CMrは、建設プロジェクトにおいてマネジメントを行う主体であり、発注者と一体となって建設プロジェクトの全般を運営・管理する。

CMrの役割分担・責任区分に直接的に関わる関連法令（公法）はなく、日本CM協会が

「CM業務委託契約約款・業務委託書」＊において、プロジェクト構成員との相互関係を踏まえたCMrの役割分担・責任区分を定めている。

「CM業務委託契約約款・業務委託書」では、「委託者（発注者）と受託者（CMr）は、日本国の法令を遵守し、この約款およびCM業務委託書において定められる業務を内容とする委託契約を履行しなければならない」との総則に基づき、建設プロジェクトの各段階におけるCMrの役割を定めている。とりわけ、設計者や工事施工者が参画する前の段階で、プロジェクトの要求条件・制約条件の立案や発注方式の検討など、CMrが果たす役割は大きい。

◆ 設計者の役割と責任

設計者の業務には、建築士制度に準拠した建築士でなければできない独占業務とそれ以外の業務がある。

● 建築士制度と設計者

設計者の業務は、建築士制度を関連付けて把握することが必要不可欠で、建築士法第3条に

参考

■ 民間（七会）連合協定工事請負契約約款の改正の概要

工事請負契約約款委員会の「民間（七会）連合協定工事請負契約約款の改正概要」として、大きく改正民法対応と改正建設業法対応などがある。主なものとして、改正民法対応の契約不適合責任・責任期間が挙げられる。以下、引用文である。

契約不適合責任・責任期間（第27条、第27条の2）について

現行約款では、瑕疵担保責任・瑕疵担保期間として規定していた条項を改正民法の用語に合わせて、それぞれ「契約不適合責任」「契約不適合責任 期間」とするとともに、改正民法に合わせて以下の内容的な改正を行った。

(1) 契約不適合があった場合の発注者の請求方法（請求態様）について、改正民法で新たに認められた、代金減額請求権及び契約解除権を加えて、これまでの修補（追完）請求及び損害賠償請求と合わせて規定を整備し直した。さらに、上記請求等は、判例の態度を取り入れて、発注者はそれぞれ具体的な根拠を示して受注者に対し契約不適合責任を問う意思を明確に告げる必要があることを規定した。（第27条の2(3)）

(2) 契約不適合責任期間については以下の通りとした。

①原則、契約目的物の引渡しから2年。

②建築設備の機器、室内装飾、家具、植栽等は引渡しから、原則1年（ただし、引渡し時の検査により発見できなかった不適合）。

ただし、上記期間内に不適合を知ってその旨を受注者に通知した場合、当該通知から1年が経過する日までに請求等を行うことができ、その場合は上記①、②の期間内に請求等をしたものとみなす規定において、期間内に厳格な請求等を行えない場合の救済措置の規定を設けた。（第27条の2(4)）

③なお、契約不適合が受注者の故意・重過失による場合は、その期間は民法の定めるところによるとした（第6項）。（民法の消滅時効規定が適用され、引渡から10年又は権利行使が可能であることを知ったときから5年のいずれか早い時までとなる。）

上記以外の改正概要として、改正民法対応には債権譲渡制限（第6条、第31条の3(1)a）、受注者の受領遅滞（第26条(5)および(6)）、発注者又は受注者の損害賠償請求（第30条、第30条の2）、発注者又は受注者の契約解除、解除に伴う措置（第33条）、保証が挙げられる。

【引用文献】
「民間（七会）連合協定工事請負契約約款の改正の概要」民間（旧四会）連合協定工事請負契約約款委員会、2019年12月24日

おける「建築物を新築する場合においては、一級建築士でなければその設計又は、工事監理をしてはならない。」により、設計者の業務に含まれる建築士の独占業務が位置付けられている。

また、建築士法第25条に基づき国土交通大臣が定める「建築士事務所の開設者がその業務に関して請求することのできる報酬の基準（国土交通省告示第8号）」において、建築士の独占業務を含む具体的な設計者の業務が示されている。ここでは以下に項目を示す。

○設計に関する標準業務（国土交通省告示第8号 別添一 第1項）
　・基本設計に関する標準業務
　・実施設計に関する標準業務
　・工事施工で設計者が行うことに合理性がある実施設計に関する標準業務
○設計に関する標準業務に付随して実施される業務（国土交通省告示第8号 別添四）

建築士の独占業務以外の設計者の業務について、建築士法第21条で「建築士は、設計及び工事監理を行うほか、建築工事契約に関する事務、建築工事の指導監督、建築物に関する調査又は鑑定及び建築物の建築に関する法令又は条例の規定に基づく手続き代理その他の業務を行うことができる。」と示されている。

更に、「四会連合協定　建築設計・監理等業務委託契約書類」の「契約オプション業務」において、調査・企画・手続きの代理などに関するオプション業務、基本業務（基本設計・実施設計・工事施工で設計者が行うことに合理性がある実施設計・監理に関わる業務）のオプション業務、竣工後のオプション業務として建築士の独占業務以外の設計者の業務が具体的に挙げられている。

これらの建築士の独占業務以外の設計者の業務は、発注者のニーズやプロジェクト構成員の状況に応じてCMrをはじめとする設計者以外の主体が実施することもできる。表3-2に設計

者および監理者のオプション業務のサンプル例を抽出する。

CMrは発注者の立場で、建築プロジェクトの組織体制における設計者の業務を位置付ける必要があり、この際には建築士制度に基づく関連法令への遵法性を確認し、同時に他のプロジェクト構成員との役割分担・責任区分を明確にすることが重要である。

→第1章「4　CMrの責任」

●工事施工における設計者

昨今の発注方式の多様化により、設計者と監理者が別の主体となる場合には、特に工事施工における両者の役割分担・責任区分には留意する必要がある。

「施工図等」および「工事材料・設備機器等」に関わる業務について、「四会連合協定　建築設計・監理等業務委託書」に基づき表3-3のように工事施工における設計者と工事監理者の役割分担・責任区分が定められている。

設計変更に関わる業務について、建築士制度では建築士が設計図書を作成する必要があり、建築士法第19条において「一級建築士、二級建築士又は木造建築士は、他の一級建築士、二級建築士又は木造建築士の設計した設計図書の一部を変更しようとするときは、当該一級建築士、二級建築士又は木造建築士の承諾を求めなければならない。ただし、承諾を求めることのできない事由があるとき、又は承諾が得られなかったときは、自己の責任において、その設計図書の一部を変更することができる」と記されている。設計変更は設計図書を作成した設計者によって行われることが合理的であり、CMrは監理者や工事施工者が設計図書の作成に曖昧に関与することを避け、設計変更におけるプロジェクト構成員の役割分担・責任区分を明確にする必要がある。

表3-2 ●設計者・監理者のオプション業務（サンプル例）

<table>
<tr><td>☐</td><td colspan="2">調査・企画・手続きの代理などに関するオプション業務</td></tr>
<tr><td></td><td colspan="2">・建築プロジェクトの企画・立案にかかる各種条件等の調査・把握など
・建築プロジェクトの事業計画にかかる調査・検討など
・建築プロジェクト企画案等の作成
・第三者への説明</td></tr>
<tr><td>☐</td><td colspan="2">基本設計に関するオプション業務</td></tr>
<tr><td>☐</td><td colspan="2">実施設計に関するオプション業務</td></tr>
<tr><td>☐</td><td colspan="2">工事施工で設計者が行うことに合理性がある実施設計に関するオプション業務</td></tr>
<tr><td>☐</td><td colspan="2">監理に関するオプション業務</td></tr>
<tr><td></td><td colspan="2">・委託者と工事施工者の工事請負契約の締結に関する協力にかかる業務
　　工事施工者選定についての助言
　　見積要項書等の作成
　　工事請負契約の準備への技術的事項についての助言
　　見積徴収事務への協力
　　見積書内容の検討
　　施工者または工事施工者が提案する代替案（VE 提案等）の検討および評価
　　その他の委託者と工事施工者の工事請負契約の締結に関する協力にかかる業務
・委託者が別途に発注するサイン工事、テナント工事、生産設備工事等の当該工事に関連する工事との調整により生じる基本業務に含まれない業務
・工期、工区を分割することにより生じる基本業務に含まれない業務
・特殊な工事発注形態の採用に伴う対応
・工事運営にかかる業務
　　委託者・設計者・工事監理者・工事施工者間の総合調整
　　各種会議および打ち合わせの開催（司会・出席・議事録確認等を含む）
　　工事運営にかかる各種事務処理手続き
　　その他工事を円滑に進行させるための業務</td></tr>
<tr><td>☐</td><td colspan="2">建築物完成後のオプション業務</td></tr>
</table>

表3-3 ●工事施工における設計者と工事監理者の役割（例）

	設計者の役割	工事監理者の役割
施工図等	設計図書などの定めにより、設計意図が正確に反映されていることを確認する必要がある部材、部位などにかかる施工図等の確認を行う。	①設計図書等の定めにより工事施工者が作成し、提出する施工図・製作見本・見本施工等が設計図書などの内容に適合しているかについて検討し、委託者に報告する。 ②適合していると認められる場合には、工事施工者に対して承認する。 ③適合していないと認められる場合には、工事施工者に対して修正を求める。 ④前項において、工事施工者が施工図等を再度提出する場合、第①項～第③項の規定を準用する。
工事材料・設備機器等	設計図書などの定めにより、工事施工において行うことに合理性がある工事材料、設備機器などおよびそれらの色・柄・形状などの選定に関して、設計意図の観点からの検討を行い、必要な助言などを委託者に対して行う。	①設計-図書等の定めにより、工事施工者が提案または提出する工事材料、設備機器等およびそれらの見本が設計図書等の内容に適合しているかについて検討し、委託者（発注者）に報告する。 ②適合していると認められる場合には、設計図書等の定めにより設計者の確認を必要とするときは、委託者を通じて設計者の確認を経た上で、工事施工者に対して承認する。また、設計図書などにおいて委託者の承認を要すると定められたものについては、委託者の承認を経たのち委託者に代わって工事施工者に対して承認する。 ③適合していないと認められる場合には、工事施工者に対して修正を求める。 ④前項において、工事施工者が工事材料および設備機器等および仕上見本などを再度提出する場合、第①項～第③項の規定を準用する。

◆ 監理者の役割と責任

監理者の業務も、設計者と同様に建築士制度に準拠した業務で、工事施工における設計者・工事施工者との役割分担・責任区分を併せて考慮する必要がある。

● 建築士制度と工事監理者

建築物の工事監理業務にも設計業務と同様の建築士制度が存在し、建築士法などの関連法令により役割分担・責任区分が定められている。国土交通省告示第8号に工事監理者の具体的な業務が示されており、以下に項目のみを示す。

○ 工事監理に関する標準業務及びその他の標準業務（国土交通省告示第8号 別添一 第2項）

　・工事監理に関する標準業務

　・その他の標準業務

○ 工事監理に関する標準業務及びその他の標準業務に付随して実施される業務（国土交通省告示第8号 別添四）

➡第1章「1 マネジメントとCM」

このうち、「工事監理に関する標準業務」は関連法令で定められた建築士の独占業務である。その他の業務は建築士の独占業務以外の業務であるため、発注者のニーズやプロジェクト構成員の状況に応じて監理者以外の主体が実施することもできる。

CMrは設計者の業務と同様に、発注者の立場で工事監理業務の関連法令への遵法性を確認し、同時に他のプロジェクト構成員との役割分担・責任区分を明確にすることが重要である。更には、独占業務以外の業務の一部をCMrが自ら実施することも可能で、特に「その他の標準業務」における発注方式に関わる業務は、CMrがより主体的に実施するので、監理者との役割分担・責任区分を慎重に検討する必要がある。

● 工事と設計図書との照合および確認

工事監理業務において最も重要な「工事と設計図書との照合および確認」は、国土交通省告示第8号において「工事施工者の行う工事が設計図書の内容に適合しているかについて、設計図書に定めのある方法による確認のほか、目視による確認、抽出による確認、工事施工者から提出される品質管理記録の確認等、確認対象工事に応じた合理的方法により確認を行う」と定められている。更に、国土交通省は「工事と設計図書との照合および確認」における「確認対象工事に応じた合理的方法」を具体的に例示することを目的に、2009年に「工事監理ガイドライン」を策定している。

CMrは、「工事監理ガイドライン」などを参考に監理者と工事施工者の役割分担・責任区分を正しく理解して発注者を支援する必要がある。

◆ 工事施工者の役割と責任

工事施工者の役割分担・責任区分は、関連法令以外に建築プロジェクトに関わる複数の文書などで規定されている。例えば、発注者と締結する工事請負契約書類（工事約款など）、設計者が作成する設計図書（設計図・仕様書など）、監理者が伝達する工事監理方針書、CMrが交付する発注関連書類などが挙げられ、他のプロジェクト構成員との役割分担・責任区分が、より重要となる。

CMrは、発注者の立場で、それぞれの文書に基づく工事施工者とプロジェクト構成員との役割分担・責任区分が齟齬なく整合されていることを確認しなければならない。

● 民間連合工事約款における工事施工者

「民間連合工事約款」における、主な工事施工者の役割は以下のとおりである。

　・工事の完成、目的物の引渡し

　・関連工事への発注者の調整に従う協力

　・請負代金（工事費）内訳書の発注者および監理者への提出

　・工程表の発注者および監理者への提出

　・監理技術者または主任技術者の選定、発注者への通知

- 現場代理人を選定する際の発注者への通知
- 設計図書の定めによる発注者への履行報告
- 設計図書の定めによる工事材料、建築設備の機器、施工用機器の使用
- 支給材料または貸与品の保管・使用
- 設計図書の定めによる発注者などの立会い工事施工における事前の通知
- 設計および施工条件の疑義・相違などを発見したときの発注者または監理者への通知
- 工事施工の完成引渡しまでの損害の防止のために必要な措置
- 工事施工について生じた損害への負担
- 不可抗力による損害が生じたときの発注者への状況の通知（損害への負担は、発注者と工事施工者が協議して重大なものと認め、かつ、工事施工者が善良な管理者としての注意をしたと認められる場合のみ発注者が負担）
- 火災保険または建設工事保険の付保、発注者への証券の写しの提出
- 工事施工の完了に際し、監理者立会いによる発注者の完成検査・法定検査などの依頼
- 工期内での仮設物の取払い、後片付けなどの処置
- 法的検査への必要な協力
- 部分使用・部分引渡しにつき、発注者が実施する法令に基づいて必要となる手続きへの協力

●関連工事の調整

「民間連合工事約款」において、関連工事の調整は必要があるときに行い、工事施工者は「発注者の調整に従い、関連工事が円滑に進捗し完成するよう協力しなければならない」とされている。

関連工事の種類・内容・規模などにより、発注者の調整（工事施工者の協力）に関わる業務の内容は多様である。CMrは、**表3-4**などを参考に、発注者の調整（工事施工者の協力）に関

表3-4 ●関連工事の調整事項（例）

工程・課題解決に関する調整
各種調整会議・協議会の設置 各工事工程の管理・調整
施工図等に関する調整
総合図・施工図詳細調整 総合仮設計画 資材搬入計画 揚重機使用計画 資材ヤード・作業ヤード
安全衛生管理に関する調整
統括安全衛生管理 安全衛生指導内容
統括管理に関わる調整
完成図書・竣工写真 諸官庁指導事項 第三者損害・近隣対策
共益費負担に関する調整
現場事務所、監理者事務所、発注者・CMr事務所 会議室・会議体運営 作業員休憩所、場内休憩所・喫煙所 共通仮設使用・維持管理・盛り替え 工事用インフラ・水光熱費 基準墨出し 共通資材 交通誘導・交通整理 警備 養生 整理清掃 労災保険 産業廃棄物処理、発生材処理 損傷部補修

わるプロジェクト関係者の役割分担・責任区分を明確にして、関連工事の円滑な進捗を図る必要がある。

●第三者損害への対応

第三者損害への対応について、「民間連合協定 工事請負契約約款」における発注者と工事施工者の役割は以下のとおりである。

- 工事施工に基づき第三者に及ぼした損害は工事施工者が賠償
- ただし、発注者の責めに帰すべき事由による損害、工事施工者が善良な管理者としての注意を払っても避けることができない損害は発注者が賠償
- いずれの場合でも、第三者との紛争が生じた場合は発注者が処理解決にあたり、工事

施工者が協力

- 目的物に基づく発注者の責めに帰すべき事由による第三者との紛争（日照阻害・風害・電波障害など）は発注者が処理解決にあたり、工事施工者が協力
- この場合で第三者に損害を与えたときは、発注者が賠償

いずれにおいても具体的な業務は一様でないため、紛争の解決に向けた発注者と工事施工者との役割分担・責任区分に留意する必要がある。

◆役割分担・責任区分に関わる事例

建設生産における品質確保に向けた昨今の取組みとして、公共工事と民間工事におけるプロジェクト構成員の役割分担・責任区分に関わる事例を紹介する。

●公共工事における発注者責任

公共工事において、国土交通省が2006年より開催している「国土交通省直轄事業の建設生産システムにおける発注者責任に関する懇談会」において、発注者責任のあり方が以下のように記載されている。

- 国民のニーズにあった社会資本整備に関する責任
- 価格と品質が総合的に優れたものを、タイムリーに調達し継続的に提供する責任
- 発注者と受注者がそれぞれ工事などの品質確保に責任を持つ仕組みを構築・維持

する責任

また、昨今の設計・工事施工の品質確保に関わるさまざまな問題に対して、発注者責任の観点から建設生産システムのあり方と諸問題への対応が検討され、以下の仕組みの構築が提言されている。

- 個々の工事などにおいて品質の高い成果が得られる仕組み
- 企業の実績や努力が請負者選定に適切に反映される仕組み
- 建設生産システム全体を通じて各段階の経験が着実に次の段階へ引き継がれ、かつ上流段階に環流される仕組み

●民間工事における役割分担・責任区分

民間工事における工事請負契約の適正化を図る基本的な枠組みとして、国土交通省が2016年に「民間建設工事の適正な品質を確保するための指針（民間工事指針）」を策定し、関連団体に通知している。

この指針では、契約時点で想定できない不確定要因に対するプロジェクト構成員の役割分担・責任区分が記されている。

○発注者

調査会社などに必要な事前調査を適切に委託した上で、設計者と設計業務委託契約、監理者と工事監理業務委託契約を締結し、更に工事内容（設計図書など）を明確にした上で工事施工者と工事請負契約を締結する。

参考

■公共工事のCM方式におけるプロジェクト構成員の役割分担・責任区分

CM方式導入促進方策研究会による「地方公共団体のCM方式活用マニュアル試案」（一般財団法人建設業振興基金、2002年）は、2014年6月4日の「公共工事の品質確保の促進に関する法律の一部を改正する法律」（平成26年法律第56号）（以下、「改正品確法（2014）」）とその後の2019年の改正を踏まえて、「地方公共団体におけるピュア型CM方式活用ガイドライン」（国土交通省、2020年）にて内容が更新された。同ガイドラインにおいて、プロジェクトの各段階における発注者・CMr・設計者・監理者・工事施工者の役割分担・責任区分が一覧化されている。また、参考例としてCM業務委託契約約款（案）が添付資料として含まれている。

また、用地の確保、関係者間の調整・指示、事業全体の管理運営を行い、安全な建築物を購入者や利用者に提供する役割を担う。

○設計者

発注者との設計業務委託契約に基づき、目的の建築物が発注者の要求する性能、品質の設計条件、法的基準に適合する設計図書の作成を行う。

○監理者

発注者との工事監理業務委託契約に基づき、工事施工者による工事施工が設計図書に基づいて実施されていることを確認し、実施されていないと認めるときは、必要な指摘や発注者への報告などを行う。

○工事施工者

発注者との工事請負契約に基づき、設計図書に基づいて目的の建築物を完成させ、契約で定めた期日までに発注者に引き渡す。

また、元請の総合建設会社は、下請の専門工事会社と工事請負契約を締結し、専門知見や工事経験に基づき、それぞれが連携・協力しながら工程管理・安全対策を実施し、施工期間中の事故防止に努め、目的の建築物を完成させる。

この指針は、国土交通省が民間工事における適正品質の確保を目的に、プロジェクト構成員の役割分担・責任区分に言及した事例として参考に値する。

また近年、公共工事や民間工事を問わず、建設工事における事業手法が多様化していることから、発注者の役割が複雑化していることに留意する必要がある。

◆ プロジェクトの組織体制

● 発注者の組織体制

発注者が一般的な法人である場合に建設プロジェクトは、発注者の内部の組織や外部の利害関係者との合意形成・意思決定を階層的・段階的に繰返して進捗するが、組織の成り立ちは多様である。発注者には、本来の常設的な組織とは別に建設プロジェクトに特化した一時的な組織が共存する場合もあるため、CMrは発注者の組織の特性を踏まえて、プロジェクト関係者の役割分担・責任区分を把握し、円滑な合意形成・意思決定を支援することが重要となる。

発注者の組織は公共・民間に大別され、公共の場合は中央省庁・地方公共団体・独立行政法人など、民間の場合は国内企業・外資系企業・各種法人・投資ファンドなど、更には企業も業種・規模・経営形態などにより多様である。ここでは発注者の組織における多様性の一部を事例として紹介する。

図3-1は製造業に属する国内企業の事例で、役員会にて最終的な意思決定がなされる。発注者としては総務・経理・営業・調達・生産・技術などの関連部署が連携して建設プロジェクトを担当している。

それぞれの部署では専門とする分野・知識が異なり、個人の経験・資質にも差があるため、CMrは発注者の組織の特性を早期に把握する必要がある。例えば、総務・経理などの部署が予算・契約などの制約条件を管理し、生産・技術などの部署が具体的な施設の要求条件を策定するなどの役割分担が考えられるが、同じ業種でも企業ごとに組織の役割分担・責任区分は異なることに留意する必要がある。

これ以外の事例として、建設プロジェクトに特化した建設委員会などの事業支援チームが組成される場合もある。

図3-2は私立の学校法人が発注者となる事例である。理事会が最終的な意思決定に関与し、学校長・教職員会・建設委員会が施設を運営・管理する教職員（教科・校務分掌・委員会・課外活動・事務）を取りまとめて建設プロジェクトを実務的に運営し、複合的な学内の合意形成

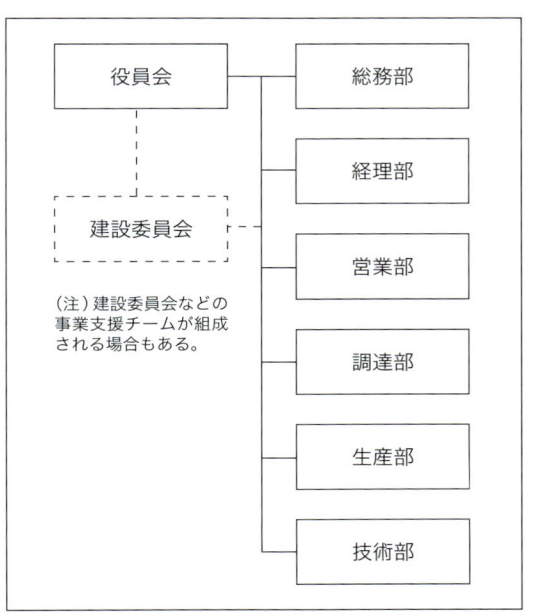

図3-1 ●発注者の組織（製造業の例）

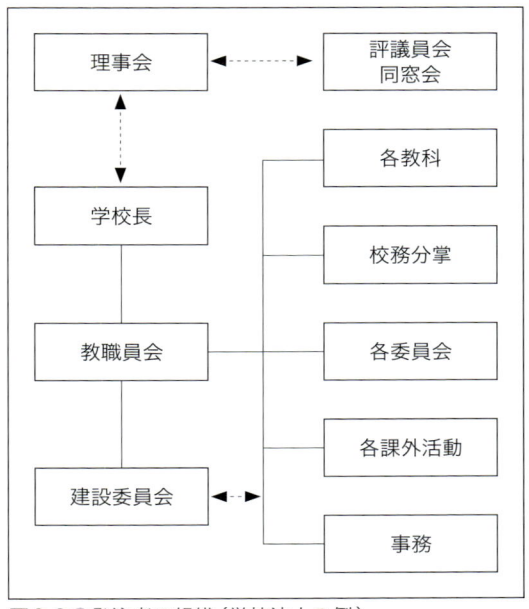

図3-2 ●発注者の組織（学校法人の例）

を図りつつ、適宜・適時に理事会への報告・確認・承認が執り行われる。

　図3-3に示す地方公共団体の事例では、首長を中心とした庁内の部署（局・部・課など）を横断した建設プロジェクトに関わる検討委員会・専門部会などが組成され、市民・議会などと連携した組織が構築されている。庁内では常設的な部署と一時的な検討委員会・専門部会がマトリックス型の関係となり、更に市民・議会などとの円滑な連携が合意形成・意思決定には重要となる。

　建設プロジェクトに携わる発注者の組織は、発注者の属性を問わず常設的な組織としての部署などと建設プロジェクトに関わる一時的な組織としての委員会・部会などが、マトリックス型で関与することが多い。

　また、発注者の組織は、同一の発注者でもプロジェクト特性（種別・用途・規模など）により多様で、組織の内部で利害関係が対立する場合や、外部の利害関係者が関与する場合などで更に複雑になることもある。このためCMrには、発注者の組織をプロジェクト特性とともに把握

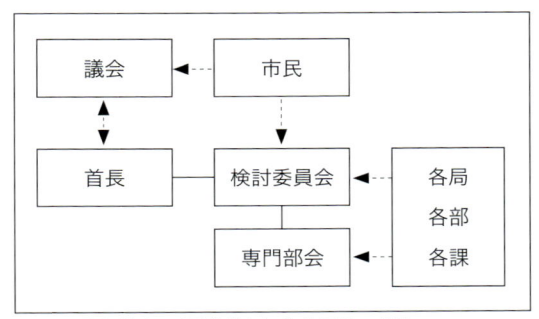

図3-3 ●発注者の組織（地方公共団体の例）

し、プロジェクト関係者の役割分担・責任区分を明確化して、円滑な合意形成・意思決定を支援することが要求される。また、必要に応じてCMrがプロジェクト関係者の役割分担・責任区分の整理・調整を支援することも重要である。

● CMrの組織体制

　公共プロジェクトにおける一般的なCMrの組織は、**図3-4**に示すとおり統括責任者としての管理技術者を中心に、主任技術者と担当技術者で構成される。主任技術者と担当技術者には、総合（建築）・構造・電気設備・機械設備・積算・工事施工などの技術者が業務内容に応じて選定される。

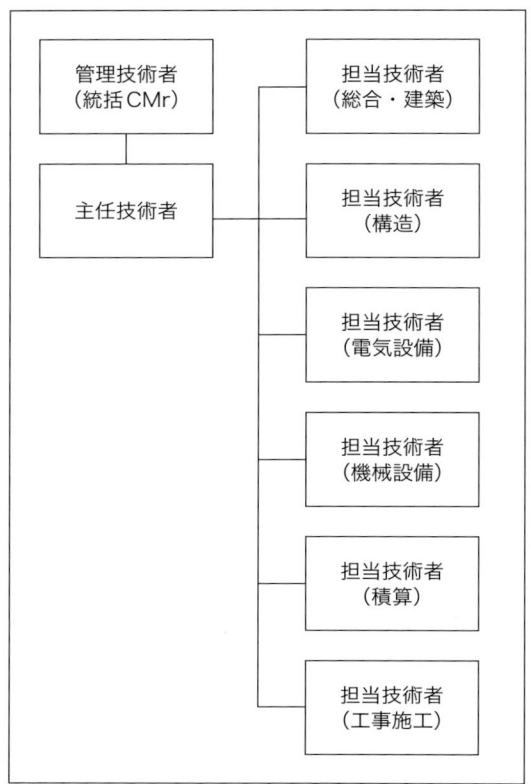

図3-4●公共プロジェクトにおけるCMrの組織（例）

ただしCMrの組織は、業務内容・プロジェクト特性・会社組織などにより一様ではない。例えば、業務内容がプロジェクト全般に及ぶ総合的なCM業務か、ある段階や業務内容に限定されたCM業務か、プロジェクト種別が建築か土木か、用途が事務所か商業施設か、規模が大規模か小規模かなどは、CMrの組織における人数・職能・編成に影響する。更に会社組織として、CMrが発注者の内部組織としてのCM部署、CM業務を専業とする会社、組織設計事務所におけるCM部署のいずれに属するかもCMrの組織に影響する。

更に、業務内容や会社組織に応じて外部の協力会社への再委託が行われる場合もある。

●設計者の組織体制

設計者の組織も一般的にはCMrの組織と同様で、公共プロジェクトでは管理技術者・主任技術者・担当技術者で構成され、それぞれに設計と監理を担当する総合（建築）・構造・電気設備・機械設備・積算などに関わる技術者が選定される。

設計の業務内容も関連法令で定められた標準的な業務以外の付加的な業務が多様化しており、例えば、「四会連合協定　建築設計・監理等業務委託契約書類」におけるオプション業務が設計者の業務に含まれる場合には、都市計画・インテリアデザイン・環境影響評価・土壌汚染対応・室内音響・ICTなどの専門性の高いエンジニアやコンサルタントとの連携が必要となり、設計者の会社組織に応じて外部の協力事務所への再委託も行われる。

建築士事務所の組織は、図3-5に示す総合（建築）・構造・電気設備・機械設備・積算・監理などの幅広い職能の技術者を有する組織設計事務所と総合建設会社の設計部門、図3-6に示す主に総合（建築）の技術者のみが在籍する意匠系設計事務所に大別される。更に住居系などの用途に特化した事務所、構造・電気設備・機械設備・積算などのエンジニアリング業務に特化した事務所、都市計画・ランドスケープデザイン・インテリアデザインなどのコンサルティング業務およびデザイン業務に特化した事務所などに細分化している。

設計者は、プロジェクト特性に応じて設計チームを組成するが、意匠系設計事務所が構造設計・設備設計をエンジニアリングに特化した事務所に再委託したり、更には総合（建築）の設計者が部分的な図面作成や専門的な技術検討を再委託したり、構造の設計者が構造計算を再委託したりなど、設計者の組織はプロジェクト特性・会社組織に応じて複雑化・重層化する場合がある。

2005年に発覚した構造計算書偽装問題を受けて、2007年に建築基準法が改正された。その後、2014年「公共工事の品質確保の促進に関する法律の一部を改正する法律」が公布され、インフラの品質確保とその担い手の中長期的な

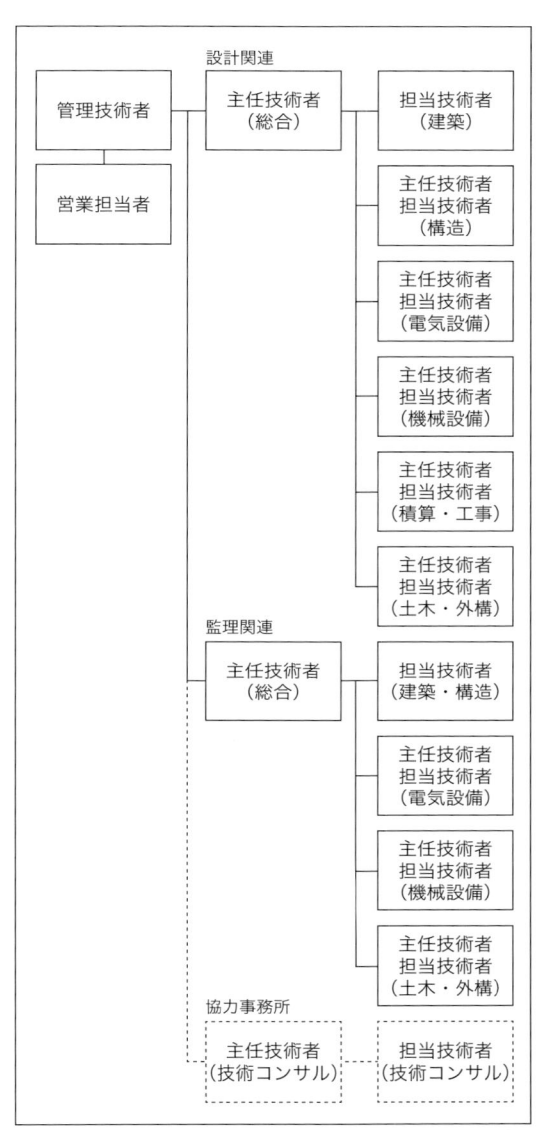

図3-5 ●設計者・監理者の組織（総合設計事務所の例）

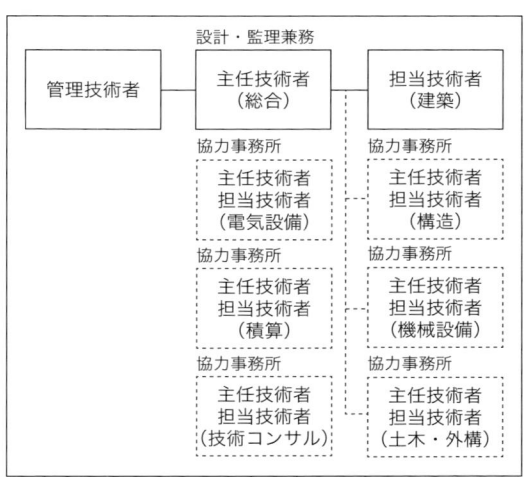

図3-6 ●設計者・監理者の組織（意匠系設計事務所の例）

育成・確保の目的から、発注者責務の明確化や多様な入札契約制度の導入・活用が実施された。また、2021年には「デジタル社会の形成を図るための関係法令の整備に関する法律」の中で、押印・書面に係る制度が見直されたことから、設計図書への押印が不要となり、設計受託契約などにかかる重要事項説明書の電子化が可能になった。CMrとしては、設計者の組織に関わる役割分担・責任区分を規定する関連法令の動向を把握し、発注者の立場で遵法性を確認することが重要である。

● 監理者の組織体制

監理者の組織は、総合（建築）・構造・電気設備・機械設備などの技術者で構成されるが、プロジェクト組織において監理業務を実施する主体には幾つかのパターンが存在する。

まず設計者が兼務する場合とそうでない場合がある。前者の場合は、設計業務を実施した設計者と同一主体が監理業務を実施する。後者の場合には、設計者と同じ建築士事務所に属する監理者の場合（監理業務の再委託を含む）と設計者と異なる建築士事務所に属する監理者の場合（第三者監理）が該当する。

更に設計施工分離方式と設計施工一括方式を考慮すると監理者の所属する会社組織に応じたパターンに分類される。ただし、いずれも監理者の業務は法令面・契約面において設計者や工事施工者の業務から独立して位置付けられている。

監理者の業務は、建築士法に基づく法定業務としての「工事監理に関わる標準業務」を含む「国土交通省告示第8号で示された業務」に加えて、「告示第8号に含まれない追加的な業務」を対象に、発注者と監理者が合意する業務により決定される。

CMrは監理者の業務を適切に把握してプロジェクト組織における監理者の位置付けを定義し、設計者・工事施工者との役割分担・責任区分を明確にする必要がある。

→第1章「1 マネジメントとCM」

●工事施工者の組織体制

建設プロジェクトにおける工事施工者の組織は、図3-7に示すとおり工事担当・工務担当・設備担当・事務担当などに分類されるが、プロジェクト特性に応じてそれぞれの担当は兼務化されたり、細分化されたりする。また本社・支店から、営業・見積・調達・技術研究・生産設計・品質管理・安全環境などの支援体制も構築される。

「民間連合協定 工事請負契約約款」から工事施工者の組織を考察すると、工事施工者（元請となる者）は「現場代理人および工事現場における施工技術の管理をつかさどる監理技術者・主任技術者・専門技術者（建設業法第26条の2に規定する技術者）を定め、書面をもって発注者に通知する」、また「現場代理人は、工事現場いっさいの事項を処理し、その責を負う」と規定されている。

併せて関連法令から工事施工者の組織を考察すると、現場代理人・監理技術者・主任技術者の役割・責務などが以下のとおり定められている。

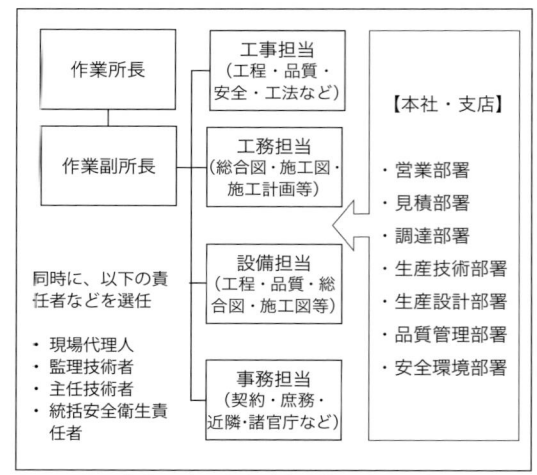

図3-7 ●工事施工者の組織（中規模工事の例）

○現場代理人

現場代理人は、建設業法第19条の2において、「請負契約の履行に関し工事現場に現場代理人を置く場合においては、当該現場代理人の権限に関する事項及び当該現場代理人の行為についての注文者の請負人に対する意見の申出の方法を、書面により注文者に通知しなければならない」とされている。

○監理技術者・主任技術者

工事施工者は建設業法に基づき、請負契約の工事内容に応じた監理技術者および主任技術者を選任する必要がある。

監理技術者は、同法により直接建設工事を請

■統括安全衛生責任者

建設プロジェクトでは、工事施工者が労働安全衛生法における「事業者」に該当し、一定条件を満たす建設現場において統括安全衛生責任者を選任する必要がある。工事が一括発注方式による場合には、一般的に元請となる工事施工者が統括安全衛生責任者を選任する。他方で、分離発注方式による場合や関連工事が同時進行する場合などでは、発注者または労働基準監督署から指名を受けた元請負人（いずれかの工事施工者）、もしくはその元請負人から指名を受けた下請負人から選任することとなり、CMrは発注者の立場で、労働安全衛生法の遵守と労働災害の防止に努めなければならない。

また、労働安全衛生法第15条1項では、一定条件を満たして労働者を使用する「事業者」に対して「一の場所において行う事業の仕事の一部を請負人に請け負わせているもの（元方事業者）のうち、建設業その他政令で定める業種に属する事業を行う者（特定元方事業者）は、その労働者及びその請負人（関係請負人）の労働者が当該場所において作業を行うときは、これらの労働者の作業が同一の場所において行われることによって生ずる労働災害を防止するため、統括安全衛生責任者を選任し、その者に元方安全衛生管理者の指揮をさせるとともに、（中略）統括管理させなければならない」と定められている。

負う特定建設業者が元請として締結する下請契約の総額が一定規模以上の工事に配置され、国土交通大臣による認定が必要とされている。また、主任技術者は、同法により建設工事の施工に際して配置することとされている。

監理技術者と主任技術者の専任・兼任について、同法第26条3項では「公共性のある施設若しくは工作物又は多数の者が利用する施設若しくは工作物に関する重要な建設工事で政令で定めるものについては、主任技術者又は監理技術者は、工事現場ごとに、専任の者でなければならない」と定められており、2020年に同法第26条第3項ただし書の規定の適用を受ける監理技術者および監理技術者補佐の取扱いについて、新たに規定が追加されている。専任の監理技術者に対して同法第26条5項では「監理技術者資格者証の交付を受けている者で、国土交通大臣の登録を受けた講習を受講したもの」と定められている。

監理技術者と主任技術者の職務について、同法第26条の4では「主任技術者及び監理技術者は、工事現場における建設工事を適正に実施するため、当該建設工事の施工計画の作成、工程管理、品質管理その他の技術上の管理及び当該建設工事の施工に従事する者の技術上の指導監督の職務を誠実に行わなければならない」、また「工事現場における建設工事の施工に従事する者は、主任技術者又は監理技術者がその職務として行う指導に従わなければならない」と定められている。

更に適正な工事施工の確保を目的として、同法第24条の8では、一定規模以上の工事における特定建設業者に対して「下請負人の商号又は名称、当該下請負人に係る建設工事の内容及び工期その他の国土交通省令で定める事項を記載した施工体制台帳を作成し、工事現場ごとに備え置かなければならない」と定められている。

CMrはプロジェクト特性・工事契約・関連法令などの観点から工事施工者の組織を把握し、適切な工事施工者の組織が構築されているか確認する必要がある。

● **多様な発注方式における組織体制**

昨今、発注方式が多様化する中で、ECI方式における技術協力者や施設管理付設計施工一括方式（DBO方式）における施設運営・管理者、PFIにおける民間事業者など、多様な主体がプロジェクト構成員として参画する場合がある。この際には、CMrは多様な主体の役割分担・責任区分の調整・検討にも留意する必要がある。

1-3 意思決定のマネジメント

◆ 発注者による意思決定

建設プロジェクトを円滑に遂行するために、発注者は適時に適切な意思決定を行う必要がある。昨今の建設プロジェクトの大規模化、プロジェクト関係者の多様化、建設技術の高度化などにより、発注者の意思決定も容易ではない場合が多い。また、意思決定に至るプロセスやその結果はプロジェクトごとに一様ではなく、その評価は決定の内容、要した時間、プロジェクト関係者の納得感などによる。

● **意思決定の主体**

意思決定の主体も、プロジェクト特性（種別・用途・規模など）により一様ではない。例えば、戸建て住宅プロジェクトでは発注者である個人が意思決定を行い、民間企業の本社建設プロジェクトでは担当部署・担当役員・役員会などが権限に応じた段階的な意思決定を行う。更に、地方公共団体による市庁舎プロジェクトでは首長を中心とした庁内の部署と市民・議会が連携して意思決定を行う。

● **意思決定のプロセス**

意思決定が複雑化・専門化するほど、結果に

至るまでのプロジェクト関係者による合意形成・課題解決のプロセスが重要になる。

合意形成・課題解決のプロセスとは、プロジェクト関係者の多様な価値観を顕在化させ、建設プロジェクトの目的に基づく取組み課題と解決方針を共有し、結果を共有するまでの一連の過程である。

◆ 意思決定におけるCMrの役割

複雑化・専門化する発注者の意思決定において、技術的に中立的な立場で発注者を支援するCMrには以下の役割が期待される。

- ・大規模化する建設プロジェクトにおいて合理的な意思決定に至るプロセスのマネジメント
- ・多様化するプロジェクト関係者による合意形成・課題解決のファシリテート（課題共有・論点整理・方法提案・結果確認など）
- ・高度化する建設技術に関わる技術的・専門的な助言

これらの役割を適切に遂行するCMrには専門的な技術力と併せて、コミュニケーション力・調整力・交渉力・洞察力・リーダーシップ力などの資質が求められる。

◆ 意思決定の手法

意思決定に関わる手法は、経営・政治・経済・軍事などの幅広い分野において数多くの科学的・学術的・論理的なアプローチが実践されている。ここでは建設プロジェクトへの適用例と併せて代表的な手法の一部を解説する。必ずしも実務的な汎用性は高いとはいえないが、発注者を支援するCMrにとって意思決定に関わる基本的な考え方を理解することは重要である。

● 社会的な意思決定手法

意思決定の1つとして、複数の評価者の意見を取りまとめて全体での合意形成により最適案を選定する手法がある。例えば図3-8に示すコ

ンペ方式による設計者選定で審査委員会が設計案（最適案）を選定する場合、それぞれの審査員（評価者）が任意で設計案（候補案）に評価値を付与すれば、ばらつき（満点がない場合には評価尺度のばらつき、満点がある場合でも評価分布のばらつきなど）が生じ、当然ながら評価値の単純な合計は有効な意思決定になり得ない。このような意思決定における数学的な手法として順位法・一対比較法が挙げられる。

○ 順位法

それぞれの評価者が全ての候補案に対して最上位から最下位までの整数の順位を評価値として付与し、候補案ごとに評価値を集計（加算）して最適案を選定する最も単純な方法である。

この方法は評価値が整数の順位で等間隔に分布していることが前提で、もし最上位と最下位の優劣が明確で中間の順位の優劣が拮抗するような場合には、標準正規分布による標準偏差を用いた重み付けを評価値に適用することもできる。ただし候補案が少数の場合には、いずれの方法でも結果に大きな差異がないことが多い。

○ 一対比較法

複数の候補案から一対（2つの候補案）を抽出して比較する評価（1点・0点などの評価値を付与）を全ての候補案の組合せで行い、ある候補案が他の候補案に対して優る割合（劣る割合）から標準正規分布に基づく統計的な重み付け（評価値）を算出する方法である。

● 段階的な意思決定手法

候補案が段階的に存在し、それぞれに選択の可能性と期待される効果が異なる場合には、意思決定も段階的となる。例えば、図3-9に示すように建設プロジェクトの早期における「事業性に基づく容積率の設定」を課題とし、「既存法令による容積率の適用」と「都市計画手続きによる割増想定の容積率の採用」を候補案とし

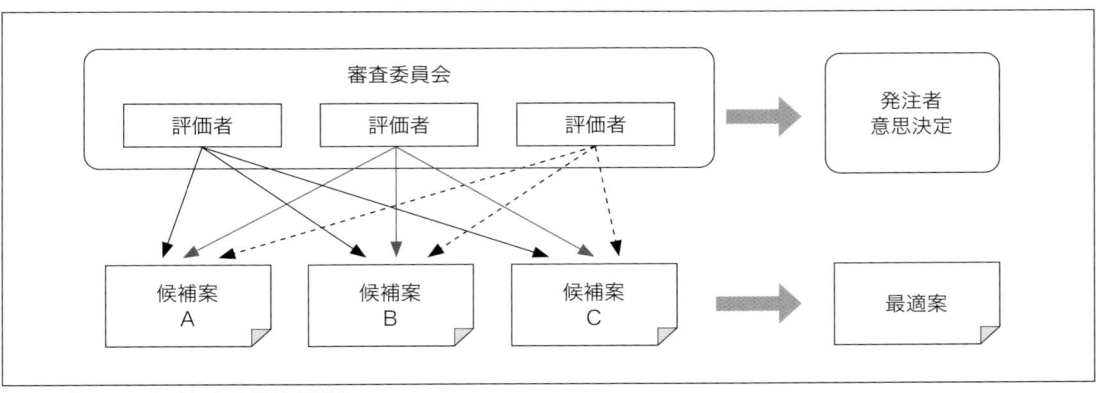

図3-8 ●コンペ方式による設計者選定

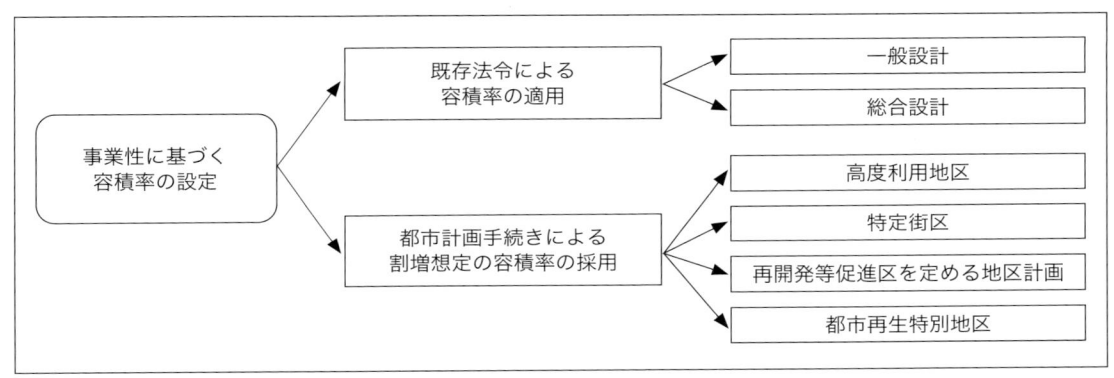

図3-9 ●段階的な意思決定手法事例

た意思決定を想定する。前者には一般設計と総合設計の候補案が存在し、後者には都市計画手法に応じた高度利用地区・特定街区・再開発等促進区を定める地区計画・都市再生特別地区などの候補案が存在するため、発注者には段階的な意思決定が必要となる。

○ディシジョン・ツリー（Decision Tree）

段階的な意思決定に用いられる数学的な手法がディシジョン・ツリー（決定木）で、それぞれの候補案ごとの選択の可能性（上述の例では、容積率が実現する確率）と期待される効果（上述の例では、容積率より得られる収益）の積による期待値を算出し、候補案ごとの不確定要因（リスク）を考慮して最適案が選定される。

●階層的な意思決定手法

複数の定性的な評価項目に基づき最適案を選

定する意思決定（図3-10）では、主観的な判断をいかに客観的にするかが重要となる。

例えば、プロポーザル方式による委託先の選定において、審査員（評価者）は技術評価の意匠性・機能性・安全性・経済性・管理性と、資質評価の類似実績・保有資格を項目として、総合的に最適な委託先を選定する。このような意思決定における数学的な手法として、AHP法とISM法が挙げられる。

○ AHP法（Analytic Hierarchy Process）

まず意思決定に必要な評価項目を抽出する。上述の例では、「意匠性」「機能性」「安全性」「経済性」「管理性」「類似実績」「保有資格」が評価項目となる。次に評価項目から一対（2つの評価項目）を抽出して比較する評価を全ての評価項目の組み合わせで行い、統計的な重み付け（評価項目の重要度）を算出する。

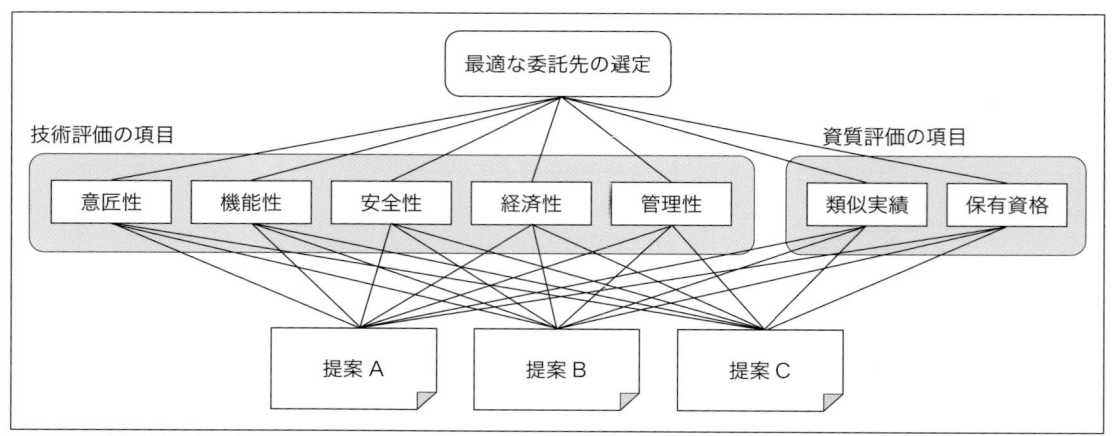

図3-10 ●階層的な意思決定手法

更に評価項目ごとに候補案の重要度を算出し、最終的にこれらの重要度から数学的な行列の積を求めることにより候補案の順位が決定される。

AHP法の特徴として、定性的な評価項目を統計的な重み付けとして算出することにより、意思決定における評価項目の重要度を定量的に把握できることが挙げられる。

○ ISM法 (Interpretive Structural Modeling)
階層的な意思決定において多数で複雑な評価項目が存在する場合、ISM法ではブレーンストーミングと数学的な手法の併用により客観的に体系化する。

<table>
<tr><td>**1-4**</td><td>**全体進捗のマネジメント**</td></tr>
</table>

◆ WBS (Work Breakdown Structure)

WBSとは、「マネジメントの目的に応じてプロジェクトを階層的に構成要素(作業単位)へと細分化し、プロジェクトの全体像を体系的に把握するために用いられるマネジメント・ツール」である。

WBSは建設プロジェクトに限らず一般のビジネスにおいても、以下の特徴により広く活用されている。

・プロジェクト関係者がプロジェクトの全体像と構成要素を階層的・体系的に把握できる。
・構成要素ごとの役割分担・責任区分がプロジェクトの初期で明確になる。
・コスト管理・スケジュール管理・品質管理などのマネジメント精度が向上する。
・プロジェクト関係者の情報管理(情報共有)が円滑化される。
・進捗管理における基準設定が可能になる。

建設プロジェクトにおけるWBSの事例を図3-11に示す。

● WBSによるプロジェクト管理

WBSはマネジメントの対象範囲に対して、全ての構成要素が過不足なく含まれる必要がある。

WBSの横方向(同一の階層)には単体のプロジェクトから一連の複数プロジェクトまで、縦方向には上位の階層から下位の階層までの構成要素を幅広く含むことができるため、マネジメントの目的に応じて対象範囲を定義し、適切な表現方法・構成内容とすることが重要である。

WBSにおいて最下位の階層に位置する構成要素をワーク・パッケージと呼ぶ。例えば、図3-11では工区当たりのコンクリート工事として、①打設計画・手配準備、②生コンクリート受入検査、③コンクリート打設、④コテ押え・

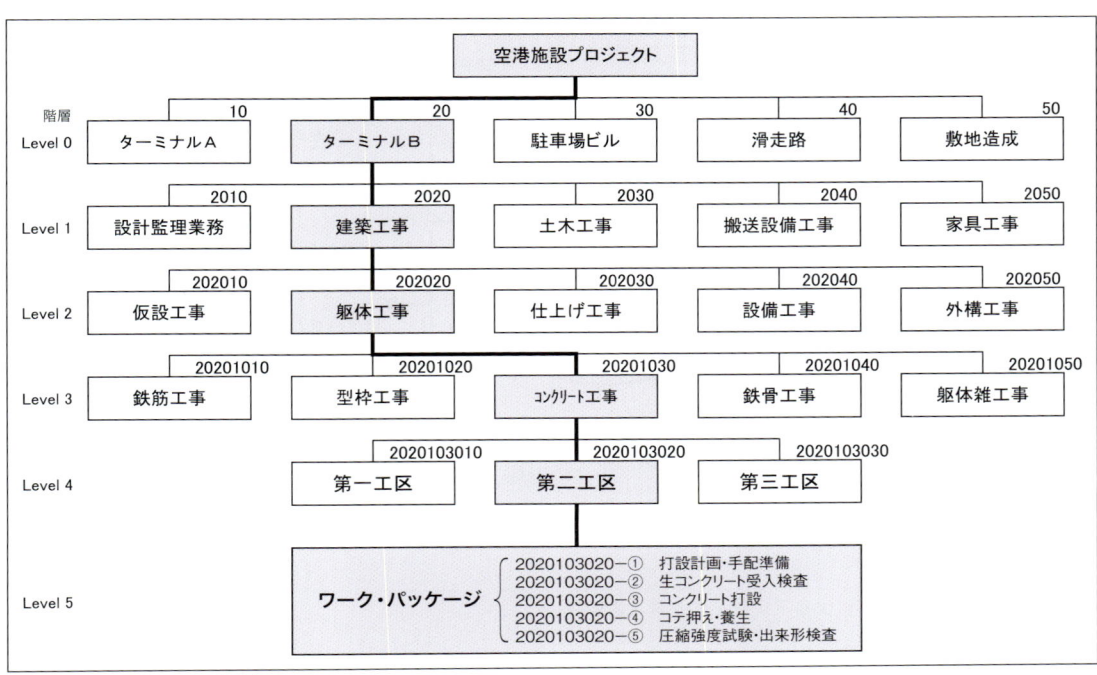

図3-11 ● WBSの活用事例

養生、⑤圧縮強度試験・出来形検査という一連の作業をワーク・パッケージと定義しており、ワーク・パッケージごとにかかるコストと所要時間を進捗管理の対象とする。

● WBSの導入と展開

WBSは建設プロジェクトの早期から導入されることが望ましい。早期に構成要素を階層的・体系的に定義し、構成要素ごとに必要な資源（労務・時間・予算・資機材等）の割当て計画を策定することができれば、実践段階におけるコスト管理・スケジュール管理・品質管理などへの効果的な展開が可能となり、精度の高いプロジェクト管理が可能となる。

また、同一の発注者や類似のプロジェクトではWBSにも汎用性があるため、表現方法・構成内容の標準化が可能となる。先進的な事例では、標準化されたWBSが同一の発注者による一連のプロジェクト管理に広く適用され、標準化や効率化を目的としてコスト管理（見積書式）や情報管理（会議体運営計画）などに適用され

る場合がある。

WBSによるプロジェクト管理への適用の概念を図3-12に示す。一方で、建設プロジェクトの早期にWBSを構築する際の留意点は次のとおりである。

- 上位の階層では、時間軸（事業構想・基本計画・基本設計・実施設計・工事施工）による分類、もしくは業務軸（設計・監理、工事施工・運営・管理）による構成要素が一般的に用いられること。
- 同じ階層の構成要素は相互に独立して重複がなく、上位の構成要素に対して下位の構成要素が過不足なく細分化されていること。
- それぞれの構成要素がマネジメント可能な単位に細分化され、役割分担・責任区分が明確であること。
- それぞれの構成要素に資源（労務・時間・予算・資機材等）の割り当てが可能であること。
- 資源の計画と実績の差異が定量的に分析でき、明確な成果物が存在すること。

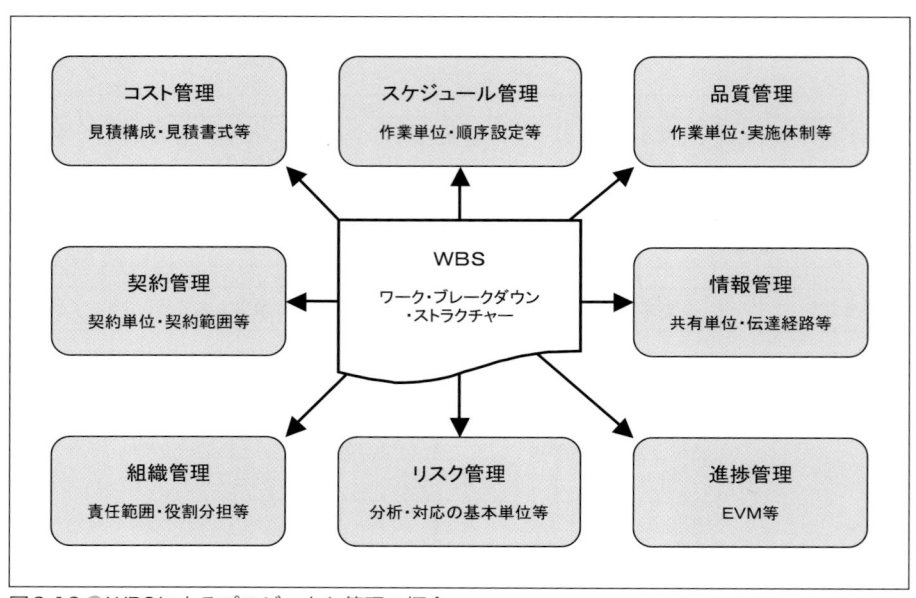

図3-12 ●WBSによるプロジェクト管理の概念

◆ EVM（Earned Value Management）

●進捗管理の重要性

プロジェクトが計画（Plan）どおりに実行（Do）されていることを確認（Check）し、必要に応じて変更管理や是正対応などの措置（Act）を適切に実施するために、適時の進捗管理は必要不可欠である。進捗管理に関わる基本フローを図3-13に示す。

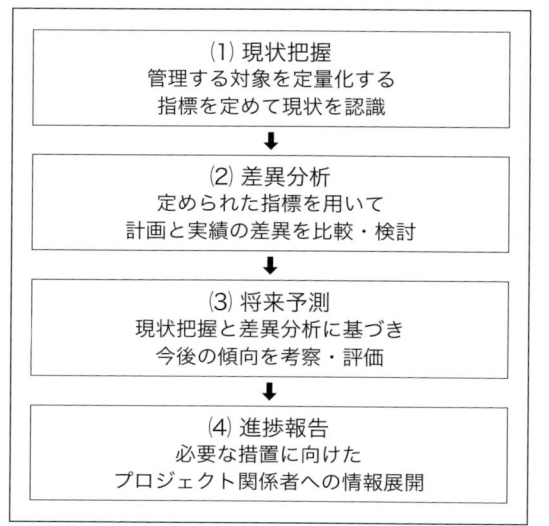

図3-13 ●進捗状況の管理に関わる基本フロー

（1）現状把握
管理する対象を定量化する
指標を定めて現状を認識

（2）差異分析
定められた指標を用いて
計画と実績の差異を比較・検討

（3）将来予測
現状把握と差異分析に基づき
今後の傾向を考察・評価

（4）進捗報告
必要な措置に向けた
プロジェクト関係者への情報展開

進捗管理は建設プロジェクトの全ての階層（WBSの全てのレベル）で可能であるが、マネジメントの目的に応じて進捗管理の階層を適切に選択する必要がある。一般的に、上位の階層ほどコスト管理・スケジュール管理・品質管理への影響が大きく重要性が高い。

特にコスト管理とスケジュール管理は進捗管理における主な対象で、定量的な管理が容易である。しかし、例えば工事費の比較（予算と実績の差額）のみでは工事工程の進捗（予定に対する先行・遅延）は把握することはできず、逆に工事工程の比較（予定と実績の時間差）のみでは工事費の進捗（予算に対する増減）が把握できない。このため、コスト管理とスケジュール管理は統合して実行する必要がある。

● EVMとは

コスト管理とスケジュール管理を統合した進捗管理の代表的なマネジメント手法としてEVM（Earned Value Management：アーンド・バリュー・マネジメント）が挙げられる。EVMの基本概念を図3-14に示す。

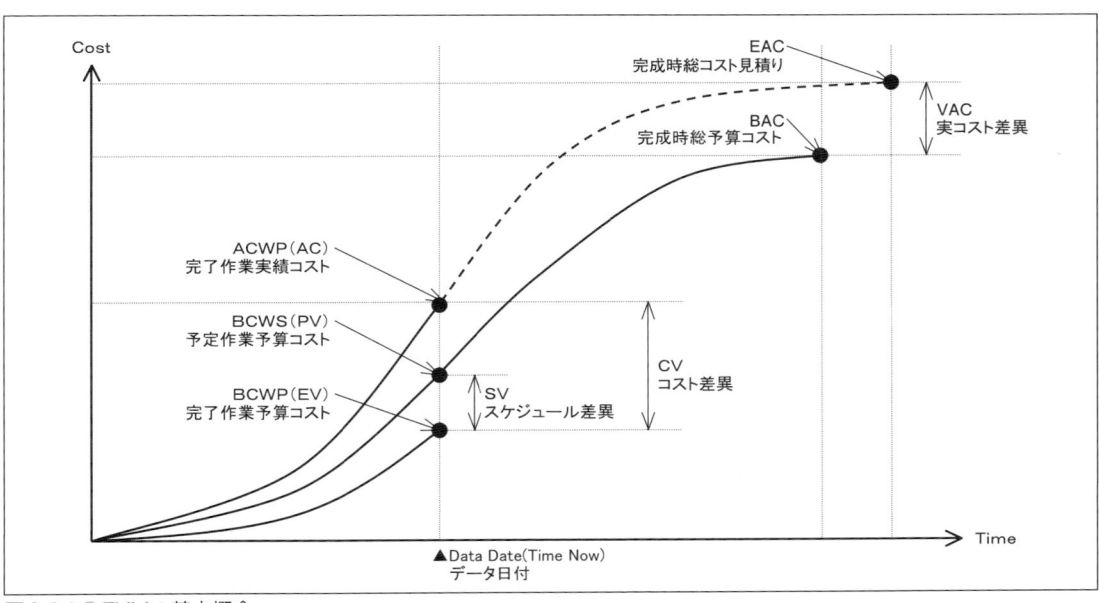

図3-14 ● EVMの基本概念

● **EVMによる現状把握・差異分析**

EVMでは、コスト管理とスケジュール管理を統合して定量的に進捗管理の現状把握を行うために、次のBCWS・ACWP・BCWPの3つの指標が用いられる。

○ BCWS（Budgeted Cost of Work Scheduled：予定作業予算コスト）

ある時点(データ日付)までに予定した作業に関わる予算コストの総和で、PV（Planned Value）と称される場合がある。

○ ACWP（Actual Cost of Work Performed：完了作業実績コスト）

ある時点までに完了した作業に関わる実績コストの総和で、AC（Actual Cost）と称される場合がある。

○ BCWP（Budgeted Cost of Work Performed：完了作業予算コスト）

ある時点までに完了した作業に関わる予算コストの総和で、EV（Earned Value）と称される場合がある。

EVMでは、現状把握に関わる3つの指標を

組合せてコスト管理とスケジュール管理を統合した計画と実績の差異分析が行われる。

差異分析の定量化に用いられる尺度と基準は**表3-5**のとおりである。

● **EVMによる将来予想・進捗報告**

EVMによる将来予測では、ある時点（データ日付）までの実績に基づき完成時の見積コストを予測して、当初に計画された完成時の予算コストとの差異を考察・評価する。完成時の見積コストの予測には複数の算出方法があるため、予測値が異なる場合があるが、一般的に将来予測で用いられる指標は、BAC・EACの2つがある。

○ BAC（Budget at Completion：完成時総予算コスト）

計画どおりのコストとスケジュールでプロジェクトが完成する場合の総額予算コストを示す。

○ EAC（Estimate at Completion：完成時総コスト見積り）

ある時点までの実績に基づき予測される完成時の総額見積コストを示す。

表3-5 ●差異分析の定量化に用いられる尺度と基準

差異	V＜0	V＞0
スケジュール差異 SV（Schedule Variance） = BCWP − BCWS	遅延	先行
コスト差異 CV（Cost Variance） = BCWP − ACWP	予算超	予算内

効率指数	PI＜1	PI＞1
スケジュール効率指数 SPI（Schedule Performance Index） = BCWP ／ BCWS	遅延	先行
コスト効率指数 CPI（Cost Performance Index） = BCWP ／ ACWP	予算超	予算内

表3-6 ●将来予測の定量化

差異	V＜0	V＞0
完成時コスト差異 VAC （Variance at Completion） = BAC − EAC	予算超	予算内

EACの結果に応じて、変更管理や是正対応などの措置を検討する必要がある。また、将来予測の定量化に用いられる尺度と基準は**表3-6**のとおりである。

EVMによる現状把握・差異分析・将来予測の結果は、進捗報告としてプロジェクト関係者で共有される。この際にプロジェクト管理の観点から確認すべき点は次のとおりである。

- 差異が生じた原因は何か。
- 差異の工事費・工事工程への影響は。
- 講じるべき有効な措置は。
- 措置による改善の見込みは。

● CMrによる進捗管理

現在までの日本で総価の一括請負契約を基本とした建設プロジェクトにおける発注者の進捗管理は、出来高や出来形による管理が一般的である。しかしながら、昨今の物価上昇への対応や積算根拠の明確化などを狙いとして、国土交通省は実費精算による契約の可能性を示唆して

いる。また、震災復興などにおいて人手や資材の不足が顕著となる場合においては、あらかじめ総価の設定が難しいなどの理由から、すでにコストプラスフィー方式の導入事例もある。今後の日本の建設プロジェクトにおいても契約時に「いつ終わるか」「いくらかかるか」の把握が困難な場合に、EVMの活用の可能性が存在する。

海外におけるEVMによる進捗管理の手法は、日本の建設プロジェクトに転用することが難しい一面もあるが、今後の自然災害からの復興、発注方式の多様化、建設産業の国際化も見据えて、CMrがEVMの知識を習得することは有効である。EVMの採用にあたっては、マネジメントの目的に基づき、以下の点を確認し、プロジェクトの初期から導入することが重要となる。

- 専門的な機材（ソフトウェア含む）・労務が必要になるか。
- コスト管理・スケジュール管理を統合して透明性を確保する必要があるか。
- プロジェクト関係者から説明責任（アカウンタビリティ*）が要求されているか。
- 発注者に高度な進捗管理のニーズがあるか。

＊**アカウンタビリティ（Accountability）**
account は、もともと数を数えるという意味で、会計上では他人の財産や資金の管理を任された者が、自らの果たしたことを会計報告として証明することが Accountability といわれる。この概念が会計の世界だけでなく広く使われるようになった。即ち、ある付託関係から生じる説明責任がアカウンタビリティである。

1-5　要求水準のマネジメント

◆ 要求水準書の概要

● 要求水準および要求水準書とは

建設プロジェクトには設計者・工事施工者を含むさまざまな主体が関わる。多岐にわたるプロジェクト関係者にプロジェクト目標・要求条件・制約条件をあらかじめ明示することは、そ

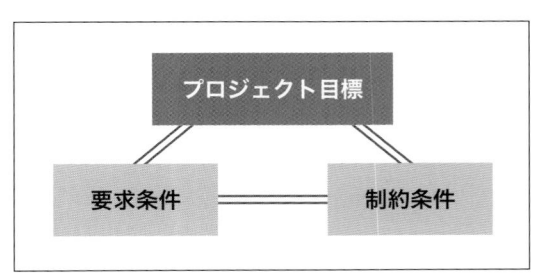

図3-15 ● 要求条件の概念

の後の目標達成に向けた合意形成や意思決定を
スムーズにする。また、それらの条件を、各
主体がプロジェクトに参画する段階である発
注時に共有できれば効率的である。プロジェク
ト目標・要求条件・制約条件を、整理・具体化
したものを「要求水準」、要求水準を図書とし
て文書化したものを「要求水準書」という（図
3-15）。

1970年代、芦屋浜高層住宅プロジェクトで
は、住宅不足や悪化する住環境を効率的に解決
するため、「工業化工法の開発」「建設費のコス

トダウン」「住環境の向上を含めた総合的な街
づくり」の3つを目標に、運営・管理まで見据
えた設計施工一括方式での提案を募る性能発注
がなされている。このプロジェクトにおいても、
目的・要求条件・制約条件を文書化した、要求
水準書に類するものが発注図書として添付され
ている（表3-7）。

要求水準書として記載すべき事項については、
内閣府が官庁施設整備事業におけるPFI手法の
採用にあたって策定した「PFI事業の実施に関
する基本方針（2000年3月）」以降で、検討・
整備されている。

PFI方式における要求水準書は、「管理者等
の長期計画や中期計画、対象事業に係る基本構
想や基本計画を作成し、その中で事業のコンセ
プト（管理者等の政策目的や求める成果）を明
確化する。次にアウトプット仕様（提供すべき
サービス内容および達成すべき品質等の性能）
である要求水準書を作成するが、これには管理

表 3-7 ● 応募条件の概要

住　　宅	〔機能〕新しい時代の住生活にふさわしい間取り・設備・構造をもった高層住宅 〔遵守事項〕階数14階以上、浴室・洗面所・水洗式便所設置、暖房・給湯設備設置 〔考慮事項〕食寝分離・分離就寝・家族共通の生活の場・居住環境ととくに防災・断熱・保温・遮音・ 　　　　　換気・耐久性・維持保全
	〔戸数・規模・目標価格〕

住宅の種類		戸数	平均規模	目標価格※
公営住宅（第1種）	賃貸	600 戸	60 ㎡以上	350 万円以下
公営住宅	分譲	1,000 戸	70 ㎡以上	460 万円以下
公営住宅	分譲	600 戸	85 ㎡以上	550 万円以下
公営住宅	賃貸	600 戸	70 ㎡以上	430 万円以下
民間住宅	分譲	600 戸	自由	自由

	※価格、特殊基礎工事費別途 〔生産方式〕・技能労働力への依存度が低いこと 　　　　　　・遂行の容易な品質管理・生産管理方式を備えること
住宅以外 の施設	〔暖房、給湯システム〕方式は自由であるが大気汚染防止・防災効果が十分あること 〔公共公益施設〕行政管理・医療・文化・社会福祉・教育・購買の諸施設の計画を提示 〔その他の施設〕高層住宅市街地にふさわしい施設は、費用負担を考慮の上、自由に提案できる
そ の 他	〔企業〕販売および施工を企業または企業連合で完全に実行できること 〔法規等〕公共住宅は原則としてそれぞれの建設基準に従う 　　　　　関連法規に適合しない場合、それと同等以上の機能・工法であることを実証できること

出典：佐々木良和「設計施工競技による芦屋浜団地建設に関する調査報告—提案とその実施過程からみた技術開発の諸特性—」
　　　『日本建築学会論文報告集』（第313号、1982年3月）

者等の事業コンセプトを実現するためにどのようなサービスが提供されるべきかという観点に加えて、民間事業者が何を提供できるかという観点が必要である。民間事業者は自らの創意工夫を活用して、要求水準書に示された内容を満足するための具体的な仕様を提案し、当該仕様に基づいて公共サービスを提供する。管理者等はそのサービス水準の監視（測定・評価）（モニタリング）を行うこととなる。」（内閣府「PFI事業契約との関連における業務要求水準書の基本的考え方（2008年7月）」より一部抜粋）と位置付けられている。

上述の考え方を、PFI事業だけでなく昨今の多様な発注方式の対象として整理すると、要求水準書は、「事業コンセプトを基に設計者や工事施工者などの技術力・ノウハウを活かすことを踏まえ、提供すべきサービス内容および達成すべき品質などの性能を記載したものであり、これを用いてプロジェクトの進捗・達成状況を評価するもの」ということになる。よって、要求水準書は要求水準をあらかじめ明示するだけのものではなく、プロジェクト完了時までの確認・検証などの指標とする「マネジメントの軸」となるものである。

● ブリーフおよびプログラムとは

ブリーフおよびブリーフィングは、英国において、1950年代から70年代にかけて大規模で複雑な公共プロジェクト、特に住宅と教育関連の施設プロジェクトにおいて採用され始めた概念である。ブリーフは、「要求条件・目的・発注者と利用者の要望・プロジェクトの背景およびその他の必要な全ての説明であり、設計を行うための適切な設計要件を纏めた文書」、ブリーフィングは、「発注者及び関係者の要求、目的、制約条件（リソースやコンテクスト）を明らかにし、分析するプロセス」で「設計者が解決する必要があり、結果として生じる課題を系統的に整理するプロセス」（国際規格ISO9699:1994、

なお国際規格ISO9699:1994は2024年現在、ISO19208:2016に更新）と定義されている。

一方、プログラムおよびプログラミングは、1920年代の米国建築家協会（AIA：The American Institute of Architects）による取組みを発端に、1950年代から1980年代にかけて設計事務所であるコーディル・ローレット・スコット（CRS）社が設計業務に合理的な手法を導入しようと試みたことで確立された概念である。

プログラムは「発注者により、プロジェクトの用途・規模・範囲・要求品質を定めるもの。諸室一覧・機能的な隣接関係・技術的要件・性能目標・発注者要望など、設計上の課題を特定するものであり、プロジェクト各段階に参照する主要な基準点」、プログラミングは、「問題探索、プロジェクトの課題を特定、分析すること」（AIA, *The Architect's Handbook of Professional Practice*, Fifteenth Editionから和訳）と定義されている。

● 要求水準書の位置付け

上述より、文書に記載する内容やプロジェクトを通して文書を更新・運用することなどを踏まえると、本書では要求水準書はブリーフ・プログラムと同義と捉えることができる。

◈ 要求水準書の作成と管理

● 要求水準書の構成要素

「PFI手法による施設整備における要求水準の設定および業績監視の手引き」（国土交通省、2009年10月）では、要求水準書の項目を**表3-8**の構成とするとされている。

● 要求水準書の作成主体

建設プロジェクトの要求水準を策定してプロジェクト関係者に伝達するのは、原則として発注者の役割である。しかし、要求水準を文書化し、要求水準に基づく進捗管理を実施するには相応に専門的・技術的な知識・能力が必要となるため、

表3-8 ● 要求水準項目

（1）適用範囲	①基本的な考え方 ・要求水準が適用される施設・施設整備に関する業務の内容および範囲等、事業の実施に関する基本的な枠組み ・発注者が求める性能 ②施設の設計および建設に関する事項 ・設計業務・建設業務・工事監理業務の範囲 ・業務の実施に必要な調査・申請・届出・その他の行政手続きや、事業を円滑に実施するための調整等の含・不含 ③業務実施にあたっての条件 ・業務実施の方法・設計業務の成果物の内容・施工時の遵守事項など ・業績監視における発注者の確認・検査の内容
（2）設計条件	①敷地条件 ・敷地条件・都市計画条件・緑化・その他事業の敷地特有の条件 ②施設内容 ・延べ面積制限・各室面積・その他の付帯条件 ・要望面積の上限や下限、発注者の要求の条件 ③周辺の都市基盤整備状況 ・上下水道・エネルギー供給・通信などの整備状況等 ④要求水準の設定 ・性能別要求水準・施設別要求水準の技術基準の適用とその位置付け、その確認方法 ⑤準拠事項 ・摘要基準・準拠事項の優先順位など、その確認方法
（3）性能別要求水準 「基本的性能」 「技術的事項」 「提案事項」 で構成	①社会性に関する性能（地域性・景観性に関する性能） ②環境保全性に関する性能（環境負荷低減・周辺環境保全性に関する性能） ③安全性に関する性能（防災性・機能維持性・防犯に関する性能） ④機能性に関する性能（利便性・ユニバーサルデザイン・室内環境・情報化対応性に関する性能） ⑤経済性に関する性能（耐用性・保全性に関する性能）
（4）施設別要求水準	①諸室毎及び諸設備の性能 ・各種基準類等が定められている場合、その位置付けや扱い ②特定の部位に関する性能 ・当該部位の用途上求める特殊条件

出典：国土交通省大臣官房官庁営繕部「PFI手法による施設整備における要求水準の設定および業績監視の手引」（2009年10月）より作成

発注者以外の主体に委託することも多い。

　発注者の技術支援を担うCMrは、その委託の主体として最もふさわしい立場にあり、日本CM協会の「CM業務委託契約約款・業務委託書」にも「11-1委託者のプロジェクトの目標と要求の確認」「12-1 制約条件の整理」などの項において、委託者の要求条件やプロジェクトの内容・予算・工程、その他の基本的な制約条件を文書化する業務が含まれている。また、委託の主体には設計者・専門コンサルタントなども考えられる。設計者が要求水準書の作成を担当する場合、例えば、「四会連合協定 建築設計・監理等業務委託契約書類」の「V 契約オプション業務」の「表1 建築物の設計

のための企画及び立案並びに事業計画に係る調査及び検討並びに報告書の作成等の業務（国土交通省告示第8号別添四 第1項関係）」における調査・企画に関連する業務が一部に該当する。ただし、要求水準書を用いて設計者を選定する場合や、設計図書の内容確認・妥当性検証に第三者性が要求される場合などには利益相反の課題が残る。

　専門コンサルタントが要求水準の策定を担当する場合、設計者・監理者・工事施工者と利益相反の関係がないことが利点であるが、日本では海外のように豊富な経験・実績を有する専門コンサルタントが少ないことが課題となる。

●要求水準書の管理

作成された要求水準書は、設計から工事施工へとプロジェクトが進み、検討がより詳細になると見直すべき事項が出てくることも多い。要求水準書はプロジェクトの初期に要求水準を文書化して完結するものではなく、プロジェクトの進捗によって変更・更新される要求水準に基づいて、変更・更新していくものである。各種条件の変更管理を要求水準書の更新を通じて行うことで、プロジェクト関係者との円滑な情報共有・合意形成・意思決定を図ることができる。

◆要求水準書の意義

建設プロジェクトにおいて、要求水準書の作成・活用が重要な理由として以下が挙げられる。

●マネジメントの強化

大規模化・複雑化する建設プロジェクトでは、発注者に高度なマネジメントが要求される。プロジェクトの早期における要求水準書の作成により、プロジェクト目標・要求条件・制約条件を早期に明確化し、適切にプロジェクト関係者と共に活用することで、スケジュール遅延・コスト超過・品質低下などを防止するだけでなく、プロジェクト全体のマネジメント精度の向上も可能となる。

●高度化する機能・性能への対応

情報化対応・技術革新・環境配慮などにより建設プロジェクトに要求される機能・性能が高度化している。社会的な環境対応とその技術への高い関心に加え、データセンター・研究開発施設・医療施設・生産施設などの建設プロジェクトでは、日進月歩で飛躍的に高度化する建築設備・特殊技術・ICT・ネットワーク環境・セキュリティ対策などへの対応が要求され、従来の建築物および建築設備に関わる設計業務・監理業務を超えた専門的・技術的な対応が必要となる。

早期の要求水準書の作成は、建設プロジェクトに要求される機能・性能を明確化するだけでなく、目標の達成に必要な課題(専門技術者の確保、予算・スケジュール・品質のマネジメント精度の向上など)を顕在化させ、更に実現に向けた解決策(調達・発注など)の早期検討の着手を可能にする。

●発注者のリスク低減

要求水準書に記載すべき事項が不十分な場合、プロジェクト関係者との合意形成・意思決定に曖昧性や不確実性が生じ、意図しない設計変更・契約不適合が発生したりなど、結果的に発注者のリスクが増大する。換言すれば、適切な要求水準書は、発注者が自身のリスクを低減するマネジメント・ツールでもある。

●合意形成・意思決定の最適化

建設プロジェクトの大規模化・複雑化に伴いプロジェクト関係者も多数となる。例えば、民間企業による生産施設の建設プロジェクトでは、発注者として経営・財務・管財・ICT・技術管理・商品開発・製造・調達などの各部門が関わり、設計者も建築・構造・設備などの職能ごとの担当者が選任される。更に監理者や工事施工者も同様で、その他にも生産設備の関係者や各種の専門コンサルタントなどが参画すれば、プロジェクト関係者が数十人以上となることも珍しくない。多数のプロジェクト関係者が円滑な合意形成・意思決定を円滑に行うためには、要求水準書によりプロジェクト目標・要求条件・制約条件を可視化して情報共有し、相互の役割分担・責任区分を明確化することが有効である。

◆要求水準書の活用

●公共事業における活用

公共事業では、中央省庁・地方公共団体ともに、政策の目的、求める成果、業務の範囲などを明確化するために要求水準書を作成し、プロジェクト関係者に提示することがある。要求水準書は入札および契約に際して、発注者および

受注者の双方にとってプロジェクトに関わる与条件が提示されているプロジェクトの指針となる重要な図書と位置付けている。

要求水準書は官庁施設として必要な公共サービスを確保するため、官庁施設の整備などに必要な事項についてその内容を的確に示すとともに、民間の創意工夫を十分活用する観点により性能規定と仕様規定を適切に採用し作成される必要がある。

また、要求水準書は、プロジェクトの進捗状況の監視、達成状況の測定・評価の実施などにも活用されている。

● 民間事業における活用

民間事業では、公共事業と比べて要求水準書を作成する目的・媒体・時期・精度などは一様でないが、発注者がプロジェクト目標・要求条件・制約条件を取りまとめて、設計から工事施工における進捗管理を実施する原則は共通である。

一方で、建設産業の国際化・多様化および建設プロジェクトの大規模化・複雑化、発注方式の多様化に加え、説明責任の重要性に対する理解が浸透し、小規模のプロジェクトも含むあらゆるプロジェクトにおいてプロセスの透明性や説明責任が求められるようになっている。これにより要求水準書の重要性は高まっており、プロジェクトに応じた要求水準書の工夫（性能規定・仕様規定のバランスや各種条件の記載方法など）と適切な活用が不可欠である。

● CMrによる要求水準書の更なる活用

昨今のプロジェクト組織の複雑化、発注方式の多様化、建築技術の専門化などを受けて、要求水準書の作成・活用は、発注者の円滑な合意形成・意思決定を促し、発注者のリスク低減を可能にするマネジメント手法として期待されている。同時に要求水準書の作成・運用には、より高度な知識・能力を要することになる。

CMrはプロジェクトに応じた要求水準書の作成・活用を行うことができる最適な主体である。設計施工一括方式による設計施工者の選定、ECI方式による技術協力者（施工予定者）の選定、PPP (Public-Private Partnership) によるPFI事業者の選定など、従来の発注方式によらない多様なプロジェクト実施方式の特性を理解し、プロジェクト固有の条件を踏まえて、最適な要求水準書を作成・活用する役割は、プロジェクトを一貫してマネジメントするCMrが担うべき業務であるといえる。

今後も発注方式は更に多様化し、要求水準書もより高度な活用が求められる。CMrは要求水準書の作成・活用の担い手として、更なる専門的・技術的な知識・能力の習得と経験・実績の蓄積に努める必要がある。また、CMrは要求水準書が要求条件・制約条件の明確化に加え、プロジェクト関係者に対するプロセスの透明性・説明責任などにおいて重要であること理解し、マネジメントの軸として適用することが期待される。

1-6 プロジェクト情報のマネジメント

◆ CMrに求められる3つの能力

プロジェクト情報のマネジメントは、「プランニング」と「コントロール」、更に「事業運営プロセスへの情報継承」を適時かつ適切な形で確実に行うために必要なプロセスからなる。

CMrは、複数の異なる組織に所属するプロジェクト関係者の「意思決定」や「行動」に影響を及ぼす情報のマネジメントに深く関与する。プロジェクト情報を効果的にマネジメントしていくためには、図3-16に示す3つの能力を直接的または間接的に発揮しながら、プロジェクトの成功に向けて、適時かつ適切な形でプロジェクト関係者の「意思決定」や「行動」をリードしていくことが重要となる。

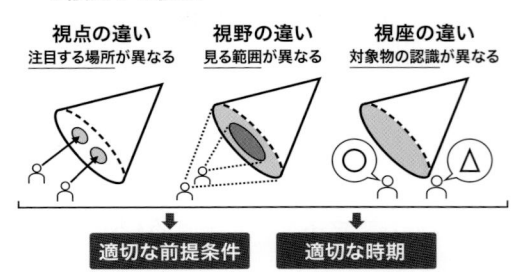

①多面思考・論点思考で適切な前提条件と時期を設定する能力

視点の違い
注目する場所が異なる

視野の違い
見る範囲が異なる

視座の違い
対象物の認識が異なる

→ 適切な前提条件　適切な時期

※多様な視点・視野・視座で物事を捉え、プロジェクト関係者が必要とする情報の「適切な前提条件と時期」を設定する能力

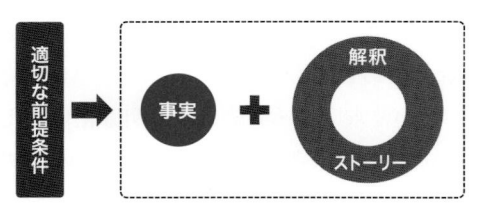

②情報を事実と解釈に分離して思考する能力

適切な前提条件 → 事実 ＋ 解釈 ストーリー

※事実を明確にした上で、事実に適切な解釈やストーリーを加えて思考する能力

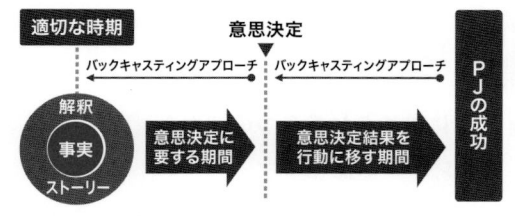

③プロジェクトの成功に向けて、意思決定や行動をリードする能力

適切な時期　　意思決定

バックキャスティングアプローチ　バックキャスティングアプローチ

解釈 事実 ストーリー → 意思決定に要する期間 → 意思決定結果を行動に移す期間 → PJの成功

※情報の価値が時間の経過とともに減少していくこと（情報の価値が時価であること）を理解し、プロジェクトの成功に向けてバックキャスティングで意思決定や行動をリードする能力

図3-16 ● CMrに求められる3つの能力

　なお、建設プロジェクトにおける情報マネジメント・システムについては、第2章「0-4　プロジェクトの情報マネジメント・システム」を合わせて参照のこと。

◆ 建設生産におけるプロジェクト情報

● プロジェクト情報のプランニングとコントロール
　建設生産におけるプロジェクト情報のプラン

ニングとコントロールは、あらゆるプロジェクトを成功へと導くために重要な役割を果たす。不適切なプランニングとコントロールは以下のような問題を引き起こし、CMrが担う調達マネジメント、品質マネジメント、コスト・マネジメント、スケジュール・マネジメント、運営・管理マネジメント、環境マネジメント、リスク・マネジメントに悪影響を及ぼす。

- 誤情報・誤解釈・情報提供不足によるミスリーディング（情報の品質）
- 意思決定の遅延による選択肢の減少やスケジュールの遅延（情報を提示する時期の遅延）

○ プロジェクト情報のプランニング

　プロジェクト情報のプランニングは、①プロジェクト関係者が必要とする情報の前提条件と時期を多面思考・論点思考で設定し、②情報を事実と解釈に分離して思考し、③プロジェクトの成功に向けてバックキャスティング*で意思決定や行動をリードしていくための計画策定プロセスである。このプロセスを実行に移すため、プロジェクト関係者と効果的・効率的に情報流通・管理する方法を定義し、プロジェクト情報に関わるマネジメント計画として明確にする。

　プロジェクト情報に関わるマネジメント計画の必要性は全てのプロジェクトに共通するが、情報に対するニーズや情報伝達の方法の差には大きな幅がある。更に、プロジェクト情報の保存・検索および最終的な処分方法は、適切に文書化する必要がある。考慮すべき重要な検討事項には以下の事項が含まれる。

- 誰がどの情報を必要としているか。その情報へのアクセス権限を誰に付与するか。
- いつ情報が必要となるか。
- どこに情報を保存すべきか。
- どの形式で情報を保存すべきか。
- どのように情報を検索するか。
- どの情報を事業運営段階に継承していくか。
- 言語や文化の相違に配慮する必要があるか。

プロジェクト情報に関わるマネジメント計画の策定は、継続的な適用を可能にするためにプロジェクトを通して定期的に見直し、必要に応じて修正することが必要である。

○プロジェクト情報のコントロール

プロジェクト情報のコントロールは、プロジェクト・ライフサイクルを通して、プロジェクト関係者の情報ニーズを満たすために情報流通を促進・監視する。主な利点は、いかなる時点においてもプロジェクト関係者で最適な情報の流れと状況把握を確実にすることにある。膨大なプロジェクト情報を効率的にコントロールするためには、情報マネジメントシステムを効果的に活用する能力が求められる。

> ＊バックキャスティング
> 最初に目標とする成果・事象などを想定し、その後に実現するための道筋を未来から現在に遡って検討すること。

● CMrによるプロジェクト情報のマネジメント

建築物のライフサイクルで必要とされる情報領域を4象限に分類し、第1・2象限をCMrが直接的に担う「建設プロジェクトにおける情報マネジメント領域」として位置付けた（図3-17）。CMrは、建築物のライフサイクルにおける全象限を見据えた「情報ハブ」「ファシリテータ」として、プロジェクト期間中のプランニングとコントロール（第1象限）のみならず、事業運営への情報継承（第2象限）の価値と重要性を十分に理解した上で、建設生産のゴール（＝事業運営のスタート）となる竣工図書の構成や提出時期を適切にマネジメントしていく必要がある。竣工図書として考慮すべき重要な事項には以下の事項が含まれる。

- 許認可・契約関連書類
- 設計説明書
- 竣工図面
- 物理的資産台帳および財務的資産台帳

■ マネジメントの手法・ツール

プロジェクト情報のマネジメントをCMrが主導していくためには、会議体の運営、プロジェ

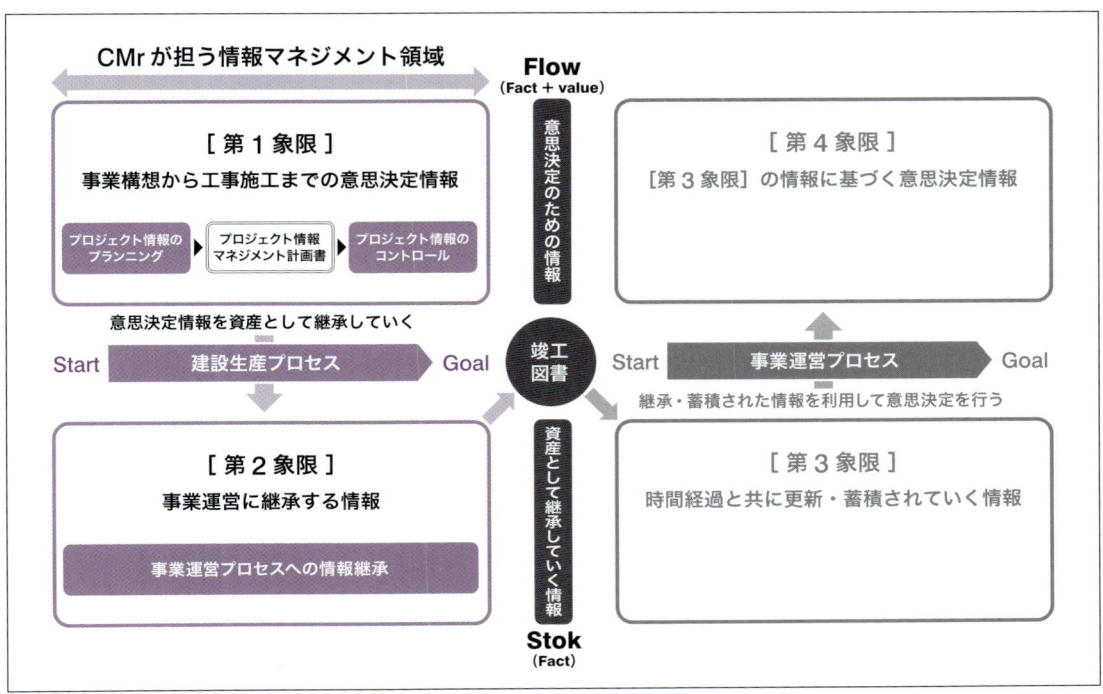

図3-17 ● 事業者視点で捉えた建築物に関わる情報のライフサイクル

クト文書の管理、更にこれらを効率的に進めていくためのICTの活用が重要となる。

●会議体の運営

プロジェクト情報のコントロールでは、プロジェクト関係者による議論と対話が必要とされる。これらの議論と対話が会議体となるが、これらは対面で実施したり、異なる場所からオンラインで実施したりすることが可能である。

CMrは、プロジェクト情報をコントロールするための会議体構成・文書管理方法・ICTツールを戦略的にプランニングし、プロジェクト情報に関わるマネジメント計画で定義する。

会議体運営におけるCMrの重要な役割には以下の事項が含まれる（図3-18）。

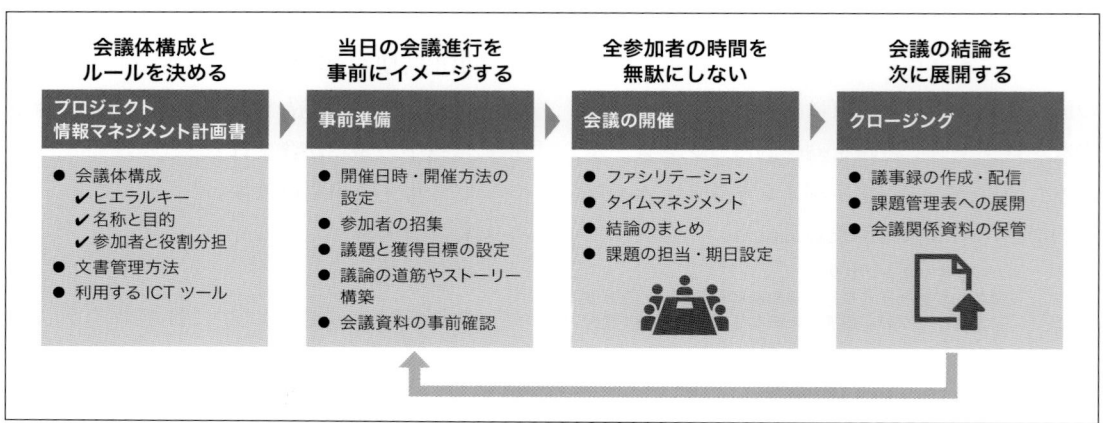

図3-18 ●会議体運営におけるCMrの役割

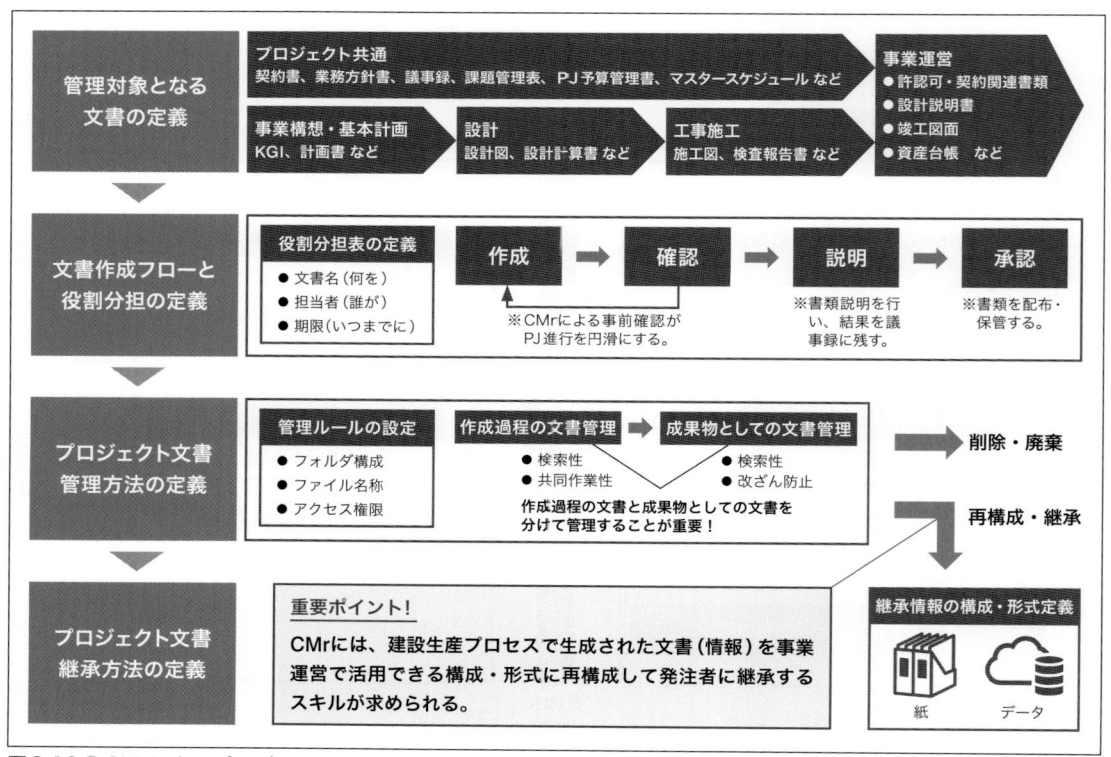

図3-19 ● CMrによるプロジェクト文書管理のプランニング（例）

○会議体運営におけるCMrの重要な役割
- 会議体構成とルールを決める。
- 当日の会議進行を事前にイメージする。
- 全会議参加者の時間を無駄にしない。
- 会議の結論をクロージングし、次に展開する。

特に重要になるのは、当日の会議進行を事前に検討・想定することである。CMrは会議参加者の時間を無駄にしないよう、以下を事前に熟慮しておくことが求められる。
- 目的：会議の獲得目標は何か。
- 道筋：獲得目標を達成するためにどのような進行を描くか。
- 準備：進行どおりとするためにどのような準備が必要か。

● プロジェクト文書の管理

プロジェクト文書の管理方法をプランニングし、文書管理の役割を担うことは、プロジェクトに一貫して携わるCMrの重要な業務の1つである。プロジェクト文書管理におけるCMrの重要な役割には以下の事項が含まれる（図3-19）。
- プロジェクト文書の定義

- プロジェクト文書作成フローの定義
- プロジェクト期間中におけるプロジェクト文書の管理方法の定義
- プロジェクト完了後のプロジェクト文書継承方法の定義

● ICTの活用

プロジェクト情報を効率的にマネジメントしていくためには、ICTの活用が必要不可欠である。一方で、プロジェクト関係者の中には、プロジェクトで使用するICTツールに初めて触れる人も多く存在するため、CMrは、プロジェクト関係者のICT習熟度の違いにも目を向け、ICT活用ルールを定めていく必要がある。

建設プロジェクトにおけるICTツールの活用（表3-9）について、CMrの重要な役割には以下の事項が挙げられる。
- ICTツール利用目的の定義
- ICTツールの選定
 （情報セキュリティ、導入・管理コスト、プロジェクト特性に応じたデータストレージの確保）
- ICT利用ルールの策定
- 利用期間終了後のルール策定

表3-9 ● 建設プロジェクトにおけるICTツールの活用（例）

分　類	利用目的	ICTツールの例	備　考
プロジェクト管理	プロジェクト関係者がプロジェクトの進捗状況を把握し、課題を特定し、プロジェクトの成功に向けたアクションを効率的に実行に移すために利用する。	● スケジュール管理ツール ● タスク管理ツール	**[注意事項]** ● **アクセス権限管理** 　ユーザー登録時のヒューマンエラーを防ぐためのチェック体制構築に加え、ユーザー削除ルールを定義しておくことが重要。 ● **アクセス制御** 　アクセス権限管理に加え、システム面での対策（企業メールによる多要素認証、IPアドレス制限 など）の検討が必要。 ● **不正アクセス対策** 　アクセス制御に加え、システム面での対策（SSL認証・FW・WAF・IDS/IPS など）の検討が必要。
ドキュメント管理	プロジェクト関係者が同じファイルにアクセスできる環境を構築し、ファイルの一元管理、共有、共同作業、バックアップ、アクセス権限管理などを行うことを目的に利用する。	● オンラインストレージ	
コミュニケーション	プロジェクト関係者が同じ場所にいない場合やオフライン状態の時でもリアルタイムコミュニケーションを行えるようにすることで、意思決定のスピードアップを図るために利用する。	● Web会議システム ● ビジネスチャット	
意思決定支援	図面や写真などの2D情報よりもリアルでイメージしやすい3D情報を利用することで、意思決定の質とスピードを向上させるために利用する。	● BIM ● 画像管理システム	

2 調達マネジメント

2-1 建築プロジェクトにおける調達

◆調達マネジメントの位置付け

調達マネジメントは、プロジェクトを完成させるために必要な業務や資機材を得るために行われるマネジメントである。建築プロジェクトでは、通常、必要な資源の多くが外部調達の対象となるため、調達マネジメントはプロジェクトの成否に大きな影響を与える要素である。

◆調達対象

新築工事・改修工事を問わず、建築プロジェクトにおいて必要な業務や資機材・工事施工などについて、いつ何をどのくらい外部から調達するかが検討され調達計画が立案される。適切な調達時期を見極め、調達対象に適した発注を実現するには、発注方式（プロジェクト実施方式・選定方式・支払方式）や発注区分に関する十分な知識が必要となる（表3-10）。

調達マネジメントにおいて、CMrは、各プロジェクトの特性と市場動向を踏まえ、適切な時期に効率的な調達を実施するための調達計画を提案し、実行することが求められる（図3-20）。

近年はDX化や施設運営・施設管理などのソフト面を踏まえた新たな与条件を導くための事業構想に関わる業務などもあり、調達時期に注意が必要である。調達対象を検討するにあたり、すでに何が発注されたか、発注者からの指定はあるのかを確認し、今後の調達対象を見極め、優先順位を判断する。設計図書で指定されている工法や材料が特殊であるという理由で工事施

表3-10 ●発注方式の構成

発注方式			
①プロジェクト実施方式	②選定方式		③支払方式
	競争参加者の募集方式	契約の相手方の選定方式	
• 設計施工分離方式 • 設計施工一括方式 （DB方式：Design Build方式） －基本設計からの設計施工一括方式 －実施設計からの設計施工一括方式 • 早期工事施工者参画方式 （ECI方式：Early Contractor Involvement方式） • 官民連携 （PPP：Public Private Partnership） －PFI：Private Finance Initiative ・BTO方式：Build Transfer Operate方式 ・BOT方式：Build Operate Transfer方式 ・コンセッション（公共施設等運営権）方式 －施設管理付設計施工一括方式 （DBO方式：Design Build Operate方式） －指定管理者制度	• 一般競争方式 • 指名競争方式 • 特命方式	• 価格競争方式 • 総合評価方式 • 技術提案・交渉方式	• 総価請負方式 • 実費精算方式（コスト＋フィー方式） • 単価精算方式

※プロジェクト実施方式の名称については国土交通省の設定と異なる場合がある。

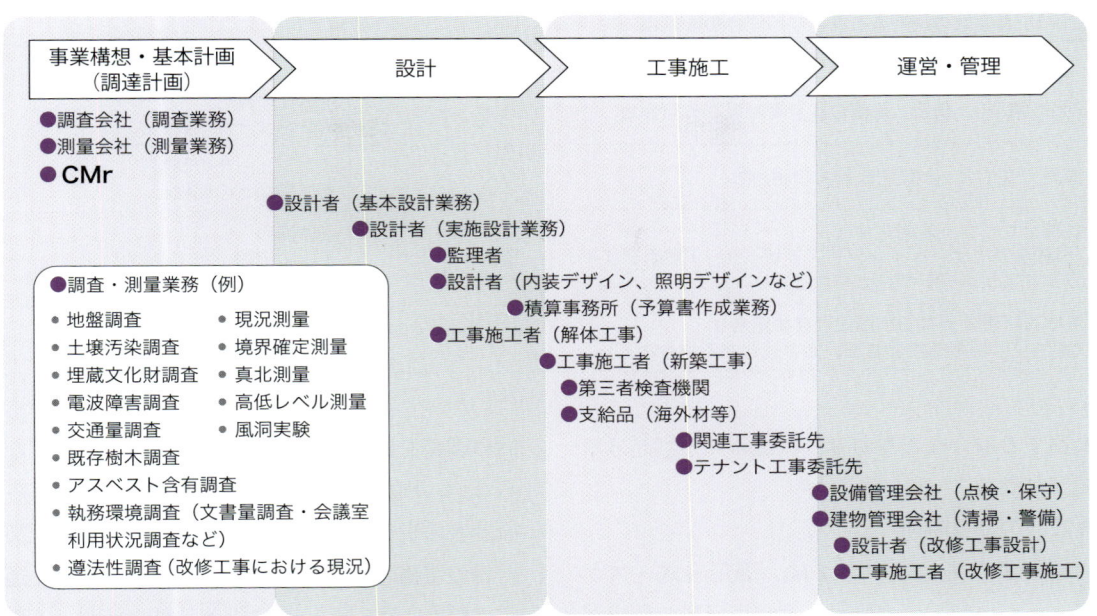

図 3-20 ●建築プロジェクトにおける調達対象と調達時期（賃貸事務所ビルの例）

工者やメーカーが特定されることもあり、事前の確認が必要となる。調達対象の検討に必要な確認事項の例を以下に挙げる。

- 発注済の業務や資機材・工事施工などの詳細
- 指定工事会社や指定メーカーなどの有無
- 現地の状況を周知している調査・測量会社の有無
- 建替工事における元施工会社からの既存建物施工時の情報
- 改修工事における過去の改修時の設計者・工事施工会社からの情報
- 改修工事における調査報告の内容
- 改修工事における現況の遵法性確認
- 設備更新工事における施設管理会社・メーカーからの情報
- 海外調達の適否

調達計画の立案においては、確認不足や状況把握の不備などにより、各調達対象への依頼範囲の重複や漏れによる手戻りが起こらないよう注意しなければならない。例えば、新たな調査・測量業務について、すでにコンサルタントや設計者の業務委託範囲に含んでいるのか、発注者が新たに直接発注するのかなど、適宜発注者の意向確認も重要となる。

更に調達対象によっては、イニシャル・コストに加えランニング・コストも考慮してメーカーや工事施工者を選定することが望ましい場合もある。建物を所有・管理する上でランニング・コストがかかる設備機器、例えば昇降機などでは、新築工事での選定時に竣工後にかかる保守管理費用を含めた総合評価を行う場合もある。

◆ 調達時期

マスター・スケジュールを踏まえて、最も効率的な調達を行うための調達スケジュールの立案と管理が必要となる。マスター・スケジュールにおける発注先の選定期間および調査・測量期間、設計期間や工事施工期間を勘案して、調達対象ごとに調達時期を判断する。しかし、調達する順番や時期が制限される場合があれば、数回に分けて調達する場合や同時期に並行して

表 3-11 ●複数の設計者を採用する場合の留意点

設計者の組合せ（例）	留意点
総合（建築）・構造・設備の設計者が異なる組合せ	整合性の確認 スケジュールの調整
海外デザイナーと国内設計者の組合せ	スケジュールの調整 著作権などの明確化
各種デザイナーの組合せ （外観デザイナー・インテリアデザイナー・照明デザイナー・環境デザイナー・ランドスケープデザイナーなど）	全体調和 矛盾の排除 工事費の超過
基本設計者と異なる実施設計者の組合せ （実施設計以降を設計施工一括方式とする場合など）	設計責任の明確化 設計品質の確保

調達する場合などもあり、調達時期の判断は単純ではない。

●設計の調達時期

設計者の選定においては、選定方式・スケジュール・候補者の検討、選定用資料の作成が必要であるが、設計者の選定はプロジェクトの先行きを決定付ける重要な要素の1つであり、適切な調達期間の確保とスケジュール管理が必要となる。

設計者を複数採用する場合には、その時期や選定する順番の判断と各設計者の役割分担、設計責任範囲の明確化、全体調和と設計品質の確保が重要となる。設計業務委託仕様書などでそれぞれの設計者の業務範囲を明確にし、業務の重複を避けるのは当然であるが、複数の設計者

間の調整を誰が行うのかを明確にしなければならない。円滑な設計業務の進捗を図るには、各設計者の責任範囲を明確にした設計業務委託契約書の整備と、総合調整会議などの会議体の運営、設計スケジュールや設計品質の確認、工事費の検証などが有効である。複数の設計者を採用する際の留意点の一例を表3-11に挙げる。

●工事施工の調達時期

例えば一定の地域で大型プロジェクトなどが増加することで各種の資機材や労務が逼迫し、工事施工の調達が困難な事態になることも考えられる。これにより調達時期が制限される場合があるが、価格動向に加え、工事施工者やメーカーの繁忙期などを考慮し、調達の時期を判断することも必要となる。例えば、急激な資機材

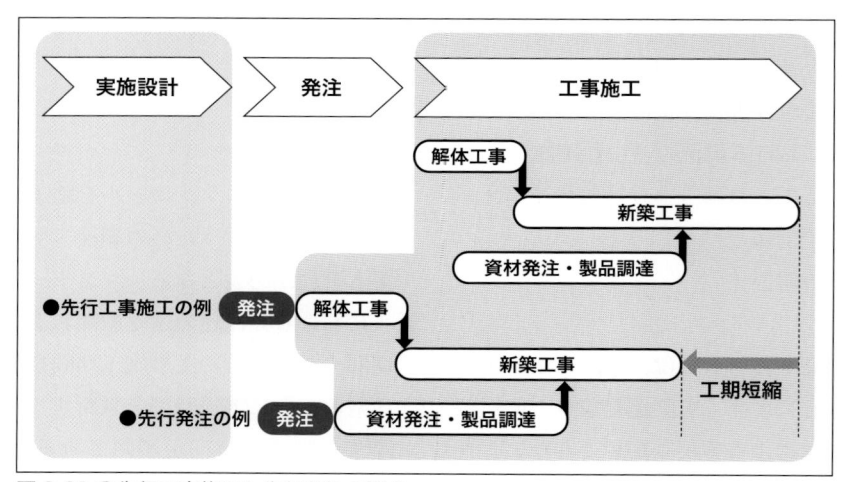

図 3-21 ●先行工事施工と先行発注の概念

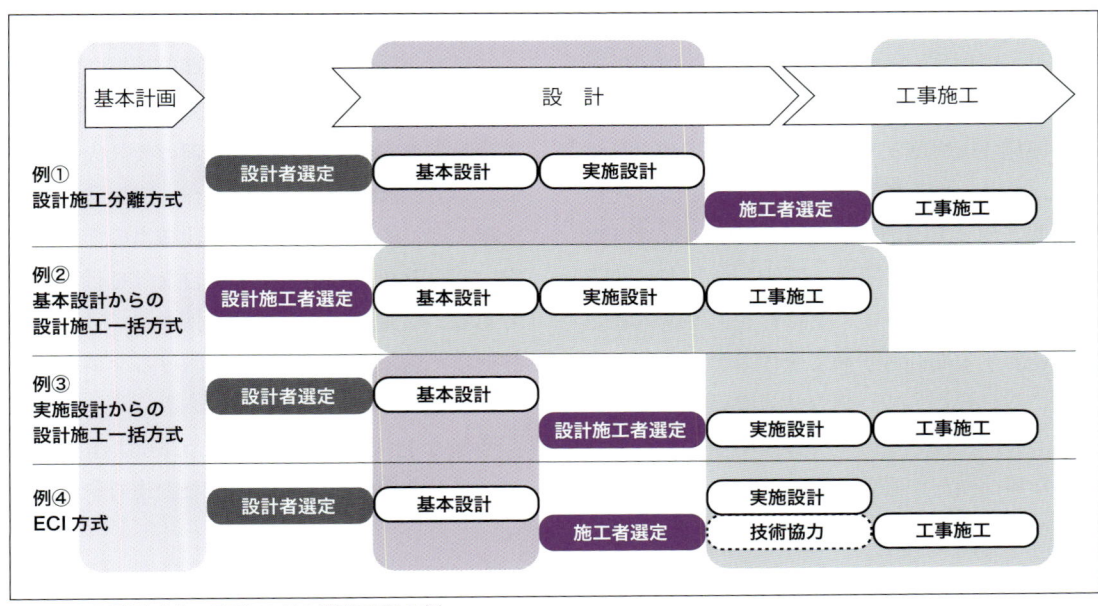

図 3-22 ● 設計者と工事施工者の選定時期の例

価格の高騰や極端な労務の不足が生じている状況が続き建設費が上振れしている場合には、プロジェクトの事業性を確保するために調達時期を調整し、マスター・スケジュールを変更せざるを得ない場面もあり得る。

　一方、調達時期を調整することで、全体スケジュールを短縮できる手法としては先行工事施工や先行発注がある（図3-21）。

○先行工事施工の例

　・既存建物解体後に建築物を新築する場合、地上建物解体工事を解体専門工事会社に先行して発注後、地下解体工事と新築工事を総合建設会社に発注することで、実施設計期間と地上解体工事期間を重複させ、全体スケジュールの短縮を図ることができる。

○先行発注の例

　・新築工事で工事施工者が逆打工法を採用する場合の逆打支柱鋼材や山留めをSMW工法で施工する場合の芯材など、鋼材のロール発注に要する期間が必要になる場合において、鋼材の先行発注を行うことにより全体スケジュールの短縮を図ることができる。

　また、先行発注は、設備機器類などでも全体スケジュールの短縮を目的として活用されている。

　・改装工事で躯体工事がなく、すぐに内装工事に着手するような場合に、納期に時間を要する資機材を先行発注することにより全体スケジュールを短縮することができる。

　ただし、確認申請前の鋼材先行発注における指示書などの扱い方、発注後の設計変更などによる手戻りが出た際のリスク分担、現場との調整不足による現場搬入時期の変更に伴う追加費用などが発生しないように綿密な調整が必要となる。調達時期を適切に判断し、全体スケジュールの遅延を防ぐことがCMrに求められる。

●設計と工事施工の調達時期の関係

　設計施工分離方式と設計施工一括方式とでは、設計者と工事施工者の調達時期に違いがある（図3-22）。

　設計施工分離方式においては多くの場合、実施設計完了後に工事施工者の選定を行う（図3-22例①）。設計施工一括方式の場合は、基本

計画完了後に設計施工者（基本設計・実施設計業務＋工事施工）を選定する場合（図3-22例②）と基本設計完了後に設計施工者（実施設計業務＋工事施工）を選定する場合（図3-22例③）がある。また、施工予定者の技術提案を設計内容に反映させるECI方式の場合、技術協力者（施工予定者）の選定時期は一般的には基本設計後となる（図3-22例④）。設計者と工事施工者の選定に要する期間も含めて全体スケジュールを把握する必要がある。組合せの違いによって工事着工時期に違いが出てくる可能性もあるため、十分な事前検討が必要である。

●運営・管理の調達時期

発注方式に応じて運営・管理の調達時期はさまざまであるが、CMrが委託先の選定に関わる場合もある。例えば、施設管理の委託先の選定において、計画内容・建物仕様・実施体制などを踏まえた提案要項書・業務仕様書の作成、提案内容の確認、選定方法の助言などを行う事例もある。なお、運営・監理に関するCM業務の詳細は、第2章「6 完成後におけるマネジメント」を参照のこと。

多様な発注方式において、CMrは建設プロジェクトの特性に応じて適切な調達対象と調達

■コンカレント・エンジニアリング
コンカレント・エンジニアリングはもともと製造業で行われている手法ではあるが、建設プロジェクトにおいても同様の考え方で設計・許認可と調達・工事施工（および管理・運営準備も含めて）を同時進行させる手法である（図3-23）。この手法が使われる理由は、建設プロジェクトにおいて工事施工に対する調達期間をいかに先行する設計・許認可の期間と同時進行させるかということが全体スケジュールを短縮するために有効だからである。また、工事施工で調達される専門工事会社のノウハウや情報を設計に盛り込むことにより、工事施工での後戻りをなくしてスケジュール遅延

を防止するためにも有効な手段と考えられる。
ただし、この手法を採用する場合には着工以前に工事施工者がプロジェクトに参画する必要がある。設計施工一括方式やECI方式を採用する意義の1つがここにある。その際、CMrは発注者・設計者・工事施工者または技術協力者の情報共有や密な連携の円滑化を促す役割を持つ。また設計期間中に工事施工者または技術協力者に調達計画の作成・提出を求め、発注者と発注スケジュールの合意を進めることになる。設計施工分離方式の場合、CMrは着工後の調達計画で、工事工程に支障が出ないように事前に調査確認し、発注者の合意を得ておくことが重要である。

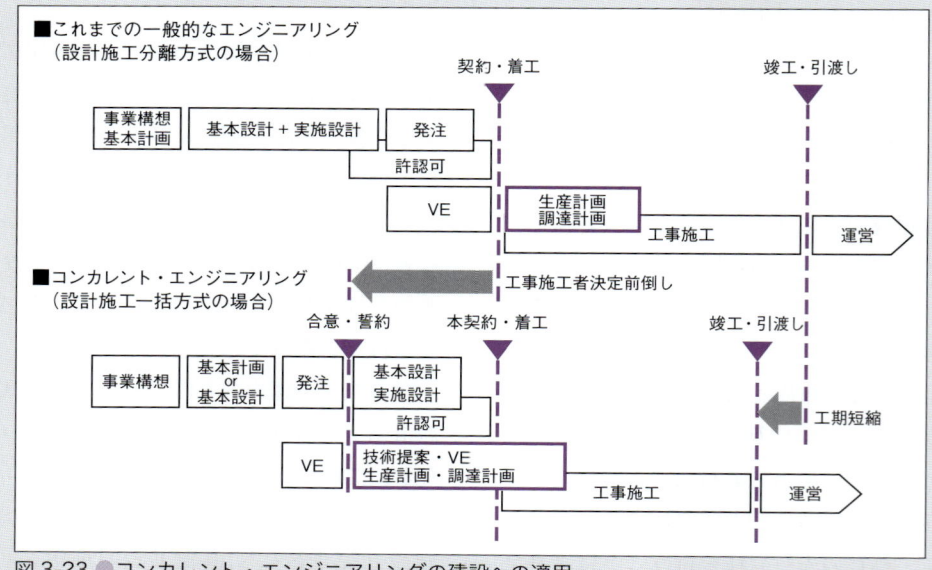

図 3-23 ●コンカレント・エンジニアリングの建設への適用

時期を検討し、最適な発注方式の適用を支援する必要がある。本書では、それぞれのプロジェクト方式に応じた具体的な調達方法（選定方法）を、①設計者の選定、②監理者の選定、③設計施工分離方式における工事施工者の選定、④ECI方式における技術協力者の選定に分類して後述する。

　実務的な選定方法も多様で、公共・民間、建築・土木、更には発注者の属性・方針・経験などにより発注・選定に関わる必要期間・業務手順・評価基準・関係資料・決裁方法などに相当の相違がある。ここでは、主に民間の発注者による建築プロジェクトを前提とし、一般的な選定方法について解説する。

2-2　設計者の選定

　主に民間プロジェクトの設計施工分離方式における設計者選定について述べる。設計者選定のためのCMrの業務は、大別して以下の3種類となる。

- ・設計者選定方式などの策定
- ・設計者選定用資料の作成
- ・設計者選定の支援

　設計者選定の手続きは、プロジェクトや発注者要求によってさまざまなプロセスを経て行われる（図3-24）。

◆ 発注計画の検討

　設計者選定方法を確定させるために以下についての検討を行い、発注計画を策定する。

- ・プロジェクト実施方式
- ・設計者の業務範囲
- ・求める設計者像

　プロジェクトに適した設計者選定方式を策定

する。基本的には、公正で優れた提案を促す方法で、かつ、設計者の能力を活かすことができ、プロジェクトに対して効率的な発注を行うことが大切である。

● 選定方式の決定

　設計者選定方法として一般に用いられているものとして、設計競技（コンペ）方式・プロポーザル方式・資質評価（QBS）方式・特命随意契約方式について説明する。設計者選定にあたってはそれぞれの方式について、その趣旨・特徴を十分に踏まえ、設計業務の目的および内容に応じて適切に活用する必要がある。各方式の利点を組み合わせて複合的に運用される場合もある。

○ 設計競技（コンペ）方式【案の選定】

　複数の候補者から、最も優れた「設計案」を選ぶ方式である。設計に独創性や芸術性が求められるプロジェクトの性質上、具体案での審査が必要な場合に選択する。具体案のため発注者は優劣を判断しやすい。一方で、設計案に対するコストと工期の裏付けが不十分になる恐れがあり、評価においてCMrは助言を求められることがある。

　候補者は設計の具体案を作成するため、選定にかかる期間および手間は多大なものになる。そのため、候補者に対して対価が支払われる場合もある。また、発注者も候補者が公平な環境にて案の検討が行えるよう、具体的な与条件を事前に明確にする必要があり、その準備に期間および手間が必要となる。

○ プロポーザル方式【方針と人などの選定】

　複数の候補者から、最も適した「業務方針などと設計者」を選ぶ方式である。設計の具体案ではなく、設計業務の実施方針・体制・設計の進め方・プロジェクトの課題に対する基本的な考え方などについて提案を求める。発注者と候補者の双方にとって、負担の少ない方式である。具体案が伴わないため、発注者において判断し

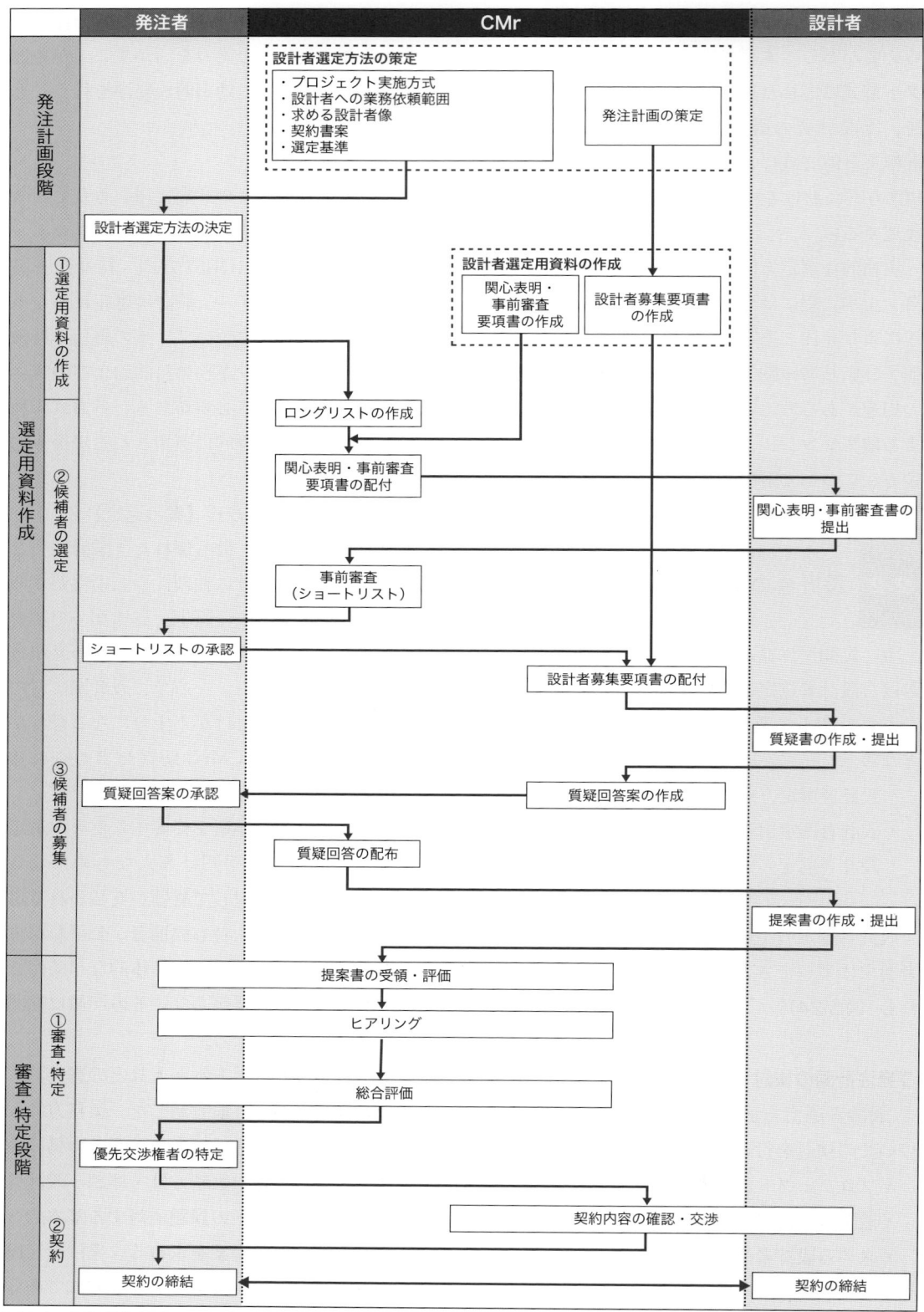

図3-24●設計者選定フロー（例）

づらく、必要に応じてヒアリングを実施する。提案書の中に具体案を求めることは、本来の趣旨から避けるべきであるが、候補者は、具体的なイメージを伝えようとすることが多く、評価においては透明性・公平性を確保することが求められる。

○資質評価（QBS）方式【人の選定】

複数の候補者に、類似実績や体制、担当者実績などの提示を求め、選定基準に従い候補者を数者に絞り、ヒアリングや代表的なプロジェクトの視察、関係者への意見聴取の後に最上位者を特定して報酬の協議を行い選定する方式である。提案を求めず、実績やヒアリングにより設計者を選定する。設計案を作成および評価する負担はないが、視察・意見聴取に掛かる時間と手間が発生する。ランドスケープ・インテリアなどの専門的な設計者選定の際に用いることが多い。

○特命随意契約方式

設計者の能力・実績・作風・評判などを調査し、発注者の判断において特定する方式である。設計者は能力と実績が評価され、発注者の信頼のもとに能力を発揮できる環境となる。一方で、発注者が総合的な観点から設計者を選定できない場合もあるため、CMrには適切な助言が求められる。

特殊な設備などの設計において、特殊なコンサルタントあるいはメーカーの設計部署などを選定する場合は、特命となることが多い。

○競争入札方式

業務料に対する見積金額の算出を求めて、その多寡で受注者を決定する。発注者およびプロジェクトに求められる提案内容・技術力・資質・組織などを評価することが困難となるため、高度な創造性・専門性・技術性などが必要となる設計業務の受注者の選定方式としては望ましくないとされている。

●発注スケジュールの策定

CMrは、設計者選定のための必要な手続きなどにかかるスケジュールを作成する。その際注意すべき点は、以下のとおりである。

○マスター・スケジュールとの整合性

選定方式によっては必要期間が異なり、長期にわたることもある。マスター・スケジュールとの整合性を確保するため、選定方式の変更・簡略化が求められる場合がある。

○募集要項書などの作業期間

募集要項書の内容およびその作成にかかる期間は、求める提案内容によって異なる場合がある。

○候補者による提案書などの作成期間

公平性を確保するために、十分な期間を設ける必要がある。提案内容によって作成にかかる期間も変化するため、何を求めるかも含めて検討する必要がある。

○提案書などの評価期間

評価は十分な資質を有する者によって行う必要がある。また、評価期間についても、求める提案内容によって異なる。

○受注者の特定から契約締結に関わる期間

選定・評価の必要期間は十分に確保する。発注者の決裁プロセスや決裁者の都合によりスケジュールが左右される場合もあるので、留意が必要である。

●契約書案の作成

契約図書は、業務委託契約書・契約約款・設計業務委託仕様書によって構成されるのが一般的である。民間のプロジェクトでは、四会連合協定 建築設計・監理等業務委託契約約款調査研究会による様式、公共工事では「公共建築設計業務委託共通仕様書」などの様式が使用されることが多いが、発注者が独自の契約書式を持っている場合もあるので、どのような契約書とするか発注者と協議の上で、契約書案に含めるべき内容について助言を行う。

表3-12●設計者選定用資料の構成（例）

文書名	概要
関心表明・事前審査要項書	• プロジェクトの概要 • 要求業務内容の概要 • 提案書の提出者に要求される資格要件および選定のための規準に関する事項 • 評価基準に関する事項 • 募集要項書を入手する方法および場所 • 提案書の提出方法、場所および提出期限 • 関連情報を入手するための照会窓口 • 関心表明・事前審査書の提出方法および期限
付属文書	• 関心表明書様式 • 事前審査書様式
設計者募集要項書	• プロジェクトの目的・目標 • 工事名称 • 工期 • 見積書・提案書の提出者に要求する資格要件などの規準に関する事項 • 見積書・提案書提出手続き（受付窓口・受付期間・受付する機関の宛先） • 補足的な情報を要請する場合において、その要請を受け付ける宛先 • 質疑回答手続き（受付窓口・受付期間・回答方法・回答時期） • ヒアリング実施の有無 • 設計者選定基準 • 見積書・提出書作成費用負担 • 見積書・提出書に対する所有権（著作権の扱い） • 見積書類の返却有無 • 要求業務内容の説明 • 支払条件
付属文書	• 設計業務委託仕様書 • プロジェクト説明書 • 提案書作成要領書・様式集 • 設計料見積書 • 業務委託契約約款（案）

　また、これらの様式のみでは、CMrの位置付けが不明確になるため、役割分担・業務範囲などを示した業務範囲表などを追加する場合がある。

◆ 選定用資料の作成と候補者の選定・募集

　設計者選定用資料は、候補者を選定するための「関心表明・事前審査*要項書」と、提案を募集するための「設計者募集要項書」から構成される。各文書の概要を表3-12に示す。

> ＊**事前審査**
> 多数の応募者の提案を審査・評価することは、発注者・CMrにとって非効率的であり、応募者には過大な負担を強いることになる。そのため候補者を絞った上で、その絞った候補者にだけ提案を依頼する。この絞り込み（ショートリスト）の作業を行うために事前審査（Pre-qualification）が必要となる。プロジェクトによっては、この事前審査を省略する場合もある。

● 関心表明と事前審査

　CMrは設計者の関心を確認するため、提案書の提出を依頼する候補者を絞り込むための関心表明・事前審査要項書を作成する。記載すべ

き具体的な内容は表3-12のとおりである。

● 設計者募集要項書

（RFP: Request for Proposal）の作成

　CMrは、設計者を特定するために候補者に提出を依頼する提案書の内容・作成方法などを記載した設計者募集要項書を作成する。記載すべき具体的な内容は表3-12のとおりである。

○ 設計業務委託仕様書

　発注者は提案を求めるために、設計内容および委託業務の内容を候補者に示す必要がある。設計業務委託仕様書として提示する場合もあり、契約時は契約書の付属文書としても取り扱われる。具体的な業務範囲や設計を行う上での留意事項・業務期間・提出物など、設計業務を進める上で準拠すべき運用規則などについて定める。

　これらは発注者の意図を正確に伝え、必要とされる設計者の能力・資質・経験、業務の内容、CMrの関与などを明らかにするものである。また、適正な設計期間の設定、設計業務内容に見

合った報酬算定の前提条件になる。

この文書の作成にあたり、CMrは設計業務の進め方を具体的に想定する必要がある。工事施工者や設計施工者などへの成果物の引継方法、関連工事への設計者が対応すべき業務内容などについて検討する。

○提案書作成要領・様式集

候補者が提出する提案書の様式などを指定し、記載する内容も具体的に定める場合がある。発注者の公平な評価を可能とし、提案書作成に要する候補者の時間を削減する効果もある。提案を求める内容はプロジェクトに関連すべきであり、かつ評価に直結するものであるため、発注者と協議の上で、意思統一を図るべきである。

一方で、様式を細かく規定しすぎると、候補者の自由度や独創性を奪う恐れがある。引き出したい提案内容に合わせた適度な制限が大切である。また、プロポーザル方式では、どの程度の設計案（概略案）まで許容するかを示す必要がある。

質疑回答は、特に理由がない限り基本的に全参加者に共通の内容で開示するため、質疑内容が明確に伝わる様式を提示する。

○設計料見積書式

設計料や支払条件については、以下の留意点に併せて、必要に応じて見積項目を記載した参考書式などを添付する。

・計算根拠の提示を依頼し、一式での計上は極力避ける。
・部分払いを行う場合は、支払時期と支払条件を明確にする。
・別途で委託する可能性がある業務（監理業務など）について、必要であれば金額の提示を求める。

設計業務量は、対象物の用途・規模・複雑さ・期間・行政手続きなどにより異なる。国土交通省告示第8号に定める算出基準を踏まえて、個別の実情を考慮して判断することが求められる。

●候補者の検討と設計者募集要項書の交付

○ロングリストの作成

候補者の選定にあたっては、対象となるプロジェクトに明らかに適切ではない候補者を除外することを目的として、比較的緩い条件下で挙げられた候補者リスト（ロングリスト）を作成する。一般的には、プロジェクトの特性に合わせ、会社規模・事務所分類・類似業務などを考慮し策定する。

○事前審査によるショートリストの作成

ロングリストに基づき候補者を絞り込んだリスト（ショートリスト）を作成する。関心表明書がある場合は、それらを参照しながら発注者とCMrの協議により絞り込み、3〜5者を選定することが多い。非選定の応募者に対する説明が求められる場合があり、選定は要項書の主旨に沿って行われることが望ましい。

○設計者募集要項書の配布

指名による場合は要項書を直接配布する。公募による場合は業界紙やインターネットなどに掲載するが、内容は詳細なものである必要はなく、要項書の入手を希望する者に対して配布するのが一般的である。

◆受注者の決定

●設計者選定基準の策定

CMrは設計者選定の方法および手続きについて、発注者に助言する。設計者の評価・選定にあたっては、業務内容の明確化、評価・選定基準の作成が重要である。いずれの選定方式においても選定基準が必要になる。選定の説明責任（アカウンタビリティ）を高めるために、事前に選定基準を作成し、公表する場合がある。これは発注者が特にどのような提案を期待しているのか、募集要項書から読み取り切れない「意図」を候補者に伝える役割もある。

表3-13 ●設計者選定時の提案書評価項目（例）

評価カテゴリ		評価項目の例
定量的	実績	● 事務所としての類似案件の実績 ● 担当者の経歴・経験・実績
	会社の安定性	● 事務所の財務内容
	繁忙度の確認	● 担当者の手持ち業務量
	設計料	● 設計業務報酬
定性的	デザイン性・独自性	● 計画施設に対するイメージ表現 ● 過去の作品の類似性
	コンセプト	● コンセプトの妥当性・実現性
	快適性・使いやすさ	● 機能性についての考え方 ● アクセス・動線計画の考え方 ● 利便性についての考え方
	安全・安心	● 耐久性・耐震性についての考え方 ● 安全性・防災性、BCPの考え方
	長寿命・環境への配慮	● ライフサイクルコスト・メンテナンス性についての考え方 ● 環境配慮についての考え方
	工程・コスト	● 工程についての考え方・工事費の捉え方（概算額の妥当性）
	プロジェクト実施方針	● 設計概算の時期 ● 業務の進め方 ● 工事費超過への対応 ● 会社の組織と実行体制

○定量的評価項目

評価項目の中には、技術的評価やヒアリングなどを伴わずに、定量的評価により採点が可能な項目がある。具体的な項目例は表3-13のとおりである。

○定性的評価項目

評価項目ごとに評価の重みは異なるため、それらを勘案した配点を設定し、各項目に対する得点を合算することで総合評点とする。ある特定の評価項目について最低の基準を満たない場合は、失格とする場合もある。

評価項目はプロジェクトの特性や発注者の関心事項に沿って設定する必要がある。具体的な評価項目例は表3-13のとおりである。

● 提案書の審査と受注者の特定

○提案書の評価・審査

提出された提案書について、あらかじめ設定された選定基準に基づき評価・審査を行う。評価は客観的に実施する必要があり、事前審査と同様に、評価結果については説明責任が求めら

れるため、選定は要項書の主旨に沿って行われることが望ましい。

○ヒアリング（プレゼンテーション）の実施

提案書の内容を候補者から説明を受ける機会として、ヒアリング（プレゼンテーション）を必要に応じて設定する。ヒアリングによる評価は、提案書とは別で配点を設定する方法と、事前に審査した提案書評価を、ヒアリングの内容によって見直す方法とがある。

○ CMrの役割

CMrが関与する場合、評価はCMrが行い、その結果を発注者に報告し、発注者で審査する場合、あるいは発注者の関係者が評価・審査する場合など、さまざまである。それに伴いCMrの立場も変化する。

プロジェクトに精通していない人が審査に関与する場合には、情報不足・理解不足により不公平な結論が生じないように、十分にプロジェクトの背景や評価項目・選定方法について事前説明を行う必要がある。また、外部の専門家が評価・審査に参加する場合も考えられる。この場合も同様に十分な事前説明が必要であり、CMrは主体的に審査を行う立場というよりも、公平な審査ができるように第三者の立場から調整・支援を行う。

● 契約締結の支援

CMrは、プロジェクト構成員の役割を明確にし、契約書においては、発注者・設計者の互いの責任区分と役割分担を明らかにする必要がある。設計者責任はCMにおいても変化はなく、設計業務の委託契約にあたって業務内容・履行期間・業務報酬などを発注者と設計者の間で明確に取り決めなければならない。

○契約内容の確認

契約にあたり、CMrは発注者と設計者が対等な関係で業務の内容や範囲を確認し、適切な設計期間や設計料を協議できるように支援する。報酬の算定には、積上げ方式・料率方式・実績

精算方式などがある。いずれも双方が納得することが必要である。発注者に片務的な契約内容とならないないように、CMrは中立の立場で業務を進めることが求められる。

　CMrは設計契約書類の内容を確認し、疑義があると判断した場合は発注者に報告する。CMrは設計業務の内容や進め方について具体的に想定し、その内容について契約書類の作成以前に発注者と共有し、契約に反映されるよう支援する。また、業務期間・設計料・支払条件などの確認は重要である。

▷役割分担が明確か

　プロジェクト構成員の役割分担に従い、その内容が適切に盛り込まれているか確認する。第三者の専門コンサルタントが参画する場合においては、その関係を明確にする。設計業務・監理業務とCM業務の役割と責任についても、重複することのないように明確にする必要がある。CMrは、事前に業務区分について表などを作成し、発注者と共有することが望ましい。

▷業務内容は明確か

　設計業務を委託する場合、さまざまな付帯業務（オプション業務）が付加される場合がある。地盤調査・測量などの各種調査、詳細模型やアニメーションの作成、諸官庁への申請代理業務などである。また、標準業務以外の技術的な調査・検討・調整などが生じる場合には、業務量は大幅に異なる。このためCMrは、委託内容と設計対象について、共通認識が得られるよう事前に発注者に説明し、契約において明確になっているかどうかを確認する必要がある。

▷成果物は明確か

　国土交通省告示第8号には、成果図書の一覧が記載されている。一方で、成果図書は後続する発注・工事施工・運営・管理への重要なインプットとなる。そのためCMrは、成果図書がどのように継承されるべきか考慮した上で、その内容やあり方を検討する必要がある。成果図

書は、設計業務委託仕様書などに明記されることが必要である。

2-3 監理者の選定

　主に民間プロジェクトの設計施工分離方式における監理者の選定について述べる。工事監理業務*は、設計図書と工事施工を照合・確認する業務で十分な透明性が求められる。CMrは監理者の選定にあたっては、プロジェクトおよび発注者の特性を鑑みて最適な方式を提案し、適切な選定支援を行うことが求められる。

> ***工事監理業務**
> 「監理業務」は国土交通省告示第8号の「工事監理に関する標準業務及びその他の標準業務」およびその他の関連する業務を含んで広く指すが、この業務範囲はプロジェクトの特性やCMrとの役割分担によって一様ではない。「監理業務」と「工事監理業務」については、第2章「5 工事施工におけるマネジメント」を参照のこと。

◆発注計画の検討

　基本的な選定フローは設計者選定と同様だが、監理者選定においては以下の点に留意して発注計画を策定する。

- ・プロジェクト実施方式
- ・発注スケジュール
- ・プロジェクト実施方式と業務内容

●選定方式の決定

　監理業務は、設計者が継続して監理業務を行う場合と、監理業務に第三者性を求めるため設計者とは異なる監理者を選定する場合（第三者監理*）の2通りに大別される。CMrは設計者選定の事前段階で発注者と十分協議を行うとともに、設計者選定の際にはプロジェクト実施方式について明確に条件設定をしておくことが必要である。

　監理者は主にその資質および監理料をもって選定を行うことが一般的である。資質に関しては、類似用途・類似規模の実績や監理方針など

の書類確認、ヒアリングを通した担当者自身の資質評価などが重要な視点となる。

＊第三者監理
監理業務に第三者性が求められる場合などに設計者と異なる監理者が選定され、監理業務を担当すること。

● 発注スケジュールの策定

設計者と監理者が同一主体の場合は、原則として設計者選定と同時に監理者が決定するが、別に選定を行う場合は、工事着工前に監理者が決定している必要がある。

○ 設計意図伝達に関するスケジュールの確保

設計者と監理者が別主体の場合、設計内容の把握期間および設計者からの意思伝達期間が必要である。

○ 工事着工前の準備期間の確保

工事着工とともに監理業務は開始することになるため、工事着工前に監理方針の確認、監理体制の確認などを発注者・設計者・工事施工者とともに行う必要がある。

● 契約書案の策定

一般的には四会連合協定 建築設計・監理等業務委託契約約款調査研究会による様式、公共工事では公共建築設計業務委託共通仕様書などの様式が使用されることが多いが、「監理業務」として「工事監理業務」以外の業務をどこまで監理者に求めるか、CMrとの業務区分とともに発注者の同意を得て文書化しておく。

また、設計者と監理者が同一である場合、設計変更などに伴う両社の役割分担が曖昧になる場合があるので、事前の役割分担の定義を明確に行っておくことが必要である。

◆ 選定用資料の作成

基本的な内容は設計者選定の要項書と同様だが、監理者の選定の場合、技術力に加え、担当者の経験なども踏まえた選定を行った上で、確実な業務履行が求められることが多い。その上で、候補者に求める提案としては、企業・担当者の実績や監理方針を書面で確認して、必要に応じて担当者ヒアリングなどを実施して類似案件、類似規模の案件に携わった実績を確認することが望ましい。

◆ 受注者の決定

監理者は設計者がそのまま随意契約にて継続する、あるいは設計業務と一体で依頼されることが多い。その場合は特に監理者の審査・特定は実施されない。

一方、設計者とは異なる第三者に監理業務を委託する第三者監理を行う場合もあり、その場合には、単独で監理者の選定が発生し、設計者選定と同様の選定フローで実施することになる。

2-4 設計施工分離方式における工事施工者の選定

主に民間プロジェクトの設計施工分離方式における工事施工者の選定について述べる。工事施工者の選定のための業務は、大別して以下の3種類となる。

- 選定方式などの策定
- 選定用資料の作成と候補者の選定
- 受注者の決定支援

工事施工者の選定手順は、図3-25のフローのようになる。選定用資料の作成期間や審査期間は、CMrの作業量が集中する期間である。複数の工事施工者を選定する場合は、その傾向が強くなるため、遅滞なく選定作業を実施しなければならない。同時に、質疑応答や評価・審査に多くの時間を割かなければならない発注者や設計者のスケジュールの調整も必要である。

◆ 発注計画の検討

選定方式を確定させるために以下についての検討を行い、発注計画を策定・更新する。

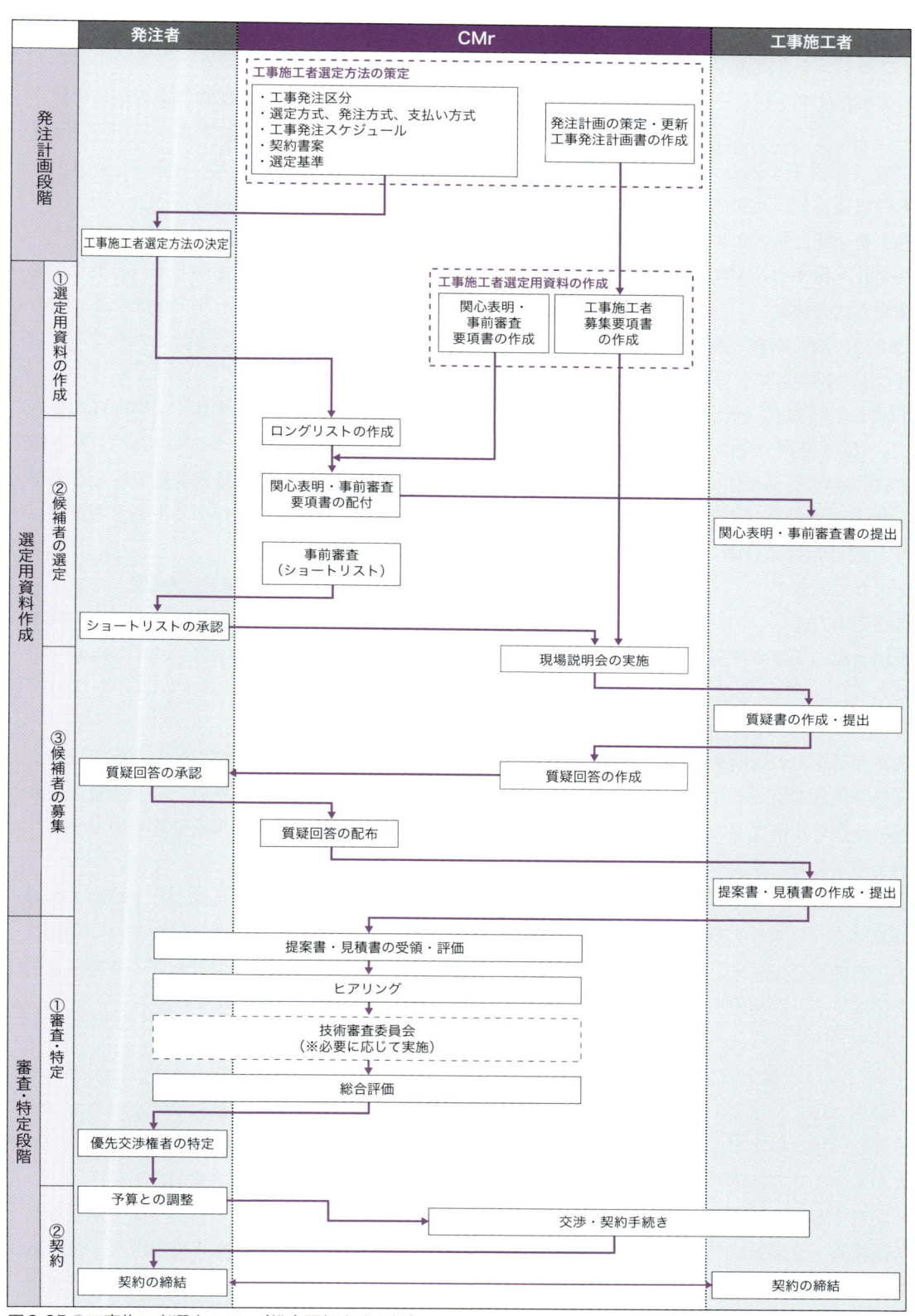

図3-25 ●工事施工者選定フロー（総合評価方式の例）

・工事発注区分
・プロジェクト実施方式と業務内容
・工事発注スケジュール

プロジェクトに適した選定方法を策定する。基本的には、公正な競争原理が働く方法で、工事施工者の能力を活かすことができ、最も効率的な発注を行うことが大切である。

●選定方式の決定

CMrは、設計内容・難易度・予算・工期・地域性などを勘案して、選定方式を策定する。選定方式としては、「価格競争方式」「総合評価方式」「技術提案・交渉方式」が一般的である。各方式の説明については、第2章「1-1 発注方式→◆選定方式の検討」を参照のこと。その他各方式におけるCMrとしての留意点は以下のとおりである。

○価格競争方式

見積金額の多寡で評価するため判断基準が明確である。一方で、談合やダンピングなどが起きる恐れがあるため、評価においてCMrは見積金額が適正かの判断を求められることがある。

○総合評価方式

見積金額と技術提案の総合的な評価で工事施工者を選ぶため、談合やダンピングなどの抑制が期待できる。一方で、公平性・透明性のある評価基準を設定する必要があり、場合によっては第三者委員会などを設置し、第三者性・客観性を確保する。評価方法としては、「加算方式」と「除算方式」があり、詳細は本章「2-7 公共工事における選定方式→◆総合評価落札方式の評価方法」を参照のこと。具体的な評価基準・評価方法は提案が提出される前に策定する必要があり、必要に応じて工事施工者募集要項書に記載する。

○技術提案・交渉方式

技術提案の評価により優先交渉権者を決定し、その後に見積金額などについて交渉する。談合やダンピングなどの抑制が期待できる半面、特に見積金額について十分な競争効果を得ることが困難、発注者予算との整合性を事前に把握することが困難などの課題がある。発注時の見積条件や予定価格の提示など、あらかじめ対策を施しておくことが必要である。

●発注スケジュールの策定

CMrは、工事施工者選定のための必要な手続きなどにかかるスケジュールを作成する。CMrとしての配慮すべき点は以下のとおりである。

○発注方法と選定期間

見積書の作成に要する期間が工事内容によって異なる。技術提案を求める場合は、求める提案内容に応じて適切な作成期間を設ける必要があり、また評価・審査にかかる期間も調整する必要がある。

○設計工程と選定用資料の作成期間

工事発注のためには、見積要項書などの関連する書類の他、設計図書が完成している必要がある。

○契約締結期間

発注者の意思決定・承認期間を考慮する必要がある。また、複数の工事施工者を同時に選定する場合、契約にかかる事務期間も考慮する。

○着工準備期間

準備工事の期間だけではなく、工事施工体制の立ち上げに要する期間、関係諸官庁への届出・申請、測量・土質調査・仮設などの準備作業を考慮する。

○その他の関連する工事期間

資機材の調達、解体工事やテナント工事の工程、家具・什器・備品の搬入などを含めた全体の期間を把握する。

●契約書案の作成と支払方式の検討

民間工事では、必要な項目について定められた「民間連合協定 工事請負契約約款」が用いられることが多い。これを参考に定型の工事請負契約書を定めている発注者や独自の契約書式

を有する発注者もあるため、どのような工事請負契約書とするか発注者と協議の上、契約書（案）に含めるべき内容を検討する。

○工事請負契約書

契約方法にしたがって工事請負契約書（案）（および適用される工事請負契約約款）を候補者に提示する。

一般的な工事契約書類ではCMrの関与について規定されていないので、必要に応じてCMrの業務内容・役割分担などを工事施工者に書面などで示す必要がある。

○支払方式

建設業法第24条により「報酬を得て建設工事の完成を目的として締結する契約は、建設工事の請負契約」とみなされる。工事の契約方法は、一式請負での総価契約が一般的であるが、その他に単価精算方式や実費精算方式もある。

工事請負契約に関する発注者の要求に応じて、各契約のもつ特徴やリスクを明確にした上で、適切な契約方法の選択が行われるよう、発注者に助言する。工事施工者の契約不適合責任に関しては、第2章「6-1　不具合・契約不適合への対応」に詳しく説明されているので、参照のこと。重要な項目であるため、CMrは十分に理解した上で助言すること。

○コストオン方式

「コストオン方式」とは、発注者・元請施工者・下請施工者の三者間で、下請施工者の工事請負金額と元請の管理経費を決めた上で契約を結ぶ日本独特の民間工事における契約方法である（図3-26）。これまで設備工事を対象として行われていたが、近年、発注者が設備工事のみだけではなく、さまざまな工種について専門工事会社を指定し、価格交渉を済ませた上で、元請施工者が当該専門工事会社と下請契約を結ぶような場合も出てきた。

このような契約は、発注者が価格交渉などの権利を保有しつつ、工事施工の管理業務の一

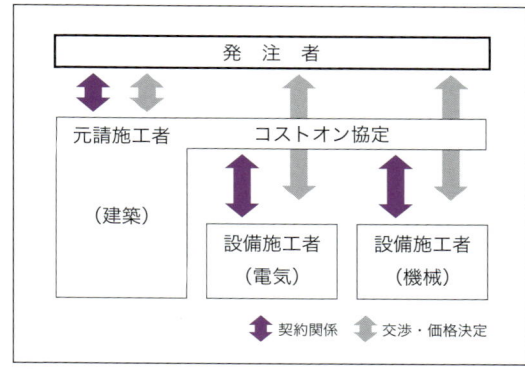

図3-26 ●コストオン方式

部を元請施工者に委ねることになる。「民間連合協定　工事請負契約約款 第3条 関連工事の調整」においての「協力」業務が契約範囲の一部と解釈されることもある。

しかしながら、管理業務の詳細や責任・義務が明確でないために関係者間の責任区分・費用負担が不明瞭であるもの、発注者が指定した専門工事会社との間で合意された契約条件を元請施工者に片務的に求めているもの、工事施工者に義務のみが要求され権利が与えられていないものなど、契約面での不備がトラブルの要因となっている場合もある。また、指定した専門工事会社が元請施工者の下請けとなる場合でも元請施工者に善管注意義務*責任しか問えないのではないかという議論もある。

このような契約では、コストオン協定書などにより関係者の責任区分・役割分担・費用負担を明確にした上で、元請施工者を含めた関係者全員の合意のもとに行うことが重要である。

> **＊善管注意義務**
> 「善良なる管理者の注意義務」の略語であり、委任契約によって仕事を引き受けた受任者は本来の受任事項を処理するのとは別にこの義務を負う（民法644条）。この義務は、何か「これこれをせよ」という具体的な内容を持つものではなく、「人から信用されて仕事を任された者はその信頼に応えるべく引き受けた事柄の目的に合うよう一定水準の注意を払って仕事をせよ」という意味である。
> ➡第1章「4 CMrの責任」

○工事請負契約書の書面化義務

一般的に契約の成立に書面の作成は必要とさ

れないが、工事請負契約は、将来の紛争を予防する目的から、建設業法第19条により契約書の書面化が義務付けられており、明示すべき内容も定められている。

◆選定用資料の作成と候補者の選定・募集

選定用資料の構成は、表3-14のとおりである。設計図書は設計者が作成するものであり、CMrはこれらを整理して、選定用資料をまとめる。

●関心表明と事前審査

工事施工者の関心を知り、候補者を事前に絞り込むための関心表明・事前審査要項書を作成する。

●工事施工者募集要項書または見積要項書の作成

見積書あるいは提案書を提出する候補者が、プロジェクトの内容を正確に理解できる情報を提示しなければならない。CMrはその説明のために以下のような項目を記載した工事施工者募集要項書を作成する。プロジェクトごとに内容が異なるので、CMrは十分に検討して作成しなければならない。記載すべき具体的な内容は表3-14のとおりである。契約時の根拠書類となるものについては、優先順位も併せて明示する必要がある。

●候補者の検討

○ロングリストの作成

ロングリストの概要は設計者の選定と同様である。大手・準大手・中堅など、工事施工者の会社規模の分類や会社規模や地域性などに応じた共同企業体組成の可能性などを考慮して策定される場合が多い。

○候補者の募集

CMrは、発注区分ごとに関心表明・事前審査要項書をもって、工事施工者を募集していることを候補者に知らせる。連絡方法は発注者と十分に相談して定める必要がある。

指名競争入札のように特定の候補者に知らせる場合、CMrは候補者の推薦や助言を求められることが多い。CMrは、市場調査などを事前に行い、プロジェクトの特性を考慮し、候補者を幅広く選択することが一般的である。

一方で、一般競争入札の場合、参加要件・財務状況などの要件を明確に掲げて、不適格者を排除することになる。一方、募集の段階で過剰に選択肢を狭めることは得策ではなく、プロジェクトの特性に応じて設定されるべきである。

○事前審査

CMrは、応募者から提出された事前審査書に対して、プロジェクトの特性を考慮して作成された基準に沿って審査する。

事前審査を行って数社に絞り込む場合は、候補者数を先に決めておく。基準に基づいて得点をつけ、その合計点の高い応募者を事前審査通過者とすることが多い。各項目に対する得点は、一般的に公表されない。以下に事前審査の評価項目について説明する。

▷関心表明

CMrは、応募者からの関心表明書の提出の有無を確認し、応募者が参加意思があるかを確認する。

▷類似工事実績

類似工事での実績を審査基準とする。一般的に、企業としての実績のみを問うが、担当者の実績を問う場合もある。

類似工事の実績を資格要件とする場合と加点対象とする場合がある。より類似性の高い実績については高得点を与える場合もある。類似工事の定義については、プロジェクトごとに検討する必要があり、特に類似工事の実績を資格要件とする場合は留意が必要である。一般には直近の実績が望ましいため、過去何年前までのものを実績としてみなすかを、事前に用途に応じて設定する必要がある。

▷財務内容

書式を準備して、決算結果などの記入を求め、

表3-14 ●工事施工者選定用資料の構成（例）

文書名	概　要
関心表明・事前審査要項書	● プロジェクトの概要 ● 見積書・提案書の提出者に要求する資格要件などの基準に関する事項 ● 工事施工者特定のための方法および評価基準に関する事項 ● 工事施工者募集要項書を入手する方法および場所 ● 関心表明・見積書・提案書などの提出の方法、場所および提出期限 ● 関連情報を入手するための照会窓口
付属文書	● 関心表明書様式 ● 事前審査書様式
工事施工者募集要項書 見積要項書	● プロジェクトの目的 ● 工事名称、工期 ● 手続き上の窓口、選定スケジュール ● 応募者に要求する資格要件・評価基準に関する事項（事前審査を行う場合は、資格確認済みのため不要） ● 応募者に求める提出物の内容および作成要領 ● 見積書・提案書提出手続き（受付窓口・受付期間） ● 質疑回答手続き（受付窓口・受付期間・回答方法・回答時期） ● ヒアリング実施の有無 ● 提出物作成要領 ● 工事施工者特定のための選定基準 ● 見積書・提案書作成費用負担 ● 積書・提案書に対する所有権（著作権） ● 見積書類の返却 ● 入札保証・履行保証 ● 守秘義務
付属文書	● 設計図書・工事区分表・仕様書 ● 現場説明書 ● 提出物作成要領書

表3-15 ●工事施工者選定方式と提出要求書類（例）

評価要因	提出要求書類	選定方式		
		価格競争方式	総合評価方式	技術提案・交渉方式
関心表明	関心表明書	提出の有無を確認		
資質 （事前審査を行う場合は、事前審査にて提出を要求する）	・会社概要 ・類似工事実績 ・財務内容 ・保有許可・資格 ・経済上あるいは技術上の要件、資金上の保障ならびに情報または文章　など	―	○	○
当該プロジェクトに関する提案	・技術提案書・VE提案書 ・工事スケジュール ・施工計画書 ・施工体制および組織計画書　など	―	○	○
工事費見積	・見積書 ・見積内訳書 ・数量調書　など	○	○	○ （参考金額として徴収することがある）

それに対して、財務指標を計算して基準とする。財務指標は経営状況分析に使われる指標などである。経営状況分析の結果あるいは経営事項審査のＹ点*などをそのまま利用したり、必要に応じて、民間調査機関を使用したりすることもある。

▷保有許可・資格

建設業許可・登録あるいは必要資格の有無を確認する。分離発注をする場合は、特に留意が必要である。

建設業法に定められている主任技術者・監理技術者については国家資格・実務経験が問われるため留意が必要である。保有資格については、有効な資格の種類と有無が明確な基準となる。

▷事前審査の留意点

事前審査を行うにあたり、次の点を考慮する。

・事前審査では、客観的な基準にしたがって事務的に審査が完了することが多い。結果を発注者に報告し、了解の上で、事前審査通過者にその旨を伝える。
・不通過者にもその旨を伝え、理由などを求められたら、簡潔に回答する。
・審査結果を漏えいすると、その後の競争原理が働かなくなる可能性があるため、留意が必要である。外部への説明が求められる場合は、発注手続き後に行うことが望ましい。

● 現場説明の実施（工事施工者選定要項書または見積要項書の交付）

事前審査を通過した候補者に対し、工事施工者募集要項書を配布する。適正な見積徴収のためには、設計図書を含む工事施工者募集要項書の配布に加えて、現場説明を実施して設計図書に表示されない現地情報を候補者に伝える方がよい場合がある。その場合にCMrは現場説明の実施を支援する。

現場説明は、発注者・CMr・設計者が役割分担して行うことが多い。説明時には、工事施工者募集要項書の各書類の概要説明も併せて実施する。各書類から特に抜粋すべき項目は以下のとおりである。

・工事概要と発注者の意図・構想など
・契約条件・スケジュール・見積区分など
・設計内容・施工条件や発注者独自の発注規定など

候補者からの質疑に対しては、設計者と協議の上で、回答案を取りまとめ、発注者の承認を得て回答する。このとき、質問を行った候補者だけではなく、他の候補者、更に他の発注区分の候補者へも共通の回答を行う。

競争参加者が一堂に会する場を設けると、競争相手が判明し競争原理が働かなくなる懸念があるため、1社ずつ時間を設定して個別に説明することも行われている。

◆ 受注者の決定

● 工事施工者選定基準の策定

価格競争方式の場合は、価格の多寡が主な評価の基準となるため、CMrは見積書受領後の妥当性確認が重要である。総合評価方式や技術提案・交渉方式の場合は、それに加えて提案書の評価のための基準をあらかじめ作成しておく必要がある。基本的な考え方は設計者の選定と同様であるが、想定される評価の基準と、提案内容の採否についてCMrおよびプロジェクト関係者の関わり方をまとめたものは**表3-16**による。

● 見積書などの確認・評価と受注者の特定

CMrは工事施工者の選定のために以下の作業を実施する。作業フローは**図3-27**を参照のこと。

○提案書・見積書の受領

CMrは、工事施工者の提案書・見積書を受

表3-16●工事施工者の提案書で想定される評価項目とプロジェクト関係者の採否確認（例）

選定基準 （評価カテゴリ）		CMrの実施する整理	【提案採否：発注者】 ◎ 評価が必要 ○ 確認が必要 △ 必要に応じ確認	【提案採否：設計者】 ◎ 合意が必要 ○ 確認が必要 △ 必要に応じ確認
技術提案	施設計画（平面・断面など）に対する提案	マスター・スケジュールおよび設計・許認可スケジュールに対する影響を把握する。変更に伴う工事費・工期への影響を特定する。	◎	◎
	システム・仕様に対する提案	候補者からの提案内容とそれによる効果・品質への影響を整理する。提案された工法や仕様が標準的なものか否か、維持管理や施設運営時に及ぼす影響などについても確認する。	◎	◎
	施工方法・施工計画による提案	現実的に無理のない提案内容であるか、その是非を検証する。採用されている工法が設計に影響するか確認する。各提案内容のコストを比較評価し、コスト効果を確認する。	◎	○
	スケジュール短縮の提案	CMrは、工期短縮が発注者にとってどのようなメリットをもたらすかについて確認する必要がある。施設稼働を早期に開始する場合、発注者には事業収支上の利益がある場合があるが、それを評価にどれだけ勘案するかについて確認する。	○	△
その他	施工体制・協力	コスト・デザイン・スケジュール・品質などに対する意図の伝達ができること、およびその意図を実現できることが求められる。元請施工者としての施工体制を組織できるかどうかなどを確認する。	○	△
	安全に対する意識	安全に対する意識を持ち、元請として安全衛生協議会を開催するなどの体制を取ることができること。安全に対する資格・安全活動に対する教育などの状況も確認する。	○	△
	工事施工後のアフターケアの体制	引渡し後の契約不適合保証・製品保証の必要性があるものについては、その対応状況も考慮する。	○	△
	CMの理解	CMを理解していること、CMrおよび設計者とともに作業できる資質があることを確認する。	○	○

領するにあたり、公正さを期した配慮をする必要がある。

○ヒアリングの実施

審査を進める上で、発注者とCMrは候補者のヒアリングを実施する。ヒアリングは、提案内容のより深い理解や、担当者の『人』としての信頼感など、提案書で把握できない部分の確認のためである。

書類では見えにくい項目について審査するので、主観的な評価が混じるが、一緒に業務を行う工事施工者を選定するため、協調性などの主観的な評価軸を含むことも多い。

ヒアリングの手順は、設計者選定の場合と基本的には変わらない。

○技術審査の実施

技術審査は、CMrが主体となって行うことが多いが、発注者の担当技術者または設計者・監理者などのプロジェクト構成員の参画が求められる場合もある。外部の専門家に審査を依頼する場合は、提案書を受領する以前にCMrからプロジェクトの説明を行い、十分な理解を確保するよう努めることが望ましい。

技術審査には、定量的な評価だけでなく、定性的な評価も多い。審査者によって採点に偏りが出る場合があるため、各者の採点を加算平均して全体の得点とする場合が多い。一方で、加算平均することにより偏差が小さくなり、各提案に対する差がつきにくくなる傾向があるため、

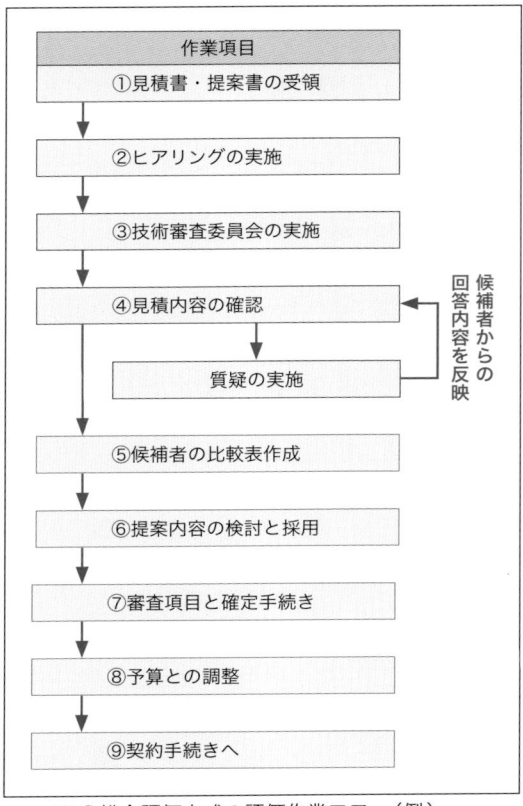

作業項目
①見積書・提案書の受領
②ヒアリングの実施
③技術審査委員会の実施
④見積内容の確認
質疑の実施
⑤候補者の比較表作成
⑥提案内容の検討と採用
⑦審査項目と確定手続き
⑧予算との調整
⑨契約手続きへ

候補者からの回答内容を反映

図3-27 ●総合評価方式の評価作業フロー（例）

補正を行う場合もある。

また、情報が漏えいすることがないよう、十分に配慮する必要がある。

○見積内容の確認

CMrは候補者から提出された見積書（工事費内訳書）について、以下の内容を確認しなければならない。見積書がどのような意図を持って提出されているかを理解し、正しく判断するためである。

不明な点がある場合は、CMrは提出者に対して質問を行う。

○比較表の作成

CMrは、各候補者の見積書を中項目程度で一覧できる比較表を作成し、各社の提案書・見積書の内容を要約する。この比較表は、全体を一覧するために作成するものとし、必要に応じて詳細な資料を作成する。

この一覧表に、事前審査の結果・面談の結果を記入する欄を追加して、総合評価表とすることもある。

総価請負の場合、各候補者は提案した総価に対して責任を負うものであり、各候補者の小項目の金額を取り出し最低金額の項目だけを集計するなどの非合理的な受注を助長するような行為はしてはならない。

○提案内容の検討

候補者からの提案内容を確認し、採用の可否を検討する。

検討において、工事費に置き換えて評価が可能な量的な提案と質的な提案がある。質的な案について、発注者と設計者に内容を示して判断を求める。量的な提案については可能な限り金額に置き換えた上で報告をまとめ、発注者および設計者と協議し、発注者に採用の可否の判断を求める。

設計者は、その建築物の遵法性や契約不適合に対して設計責任を負うため、設計者の合意なくして提案を受け入れると、設計責任の所在が不明瞭になる恐れがあり、発注者が責任を負うことがある。また提案によっては、許認可工程に大きな影響を与えるため留意が必要である。こういったリスクは、技術提案を求める以前において、発注者と設計者とともに協議しておくことが望ましい。

○結果報告と候補者の特定

見積書と提案書およびヒアリング結果のそれぞれの評価から、CMrとして総合的に推奨する候補者を特定し、その理由を明記した報告書を発注者に提出する。発注者の承認を受けて工事施工者は確定される。

この推薦が必ずしも発注者の意向に添うとは限らない。もし、発注者が別の選択を行った場合、その理由を把握し、必要に応じて参加者に説明する準備をする。

○予算との調整

CMrは工事施工者の見積書を精査した上で、その金額が当初予算と大きく開いた場合は、発注図書を変更して必要な対応をしなければならない。その際、以下に述べるような事前の準備も必要である。

▷入札価格（提出される見積金額）の上限設定

競争入札は最低価格を提示した候補者が落札することを前提にしているが、入札価格が予算に収まらない場合、発注者としてそのまま契約することができない場合がある。あらかじめ入札価格の上限を設定する場合は、事前にその考え方と算出方法について整理しておく必要がある。実際の算出主体がCMrであっても設計者であっても、発注者の求めに応じて、CMrはその価格設定に関与する立場にある。

CMrが市場価格（プライス）を想定し、過去の実績価格（コスト）を整理・活用することで上限価格を想定し、発注者に提案することがある。

▷入札価格が上限価格を上回った場合の対応準備

候補者は設計図書以外にも支払条件や納品条件などを考慮し、独自の仮設計画・施工計画をもとに工事費を算出した上で、営業的判断を加味して応札金額を決める。したがってCMrを含め発注者が応札金額を正確に予想することは困難であり、CMrは発注者および設計者と入札価格が上限価格を上回った場合の対応方法についても事前に協議し、準備しておくことが必要となる。対応方法については以下のような方法がある。

- 入札条件の見直し、再入札の実施
- 候補者との交渉
- 設計変更による減額案
- 予算・事業計画の見直し
- 事業の延期と再計画（規模縮小など）

いずれにしても発注者の理解を得ながら行われることが重要で、設計変更を伴う場合は設計者との合意が必要である。また、マスター・スケジュールの影響も同時に考慮する必要がある。交渉は、最低価格を提示した候補者や最高評価を得た候補者と行われることが多い。

○申し立て対応

落札できなかった候補者から申し立てに対応する。基本的に、選定経過などを説明する。

●契約締結の支援

○受注者（優先交渉先）との交渉

CMrは工事施工者が確定したら、速やかに工事請負契約を締結すべく発注者を支援する。「契約書案の作成と支払方式の検討」（p.184）の方針に従い、募集時に提示した工事請負契約書（案）をもとに契約交渉および契約事務をすすめる。

契約とは、当事者間で交わされた約束のうち、法律によって保護するに値するものをいう。民法では契約の様態によって契約の種類が定められているが、基本的には契約はお互いの意思の合意によって成立するものである。契約を結ぶと契約当事者間には権利と義務が発生し、その権利を債権、義務を債務という。

○契約交渉と契約事務に関わる注意点

契約交渉と契約事務を進めるにあたり、プロジェクト全体の状況を考慮に入れなければならない。

契約交渉時に、発注者の立場を利用して工事施工者が提示した決定金額に対して理由なく値引きを求めるようなことは避けるようにCMrとして発注者に助言する。

契約金額の前提である設計図書の完成度などによっては、将来の設計変更などによる工事費増加などのリスクが存在する。CMrは状況を把握した上で発注者に助言する。その他のリスクについては、第3章「8 リスク・マネジメント」を参照のこと。

◆分離発注方式への対応

近年、CMrが工事施工の内容について工事発注区分を策定し、工種別に工事施工者を個別に調達していく方式は減少傾向にある。大きな理由としては、プロジェクトのスムーズな推進を念頭に置いた場合、分離発注による工事費低減の可能性（図3-28）より、工事の取合いの責任範囲の複雑化による発注者およびプロジェクト関係者にとってのリスク増大の懸念があるためである。

●分離発注方式の採用理由

改修工事など工事規模や工種が限定的で、各工種別に調達をかけたほうが工事施工の調達が効率的と判断できる場合や、その他の発注者の意向により実施される場合があるため、CMrは分離発注のポイントを理解する必要がある。一般的に分離発注される可能性のある工事は表3-17のとおりである。

- 透明性が確保され、専門工事会社の工事費を明確に把握できる。
- 競争機会の拡大による工事費低減の可能性がある。

表3-17 ●分離発注の可能性のある工事（例）

解体工事	ゴンドラ工事
電気設備工事	OAフロア工事
給排水衛生設備工事	ユニット工事
空調設備工事	サイン工事
昇降機設備工事	外構工事
機械式駐車場設備工事	

- 早期発注が必要な専門工事の先行施工が可能である。
- 特殊技術を持つ専門工事会社などの選定を一般の工種と分割して考えることができる。
- 総合建設会社と専門工事会社との重層構造からなる一式請負方式においてリスク対策費などに対して工事費低減の可能性（図3-28）がある。

●分離発注方式における留意点

一般に分離発注が採用される理由と、採用する際の留意点については、以下のとおりである。

- 発注者の業務量の増加
- 工事会社間の調整・管理の手間の増加
- CMr・設計者の業務量の増加
- 竣工図書などの増加
- 契約不適合責任の起因者特定の複雑化
- 発注区分ごとの契約内容の違い
- 上述に伴う発注者リスクの増加

ここで要求されるCMrの能力は、これらの考慮点を発注者に対して十分に説明し、理解を得る説明力である。

2-5 設計施工一括方式における設計施工者の選定

CMrはプロジェクトの特性に応じてプロジェクト実施方式を立案、発注者の承認を得て

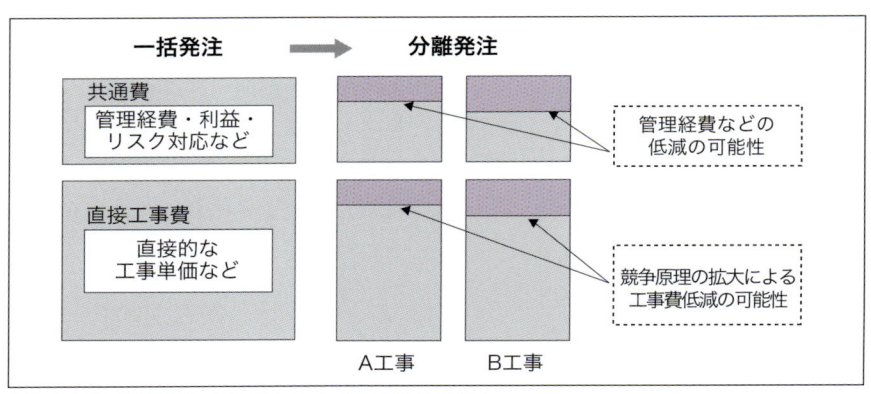

図3-28 ●分離発注により顕在化する工事費の考え方

実施するが、以下のような場合などでは、設計施工一括方式が選択される。

- 工事費および竣工時期を早期に把握して事業計画の精度を高めたい場合
- 建設市況の繁忙が予想されるなど、工事施工者選定時期に工事施工の調達が困難となる懸念がある場合
- 特定の設計施工者が継続的な受注を通じて発注者の施設整備に技術的な蓄積をしている場合

設計施工一括方式は、基本計画後の基本設計から実施される場合と基本設計後の実施設計から実施される場合の2種類に大別される。更に、設計施工一括方式の受注者は、総合建設会社による場合と、設計事務所と総合建設会社がプロジェクト単位で共同企業体などを組成する場合がある。後者の場合には、関心表明の段階で協定書などにより受注者となり得る主体を組成して構成員の役割分担・責任区分・構成比率などを明確にすることが原則である。

→第2章「1-1 発注方式」

◪ 発注計画の検討

設計者の選定と同時に工事施工者の選定が行われるため、発注範囲や設計者および工事施工者に求められる資質について事前に十分に検討し、発注者の承認を得ることが重要である。

図3-29のフローに設計施工者選定の手順を示す。

● 選定方式の決定

設計段階において工事施工者の技術力、コスト・マネジメントおよびスケジュール・マネジメントへの対応力、更に設計と工事施工を統合した相乗効果を活かすことが重要であるため、設計と工事施工に関する技術提案を求め、見積金額との総合評価を行うことが望ましい。しかしながら、設計施工の情報継続性を重視した小規模な改修案件の場合などには、一定の資質審査の上で価格による評価が行われることもある。

● 契約書案の作成

設計施工一括方式の場合、以下の3通りで契約されることが多い。

A 「四会連合協定 建築設計・監理等業務委託契約約款」と「民間連合協定 工事請負契約約款」などを用いて、設計開始時に設計契約を締結した上で設計を進め工事着工前に再見積りした上で工事請負契約と監理契約を締結する場合

B 日本建設業連合会による「設計施工契約約款」に基づく設計合意方式に代表されるように、設計業務に対する合意書を締結し、設計の途中段階で設計・工事施工・監理に関する契約を締結する場合

C 日本建設業連合会による「設計施工契約約款」に基づく工事確定合意方式に代表されるように、設計開始時に設計・工事施工・監理に関する契約を一体化した契約で締結する場合

AやBの場合、プロポーザルで提案を受けた見積金額・工期などをどのように発注者と設計施工者の間で合意して、契約条件とするのかを発注図書であらかじめ発注者と協議し取り決めておく必要がある。更にその結果を発注条件に付与し、確定した優先交渉権者との交渉支援を行うことが望ましい。

また、Cの場合、実施設計が完了していない段階における工事請負契約となるため、契約の根拠となる図面・仕様などを発注者と設計施工者の合意のもとで明確にしておく必要がある（図3-30）。更に設計の進捗に伴う変更事項や、発注者からの条件変更に対する変更事項についての取扱いを契約上で明確にしておくことが求められる。

◪ 選定用資料の作成

設計施工者選定用資料の構成は表3-18のと

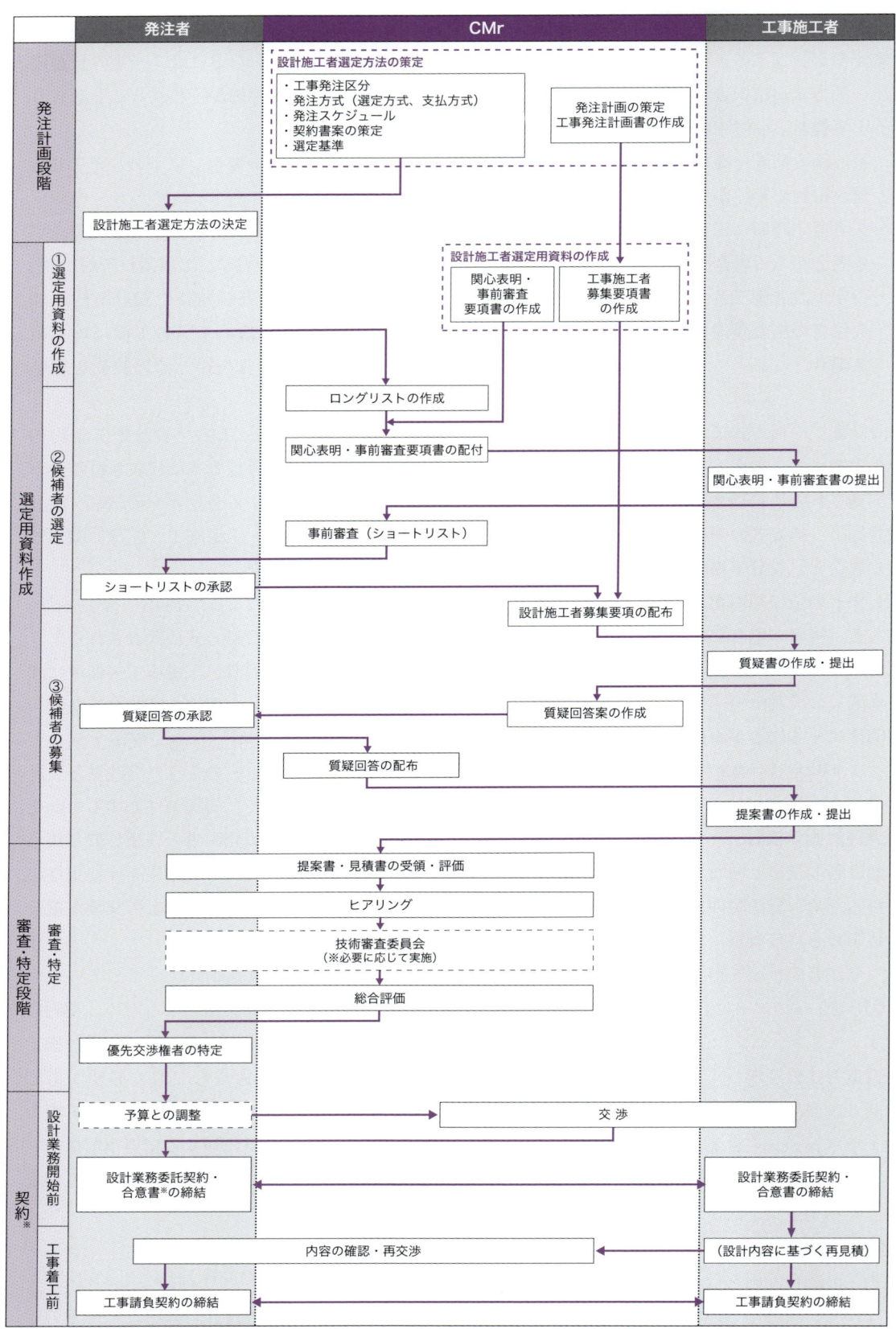

図3-29 ●工事施工者選定フロー（例）

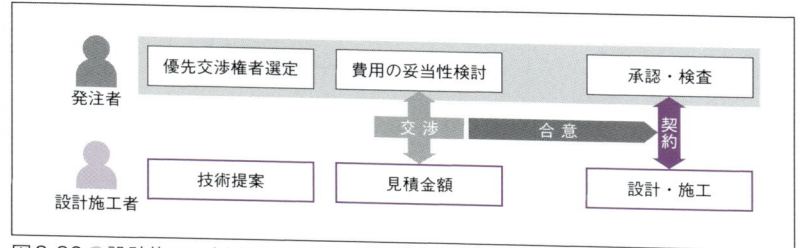

図3-30●設計施工一括方式　契約の考え方

おりである。

●設計施工者募集要項書・提案書作成要領書の作成

設計施工者選定の選定に際しては、設計施工一括方式の採用に至ったプロジェクトの特性について候補者にも十分説明すると同時に、提案者が提案書および見積書を作成し契約に至る過程で曖昧な点が残らないよう留意する。また、設計者と工事施工者を同時に選定する目的を鑑み、設計者としての資質・技術、工事施工者としての資質・技術を適正に評価できる項目をバランスよく設定することが重要である。また、同時にそれらの資質・技術と見積金額を適正に評価する必要がある。

●設計者・監理者・工事施工者の役割分担の明確化

一般的に設計施工一括方式は、設計者・監理者・工事施工者を同一法人またはコンソーシアムが担う。これにより主体間や情報伝達の円滑さや、設計変更に伴う連絡の迅速さが利点とも言えるが、一方でおのおのが内包するチェック機能における曖昧さや第三者性の確保が発注者から課題として挙げられることが多い。CMrはこの課題を払拭し、設計施工一括方式の利点を活かすため、事前に設計者・監理者・工事施工者およびCMrの役割分担・責任区分を明確にし、発注者の承認のもと発注条件に付与しておかなければならない。

●発注図書（計画条件・図面など）の取扱い

本来は実施設計図書にて算出される工事施工

表3-18●設計施工者選定用資料の構成（例）

文書名	概要
関心表明・事前審査要項書	
付属文書	● 関心表明書様式 ● 事前審査書様式
工事施工者募集要項書 見積募集要項書	● プロジェクトの概要 ● 選定方式 ● 契約条件、支払条件 ● 手続き上の窓口、選定スケジュール ● 応募者に関する資格要件 ● 応募に際しての注意事項（提案内容の著作権、技術提案・見積書の作成費用負担など） ● 技術提案項目・技術提案書作成要領 ● 見積書作成要領 ● 評価項目・基準
付属文書	● 設計図書・要求水準書・工事区分表など ● 現場説明書 ● 提出物（技術提案書・見積）作成要領書

の見積金額を、設計施工一括方式の場合は基本計画書や基本設計図書の概略情報から算出することとなる。

近年では、建設費の物価変動における工事費の変更協議が多く、その際には当初見積時の発注者の前提条件、それに対する工事施工者の見積根拠の精査が重要である。可能な限り数量精査が可能となるように、発注図書の準備には注意を要する必要がある。設計施工者の選定においては、設計者に対し、通常の基本計画・基本設計以上の業務が発生することを業務仕様書などにて明示の上で、それに合わせた予算取りが必要であることを、発注者に理解を求める必要

がある。

●基本設計からの設計施工一括方式における留意点

○基本計画の留意点

基本設計からの設計施工一括方式の場合、発注図書を構成する見積用資料には基本計画書が用いられるが、一般的な基本計画書では、提案・見積の条件としては曖昧な部分が残るため、部分的により詳細な検討が必要である。CMrはプロジェクト実施方式をできるだけ早期に協議し、基本計画に十分な協議・検討・確定を進める。基本設計からの設計施工一括方式を念頭に置いた場合の基本計画書の事例は、第2章「2-2 基本計画→表2-9」を参照のこと。

可能な限り必要諸室ごとの総合（建築）・機械設備・電気設備に関わる仕様を表現するために、各室性能表の作成が有効である。単に仕様や設備の有無を整理するだけでなく、例えば「コンセントを㎡あたり何個必要」などとすれば、具体的な数量の見積が可能となる。

配置図・平面図・立面図・断面図などの一般図は、発注時の根拠資料としては明快である一方、設計施工者から自由な設計提案を期待する場合には、提案内容の固定化の懸念があるために注意が必要である。プロジェクトの特性や、設計施工者に期待する内容に応じて、CMrは基本計画書の表現に留意する必要がある。

●実施設計からの設計施工一括方式における留意点

○基本設計の留意点

実施設計からの設計施工一括方式の場合、基本設計図書が重要な見積資料となる。通常の基本設計に加え、設備機器の仕様・台数を見積条件に設定するなどの検討が必要となる。見積の根拠をより明確にする必要性が高い場合には実施設計からの設計施工一括方式となることが多い。

○基本設計の決定事項と提案事項

基本設計からの設計施工一括方式と違い、基本設計で設計者が検討した事項を踏まえた発注となるため、発注図書の作成にあたっては、設計施工者に期待する提案範囲を念頭に置いた上で、決定事項と提案部分についての区分を明確にする必要がある。

○設計施工一括方式における基本設計者

実施設計からの設計施工一括方式の場合、基本設計者の設計内容を、その計画意図を含めて設計施工者が十分に理解する必要がある。プロジェクト開始時に引継ぎの機会を設けることは当然であるが、その後も実施設計の深度化に合わせて、基本設計時の意図伝達が必要なことが多い。

プロジェクトの特性に応じて、実施設計でも基本設計者を「実施設計監修者」と位置付ける場合がある。あるいは、CMrが基本設計者に代わって基本設計を詳細に理解し、設計施工者に基本設計の意図伝達を実施する場合もある。

○基本設計者と設計施工者の責任区分

建築物の設計者として、確認申請を行うのは設計施工者であり、法的な設計責任は設計施工者が原則である。ただし計画の大枠は基本設計で整理され基本設計者としての設計責任が別の主体に存在することを踏まえて、設計施工者が自らの業務を実施することが必要である。その上で計画内容に疑問がある場合には、法的な設計者としての業務を確実に実施するよう、CMrは情報の引継ぎや設計の深度化を注意深く見守る必要がある。

◆受注者の決定

設計施工者の選定にあたってCMrは、設計施工一括方式の特徴を踏まえ、その長所を最大化し、短所を最小化する提案項目および評価配点を設定することが求められる。契約に関する点も含め、特に留意すべき項目について以下に

列挙する。

●設計施工者の選定基準における留意点

○監理者の独立性と品質管理の体制

監理者と工事施工者が同一法人であることに留意し、それぞれ独立した業務が担保されているかを見定める必要がある。また、それを補完する役割としてCMrが第三者性を担保する機能として採用される場合もあるため、事前の役割分担においても留意する。

○マスター・スケジュール

先行発注や準備工事（生産計画・調達計画）の工夫、施工技術を実施設計などに盛り込むことによるマスター・スケジュールの合理化が図られる可能性があるため、改定マスター・スケジュールの提案を求めることは有効である。一方で、CMrはその実現性を検証し、先行発注後の設計変更の制約条件など、受領した改定マスター・スケジュールを採用する場合の課題などをプロジェクト構成員で共有しておく必要がある。

○基本設計・実施設計における工事施工者の役割

工事施工者が基本設計・実施設計で参画できるため、工事施工者の技術的知見を活かすことにより合理的な設計を実現することができる。基本設計・実施設計における工事施工者が有効に関われる役割分担について提案を求め、評価することは有効である。

●契約締結における留意点

○請負金額の時点修正

設計施工一括発注で工事契約を選定後に一定時間が経過した実施設計終了後などに締結する場合、選定時からの物価変動などの取り決めを、あらかじめ見積条件に付記しておくことが必要である。

○契約時の交渉

一般的な設計施工分離方式に比べ、基本設計・実施設計における工事契約の取扱い、工事施工者としての役割、請負金額を契約上どのように位置付けるかはさまざまである。CMrは発注者の支援者として設計施工者と交渉するにあたって、事前に発注者と意思統一を十分に行っておくことが求められる。

2-6 ECI方式における技術協力者の選定

工事施工の難易度が高く、基本設計・実施設計に高度な技術力を必要とし、更に発注時に最適な設計の確定が困難な工事、あるいは設計の前提となる条件の確定が困難な工事などにおいて、基本設計・実施設計から工事施工者が施工計画の検討に参加するECI方式が、民間・公共工事とも増えている。

従来から日本では民間工事において、工事の難易度を問わず、早期の工事施工者の確保や、工事費と工期の把握を目的として、発注者が基本設計・実施設計で工事施工者を選定する場合が存在する。この場合の工事施工者は、柔軟に設計者に対して技術協力を行ってきた。

このような早期からの工事施工者の参画で得られる技術的な利点を、公正な形で技術支援者と位置付けて得るために、また民間工事や公共工事などにも適用可能とするために、ECI方式が定義された。技術協力者（工事施工予定者）は、技術提案などに基づき優先交渉者として選定されたのち、交渉・合意によって工事契約の締結となる。（図3-31）。

公共工事におけるECI方式による技術協力者の参画時期は、具体的な施工技術の反映などを目的とするため、一般的には実施設計からが多い。

◆発注計画の検討

技術協力者の選定においては、発注範囲や技術協力者に求められる資質について基本計画・基本設計で十分に検討し、発注者の承認を得る

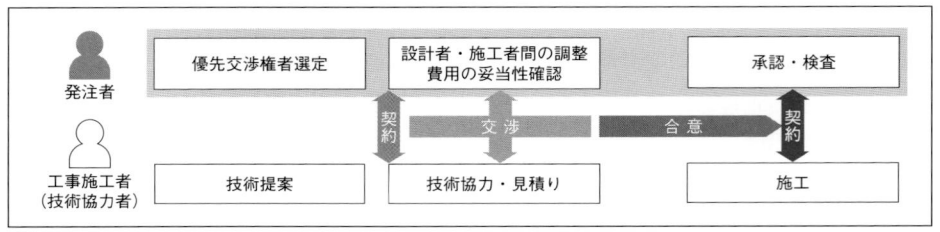

図3-31 ●ECI契約の考え方

ことが重要である。

●選定方式の決定

実施設計などにおいて施工予定者の技術力を活かすことが重要であるため、設計および工事施工に関する総合的な技術提案と参考見積金額の提案だけではなく、設計者と技術協力者の連携や相互技術力の相乗効果が図れる提案を求め、総合評価を行うことが望ましい。

●契約書案の作成

ECI方式の場合、発注者は技術提案などに基づき技術協力者（施工予定者）を選定した後、工事費や工事工程に関する確約を伴わない「技術協力業務委託契約」を締結するのが一般的である。この際に技術協力者は工事施工予定者であることなどを含む各種事項を取り決めた「基本協定書」を締結する場合が多い。

その後に技術協力者として業務を開始し、実施設計に基づく見積金額を算出して、発注者との合意により、「工事請負契約」を締結するという形が一般的である。

工事施工予定者の実施設計に基づく見積金額は競争原理が働かないため、想定予算と大きく乖離したものとなる可能性も否定できない。このようなことを防止するため、協議・交渉の根拠資料となるよう、工事施工予定者の選定時に、概算見積根拠・工程算出根拠などを確認しておくことが重要である。円滑な工事請負契約の締結に向けて、更に工事費に関する何らかの条件を設けるなどは今後の課題である。例えば技術協力者を特定する時点で「想定予算の範囲内で工事請負契約が行えるように技術協力する」と

の合意が取り交わせると望ましい。

◆ 選定用資料の作成

技術協力者の選定用資料の構成は**表3-19**のとおりである。

●技術協力者募集要項書・提案書作成要領書の作成

技術協力者の選定に際しては、ECI方式の採用に至ったプロジェクトの特性について候補者に説明すると同時に、契約上の取扱いや提案内容の作成要領など、提案者が提案書および見積書を作成し契約に至る中で曖昧な点が残らないよう留意する。また、技術協力者は工事施工の技術力のみならず、設計内容を理解し、技術提案に柔軟かつ円滑に協議ができる資質を要するため、その能力を適正に評価する必要がある。

●設計者・技術協力者の役割分担の明確化

ECI方式においては、実施設計などで設計者と技術協力者が同じ目標に向かって建設的に議論を行い、双方の能力を最大限に活かす必要がある（**図3-32**）。基本計画の要求条件・制約条件を継承して検討を進める設計者と、実施設計などから、工事費の低減、工程の短縮を目的に技術協力を行う工事施工者の間に利益相反が生じて、プロジェクトの運営が難航する懸念があるため、CMrはそのリスクを最小化する技術協力者（施工予定者）の選定を行う必要がある。

また、円滑な協議を進めていく上で、プロジェクト構成員の役割分担の明確化が重要な要素となる。技術協力者による技術提案と設計者による設計検討の境界は曖昧になることが多いため、

表3-19●技術協力者選定用資料の構成（例）

文書名	概要
関心表明・ 事前審査要項書	
付属文書	• 提出物様式
技術協力者募集要項書 見積募集要項書	• プロジェクトの概要 • 選定方式 • 契約条件・支払条件 • 手続き上の窓口・選定スケジュール • 応募者に関する資格要件 • 応募に際しての注意事項（提案内容の著作権・技術提案・見積書作成費用負担など） • 技術提案項目・技術提案書作成要領 • 見積書作成要領 • 評価項目・基準
付属文書	• プロジェクト説明書 • 現場説明書 • 与条件書・要求水準書 • 関係者役割分担表・工事区分表 • プロジェクト・スケジュール（案） • 技術協力業務委託契約書（案） • 基本協定書（案） • 工事費見積書書式 • 調査・参考資料 • 各種提出物様式

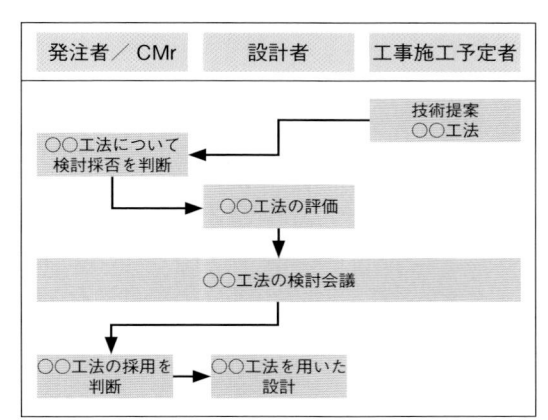

図3-32●施工予定者の技術提案の設計への反映手順

選定資料の中で取り決めを行い、かつ作業開始時に両者の合意形成を図った上で進めていくことが望ましい。

● 決定事項と提案事項の整理

技術協力者の選定においては、設計者が検討してきた内容で、決定事項と提案可能事項の区分を明確に提示し、提案可能事項に対する技術提案に集中することが重要である。候補者は、総合（建築）計画・構造計画・設備計画の各分野においてさまざまな工事費低減や工期短縮に

直結する代替案を提示する。前述の決定事項と提案可能事項の区分に加え、基本設計において設計者による検討を経て不採用となった項目や、要求水準として表現することが困難である設計上の課題などについて整備し技術協力者の選定時に可能な限り伝達する必要がある。

◆ 受注者の決定

技術協力者の選定にあたって、CMrは、ECI方式の特性を十分に踏まえ、その長所を最大化し、短所を最小化する提案項目および評価配点を設定することが求められる。契約に関する点も含め、特に留意すべき項目について以下に列挙する。

● 技術協力者としての特定

○ 技術協力業務に対する取組体制

技術協力業務において適切な工事施工に関わる技術提案を実施するためには設計に対する理解力が重要となる。技術協力者の組織体制としては施工計画担当・調達担当などに加え設計担当も参画することが望ましい。

CMrはECI方式に最適な選定用資料の作成を行い、技術協力者（施工予定者）の選定を支援する。

○ 提案時の工事費・工事工程の前提条件

技術協力者の選定において、提示された工事費・工事工程はその後の協議・交渉の根拠資料となるため、その前提条件を確認・合意しておく必要がある。提案書に記載されている技術提案をどこまで含んだ内容なのか、工事条件（作業時間の設定、土曜休日作業の有無、騒音・振動の規制など）はどのような前提となっているか、など工事費・工事工程の根拠についても技術協力者の特定時に確認しておく必要がある。

● 工事施工者としての特定

○ 交渉不成立によるスケジュール遅延リスクへの対応

ECI方式の場合、工事施工者は技術協力者と

して予算工事費・予定工期を提示されつつ、予算工事費・予定工期での計画実現を目指して技術協力を行う。ただし、実施設計完了後の精算見積・交渉時点では、発注者と工事請負契約に向けた合意が得られなかった場合、全体スケジュールが大幅に遅延するリスクがある。CMrはそのリスクを十分に認識し、発注者に明確に説明しておかなければならない。

○交渉難航リスクや交渉不成立リスクへの対応

ECI方式の採用において、設計者の想定し得ない工事施工者の技術提案や技術協力を期待する場合には、工事費・工期の変動リスクは避けられず、あらかじめ一定の条件に基づく工事費・工程の合意をしておくことが望ましい。それでも予算・工期の超過は起こり得るので、予備費を確保しておく、予備工期を確保しておく、交渉不成立時の対応策を事前に検討しておく、などの対応を発注者と十分に協議し、準備しておくことが望ましい。

2-7 公共工事における選定方式

◆「公共工事の品質確保の促進に関する法律」の改正

国土交通省は、2014年6月「公共工事の品質確保の促進に関する法律」が改正されたことを踏まえ、よりいっそうの公正な審査・評価の確保および技術競争の促進を図るため、多様な入札契約方式の活用のなかで、落札者の選定方式については総合評価落札方式の導入を促進している。

総合評価落札方式の導入率は、「公共工事の入札及び契約の適正化の促進に関する法律に基づく入札・契約手続に関する実態調査の結果について」(国土交通省・総務省・財務省、2022年3月)によると、国において89.5%、特殊法人等において96.8%、都道府県および指定都市において100%、その他の地方公共団体(市区町村)において63.0%と着実に浸透している。

総合評価落札方式では、工事の性格に応じて高度な技術提案を求める技術提案評価型などにおいて、適切な評価項目の設定や評価の透明性の確保を図る上でCMを活用する機会は確実に増える。

また、先に述べたECI方式など、公共工事の契約方式(本書ではプロジェクト実施方式)の選択肢を大幅に拡げる内容となっている。多様な入札契約方式の活用に際し、公共発注者の経験を補うためにCMの活用が明記されており、CMrが採用される機会も多くなっている。

◆総合評価落札方式の特徴

総合評価落札方式とは、価格だけで評価していた従来の落札方式と異なり、品質を高めるための新しい技術など、価格以外の要素を含めて総合的に評価する方式である。価格と品質の両方を評価することにより、総合的に優れた発注を行うことが可能になる。

総合評価落札方式では、入札価格が予定価格の制限の範囲内にある候補者のうち、価格と品質を数値化した「評価値」が最も高い候補者を落札者とすることにより、予定価格の範囲内で最も品質の良い工事施工者を選定する(図3-33)。

●発注者におけるメリット

総合評価落札方式には、以下の特徴があり、高い技術力と地域の発展に意欲をもつ建設企業が成長できる環境が整備される。

- 価格と品質が総合的に優れた発注により、最良な社会資本整備を行うことができる。
- 必要な技術力を有する建設企業が競争に参加することにより適正な競争が促進され、ダンピングの防止、不適格者の排除ができる。
- 技術力を審査することにより、建設企業の技術力向上に対する意欲を高め、建設企業

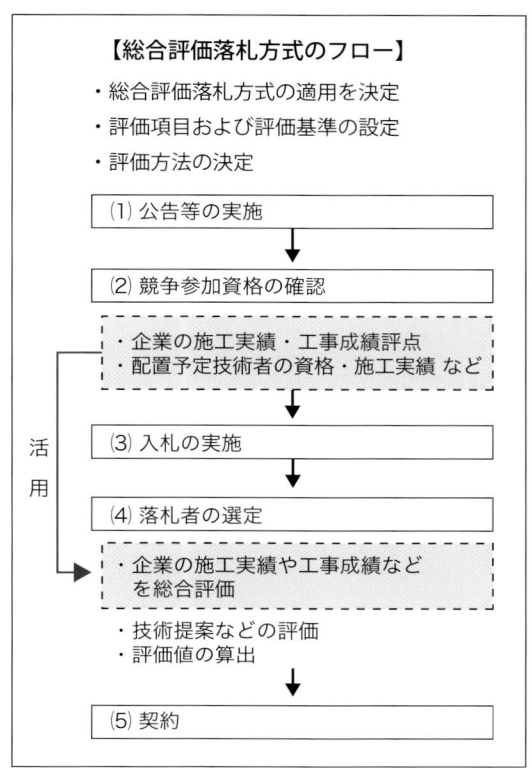

【総合評価落札方式のフロー】
・総合評価落札方式の適用を決定
・評価項目および評価基準の設定
・評価方法の決定

(1) 公告等の実施

↓

(2) 競争参加資格の確認

・企業の施工実績・工事成績評点
・配置予定技術者の資格・施工実績 など

↓

(3) 入札の実施

活用

(4) 落札者の選定

・企業の施工実績や工事成績など
 を総合評価

・技術提案などの評価
・評価値の算出

↓

(5) 契約

図3-33 ● 総合評価落札方式のフロー

の育成に貢献できる。

・ 価格と品質の2つの基準で落札者を選定することから、談合防止に一定の効果が期待できる。
・ 地域の建設企業の役割を適切に評価することが可能となり、一般競争入札の導入・拡大を進めやすくなることから透明性の確保が図られる。

● **利用者・近隣住民におけるメリット**

総合的なコスト（ライフサイクルコスト）への配慮、整備する施設の性能・機能の向上、社会的要請への対応（環境配慮・交通確保・省資源対策・リサイクル対策・安全対策など）に配慮した建設企業の選定などにより、公共事業に対する市民の満足度が向上する。

◆ **総合評価落札方式の評価方法**

総合評価落札方式においては、新しい工法や工事施工の工夫などの技術提案や、同種工事の実績、工事成績などが評価項目となる。また2022年度からは、総合評価落札方式の入札に参加する企業が賃上げを行う場合に「技術評価点」を5〜10％程度加点するという「入札優遇制度」も開始された。これは建設企業に積極的な賃上げを促す目的である。

総合評価落札方式は、価格評価点と技術評価点との一定のバランスのもとに、価格と品質が総合的に優れた発注を実施することから、価格評価点と技術評価点のバランスに留意することが必要である。また技術力を適切に評価するという総合評価方式の目的を最大化しつつダンピングを排除するため、低入札価格調査制度を併用して、価格による失格基準を設定するなど、その適切な運用を図ることが必要である。

● **総合評価落札方式の分類**（表3-20）

○ 施工能力評価型

技術的な工夫の余地が限られる小規模な工事などを対象に、発注者が示す仕様に基づき、適切で確実な工事施工を行う能力を確認する場合に適用される。

○ 技術提案評価型

技術的工夫の余地が期待できる大規模な工事などを対象に、構造上の工夫や特殊な工法などを含む高度な技術提案を求めること、または発注者が示す標準的な仕様（標準案）に対し特定の課題などに関して工事施工上の工夫などの技術提案を求めることにより、民間企業の優れた技術力を活用し、公共工事の品質をより高めることを期待する場合に適用される。

● **評価値の算出方法**

○ 加算方式

入札価格を一定のルールにより点数化した「価格評価点」と、価格以外の要素を点数化した「技術評価点」を足し合わせる（加算）することで、評価値を算出する方式である。

評価値＝価格評価点＋技術評価点

表 3-20 ●総合評価落札方式の類型

	工事施工能力評価型（工事施工能力を評価）	
類型	Ⅱ型	Ⅰ型
	企業が、発注者の示す仕様に基づき、適切で確実な工事施工を行う能力を有しているかを、企業・技術者の能力などで確認する工事	企業が、発注者の示す仕様に基づき、適切で確実な工事施工を行う能力を有しているかを、工事施工計画を求めて確認する工事
提案内容	求めない（実績で評価）	工事施工計画
ヒアリング	実施しない	必要に応じて実施（工事施工計画の代替にすることも可）
段階選抜	実施しない	ヒアリングの適用に際し必要に応じて試行的に実施※
予定価格	標準案に基づき作成	

	技術提案評価型（工事施工能力に加え、技術提案を求めて評価）			
類型	S型	AⅢ型	AⅡ型	AⅠ型
	工事施工上の特定の課題等に関して、工事施工上の工夫等に係る提案を求めて総合的なコストの低減や品質の向上等を図る場合	部分的な設計変更を含む工事目的物に対する提案、高度な工事施工技術等により社会的便益の相当程度の向上を期待する場合	有力な構造・工法が複数あり、技術提案で最適案を選定する場合	通常の構造・工法では制約条件を満足できない場合
提案内容	工事施工上の工夫等にかかる提案	部分的な設計変更や高度な工事施工技術等に係る提案	工事施工方法に加え、工事目的物そのものにかかる提案	
ヒアリング	WTO 対象工事は必須、それ以外は必要に応じて実施	必須		
段階選抜	必要に応じて試行的に実施			
予定価格	標準案に基づき作成	技術提案に基づき作成		

「国土交通省直轄工事における総合評価落札方式の運用ガイドライン」をもとに作成

価格のみの競争では品質不良や施工不良といったリスクが懸念される場合に、品質を確保する観点から、価格に技術力などを加味して評価することで品質確保と工事費低減のバランスがとれた応札が期待できる。

なお、価格評価点の割合はプロジェクトの特性に応じて設定することになる。

価格評価点の算出方法の一例

100 ×（1 －入札価格／予定価格）

100 ×最低価格／入札価格

○除算方式

価格以外の要素を数値化した「技術評価点（標準点＋加算点）」を入札価格で割って評価値を算出する方式である。

評価値＝技術評価点／入札価格＝（標準点＋加算点）／入札価格

VFM（Value for Money）の考え方によるものであり、技術提案により品質の確保を図る観点から、価格当たりの品質の最大化が期待できる。

➡第４章「3-4　民間の資金および能力を活用する公共事業→［参考］VFM」

●落札者の決定方法

加算方式または除算方式により評価値を求め、総合評価による判定を行い、落札者を決定する。なお、落札者の決定後、発注者は評価結果の公表、入札および契約の過程に関する苦情処理などを実施しなければならない。

◇技術提案・交渉方式の概要

●適用工事の考え方

2014年6月「公共工事の品質確保の促進に関する法律」の改正において、第18条に「技術提案の審査および価格などの交渉による方

表 3-21 ●技術提案・交渉方式における適用工事の考え方

品確法 第18条	仕様の確定が 困難な場合	適用が想定される工事
当該公共工事の性格等により当該工事の仕様の確定が困難である場合	発注者が最適な仕様を設定できない工事	・技術的難易度が高く、通常の構法では施工条件を達成し得ないリスクが大きいことから、発注者において最適な工法の選定が困難であり、施工者独自の高度で専門的な工法等を活用することが必要な工事
	仕様の前提となる条件の確定が困難な工事	・構造物の大規模な修繕において、損傷の不可視部分が存在するなど、仕様の前提となる現場の実態の把握に制約があるため、その状況に合わせた施工者独自の高度な工法等の活用が必要な工事 ・大災害からの復興事業など、その遅延により地域経済に大きな影響を及ぼすことが想定される大規模プロジェクトにおいて、早期の着手・完成・供用を図るため、仕様の前提となる条件を確定できない早期の段階から、施工者独自の高度な工法などの反映が必要な工事

「国土交通省直轄工事における総合評価落札方式の運用ガイドライン」をもとに作成

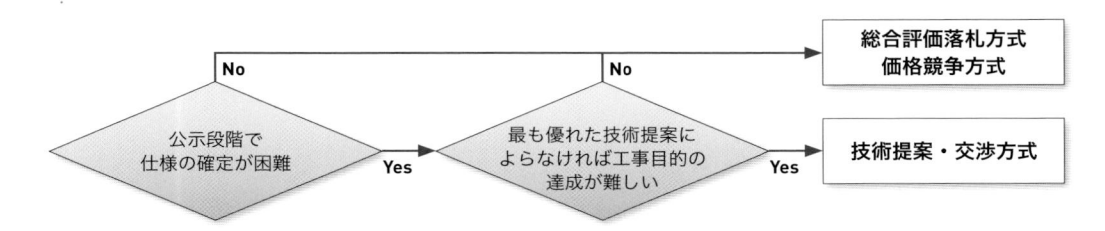

図3-34 ●総合評価落札方式と技術提案・交渉方式の適用工事の考え方
(「国土交通省直轄工事における技術提案・交渉方式の運用ガイドライン」(2020年1月)より作成)

式」(以下、「技術提案・交渉方式」)が規定された。これは実施設計などからの早期の工事施工者の関与を意識した発注が適切と考えられる際に用いる選定方式である。国の直轄工事における、適用工事の考え方は**表3-21**のとおりである。

具体的な適用にあたっては学識経験者などで構成される第三者委員会において、適用の妥当性の審査を実施することが必要となる。

民間工事の場合、その事業特性からまずプロジェクト実施方式を検討の上、次にそれに合致した選定方式を設定する流れが一般的である。

公共工事の場合は工事施工者の選定を前提とした「受注者の決定方法」の検討が発端である。公示段階で、仕様の設定やその前提となる条件が不確定な場合に「技術提案・交渉方式」の選択となり(図3-34)、設計施工一括方式やECI方式といったプロジェクト実施方式の選択へとつながる。考え方が民間工事と公共工事では異なるが、結果として発注方式を適切に設定する必要性は変わらない。また技術提案・交渉方式

の導入を実施設計完了後に検討した場合、設計に工事施工者の知見を反映できる範囲が限定される可能性がある。工事施工の不確定要因が予測できるならば、早期に技術提案・交渉方式の導入を検討し、適切な時期に導入するのが大切である。CMrはこのような発注者の発注方式の検討手順を理解しつつ、多様なプロジェクトの特性を踏まえて先導することが重要である。

●契約内容による分類

技術提案・交渉方式は、工事施工者の高度で専門的な技術力などを活用することを目的としており、一般的な「工事施工のみを発注する方式」と異なり、実施設計などにおいて工事施工者が参画することが必要となる。

2015年に策定され、2020年1月に改正された「国土交通省直轄工事における技術提案・交渉方式の運用ガイドライン」では、技術提案・交渉方式として、工事施工者の設計への関与の度合い、工事価格決定の時期(設計前・設計後)で、「設計施工一括タイプ」「技術協力・施工タ

イプ」「設計交渉・施工タイプ」の3種類の契約タイプに分類している。

○設計施工一括タイプ（図3-30参照）

技術提案に基づき選定された優先交渉権者と価格などの交渉を行い、交渉が成立した場合に設計および工事施工の契約を締結する。

○技術協力・施工タイプ（図3-31参照）

技術提案に基づき選定された優先交渉権者と技術協力業務の契約を締結し、別の契約に基づき実施している設計に技術提案内容を反映させながら価格などの交渉を行い、交渉が成立した場合に工事施工の契約を締結する。

○設計交渉・施工タイプ

技術提案に基づき選定された優先交渉権者と設計業務の契約を締結し、設計の過程で価格などの交渉を行い、交渉が成立した場合に設計とは別に工事施工の契約を締結する。

これらの契約タイプを適用する場合の発注者の留意点としては、設計者との調整・交渉能力、工事施工者が実施する設計に対して的確な判断や指示を行う能力などが必要となるため、必要に応じてCMの活用などにより、発注者の体制を補完することが求められる。

●リスク・マネジメントとしての考察

仕様の設定やその前提となる条件が不確定な場合、実施設計などから工事施工者が技術協力などの形で参画する「技術提案・交渉方式」の適用が、リスク・マネジメントとして有効である。リスク回避となる例としては以下のようなものが挙げられている。

・調査・設計・積算・設計を同時進行でき、工事着手までの期間を短縮できる。

・工事施工者が設計段階から参画することで、事業課題やリスク情報を工事施工者が早期に把握して、工事施工者の独自技術、リスクを回避する工夫などを設計に反映できる。

・必要な追加調査や協議を工事契約締結前に行うことで、諸条件の最適化や、工事着手

後の手戻り回避が可能となる。

・リスクの高い工事を価格交渉の上で契約するため、入札不調を回避しやすい。

3 品質マネジメント

3-1 品質マネジメントの概要

◆ 品質マネジメントとは

● 品質マネジメントの概念

　プロジェクトの品質マネジメントは、プロジェクトを発注者の目標に基づく要求事項に合致させるために行われるマネジメントである。米国PM協会（PMI：Project Management Institute）による知識体系である『PMBOKガイド 第6版』では、①品質のプランニング、②品質マネジメント、③品質のコントロールの3つの要素で定義されている。図3-35にPMBOKの品質マネジメント体系を示す。マネジメントの基本は品質マネジメントの方針を文書化し、品質マネジメント活動を計画に従い実施し、活動の結果が目標を達成していることを監視・記録することである。そのプロセスの中で、品質が達成されていない場合には改善を行い、最終成果物の品質を確保することになる。

　建設プロジェクトでは、他の製造業などと異なり、多くのプロジェクト構成員が参画し、重層化しているため、品質マネジメント活動が複数の主体で同時に行われることになる。また、多数の有形の成果物と無形の業務がプロジェクトの要素として存在する。これらの個々の品質マネジメント活動の結果がプロジェクトの成果物に大きく影響することに留意し、CMrは多数の品質マネジメント活動を把握し、プロジェクト全体の品質マネジメントを行う必要がある。

● 品質の定義

　「品質」は、品質マネジメントの目標となることから、CMrも、その定義を明確に理解し、プロジェクト構成員が品質について理解しているかを確認する必要がある。

　JIS Z 8101では、品質を「品物又はサービスが、使用目的を満たしているかどうかを決定するための評価の対象となる固有の性質・性能の全体」と定義していた。しかし、1999年の改訂の際、この定義は削除され、新たにISO9001から制定されたJIS Q9000〈品質マネジメントシステム〉では「本来備わっている特性の集まりが、要求事項を満たす程度」と定義されている。建設プロジェクトにおける品質は「発注者の要求水準が、建築生産で提供される成果物や業務において満たされている」状態ということができる。建設プロジェクトの各プロセスにおける具体的な「品質」の対象は以下の通りで、それぞれの成果物および関連する業務、さらに作成や検討に関わる過程・組織なども含まれる。

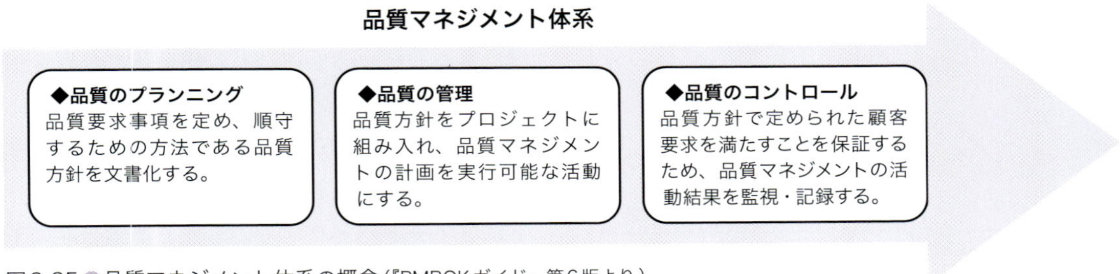

品質マネジメント体系

◆**品質のプランニング**
品質要求事項を定め、順守するための方法である品質方針を文書化する。

◆**品質の管理**
品質方針をプロジェクトに組み入れ、品質マネジメントの計画を実行可能な活動にする。

◆**品質のコントロール**
品質方針で定められた顧客要求を満たすことを保証するため、品質マネジメントの活動結果を監視・記録する。

図3-35 ●品質マネジメント体系の概念（『PMBOKガイド』第6版より）

○事業構想・基本計画

建設事業の目的に合致した発注者の要求事項・制約条件を包含する成果物（プロジェクト推進計画書・基本計画書など）および関連する業務

○基本設計・実施設計

基本計画における要求事項・制約条件を踏まえた設計図書・発注図書および関連する業務

○工事施工

設計図書・発注図書に基づく成果物（建設物）と関連する業務（監理業務を含む）

成果物の品質については、成果物の基本的な性能・仕様・内容などだけでなく、その成果物の付加価値も含まれる。これは品質の概念が時代とともに広がったためで、その概念は、1980年代に東京理科大学教授の狩野紀昭によって提唱された「品質の広がりのモデル」（図3-36）でよく理解できる。また、成果物以外の品質は、無形の業務や、それらを生み出すプロセスや組織の品質も対象となっている。

CM業務の品質も当然、プロジェクトの品質の一部であり、それらを提供するCMrは、CM業務が発注者の要求を満たしているかを確認する必要がある。

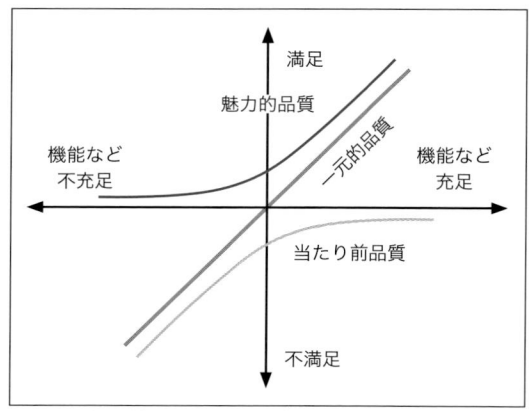

図3-36 ●品質の2次元の広がり 狩野モデル
（『TQM品質管理入門』より）

●品質のプランニング

品質のプランニングは品質マネジメントの要素の1つであり、プロジェクト目標に基づき品質マネジメントの計画を策定することである。品質マネジメントの計画では、満たすべき発注者の要求事項、社会やステークホルダーの要求事項、外的要因として市場環境やさまざまな制約条件、品質を達成する方法、品質の適合を確認する方法を明確にする必要がある。

建設プロジェクトでは、目指すべきゴールとして、コスト・スケジュールとともに発注者の要求事項と達成すべき品質を全てのプロジェクト構成員に示さなければならない。

●品質のコントロール

品質のコントロールは、発注者の要求事項を満たしていることを保証できるよう、品質マネジメントの結果を監視・記録することである。プロジェクト全体を通して、発注者の要求事項が満たされたかを検証し、検証の結果を客観的データで示す必要がある。

建設プロジェクトではプロジェクト構成員がおのおのの立場で品質マネジメントを実施し、監視・検証した結果を示し、CMrもその結果を発注者とともに確認することが求められる。

●品質管理（QC：Quality Control）と
　品質保証（QA：Quality Assurance）

品質管理とは、製造時に不適合品を出さないための手段や方法を実施する活動である。製造業では製品の品質を検査し、問題ないと判断する一連のプロセス管理が主な役割となる。

品質保証とは、納品後も安心や満足を保証するための活動である。製造業では製品が品質基準を満たしているか確認し、出荷後に品質を保証することが主な役割である。

品質保証の活動から、不具合が発生したり顧客満足が不足した製品の情報を品質マネジメントにフィードバックすることで、不適合品の予防や品質改善を行うことができる。つまり、品

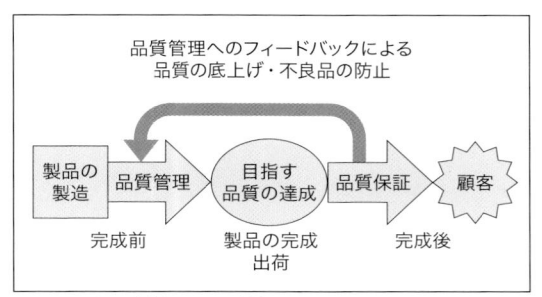

図3-37 ●品質管理と品質保証の関係

質管理と品質保証の関係は表裏一体で、品質管理という手段を用い、品質保証という目的を達成しているといえる（図3-37）。

◆ CMrによる品質マネジメント

● 建設生産における品質マネジメントの特性

　建設生産における品質マネジメントは一般に製造業と異なった特性があるため、品質マネジメントの計画・実行・検証において留意すべき点が多くある。建築生産と製造業（車・機械など）の特徴を表3-22にまとめた。

　建設プロジェクトにおいて、CMrは各プロジェクト構成員（企業）の品質マネジメントを包括し、事業構想・基本計画・基本設計・実施

設計・工事施工・運営・管理などのプロジェクト全般にわたる統合的な品質マネジメントの体系を構築することが求められる。そのため、プロジェクトにおいて複数の主体により同時に行われるインプットとアウトプットの責任分界点を整理し、品質マネジメントの対象範囲と役割分担を明確にすることが大切になる。役割分担例として以下がある。

- プロジェクト構成員の組織の品質
- プロジェクト全体の業務の品質
- 設計者が確認すべき業務（設計行為）の品質
- 監理者が確認すべき成果物の品質
- 工事施工者が確認すべき成果物の品質
- 工事施工者が確認すべき業務（安全管理など）の品質
- 材料メーカーが確認すべき成果物の品質
- 製品メーカーが確認すべき成果物の品質
- その他

● 品質マネジメントにおけるCMrの果たす役割

　建設生産の品質マネジメントにおいて実施されるべき事項は多岐にわたるが、CMrがその全てに主体的に携わることは困難である。また、

表3-22 ●品質マネジメントにおける建設産業の特徴

	建設業	製造業（車・機械など）
要求事項	● 施設ごとに発注者が異なり、特定の要求事項がある。	● 幅広い顧客の要求事項をあらかじめ定め、製品化し製造する。
成果物の特長と前提条件	● 一品生産される強大で輸送が困難な成果物である。 ● 発注者の要求条件に合わせて仕様を決定し個別に設計となる。 ● 毎回異なる環境で建設するため、敷地ごとに法的制約など、生産の前提条件が異なる。 ● ライフサイクルが40〜100年にわたる可能性がある。	● 大量生産し、輸送が可能な成果物である。 ● 設計段階で仕様を想定し、大量に製造される。 ● 工場など同一の環境で製造するため、環境要因による不良を少なくできる。 ● 大多数の製品寿命は数年〜20年程度となる。
生産組織の特徴	● 建設にあたって多数の組織が携わり、生産の過程が複雑になる。 ● 成果物に責任分界点が発生する可能性がある。	● 1つの組織が設計・製造にあたる。 ● 成果物に対して一貫して責任を負うことができる。
品質の確認	● 工事施工が完了する都度、現場にて品質確認する。 ● 工業化した部材は工場検査と現場取付後に品質確認する。	● 製造完了後、品質の確認を行う。 ● 製造のプロセスを確立し不適合品の製造を最小とする。
品質の改善	● 成果物全体が完成した場合、改善は困難である。 ● 設計や工事施工での品質検証が重要となる。	● 出荷した製品の不適合を検証し、製造にフィードバックする。 ● 品質管理で不適合品の発生を予防する。

全ての品質に対し責任を負うことはない。しかし、多岐にわたる成果物や業務に関する品質マネジメントが、発注者の要求事項に合致しているかの確認は求められる。そのため、CMrはプロジェクト構成員の品質マネジメントを包括的に整理する必要がある。CMrが実務的に求められる役割としては以下が挙げられる。

○品質マネジメントの計画
・発注者の要求事項をプロジェクト構成員に明示する。
・プロジェクト構成員の持っている組織の品質マネジメントのプロセスを確認する。
・適合すべき法的規制・品質規定などをプロジェクト構成員から確認する。
・顧客の要求事項との整合性を確認できるプロセスが計画されているか確認する。

○品質マネジメントの実施
・プロジェクト全体の品質が要求事項に合致しているか確認する。
・確認の結果、要求事項に適合していない場合は改善のプロセスの実行をプロジェクト構成員に促す。

○品質の検証・確認
・成果物や業務の品質が要求事項を満たしているかをプロジェクト構成員が検証した結果をまとめる。
・成果物や業務が法的規制・品質規定に合致しているかをプロジェクト構成員が検証した結果を確認する。

3-2 品質マネジメントの手法と理論

◆ 建設生産に適用される手法

● 品質管理手法の変遷

製造業で行われてきた日本の品質管理のさまざまな活動により工業製品の品質は世界に誇るものになった。建設生産も広義では製造業に含まれ、品質管理においても、製造業で確立された品質管理の理論・手法が適用される。CMrはそれら品質管理手法を学び、プロジェクトの品質や建設生産の成果物である建築物などの品質

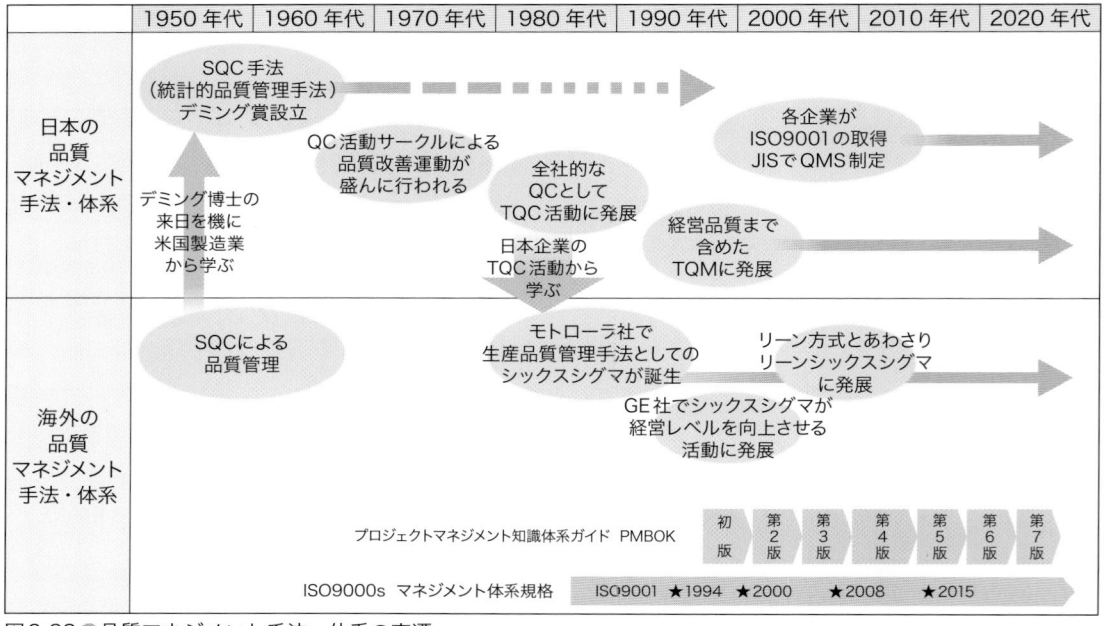

図3-38 ●品質マネジメント手法・体系の変遷

表 3-23 ●品質管理手法の特徴と比較

比較項目 / 理論	TQC	TQM	シックスシグマ	コミッショニング	ISO9000s
概要・目的	全社的 品質改善活動	全社的 品質改善活動	全社的 品質改善活動	省エネルギーにおける空調システムの適正化	品質マネジメントシステムを世界的な企画として制定
活動の特徴	製造現場が主体となり、会社の全部門横断でQCサークル活動を通した品質改善	トップダウンで経営層を含む会社全体での品質改善	トップダウンで経営層を含む会社全体での品質改善	コミッショニングチームを組成した改善	規格の認証を受け、監査による改善
取りまとめ	現場のリーダー	経営層	ブラックベルトと呼ばれる問題解決責任者	Cx責任者と呼ばれる推進責任者	経営層と推進リーダー
第三者性	外部監査あり	外部監査あり	なし	LEEDでは第三者性を役割で担保	外部監査でマネジメントシステムを継続的に検証
顧客の参加	なし	なし	なし	あり	顧客からのフィードバックによる品質改善
マネジメントの対象	成果物・プロセス	組織・成果物・サービス・プロセス	組織・成果物・サービス・プロセス	主に建築設備	組織・成果物・サービス・プロセス
文書化	都度、文書化	都度、文書化	文書化の仕組みあり	文書化の仕組みあり	文書化が必須

が発注者の要求事項に合致しているか確認する必要がある。図3-38に品質マネジメント手法・体系の変遷と表3-23に品質管理手法の特徴をまとめた。

日本の品質管理は1950年にデミング（William Edwards Deming）が来日し、SQC（Statistical Quality Control：統計的品質管理）が伝えられたことにより始まったとされる。1960年代には各企業で基礎的な品質管理活動が開始された。1970年代には、日本の工業製品が海外製品と競争するため、品質改善活動がQCサークル活動として各企業で盛んに行われた。小集団活動であるQCサークル活動を通して、SQCが実行されPDCA（Plan・Do・Check・Act）の品質管理サイクル（デミングサイクル）が推進され、定着した。1980年代以降、より良い品質を目指し全社で総合的に品質をとらえて品質改善活動を行い、発展していったものが日本式TQCである。さらに、1990年代からは、品質を顧客満足ととらえ、会社組織の品質を含めた品質マネジメントが盛んとなった。現在は、さらに品質は製品だけでなく無形のあらゆる業務を含める概念に発展している。

● TQC（Total Quality Control）

TQCとは、総合的品質管理手法のことである。1960年代から、日本の製造業では製造現場で少人数単位で行うQCサークル活動により、品質改善活動が盛んに行われるようになった。TQCは、そのQCサークル活動を会社全体で部門横断的に行い発展したものである。TQCは米国でも行われていたが、日本の企業で独自に発展し、日本版TQCと呼ばれるようになる。この日本版TQCは工業製品の品質向上に大きく貢献し、日本発の品質管理手法として世界でも認識された。

● TQM（Total Quality Management）

TQMは、経営トップを含めた全社で品質意識を共有し、経営戦略として品質を継続的に改善していくため品質管理手法である。TQMがTQCと異なる点は、会社経営層がトップダウンで戦略的に品質マネジメントを実施し顧客満足度の向上を目指すこと、製品・業務のみならずプロセス・組織の品質も含め改善を行うことである。TQMの構成要素には、マネジメントと教育、個と組織、経営トップのリーダシップ・ビジョン・戦略、品質保証のシステム・手法・

運用技術など多様な側面を持っており理論は提唱者により多様である。

●シックスシグマ（6σ）

シックスシグマは標準偏差（σ）6個分を意味し、統計的品質レベルの不良率が長期的には百万分の3.4（3.4/1,000,000）以下になる生産工程の実現を目指す手法であることから名付けられた。日本の製造業と比較して不足していた生産ラインの品質管理能力を高めるために、米国モトローラ社でハリー博士（Mikel Harry）の主導により活動が始まった。その後、1995年に米国GE社のCEOウェルチ（Jack Welch）がGE全社にシックスシグマ導入を宣言した。問題解決のステップであるDMAIC（定義：Difine、測定：Measure、分析：Analyze、改善：Improve、管理：Controle）に基づきトップダウンで決めていく手法がモトローラ社の提唱するシックスシグマと異なる。サービス業も実施するGE社は全社でシックスシグマを採用することで大きく業績を伸ばした。シックスシグマが日本版TQCと異なる点は、品質管理活動の主体となるメンバーが専任であることがあげられ、それら問題解決の責任者は、ブラックベルトと呼ばれている。日本でも導入事例はあったが、全員参加のTQCの方が日本に合っており普及しなかった。

●コミッショニング（Commissioning：Cx）

日本におけるコミッショニングは「建築設備コミッショニング協会」により普及活動が行われ、建築設備の実際の性能を確認し、本来の性能を実現するために行うプロセスとして、この手法が使われており、以下の特徴が挙げられる。

・建物完成後の運営・管理を含めたプロセス
・設計者・工事施工者とは別にコミッショニング・オーソリティ（CA：性能検証責任者）を中心としたコミッショニング・チームを組成し性能を検証
・コミッショニング・チームは、発注者の要望・要求を具体的に文書化

計画・設計から発注者の要求する空調性能を実現する新築建物のプロセスと、建物の状態把握から期待する性能発揮のために改善を行う既存建物のプロセスの2種類がある（図3-39）。

コミッショニングが適用されたプロジェクトとして、新築建物では長崎県庁舎（2018年）、既存建物では京都駅ビル（1997年）などが紹介されている。

米国グリーンビルディング協会による建物の省エネルギー性能の認証であるLEED（Leadership in Energy and Environmental Design）では、その認証プロセスにおいてコミッショニングが義務化されている。その目的は、評価項目である「エネルギーと大気」において、設計者・工事施工者から独立した第三者による設備のコミッショニングをすることにある。CMrは発注者のLEED認証の要望実現のため、適切なコミッショニングの仕組みを理解する必要がある。

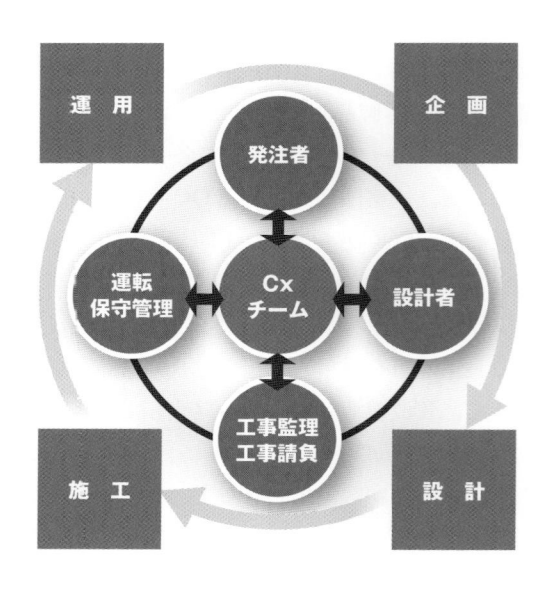

図3-39 ●コミッショニング概念図
（建築設備コミッショニング協会ホームページより引用）

● ISO9000シリーズ
（品質マネジメント・システム）

ISO9001は、国際的に共通規格が必要であるとの認識から国際標準化機構(ISO: International Organization for Standardization) によって制定された品質マネジメント・システム (QMS：Quality Management System) である。それ以前にも品質マネジメントの規格はあったが、現在のISO9000シリーズ（以下ISO9000s）は1987年に制定され、日本でも JIS Q9000sとして2000年に日本工業規格となっている。国内でも商取引上において必要視する動きが強くなり、1990年代中ごろから多くの企業でISO9000sが取得された。2015年に大幅な改訂があり、現在、日本のQMSの主流となっている。

建設関係企業のISO9001sの取得数は全産業の中でも上位を占めており、建設プロジェクトの品質マネジメントとして最も利用されているといえる。しかし、建設業界に適していないとの批判や、多くの企業で形骸化しているとの指摘もある。

ISO9001sは企業の品質マネジメント・システムを国際的に定められた基準によって客観的に評価するものであり、成果物（製品）や業務の品質管理・品質保証をどのような方針のもとで、どのような体制で行っているかを、利害関係者に対し明確にするツールである。ISO9001の体系とPDCAサイクルの概念を図3-40に示す。

● QC7つ道具・新QC7つ道具

品質マネジメントを実施する中で、品質が満たされていることを客観的に評価するために、CMrにはQC7つ道具・新QC7つ道具の活用が有効である。

QC7つ道具は、数値化されたデータを分析し、達成状況などを見える化する手法となる。建設プロジェクトでも、これらの手法で評価された品質の検証結果を確認する場面は多くあり、正確な理解と使いこなす能力を求められる。

新QC7つ道具は、製品を作る過程で発生するさまざまな問題を解決する手法で、言語データ（数値では表せないデータ）を分析する時に用いる。建設プロジェクトでも発生する課題を解決するために有用な手法であり、CMrには使いこなす能力が求められる。各ツールの特徴

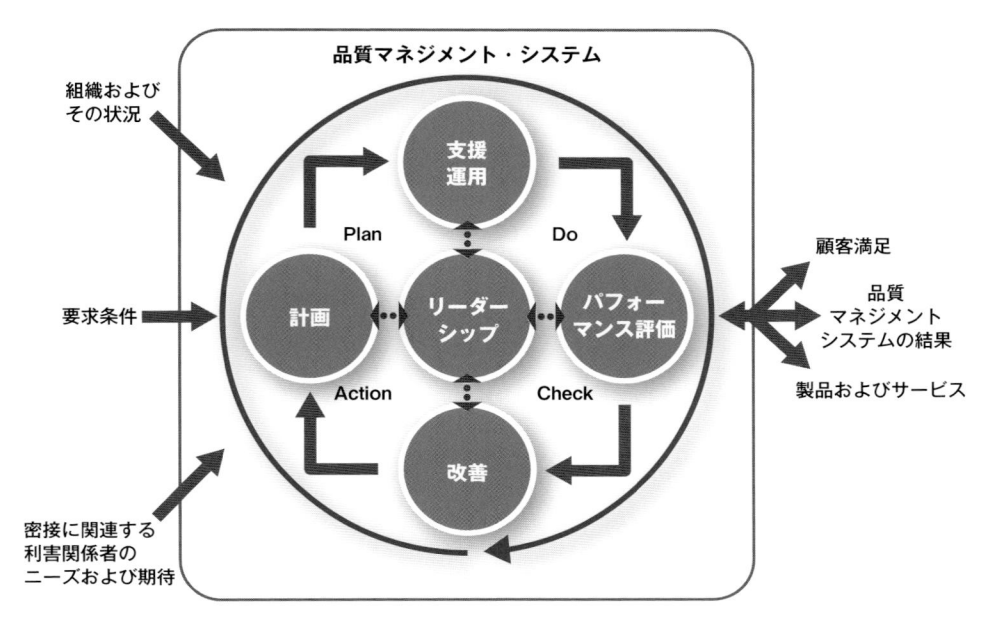

図3-40 ● ISO9001（2015年版）PDCAサイクルを使った品質マネジメントシステムの概念

表3-24 ●QC7つ道具と新QC7つ道具

QC7つ道具　数値のデータを分析する手法		
名称	使い方	イメージ
チェックシート	チェックシートは、項目を設定しデータを記入していく表である。特に決まった様式はなく、記録・分析用のデータ収集を主な目的とする表や、抜け漏れ防止をチェックするためのリストなどに利用する。	
パレート図（累積度数分布表）	パレート図とは、項目別データを値の大きさ順に並べた棒グラフと、各データの累積数の合計で割った数値（累積比率）を表す折線グラフを合わせた図である。優先して解決すべき問題がどれなのかを把握できる。	
ヒストグラム（度数分布図）	ヒストグラムは、一定の区分・区間・階級に分けたデータで作成された度数分布表を棒グラフで表した図である。品質特性のどの数値帯にデータが集中するか、数値のばらつきの程度を視覚的に把握できる。	
管理図	管理図は、データが目標値を中心に上方管理限界線と下方管理限界線に収まっているか時系列で表示した折れ線グラフである。各工程を管理したり、工程の稼働状況が安定しているかを把握できる。	
特性要因図	特性要因図は、フィッシュボーンとも呼ばれ、事象を構成する要因を階層構造で整理した図である。要素ごとに分類、整理することで数値では見えてこない問題や関連する要因が把握できる。	
散布図	散布図は、2つの項目をX軸・Y軸にとり、データを点の集合で表したグラフである。分布の形状から2つのデータに「正の相関がある」「負の相関がある」「相関がない」などの相関関係が把握できる。	
層別・グラフ	品質管理のデータを取り扱う基本的な手法である。層別は、ある特定の分類基準別に対象となる母集団をいくつかの層に分ける。問題が発生した時などにデータを層別に分類することで原因が見えやすくなる効果がある。グラフは、データの割合・比較・大小・推移などを視覚的に表す図である。視覚的に表すことで、収集したデータの全体像の把握がしやすくなる。	

新QC7つ道具　言語データを分析する手法（マトリックスデータ分析を除く）		
名称	使い方	イメージ
親和図法	親和図法は、まとまりのない言語データを、親和性の高いもの同士で整理・グループ化していく手法である。混沌とした課題などの構造を明らかにするのに向いている。	
連関図法	連関図法は、要因の相関関係を整理・明確化し問題の主要因を発見する手法である。複雑に原因が絡み合った問題について、因果関係から主な要因を絞り込むのに向いている。	
系統図法	系統図法は、目的を達成するための手段を目的として系統的に整理する手法である。繰り返し何段階も検討することで、実行すべき最適な手段を明らかにすることができる。	
マトリックス図法	マトリックス図法は、行と列に検討していく要因を並べ、2つの交点に関連度合いを表示し整理する手法である。優先順位や役割分担の整理に利用できる。	
PDPC 法 (Process Decision Program Chart)	PDPC 法とはプロセス決定計画図のことで目的を達成までに考えられる障害を予測して対策を図示する手法である。障害を事前に予想し、スタートから問題解決、ゴールまでの全体像を把握できることが利点である。	
アロー・ダイヤグラム法	アロー・ダイヤグラム法は、作業手順を矢印と結合点で結んだネットワーク図で、スケジュールを管理・検討する手法である。工程全体を俯瞰し工程短縮や工程遅延リスクを発見できる。	
マトリックス・データ解析	マトリックス・データ解析法は、数値データを二次元平面図に表示し、標準化や相関分析などで処理して、データの特徴を表す手法である。多くの要素を持つデータを客観的に整理しやすい。	

を表3-24にまとめる。

●ブリーフィング／プログラミング

ブリーフィング／プログラミングは、品質マネジメントの中で不可欠な手法であり、さまざまなマネジメント体系の中でも位置付けられている。プロジェクトの中で継続して行われる品質マネジメント活動のインプットとアウトプットを形成するために必要となる。

建設プロジェクトでも発注者の要求事項や制約条件が明文化され、要求水準書などに反映される。

➡第3章「1 全体マネジメント」

●トレーサビリティ

トレーサビリティ (Traceability) は、トレース (Trace：追跡) とアビリティ (Ability：能力) を組み合わせた造語で、日本語では「追跡可能性」と訳される。業界によって定義は多少異なるが、製造業では「原材料・部品の調達から加工・組立・流通・販売の各工程で製造者・仕入先・販売元などを記録し、履歴を追跡可能な状態にしておくこと」とされている。ISO9001 (2015) では対象 (製品・サービス・プロセス・人・組織・システム・資源など) の履歴・適用・所在を追跡する仕組みとなっている。

日本では、BSE (狂牛病) や食品偽装表示が食の品質・安全に大きく影響したことが社会問題化した際に、トレーサビリティが注目され、制度化が進んだ。

トレーサビリティは品質マネジメントの中で、成果物の評価を的確に行うために必要な手法とされている。

建築生産におけるトレーサビリティとして、型枠用木材に地球環境保全の観点で適切な木材を使用しているかを、森林伐採から現場再利用の履歴まで追跡するための認証制度を用いていることを発注者に示す事例が挙げられる。また、廃棄物処理法によって義務付けられている「産業廃棄物管理票 (マニフェスト伝票)」の運用もトレーサビリティの1つといえる。

今後、建設生産でトレーサビリティを求められる事例が増える可能性もあるが、CMrはトレーサビリティの技術・仕組みを構築することは容易ではないことを理解して取り組む必要がある。

4 コスト・マネジメント

4-1 コスト・マネジメントの概要

◆コスト・マネジメントとは

●コスト・マネジメントの定義と機能

「コスト・マネジメント（管理）とは、建築事業におけるコスト有効性を向上させるために、コストの目標を設定し、その達成を図る一連の管理活動」と定義されている。（公益社団法人日本建築積算協会『新☆建築コスト管理士ガイドブック』2020年）

つまり、単にコストを低減するのではなく、目標コストの範囲内で発注者が望む価値を最大化することである。投資コストに伴う「建物の効用」を最大化するという活動がコスト・マネジメントといえる。コスト・マネジメントは、プランニング（計画）とコントロール（統制）という2つの機能をもつ。

●コスト・プランニング

計画機能は、コスト・プランニングであり、事業計画などの要因から設定された目標コストを、種目や科目あるいは各部位といった建築物を構成する要素に適切な配分を行うプロセスを指す。

●コスト・コントロール

統制機能は、コスト・コントロールであり、事業構想・基本計画・基本設計・実施設計・工事施工において、目標コストと計画・設計の内容が整合しているか確認し、相違があれば整合をとるように調整するプロセスである。一般的に、基本計画・基本設計・実施設計において、設計図書やその他の設計情報に基づき積算（概算あるいは精算）を行い、算定されたコストと目標コストの比較および差異分析を行う。

設計情報は設計の進捗によって大きく異なるが、コスト・コントロールを目的とした場合は、項目と数量・単価を積上げた概算積算を行う必要がある。いわゆる「坪単価」でコストを算定した場合は、目標コストとの整合性を図るためのVE検討や、その内容の設計へフィードバックができない。CMrは、この点を十分認識して、設計情報と概算手法について設計者との意識共有を行う必要がある。

◆コストとプライス

●コストとプライスの定義

一般的には、「コスト」は原価、「プライス」は売値といわれる。建築においても同様で、コストは工事施工者あるいはメーカーの原価、プライスは見積価格あるいは契約価格となる。この関係は、立場が変わると複雑になる。専門工事会社と総合建設会社との契約価格は、専門工事会社のプライスであるが、総合建設会社が発注者に対した場合はコスト（工事原価）になる。また、総合建設会社と発注者の契約金額は、総合建設会社にとってはプライスであるが、発注者にとってはコストとなる。

コスト・マネジメントにおいては、このように複雑な関係性をシンプルに整理する必要がある。本書では、発注者のコスト・マネジメントにおけるコストとプライスを以下のように定義する。

○コスト

工事施工者の原価に適正な一般管理費など（本支店経費・利益）を加えた、理論的に導き出すことができる金額である。工事施工者の原価はあくまで推計となるが、公共工事における工事費設計額（予定価格のベース）と

類似の考え方であり、論理的な金額といえる。

○プライス

工事施工者が提出する見積金額あるいは入札金額であり、最終的には契約金額となる。この金額は、工事施工者の営業戦略・戦術、需給のバランス、社会環境や経済状況は、発注者と工事施工者の関係などにより、原価と必ずしも連動せず決定される金額である。

● コストとプライスの関係

論理的に導き出された金額であるコストを「ものさし（指標）」として、プライスつまり工事施工者の見積金額を分析すると、社会環境や経済状況とともに変化する相場観が明らかになってくる。大規模な自然災害や急激な経済環境の変化に伴う建設価格の高騰についても、コストから導き出されたプライス動向が理解できれば、必然的に説明がつくものとなる。今後の入札動向なども一定の精度で推定でき、発注戦略もより明確に策定できると考えられる。

なお、工事施工者の原価をベースにしてコストを算定することは、発注者やCMrにとってなかなか難しい課題となる。日本においては、施工原価に関する情報が公開されることはなく、発注者にとって工事施工者の「ブラックボックス」の状況にある。刊行物により価格情報が公開されてはいるが、公共工事で使用する単価という位置付けであり、施工原価と乖離している部分を指摘されることもある。また、工事施工者のプライスである見積内訳書は営業的に設定された金額のため、これを基礎データとしてコスト・マネジメントを行うことは、実勢コストとの乖離を招く結果となる。

CMrは、さまざまなコスト情報を収集の上で多面的な分析を行い、何らかの論理的な指標をつくる必要がある。この指標のつくり方に正解はなく、CMrが自らの経験・実績などに基づく方法を工夫する必要がある。コスト情報の精度はコスト・マネジメントの成否を大きく左右し、

CMrへの評価にもつながってくるものである。

■◆ CMrによるコスト・マネジメント

● 多様な発注方式におけるコスト・マネジメント

ここでは、近年採用例が増えてきた多様なプロジェクト実施方式のうち設計施工一括方式とECI方式（図3-41）について、コスト算出との関係を記載する。

いずれのプロジェクトのプロセスも、事業構想・基本計画・基本設計・実施設計・工事施工・運営・管理となる。

「設計施工一括方式」は、設計と工事施工を1つの主体（会社または共同企業体）に発注する手法で、落札者を選定する前に予定価格を決定する場合が一般的と考えられる。基本設計完了後あるいはそれ以前に、設計施工者を選定する場合が多く、基本計画から概算を行うことにより予定価格を設定する手法、あるいは類似の工事実績などにより予定価格を設定する手法などが考えられる。いずれにしても、実施設計後の詳細積算により予定価格を設定する従来の方式と異なることから、「予定価格」あるいは「指標となる工事費（参考額）」の設定方法については、プロジェクトの状況に応じた検討が必要となる。また、技術提案による総合評価方式と組み合わせた場合は、技術提案による工事費の増減に対する評価も重要な検討事項と考えられる。

「ECI方式」は、実施設計などから技術協力者（工事施工予定者）が設計に関与することにより、施工性の検討や工事期間の短縮を図ることと併せて工事費にかかるリスクを抑制することも可能になる手法である。基本計画・基本設計・実施設計で施工性や工法などを提案し技術協力を行うが、それぞれに工事費の裏付けが必要となる。工事費の算定は、基本計画や基本設計の概算手法などを駆使して行うこととなる。技術協力者を選定する時点で、予定価格は定め

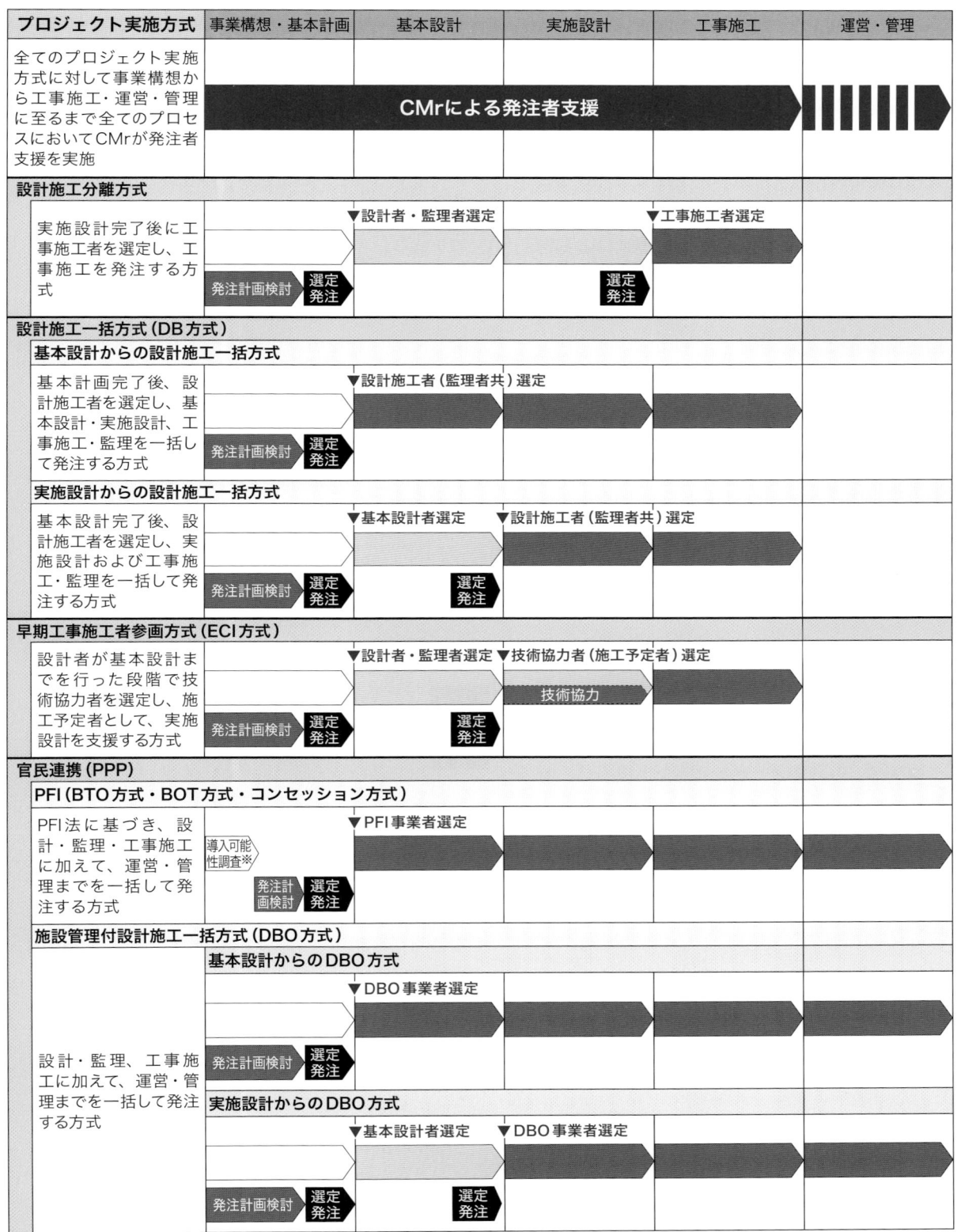

図 3-41 ●プロジェクト実施方式の特徴と選定・発注時期

※ PFI方式においては基本計画の策定と併せて導入可能性調査を行う。導入可能性調査を経て特定事業に選定された後に発注・選定に進むこととなる。

られていないが、工事費に関して一定の枠組みをもって技術協力者を決定することが重要と考えられる。したがって、予定価格ほどの拘束性はないものの、「指標となる工事費」を設定し、受注者選定において一定の拘束性をもたせることにより、事業の経済的な実現性を担保しておくことが考えられる。また、技術提案による総合評価方式と組み合わせて、プロジェクトの早期に遡ったVE提案などによる工事費低減・工期短縮を実現することも、この方式のメリットを増大させる可能性が高い。

● **公共プロジェクトにおけるコスト・マネジメント**

「公共工事の品質確保の促進に関する法律の一部を改正する法律（改正品確法）」が施行されてから、公共工事の入札や契約に関してもこれまでと異なる多様なプロジェクト実施方式が採用されるようになってきた。

この狙いは、民間技術を広く活用することにより、「最も安いものの調達」から「最も価値の高いものの調達」へと変化を促し、価格と性能の両面で最適な建設物を調達することにある。

例えば、設計施工一括方式などの場合は、設計や工事施工の技術提案を広く民間から求め、それぞれの提案に対して価格と性能の両面から総合的に判断し最適な提案を採用する必要がある。したがって、事前に予定価格を決定していた従来の一般的な制度とは大きく異なる。また、更にこの品質確保の取組みを促進するために、地方公共団体など内部の人材で発注業務などを実施できない場合は、発注者の支援のために、CMrなど外部の人材や組織を活用することを促している。

公共工事は積算業務の流れや基準、成果物の内容が民間工事とは違うため、公共工事と民間工事の相違点を十分に理解した上で、マネジメント業務に取り組む必要がある。

● **今後のコスト・マネジメント**

コスト・マネジメントによる積算にはさまざまな手法があるが、いずれの場合においてもより精度の高い数量を算出し、VE／CD*提案などに利用することが望ましい。現在、一部の構造計算ソフトでは、躯体数量が自動算出できるものがある。多少の補正は必要だが、概算数量としては十分利用できる。

その他、近年で利用範囲が広がっているBIMに関しても、数量の算出機能が備わっている。更に、施工計画や仮設計画などを検討するためのシミュレーション機能やプレゼンテーション機能の他に維持・保全まで、建物のライフサイクル全般に活用範囲が広がってきている。

> **＊VE／CD**
> VEとは、Value Engineering（価値工学）の略語。1947年に米国で生まれた管理技術で、機能に着目した「価値の向上を目指す方法論」である。
> VEの一例を挙げると、性能・価値は維持しコストを下げることをいう。CDとはCost Downの略語。性能・価値が低下してもよいことを前提として、コストを下げることをいう。

4-2 コスト・マネジメントの手法と理論

◆ 工事費の概算・積算

● **各段階における概算・積算の概要**

CMrはプロジェクトのさまざまな段階で工事費の確認や検証を行う。CMrが独自に算定する場合もある。

事業構想・基本計画から一連の流れで、コスト・プランニングやコスト・コントロールを行っていくには、各段階において概算を行い、設計内容とコストとのバランスを確認していくことが必要になる。

その際に重要なことは、概算の目的や必要性などを十分に理解することである。併せて、プロジェクトの全体スケジュールを勘案した上で設計の進捗度に見合った情報量をもとに、適切な概算手法で行う必要がある。実際には、概算

に必要な情報や内容が得られない場合もあるが、設計のどの段階でどういう概算が求められているのかを明確にし、インプット（情報）とアウトプット（成果物）のバランスを勘案した過不足のない概算とすることが望ましい。

また、CMrは求められている概算の目的を十分に把握し、かつ、発注者に説明ができなければならない。

以降、各段階における概算の目的と位置付け、必要な情報について記載する。

◆ 事業構想における概算
● 概算の目的と概要

事業成立の可否あるいは事業予算を検討し、建築物と事業予算との整合性および事業の成立を確認する段階である。ここで決定された事業予算は、プロジェクトの全般にわたって経済的な制約条件となる。したがって、この段階における事業予算の決定は最も重要で、適切なプロセスを経て、適切な概算手法を選択することが必要となる。

● 主な概算手法

事業構想における概算は、事業成立の検討が主な目的である。この段階においては、ボリューム図（敷地条件から最大床面積を検討する図面）程度の設計情報しかないため、床面積当たりの単価（坪単価）によりコストを算定する場合が多い。このような「坪単価」によるコスト算定は、精度において信頼性が低いのみならず、算定されたコストが事業的に成立しない場合、これ以降のコスト・コントロールが困難となる。少ない設計情報であっても、代表的な項目・数量を積み上げる概算手法を採用することが望ましい。

また、建築物の配置やボリュームなどのアウトラインも決定していないため、必要に応じて複数案の比較検討を行う。設計情報は限られているが、項目・数量を一定範囲で積み上げる概算手法を採用し、コスト・コントロールを行う

ことが望ましい。

◆ 基本計画における概算
● 概算の目的と概要

概算工事費が事業予算に合致しているかを確認する。また、構造・仕上げ・設備などの各区分における予算配分および各グレードと予算とのバランスが適切かを確認する。

この時点の設計情報には、まだ一部スケッチなどを含む場合もあるが、事前の事業構想から各情報が整理され、具体化されつつある。一般的には建築（総合）関係の情報が先行して揃いつつある時期で、細かい部屋割りまでは確定していないが、ゾーニングは判断できる資料が揃っている。

設計内容が徐々に具体化し、プロジェクトの成否を左右する一番重要な段階である。したがって、問題点を先送りしないためにも、業務のフロント・ローディングの観点からも、ここで確認された内容で問題点があれば、工事費の検証を経た上で、早期に設計内容にフィードバックしていく必要がある。

平面計画や構造計画まで踏み込んで見直すことも可能である。

● 必要な情報

一般的に、事業構想の情報に付加された以下の内容が設計情報となる。

- 建設場所（立地条件）
- 建物用途
- 階数
- 延床面積（施工床面積）
- 概略仮設計画
- 構造種別（主要構造断面、基礎工法）
- 設備方式の概要
- 図面（平面・立面・主要断面・概略仕上表）
- 各グレード（主な仕上材や設備スペック）

なお、平面図などは全ての部屋割りまでは確

認できなくても、使用用途とその範囲は判断できる必要がある。

　また、一部で具体的な数量をベースとした、VE／CD検討が可能になる。

●主な直接工事費の概算手法

　基本計画における一般的な概算手法を工種ごとに解説するが、具体的な概算手法は設計情報に応じて多様である。

（躯体工事関連）

○土工事

　建築面積や基礎面積を算出し、想定基礎深さを掛けて数量を算出する。

　内訳書の計上方法は「根切＋埋戻し＋残土処分」などの項目を合成した単価で金額を算定する方法と、個別に項目を計上する方法がある。残土処分などは、地域により単価差が大きいので区分して計上したほうがわかりやすく、壺・布堀りの場合は、根切り係数を掛けて数量を算出する。

○地業工事（杭など）

　現場周辺の実例から判断することが望ましいが、条件設定が難しい場合は、過去事例の延床面積当たりの工事費で金額を算定する。

○山留工事（乗入構台など）

　掘削深さ・地下水位・周辺状況を勘案の上、要否の判断を行い、数量を算出する（建築面積の30％など、比率で算出する場合もある）。

○水替工事

　山留・乗入構台と同様に敷地状況を確認し、要否の判断を行い数量を算出する。また、ディープウエル工法の場合、掘削土量当たり（円／㎥）で金額を算定する。

○鉄筋コンクリート工事

　構造体の断面情報がない場合は、類似事例の実績値から歩掛り*を抽出して使用する。また、基礎部・地下部・地上部は区分して数量を算出する。

　コンクリートの内訳書計上方法は「材料＋打

設手間＋機械器具費」などの項目を合成した単価で金額を算定する方法と、生コンクリートの地域単価差に対応しやすくするため、材料と打設手間を区分して項目計上する方法とがある。項目数はあまり多くならないので、後者のほうがわかりやすい。併せて、生コンクリートの地域単価*の確認や高性能AE減水剤の加算などに関する単価的な判断は必要である。

> **＊歩掛り**
> ある作業を行う場合に必要な、労務、材料、機械などの作業単位当たりの所要量のこと。
> 例えば、歩掛り0.5（人工／㎡）の作業を100㎡実施する場合には、50人工を要することになる。
>
> **＊生コンクリートの地域単価**
> 生コンクリートの単価は、地域によって差が大きいので、建設予定地の住所だけで判断せず、どの地域の生コンクリート共同組合に該当するかを確認した上で、正確な地域単価で値入れする必要がある。

○鉄骨工事

　基本的には鉄筋コンクリート工事と同様の手法で算出する。RC躯体数量にも影響するので、デッキスラブを採用するか否かを判断した上で項目・数量を算出する。なお、耐火被覆は鉄骨重量当たりの歩掛りより、鉄骨当該床面積当たりの歩掛りで数量を算出した方が誤差は少ない。

（仕上工事関連）

○屋根工事

　屋根面積を算出し、立上りなどは平部分に含んだ合成単価で処理する。屋根防水は、断熱仕様で計上する。また、地下がある建物は1階床にも防水が必要になる部分が出てくる場合が多いので注意を要する。

○外部仕上工事（外壁）

　開口率を想定し数量を算出する。仕上材の仕様が明確でない場合もあり、前面道路に面している壁面の仕上材などには、一定の単価加算を考慮する場合もある。

○外部仕上工事（建具）

　全て面積計上（外壁のうち開口率に相当する面積）する。なお、設定単価には「建具＋ガ

ラス＋開口廻り部材（額縁・詰モルタル・シーリング）」などの項目を合成した単価を作成し金額を算定する。また、日照対策などのため南面・西面などに一定の単価加算を考慮する場合もある。なお、カーテンウォールが想定できれば、区分して計上する。

○内部仕上工事

用途区分ごとの床面積を算出し、それぞれのゾーン単価を掛け合わせて金額を算定する。例えば一般的な事務所ビルのゾーン区分は、エントランス、事務室、便所・給湯、廊下などの共用部、階段、機械室（バックヤード諸室）などで算定する。なお、間仕切りは想定した平面長さに平均階高を掛けて数量を算出する。また、地下の二重ピットや地下防水などは別途考慮する必要がある。

○その他

上記以外の雑物（ユニット物）を金額的に見込むため、類似事例などの実績値を活用し、すでに算定されている内部仕上工事費に一定の率を掛け合わせる、あるいは床面積に単価を掛け合わせるなどの方法で金額を算定する。ただし、家具や備品は含まない。

○予備費

基本計画における設計情報の不確定要因として、一般的には直接工事費に対して一定の率で計上する。ただし、概算における積上げ内容の密度や、単価の安全度（余裕度）の問題などもあり、一概に工事費の何％と決まっているものではない。

このほかの注意点としては、同じ発注者や設計者と過去に類似のプロジェクトを経験していれば、その傾向から仕様や歩掛りなどに一定の補正を加えることも必要である。なお、過去のデータを整理・分析し、汎用性のある工事費データを作成しておけば、作業の合理化と概算手法の統一化にも有効である。

◆ **基本設計における概算**

● **概算の目的と概要**

この段階の概算の主な目的は、実施設計での予算超過防止（与条件に合致した仕様設定）と設計変更による手戻りの防止である。したがって、積上積算で精度を上げたコスト算定を行い、仕様と工事費を確認していくことになる。

また、これまでの事業構想や基本計画で算定してきた概算工事費と差異があれば、その原因を特定し、設計者や発注者と協議の上、仕様設定の変更なども含めてコスト・コントロールを行う。特に、設計内容のオーバースペックや発注者の追加要望に関しては注意を要する。

以上のことから、この時点の概算は、仮にそのまま実施設計に移行しても差異の少ない高い精度が求められる。

● **必要な情報**

この段階で必要な情報は、基本計画の情報に付加される以下の情報となる。

- 総合（建築）計画：詳細面積・各部仕上表・断面図・主要矩計図・主要建具表など
- 構造計画：主要構造断面・杭仕様および本数など
- 設備計画：計画概要（性能目標・機器仕様および容量・設備系統など）
- 外構計画：配置図・主要仕様など
- 仮設計画：総合仮設・揚重計画・山留計画など
- 施工計画：施工手順・工事区分（図示が必要な場合）など

なお、建築工事と設備工事の取合い区分を確認する必要がある。基本設計の成果図書は、国土交通省告示第8号にも規定がある（**表3-25**）。

● **主な直接工事費の概算手法**

基本計画に加えて、以下の事項に留意する。

表 3-25 ●基本計画・基本設計コスト比較表（例）

建設工事費			企画時予算			基本計画時予算			基本設計時予算		
			金 額 (円)	%	(円／㎡)	金 額 (円)	%	(円／㎡)	金額 (円)	%	(円／㎡)
直接工事費	仮設工事	直接仮設	133,000,000	1.9%	(7,000)	143,565,000	2.1%	(7,556)	140,693,700	2.1%	(7,405)
	土工	土工	190,000,000	2.8%	(10,000)	197,500,000	2.9%	(10,395)	191,575,000	2.8%	(10,083)
	地業	地業	160,000,000	2.3%	(8,421)	160,082,000	2.3%	(8,425)	168,086,100	2.5%	(8,847)
	躯体	基礎躯体				176,443,200			170,531,082		
		地下躯体				109,648,800			124,202,871		
		地上躯体				1,305,032,550			1,316,318,326		
	躯体 小計		1,615,000,000	23.6%	(85,000)	1,591,124,550	23.1%	(83,743)	1,611,052,279	23.6%	(84,792)
	仕上	外部仕上	912,000,000		(48,000)	984,987,000		(51,841)	935,737,650		(49,249)
		内部仕上	950,000,000		(50,000)	926,959,150		(48,787)	973,307,107		(51,227)
		家具・備品	150,000,000			153,443,000			159,927,943		
	仕上 小計		2,012,000,000	29.4%	(105,895)	2,065,389,150	30.0%	(108,705)	2,068,972,700	30.3%	(108,893)
	建築 屋外・附帯	囲障				5,081,000			4,530,761		
		構内舗装				15,511,000			11,400,766		
		植栽				8,613,000			7,415,413		
		屋外排水				4,282,000			4,111,884		
		工作物その他				11,645,000			9,509,911		
	屋外・附帯 小計		40,000,000			42,132,000			36,968,735		
	建築計		4,150,000,000	60.7%	(218,421)	4,199,792,700	60.9%	(221,042)	4,217,348,514	61.7%	(221,966)

	企画時予算			基本計画時予算			基本設計時予算		
直接工事費計	5,841,190,000	85.5%	(307,431)	5,891,706,600	85.5%	(310,090)	5,843,701,109	85.5%	(307,563)
共通費	993,002,300	14.5%	(52,263)	1,001,590,122	14.5%	(52,716)	993,429,188	14.5%	(52,285)
その他									
総概算金額 (円)	6,834,192,300	100%	(359,694)	6,893,296,722	100%	(362,805)	6,837,130,297	100%	(359,849)
目標予算 (円)	6,840,000,000			6,840,000,000			6,840,000,000		
目標予算との差額 (円)	▲ 5,807,700			53,296,722			▲ 2,869,703		
床面積当単価 (円／㎡)	359,694			362,805			359,849		
建築:床面積当単価 (円／㎡)	218,421			221,042			221,966		
電気:床面積当単価 (円／㎡)	37,050			37,421			36,298		
機械:床面積当単価 (円／㎡)	45,960			46,420			44,099		
昇降機:床面積当単価 (円／㎡)	6,000			5,208			5,201		
共通費:床面積当単価 (円／㎡)	52,263			52,715			52,286		
延べ床面積 (㎡)	19,000.00			19,000.00			19,000.00		
建築面積 (㎡)	3,800.00			3,800.00			3,800.00		
構造・階数	S造　B1、10F、PH1			S造　B1、10F、PH1			S造　B1、10F、PH1		
備　考									

（躯体工事関連）

○仮設工事・地業工事

　工事工程・総合仮設計画・掘削計画・山留計画などから数量を算出する。杭は、種別ごとにm計上（材工共のm単価）する。

○鉄筋コンクリート工事

　一部に仮定断面が残るが、主要な部材は断面リストによって鉄筋数量も算出する。雑部位などは、類似事例の実績値歩掛りなどで数量を加算する。また、構造計算データより、躯

体の主要数量が算出できるソフトもあるので、構造設計者と打ち合わせの上、可能であれば利用する。

○鉄骨工事

主要構造体の断面設定を行い数量の算出を行うが、基本的には主材（柱・梁・小梁）のみ積算し、他のガセットプレート・スプライスプレート・高力ボルト・補足材などは、類似事例の実績値などを活用した割増率で総数量を算出する。また、雑鉄骨などは、類似事例の実績歩掛りなどで数量を算出する。

（仕上工事関連）

○屋根工事

基本的には基本計画と同じ概算手法で算出する。

○屋根工事・外部仕上工事（外壁）

屋上緑化・目隠しルーバー・トップライトなど設計内容に沿って、VE／CDやコスト・スタディがしやすいように、極力細かい部位区分で数量を算出する。

外壁においても、建具開口を設計内容に沿って減分する。また、柱・梁の凸凹などの面積補正も必要になる。タイルの役物などは、合成単価で処理し、耐震スリットや打継目地なども数量を算出し工事費に加算する。

○外部仕上工事（建具）

建具リストにより、種別ごとの箇所数を算出する。また、ガラスの面積、建具面の塗装や周囲のシーリング、詰めモルタルなどは個別に数量を算出する。なお、カーテンウォールなどは面積で計上する場合もある。

○内部仕上工事

面積当たり単価により概算する考えもあるが、積算専用ソフトが普及している現在は、むしろ概略寸法(壁芯間の寸法で計測など）でもよいので、個々の部屋ごとに床・幅木・壁・天井の数量を算出したほうが合理的で誤差も少ない。

○その他

上記以外の雑物（ユニット工事など）は図面に記載された内容以外にできるだけ類似事例からの想定も含めて項目・数量を算出する。

例えば、サイン工事や機械基礎・天井開口補強などの設備関連工事は、設計内容にもよるが、類似事例などから判断して、床面積当たりの単価にて金額を加算する。

更に、不確定要因や見込めていない内容に対応するために、一定の金額を加算しておく場合もある。なお、この時点から、全体工事費への影響の高い項目は、メーカーなどへのヒアリングや参考見積りの徴集を実施する。

◆実施設計における工事費の算定方法

●概算の目的と概要

実施設計図書に基づいて数量を算出していく基準としては、1977年に制定された、官民共通の『建築数量積算基準』がある。同様に、標準的な内訳書の書式は、『建築工事内訳書標準書式・同解説』が発刊されている。

また、主として公共工事に対応するために、建築工事・設備工事・改修工事・仮設工事のそれぞれで、積算基準やマニュアルも発刊されている。

これらを必要に応じて使用し、実施設計完了後の詳細積算を行うこととなる。

●公共工事と民間工事の積算業務の相違点

同一の建築物を積算する場合でも、積算要領や積算業務の進め方には公共工事と民間工事では大きな差異がある。公共工事ではその建設資金を税金より支出するので、会計検査や庁内監査などの第三者検査により、積算内容と予算設定の妥当性などが検証される。

また、国においては会計法など法令で予算執行の方法が定められている。中でも予決令（予算決算および会計令）の定めにより、事前に予定価格（上限拘束性）の算定が必要となる。そ

の際に使用する単価や数量の根拠の説明責任が求められる。

一方、地方公共団体においても、地方自治法や地方財政法などの法令が適用され、議会における承認手続きなどもあり、さまざまな規定のもとに事業が進められる。

公共工事と民間工事の主要な相違点を表3-26に示す。

●単価情報と工事費分析

単価情報は、経験値・統計値・市販刊行物などの情報とともに、最近はインターネット上で公開されているものもある。情報を入手できる経路や手段は多岐にわたるが、これらの単価情報を使用する際は、各プロジェクトの工事規模・立地条件など工事費の変動要因を把握し、適切な単価を選択し使用しなければならない。

また、日頃から関連情報の収集と分析を心がけ、汎用性のあるデータベースを構築することが必要である。これらの工事費に関わる単価情報の収集と分析により、実勢価格を反映した相場価格を把握することが可能となる。

◆概算・積算における留意点

●共通費の概算

共通費として共通仮設・現場経費・一般管理費をそれぞれ算定する必要があるが、事業構想・基本計画では、直接工事費に対する比率などで金額を算定する。

基本設計では、仮設計画などに基づき項目・数量を算出し、定型化した工事内容では直接工事費に対する比率などで金額を算定する。また、揚重機械器具費のように工事ごとで差が大きい内容に関しては、施工条件を考慮し慎重に共通仮設費を算定する。なお、発注方式も勘案して金額を算定する場合もある。

●工事費の内訳構成

基本計画や基本設計において使用する内訳書の書式は、一般的には工種別または部位別の内訳書式となる。工種別でも部位ごとに内訳を細分化する場合もある。また、内訳書の計上項目は必要以上に増やすことはないが、設計情報に見合うバランスのとれた成果物を作成する。発注者も含め第三者にわかりやすい内容とすることが重要である。

●設備工事の概算

基本的な考え方は、建築工事と同様である。

事業構想・基本計画では、建物の床面積当たりの単価を用いてコストを算定する手法や、用途によっては住戸数やベッド数などのユニット単価で金額を算定する場合もある。更に精度を上げる手法としては、類似事例などを参考に、工事の科目ごとに比較検討して金額を算定する場合もある。

例えば、空調設備であれば、熱源設備・空調機・ダクト・自動制御・換気・配管などの科目ごとで金額を算定する。また、代表数量を利用して金額を算定する手法では、空調機の合計風量に風量当たりの単価を掛けて金額を算定する場合がある。

どちらの手法も建築工事と同様に、一定の工事費データの蓄積と分析が重要となる。

基本設計では、建築と同様に積上積算を基本とするが、特に主要機器で特殊なものは、メーカーに問い合わせて確認する。

●土木工事と建築工事の積算の相違点

土木工事は自然を相手にするため、建築以上に不確定要因が多く存在する。そのリスクをどこまで反映させるかが、工事価格を決める上で重要な要素の1つとなる。また、一般的に土木工作物は建築物よりも、工事の種目数や細目数が少ないが、数量ははるかに大きい場合が多い。したがって、1つの単価が工事全体に与える影響は建築工事より格段に大きいといえる。

建築工事の単価は、公共工事と民間工事で差違がある。民間工事では特に定型的なものはないが、公共工事の場合は、会計検査に対応可能

表 3-26 ●公共工事と民間工事の相違点

内容	公共工事	民間工事	コメント
数量算出全般			
基準	建築数量積算基準に加えて公共建築工事積算基準など、各官庁や各自治体で積算基準や要領書がある場合が多い。	通常は、数量積算基準のみ。	民間の場合は、一定の略算手法も採用可能である。
数量算出項目	各官庁で単価表があるので、単価表の項目に合わせた数量算出が必要となる。※例えば、足場の高さ区分など、細かく規定されているので、単価表の区分内容を十分理解した上で、積算していく必要がある。	建築工事内訳書標準書式または刊行物（物価版 etc）の掲載項目程度が多い。	大手の総合建設会社では、各社で算出要領や内訳書記載要領が存在する。
主な工事内容ごと			
鉄骨	溶接長さの積算が必要となる。また、最近は少なくなったが、鉄骨のピース数と平均板厚の算出を求められる場合がある。（参考）溶接長さの積算時間は、鉄骨積算全体の概ね 20 ～ 30% となる。	溶接は、加工組立に含まれるものとして、厳密に積算しない場合が多い。	これまで、民間工事では、鉄骨工事会社の見積を重量歩掛などで確認する程度ですませていたことが多いが、鋼材価格が高額になる場合も多く、精度の高い数量確認が必要な場合もある。
木工	近年では、専門工事会社の見積りを使用する場合が多いが、一部の官庁では、木材の体積（m³）算出が求められる場合がある。	材工共で専門工事会社の見積となる。	民間の場合は、一定の略算手法も採用可能である。
解体工事	既存図より、解体数量を算出する。また、発生材処分の分別内容に併せて、区分積算が必要で、特にアスベスト系の解体・処分には飛散性と非飛散性の区分など、注意が必要となる。	解体工事会社見積による場合が多いが、数量を算出する場合でも、歩掛による算出など、簡略化が可能である。	公共工事で鉄筋のスクラップ重量まで算出が必要な場合の積算時間は、新築積算時間の 50 ～ 60% は必要（意匠＋構造）となる。
値入関係			
値入単価	単価表のある場合が多いが、項目が合致して単価表が使用できるのは、躯体関連項目が主で、全体では 30% 前後である。他の項目は、刊行物かメーカー見積、代価表などで値入する。（全ての項目で必ず単価根拠が必要となる）	専門工事会社やメーカー見積、刊行物が主であるが、適正であれば、過去の実績単価を採用する場合もある。	
専門工事会社見積	見積徴収先ごとに、見積用内訳書を作成し、参考メーカー見積りを徴収する。一般的には、最低 3 社の見積りが必要である。	特段、決まりはない。内容によっては 1 社の場合もある。	
見積比較表	必ず作成する。	一般的には作成しない。	
見積低減率	低減率が決まっている場合が多い。	決まりはない。実勢を勘案した低減率を採用する。	公共工事では低減率が決まっている場合が多いので、市場の実勢を反映しにくい可能性がある。
その他			
内訳書の様式	国や主要都市などは RIBC*（リビック）だが、他の自治体などでも専用の内訳作成ソフトを指定される場合が多い。※RIBC には使用料が必要となる。	エクセルなど、一般的な表計算ソフトで作成することが多いので、汎用性がある。	

＊ RIBC 財団法人建築コスト管理システム研究所が開発した積算システム

な根拠が求められる。公共工事の単価は、自治体などの発注者が定める標準単価と刊行物（『建設物価』（建設物価調査会）、『積算資料』（経済調査会）、『建築コスト情報』（建設物価調査会）、『建築施工単価』（経済調査会）など）および代価や専門メーカーの見積りによる。この標準単価は近年、市場単価方式が主流となっていて、歩掛りによる単価は、仮設や撤去など限られた工種のみとなっている。

　一方の土木工事は、直接工事費の大多数が、歩掛りによる単価で、その歩掛りの内容も、施工条件を勘案し個々の工事で異なる場合が多い。中には、シールドマシンのような機械設備や舗装工事などにおいて、専門メーカーや専門工事会社の見積りが使用されることもある。

◆ VE（Value Engineering）

● 建築生産におけるVE活用

　公共工事を中心に、設計から設計施工に至る建築生産において以下の3つのVE活動が行われている。

○ 設計VE

　設計において実施されるVE活動であり、設計の初期から中期において実施されると効果が大きい。設計VEの実施マニュアルなどでは、設計者とは別の「VEチーム」（外部委託あるいは組織内）を編成して活動するものとされているが、手続が大掛かりとなり、この方式が十分普及しているとはいえない。現状は、設計者が設計業務の一部として実施することも多く、またCMrがVE提案を行う場合もある。本来必要な実施手順を省略し、機能定義も行わず改善案を作成するという場合も多く、大部分の改善案がCD（Cost Down）に分類される結果となっている。

○ 入札時VE

　入札時に、応札者からVE提案を募り、発注者が審査の上で採否を決定し、採用された提案を入札金額に反映するというVE提案付入札方式がある。総合評価方式あるいは設計施工一括方式やECI方式において適用されることもある。

○ 契約後VE

　契約時の設計図書に対して、工事施工においてVE活動を実施するVE推奨条項付発注も行われている。工事施工者のVE提案を審査し、採用された場合は低減された金額の一定割合を工事施工者に報奨として還元するという方式である。審査の煩雑さや工期への影響から提案内容が制約されるなどの問題があり、十分に普及しているとはいえない。

参考

■予算超過・工事費低減のCD事例

VEとは異なり性能・価値が低下するものではあるが、予算が限られた中での1つの手段として、CD事例をいくつか挙げながら予算超過や工事費低減を行うに当たり留意点をあげる。

基本計画での予算超過では、延床面積削減・構造変更・形状変更・地下階の取り止めなどが検討できる。特に延床面積削減ができると効果が高い。例えば地下駐車場を屋外で確保するなど、地下階を取り止めることとなれば低減効果は更に高くなる。地下は地上の3倍以上コストがかかるため、地下がある場合、地下階面積を削減や階高を低くすることによりコストは大幅に低減できる。

形状変更においては、細長比を意識し正方形に近い建築物にすることで外壁面積の削減になる。工事施工のことも考慮して、階高やスパンを均一化することにより施工効率が上がるため、施工者のコスト抑制にもつながる。建設コストの70%程度はこの段階で決まってしまうため最も重要な段階である。

基本設計での予算超過では設計も進捗しているため、15〜20%程度がコスト低減の限界点である。予算コストが基本計画と比較し、大きな差異はないか、仕上げや設備グレードの偏りがないかなど比較し検討する。例えば外部仕上げのバランスが高い場合は、開口面積の縮小の検討をするなど、コストがかかっている部位はないか確認する必要がある。

特に構造変更は実施設計に進むと困難で手戻りが多くなるため、杭仕様も含め基本設計でしっかり検討し、構造数量が多すぎないか、歩掛は適切になっているか確認し、場合によっては構造の再検討も必要になる。

実施設計での予算超過では、数％程度しかコスト低減はできないと考えておくべきである。仕上げのグレードダウンや別途工事にするなど、ほとんど低減効果がでないものが多い。10%以上の予算超過は調整が困難である。

このようにコスト低減の効果は設計の初期ほど高く手戻りが少なくなる。CMrがコスト・マネジメントを行う上でも、精度の高い概算を行うことが重要である。また設計の初期段階では予算内にコストが収まっていても、プロジェクトが進行するにつれ、物価上昇の影響を受ける場合がある。金額にもよるが上昇率を根拠に、発注者に予算アップを求める場合もある。そのためにも各概算において物価上昇は見込んでいない旨を明確にすることが重要である。

5 スケジュール・マネジメント

5-1 スケジュール・マネジメントの概要

◆スケジュール・マネジメントとは

●スケジュール・マネジメントの目的と役割

スケジュール・マネジメントとは、プロジェクトが予算内で所定の要求品質で完了することを前提に、スケジュールを策定（プランニング）し、承認されたスケジュールを管理（コントロール）する行為であり、最適な資源でプロジェクト目標を達成するために欠かせないマネジメント要素である。特に複雑で長期に及ぶプロジェクトにおいては、事業構想のスケジュール・マネジメントがプロジェクトの成否に大きく影響を与えることになる。発注者は事業構想で事業性の観点から目標とする期日を設定する。プロジェクトの早期におけるスケジュールのプランニングとコントロールが供用開始後のプロジェクトの成否を左右することになる。

●スケジュールのプランニング

スケジュールのプランニングにあたり、求められる業務や成果物をいつ、誰が、どのように完了するかを明らかにする必要がある。それらの業務や成果物に必要となる具体的な作業（アクティビティ*）を定義し、スケジュールを策定することになる。

プロジェクト目標・要求条件・制約条件、関係者の役割分担、作業の相互関係などの与条件の把握と、作業の所要期間や資源*の設定により、詳細なスケジュールのプランニングが可能となる。なお、WBS（Work Breakdown Structure：ワーク・ブレイクダウン・ストラクチャー*）などにより、プロジェクトを構成する要素と作業を視覚化してその内容を確認

するだけでなく、マイルストーン*を含むプロジェクト全体の時間的な整合性や関係性を確認することがCMrには重要である。具体的な手法などは、「5-2　スケジュール・マネジメントの手法と理論」で詳述する。

CMrは以上の情報や与条件などを把握して分析することにより、実現性の高い建設プロジェクトのスケジュールをプランニングする必要がある。建設プロジェクトにおけるスケジュールには以下のさまざまな種類があり、目的に応じて年間・月間・日割・時間割などの対象となる時間軸も多様である。

- ・マスター・スケジュール
- ・発注スケジュール
- ・設計スケジュール
- ・許認可申請スケジュール
- ・生産計画スケジュール
- ・工事施工スケジュール
- ・供用準備スケジュール

建設プロジェクトでは、事業構想において基本計画・基本設計・実施設計・工事施工を包含したマスター・スケジュールを策定し、マイルストーンを目標に詳細なスケジュールへと展開するのが一般的である。

> **＊アクティビティ**
> 成果物を作成し、業務を遂行するために必要な作業を指し、スケジュール・マネジメントの基本単位となる。
>
> **＊資源**
> 作業に必要な労務・資材・機材などを指し、所要期間・コストなども含む。
>
> **＊ワーク・ブレイクダウン・ストラクチャー**
> ➡第3章「1-4　全体進捗のマネジメント」
>
> **＊マイルストーン**
> スケジュール上で節目となる行為・事象などで、特にプロジェクトにおいて重要な作業の区切りや節目となる期日を指す。

● スケジュールのコントロール

スケジュールのコントロールでは、プロジェクトの各段階で適時に詳細なスケジュールや作業の進捗状況を把握・分析し、承認されたマスター・スケジュールを維持するために関係者との調整や協議を行い、必要に応じてマスター・スケジュールを更新する。

CMrは、詳細なスケジュールや作業の進捗状況を把握し、発注者と共にプロジェクト関係者との調整や協議を行いながら、スケジュールをコントロールする役割を担う。なお、マスター・スケジュールの更新は、事業計画書やプロジェクト推進計画書などの更新と合わせて、定められた手順で実施する必要がある。

本書では「スケジュール・マネジメント」を、より時間（Time）のマネジメントを主眼に解説している。製造業などにおいては、より納期（Delivery）を意識して捉える考え方もある。

◆ CMrによるスケジュール・マネジメント

● CMrに期待される役割

建設プロジェクトにおけるスケジュール・マネジメントは、プロジェクトの成否に直結する重要なマネジメント要素である。また他のマネジメント要素と密接な相互関係を有するとともに、時間という方向軸に拘束されるマネジメント要素でもあるため、スケジュールの遅延回復にはさまざまな困難を伴う。CMrはプロジェクトの特徴を統合的に把握し、スケジュール・マネジメントに関わるプランニングとコントロールに適切な手法をあらかじめ検討し、想定されるリスクへの対応も準備しておくことが重要である。また、CMrにはプロジェクトを取り巻く環境変化（外部要因）や、発注者などによる条件変更（内部要因）にもスケジュール・マネジメントをはじめとするさまざまなマネジメント要素の観点から柔軟かつ迅速に適応できる能力と知識を備え、リーダーシップを発揮することが期待されている。

以降でスケジュール・マネジメントにおいて、CMrが果たすべき実務的な役割について詳述する。

● スケジュール・マネジメントの実施方針

各種のスケジュールは、関係者が適切な業務などを適時に遂行する上で、共通のコミュニケーション・ツールとなることから、CMrはスケジュール・マネジメントの実施方針として、適用手法・管理方法・共有手段・書式体裁などをあらかじめ関係者に周知する必要がある。これらの実施方針は、プロジェクト推進計画書やCM業務計画書の一部となり、スケジュールのプランニングとコントロールの具体的な内容を規定することにもなる。

利害関係を有する多数のプロジェクト関係者が存在する複雑なプロジェクトでは、主要な関係者と個別の会議などを必要に応じて開催し、スケジュール・マネジメントの実施方針について確認・調整を図ることが望ましい。スケジュール・マネジメントの実施方針に関わる主要項目を以下に示す。

- 発注者の事業に関わるマイルストーン（資金調達・契約締結・供用開始などに関わる時期）
- 成果物に関わるマイルストーン（設計図書の完成、工事施工の着工・竣工、資源の先行調達などの時期）
- 発注方式（プロジェクト実施方式・選定方式・支払方式の組合せ）に関わるマイルストーン
- 発注区分に基づく各スケジュールの相互関係（本体工事と関連工事のマイルストーンの相互関係）
- 発注者の意思決定に関わる方針（合意形成に関わる組織体制・所要期間など）
- 各種のスケジュールや作業の相互関係（特に、外部要因となる許認可や市況変動に関

わる影響・対応を考慮）

・適切なワーク・パッケージ*の設定

> *ワーク・パッケージ
> スケジュールや作業をプランニング・コントロール
> する最小単位として、細分化しすぎず適切な規模で
> プロジェクトの特性に合わせて設定する必要がある。
> ➡第3章「1-4 全体進捗のマネジメント」

●専門的なコンサルタントなどの活用

　大規模で複雑な建設プロジェクトでは、法規制が広範囲に及んで許認可の手続きやそれに伴う調査・評価や協議が全体スケジュールに影響を及ぼすことがある。スケジュールのプランニングにおいて専門的な知見が必要と判断される場合には、早期に発注者に専門的なコンサルタントなどの活用を助言することもあり得る。以下に主要な専門的な知見が必要となる例を示す。

・敷地の複雑な地形・地質・自然環境
・埋蔵文化財・遺産・遺跡の存在
・景観形成・環境影響に関わる規制や配慮事項
・地域に特有の建設市況（労務・資材・機材など）

●スケジュールのプランニングにおける留意点

　建設プロジェクトは、事業構想で発注者によるプロジェクト目標・要求条件・制約条件を踏まえたマスター・スケジュールが策定され、このマスター・スケジュールが以降のスケジュール・マネジメントの基本になる。契約条件として着手・完了の期日が規定されるまでは、スケジュールの短縮・遅延の可能性はより大きいので、特に不確定要因が多く存在する作業を中心に、マスター・スケジュールの策定における十分な検討や分析が重要となる。

　CMrはマスター・スケジュールの策定において、事業計画を理解し、プロジェクト全体を俯瞰した目標達成への適切な資源の配分とマイルストーンの設定が求められる。マスター・スケジュールはプロジェクトの成否に大きな影響を及ぼすことから、CMrはマスター・スケジュールに関連するプロジェクト関係者の役割分担・責任区分についても発注者と十分に検討する必要がある。

●スケジュールのコントロールにおける留意点

　プロジェクトの各段階では外部環境・内部環境のさまざまな変化に伴い、あらかじめ想定した作業や期間の変動、更にはクリティカル・パス*の変更が生じることがある。これに対してCMrは適時に発注者に報告して今後の対応を協議し、適切にマスター・スケジュールを更新する必要がある。この対応が遅れると、スケジュール短縮の機会損失や遅延の影響拡大を招き、プロジェクトの成否に大きな影響を及ぼすことがある。

　特にクリティカル・パス上の作業の進捗状況は、関係者と情報を共有し、必要に応じて関係者と作業の標準化や効率化を推進し、資源の最適化を図ることにより、スケジュールの短縮やコストの低減につながることもある。CMrにさまざまな手法やツールを適切に活用し、利害関係を有するプロジェクト関係者とも情報共有と意見交換を実施して、中立的な立場でスケジュール・マネジメントを実施することが重要である。

> *クリティカル・パス
> スケジュールにおいて、全体工程を最短の期間で完了するのに必要な作業の経路を指す。

5-2 スケジュール・マネジメントの手法と理論

◆スケジュールの検討

●検討の手順

　スケジュールの検討においては、まず「作業の定義」でどのような作業があるかを抽出し、次に「作業相互の関係付け」を検討することで作業間の相互関係を整理する。その後に「作業期間の算出」において作業にかかる時間（期間）を算出することにより、スケジュールを作成す

る準備ができる。

●作業の定義

建設プロジェクトにおける作業の対象は、事業構想・基本計画・基本設計・実施設計・工事施工の幅広い範囲にわたるので、WBSにより全体の作業を体系付けて整理し、個々の作業に至るまでを詳細に定義する必要がある。

各作業を実施する上で必要となる労務・資材・機材などの資源を、必要量や実施主体などと共に定義する。特に、特殊な技術を導入する場合や、必要な労務・資材・機材が需給関係で確保できない懸念がある場合には、スケジュールの制約条件となるので注意を要する。

スケジュール・マネジメントにおける最小単位となるワーク・パッケージを設定し、必要な資源を設定することにより、精度の高いプランニングとコントロールが可能となる。

●作業相互の関係付け

スケジュールの検討には、個々の作業ごとに先行すべき作業および後続すべき作業を関連付けることにより作業の相互を把握する必要がある。これには、生産手順に基づく技術的な相互関係と、作業の効率性や資源の有効性に基づく管理的な相互関係がある。

また、CMrが直接的にプランニングやコントロールができない制約条件も考慮する必要がある。例えば、発注者による意思決定、用地取得や許認可、工事施工における近隣行事などが挙げられる。

●作業期間の算出

作業期間は、作業の総量と日々の処理能力で決まる。多くの資源を投入すれば作業期間を短くすることはできるが、例えば作業場所が狭隘な工事施工に過剰な資源を投入しても生産性の低下につながる場合があるので、それぞれの作業に応じた条件を考慮して適切な作業期間の算出が必要である。

◆スケジュールの作成

●スケジュールの種類

それぞれのスケジュールは、それぞれのプロジェクト関係者が関連する作業を全体との関係から理解して、それぞれの立場で作業を遂行する必要があるため、理解しやすく、管理しやすい表現とする必要がある。ここでは建設プロジェクトでよく活用される3つの手法について説明する。

○バーチャート手法

バーチャート手法は横軸に時間をとり、作業を横棒（バー）で表現して、プロジェクトの流れを示すものである（図3-42）。作業の開始から終了までの期間が明確で、作業が時系列で容易に表現されて、視覚的にも理解しやすい。半面、作業の相互関係が示されず、特定の作業の遅れが以後の工程にどのように影響するかわかりにくい欠点がある。しかし、バー以外の矢印や単線などで作業の相互関係や進捗状況を表現したり、バーの線種を変えてクリティカル・パスを表現したりして、その欠点を改善する手法が多くの建設プロジェクトで活用されている。発明者の名前をとってガント・チャート（Gantt Chart）とも呼ばれる。

同種の作業を繰り返す場合、例えば高層ビルの工事施工において基準階の仕上工事を階ごとのサイクルで繰り返す場合、作業の所要期間を一定にして、複数の作業が順番に繰り返されるように計画すると、資源の最適化と作業の効率化を図ることができる。このようなスケジュールをタクト工程と呼ぶ。ただし、1つのサイクルが崩れると全体スケジュールに影響が及ぶため、各作業の工程管理を徹底することが必要である。また、作業の繰り返しによる習熟効果が期待できるので、サイクルの時間短縮あるいは労務削減につながる可能性もある（図3-43）。

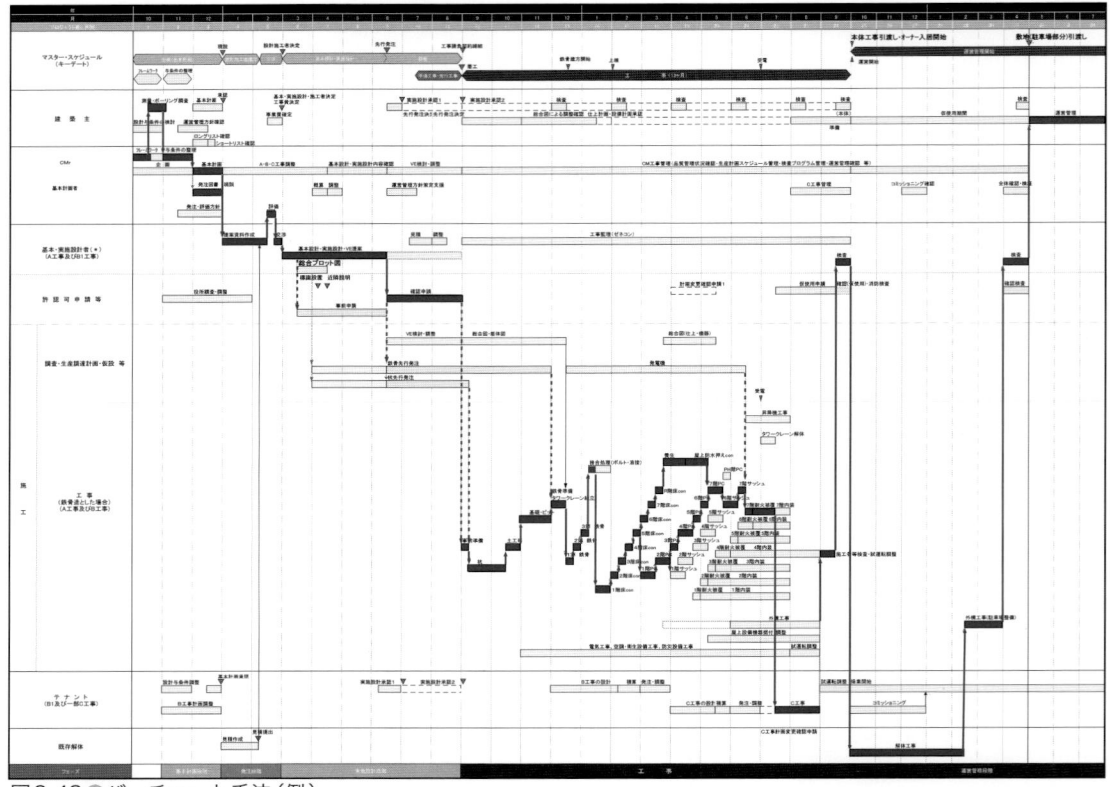

図3-42 ●バーチャート手法（例）

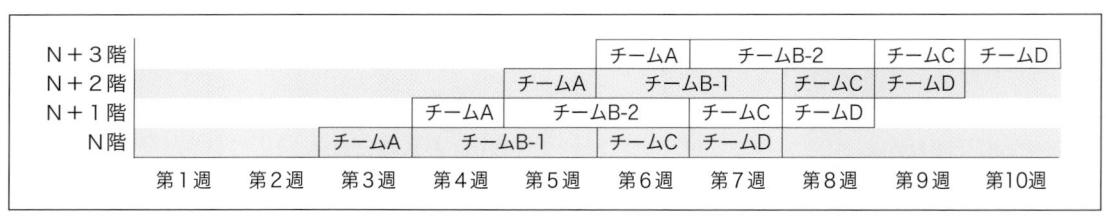

	第1週	第2週	第3週	第4週	第5週	第6週	第7週	第8週	第9週	第10週
N＋3階						チームA	チームB-2		チームC	チームD
N＋2階				チームA		チームB-1		チームC	チームD	
N＋1階			チームA		チームB-2		チームC	チームD		
N階		チームA		チームB-1		チームC	チームD			

図3-43 ●タクト工程（例）

○ネットワーク手法

ネットワーク手法は、作業の相互関係を明確に示すことを目的に、1950年代に米国海軍でPERT手法（Program Evaluation and Review Technique）と併用して開発され、ほぼ同時期にDupont社ではCPM（Critical Path Method：クリティカル・パス）手法として導入された。

PERT手法は作業の所要期間を3点見積り法により算出し、確率分布の理論を用いて全体スケジュールの期待値を設定する（3点見積り法については後述の「◆所要期間の設定」を参

照）。さまざまな不確定要因を包含するプロジェクトへの適用を目的に開発されたが、建設プロジェクトでの活用は少ない。クリティカル・パス手法では、作業の労務・資材・機材などの資源の配分を考慮して所要期間を設定するので、スケジュールとコストを複合的に管理することが可能となり、建設プロジェクトで広く活用されている（図3-44）。また、後述する作業の管理（レベリング手法・スムージング手法・クラッシング手法・ファスト・トラッキング手法）にも用いることができる。

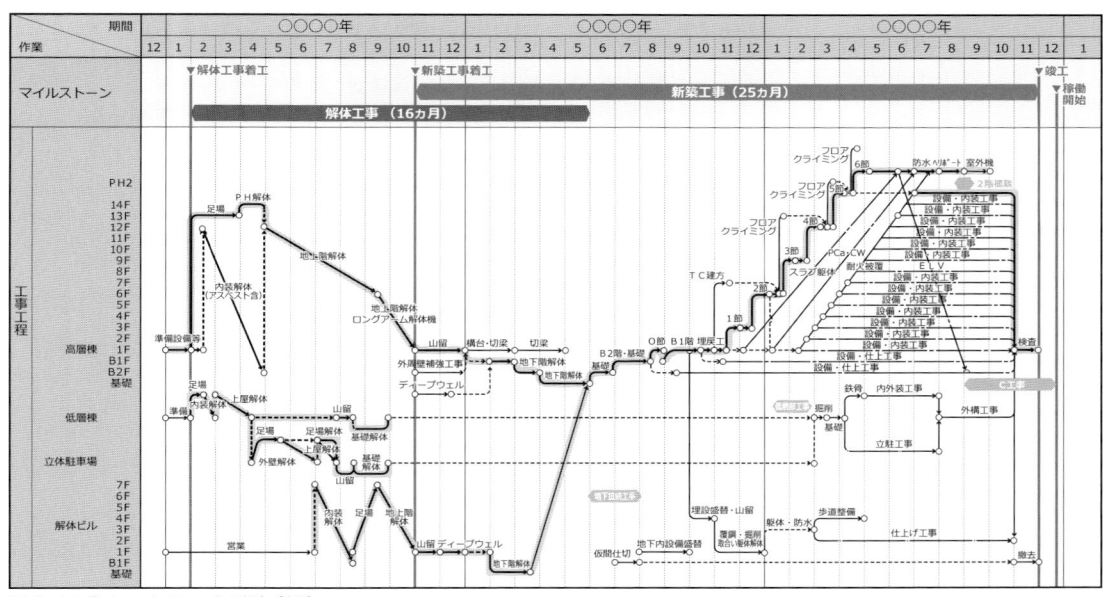

図3-44 ●ネットワーク手法（例）

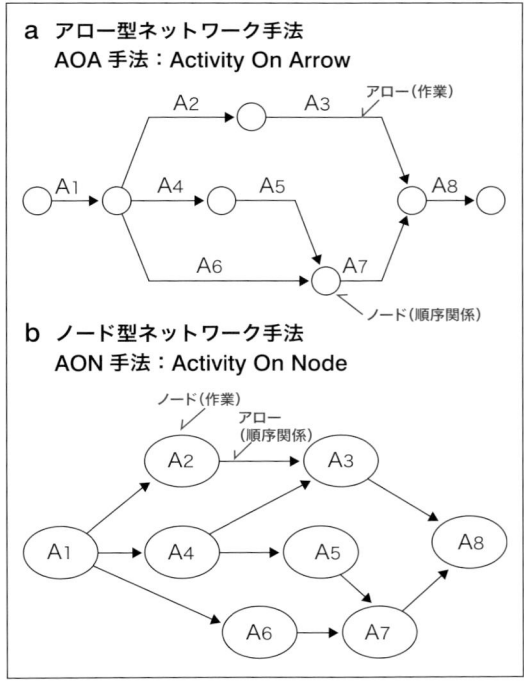

図3-45 ●アロー型ネットワーク手法とノード型ネットワーク手法

さらにクリティカル・パス手法の表現には、アロー型ネットワーク手法とノード型ネットワーク手法がある（図3-45）。アロー型ネットワーク手法では、作業を矢印（Arrow：アロー）で示し、作業の相互関係は矢印と矢印の節点（Node：ノード）で示す（図3-45a参照）。この手法では、作業（Activity）が矢印（Arrow）上で表現されるので、AOA（Activity On Arrow）手法と呼ばれることもある。

ノード型ネットワーク手法では、作業を接点の円形などで示し、作業の相互関係は矢印で示す（図3-45b参照）。この手法では、作業（Activity）がノード（Node）上で表現されるので、AON（Activity On Node）手法と呼ばれることもある。

○マイルストーン手法

プロジェクトにおけるマイルストーンは一般に節目を表す。マイルストーンを設定することで、スケジュール・マネジメントにおける中間時の進捗管理が容易となり、目標が明確になる。マイルストーン手法は主要な成果物の完了や作業の開始・終了などの期日で設定される。特定の書式はないが、バーチャート手法と併用して

表示される場合も多い。この手法は関係者が多いプロジェクト、中長期のプロジェクト、作業が複雑なプロジェクトなどで他の手法と併用して活用される場合もある。

ただし、マイルストーンの数が多すぎると情報が過多になり、管理が煩雑になるので注意を要する。

◆所要期間の設定

スケジュールの作成には、各作業の所要期間を算出する必要がある。所要期間（D）は、対象とする作業の総作業量（V）と1日に実施可能な作業処理能力（A）を用いて、（式1）によって求めることができる。

$$D = V / A \quad \text{-----------------------------} \quad （式1）$$

D：所要期間（日）
V：総作業量
A：作業処理能力（作業量／日）

例えば、型枠工事で対象となる総作業量（総面積）が2,000㎡の場合、投入する労務の人数が20名で、作業歩掛りが10㎡／人・日であれば、1日の作業処理能力は200㎡／日となり、所要期間は2,000÷200＝10日となる。

所要期間の算出に必要な情報がない場合は、過去の実績や経験に基づき設定する。不確定要因が多いプロジェクトなどにおいて所要期間を算出する方法の1つとして、3点見積り法があ

る（図3-46）。この方法では、まず、所要期間を、悲観値（最大作業期間：b）、楽観値（最短作業間：a）、最頻値（モード：m）で推定し、これらの値が確率的に図3-46に示すようなベータ分布であると仮定して、作業の所要期間の期待値（D）とその標準偏差σを（式2）と（式3）により算出する。

$$D = (a + 4m + b) / 6 \quad \text{-------------} \quad （式2）$$

$$\sigma = (b - a) / 6 \quad \text{-----------------------} \quad （式3）$$

D　：所要期間（期待値）
σ　：標準偏差
a　：楽観値（最短作業期間）
b　：悲観値（最大作業期間）
m　：最頻値（最尤値）

更に所要期間の算出に必要な情報がない場合で上述の3点見積り法によらない場合、必要に応じて楽観値や悲観値をそのまま採用することもある。ただし、悲観値を採用すると実際より所要期間が長くなり、逆に楽観値を採用すると短くなるので、スケジュール・マネジメントにおいて注意を要する。

◆日程算出の基礎

昨今の建設プロジェクトにおいて日程算出を手動で行うことは少ないが、ICT技術を活用して算出される結果を理解するために、その基礎を理解しておく必要がある。ここでは簡

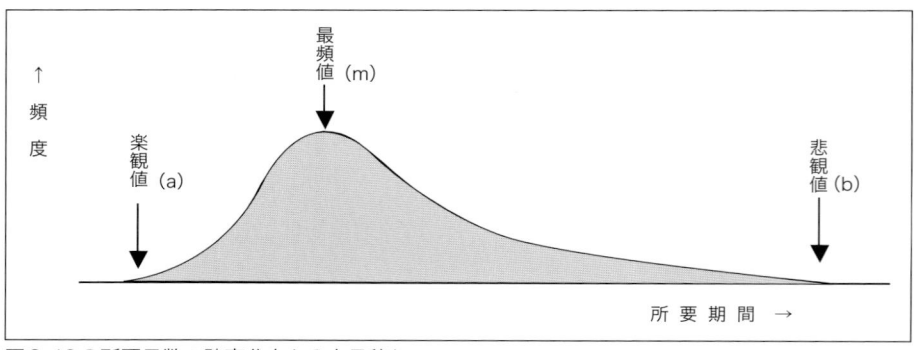

図3-46 ●所要日数の確率分布と3点見積り

単なモデルを用いてネットワーク手法のAOA（Activity On Arrow）手法による日程算出の基礎を説明する。

まず、日程算出における終了日に留意する必要がある。基本的には開始日に作業の所要期間を加えて終了日を求めるが、実務的な理解は少し異なる。例えば3日間の作業で1日目が開始日となる場合に計算上の終了日は4日目（1 ＋ 3 ＝ 4）となる。しかし、実務的な終了日は3日目の最終であり、計算上の終了日の前日となる。これは日程算出が日単位となるため、開始日に作業期間を加えて1を差し引くことも考えられるが、算出が煩雑となりミスも懸念されるので避けた方がよい。

以下に、モデルを用いた日程算出を説明する。まず、スケジュールの前方から後方に日程算出を行う最早日程（最早開始日と最早終了日を算出）を示し、次にスケジュールの後方から前方に日程算出を行う最遅日程（最遅開始日と最遅終了日を算出）を示す。

最早日程は、各作業を開始または終了することができる最も早い日程であり、最遅日程は、全体スケジュールに影響を与えずに各作業を開始または終了することができる最も遅い日程となる。

●**最早日程の算出**

○モデル1（図3-47）

作業Aと作業Bとが直列につながっている。作業Aを1日目に開始する最早開始日とすれば、最早終了日は 1 ＋ 3 ＝ 4日目となる。後続の作業Bの最早開始日は、作業Aの最早終了日と同じ4日目となり、最早終了日は、4 ＋ 5 ＝ 9日目である。

○モデル2（図3-48）

作業Aの終了後、作業Bと作業Cを開始できる工程を示している。作業Aの最早終了日は5日目であるため、後続する作業Bおよび作業Cの最早開始日は、同じ5日目となる。その結果、

凡例

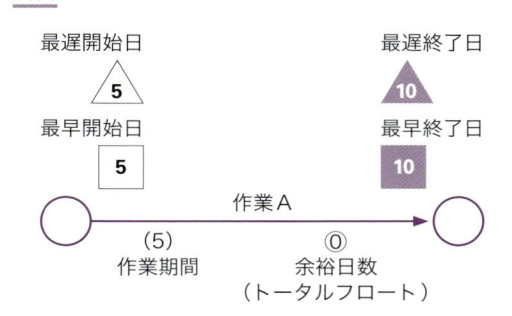

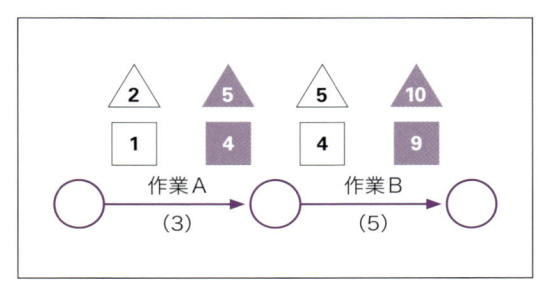

図3-47 ●モデル1

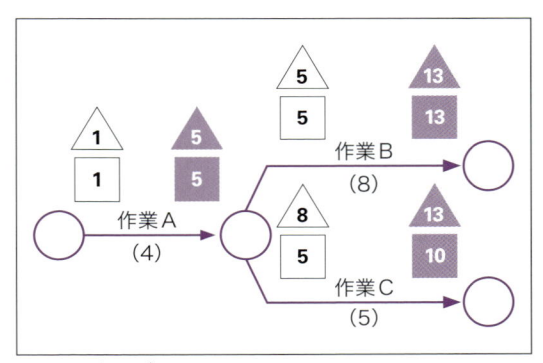

図3-48 ●モデル2

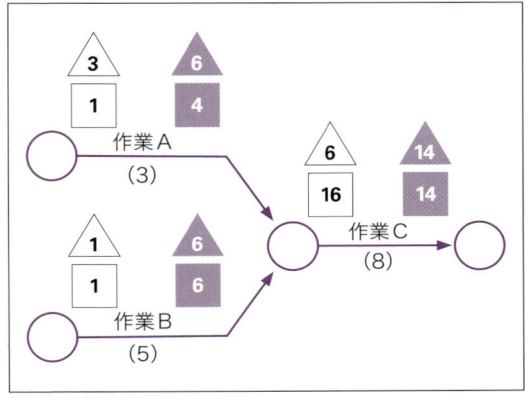

図3-49 ●モデル3

作業Bの最早終了日は5＋8＝13日目、作業Cの最早終了日は5＋5＝10日目である。

○モデル3（図3-49）

　作業Aと作業Bがともに終了すれば、作業Cが開始できることを示している。作業Aと作業Bの最早開始日がともに1日目であれば、最早終了日はそれぞれ、4日目と6日目となる。両方の作業の終了後に作業Cを開始できるため、作業Cの最早開始日は、4日目と6日目の遅い方（値が大きい方）の日程となり6日目となる。作業Cの最早終了日は所要期間を加えて6＋8＝14日目となる。

●最遅日程の算出

○モデル1（図3-47）

　作業Bを9日目に終了させる必要があるとすると、最遅終了日は9日目となり、作業Bの最遅開始日は9－5＝4日目と計算できる。作業Aは作業Bが5日目に開始できるように終了する必要があるため、最遅終了日は作業Bの最遅開始日と同じ5日目となる。作業Aの最遅開始日は4－3＝1日目となる。

○モデル2（図3-48）

　作業Bと作業Cの最遅終了日を13日目とすると、作業Bの最遅開始日は13日目から所要期間を差し引き13－8＝5日目となり、作業Cは同様に13－5＝8日目となる。作業Aの最遅終了日は、作業Bの最遅開始日が5日目、作業Cの最遅開始日が8日目であるため、それら最遅開始日の早い方（値が小さい方）の日程となり5日目となる。作業Aの最遅開始日は5－4＝1日目となる。

○モデル3（図3-49）

　作業Cの最遅終了日は14日目であるため、最遅開始日は14－8＝6日目となる。その結果、作業Aおよび作業Bの最遅終了日は同じ6日目となる。作業Aの最遅開始日は6－3＝3日目、作業Bの最遅開始日は6－5＝1日目となる。

●ダミー・アローの記載

○モデル4（図3-50）

　9つの作業（A～I）について日程算出を実施した例である。図中の破線で表されている作業は、ダミー・アロー（Dummy Arrow）と呼ばれ、所要期間がゼロとなる便宜上の作業を表す。ダミー・アローは、作業を示すアローの両端のノードの順序が同じ場合や、作業の相互関係をより正確に示したい場合などに便宜上の表現として記載される。

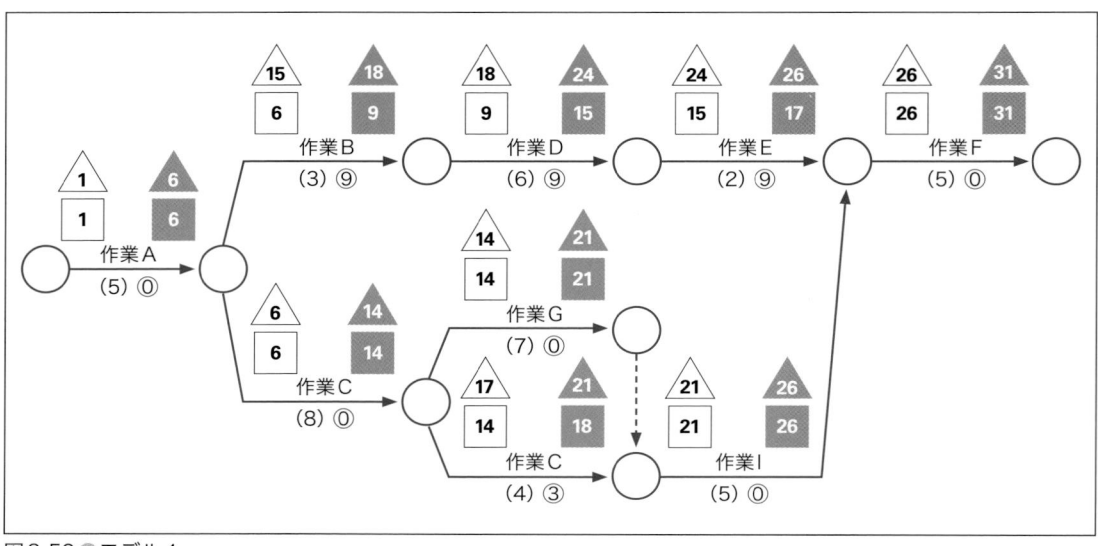

図3-50 ●モデル4

●最早日程と最遅日程の関係

スケジュール・マネジメントにおいて、各作業の開始日・終了日が予定より前後した場合でも、全体スケジュールに影響が生じない場合がある。これは最早日程と最遅日程の差異から説明することができる。

最早日程と最遅日程が同じ場合、この作業はクリティカル・パス上にあり日程を前後に変更することはできない。この作業はスケジュールのプランニング・コントロールにおいて最も重要となる。

最早日程と最遅日程の差をこの値が正（＋）の場合は、その日数以内であれば当該作業の終了日が遅れても全体スケジュールには影響を与えない。

最早日程と最遅日程が異なる場合、この差異はフロート（Float）と呼ばれトータル・フロート（Total Float）とフリー・フロート（Free Float）の2種類がある。トータル・フロートは、その作業の日程が前後に変更されても全体スケジュールに影響が生じない余裕日数で、最早開始日で作業を開始すれば、途中で作業が遅れても最遅終了日までに余裕日数の範囲で調整することができる。フリー・フロートは、その作業の日程が前後に変更されても次の作業に影響が生じない余裕日数である。

スケジュール・マネジメントにおけるフロートについて、工事施工の各作業を例に考察すると、最早日程だけでプランニングやコントロールを実施するのではなく、最遅日程を前提としたフロートの範囲で労務・資材・機材などの資源の管理、もしくは作業前の準備や作業後の養生などを考慮することにより、品質やコストを含む総合的なマネジメントが可能となる。

◆ スケジュールの管理
●進捗状況の管理

スケジュールを作成した後、プロジェクトが予定通りに進捗しているかを確認し、必要に応じて更新する必要がある。このような進捗状況の管理に関わる幾つかの手法を説明する。

進捗状況の管理において、クリティカル・パス上の作業の遅延は、全体スケジュールの遅延につながるので注視する必要がある。プロジェクトの途中でスケジュールを更新すると、クリティカル・パスが変更になる場合がある。

○Sチャート手法

建設プロジェクトにおける出来高による進捗状況の管理では、縦軸を出来高、横軸を時間にした曲線がS字状になるためSチャート手法

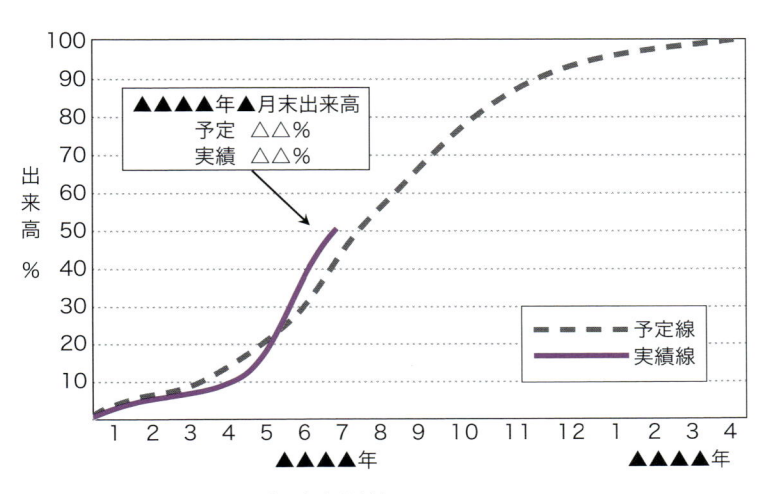

図3-51 ●Sチャート手法（出来高曲線）

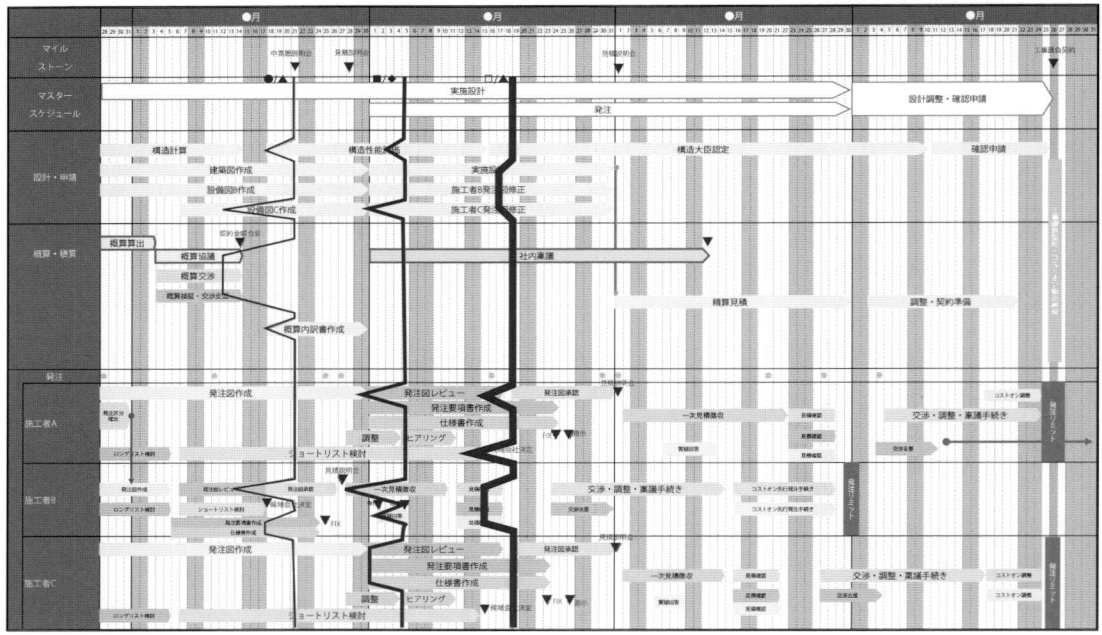

図3-52●進捗ライン管理手法（例）

（図3-51）とも呼ぶ。着手から完了までの計画時の曲線と中間の確認時までの曲線の差異により進捗状況を把握する。ただし、出来高とEV（Earned Value：アーンド・バリュー）は異なる概念である。

→第3章「1-4 全体進捗のマネジメント」

○進捗ライン管理手法

バーチャート手法によるスケジュールにおいて、横棒（バー）で表わされた作業ごとに中間の確認時における進捗状況を点などで表記し、作業間の点を結ぶことにより全体の進捗状況がイナズマ状の折線で表される（図3-52）。作業ごとの進捗状況が視覚的に把握できるので、遅れている作業を関係者に共有して、対応を検討する場合などに有効である。

●作業における資源の管理

建設プロジェクトにおけるスケジュール・マネジメントを工事費などのコスト・マネジメントや施工品質などの品質マネジメントなどと総合的に実施するためには、各作業に必要な労務・資材・機材などの資源を適切に管理する必要が

ある。ここでは資源を管理する手法として「レベリング（平準化）手法」「スムージング（平滑化）手法」「クラッシング手法」「ファスト・トラッキング手法」について詳述する。

○レベリング（平準化）手法

資源の最適化による作業の効率化やコストの低減などを目的とした手法である。まず各作業で日々に必要となる資源を算出し、全体を俯瞰して凸状となる期間（投入される資源が比較的多い期間）の資源を凹状となる期間（投入される資源が比較的少ない期間）に移動することにより資源の活用を合理化して作業の効率化やコストの低減を図ることができる。ただし、資源の平準化により作業の所要期間や開始日・終了日が変更となる場合があるので、全体スケジュールへの影響を併せて確認する必要がある。

レベリング手法は、後述のスムージング手法に対して、より資源の最適化を重視する場合に採用され、資源の調達に限界がある場合などでは全体スケジュールが遅延する場合もあることに留意する（図3-53）。

○スムージング（平滑化）手法

全体スケジュールに影響しない前提で資源の最適化を図ることを目的とした手法である。レベリング手法と同様に各作業で日々に必要となる資源を算出し、全体を俯瞰して凸状となる期間の資源を凹状となる期間に移動するが、レベリング手法と異なるのは、資源の最適化はフロート（余裕日数）の範囲で、全体スケジュールに影響のない前提で検討されることである。

スムージング手法は、前述のレベリング手法に対して、全体スケジュールが遅延しない前提で資源の最適化を図る場合に採用される（図3-53）。

○クラッシング手法

資源を追加投入してクリティカル・パス上にある作業の所要期間を短縮する手法で、全体スケジュールを短縮する必要がある場合や遅延したスケジュールを回復する必要がある場合などに採用される。ただし、資源の追加投入によりコストが増加するので、事前に費用対効果の検討が求められる。

工事施工におけるクラッシング手法では資源の追加投入に際して、作業に必要なスペースの不足による生産性・安全性の低下や、作業に必要な管理プロセスの不具合による施工品質の劣化などが生じない様に留意する必要がある（図3-54）。

○ファスト・トラッキング手法

先行作業の終了前に後続作業を開始することにより全体スケジュールの短縮を図る手法である。ファスト・トラッキング手法の採用により事前に想定していた作業をより細分化する必要

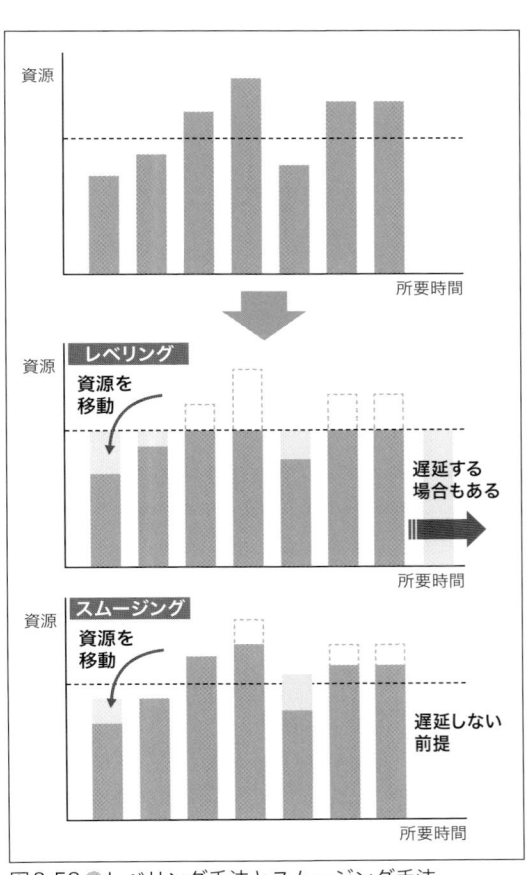

図3-53 ● レベリング手法とスムージング手法

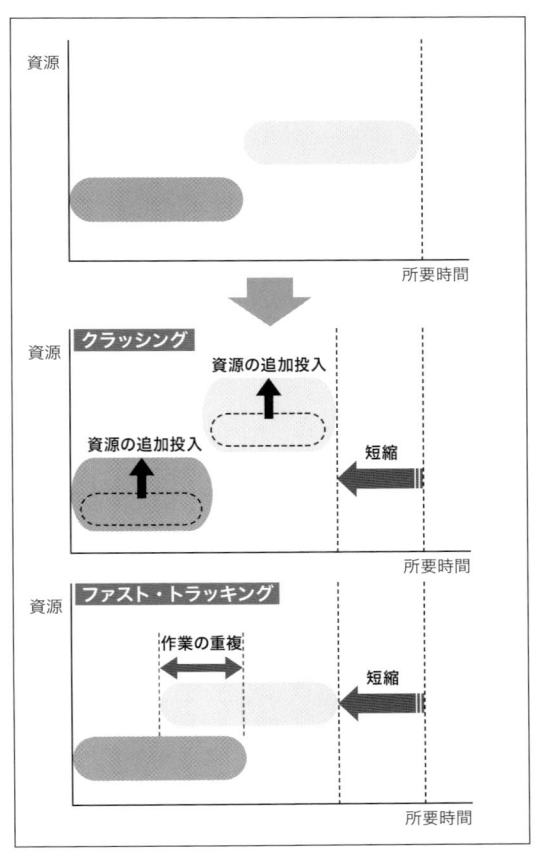

図3-54 ● クラッシング手法とファスト・トラッキング手法

がある場合は、他の作業との相互関係を充分に確認し、全体スケジュールの整合性などを確認する必要がある。また、コストの増加、品質の劣化、更には契約面・業務面での関係者のリスク負担の増加などについても事前に検討することが重要である。

建築プロジェクトの設計業務におけるスケジュール・マネジメントを例としたファスト・トラッキング手法では、建築（総合）の設計における平面図の確定前に構造計画や設備計画に着手することが想定され、作業の手戻りや図面の不整合などのリスクが懸念されるため、発注者による平面図の段階的な確認、設計者による検討作業の細分化、綿密な設計打合せによるコミュニケーション強化などの対応を考慮する必要がある（図3-54）。

■工事工程の可視化方法

BIMを活用することで、重複する作業が発生する複雑なスケジュールを3次元CADのモデルを利用して作成し、そのモデルに作業の所要期間と相互関係に加えて、作業状況のアニメーションを示すCG画像を併用して工事工程を視覚的に表現することができる。このような可視化の手法は、工程表・設計図書・総合仮設計画図などを個別に確認するよりも容易に工事施工の状況や手順を把握できるため、発注者を含む関係者が、工事施工に関連する合意形成や情報共有する場合に役立つ（図3-55）。

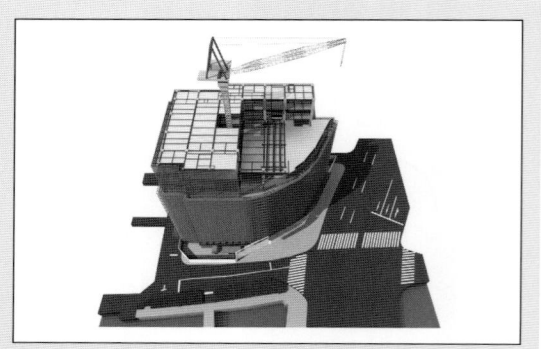

図3-55 ●作業工程の段階を可視化するBIMの例

6 運営・管理マネジメント

6-1 運営業務・管理業務

◆ 建築プロジェクトにおける運営・管理

発注者にとって建築プロジェクトにおける引渡しは事業の開始を意味する。よって竣工後に発注者の目的に則した事業運営ができるようなマネジメント業務が重要となる。ここでは施設運営・施設管理に関してCMrに求められるマネジメント業務について解説する。

竣工後の事業運営の目的は発注者により異なるが、概ね利潤（income）と利便（benefit）の2軸で評価（図3-56）することができ、事業系の発注者は利潤を重視し、公共系の発注者は利便を重視する傾向となる。なお、ここでは発注者ごとの運営・管理を以下のように3分類する。

① 分類1：投資回収系

　施設の例：賃貸施設・投資対象施設

② 分類2：自社利用系

　施設の例：自社工場・本社事務所・自社利用営業施設

③ 分類3：公共事業系

　施設の例：庁舎・公益施設（病院・警察署・消防署など）

また、本書では運営・管理のマネジメントについて

6-2「事業運営に関わるマネジメント」

6-3「施設運営に関するマネジメント」

6-4「施設管理に関わるマネジメント」

6-5「運営・管理におけるCMrの関わり」

を含む4部構成とした。

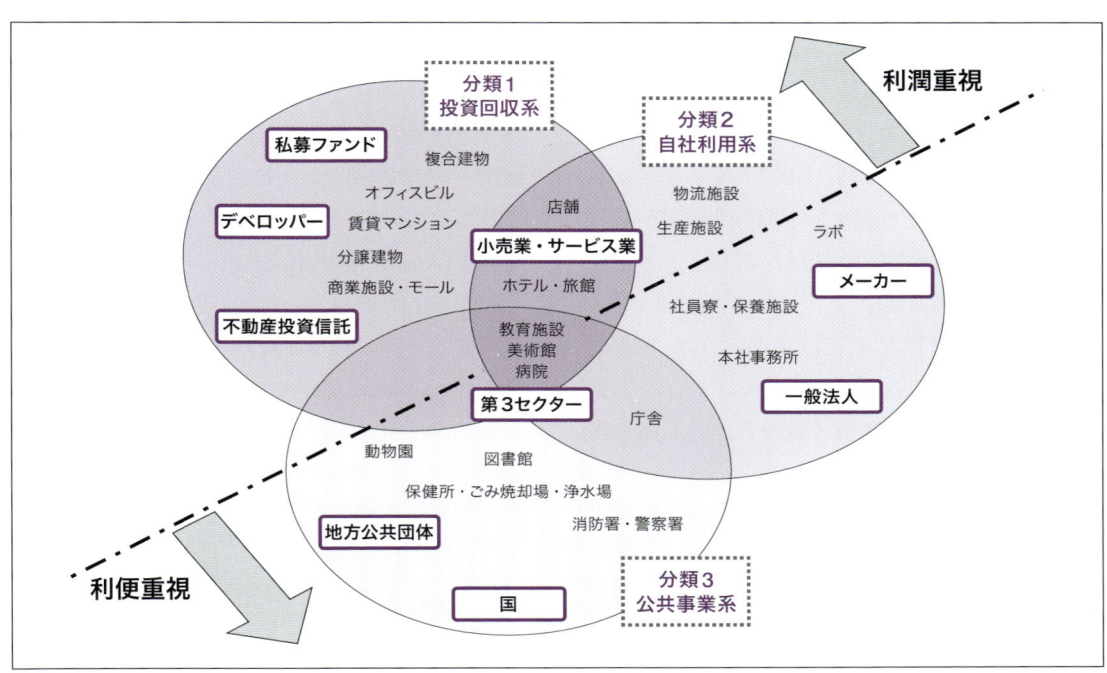

図3-56 ●運営・管理の分類と利潤–利便の関係（概念）

表3-27 ●運営・管理の業務領域

	アセット・マネジメント（AM）	プロパティ・マネジメント（PpM）	ビル・メンテナンス（BM）	ビル・マネジメント	ファシリティ・マネジメント（FM）
1. 事業運営	○	—	—	—	△
2. 施設運営	—	○	—	○	△
3. 施設管理	—	—	○	○	△

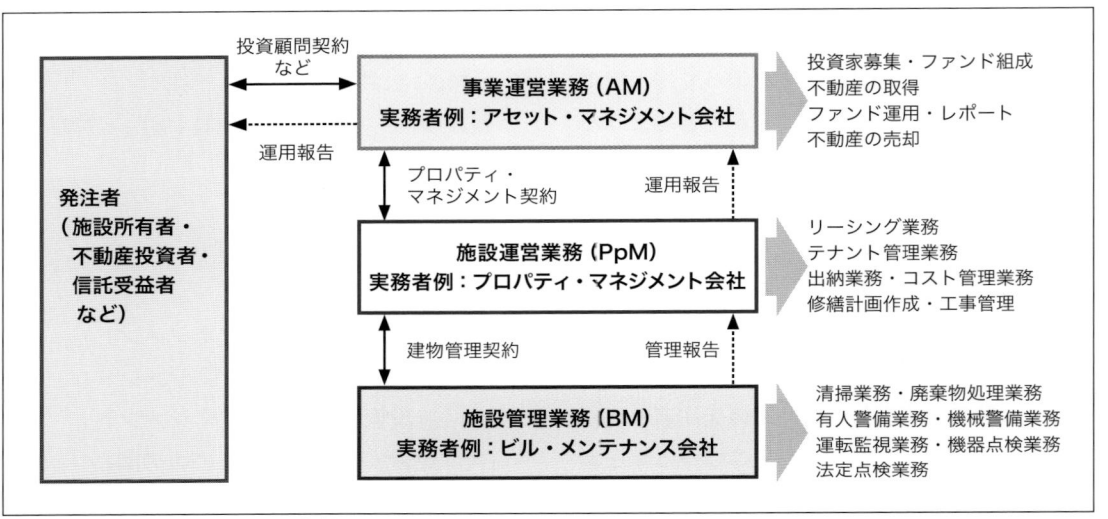

図3-57 ● AM・PpM・BM組織体制

◆ 運営・管理に関わるマネジメント

　一般的な用語として、アセット・マネジメント（AM）、プロパティ・マネジメント（PpM）、ビル・メンテナンス（BM）、ビル・マネジメント、ファシリティ・マネジメント（FM）などがあるが、それぞれに重複した領域があり、その定義も多様な見解がある。

　本書ではCM業務を実践するにあたり、運営・管理に関連するそれぞれのマネジメント業務と事業運営・施設運営・施設管理の関係を表3-27に整理した。

　なお、ビル・マネジメントは施設運営と施設管理の双方を含む事例が多いこと、ファシリティ・マネジメント（FM）は事業運営・施設運営・施設管理に関しての包括的に対応する事例が多いことを鑑み、本書では表3-27の分類を

前提とした。

　まずは、運営・管理を理解するためにAM・PpM・BMの役割分担を民間の賃貸施設（事務所・商業施設など）を前提に図3-57に表し、それぞれの詳細を解説する。

● AM（Asset Management）

　AMは金融業界などでも使用される用語で、直訳すると資産管理となる。つまり、お金や資産をどのように運用すれば増やせるかを考え、収益の最大化を目指すという考え方に基づく。建設プロジェクトにおける役割はPpMを業務として委託し適切に管理するほか、売買時のコスト分析を行い流動化スキームを選択するなどの検証も行う。よってAMは投資家としての深い知識が必要となる業務となる。

● PpM（Property Management）

施設運営のさまざまな業務を、発注者に代わって行う業務である。PpMでは、空室募集（リーシング）や契約締結・クレーム応対・賃料回収・滞納督促など施設運営にかかる業務を執り行う。更に、修繕工事・改修工事などのコスト管理、退去者への解約業務、そしてオーナーに対して業務報告や収支報告などがPpMの業務となる。また、修繕計画立案および実行や突発的な修繕対応などの工事発注や工事施工なども業務に含まれる場合もあり、多様である。なお、PpMの目的は収益の最大化が一般的であるので、PpM契約は対象建築物の利益や売り上げに応じて報酬が増減する場合も多い。

● BM（Building Maintenance）

建物の清掃・景観管理・設備点検などを行う業務となり、警備や防災巡回などがBMの業務となる。建築物を適切に管理し、資産価値を維持することが目的である。一方でBMはあらかじめ管理委託契約を結ぶ際に定型的な業務を固定費で請け負うという形をとっていることが多く、管理している建築物の収益に報酬が左右される事例は少ない。

6-2 事業運営に関わるマネジメント

◆ 事業運営に関する業務

事業運営に係る業務についてはプロジェクトの早期から意識する必要があり、事業構想・基本計画より引渡し後の運営を考慮した与条件の整理が求められる。

◆ 事業収支に関する業務

ここでいう事業収支は、利潤を求める領域と異なり、建築プロジェクトにおいて、引渡し後にもたらされる利潤または利便が予算に見合ったものかを評価することである。

● 分類1：投資回収系の場合

投資回収系の発注者は収支予測をもって投資判断を行うのが一般的である。よって、CMrが事業構想から参加する場合にはコストだけではなく、収入予測も検討する必要がある。

発注者の求める利回り（cap rate）を確保できなければ、必要収益の想定ができないので事業全体を見据えた支援を行うには投資としての工事費だけの整理では片手落ちとなる。典型的な例としてはVE提案にて工事費増と収益増が見込まれる場合、利回りを理解した上で可否判断を支援することが重要となるということが挙げられる。

● 分類2：自社利用系の場合

自社利用系の中でも営業施設に関しては分類1に属する考え方になるので、それを除く一般的な解説を行う。

事業内容や建物用途により方向性が大きく異なるのが自社利用系のプロジェクトといえる。

自社工場であれば、生産機能を最優先としながらコストにも配慮するという整理を行うこととなるが、本社事務所では発注者の企業理念や経営方針などの定量化できない抽象的な「想い」を、与条件として整理し具現化する必要がある。一方で、コストと利潤や利便の評価を行うにあたっては、コストを企業の財務指標に応じて構成・分類する必要があるので注意が必要である。

● 分類3：公共事業系の場合

公共事業系においては病院などの事業収支が存在するものもあるが、概ね予算と利便の整理が重要となる。一方で予算には限りがあり、求められる利便は必要な機能・性能として具体化される。事業構想にて運営・管理に必要な要求条件と制約条件を整理していくこととなるが、事業構想以降で予算増や手戻りとならないように事業構想にて必要となる利便を実現するための検討を十分に行うことが重要となる。

◆収支計画に関する業務

運営・管理に関わる収支計画（収入と支出の予測）は事業内容や建物用途によらず、必要不可欠であるが、発注者が自ら立案できない場合には、全体または部分をAMやPpMに委託することとなる。CMrが発注者を支援する場合は、対象となるプロジェクトの特性を理解した上で目的を達成できる能力を有するAMやPpMの選定が行えるように必要情報の整理を行わなければならない。

◆資本的支出に関する業務

収支計画の支出は、資本的支出（CAPEX：Capital Expenditure）と経費的支出（OPEX：Operating Expenditure）に大別される。その資本的支出を考えるにおいて長期修繕計画の立案と実施は重要となる。長期修繕計画は引渡し時だけでなく、施設運営の途中に作成されることもあるが、BELCA（公益社団法人ロングライフビル推進協会：Building and Equipment Long-life Cycle Association）などの推奨する基準を参照されることが多い。事業内容や建物用途から個別に具現化していく必要があり、単年度の支出額を均等にすることなどは、その代表的な例である。また、施設運営が始まってから重要となるのが、施設管理に関わるコスト管理と年度ごとの見直しであり、その業務を発注者が立案・実行できない場合には、CMrもしくはPpMやBMに依頼するかの検討を行う必要がある。

◆経費的支出に関する業務

一方で経費的支出には多様なものが混在するが、主なものとして、維持管理費用・清掃費用・警備費用・水光熱費用・消耗品費用などが挙げられ、さまざまな定常費や変動費を合わせて経費的支出は構成される。

それぞれの項目を適正に発注して管理する

には施設運営に関する幅広い知識が必要となるので、発注者が自ら立案できない場合には、PpMに委託することとなる。設備・警備・清掃などの業務だけではなく、水光熱費などの契約や消耗品の調達などもその対象となる。また、選定におけるそれぞれの委託内容でメンテナンス方法は決まるので、発注者の運営・管理の方針をその選定に反映する必要がある。また、昨今においては環境負荷・SDGs・ジェンダーレスなど、さまざまな課題が複合的に存在するので、施設運営・施設管理に留意した事業運営を行っていく必要がある。

◆計数管理に関する業務

計数管理をひと言でいえば、支出と収入の管理であり、請求支払の実務や経理帳票の作成が主な業務となる。発注者が行うことが多いが、分類1：投資回収系においては報告書作成業務（一般呼称としてレポーティング業務と言われることもある）と合わせてPpMに委託する事例もある。発注者が外部委託を望む場合にはその内容に応じて、AM・PpM・BMへ適正な委託ができるよう理解すべき項目となる。

6-3 施設運営に関するマネジメント

◆施設運営とCMr

施設運営に関してCMrで行うべきことは前述の発注者の分類ごとに考え方が異なるので、その概略を解説する。

◆運営・管理の分類ごとの特性

●分類1：投資回収系の場合

投資回収系の場合、施設運営においても多様なプロジェクト関係者が参画するので、その事業内容と役割分担を確認することが重要となる。

事業運営のルールや賃貸借その他の施設運営

に関してそれぞれの契約なども考慮する必要があるので、AMやPpMなどと情報共有の上、どのような影響を及ぼすかを検討するという手順となる。

　一般的には貸方基準や工事区分を用いて責任区分や費用負担区分を整理する必要があり、責任区分には、資産区分や管理区分が含まれる。また、消防その他協議での特記事項や大臣認定などの特殊事情（以下、「特殊事情」）について、事前にプロジェクト関係者に情報提供できるように整理しておくことが望ましい。

● **分類2：自社利用系の場合**

　自社利用系の場合は発注者が運営・管理を実施することが原則であるが、CMrも、分類1でも触れた特殊事情について取りまとめておく必要がある。また、発注者が自らで運営・管理を実施することを前提に、CMrは引渡し後に起こり得る不具合を予見し、施設管理に関わる実施計画・業務内容などにより明文化し、発注者の内部で共有され、必要に応じて更新できるようにすることが望ましい。

● **分類3：公共事業系の場合**

　公共事業系の施設運営は、施設管理と合わせて発注者が実施することが基本であったが、入札契約方式の多様化により民間のPFI事業者や指定管理者などが参画する場合が増えつつあり、建築プロジェクトの早期から事業運営とともに検討することが重要である。

◆ 施設運営の業務内容

　具体的な施設運営に関しては事業内容や建物用途に応じて多様であるが、「分類1：投資回収系」における一般的な項目事例を以下に示す。発注者はこの項目から取捨選択し、必要な業務を外部に委託することとなる。

① **基本業務**
- 評価業務
- 管理企画業務
- 渉外業務
- 利用者管理業務
- 事務業務
- 出納業務

② **管理業務**
- 保全管理業務
- コスト管理業務

③ **リーシング・マネジメント業務**
- 賃貸企画
- テナント誘致業務
- 契約管理業務
- テナント交渉業務
- 入退室関連業務

④ **資産保全業務**
- 改修・修繕の必要性検討
- 大・中規模改修修繕計画・立案実施
- 渉外業務

⑤ **発注者フォロー業務**
- 法務・税務・会計および渉外業務
- 発注者への報告・助言

　「分類2：自社利用系」や「分類3：公共事業系」では、上述の項目事例から「③リーシング・マネジメント業務」を削除するなどして検討することが可能である。運営・管理の分類ごとに施設運営のマネジメントは多様であるが、まずは事業内容・建物用途に応じた項目を抽出し、次にそれぞれの項目を発注者が実施するか、もしくは外部に委託するかを検討する。外部に委託する場合の留意点として、例えば、大規模商業施設の場合であればリーシング能力だけではなく商業施設の運営能力も重要な要素となること、大規模複合用途施設であれば、専門性・技術力・維持管理能力を重視することなどが挙げられる。

6-4 施設管理に関わる マネジメント

◆ 施設管理に関する業務

施設管理についても、建築プロジェクトのマネジメントを通じてその内容を理解することが重要である。引渡し後に点検口がないことが判明するなどは施設管理を考慮していない典型例といえる。なお、前述の発注者による運営・管理の分類ごとの相違が少ない領域となる。

◆ 施設管理の業務項目について

施設管理は一般的にはビル・メンテナンス会社が実施する。公益社団法人全国ビル・メンテナンス協会にて公表されている資料によると図3-58の通り業務内容が体系化されている（詳細は、第4章「10　施設管理」を参照）。なお、植栽管理業務などや除塵マットのレンタルなども付帯業務としてビル・メンテナンス契約に包含される事例が多い。

発注者がBMを選定する場合には、施設運営と同様に対象となる事業内容や建物用途に合わせ、何を重要視するのかが重要となる。

例えば、多店舗展開している発注者が他の物件と合わせて統括管理を実施したいという要望があった場合には、広域に対応可能で、かつ24時間コールセンター機能を有することが必要条件となるので、全国展開している設備系のビル・メンテナンス会社などを想定した選定が必要となる。

◆ 突発対応・緊急対応

施設管理では定常の管理業務とは別に突発的・緊急的な事象への対応も求められる。その内容は苦情対応・不具合対応・応急処置・修繕対応など多様なものとなるが、管理委託契約では項目の想定だけではなく、費用負担区分や責任区分などの設定を行うことが重要となる。発注者が施設管理の統括を現地で行う場合と委託者だけで施設管理を行う場合では承認などの業務フローに大きな違いがあり、それに伴い責任区分も変動することとなるので注意が必要である。

◆ 修繕計画の実行

「6-2　事業運営に関わるマネジメント」の「◆ 資本的支出に関する業務」でも述べたように、長期修繕計画の立案と運用は重要となる。

引渡し時に設定された修繕計画は一般的な耐用年数などの指標に基づき作成されるが、物理的劣化は周辺環境や使用頻度などにより異なる。また、経済的劣化や社会的劣化に対しては引渡し時からの技術革新や社会要求を考慮した修繕工事や改修工事を適宜計画していく必要がある。特に前述の「分類1：投資回収系」の建築物では資産価値を向上させる工事（バリューアップ工事）を、AMやPpMが提案し、実行している事例が多くある。

このことから、年度ごとに施設管理に関わるコスト管理と必要に応じた計画修正を行うことが必要となる。AMやPpMに委託されている場合は、これらのコスト管理や計画修正が行われていることが多い一方で、発注者が運営・管理を実施している場合にはその技術力に依存することとなり、計画的に実行されていない場合もある。引渡し後の継続的な業務なのでCMrの関与は一様ではないが、安全性の確保、陳腐化の防止、ライフサイクル・コストの最適化という観点から、発注支援やコスト管理支援と合わせて、より積極的な支援を行うことが望ましい。

なお、発注者の年度予算に基づき実施されることが多いので、年度予算の立案時期を確認の上、スケジュール管理を行うことも重要な要素となる。

◆ 予防保全と事後保全

年度ごとの修繕工事と改修工事は予防保全と

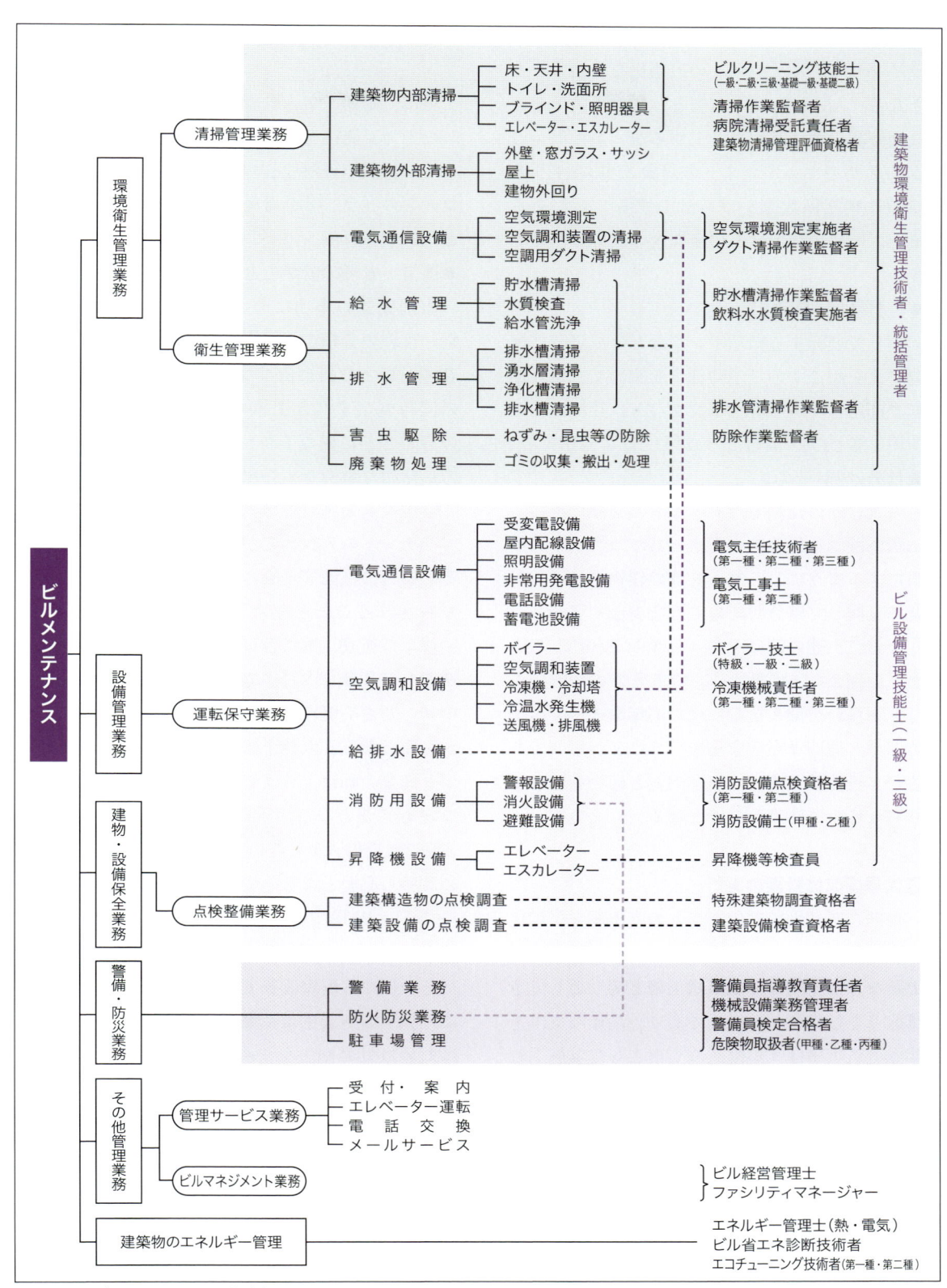

図3-58●ビルメンテナンス業務概要図（全国ビルメンテナンス協会　https://www.j-bma.or.jp/aboutbm より作成）

事後保全を組み合わせて運営・管理の効率化とライフサイクル・コストの最適化を目指すこととなる。AMやPpMの事例として、予防保全は長期修繕計画に基づき計上するが、事後保全はライフサイクル・コストの対象工事（項目）の総額に頻度係数をかけて計上することがある。また以下に予防保全と事後保全の仕分け例を記す。

●仕分け例（その1）

単一で運転する搬送ポンプなどは故障時に機能不全を起こすので予防保全を実施し、交互運転で運用している排水ポンプなどは片側運転で使用可能なので事後保全の対象として分類する。

●仕分け例（その2）

有人管理の建物ではVベルトの交換は点検時に状態確認を行い適宜交換としてコストを最小限にするようにし、無人管理の建物では予防保全で交換して緊急対応の頻度を少なくする。

なお、上述の例は主に「分類1：投資回収系」と「分類2：自社運営系」で考え方の相違があり、不具合を抑え込むには対応年数未満での予防保全と適切な点検業務を行うことが重要であるが、具体的な内容は事業内容と建物用途により異なるので注意が必要となる。

◆大規模改修計画の実行

長期修繕計画では年度ごとの支出額を平準化させて計画し、外壁改修・受電空調衛生設備の更新などは年度ごとの修繕工事と切り離して予算取りを行うのが一般的であり、高額な支出を伴う更新工事は大規模改修工事として実施される。

●事前確認と立案

大規模改修工事の立案にあたっては、以下の確認事項に留意し計画を立案する。

- ・現況状態の確認
- ・保全履歴の確認
- ・建築物の想定残存年数の確認
- ・その他の同時施工すべき工事の確認

更に、修繕工事・改修工事の優先順位を吟味した上で、発注者の予算を考慮して計画を立案する。機能の維持・回復およびライフサイクル・コストのバランスを考え内容の取捨選択することが求められる。

●運営・管理の分類ごとの特性

事前確認の事項については発注者による運営・管理の分類ごとに大きな差異はなく、発注者の予算と方針に依存する。一方で、「その他の同時施工すべき工事の確認」は運営・管理の分類ごとに異なるが、「分類1：投資回収系」の具体的な事例を紹介する。

大規模商業施設では大規模改修工事と合わせてテナントの入れ替えが実施されることがある。その場合には商業企画により工事内容が大きく左右されることとなる。工事内容によっては、給排水の新設、電気容量の増強、昇降機設備の増設など多様な内容が盛り込まれるので、確認申請の要否や既存不適格の遡及対応などの検討が必要となり、収益予測のために本来の修繕工事と商業企画による改修工事の予算区分の調整なども必要となる。また、発注者（賃貸人）と入居者（賃借人）が負担する工事の区分や工程の調整も必要となるので、内装監理業務の手配やPpM・BMとの調整なども発生し、その旨を考慮した商業企画が求められる。

その他にも耐震改修工事を同時施工する場合に、施工箇所にて事業継続が困難である場合には対象以外の施設を含めたテナントパズル*を実施しなければならないことがある。本社事務所の場合は内部調整が必要となり、賃貸事務所の場合は移転交渉の他、賃貸借契約の再締結や営業補償などの課題を解決する必要があるのでPpMとの連携が重要となる。大規模改修工事の立案にあたって事業運営・施設運営の観点が必要不可欠である。

*テナントパズル
　対象以外の施設を含めて空室または空フロアを活用し、テナントを順次移転させ改修工事を行う工事手法。

6-5 運営・管理における CMrの関わり

◆ CMrの関わり

　運営・管理のマネジメントを発注者の立場で解説したが、CMrの業務領域について標準があるというわけではない。一方で建築プロジェクトにおいて発注者を支援すべき業務が多様に存在することも事実で、CMrが支援すべき業務とその関わりについて事例を交えて解説する。

◆ 新築施設での関わり

● 事業運営での関わり

　事業構想において、収支予測はなくてはならないものとなる。必然的に引渡しまでのコストだけではなく運営・管理に関わるコストも含むコスト・マネジメントを実施する。

● 施設運営での関わり

　施設運営に関しては事業内容や建物用途を踏まえて施設運営の計画立案を支援する。この計画立案は建築プロジェクトの基本計画から工事施工において施設管理に関する設計・工事施工として具現化され、運営・管理に引き継がれるため、CMrは一貫して発注者を支援することが望ましい。

● 施設管理での関わり

　施設管理に関しても施設運営での関わりと同様、事業内容と建物用途を踏まえて、より技術的・専門的な支援が求められる。具体的には施設管理の観点での以下の例が挙げられる。

- 要求水準の検討
- プロジェクト実施方式に関わる助言
- 設計図書の内容確認（運営・管理に関わる助言）

- 設備機器類の選定・仕様などに関わる助言
- 施設管理の業務仕様・委託先選定などに関わる助言
- PFI事業のテクニカルアドバイザリー（公共発注者に対する技術支援）
- PFI事業のコンソーシアム支援（民間発注者に対する技術支援）
- 環境負荷軽減に関する技術支援

◆ 既存施設での関わり

　既存施設の運営・管理におけるCMrの関わりとして、以下の例が挙げられる。

- 長期修繕計画の立案・更新もしくは確認
- 単年度修繕計画の立案・発注支援および各種技術支援
- 大規模改修工事の技術支援（全体もしくは一部）

　今後も運営・管理に関わるCMrの業務領域は拡大し、技術支援に対する発注者要望も多様化すると考えられる。

7 環境マネジメント

7-1 環境マネジメントの動向

◆建設プロジェクトと環境

建設プロジェクトによる環境への影響は多岐にわたる。完成後の運営・管理に関する活動・施設から発せられる廃棄物や温室効果ガス、計画内容による地域社会・生態への影響、交通や防災など周辺インフラへの影響、工事施工における騒音・振動・工事用水流出など敷地内もしくは周辺に生じる影響、敷地外においては製造・物流・処分の過程における影響などが挙げられる。更に社会システム全体・地球規模へと対象は拡がり、資源問題や採取に伴う自然環境や社会への影響、循環型社会・労働・雇用・貧困・健康・多様性への取組みなど、社会全体の持続可能性に対してプロジェクトが果たし得る期待までを含む。

プロジェクトを評価するにあたって、規模・性能・経済性・利便性・工期などの従来の指標と同様に、環境という指標を適用し、それについて説明が求められる時代へと移行している。CMrはこれら多様な環境側面を総合的に考慮に入れて、それに対する適切な管理手法をプロジェクトに組み込み、適切な対策を取りマネジメントすることが求められている。

◆持続可能な開発目標

SDGs (Sustainable Development Goals：持続可能な開発目標) は、「誰一人取り残さない (leave no one behind)」持続可能でよりよい社会の実現を目指す国際目標である。

図3-59 ●持続可能な開発のための17の目標

2015年の国連サミットにおいて全ての加盟国が合意した「持続可能な開発のための2030アジェンダ」の中で掲げられ、2030年を達成年限とし、17のゴール（図3-59）と169のターゲットから構成されている。17のゴールは、①貧困や飢餓、教育など未だに解決を見ない社会面の開発アジェンダ、②エネルギーや資源の有効活用、働き方の改善、不平等の解消など全ての国が持続可能な形で経済成長を目指す経済アジェンダ、そして③地球環境や気候変動など地球規模で取り組むべき環境アジェンダといった世界が直面する課題を網羅的に示している。SDGsは、これら社会・経済・環境の3側面から捉えることのできる17のゴールを、統合的に解決しながら持続可能なよりよい未来を築くことを目標としている。

日本でも、前述の「持続可能な開発のための2030アジェンダ」を2015年9月に採択した。2018年閣議決定された「第5次環境基本計画」において、SDGsの考え方を踏まえて6つの重点戦略を示している。それは、①持続可能な生産と消費を実現するグリーンな経済システムの構築、②国土のストックとしての価値の向上、③地域資源を活用した持続可能な地域づくり、④健康で心豊かな暮らしの実現、⑤持続可能性を支える技術の開発・普及、⑥国際貢献による日本のリーダーシップの発揮と戦略的パートナーシップの構築、の6点である。

17のゴールは社会共通の環境に対する期待であり、政治・経済・公共分野でのあらゆるレベルの意思決定においてSDGsを意識することが求められている。多くの組織においてSDGsに沿った組織の指針や行動計画などが策定されており、意思決定や手続きにおける具体的な要求事項として盛り込まれる傾向にある。

それぞれのゴールには関連性もあり、1つの対策により複数のゴールに有効な結果をもたらしたり、地域・社会を通して間接的に波及したりすることも多い。例えば、「9 技術改革」をプロジェクトに積極的に奨励することにより、「4 教育」の実現や「1 貧困」対策にも波及し得るといった視点である。そのため、それぞれのゴールに対する対策を個別に求めるだけではなく、より広く・多角的な視点をもって意思決定に反映することが望ましい。

◆ 地球温暖化対策とプロジェクト関係者の役割

さまざまな環境対策において、特に喫緊の課題となっているのが、気候変動と地球温暖化対策であり、その主な原因とされている化石燃料の燃焼と温室効果ガスの発生を抑制する取組みである。1990年代より、気候変動に関する国際的な枠組みについての議論が進み（気候変動枠組条約締結国際会議（COP：Conference of the Parties））、2015年に採択されたパリ協定（COP21：2016年発効）において、世界共通の長期目標として、産業革命以前からの平均気温上昇を2℃より十分下方に保持し、1.5℃に抑える努力を追求することが謳われた。

日本は、パリ協定に先立ちCOPに提出した約束草案において、国内の排出削減・吸収量の確保により、2030年度に2013年度比26.0%の水準を削減目標として掲げた。2020年10月には「2050年カーボンニュートラル宣言」を表明し、2021年4月には、約束草案の見直しとして、削減目標を引き上げ、「2030年度において、温室効果ガス46%削減（2013年度比）を目指すこと、さらに50%の高みに向けて挑戦を続けること」を表明した（表3-28）。

2021年10月に改定された「地球温暖化対策計画」において、住宅や建築物の省エネ基準への適合義務付けの拡大が主たる取組みとして盛り込まれており（表3-29）、「2030年に目指すべき住宅や建築物の姿として、新築される住宅・建築物についてはZEB・ZEH*基準の水準の省エネルギー性能が確保されていることを目

表3-28●日本の温室効果ガス削減目標

温室効果ガス排出量・吸収量 (単位：億t-CO2)		2013排出実績 14.08	2030排出量 7.60	削減率 ▲46%	従来目標 ▲26%
エネルギー起源CO2		12.35	6.77	▲45%	▲25%
部門別	産業	4.63	2.89	▲38%	▲7%
	業務その他	2.38	1.16	▲51%	▲40%
	家庭	2.08	0.70	▲66%	▲39%
	運輸	2.24	1.46	▲35%	▲27%
	エネルギー転換	1.06	0.56	▲47%	▲27%
非エネルギー起源CO2、メタン、N2O		1.34	1.15	▲14%	▲8%
HFC等4ガス（フロン類）		0.39	0.22	▲44%	▲25%
吸収源		-	▲0.48	-	（▲0.37億t-CO2）
二国間クレジット制度（JCM）		官民連携で2030年度までの累積で1億t-CO2程度の国際的な排出削減・吸収量を目指す。我が国として獲得したクレジットを我が国のNDC達成のために適切にカウントする。			-

出典：環境省「地球温暖化対策計画 概要」(2021)

表3-29●地球温暖化対策計画の主な対策・施策

再エネ・省エネ	産業・運輸など	分野横断的取組
●地域への太陽光など再エネ拡大	●2050年に向けたイノベーション支援	●脱炭素選好地域の創出
●住宅や建築物の省エネ基準への適合義務付け拡大	●データセンターの30%以上省エネに向けた研究開発・実証支援	●途上国などでの排出削減（二国間クレジット制度）

環境省「地球温暖化対策計画 概要」(2021)より作成

指す」とし、2022年に改正された「建築物のエネルギー消費性能の向上等に関する法律」における省エネ基準適合義務の拡大へとつながった。また、機器・建材の性能向上と普及を図るため、トップランナー制度の強化を図ることが謳われた。

「地球温暖化対策計画」において、発注者を含むプロジェクト関係者の基本的役割として、以下のような対策を取ることが記されている。

- ・関連法令の遵守
- ・効果的・効率的な地球温暖化対策の幅広い分野における実施
- ・中長期の削減目標の設定、省エネルギーの

推進やRE100など、再生可能エネルギーの導入・利用

- ・自社やサプライチェーンの排出削減の計画的推進
- ・省CO2型製品の開発と循環型経済への移行
- ・対策計画の策定と実施状況の点検
- ・従業者への環境教育
- ・ステークホルダーとの連係した削減の取組み
- ・提供する製品・サービスのサプライチェーンおよびライフサイクルを通じた排出量などの把握への努力
- ・カーボン・オフセットを含めた環境負荷低減に寄与する製品・サービスの提供
- ・製品・サービスに関する温室効果ガス削減に関連する情報提供

＊ZEB・ZEH

ZEBとはNet Zero Energy Buildingの略称で、快適な室内環境を実現しながら、建築物で消費する年間の一次エネルギーの収支をゼロにすることを目指した建築物のことを呼ぶ。ZEHのHはHouseの略で、同様の一般住宅のことを呼ぶ。

◆ プロジェクト関係者をとりまく社会からの要請

プロジェクト関係者の事業活動に関する環境

関連の情報開示に対する社会的要請に対して、従来は環境報告書などの開示といった形で広まった。

　2006年国連にて提唱された責任投資原則（PRI：Principles for Responsible Investment）において、機関投資家の意思決定プロセスに、環境（Environment）・社会（Social）・企業統治（Governance）の要素を反映させる考え方が示された。これは6つの原則からなり、投資家がESG*の課題に取り組むことや業界全体での取組みや協働、また透明性の確保やESGの課題に関する開示が謳われている。投資家・投資運用会社・アセット・マネジメント会社など、それに署名する機関数は60か国以上4,000以上にまで拡がっている。

　企業もその社会的責任として、環境・社会・企業統治などへの投資（ESG投資）に基づく長期的な利益や価値を株主を含むステークホルダーに提供する必要があり、その中でSDGsを活動目的とする「環境」が注目されている。

　また、パリ協定後、より気候変動に関する開示内容を規定していく方向に進んでいる。G20の意向により設置された気候関連財務情報開示タスクフォース（TCFD：Task Force on Climate-related Financial Disclosures）が公表した報告書（TCFD提言：2017年6月）において、「ガバナンス」「戦略」「リスク・マネジメント」「指標と目標」について、気候変動関連のリスクなどについて開示することが推奨された。これに対する国内外での検討も進んでおり、事業に対する評価と説明責任がより明確に求められることを示唆している。「ガバナンス」「戦略」「リスク・マネジメント」「指標と目標」を建設プロジェクトに当てはめて解釈すると、「どのような体制で気候変動に関する検討がなされ、判断がなされたか」「どのように影響を評価し、対策を取ったのか」「どのような指標を設定し、目標を管理したか」などと

いったことになる。また、生物多様性の観点における事業者の情報開示内容を定めようとする国際的なタスクフォース（TNFD：Task Force on Nature-related Financial Disclosures）が2021年に設立された。

　国際会計基準におけるサステナビリティに関する開示基準や、EUにおける気候変動対策への企業の貢献内容の開示義務化（EUタクソノミー）、炭素税やカーボンプライシングのような制度などが議論されており、今後も制度化が進むことが考えられる。

　プロジェクト関係者の責任範囲を事業そのものからサプライチェーンを含めた範囲で見る考え方も広がっており、2015年制定された英国現代奴隷法は、英国で活動する一定規模以上の企業に対し、奴隷労働や人身取引がないことを確実にするための対応について公表することを義務付けており、サプライチェーンの活動も対象としている。この中で、サプライヤーの行動規範を定め、サプライヤーに対する禁止事項を明らかにするとともに、情報開示への協力、更にそのサプライヤーに関連する全てのサプライヤーに対して同様の規範を求めるような事業者が増加している。

　地球温暖化対策に関しては、組織の温室効果ガス排出量の算定と報告の基準が、国際的な組織である温室効果ガスプロトコルイニシアティブ（GHGプロトコル）*により開発されている。

　2011年11月に発行されたScope3基準は、組織のサプライチェーン全体の排出量を算定するための基準であり、世界共通の基準として広く用いられ、環境省もScope3基準との整合を図る算定ガイドライン※を発行している。　基準においては、サプライチェーン排出量を以下のScope1～Scope3に分類している。

・Scope1：事業者自らによる温室効果ガスの直接排出（燃料の燃焼、工業プロセス）
・Scope2：他社から供給された電気・熱・

蒸気の使用に伴う間接排出

・Scope3：Scope1・Scope2以外の間接排出（事業者の活動に関連する他社の排出）

図3-60にあるように、Scope3は購入に関する排出と販売に関する排出に分かれ、全部で15カテゴリーに分類されている。前述のTCFD提言において、Scope3基準に拠る排出量算定と開示について、全ての組織に対して強く推奨しており、分類ごとの目標・達成期限の設定や実施計画の策定、測定・分析の実施など、企業活動にも影響している。

排出量算定においてはライフサイクル・アセスメント（LCA：Life Cycle Assessment）による情報が利用されている場合がある。LCAとは、ある製品やサービスなどのライフサイクルにおける評価を行うことで、温室効果ガスについていえば、その製品のライフサイクルに至る排出量を定量的に評価することを指す。国際規格や欧州規格に準拠した評価方法により材料やサービスなどのデータベースが蓄積されており、建築物や組織としてのLCAを算定する上で利用されている。

算定においては、建築物のライフサイクルのどの範囲をどのように算出するかが重要な検討事項となる。LCAの国際規格においては、①新築工事に関わる排出、②維持・修繕・改修などに関わる排出、③供用後のエネルギーや水利用に関わる排出、④建築物解体・廃棄に関わる排出、⑤解体後の再利用やリサイクルなどに関わる排出に分類されている。このうち、建築物自体に関わる①、②、④をエンボディドカーボンと呼び、運用に関わる③をオペレーションカーボンと呼ぶ。

＊ESG (Environment Society Governance)
環境・社会・ガバナンスの略。国連の「責任投資原則」で投資要件として言及され普及した。非営利活動のイメージのあるCSRより事業活動の中で努力すべき基準としての定義をよりはっきりさせた用語。
また、投資家が不動産投資先のESG配慮を測るベンチマークとしてGRESB (Global Real Estate Sustainability Benchmark) が普及している。
＊GHGプロトコル
WRI（世界資源研究所）とWBCSD（持続可能な開発のための世界経済人会議）が共催する組織である。
※「サプライチェーンを通じた温室効果ガス排出量算定に関する基本ガイドライン」を指す。
https://www.env.go.jp/earth/ondanka/supply_chain/gvc/fi

7-2 環境マネジメントのアプローチ

◆法規制などに対する対応

建設プロジェクトにおける環境影響をどのように抑制するかを考える上で、欠かせないのは法規制などに対する対応である。多くの環境要素について、その悪影響を抑止する条約・法律・条例が確立されており、手続きや管理策が制度として盛り込まれている。これを確実にすることにより一定の環境影響を管理・抑止しているといえる。さまざまな環境側面における影響を考慮する上で、定められた手続きがどのように

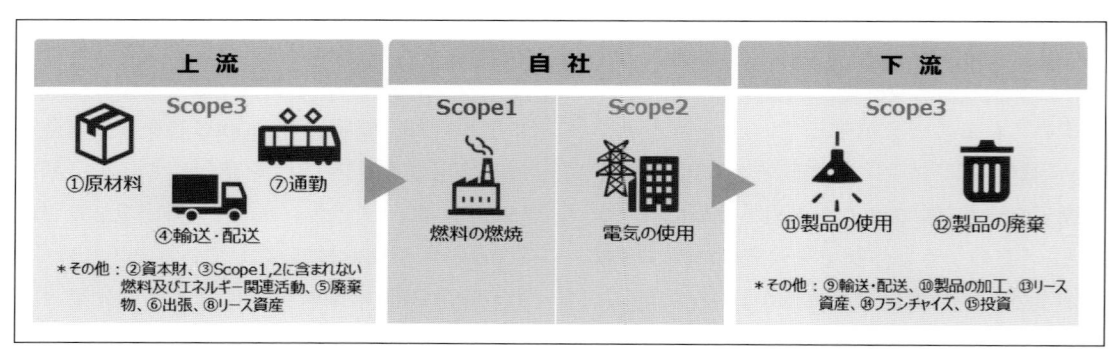

図3-60 ●サプライチェーン排出量のイメージ
出典：環境省・経済産業省「グリーン・バリューチェーンプラットフォーム」HP

プロジェクトに有効に働いているか、CMrは
その意味の理解に努めなければならない。

　一方、法的な規制はあくまでも社会の最低要
求基準にしか過ぎない。そのプロジェクト特性
によって、個別にプロセス・管理方策を課すこ
とを社会的に期待されていたり、発注者より求
められていたりすることもある。また、法的に
規制されていなくとも、各業界における標準的
な基準・規格などに準拠することで一般的な対
策を取ることもある。CMrは、プロジェクト
に対する発注者の要求を模索するプロセスの一
環として、これらを考慮し、発注者とともに指
針を整理していく必要がある。

◆ 環境アセスメントと環境コミュニケーション

　環境アセスメントとは、建設プロジェクトを
決定・実行する前に、その計画に伴い生じるさ
まざまな影響について、調査・予測・対策を行
う一連のプロセスのことを指す。環境に対する
意識の高まりに応答する形で、1960年代より
世界的に制度化され始め、国においては1997
年の環境影響評価法の成立、地方公共団体にお
いても、条例・要綱・指針などが平行して定め
られ、制度化されている。

　環境アセスメントでは、プロジェクトの早期
において、方法書・準備書・評価書というプロ
セスを経る。いずれもプロジェクト関係者が用
意する文書を指し、2011年の環境影響評価法
改正により詳細が定められている。

　方法書において、発注者は事業の概要を示し、
自らが配慮すべき環境要素を特定し、それに対
して実行しようとしている調査や予測・評価の
方法を記載する。方法書は公表され、国民の意
見や専門家による見解、地方公共団体の意見を
聴く機会を経る。これらの意見を踏まえて、発
注者は実行すべき環境アセスメントの方法を再
検討する。

　プロジェクト関係者は、定めた方法により、

計画内容に対する環境影響評価を実施し、その
調査内容・調査結果・分析手法・分析内容など、
その一連の結果を準備書として文書化する。こ
の内容も公表され、その結果に対する多方面の
意見を得る。再び検討した上で、必要に応じて
計画や評価などを見直し、見直された評価結果
は、評価書として整理する。評価書は、許認可
権者へ送付され、更に意見を得た後、発注者は
補正した評価書を確定させ、公告する。この公
告を経て、事業を実施することとなる。

　このように環境アセスメントの対象となるプ
ロジェクトにおいては、公告・縦覧、住民説明会、
都道府県が設置する審議会などにおける専門家
による審査など、さまざまな対話の中で、計画
内容の変更、環境対策の強化、調査・監視の設
定などにより、環境配慮が計画に盛り込まれる。
他方、手続きそのものの期限や連動する他の許
認可とのスケジュール調整、分析や評価に適し
た情報の適時のインプットや審議会や住民説明
会での説明内容の決定など、設計プロセス・ス
ケジュール・意思決定・コストなど複合的なマ
ネジメントが要求されることとなる。

　法律・条例で定められる環境アセスメントの
実施対象となる事業は相当規模の事業であり、
大部分のプロジェクトは適用範囲外である。し
かし、さまざまなステークホルダーとの対話や
コミュニケーションを経る中で、さまざまな環
境要素への対応策を検討し、抑制するコミュニ
ケーション型のアプローチは、環境アセスメン
トの形を採らずとも、近隣説明会の開催、ユー
ザー意見の聴取など、多くのプロジェクトにお
いても採用されている。貴重な少数意見を得ら
れることもあるが、極端な意見などが噴出する
こともあり、CMrは、それぞれの意見に対し
て公平な姿勢で臨み、プロジェクト関係者への
説明責任が適切に果たされるよう、プロジェク
ト構成員の協力を得て、調整を図り、正しい意
思決定が行えるように導くことが求められる。

◆環境マネジメントシステム（ISO14001）

　ISO14001は環境マネジメントに関する国際規格であり、建設業においても広く普及が進んだ規格である。組織が自らの活動、製品およびサービスが環境に及ぼす影響をマネジメントし、PDCAサイクルを回し、継続的に改善するための仕組みであり、以下の事項が定められている。

- ・組織の状況、環境との関わりを理解すること
- ・準拠すべき関連法規制などを把握すること
- ・リスク・機会を評価し、重点管理項目を特定すること
- ・重点管理項目に対する環境目標および実施計画を設定すること
- ・運用するための計画を立て、管理をすること
- ・活動実績を監視・測定・分析・評価すること
- ・緊急事態に対する準備をすること
- ・監査を実施し、実施状況の評価を受けること
- ・不適合・是正処理を管理し、継続的な改善をすること
- ・プロセスに必要な資源・力量を特定し、教育計画を策定すること
- ・計画実現のためのコミュニケーションを計画すること
- ・文書・記録管理などのプロセスを補完するルールを導入すること

　組織に適用される規格であり、例えば、工事施工者の会社組織や現場組織に適用されている。他方、プロジェクト全体としての環境マネジメントを考える上においても、同様のアプローチは参考となる。多方面の環境側面からプロジェクトの状況や課題を把握し、プロジェクトのリスク・機会を評価し、その対策や計画をプロジェクト組織として共有し、プロジェクトを進めることは有益である。

◆環境性能評価制度の活用

　プロジェクトにおいて定める環境マネジメントに関わる目標・指針・決定は、正しい評価と検証のプロセスにより確実なものとなる。社会的に広く通用し、確立された評価手法や基準が多く存在しており、法律や制度的に組み込まれているものもある。例えば、建築物省エネ法における省エネ基準・一次エネルギー消費性能・外皮性能はその典型であり、また、それらの評価を用いたBELS*（建築物省エネルギー性能表示制度）や低炭素建築物認定制度などの認証制度もある。

　また、より広範な環境要素を取り込んで、建築物や計画の環境性能を包括的に評価するような環境性能評価手法や認証制度も国内外で開発・利用が進んでおり、一般社団法人日本サステナブル建築協会のCASBEE*（建築環境総合性能評価システム）、米国USGBC（U.S. Green Building Council）のLEED*、IWBI（International WELL Building Institute）のWELL*などがある。 また、不動産ファンドなど不動産を保有する組織の環境への取組みを評価するGRESB*（Global Real Estate Sustainability Benchmark）などがある。これらの環境性能評価制度の利用は、ESG投資や事業者の環境への関心や説明責任の拡大とともに広まっている。

　これらの認証制度のプロジェクトへの適用の意思決定に際して、CMrはその制度を理解した上で、プロジェクト運営の制約や想定されるリスクなどについて、発注者に対して助言することが求められる。また、評価制度を適用する場合は、その審査や認証のプロセスや提出すべき書類内容についてプロジェクト関係者と調整し、設計者や工事施工者に依頼すべき役割や分析や評価を行うコンサルタントの採用など、プロジェクトの実施体制や役割分担を整備し、また、それに要する期間を全体スケジュールに組み込む必要がある。他方、これらの認証を取得するのに必要な費用や性能の向上に必要な費用もプロジェクト予算に組み込む必要もある。

* BELS・CASBEE・LEED・WELL
➡第3章「7-6　基本設計・実施設計の環境対応」
* GRESB
欧州の年金基金を中心に2009年に創設され、世界各国の機関投資家が投資家メンバーとして活用している。

◆ 調達における環境アプローチ

　従来のプロジェクトにおいては、設計者が作成する設計図書に従い、工事施工者が調達するのが一般的であったが、さまざまな環境への要求の高まりとともに、建築物の環境性能に絶対的な影響を与える資材・製品・システムの選定について、プロジェクトの早期における検証や意思決定が必要である。また、多様な環境要素を踏まえた選定基準の設定、それに対する資料の入手や評価・分析が求められる傾向にあり、これらの検証作業は設計や工事施工のスケジュールに営業を及ぼすので注意を要する。環境認証制度を活用する上においても必要な対策を早期に実施しなければならない場合もある。また、発注者においても、グリーン調達*の考え方やサプライヤー行動規範の導入など、自らの基準や方針をもって、メーカーや製品に関する事前調査を強化して、取引先を限定しているような場合もあるので注意を要する。

　一方、メーカーにおいては、自らの製品に対する環境情報を表示する動きもあり、環境製品宣言（EPD：Environmental Product Declaration）やカーボンフットプリント（CFP: Carbon Footprint of Products）のように、LCAなどの手法により製品のライフサイクル全体の定量的な環境負荷を算出、情報開示している場合もある。日本においては一般社団法人サステナブル経営推進機構が「SuMPO環境ラベルプログラム」を運営しており、具体的な資材を検討・選定することによる環境負荷低減の可能性が拡がっている。

　このような取組みを全ての資機材に対して適用することは、必ずしも効率的ではないため、製品それぞれの機会などを考慮し、重点的に対応すべき調達物品を特定し、設計図書においてメーカー・製品もしくはその候補を特定するなどの対応が考えられる。また、受容できないリスクを排除するために、工事施工者に委ねる調達プロセスに対して、仕様書などで条件を整理して要求するなどの対応も考えられる。

* グリーン調達
納入先企業が、サプライヤーから環境負荷の少ない製品・サービスや環境配慮などに積極的に取り組んでいる企業から優先的に調達するもの。

7-3　環境マネジメントの方針策定と実務運用

◆ 建設プロジェクトにおける環境管理方針

　建設プロジェクトを通して、さまざまな環境要素を統合的に管理するためには、プロジェクト全体を通した環境マネジメントの方針を立て、それに則した目標や計画を設定し、管理することが重要である（表3-30）。これらの方針・目標・計画は、予算・工期・敷地計画などが定まるプロジェクトの初期において検討することが望ましく、その時期を逸すると、それらが制約条件となり、多くの環境対策の機会が失われかねない。

◆ CMrと環境マネジメント

　方針を定めるに当たって広い意見を集約することが重要であり、プロジェクト組織においても多方面からの参加、必要に応じて外部の専門家の参加を求めることも有効である。他方、プロジェクトの初期はプロジェクト組織が充実してない時期でもあり、CMrが総合的な視点をもって助言をすることが期待される。

　定められた管理方針はCM業務計画書などに盛り込み、プロジェクト期間中、定期的にその進展についてプロジェクト関係者と確認・調整し、プロジェクトを推進することが望ましい。また、設計者や工事施工者などが、新たにプロ

表3-30 ● 環境管理方針（例）

#	環境因子	想定される事象	緊急事態	法的要求	影響度 ×	蓋然性 =	評価	環境管理方針	アクションポイント	進捗状況
					リスク・機会					
1	温室効果ガス	建物設備システム選定による温室効果ガス排出量への影響	無	有	5 ×	4 =	20	法的要求遵守に加え、環境性能に関する認証取得を目指す。	認証によるコスト影響の把握と目標の設定	専門コンサルによる認証費用と事業費影響検証中
2	生態系	配棟計画による生態系への被害	無	無	4 ×	4 =	16	専門コンサルタントによる予備調査を実施し、企画・基本計画段階における専門家委員会によるレビューを行い、計画に反映させる。	専門家委員会の組成 専門家委員会候補者とのインタビュー	予備調査完了。水系沿いに特有の生態系が確認。行政環境課の相談実施
3	安全衛生	利用者の執務環境の向上	無	有	3 ×	4 =	12	多様なユーザー代表者による設計レビューの会議体を設定し、対話を通して執務環境の向上に務める。また、WELL認証の検討を行い、施設計画への反映を行う。	設計レビュー会議体の設立準備 レビュー会議のアジェンダ設定とスケジュールの落とし込み WELL認証に関する事前調査と想定対策予算の算定	専門コンサルによる認証費用と事業費影響の検証中
4	水系	造成計画による雨水流出量の変化に伴う水系への影響	有	有	3 ×	3 =	9	基本設計段階におけるシミュレーションを雨水排水計画に反映する。	設計レビュー会議体の設立準備 レビュー会議のアジェンダ設定とスケジュールへの落とし込み WELL認証に関する事前調査と想定対策予算の算定	専門コンサルによる認証費用と事業費影響検証中
5	周辺環境	工事車輌による周辺交通への影響や事故の防止	無	有	3 ×	3 =	9	排出土運搬・生コン車について交通量試算の上で、必要に応じて警察と事前相談をする。工事施工者の選定において総合仮設計画の提出を求め、評価対象とし、工事中の監視対象とする。	基本計画後の工事車輌の試算 工事仕様書・現場説明書への方針の反映	進捗なし
6	温室効果ガス	調達資材による温室効果ガス削減・再利用資材の活用	無	有	3 ×	3 =	9	基本計画段階にて調達資材の削減機会の調査・分析を行い、設計段階において設計者と指定資材の定期的な検討会を設けて検討を進める。	設計業務仕様への反映 低炭素資材に関するメーカーへのヒアリング	進捗なし
7	周辺環境	調達資材による温室効果ガス削減・再利用資材の活用	無	有	3 ×	3 =	9	基本計画前段階で景観シミュレーションを行い、検証を行う。住民説明会においてイメージ図を展開して反応を見る。	設計業務仕様への反映 広報との連係	進捗なし
8	土壌汚染	景観の調和	有	有	4 ×	2 =	8	基本計画前段階で景観シミュレーションを行い、検証を行う。住民説明会においてイメージ図を展開して反応を見る。	設計業務仕様への反映 広報との連係	進捗なし
9	水系・安全	傾斜地崩落による事故 自然への影響	有	無	4 ×	2 =	8	崩落の危険性がある部分に関する調査・補強是非を検証し、配棟・基礎計画に対するピアレビューを実施する。必要に応じ、施工段階における監視測定項目を設定し、監視を行う。	設計業務仕様への反映 ピアレビューアーの選定 工事計画の試案・検証	進捗なし
10	廃棄物	工事産業廃棄物の再生率の向上	無	有	2 ×	3 =	6	工事施工者の選定において提案項目として設定し、再生率を評価し、工事契約上の管理項目とし、その実施状況を監視する。	現場説明書への方針の反映 既設構築物解体・廃棄計画の審査	進捗なし

ジェクトに参加する場面においては、この管理方針について伝達・共有するとともに、プロジェクト関係者の知見や意見についても積極的に聞き取り、発注者の理解のもと、管理方針を更新しながらプロジェクトを運営することが求められる。

7-4 建築物に関わる環境対応

◆環境対応の動向

日本の最終消費エネルギーを見ると、産業部門・運輸部門をはじめ各部門とも減少傾向にあるものの、全体の3分の1を占める民生部門（業務・家庭部門）の消費エネルギーは増減を繰り返しており、この部門での省エネルギーの推進が喫緊の課題となっている。

2015年に開催された国連気候変動枠組条約第21回締約国会議（COP21）により、2020年以降の新たな地球温暖化対策の国際的枠組みである「パリ協定」が採択され、2016年11月4日に発効された。それぞれの目標は国ごとに任されているが、世界全体としては「世界の平均気温上昇を産業革命以前に比べて2℃より十分低く保ち、1.5℃に抑える努力をする」という大きな目標が掲げられている。また、5年ごとに「国が決定する貢献案（NDC：Nationally Determined Contribution）」を提出・更新する義務があり、日本は2030年度において、温室効果ガスを2013年度から46%削減するという目標を掲げるとともに2050年にカーボンニュートラルを目指すことを宣言した。

2015年には「建築物のエネルギー消費性能の向上に関する法律（建築物省エネ法）」が成立し、2017年4月1日より大規模建築物では省エネ基準適合が義務化された。また、2022年に住宅・建築物の省エネ対策を強化に進めるため「脱炭素社会の実現に資するための建築物の

エネルギー消費性能の向上に関する法律等の一部を改正する法律」が公布された。これは、建築物の省エネルギーの更なる向上を図る対策の抜本的な強化や、建築物分野における木材利用の更なる促進に資する規制の合理化などを講じるものである。2024年4月からは、建築物省エネ法の消費性能適合基準の引上げも実施され、建設部門を取り巻く環境規制は、今後いっそう厳しい状況下に置かれることとなる。

➡第4章「11-2 脱炭素社会実現に向けた法改正」

◆環境対応とサステナビリティ

環境問題を考える際の重要なキーワードとして、サステナビリティ*（持続可能性）がある。持続可能性を保持しながら資源やエネルギーなどを利用していく社会を循環型社会といい、省資源、省エネルギー、ゼロ・エミッション、3R*などを図っていく。このように社会との良好な関係を保ち、環境保全への取組みを効果的に推進していきながら経済的発展を目指すことが求められている。

> *サステナビリティ（持続可能性）
> Sustainability「維持する」（sustain）という動詞をもとに、「社会・環境を維持すること」を意味している。サステナブル（sustainable）と形容詞型で使われることも多い。
>
> *3R
> 1. Reduce（減らす）、2. Reuse（繰返し使う）、3. Recycle（再資源化）の3つの頭文字をとったもので、環境配慮のためのキーワードであり、この順序で廃棄物の削減を目指すのがよいとされている。

◆建設プロジェクトにおける環境対応

更に、建設プロジェクトにおいても環境を重視することが求められており、経済性・社会性を含む企業の社会的責任（CSR：Corporate Social Responsibility）、ESG投資、および環境不動産*などが問われるビジネス環境となっている。プロジェクトの各段階において、工事施工の環境負荷低減だけではなく、建築物の運営・管理時も含め、環境に配慮した建材や機器、再生可能エネルギーの採用など、建築物のライフ

サイクル全体としての環境性能向上・負荷低減を目指すことが重要となっている。環境に関わる事項は、環境上の問題解決のみならず、コスト・スケジュールなどに影響があり、より総合的な視点でプロジェクトの問題を理解し、解決へ向かう必要がある。

> **＊環境不動産**
> 環境性能が高く、良好なマネジメントがなされている環境価値の高い不動産のこと。環境不動産の普及促進を進めるツールとして、グリーンリースなどが挙げられる。

◆建設プロジェクトで考慮すべき環境要因

環境問題には、公害・自然破壊・生態系問題・複合汚染などさまざまなものがあるが、建設プロジェクトで考慮すべき要因を以下に挙げる。

- 省エネルギー
- 電力の平準化
- 温室効果ガス削減
- オゾン層破壊
- 水質汚濁
- 大気汚染
- 土壌汚染
- 騒音
- 振動
- 廃棄物
- 電磁波公害
- 光害・日照阻害
- 地盤沈下
- ヒートアイランド
- 景観破壊　など

7-5 基本計画の環境対応

プロジェクトの着手に際し、土壌汚染などの物理的調査と日影、電波障害などの社会的調査を行い、その結果に基づき事業主体が関連する自治体などと、環境問題に対する方針を構築する。自然環境をはじめ、時代性や地域の特性、周辺の人々の利害関係や社会文化に関わる社会環境、プロジェクトの事業環境などの分析を行い、関係者が共通に認識できる計画を総合的にまとめる必要がある。

こうした環境対応の手法としての「環境アセスメント（環境影響評価）」は、各地方自治体において制度化、運用されている。また、国や自治体の掲げる環境対応政策もプロジェクトに大きな影響を与える。

本書では、敷地選定の際に大きな要因となる「土壌汚染対応」、プロジェクト推進に大きな影響を与える環境関連の対応項目として「環境アセスメント」「環境関連法の規制強化」のほか、「環境コミュニケーション」を取り上げて説明する。

◆敷地開発時の土壌汚染対応

工場の増改築や閉鎖とそれに伴う再開発などによって、重金属や揮発性有機化合物（VOC）などが蓄積した「土壌汚染」が顕在化している。そうした状況を受けて、「土壌汚染対策法」が制定され2003年2月から施行、2010年4月に大幅な改正が行われている。

原則として土地所有者はこの法律に基づき調査、措置を行う必要があるほか、開発事業費やプロジェクト・スケジュールに多大な影響を与える要因であることから、基本計画の初期段階で入念に対応する必要がある。

●土壌汚染対策法

土壌がいったん汚染されると、有害物質が蓄積され、汚染が長期にわたるという特徴がある。土壌汚染による影響としては、人の健康への影響や農作物や植物の生育阻害、生態系への影響などが考えられる。特に人の健康への影響については、汚染された土壌に直接触れたり、口にしたりする直接摂取によるリスクと、汚染土壌から溶け出した有害物質で汚染された地下水を飲用するなど間接的なリスクが考えられる。

土壌汚染対策法は、こうした土壌汚染の状況の把握、人体への健康被害の防止に関する措置を規定している。

規則の概要は図3-61を参照するものとする。

また、健康被害のおそれがある場合には、盛土や封じ込めなどの対策が必要となる規制区域が明確化された。更に、規制対象区域内の土壌搬出に関する規制が設けられ、排出土壌に関する管理票の保存が義務付けられるようになった。

これらの調査や措置は基本的に土地所有者の責任であり、都道府県知事への報告義務、自治体によっては独自の条例による追加規則、実施についての指導などもある。

➡第4章「11 CMrが押さえておくべき近年の主要な法改正」

◪ その他の有害物質に関する調査

土壌汚染の問題同様、計画が具体化した段階で、建設候補地の解体予定建物や敷地に環境上問題となる有害物質が発見され問題となる場合がある。いずれも法規・条例などの遵守が必要であり、行政への確認や専門家の指示を得る必要があることが多い。また、対象案件において、デュー・デリジェンスを行っている場合には、エンジニアリング・レポートを参考にすることも重要である。

➡第4章「7 デュー・デリジェンス」

◪ 施設立地に伴う環境関連法令

大規模小売店舗や工場では新たな施設の立地にあたり、既存環境への配慮・調和を図ることが求められ、その法令が制定されている。事業構想・基本計画からの検討が必要である。

● 大規模小売店舗立地法

「大規模小売店舗立地法（以下、大店立地法）」は、それまでの「大規模小売店舗における小売業の事業活動の調整に関する法律」に代わって制定され、2000年6月1日に施行されている。

大規模小売店舗は、日常的に利用される不特定多数の来客・来車、大規模な物流などを伴うため、周辺の生活環境に影響を及ぼす可能性を有する施設である。このため、大店立地法は、大規模小売店舗の設置者が配慮すべき事項として大型店の立地に伴う交通渋滞・騒音・廃棄物などに関する事項を定め、大型店と地域社会との融和を図ることを目的としている。

店舗面積の合計が1,000㎡を超える大規模小売店舗が対象となる（飲食店舗・サービス店舗は対象外）。また、建物の設置者（建物所有者）が届出を行う。

● 工場立地法

工場立地法は、工場立地が周辺地域の生活環境との調和を図りつつ適正に行われることを目的として、生産施設、緑地および環境施設のそれぞれの面積の敷地面積に対する割合を定め、一定規模以上の工場などを新設または変更する際に、事前に届け出ることを義務付けている。

1959年に制定された「工場立地の調査等に関する法律」を前身とし、1973年に同法が改正され名称も現在の「工場立地法」となった。その後改正を重ね2017年4月1日に改正施行されている。

届出義務がかかる工場（特定工場）は、業種が製造業および電気・ガス・熱供給業者で、規模は敷地面積9,000㎡以上または建築面積3,000㎡以上が対象となる。

◪ 埋蔵文化財

対象地域によっては、埋設文化財を保護する観点から、対象地が埋設文化財包蔵地に当たるかどうかを確認する必要がある。埋設文化財包蔵地であった場合には、文化財保護法の規定に基づき埋設文化財発掘届の届出・通知が必要になる。また、工事施工などで新たに埋設文化財が発見された場合にも速やかに届け出ることが義務付けられている。

発掘調査は、現地発掘調査と整理調査を行う

土壌汚染対策法の概要

目　的

　土壌汚染の状況の把握に関する措置及びその汚染による人の健康被害の防止に関する措置を定めること等により、土壌汚染対策の実施を図り、もって国民の健康を保護する。

制　度

調　査

①有害物質使用特定施設の使用を廃止したとき（第3条）
- 操業を続ける場合には、一時的に調査の免除を受けることも可能（第3条第1項ただし書）
- 一時的に調査の免除を受けた土地で、900㎡以上の土地の形質の変更を行う際には届出を行い、都道府県知事の命令を受けて土壌汚染状況調査を行うこと（第3条第7項・第8項）

②一定規模以上の土地の形質の変更の届出の際に、土壌汚染のおそれがあると都道府県知事が認めるとき（第4条）
- 3,000㎡以上の土地の形質の変更又は現に有害物質使用特定施設が設置されている土地では900㎡以上の土地の形質の変更を行う場合に届出を行うこと
- 土地の所有者等の全員の同意を得て、上記の届出の前に調査を行い、届出の際に併せて当該調査結果を提出することも可能（第4条第2項）

③土壌汚染により健康被害が生ずるおそれがあると都道府県知事が認めるとき（第5条）

④自主調査において土壌汚染が判明した場合に土地の所有者等が都道府県知事に区域の指定を申請できる（第14条）

①～③においては、土地の所有者等が指定調査機関に調査を行わせ、結果を都道府県知事に報告

土壌の汚染状態が指定基準を超過した場合

区域の指定等

○要措置区域（第6条）
汚染の摂取経路があり、健康被害が生ずるおそれが**ある**ため、汚染の除去等の措置が必要な区域
- 土地の所有者等は、都道府県知事の指示に係る汚染除去等計画を作成し、確認を受けた汚染除去等計画に従った汚染の除去等の措置を実施し、報告を行うこと（第7条）
- 土地の形質の変更の原則禁止（第9条）

○形質変更時要届出区域（第11条）
汚染の摂取経路がなく、健康被害が生ずるおそれが**ない**ため、汚染の除去等の措置が不要な区域（摂取経路の遮断が行われた区域を含む）
- 土地の形質の変更をしようとする者は、都道府県知事に届出を行うこと（第12条）

汚染の除去が行われた場合には、区域の指定を解除

汚染土壌の搬出等に関する規制

- ○要措置区域及び形質変更時要届出区域内の土壌の搬出の規制（第16条、第17条）（事前届出、計画の変更命令、運搬基準の遵守）
- ○汚染土壌に係る管理票の交付及び保存の義務（第20条）
- ○汚染土壌の処理業の許可制度（第22条）

その他

- ○指定調査機関の信頼性の向上（指定の更新、技術管理者※の設置等）（第32条、第33条）
- ○土壌汚染対策基金による助成（汚染原因者が不明・不存在で、費用負担能力が低い場合の汚染の除去等の措置への助成）（第45条）

（※）指定調査機関は技術管理者を置く必要があり、この者の指導・監督の下、調査を実施する。技術管理者は国家試験に合格し一定の実務経験を有する必要があり、資格更新のため更新講習を修了することが必要

図3-61 ●改正土壌汚染対策法の概要
出典：環境省ホームページ（https://www.env.go.jp/content/900540301.pdf）

ことが一般的である。現地発掘調査は、人手による作業のため条件によっては調査期間が変動し、全体の工程に大きな影響を与えることがあるため注意を要する。発掘調査費用の負担は、事業者に協力（経費負担）を求めることが多い。

◆ 環境法令などの確認と外部評価

開発および建設行為に伴い、遵守すべき法令などが環境に関しても多数存在し、プロジェクトごとに確認が必要である。また不動産に関する環境関連法の規制強化が近年進んでいる。ここでは、特に基本計画での環境対応に必要となる主な知識として環境アセスメントと環境関連法の規制強化の動きに関して概説する。

● 環境アセスメント

環境アセスメント（Environmental Impact Assessment）とは、大規模な開発事業を実施する際、事業者が、あらかじめその事業による環境への影響について自ら適正に調査および予測・評価を行い、その結果を公表して住民や知事、市町村長などから意見を聴き、それらを踏まえて環境の保全について十分な配慮をして事業に反映させるための制度である。住民など外部との環境情報のやりとりを行うという点で後に述べる「環境コミュニケーション」の一種である。

各自治体により評価制度を制定しているところもあり、予測・評価項目は多岐にわたる（表3-31）。

「環境アセスメント」は事業の全体スケジュールへ与える影響が大きく、設計の内容によって変動する要素も多いので、マスター・スケジュールを作成する段階で、慎重な検討が必要である。

● 環境関連法の規制強化

地球規模の温暖化防止対策のために、環境関連法の規制強化が近年進んでおり、新規開発事業や既存建物に対して大きな影響を与えつつある。主要な地球温暖化関連法規として表3-32

表3-31 ● 環境アセスメントの予測・評価項目

■ 大気汚染	■ 日影
■ 悪臭	■ 電波障害
■ 騒音・振動	■ 風環境
■ 水質汚濁	■ 景観
■ 土壌汚染	■ 史跡・文化財
■ 地盤	■ 自然との触れ合い活動の場
■ 地形・地質	■ 廃棄物
■ 水循環	■ 温室効果ガス
■ 生物・生態系	

出典：「東京都環境影響評価制度パンフレット」東京都環境局、2012年

に示す3つが挙げられる。

◆ 環境コミュニケーション

環境対応においては、近隣住民対策を含む、外部とのコミュニケーションが重要である。環境問題への稚拙な対応などがもたらす資産価値や企業イメージの低下は、企業経営の根幹に関わるリスクの1つである。

事業主体は、原則的にプロジェクトの初期段階から「事業主体としてプロジェクトの考えを正確に偽りなく公開する」という積極的な対応が求められている。後ろ向きの対応（問題対応）だけでなく、環境対応への取組みの紹介（環境PR）など積極的な姿勢が良い結果をもたらしている例もある。発注者の意向やプロジェクト状況により、その方法は異なるがさまざまな媒体や機会を活用した対応策がある。すでに述べた環境アセスメントも環境コミュニケーションの1つである。

また、事業主体は、環境に関わる諸問題が発生、もしくは予見された時点で、慎重を期しながらも利害関係者への速やかな公表、そして何よりも利害関係者の要請に基づきコミュニケーションが可能な体制を整えなければならない。

○ 環境コミュニケーションの例

- ・住民告知
- ・住民説明会
- ・企業のホームページ・新聞などへの発表を

表 3-32 ●規制が強化された地球温暖化関連法規

	法規・条例など	規制内容
省エネ法	「エネルギーの使用合理化に関する法律」 2023 年 4 月 1 日改正施行	・企業全体の年間エネルギー使用量の把握、届出（2009 年度から） ・原油換算 1,500kl／年以上の「エネルギー使用状況届出書」の毎年提出（2010 年度から） ・トップランナー制度の建築材料等への拡大（2013 年度から断熱材） ・電気需要平準化時間帯における電気需要平準化の推進（2014 年度から） ・ベンチマーク制度の業務部門への拡大（2016 年度からコンビニエンスストア、2019 年度から大学・パチンコホール・国家公務を追加） ・エネルギーの定義を化石エネルギーに加えて、非化石エネルギーも対象範囲に拡大（2023 年度から） ※住宅・建築物に係る措置（新築・改修など）→建築物省エネ法に移行（2017 年度から）
温対法	「地球温暖化対策の推進に関する法律」 2022 年 4 月 1 日改正施行	温室効果ガス算定・報告・公表制度
条例等	（例）「東京都環境確保条例」 2010 年 4 月から総量削減義務施行	・温暖化対策報告書の提出 ・環境配慮措置（再生可能エネルギー導入検討の義務付け等） ・温室効果ガス排出総量の削減義務 　—第 1 期（2010 〜 2014 年度） 　　事業所等削減義務率（基準年度比 8%） 　—第 2 期（2015 〜 2019 年度） 　　事業所等削減義務率（基準年度比 17%） 　—第 3 期（2020 〜 2024 年度） 　　事業所等削減義務率（基準年度比 27%）

通じた公表
・地方公共団体との公害防止協定の締結
・環境アセスメント（環境影響評価）

7-6 基本設計・実施設計の環境対応

　日本のCO2排出量の約3分の1は建築関連（新築工事・改修工事・建物運用）といわれている。その中でも大きな割合を占める運営・管理におけるCO2排出量は建物仕様が大きく影響しており、その建物仕様は基本設計までで約85%が決まるとされている※。そこで、基本設計・実施設計で計画的に環境対応を行う必要性から、世界でも環境対応のためのさまざまな設計手法が提唱され、実践されている。これらの手法の包括的考え方や評価手法（表3-33）、公表されている指針および対応する技術について説明する。

※「平成17年版建築物のライフサイクルコスト」を参照。監修／国土交通省大臣官房官庁営繕部、編集・発行／財団法人建築保全センター、発行／財団法人経済調査会

◆ DfE

　設計に環境への配慮を盛り込む手法を総称してDfE＊（Design for Environment：環境配慮設計もしくは環境適合設計）という。また、いかに環境に配慮して設計されているかを系統的に評価するための、評価ツール自体を指す場合もある。一般的にエコデザイン・グリーン設計などと呼ばれる。海外ですでに確立されたツールの他にも、LC設計、従来から使用されている省エネルギー設計手法など、さまざまな手法がある。

　これらの性質として、原設計に対して環境評価を行い、その結果をフィードバックして設計を修正していく、といった手順を踏んでいくのが一般的である。評価検討事項としては、以下のような項目が挙げられる。

表3-33 ●世界の主な建物の環境認証制度

	評価対象	日本	米国	英国	オーストラリア	シンガポール
個別の建築物	エネルギー性能	BELS eマーク	ENERGY STAR（建築物評価は米国のみ）	EPC（欧州各国でそれぞれ独自に策定）	Green star	―
	総合的な環境性能	CASBEE DBJ Green Building認証	LEED（全世界で使用可能）	BREEAM（全世界で使用可能）	NABERS	BCA Green Mark
	＋健康・快適性等	CASBEE-ウェルネスオフィス	WELL（全世界で使用可能）	―	―	―
不動産会社・ファンド		GRESB				

環境省「ZEB PORTAL」HP（2023年12月）より作成

- 省エネ（設備機器などに関するエネルギー消費量などの最小化）
- 長寿命化（建物・機器などの長寿命化、適正使用の考慮など）
- 省資源・エコマテリアル（再生資源利用、使用量の最小化など資材に関するもの）
- 廃棄物削減（再資源化、資材使用量の最小化等廃棄物の削減に関するもの）
- 地域環境との共生（自然との共生）

> **＊DfX・DfE**
> DfXは、"X"の部分に製品競争力を高めるための何らかの視点をおいた製品設計・開発手法の総称である。
> DfXは、設計以外の段階、つまり製造・配送・使用・保全・廃棄などの段階における任意の性能を向上させる仕組みを設計段階において製品に実装する作業である。
> DfEも環境に視点をおいたDfXの1分野であり、エネルギー消費、廃棄等の環境（Environment）問題に配慮して、必要に応じ各種基準に適合すべく設計を行うものである。ISO（国際標準化機構）ではDfE、JIS（日本工業規格）では「環境適合設計」といわれる。

● CASBEE

国土交通省の支援のもと開発された建築物の環境性能評価システムである。省エネや省資源などの「建物の環境負荷」と室内環境や機能性などの「建物の環境品質」という2つの要素により、建築物の環境性能を総合的に評価するものである。近年、国・自治体の環境に対する施策の整備が進むと同時に、各企業もCSR等の観点から環境対応を進める動きが強まっており、その証左を示すためにCASBEE （Comprehensive Assessment System for Built Environment Efficiency：建築環境総合性能評価システム）が用いられることが一般化している。

CASBEEの評価は、環境性能効率BEE（Building Environmental Efficiency）を指標としており、BEEは、「Q（Quality）：建築物の環境品質・性能」を分子に、「L（Loadings）：建築物の外部環境負荷」を分母として算出される。Qの値を縦軸、Lの値を横軸としてBEEを表現したチャートにより、環境評価結果が5段階の「S＞A＞B+＞B＞C」にラベリング（格付け）される（図3-62）。

$$\text{BEE（建物の環境性能評価）} = \frac{Q（建築物の環境品質・性能）}{L（建築物の外部環境負荷）}$$

評価ツールとしては4つの基本ツールと、個別の目的に応じた拡張ツールにより構成されており、建築物のライフサイクルに応じて必要なツールを活用することになる。ツールの公開は2002年より行われているが、現在も開発・改訂が進んでいるため、評価する際には最新の情報を確認する必要がある。また、建物で働く人の健康性・快適性の維持・増進を支援する建物の仕様・性能・取組みを評価するツールとして「CASBEEウェルネスオフィス」も存在する。

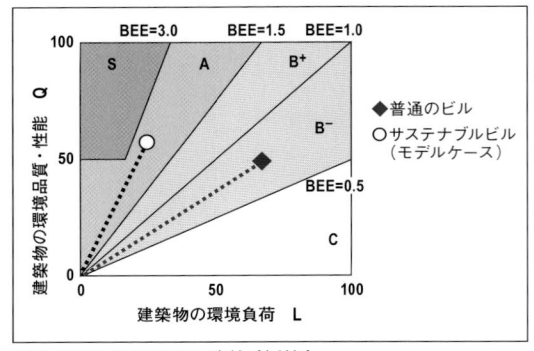

図3-62 ●CASBEE-建築（新築）
建築環境・省エネルギー機構　CASBEE HP（2023年12月）
より作成

地方自治体でも政令指定都市を中心に「建築物環境配慮制度」の届出制度などにCASBEEが活用されており、一定規模以上の建築物の新築・増築等の際にCASBEE評価書を添付した建築物環境計画書の届出を義務付けている自治体は24にまで増えている（2023年12月現在）。自治体で利用されているCASBEEは、各自治体の地域性などを勘案し一部修正してある場合も多いため注意が必要である。また、自治体によってはCASBEEの評価結果が住宅整備事業などの補助金の適用要件になる場合もあり、活用する際には設計初期での検討を要するため、事前に十分情報を精査しておくことが重要となる。

● LEED

LEED（Leadership in Energy and Environmental Design）とは、1996年に米国で開発された環境性能評価システムである。各国独自のシステムが開発される中、世界各国で採用され、実質的な環境評価の国際基準となっている。LEEDには評価する目的に応じた、6種類の認証システムが用意されている（図3-64）。

認証取得を受けるためには評価項目により採点を行い、獲得ポイント数により、「Platinum ＞ Gold ＞ Silver ＞ Certified」の認定が得られる。日本での認証件数も年々増加傾向であり、

図3-63 ●CASBEEファミリーの構成　住宅・建築SDGs推進センター　CASBEE HP（2022年12月）より作成

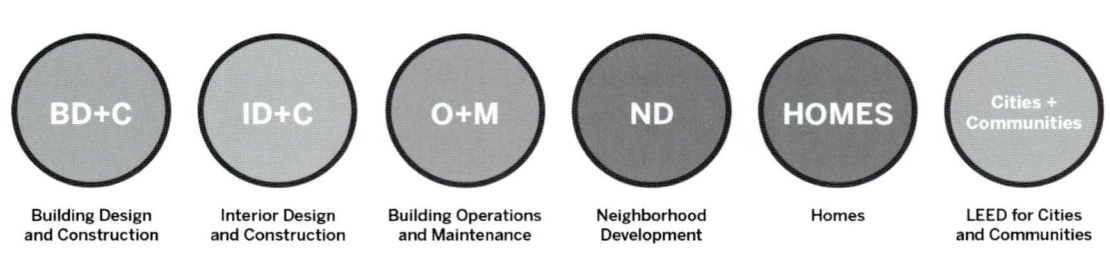

図3-64 ● LEED認証システムの種類
出典：（一社）GREEN BUILDING JAPAN LEED HP（2023年12月）

外資系の企業や海外へ事業展開する企業では LEED認証、もしくは、LEEDによる建物の品質確認を求められる場合もある。また、健康・快適な建築空間を評価するWELL認証も始まっており、LEED認証との連携によるシナジー効果が期待されている。

● WELL

WELLとは、人々の健康とウェルビーイングに焦点を合わせた性能評価であり、2014年より米国で開発された認証制度である。より良い建物を通じて人々の健康をサポートし、向上させるための10のコンセプト（空気・水・食物・光・運動・温熱快適性・音・材料・こころ・コミュニティ）で構成されている。認証レベルは獲得ポイント数により、「Platinum ＞ Gold ＞ Silver ＞ Bronze」の認定が得られる。日本では未だ認証件数は少ないが、健康経営やESG経営などの影響を受けLEEDと同様に年々増加傾向にある。

● ZEB

ZEB（ネット・ゼロ・エネルギー・ビル）とは、快適な室内環境を保ちながら、高断熱化・日射遮蔽、自然エネルギー利用、高効率設備により、できる限りの省エネルギーに努めた上で、太陽光発電など再生可能エネルギーを導入することにより、エネルギー自立度を極力高め、年間の一次エネルギー消費量の収支をゼロにすることを目指した建築物のことである。ZEBには年間の一次エネルギー消費量の収支により段階的に「ZEB（nZEB）＞ Nearly ZEB（nnZEB）＞

ZEB Ready ＞ ZEB Oriented」に分類される（図3-65）。

日本では2050年までにカーボンニュートラル（脱炭素社会）を目指すことを宣言しており、建築物での消費エネルギーを大きく減らすことが出来るZEBの普及がカーボンニュートラルに実現に向けて求められている。

東日本大震災以降、エネルギーセキュリティの観点から、建築物のエネルギー自立自給が強く認識されるようになった。「政府がその事務及び事業に関し温室効果ガスの排出の削減等のため実行すべき措置について定める計画」において、今後予定する公共新築事業については原則ZEB Oriented相当以上としつつ、2030年までに、新築建築物の平均でZEB Ready相当となることを目指すとしている。

● BELS

建築物省エネ法により、2016年4月から不動産事業者などは、新築・既存を問わず販売または賃貸を行う住宅・建築物には、省エネ性能を表示するように努めることが求められるようになった。BELS（Building-Housing Energy-efficiency Labeling System）とは、一般社団法人住宅性能評価・表示協会がガイドラインに基づき制度運営を行っている省エネ性能に応じて格付けを行う第三者認証制度である。CASBEEなどの環境性能を総合的に評価するツールに対して、建築物の省エネルギー性能に特化した統一的な公的指標であり、「見える化」を図るためのツールである。また、建築物省エネ法の省

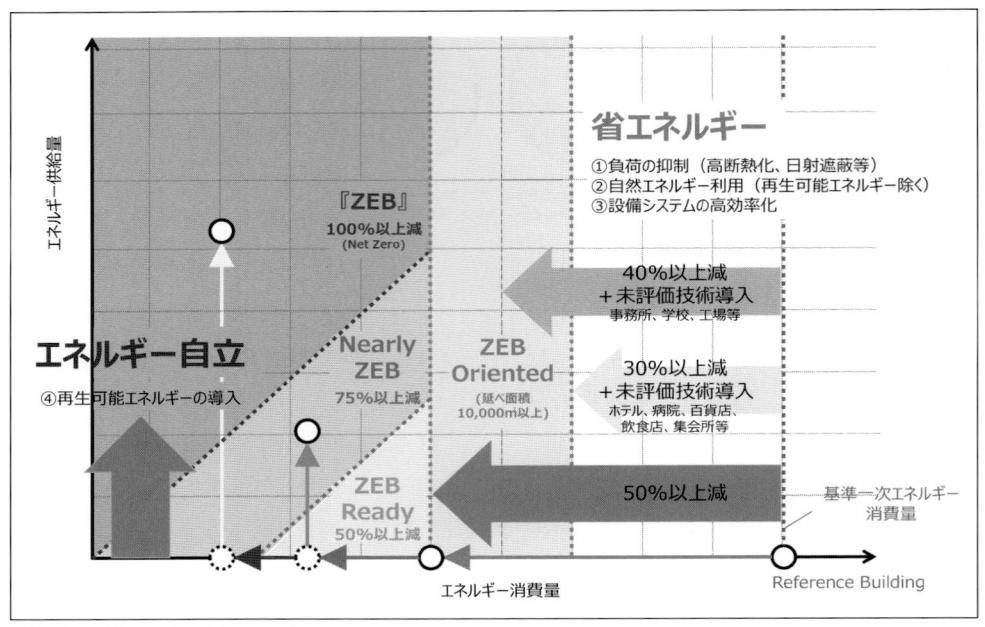

図3-65 ● ZEBの定義イメージ
出典：経済産業省 資源エネルギー庁「平成30年度ZEBロードマップ検討委員会とりまとめ」

エネ計画書・適判通知書の写しなどを用いて、BELS評価を受けることも可能であるとともに、建築物省エネ法の届出の際に、BELS評価書を添付することで、計算書の添付を省略できる場合がある。

BELSは、国が定める建築物エネルギー消費性能に基づく一次エネルギー消費量から算出されるBEI（Building Energy Index）の値によって評価を行う。BEIの数値が小さいほど省エネ性能が高いことを示す。評価ランクは、☆から☆☆☆☆☆の5段階となり、ZEBの基準を満たしている場合は、加えて「ZEB」「Nealy ZEB」「ZEB Ready」「ZEB Oriented」の表示も可能である。評価が完了すると評価書や表示プレートが発行される（図3-66）。評価実施機関については、一般社団法人住宅性能評価・表示協会のホームページにてリストが記載

図3-66 ● BELS認証例（プレート表示）
出典：住宅性能評価・表示協会「BELS評価業務実施指針」（2023年10月改正）

されている。

◆ 環境対応に伴う補助金の適用

公共・民間いずれの事業においても共に環境対策への関心が強まる中、建築物の新築工事・改修工事において環境対応を行うことで補助金の適用を受けられる場合がある。補助金の申請を行う場合には、設計初期から環境対策への方針を検討し、計画的に設計に盛り込みながら、補助金申請のスケジュールを管理する必要がある。

国土交通省・環境省・経済産業省などからさまざまな環境関連の補助金が施策されているが、適用工事・項目もさまざまであるため、検討開始前には最新の情報を確認した上で実施する必要がある。経済産業省では、「ネット・ゼロ・エネルギー・ビル（ZEB）実証事業」などがある（2023年度）。

7-7 工事施工の環境対応

　建設工事では、廃棄物をはじめ、騒音・振動などさまざまな環境影響を発生させており、法令などで定められた適切な対応が求められる。

　ここでは、工事施工中に、プロジェクト関係者が留意すべき環境に関する事項として、建設副産物の管理、排水対策、騒音・振動対策、シックハウス対策の概要を紹介する。

◆ 建設副産物

　建設工事に伴い副次的に排出される物品を建設副産物という。建設工事からは建設汚泥・コンクリート塊・発生木材・廃プラスチック類・金属くずなどの「建設廃棄物」の他、発生後に土地造成や埋め立てに有効利用される「建設発生土」や他人に有償で売却できる「有価物」が発生し、これらを総称して「建設副産物」という。

◆ 建設廃棄物の種類

　工事施工における廃棄物（建設廃棄物）には、大きく分けて工事そのものから発生する廃棄物と工事事務所や作業員詰所での作業等から発生する図面や弁当ガラなどのいわゆる事務所ごみがある。このうち、前者は産業廃棄物であり、後者は一般廃棄物に該当する。ただし、一部の自治体では弁当ガラやペットボトルなどのプラスチック類を産業廃棄物とする場合があるため注意が必要である。

　新築工事から発生する代表的な建設廃棄物として、建設汚泥・コンクリート塊・アスファルト塊・建設発生木材・紙くず・金属くず・廃プラスチック類・ガラス陶磁器くず、またはこれらのものが混合した建設混合廃棄物などがある。このうち、特に留意すべきものとして建設汚泥が挙げられる。建設工事に関わる掘削工事から生じる掘削物のうち、含水率が高く粒子が微細

な泥状のものを建設汚泥といい、この定義に該当するものは建設発生土としては扱えず、産業廃棄物の建設汚泥として取り扱わなければならない。

◆ 建設廃棄物の処理責任と排出事業者

　廃棄物処理法では、産業廃棄物の処理責任は排出事業者にあるとされている。一方、一般廃棄物の処理責任は自治体にある。

　建設廃棄物の排出事業者は、発注者から工事を直接請負った元請会社である。JV（共同企業体）工事の場合は、全ての構成会社が共同して法的義務などを負うこととなるが、幹事会社が代表で委託契約などの事務処理を行うことが一般的である。分離発注の場合は、発注者からそれぞれ受注した各工事施工者が排出事業者に該当する。また、テナントがそれぞれ自店舗の工事を発注する場合には、各受注者が排出事業者となる。

　不動産会社やプラント会社が元請となる場合であっても、下請である建設会社が排出事業者となることはできないので、十分留意する。

◆ 排出事業者による処理方法

　排出事業者は、廃棄物を以下のいずれかの方法によって適正に処理しなければならない。

- 自己処理：処理基準に従い、自ら処理する
- 委託処理：委託基準に従い、廃棄物処理業（収集運搬業・処分業）許可をもつ会社に処理委託する。

　中間処理を委託する場合でも、最終処分の終了確認まで排出事業者の責任範囲となる。

● 自己処理

　自己処理とは、排出事業者が自ら処理を行うことであり、下請会社が廃棄物を持ち帰って処理することは自己処理には該当しない。自己処理には自社運搬と自社処分（建設汚泥の脱水や

コンクリート塊・発生木材の破砕処理など）がある。自己処理であっても、廃棄物処理法で定められた運搬基準や処分基準を遵守しなければならないため、安易な自己処理を行わないよう留意する必要がある。

●委託処理

委託処理する場合は、以下の点に留意する。

- 委託しようとする廃棄物の処理が事業の範囲に含まれる会社に委託する（都道府県知事等の許可・許可の有効期限・取り扱う廃棄物の種類）
- 収集運搬・処分それぞれの会社と個別に処理委託契約を締結する（委託契約書は5年間保存）
- 廃棄物搬出の都度、「マニフェスト」を交付し、最終処分（再生含む）まで終了したことを確認する（マニフェストは5年間保存）

リサイクル（再生利用）であっても、コンクリート塊や建設発生木材のように処理費を支払う場合は廃棄物の処理委託となり、前述した委託基準が適用される。廃棄物処理費は、委託契約で定めたとおり元請が負担し、収集運搬業者・処分業者それぞれに直接支払う。

◆マニフェストによる廃棄物管理

マニフェストとは、廃棄物処理の流れを把握・管理し、委託内容どおりに産業廃棄物が適正に処理されたかどうかを確認するために作成する書類である。排出事業者は、紙マニフェストまたは電子マニフェストを交付しなければならない。

●紙マニフェスト

廃棄物の流れとともに移動する紙マニフェストは、運搬・処分の終了後に伝票の返却を受け、記載内容などを照合し適正処理されたことを確認する（図3-67）。

建設業界では、建設マニフェスト販売センターが発行する『建設系廃棄物マニフェスト』を利用することとしている。

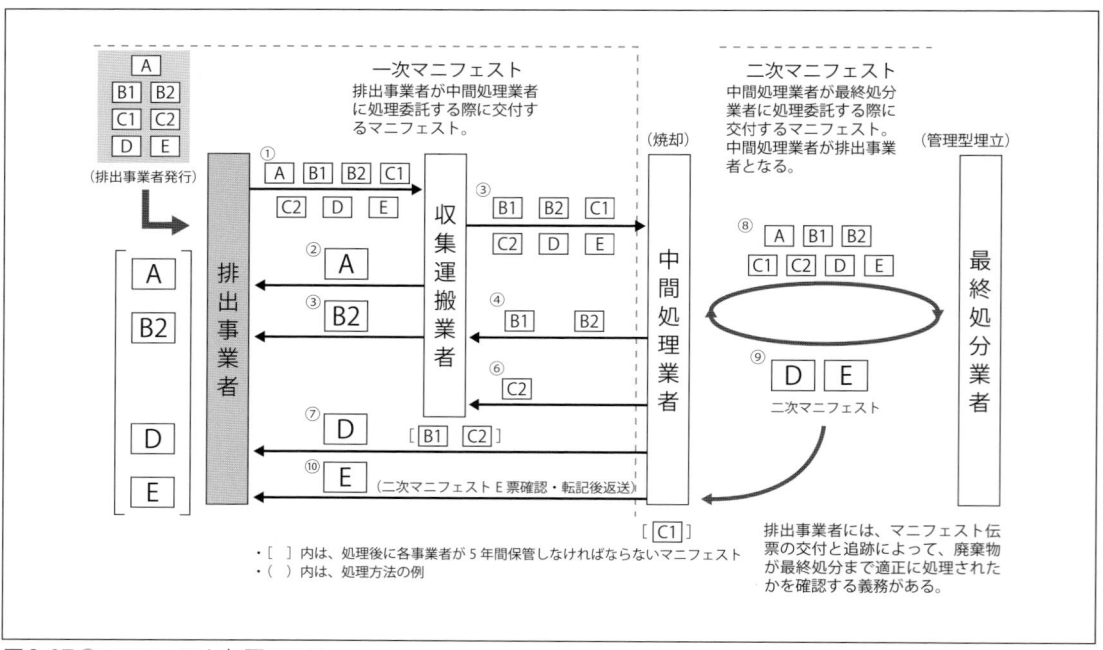

図3-67 ●マニフェスト伝票のフロー

●電子マニフェスト

電子マニフェストとは、マニフェスト情報を電子化し、排出事業者・収集運搬業者・処分業者の３者が情報処理センターを介したネットワークでやり取りする仕組みである。

最近では、総合建設会社を中心に普及が進んでおり、処理状況をほぼリアルタイムで確認できるようになっている。

◆建設廃棄物の発生抑制・リサイクル

建設廃棄物の埋立処分量は他産業に比して圧倒的に多く、建設廃棄物の発生抑制やリサイクルの取組みは、社会的使命ともなっている。

発生抑制のためには、基準寸法の統一やユニット化、PCa化など基本設計・実施設計からの考慮が必要な事項も多いが、工事施工では廃棄物となるものを持ち込まない、発生させない配慮が必要である。プレカット・省梱包・代替型枠など、資材メーカーと打ち合わせることにより可能な方策もあり、施工計画で検討することが効果的である。

またリサイクルについては、多くの資材メーカーが廃棄物処理法上の広域認定*を取得しているので、ボード端材などの廃棄物では極力この制度を活用する。その上で、工事現場から運搬可能な範囲にあるリサイクル施設を調査し、施設の処理方法に見合った分別排出を行う。

> *広域認定
> 製品が廃棄物となったものを、メーカーが広域的に回収しリサイクル等の処理を行う場合に、廃棄物処理業許可を不要とする特例制度。

◆建設発生土

再生資源としての利用促進が特に必要なものとして位置付けられている建設発生土は廃棄物処理法の適用から除外されている。しかしながら、不適正に利用された場合の影響は極めて大きいため、盛土規制法・資源有効利用促進法に関わる再生資源省令・指定副産物省令の他、都道府県などの残土条例等で規制されている。発注者および工事施工者は再生資源を利用するように努めるとともに、自らの工事施工で発生した建設副産物が再生資源として利用されるよう努めなければならない。

建設発生土の不適正利用防止の観点から搬出先の明確化が重要であり、発注者が工事施工の発注において搬出先を指定することも効果的である。

◆排水対策

基礎工事の際にディープウェル排水や地下湧水が生ずる場合には、ノッチタンクで泥分を沈殿させ、上澄み水を放流する。高アルカリ水となる可能性がある場合は、中和処理できるような設備・薬剤等を準備し、pH管理を行う。水質汚濁防止法では、pH5.8以上8.6以下（海域は5以上9以下）、SS200mg/L以下、下水道法ではpH5超9未満、SS600mg/L未満といった排水基準が定められている。

◆騒音・振動対策

削岩機や杭打機を使用する作業などは、騒音規制法や振動規制法が定める特定建設作業として、作業開始7日前までに市区町村に届出が必要である。また、敷地境界における基準値（騒音：85dB、振動：75dB）が定められることが多い。騒音や振動を抑制するためには、場所打杭工法や静的破砕剤注入工法などを採用する。

◆シックハウス対策

塗料や接着剤に含まれるトルエン・キシレンや内装材等に含まれるホルムアルデヒドなどの揮発性有機化合物は、シックハウス症候群の原因物質と考えられている。

建築基準法では、全ての建築物の居室についてホルムアルデヒドに関連する内装仕上げ制限や換気設備設置の義務付けなどが定められてい

る。内装仕上げでは、木質建材や壁紙・接着剤・塗料などについて建材のホルムアルデヒド放散の少なさを表す等級が「F☆☆☆☆」であれば使用制限を受けないが、「F☆☆☆」以下では使用面積が制限されるので留意する。

　2003年に改正された建築基準法の施行により、建材のホルムアルデヒド放散の等級表示がされることとなった。「F☆☆☆☆」マークの「F」はホルムアルデヒド、「☆」の数が多いほど、より放散が少ないことを意味しており、その中で最も少ないものが「F☆☆☆☆」である。

◆ 温室効果ガス対策

　地球温暖化による気候変動は、国境を越えて取り組むべき課題であり、その原因となる温室効果ガスは工事施工においても排出量の削減が求められている。

　工事施工に身近にできる対策として、アイドリングストップや省燃費運転があげられる。また、燃費向上剤の活用や、バイオディーゼル燃料等の排出係数の小さい燃料の利用などの方策もある。その他に、工事施工に再生可能エネルギー電気を使用することで大幅な温室効果ガスの排出削減が期待できるため、施工計画で検討しておくと効果的である。

7-8　解体・改修工事の環境対応

　解体工事や改修工事を施工しようとする建築物には、石綿やPCBといった有害物質などが使用されている可能性があり、建設リサイクル法・労働安全衛生法（石綿障害予防規則）・大気汚染防止法・フロン排出抑制法などに定められた事前調査を確実に実施することにより、使用状況を把握し、適切に対応する必要がある。

　こうした有害物質等の主なものについて、その概要と必要措置を表3-34に示す。

◆ 残存物

　表3-34に示した有害物質などに限らず、什器・備品類などの残存物は建設廃棄物には該当せず、建物所有者（解体工事などの発注者）に処理責任がある。中には、冷蔵庫やテレビなど家電リサイクル法（特定家庭用機器再商品化法）に則った処理やパソコンのように資源有効利用促進法に則った処理が義務付けられているものもある。解体工事や改修工事に際しては、こうした残存物の処理責任の所在や処理方法を発注者に適切に説明することもCMrの役割といえる。

7-9　建築物のエネルギー管理

　完成後の施設が発注者の要求に合致した環境性能を発揮するように、設計および工事施工されているかどうかの検証が行われ、これらの環境性能が最適な状態に調整されて、その状態が維持されなければならない。

◆ コミッショニング（性能検証）

　エネルギー消費量と要求性能の観点から見て、ビルを最適な状態に保つために検証をすることをいう。全てのシステムが正常に作動していることが前提であり、不具合検知・診断が実行されていなければならない。

　最適化には設計条件の綿密な設定が必要となる。完成した建物の実際の運転データを取得してから、再設計して効率向上を行うことは逆にコストがかかり非現実的である。したがって、計画・設計における十分な検討・検証が重要となる。

→第3章「3 品質マネジメント」

◆ BEMS：ビル・エネルギー管理システム

BEMS（Building and Energy Management

表3-34 ● 環境上問題となる有害物質

種類	特徴	人体・環境への影響	法的規制など
石綿（アスベスト）	安価で、耐火性・断熱性・防音性・絶縁性・耐摩耗性など多様な機能を利用して、鉄骨造建築物の耐火被覆材や、断熱材・防音目的の吹付け材などのほか、石綿セメント板やプラスチック床タイルなどの原材料として広く使用されてきた。	石綿粉塵を吸引すると、数十年経過した後に石綿肺や肺がん・悪性中皮腫などの病気を発症することが判明し、2005年に全面的に使用が禁止されている。	クロシドライト・アモサイト・クリソタイル・トレモライト・アンソフィライト・アクチノライトの6種類があり、いずれかの石綿を0.1重量パーセントを超えて含むものは石綿障害予防規則や大気汚染防止法・廃棄物処理法などの規制対象となっており、施工方法なども詳細に規定されている。
PCB（ポリ塩化ビフェニル）	絶縁性・不燃性などの特性から、高圧トランス・高圧コンデンサー・安定器等の電気機器の絶縁油や各種工業における加熱および冷却用の熱媒体、感圧複写紙などに広く使用されていた。また、脂肪に溶けやすいという性質を有している。	慢性的な摂取により体内に蓄積し、さまざまな症状を引き起こす。1968年にカネミ油症事件が発生したことなどにより、その毒性・蓄積性の高さが認識され、1972年に製造が中止された。ただし、その後に製造されたものであっても微量のPCBが混入している機器があり、これらは低濃度PCB機器として規制されている。	PCBを含む電気機器は、通常の建設廃棄物と異なり、事業者（機器所有者）に処理責任があり、PCB廃棄物特別措置法により処理期限までに処理することが義務付けられている。高濃度の機器を廃棄する場合、全国に5か所ある日本環境安全事業株式会社（JESCO）の処理施設[*1]で、低濃度の機器は、無害化認定施設か許可施設で2026年度までにそれぞれ処理する。
水銀	金属水銀は、蒸気圧が高く他の金属と容易にアマルガム（合金）を形成する、融点が氷点下であるため常温・常圧で液状化する唯一の金属、比重が大きく鉄も浮かせる、といった特徴を有している。これらの性質を利用し、小規模金採掘、塩化ビニルや塩素アルカリなどの工業分野での利用、歯科用アマルガム、電池・照明ランプなどの製品中への使用など、さまざまな用途に用いられている。	水俣病の原因物質である有機水銀は経口摂取により体内に吸収されるが、蛍光灯などが破損した場合に金属水銀が放置されると蒸発して水銀蒸気となり、吸引により体内に吸収される。水銀蒸気を長期または反復ばく露した場合は神経系障害などが認められている。世界規模での水銀汚染が問題となっており、これを排除するための水俣条約が、2017年8月に発効している。	水俣条約締結を受けて廃棄物処理法が改正され、2017年10月から「水銀使用製品産業廃棄物」に対する規制が始まった。蛍光灯や水銀灯のような水銀使用製品廃棄物については、当該許可を取得した処理業者に処理委託すること、委託契約書やマニフェストに記載すること、容器に入れるなど破損しないよう取り扱うこと、安定型処分禁止などが義務付けられている。
フロン（フルオロカーボン）	不燃性で化学的に安定しており、液化しやすく人体に毒性がないといった性質を有していることから、冷凍機や空調機の冷媒をはじめ、断熱材の発泡用、半導体や精密部品の洗浄用として幅広く使用されている。	代表的なフロンには、CFC・HCFC・HFCがあるが、このうちCFCとHCFCはオゾン層破壊物質であり、また3種全て地球温暖化係数が高い物質として知られている。	フロン排出抑制法[*2]では、業務用冷凍機や空調機に使用されているフロンについて、発注者（機器の廃棄実施者）がフロン回収業者に引き渡すことを義務付けている。また解体・改修工事を受注する者はフロン使用機器の有無を調査し、発注者に書面で説明することなどが義務付けられている。
ダイオキシン	無色無臭で水に溶けにくい一方、脂肪に溶けやすく安定的な性質を持つ物質ではあるが、強い急性毒性があることで知られている。意図的に製造されることはなく、廃棄物焼却や製鋼用電気炉などで非意図的に生成される。	極めて強い毒性を有する物質として知られており、事故などの高濃度ばく露においては発がん性などの影響があるとされている。	ダイオキシン類対策特別措置法では、廃棄物焼却炉や製鋼用電気炉のほか、多くの施設が特定施設として排出基準値が定められている。労働安全衛生法では、一定規模以上の廃棄物焼却炉を解体する際の手順や届出を義務付けている。

＊1：高濃度機器の処理期限は、機器および事業場ごとに2017〜2022年度の間で定められている。
＊2：正式名称「フロン類の使用の合理化及び管理の適正化に関する法律」

System）は、建物の設備管理、設備の運転・保
守・管理あるいは建物内部環境の維持とそのた
めに消費されるエネルギー・資源の管理を行う
総合的なシステムのことであり、システムの自
動運転管理、エネルギー管理（省エネルギー）、
空調その他設備自動制御の情報・通信制御（ソ
フト含む）などが含まれる。センサーやコント
ローラーなどの自動制御装置のハード部分も含
んで、より広義に使われることもある。

　BEMSを導入することにより、エネルギーの
「見える化」が可能になるとともに、効率的な
エネルギー利用に向けての改善の積み重ねが可
能となり、BEMSを利用したエネルギー・マネ
ジメントは温室効果ガス削減対策においても有
効な手法となる。

8 リスク・マネジメント

8-1 リスク・マネジメントの概要

◆ リスクとは

リスクとは、被害・損失などの望ましくない出来事として「不確実な事象」の起こる可能性であり、ある行動に伴って（あるいは行動しないことによって）、被害に遭う危険性や損失を被る危険性を意味する。

リスクは「不確実な事象」の

「発生の可能性」×「被害の大きさ」

で示すことができる。

リスクの評価においては、起こり得る確率が低い場合でも、起こった場合の被害が甚大であれば高い評価となり、起こり得る確率が高い場合でも、起こった場合の被害が軽微であれば低い評価となる。

上述のようなリスクに対し、具体的なリスクを洗い出し、その処理方法を整理し、対策を講じていくことがリスク・マネジメントである。

◆ 事業リスクと建設生産リスク

事業に伴うリスクには、さまざまなものが存在する。ここでは、これらの事業全般に関わるリスクを「事業リスク」とし、CMrによるマネジメントとの関係性が強い建設生産に関わるリスクを「建設生産リスク」として捉えて整理する。

「事業リスク」は、事業に直接的に関わるリスクであるが、図3-68のように、事業領域の1つである建設生産の領域においては、「建設生産リスク」として、より具体的な形で現れるなど、「事業リスク」と「建設生産リスク」には因果関係があるともいえる。

● 事業リスク

主な「事業リスク」には以下のものが考えられる。

- 物的リスク：火災・爆発・地震・風水害など
- 賠償責任リスク：第三者に損害を与えたため生じる法律上の責任・不法行為責任・債務不履行責任など
- 人的リスク：死亡・傷害など
- 間接損害リスク：事故による企業活動の停止など
- 経営的リスク：不良債権・融資停止など
- 社会的リスク：需要の変化・少子高齢化など
- 経済的リスク：景気変動・為替変動など
- 法的リスク：法律違反・情報漏えいなど
- 政治的リスク：政策転換・貿易制限・戦争など

上記のうち、物的リスク・賠償責任リスク・人的リスク・間接損害リスクは総称して「純粋リスク」と呼ばれるもので、統計的な把握および自然科学的な対策を講じることが可能である。

日常的に「想定外」という言葉がよく使われているが、善良な管理者の注意業務をもって想定可能なリスクは法的に「想定外」ではなく、具体的に把握し対策を検討する必要がある。

他方、経営的リスク・社会的リスク・経済的リスク・法的リスク・政治的リスクは総称して「投機的リスク」と呼ばれるもので、統計的な把握および自然科学的な対策が困難である。

● 建設生産リスク

主な「建設生産リスク」には以下のものが考えられる。

- 工事物件損傷リスク：災害・事故など
- 賠償責任リスク：第三者賠償など
- 性能リスク：設計ミスに起因するもの

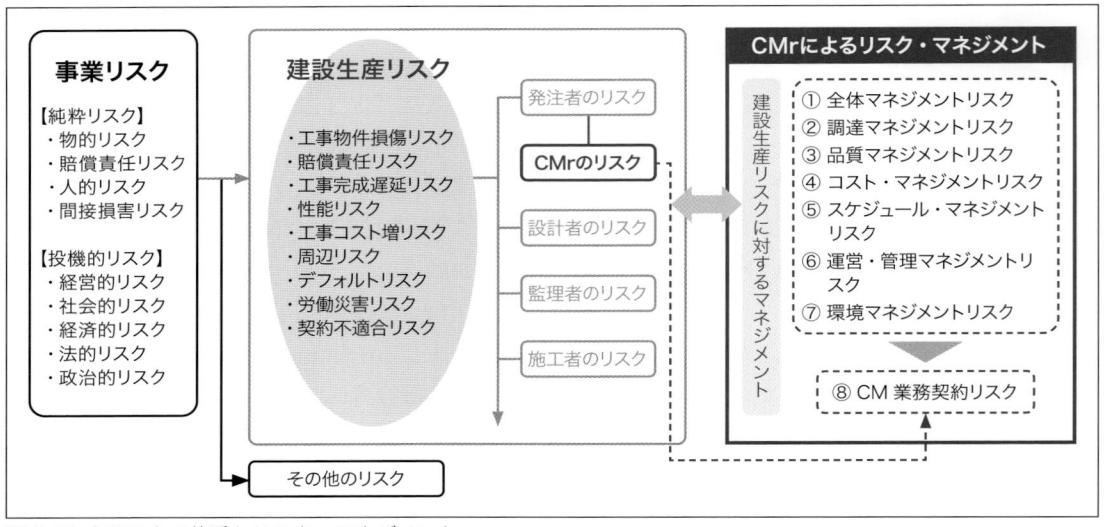

図 3-68 ●リスクの体系とリスク・マネジメント

・工事コスト増リスク：物価・金利など

・周辺リスク：用地取得・インフラ整備など

・デフォルトリスク：倒産・事業破綻など

・その他：（契約不適合リスク・工事完成遅延リスク・労働災害リスクなど）

建設生産の領域は、発注者やCMrだけでなく、設計者・監理者・工事施工者など、さまざまなプロジェクト構成員が関わる領域であるため、建設生産リスクは、これらの関係者が抱えるリスクの集合体ともいえる。

◆ リスク・マネジメントとは

リスク・マネジメントとは望ましくない「不確実な事象：リスク」が顕在化する前に把握し、その問題を未然に対処することである。発生した場合でも影響を最小限に留めるよう対処する事前予防的なマネジメントであり、被害・損失などを回避・転嫁・低減を図るプロセスを指す。

リスク・マネジメントのプロセスでは、リスク要因を特定し、その影響度を分析・評価し、それに対する対策を打ち立て、最小の費用で効果的にリスクをコントロールするという一連の流れが必要となる。

リスクを最小化するためには、どのようなリスクが存在するのか検討し、そのリスクの頻度と想定損害額などを分析することが必要となる。

なお、被害（事故や災害）や損失が起きてからの緊急対応は、クライシス・マネジメントといわれ、リスク・マネジメントと区別される。

◆ CMrによるリスク・マネジメント

CMrによるリスク・マネジメントは、一般的に建設生産に関する事項の比重が大きく、図3-68に示すとおり、全体マネジメント、調達マネジメント、品質マネジメント、コスト・マネジメント、スケジュール・マネジメント、運営・管理マネジメント、環境マネジメントといった各マネジメント要素との関係性が強い。

個々のプロジェクトに際し、まずは「事業リスク」を把握した上で、「建設生産リスク」として、前述の各マネジメント業務の中でリスクを洗い出し、それらのリスクに対して、後述の「リスク・マネジメントの手順」にしたがって、具体的リスクの対処方法を整理し、その上で対策を講じていくことがCMrによるリスク・マネジメントにおいて効果的である。

なお、CMrが直接的に関与するリスクとし

て、発注者とCMrの契約に関するリスクがあるが、この点については第4章「6　契約」の項を参照するものとする。

8-2　リスク・マネジメントの手法と理論

◆ リスク評価と対処

● リスクの分類・評価

リスク評価は以下2つの視点から4つに区分して行う。

・リスクの発生頻度はどの程度か？
・リスクが顕在化した場合の被害・損害はどの程度か？

リスク評価を4区分に分類すると図3-69になる。図中（A）〜（D）の領域における特徴は以下のとおりである。

○損害小・頻度低（A）

この領域は、リスクを認識はしているが、対処検討の優先順位が低い「保有」領域

○損害大・頻度低（B）

発生する損害の経済的部分につき保険を購入するなどを図る「転嫁・移転」領域

○損害小・頻度高（C）

発生頻度を下げて（A）領域に持っていく工夫を行う「低減・予防」領域

○損害大・頻度高（D）

発生頻度を下げ（B）領域に持っていくか、損害の程度を下げ（C）領域に持っていくかの対応が必要な「回避」領域であり、リスクによってプロジェクト自体の見直しも必要

● リスク対処

リスク対処は、想定されるリスクが図3-69の4つの領域のいずれの領域にあるかを見極め、それぞれのリスクごとに具体的な対策の検討を行う（図3-70）。その際、以下の2点がポイントとなる。

・大きな損害となる可能性の高いリスクは損害規模を小さくする。
・頻繁に発生する可能性の高いリスクは頻度を下げることを基本として具体的に対策を立てることが重要となる。

◆ リスク・マネジメントの手順

リスク・マネジメントは図3-71の手順で行う。

①リスクの予測（洗い出し）（PLAN）

リスクの予測（洗い出し）とは、プロジェクトに潜む危険性をくまなく抽出する作業であり、リスク・マネジメントの全プロセスの中でも最も重要である。ここで見過ごされたリスクは対策を打つことができないので、社会情勢・プロジェクト特性を考慮した洗い出しが必要となる。

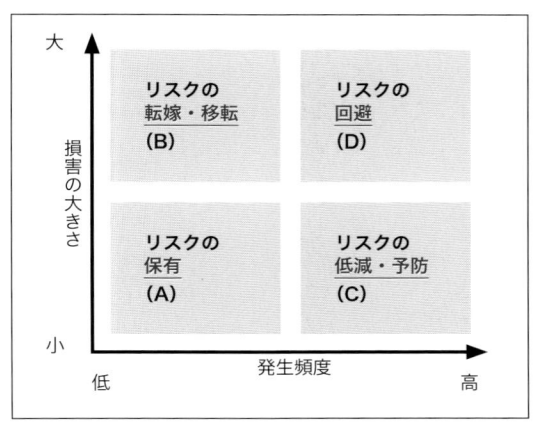

図3-69 ● リスク考慮上の4区分

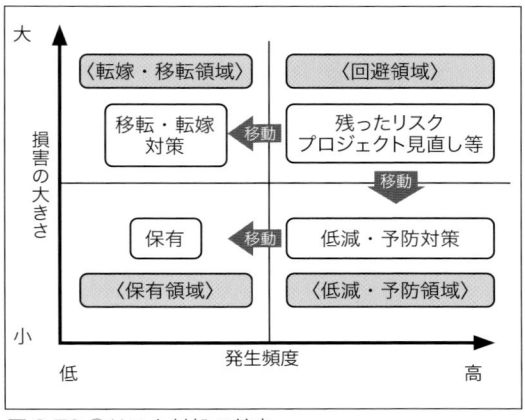

図3-70 ● リスク対処の基本

②リスクの評価（特定）（DO）

　リスクの評価・特定とは、発注頻度を検討して対策を取るリスクと対策を取らないリスクに分けることである。リスクの洗い出しで予見したリスクを一定の基準で順位付けし、それぞれの対処の方針と手順を決めるための作業である。

③リスクの対処（CHECK）

　それぞれのリスクを「損害の発生頻度」と「損害の大きさ・損害額」から図3-70に従い、その具体的な対策を決定する。その際、金銭的備えを行う「リスク・ファイナンス」と、予防・軽減を行う「リスク・コントロール」に分けて対処方法を決定する。

　リスク・ファイナンスは「回避」「転嫁・移転」領域の対策で、保険・積立金・予備費・ボンド・証券などがある。一方、リスク・コントロールは、「回避」「低減・予防」領域の対策で、代替案検討、多重化・冗長化、教育・訓練、注意喚起などがある。

④結果の検証（ACTION）

　適正なリスク・マネジメントのレベルを維持して実効性を高めるために、建設プロジェクトの進捗に応じてリスク・マネジメントの実施状況を確認し、リスクへの対処が発生した場合には、その結果を検証し、必要に応じて見直しをすることが重要である。確実にPDCAサイクルを廻すことは、成果を出すために省略できない不可欠なプロセスである。

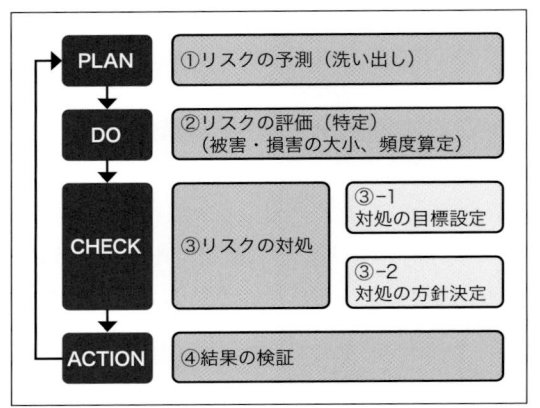

図3-71 ●リスク・マネジメントの手順

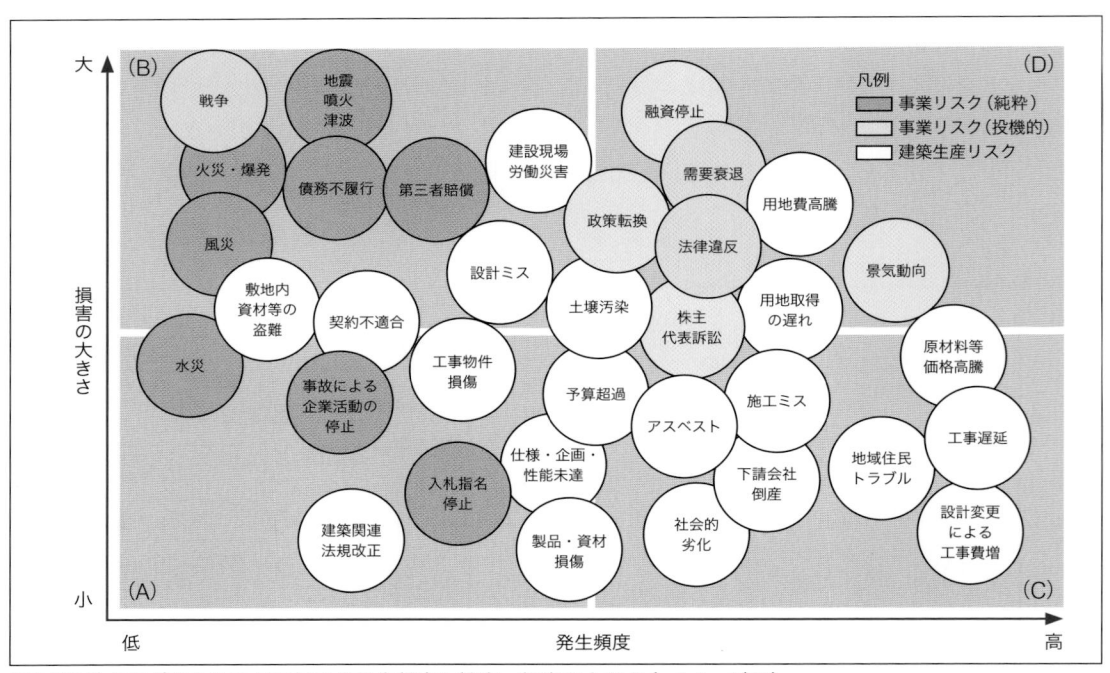

図3-72 ●さまざまなリスクに対する発生頻度と被害・損害の大きさ（イメージ図）

参考

■リスク・マネジメントの参考事例
改築工事の計画時に発注者より既往のアスベスト調査結果が提供された事例における、アスベストに関するリスク・マネジメントの参考事例を以下に示す。

①リスクの予測（PLAN）
　・既往のアスベスト調査結果の信頼性リスク
　・現行法規への適合性リスク

②リスクの評価（DO）
　・現行法規への適合性確認
　・追加調査の検討（既往調査の信頼性に関する事情、アスベストが追加で発見される可能性とその場合の工期延長や撤去費増の程度）

③リスクの対処（CHECK）
　③－1　処理の目標設定
　・アスベスト撤去着手後の工事内容変更防止
　③－2　処理の方針決定
　・既往調査と現行法規との対応表の作成（現行法規に照らした調査範囲・対象材料の検証）

④結果の検証（ACTION）
　・アスベスト追加調査の実施を決定

追加調査により、既往調査にないアスベスト含有箇所が判明、撤去着手後の工期延長や追加撤去費用の発生を防ぐことができた。

〈第3章 参考文献〉

① 全体マネジメント

『CM業務委託契約約款・業務委託書』日本コンストラクション・マネジメント協会、2009年

四会連合協定 建築設計・監理等業務委託契約約款調査研究会「四会連合協定 建築設計・監理等業務委託契約書類」日本建築士会連合会・日本建築士事務所協会連合会・日本建築家協会・日本建設業連合会、2024年

民間（七会）連合協定工事請負契約約款委員会「民間（七会）連合協定 工事請負契約約款」日本建築学会・日本建築協会・日本建築家協会・全国建設業協会・日本建設業連合会・日本建築士会連合会・日本建築士事務所協会連合会、2023年

日本コンストラクション・マネジメント協会CM契約約款作成委員会「CM業務委託契約約款・業務委託書」日本コンストラクション・マネジメント協会、2022年

CM方式導入促進方策研究会「地方公共団体のCM方式活用マニュアル試案」建設業振興基金、2002年

「地方公共団体におけるピュア型CM方式活用ガイドライン」国土交通省、2020年

「公共工事の品質確保の促進に関する法律の一部を改正する法律」国土交通省、2014年

「押印・書面の見直しに係る法改正事項について」内閣府規制改革推進室、2021年

木下栄蔵『わかりやすい意思決定論入門』近代科学社、1996年

猪原健弘他『合意形成学』勁草書房、2011年

Project Management Institute『プロジェクトマネジメント知識体系ガイド（PMBOK ガイド）第7版＋プロジェクトマネジメント標準』PMI日本支部、2022年

Project Management Institute『ワーク・ブレークダウン・ストラクチャー実務標準 第3版』PMI日本支部、2022年

Project Management Institute『プロジェクトマネジメント知識体系ガイド（PMBOK ガイド）第7版＋プロジェクトマネジメント標準』PMI日本支部、2022年

Project Management Institute『アーンド・バリュー・マネジメント実務標準 第2版』PMI日本支部、2012年

多様な入札契約方式モデル事業選定・推進委員会「多様な入札契約方式の活用に向けて【第2版】」
https://www.mlit.go.jp/common/001288133.pdf

国土交通省土地・建設産業局建設業課 入札制度企画指導室「東日本復興ＣＭ方式の検証と今後の活用に向けた研究会 報告書」2017年3月
https://www.mlit.go.jp/common/001181972.pdf

佐々木良和「設計施工競技による芦屋浜団地建設に関する調査報告—提案とその実施過程からみた技術開発の諸特性—」『日本建築学会論文報告集』第313号、1982年3月

内閣府「PFI事業契約との関連における業務要求水準書の基本的考え方」2008年7月

内閣府HP「要求水準書作成指針（案）」
https://www8.cao.go.jp/pfi/iinkai/kaisai/process_wg/3kai/pdf/shiryo_wp34_1.pdf

国土交通省大臣官房官庁営繕部「官庁施設のPFI事業手続き標準（第1版）」2003年10月

国土交通省大臣官房官庁営繕部「PFI手法による施設整備における要求水準の設定および業績監視の手引」2009年10月
ISO-9699-1994、ISO-19208-2016

JFMA ブリーフ啓発書編集チーム『ブリーフによる建築意図の伝達』日本ファシリティマネジメント協会、2015年

国土交通省 官庁営繕部整備課施設評価室・官庁営繕部整備課・関東地方整備局営繕部建築第一課「官庁施設におけるブリーフィング手法に関する研究」
https://www.mlit.go.jp/chosahokoku/h16giken/pdf/0410.pdf

溝上裕二「建築プログラミングにおけるプロブレム・シーキング手法の構造特性とワークプレイスを中心とした適用事例からみたその効用」（博士論文）2017年3月

③ 品質マネジメント

山田秀『TQM品質管理入門』（日経文庫1090）日本経済新聞出版社、2006年

眞木和俊・野口薫『品質管理者のためのリーンシックスシグマ入門』日本規格協会、2017年

Project Management Institute『プロジェクトマネジメント知識体系ガイド（PMBOK ガイド）第6版』PMI日本支部、2018年

中條武志・棟近雅彦・山田秀著、品質マネジメントシステム規格国内委員会監修『ISO9001:2015 要求事項の解説』日本規格協会、2015年

〈参考Webサイト〉

建築設備コミッショニング協会
http://www.bsca.or.jp/

日科技連 FAQ・ナレッジ
https://www.juse.or.jp/faq_knowledge/index.html

キーエンス ものづくりトピックス
https://www.keyence.co.jp/ss/general/manufacture-tips/

キーエンス トレーサビリティ大学
https://www.keyence.co.jp/ss/products/marker/traceability/basic_about.jsp

産業革新研究所 ものづくりドットコム
［記事検索］
https://www.monodukuri.com/articles/search
［キーワードリスト］
https://www.monodukuri.com/gihou/gihou_list

Tebiki 現場改善ラボ 記事一覧
https://genbalab.jp/post/

④ コスト・マネジメント

『新☆建築コスト管理士ガイドブック』日本建築積算協会、2020年

『新・VEの基本』産業能率大学出版部、1998年

⑦ 環境マネジメント

外務省パンフレット「持続可能な開発目標（SDGs）と日本の取組」

資源エネルギー庁「2022年度におけるエネルギー需給実績（確報）」

「大規模小売店舗立地法の解説」（第4版）経済産業省、2007年5月

「東京都パンフレット」東京都産業労働局、2017年3月

「工場立地法解説」経済産業省

住宅・建築SDGs推進センター CASBEE HP「自治体によるCASBEEの活用」
https://www.ibec.or.jp/CASBEE/CASBEE_outline/local_cas.html

第4章

コンストラクション・マネジメントに関わる知識

第2章の建設プロジェクトの各プロセスにおけるマネジメント実務を記載した「コンストラクション・マネジメントの業務」、第3章のCMrに必要な能力を独自のマネジメント要素に基づき説明した「コンストラクション・マネジメントに関わる能力」に続いて、第4章では多様化するCM業務に要求される知識として「コンストラクション・マネジメントに関わる知識」について解説する。

それぞれの知識は、①発注者の事業運営に関連する知識、②リスク・マネジメントに関連する知識、③CM業務に関連する最新の知識の3つに分類される。最新の知識では、デジタル社会に対応した「ICT（情報技術）」を強化し、CMの領域拡大に伴う「ワークプレイス・コンサルティング」「グローバル・プロジェクト」「地方創生」なども包含している。

第2章　コンストラクション・マネジメントの業務

0 共通業務	1 発注業務	2 事業構想・基本計画におけるマネジメント	3 基本設計におけるマネジメント	4 実施設計におけるマネジメント	5 工事施工におけるマネジメント	6 完成後におけるマネジメント

第3章　コンストラクション・マネジメントに関わる能力

1　全体マネジメント
2　調達マネジメント
3　品質マネジメント
4　コスト・マネジメント
5　スケジュール・マネジメント
6　運営・管理マネジメント
7　環境マネジメント
8　リスク・マネジメント

第4章　コンストラクション・マネジメントに関わる知識

① 事業運営関連
1　法務・コンプライアンス
2　財務・会計
3　発注者の事業運営
4　CRE戦略・PRE戦略
5　事業継続計画（BCP/BCM）
6　契約

② リスク・マネジメント関連
7　デュー・デリジェンス
8　保険

③ CM業務関連
9　ライフサイクル・マネジメント（LCM）
10　施設管理
11　CMrが押さえておくべき近年の主要な法改正
12　都市計画と地方創生
13　ICT（情報技術）
14　安全管理
15　CMの更なる多様化

1 法務・コンプライアンス

1-1 法務

　法務とは、企業やその他の団体の活動における法律関係の事務の総称である。

　企業などの設立の過程から、取引をはじめとする対外的活動、人事・労務などの対内的活動といった事業の維持過程、更には最終的には解散・清算に至るまで、全ての活動に法律は密接に関わってくる。法務は、企業経営において事業運営上の根幹をなし、発注者の建設プロジェクトにおいても非常に重要な役割を担っている。

◩建設プロジェクトにおける法務

　CMrは、建設分野の専門家として技術的・事業的な専門能力を求められているが、その中には、プロジェクト特有の法的問題の発生を予見し回避するのに必要な法務の基礎的能力が含まれていると解すべきである。

　プロジェクトにおいては、発注者・設計者・監理者・工事施工者などの関係者が、おのおのに規制や取引などに関する法令遵守の責任を負っている。これに対し、CMrは、自らの法令遵守と併せて、プロジェクト全体をマネジメントする立場で、プロジェクト自体の規制違反や関係者間の法的トラブルによってプロジェクトに障害が生じないよう、プロジェクトや関係者の法令遵守の状況をモニタリングし、必要に応じて発注者を通じた助言と支援を行うことが求められる。そのためには、最新の関係法令（**表4-1**）を把握しておくとともに、発注者をはじめとする関係者間の契約関係（役割と権利・義務内容）を整理して、十分に理解しておくことが重要である。

◩CMrとしての法的関与の限界

　CMrは、発注者の支援という業務の性質上、発注や追加変更などの多くの場面で、発注者の契約などの法律行為に関与することが多い。

　もっとも、他人の法律事務を業務として取り扱うことについては、弁護士法第72条で禁じられた非弁行為＊にあたるおそれがある。CMrは、あくまで建設分野の専門家であって、法務の専門家ではない。技術的側面からの助言・助力を基本とし、法律行為に関する事項には直接の関与を行わないなど、慎重に対応すべきである。

＊**非弁行為**
弁護士でない者が報酬を得る目的で、訴訟その他の一般の法律事件に関して法律的見解を述べ、その他法律行為を取り扱うことをいう（別の法律で認められている場合を除く）。

1-2 コンプライアンス

　コンプライアンス（法令遵守）とは、企業などに求められる基本原理の1つであり、企業などが社会的責任（CSR：Corporate Social Responsibility）を負うことを前提として、法令のみならず社会的・倫理的な規範（ルール）に則って活動することと捉えられている。

　コンプライアンスへの違反、例えば法規制違反・品質不正などの契約違反・モラル違反などの発生は、単にその行為の停止や、行政処分・損害賠償・契約解除などの法的不利益を負うだけでなく、企業などの信用を毀損して、広く活動を阻害する。コンプライアンスの重視は、現代の企業などにおいては、もはや当然の前提である。

　そこで、コンプライアンスを実現する具体的

表4-1 ●コンプライアンスの規範となる関係法令など

項目	概要	関係法令等
人権	事業活動における人権の尊重・差別の禁止	日本国憲法（基本的人権の尊重） 労働基準法・男女雇用機会均等法・障害者雇用促進法など
企業全般	企業統治・コンプライアンス	会社法・金融商品取引法・コード（金融庁他）・公益通報者保護法・男女機会均等法・障害者雇用促進法など 刑法（名誉毀損・侮辱・性犯罪）・暴力団対策法・暴力団排除条例・反社会的勢力排除のためのモデル条項（国土交通省）など
労務	労働関係全般	労働基準法・労働契約法・労働組合法・労働関係調整法・職業安定法・最低賃金法・雇用保険法・健康保険法・厚生年金保険法・労働者災害補償保険法・労働者派遣法・入管法・労働審判法 労働安全衛生法・建設雇用改善法、フリーランス・事業者間取引適正化など
会計処理の適正	企業会計原則の遵守・適正な税務処理	租税法・企業会計原則など
金融、保険	資金調達・リスクヘッジ	民法・証券取引法・金融商品取引法（インサイダー取引他）・銀行法・保険法・保険業法・商法（海上保険）など
取引一般	取引全般に関係するもの	民法・会社法・商法・手形法・小切手法・製造物責任法（PL法）・景品表示法・消費者契約法など 刑法・独占禁止法・建設業法・下請法・不正競争防止法など 民事訴訟法・ADR法など
秘密情報管理	秘密情報の保護・不正利用の禁止	不正競争防止法・個人情報保護法・マイナンバー法・刑法など
政治関連	政治家・政治団体等との不正な癒着の禁止	公職選挙法・政治資金規正法・刑法など
知的財産	知的財産の保護・活用	知的財産基本法・特許法・実用新案法・意匠法・商標法・著作権法・不正競争防止法など
建設・不動産	プロジェクト・関係者に対する規制など	建築基準法・消防法・都市計画法・土地収用法・都市再開発法・都市公園法・土地区画整理法・河川法・海岸法・道路法・宅地造成等規制法・大都市法・都市再生特別措置法・中心市街地活性化法・民間都市開発法・長期優良住宅普及促進法・宅地建物取引業法・測量法・不動産登記法・借地借家法・区分所有法・マンション管理適正化法・マンション建替え円滑化法・PFI法・密集市街地整備促進法・地域再生法・駐車場法・住宅品質確保促進法・住宅瑕疵担保履行法・耐震改修促進法・バリアフリー法・景観法・屋外広告物法・建築物衛生法・長期優良住宅法・空家等対策特別措置法・消費生活用製品安全法など 建築士法・建設業法・下請法・労働安全衛生法・建設リサイクル法・建設機械抵当法など 公共工事入札契約適正化法・公共工事品質確保法など
環境	環境保護を目的とする規制	環境基本法・自然環境保全法・大気汚染防止法（石綿対策など）・水質汚濁防止法・騒音規制法・振動規制法・土壌汚染対策法・廃棄物処理法・建設リサイクル法・景観法・屋外広告物法など 循環型社会形成促進基本法・温暖化対策推進法・建築物省エネ法・石綿健康被害救済法など

※建設プロジェクトのコンプライアンスでは、建設に関連が深い紫色の項目に特に注意する。

な方法や、経営者などが必要な注意を怠っていないかという点が重要となる。仮に違反があった場合、違反防止のための制度や体制（内部統制）の不備についても責任を問われる。また、遵守すべき規範は、法改正や社会情勢などに応じて常に変化している。変化に注意を払いつつ、社内制度や体制の整備、研修や日々の教育を通じた周知徹底、意識の向上などを、継続的に図っていくことが必要となる。

◆ 建設プロジェクトにおけるコンプライアンス

建設プロジェクトでは、建築基準法などの法令への不適合、労務・安全上の問題、建設業法・下請法違反となる契約上の問題、品質不正（記録の不備・契約不適合の隠蔽）などが発生することがある。これらは、法令・契約・社会的・倫理的な規範のいずれに関してもコンプライアンス違反に当たり得るものであり、プロジェクトの進行や成否に重大な影響を及ぼす。

CMrは、建設プロジェクトのマネジメントに善管注意義務を負う立場として、プロジェクト関係者のコンプライアンスの状況を注視し、仮に違反や疑いを察知した場合には、速やかに対策を講じる必要がある。対策の例を以下に挙げる。

- ・客観的事実の調査・把握
- ・関係証拠の保全・整理
- ・客観的事実に対する分析・評価
- ・発注者への報告
- ・違反者に対する是正の要請
- ・（必要に応じ）関係行政への報告

第一に、客観的な事実を把握すべきである。分析には、国土交通省・厚生労働省などの通知・ガイドラインなどが参考になるが、法的な面は弁護士などの専門家の助力を仰ぐ。併せて、発注者への報告・情報共有を速やかに行うが、違反の疑いや原因が発注者にある場合は、より慎

重さが必要となる。

CMrは、違反の是認・黙認などCMr自身に違反がある場合は別として、関係者の違反や是正に関し責任を負うものではない。できる限りの対策を行い、その内容や経緯を正確に記録することが、適切なCM業務の証となる。

◆ CMr自身のコンプライアンス

CMrは発注者から指導・助言を行う立場にあることから、プロジェクト関係者との間で、あたかも上下関係があるかのような印象や誤認が生じることがある。そのため、CMrは、必要かつ正当な助言・指導を行う場合でも、過大な圧力（社会通念上不相当なもの）となってハラスメントが生じる場合があることを自覚しなければならない。ハラスメントは、プロジェクト内の情報共有や建設的な議論を封じ、円滑な業務の進捗を阻害するだけでなく、品質や工程などの重大問題の隠蔽を誘発しやすいため、注意が必要である。

また、プロジェクトの情報管理は、より厳格さが求められるようになっている。CM契約の条項の確認は当然として、発注者が意図している情報管理（秘密情報の範囲やレベル感）を事前に把握しておくことが有益である。秘密情報は、CM契約に定める目的・範囲でしか利用できないのが一般的であり、社内であっても、プロジェクトでの必要以外にデータコピーやメール転送などは行ってはならないことに注意を要する。

2 財務・会計

2-1 財務・会計の概要

　発注者が保有する土地・建物は、企業経営における重要な資源として位置付けられ、財務・会計上の固定資産として大きなウエートを占める。CMrにとっては1つの建設プロジェクトであっても、発注者にとっては大きな経営判断を伴うことになり、決算や財務状況へ及ぼす影響は大きい。建設プロジェクトは多額の投資を伴うため、資金調達の手法によっては負債や資本などの経営指標が変動し、企業の格付けに影響を及ぼすこともある。CMrとして、建設プロジェクトと経営は密接に関わり合うことを意識し、財務・会計を理解した上で、発注者の意思決定を推進・支援をすることが望まれる。

　財務・会計に関する助言や相談は、公認会計士や税理士でなければ対応できない内容のものもあり、CMrとして注意が必要である。対応可能な一線を把握し、経営判断に必要な数値などの材料提供にとどめ、発注者に判断を仰ぐことが望まれる。発注者の経営者や財務担当者との意思疎通を図るための手段として、財務・会計の知識は不可欠である。

　本書では、財務・会計の一般的な知識と、不動産証券化などの資金調達スキームについて触れるが、これらの説明は、民間企業の財務・会計を対象としており、国や地方自治体・特殊法人については対象外としている。

2-2 会計

◆会計の目的

　経済・社会の中で活動を営む企業は、利益を追求することが第一義的な目的であり、債権者や投資家、株主などのステークホルダー（利害関係者）に対して配当や返済を行い、得られた利益で事業拡大を目指していくことが求められる。会計の目的は、企業の経営活動を数値として表現した上で、これらを利害関係者に明示することにより、利害関係者の判断を誤らせないようにすることにある。企業会計には、会社の経営状況を示す管理会計と、投資家や債権者への情報提供のための財務会計の2つの区分がある。法律上、企業は財務諸表を作成することが義務付けられており、投資家や債権者から調達した資金の管理・維持・運用状況にかかる説明責任（アカウンタビリティ）を課している。

◆会計の主要要素

　企業は1年ごとに決算として、会計報告を行うことが求められている。会計報告の内容は財務諸表にて開示され、財務諸表は主に2つで構成される。1つは企業の財政状況（貸借対照表（BS：Balance Sheet））、もう1つは会計期間における利益・損失（損益計算書（PL：Profit and Loss Statement））である。これらの財務諸表を構成する主要要素は、貸借対照表における「資産」「負債」「資本（純資産）」、損益計算書における「収益」「費用」である。これらの主要要素の詳細は、次項にて説明する。

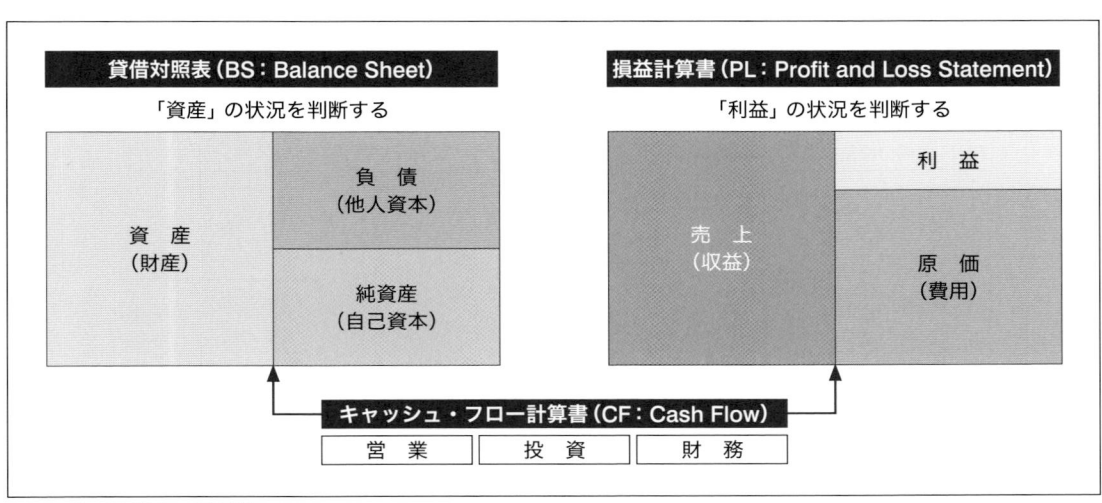

図4-1●財務諸表の関係性

財務

◆財務の概要

財務諸表を作成する上での会計基準は、日本会計基準・米国会計基準・国際会計基準（IAS：International Accounting Standards）などがある。国際会計基準における財務諸表は以下にて構成される。

- 貸借対照表（BS）
- 損益計算書（PL）
- キャッシュ・フロー計算書（CF）
- 株主持分の変動計算書
- 注記（会計方針および説明的注記）

貸借対照表と損益計算書、およびキャッシュ・フロー計算書の関係を図4-1に示す。

前項にて説明した「会計」は、企業活動をステークホルダーに報告することが目的であり、主に過去と現在の財務状況を示しているのに対し、「財務」は現在の企業の経営状態（財産および収支）を管理し、企業の将来を把握するための指標である点が異なる。

◆財務諸表

●貸借対照表（BS）

BSは、BSの作成時点（通常は決算年度の末日）における企業の財政状態を表したもので、「資産」「負債」「資本（純資産）」の3つの指標にて構成される。企業が保有する「資産」を左側に、資産を構成する「負債」「資本（純資産）」を右側に記載し、両者は等価（バランス）となることから、バランス・シートと呼ばれる。「資産」と「負債」「資本」は、相殺せずにそれぞれ総額を記載することとされている（総額主義）。

①資産

資産は、企業が保有する経営資源を示したものであり、主に3つの指標で形成される。現金・預金・売掛金などの流動資産、土地・建物・設備などの固定資産、開発費などの繰延資産である。保有資産に対してどれだけの利益を生み出しているかは重要な指標であり、低利用な土地や老朽化した建物を放置しておくことで経営責任を問われる場合もある。土地・建物の有効活用は重要な経営課題である。

②負債

負債は他人資本とも呼ばれ、将来返済が必要な債権を示す。具体的には、銀行などからの借入金（長期・短期）や社債などが該当し、買掛

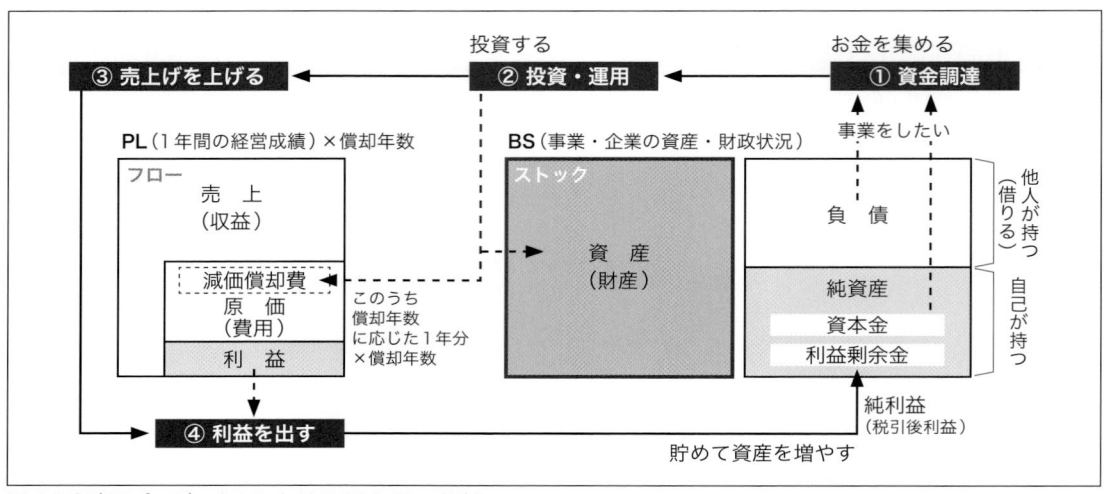

図4-2 ●建設プロジェクトにおけるBSとPLの関係

金や未払金なども含まれる。負債が増えることは一概に悪いことではないが、財務状況の悪化に伴い格付けが下がるなどの影響が生じることもあり、留意が必要である。

③資本（純資産）

資本は自己資本とも呼ばれ、企業が有している資産のうち、自己で所有している持分を示す。主に資本金・利益余剰金・資本余剰金などで構成される。負債に対して資本金が多いほど経営が安定していると見なされる。資本は企業財務の実力を図る指標の1つである。

●損益計算書（PL）

PLは、1年間の経営成績を示す決算書で企業の収入や支出を示すものであり、企業がどれだけの収益を上げたかを把握できる。次項で述べるキャッシュ・フローと類似しているが、PLは費用計上のみであり大規模修繕のような資本的支出のキャッシュ・アウトは考慮しないこと、資産に対して発生する減価償却を見込むこと（キャッシュ・アウトがない）などが、キャッシュ・フローと大きく異なる点である。

①収益（売上）

企業活動にて生み出された売上を示す。建設プロジェクトにおいては、主に収益建物から発生する賃料などが該当する。

②費用（支出）

一般管理費・公租公課・減価償却・借入利息などが該当する。建設プロジェクトにおいては、竣工後に発生する保有コスト・維持管理コストおよび減価償却費が該当する。また、土地・建物を売買・除却などをした際に発生する売却益損・除却損益は、特別利益・特別損失として計上される。BSとPLの関係を図4-2に示す。

●キャッシュ・フロー計算書（CF）

キャッシュ・フローはその名の通り、資金の流れ（出入り）を示す指標であり、流入した資金（キャッシュ・イン）から流出した資金（キャッシュ・アウト）の差で示される。CFは、企業活動を営業活動・投資活動・財務活動の3つに分けてキャッシュの出入りを示したものである。キャッシュ・フローを把握することの意義は、時間差などによる利益と現金・預金などのずれを把握し、経営に生かすことである。キャッシュ・フローの計算方法は、資金収支から計算していく「直接法」と当期利益から計算していく「間接法」がある。日本会計基準では間接法と直接法の両者が採用されてきたが、国際的には間接法が採用されており、近年は間接法を採用する企業が多い。

2-4　建設プロジェクトの財務・会計

◆ 建設プロジェクトのキャッシュ・フロー

　建設プロジェクトにおける投資判断は、発注者の経営方針により、PLによる判断（PLベース）と、キャッシュ・フローによる判断（CFベース）に分かれる。一般の事業法人（会社法人など）など、建設プロジェクトが本業投資ではなく、経営指標に照らして投資判断をする場合はPLベースがふさわしいが、建設プロジェクトを本業投資とする企業（不動産会社や投資ファンドなど）は、不動産投資事業としての潜在的な事業性を把握するために、CFベースで判断することもある。

　キャッシュ・フローは、PLと異なり、実際の資金の出入りを管理できるため、資金不足となっているかを直接判断できる指標である。建設プロジェクトの場合、例えば大規模修繕については、キャッシュ・フロー上は工事費相当額がキャッシュ・アウトするが、PL上は減価償却費のみ反映されるなど、資金の出入りとしては全く異なる結果となる。また、一般の事業法人などは、法人税の節税対策のために、あえて損出しする場合もある。また、不動産ファンドのように、建物の短期間保有・売却を目的とする場合は、大規模修繕や償却などは重視せず、キャッシュ・フローと利回りを重視する場合もある。このように、発注者により、PLを重視するか、キャッシュ・フローを重視するか異なるため、特にプロジェクトの早期の事業性を検討する際に経営判断の指標を把握しておくことが望ましい。

● DCF

　DCF（Discount Cash Flow）とは、建物が将来に生み出すキャッシュ・フローに注目して企業価値を算出する方法であり、具体的にはフリーキャッシュ・フローを現在価値に割り引くことで企業価値を算出する。現在価値に割り引くために、割引率を用いるが、割引率の定義は企業により異なり、一般的には資本コストやWACC（Weighted Average Cost of Capital）*などが用いられる。割引率の設定により現在価値が大きく変動するため、割引率の設定は発注者と協議の上、慎重に設定することが望ましい。投資に対する企業価値判断はDCFを用いて行うことが多く、不動産投資については、第4章「3-3　不動産投資」にて触れている。

> ＊ WACC
> 資本コストの代表的な計算方法で、借入れにかかるコストと株式調達にかかるコストを加重平均したもの。

● IFRS

　IFRS（International Financial Reporting Standards）とは、国際会計基準審議会（IASB：International Accounting Standards Board）により設定された新しい国際会計基準である「国際財務報告基準」を指す。EU加盟国では上場企業にIFRSの適用が義務付けられており、世界でもIFRSを採用する国は増加傾向にある。2023年3月時点で約260社の日本企業がIFRSを適用しており、特にグローバル展開する企業において採用されているが、日本の上場企業は約3,900社であり、IFRSの適用企業は全体の1割にも満たない。不動産財務上は、IFRSを採用することで、ファイナンス・リースに加えてオペレーティング・リースもほぼBSに費用を計上するオン・バランスとなるため、BS圧縮のために保有から賃借へ移行してきた施策が意味をなさず、経営指標が悪化することになり、普及が遅れている状況にある。IFRSの移行については現時点では任意だが、今後の動向を注視していくことが求められる。

◆ SPCを用いたスキームについて

　前述の通り、建設プロジェクトは多額の投資が必要となるため、発注者は大きな経営判断を

伴う。経営判断の大きな要素となるのが、資金調達である。一見、CMrには無縁に思えるが、建設プロジェクトを推進しマネジメントしていくには必須の項目であり、さまざまな可能性について提案し、発注者の意思決定を後押ししていくことが望まれる。資金調達については、第4章「3-2 プロジェクトの資金調達」にて触れるが、以下に、SPC（Special Purpose Company：特別目的会社）＊を用いたスキームの1つである不動産証券化・流動化について説明する。SPCのBSを用いた調達手法であり、財務会計の知識が求められる。

> ＊SPC
> 事業内容が特定され、その特定の事業のために設立された会社。このうち、株式会社や有限会社、資産の流動化に関する法律に基づき設立された会社をTMK（Tokutei Mokuteki Kaisha：特定目的会社）という。

● 不動産証券化・流動化スキーム

不動産証券化・流動化とは、一言でいうと「ある不動産の所有者が、その不動産を証券化のために設立した特別な会社などに移し、その特別な会社などが当該不動産を裏付けとした資金調達を行うこと」と定義される。主たる目的は資金調達であり、特定の不動産を裏付けとしたファイナンスまたは投資を実行することを意味する。「流動化」と「証券化」の違いについては、資金調達に際し、有価証券の発行を伴うものを「証券化」、伴わないものを「流動化」と呼ぶこともあるが、明確な定義は存在しない。本章では、証券化・流動化を総称して「証券化」と表現する。

主要な3つの証券化スキームのうち2つについて、特徴をまとめたものを表4-2に示す。

3つ目の「REITスキーム（「投資信託及び投資法人に関する法律」に基づき設立された投資法人の保有主体となるスキーム）」については、本章「3-2 プロジェクトの資金調達→◆ プロジェクト・ファイナンス」を参照。

① 「GK–TKスキーム」：SPCによる、GK（合同会社）–TK（匿名組合出資）スキーム（図4-3）
- 合同会社を設立し、投資家から匿名組合出資を募るスキーム。
- 不動産は「信託受益権」となり、金融商品となることから、不動産流通税は発生しない。
- 謄本上の所有者は受託者である「信託銀行」
- 事業主体はファンドやリートであり、主に既存不動産の売買に用いられる。

② 「TMKスキーム」：特定目的会社（TMK）によるスキーム

表4-2 ● 2つの不動産証券化スキーム

	①GK–TKスキーム	②TMKスキーム根拠法
根拠法	会社法	資産流動化法
資産流動化計画	不要	必要
対象資産	信託受益権	①信託受益権　または　②現物不動産
投資家からの資金調達	匿名組合出資（TK）	優先出資証券
流通税	信託受益権は有価証券のため、以下のとおり ・不動産取得税：発生しない ・登録免許税： 　信託→税率0.4％ 　受益権の移転→1筆あたり1,000円	①信託受益権の場合 　・有価証券のため左記と同様 ②現物の場合 　・不動産取得税：税率4％（軽減措置あり） 　・登録免許税： 　　保存登記→税率0.4％、売買→税率2％
備考	・主に、プロ投資家（ファンドやデベロッパーなど）による既存建物の売買に用いられる。 ・開発物件には不向き（追加出資手続が煩雑）。	・主に、デベロッパーによる開発案件に用いられる。 ・資産流動化計画に増資計画（建築費支払いと同タイミング）を盛り込み使用されることが多い。

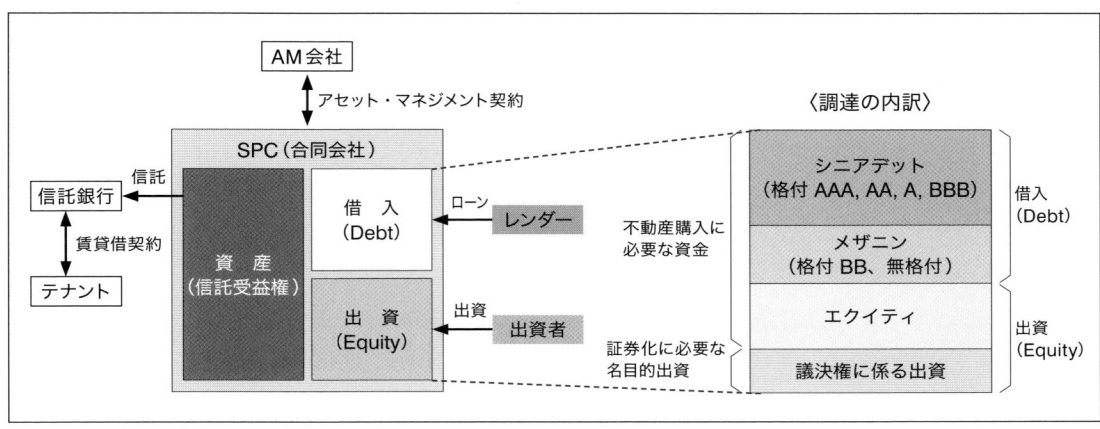

図4-3 ●不動産証券化スキーム（GK–TK）

・資産流動化法に基づきTMKを設立し、投資家から優先出資を募るスキーム。
・不動産は「信託受益権」「現物不動産」のどちらでも対応可能である。
・謄本上の所有者は「△△特定目的会社」
・事業主体は不動産会社が多く、主に更地からの開発案件に用いられる。

2-5　不動産証券化の特徴

◆不動産証券化の長所

　不動産証券化を採用することの長所は以下のとおりである。特に大きな長所は④であり、ファンドやREITなどが都心の大型物件を売買する際、租税公課に数十億円を必要とする場合もあることから、節税対策として有効である。また、②や⑤により、物件の収益が仮に破綻した場合でも、企業の業績への影響を定量化できる。

① 初期投資額の抑制により出資額の小口化が可能
② 物件の収益力による資金調達（アセット・ファイナンス）が可能
③ オフバランスと非連結子会社化（細かな要件あり）
④ 不動産取得税・登録免許税の軽減（信託受益権は有価証券のため、不動産流通税がかからず、登録免許税も少額）
⑤ 倒産隔離（当該物件が債務不履行となっても、事業主の資産差押えなどの訴求はなし）
⑥ レバレッジ効果

◆不動産証券化の短所

　短所としては、金融スキームであることから、事業関係者が非常に多く、意思決定に多くの調整を有すること、また関係者への費用の支払いなどがかかることが挙げられる。アセット・ファイナンスにて調達コストを抑えたとしても、多額のスキーム組成・運用コストがかかる場合もあり、事前に十分な可能性の検討が必要である。

① 事業関係者が多く、事業主のみで意思決定が困難（レンダーや共同出資者、受託者との調整が必要）
② SPC組成・運営にかかる費用が必要（信託フィー・FAフィー・AMフィーなど）

3 発注者の事業運営

3-1 発注者によるマネジメント

◆建設プロジェクトに発注者が求めるもの

建設プロジェクトの発注者にとって、「建設する」という行為は「建物を建てること、施設を造ること」それ自体が目的ではなく、一定の投資を行った上で建物を通じて「便益」や「収益」を獲得するための「手段」である。自動車製造会社であれば、自動車を生産するための建物を建設し、それを利用して自動車を生産する。不動産会社であれば、建物の床を貸すことで、事業収益を建物から得る。自社のオフィスでさえ、社員が建物の中で仕事をすることで、収益を獲得している。いずれにしても、建設プロジェクトにおける発注者は、建物を利用することで経済活動を行うために建設という行為を選択しているのである。

最近では、SDGsの取組みなどの環境保全や環境 (Environment)・社会 (Social)・企業統括 (Governance) の要素も考慮したESG投資も社会的な要求となってきている。

それゆえ、発注者が建物に求める機能や性能、更に社会的要求を確保することが、CMrも含めたプロジェクト関係者に求められる。そこで、発注者の事業の目的を実現するために調達・契約、組織編成・業務推進などがさまざまな形で実施されることとなる。個々の建設プロジェクトに最も合致した発注方式を選択することが、建設プロジェクトの成功につながる。そのためには、CMrを含むプロジェクト関係者が事業の目的を理解・共有し、発注者も含めた全員の協調により、建設プロジェクトを推進することが求められる。

◆建設投資の発注者としての考え方

発注者としての建設投資とは、発注者が建物に求める機能や性能を確保するために実施するものであり、その投資に見合った価値が建物から得られることを期待している。したがって、発注者の投資価値に見合った建物をいかに生み出すことができるか、また、事業の目的に合致した建物となっているかについて、常にCMrは考慮する必要がある。

◆事業用不動産と投資用不動産

企業の不動産には、自社工場や本社事務所のように企業活動にとって必要な機能を確保するために建物を整備する「事業用不動産」と、不動産業のように賃貸ビルや分譲マンションを建設し、賃貸・売却することで収益化する「投資用不動産」に分けることができる。

当然ながら、事業用不動産については、建物を利用して生み出すモノやサービスがある。事務所でも知的生産を行う場としての知識創造があり、建物への投資金額を制約するものは、そこで生み出されるモノやサービスの価値に依存している。一方で、投資用不動産については、賃貸ビルや分譲マンションから得られる収益に依存するため、収益以上の投資が行われないなどの投資の制約がある。

発注者としても、事業用不動産とするのか投資用不動産とするのかによって、事業の目的は変化する。また、個々のプロジェクト特性に応じて、さまざまな要求条件・制約条件が異なるので、CMrは個々の特性に応じたマネジメントを行うことが重要である。

◆ 発注者が自ら実施する不動産の維持管理

発注者が自ら実施するマネジメントは、建物の建設だけではなく、建物の維持・保全・修繕を含むファシリティ・マネジメント、ライフサイクル・マネジメントといった竣工・引渡し後の施設運営・施設管理を含めた幅広い業務領域を考慮している。これらのマネジメントなどに関して、CMrとして発注者を支援するニーズが高まっている。

→第4章「9 ライフサイクル・マネジメント(LCM)」

◆ 発注者が求めるマネジメント

建設プロジェクトが複雑化・高度化するに従い、発注者のみで対応できることは限られてきている。そのため発注者も、さまざまな領域のマネジメントを求めている。建物の設計・工事施工という従来の領域に留まらず、そもそも事業の目的が組織やユーザーのニーズに合致しているのか、発注者が設定した予算や工期は妥当なのかどうかなど、事業構想・基本計画における建物への与条件の策定、設計を行うための建物への要求条件・制約条件の取りまとめなどが重要になってきている。これは、民間の発注者であれば株主への説明責任が発生し、公共の発注者であれば税金の使い道として正しいのか住民への説明責任が生じるなど、建設行為そのものの範囲を越えたマネジメントが求められているからである。更には、大量の資産を有する企業や地方公共団体などでは、多くの資産を有効に運営・管理するためのファシリティ・マネジメント、人口減少に伴い余剰となった資産を仕分け、資産の有効活用を図るなどのアセット・マネジメントといった職能も必要となっている。

これら資産としての建物をどのように活用するかは、組織の財務戦略にもつながり、重要な経営要素としての認識が高まっている。組織の建設部門に設計と工事施工を任せておけばよい、という単純な意識ではなく、むしろ、財務戦略・経営戦略の観点から、企業の資産としての建物を見つめ直すことが重要な経営課題となってきている(図4-4)。

◆ 建設プロジェクトにおける発注者の意思決定

昨今における発注者の役割は、従来と比べて増している。設計事務所や総合建設会社に、全てを任せるような社会状況ではなく、公共・民間にかかわらず、発注者としての説明責任、品質確保の重要性、ならびに社会状況の多様な変化に適応する能力などが求められている。また、昨今の発注者の組織は、誰が責任者なのか、誰が決定権を持っているのかなど、構成そのものが見えにくいことも多い。その点において、発注者の意思決定の手続きを明確にし、その運用を支援することは、CMrの重要な役割でもある。

◆ CMrの役割

発注者が求めるCMrへの期待は、単に、建物の設計・工事施工の品質確保や、スケジュール・マネジメント、コスト・マネジメントに留まらず、発注者の事業そのものの状況や取り巻く環境を見据えて、建設プロジェクトの実施方針についての助言するなど、プロジェクトそのものの成否に関わるような幅広い範囲にまで及んでいる。

◆ 建設・不動産のマネジメント

建設プロジェクトの発注者としてまず重要なことは、建設プロジェクトを計画どおりに竣工させ、事業の目的に合わせた機能や性能を建物に発揮させることが重要である。その目的を果たすために、「コンストラクション・マネジメント(CM)」が提供されることとなる。

また、建物は竣工・引渡し後の、施設運営・施設管理も含めた「ファシリティ・マネジメント(FM)」や「プロパティ・マネジメント(PpM)」も重要であり、各マネジメントの効果により本

来の機能や性能が継続的に発揮されることとなる。

更には複数の大規模な複合施設の建設プロジェクトの発注者になると、単純に1つの建設プロジェクトにとどまらず、建物群としてのマネジメントが必要になってくる。統廃合・新築・改修・修繕など、1つの建物以上に全体的な「アセット・マネジメント（AM）」が重要になる。これらの企業にとっては、建設・不動産に関するマネジメントに留まらず、財務戦略・経営戦略としての経営レベルでの「コーポレート・マネジメント」も求められる。

発注者は、これらのマネジメントを的確に実施していくことが求められる。

また、CMrは単純に建設プロジェクトをマネジメントするだけでなく、発注者が何を求め、何のために建設するのか、そして発注者の財務戦略・経営戦略は何か、正しく把握する必要が

ある（図4-4）。

●コーポレート・マネジメント

会社を健全に経営するための業務のことである。不動産を含む会社の資産をいかに活用して、持続的・発展的な成長を組織として担保するかが重要である。そのためには、企業としての経営戦略・成長戦略を策定し、これをステークホルダーと共有した上で、経営活動にあたることが求められる。

建設も経営活動における投資や費用となり、費用対効果を踏まえた投資判断、経営判断の大きな要素を占めるため、常に自社の不動産を含む資産の現況を把握し、適確な意思決定が行える体制を構築することが必要不可欠となる。

●アセット・マネジメント（AM）

投資用不動産を投資家に代行して運用する業務で、主なものを以下に挙げる。

・投資家の要求や資産全体の運用戦略に沿っ

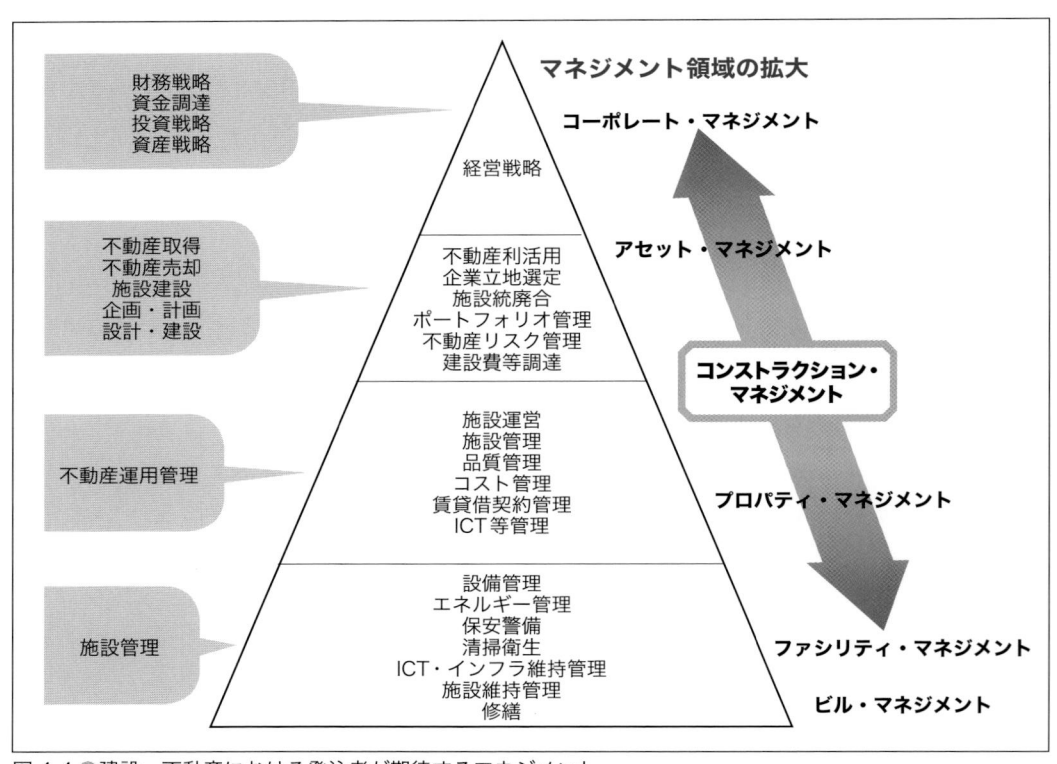

図4-4 ●建設・不動産における発注者が期待するマネジメント

た投資対象不動産の購入計画の策定を行う。

・運用計画（収支予算計画・賃貸計画・管理計画・大規模修繕計画・改修計画など）の策定と実行を行う。

・売却の判断と実行、プロパティ・マネジャーの選定・管理・助言、投資家などへの報告を行う。

具体的な業務としては、投資家の要求や資産全体の運用戦略に沿った投資対象不動産の購入・運用を行う。アセット・マネジメントは不動産の管理を行うプロパティ・マネジメントと異なり、投資家の利回りを最大化することが目的となる。

また、不動産投資信託（REIT：Real Estate Investment Trust）では、投資物件の選定や売却について助言・運営を行うことで、物件の収益最大化を実現するなど、不動産分野において方針策定などの役割を担う。

➡第3章「6-1 運営業務・管理業務」

●プロパティ・マネジメント（PpM）

主に不動産に関する資産の管理を行う業務のことである。投資用不動産であれば、狭義のプロパティ・マネジメントは、不動産の所有者あるいは所有者の資産管理代行業者であるアセット・マネジメント会社から受託して行う管理業務のことである。

具体的な業務としては、建物の物理的な維持管理業務、不動産を賃借するテナントの誘致・交渉、賃貸借業務の代行、賃料・共益費などの請求・回収、トラブル時の対応などがある。また、投資用不動産の場合は、定期的にプロパティ・マネジメント・レポートを作成し、所有者およびアセット・マネジメント会社に対して報告する義務がある。

➡第3章「6-1 運営業務・管理業務」

●ファシリティ・マネジメント（FM）

施設の建設、運営・管理では見かけ上のイニシャル・コストのほかに、竣工・引渡し後の保全コスト・更新修繕コスト・運用コスト・管理コストなど、ビルの存続期間を通して、竣工・引渡し後から解体廃棄されるまでの期間に建設費の4～5倍のコストがかかるといわれている。したがって、建設後のコストも把握した上で、建設の可否を判断することが求められる。

ファシリティ・マネジメントは、施設運営・施設管理という枠を越えて、資産の利活用・集約・売却などまで含む幅広いマネジメントとして用いられる場合も多い。

以下に、投資用不動産におけるファシリティ・マネジメントの目標を示す。

○財務目標

施設に関する費用（ファシリティ・コストという）を最小化するという目標である。その達成に向けては、施設を資産として捉え、その取得費用と生涯費用に着目した取組みをする必要がある。

○品質目標

施設に求められた機能と品質を最適化するとともに、施設を利用する者の満足度を向上させるという目標である。品格性・快適性・生産性・信頼性・環境保全性・満足度の6種類で構成されている。

○供給目標

施設の需給対応、すなわち所有または賃借している施設の規模を最適化するとともに、供給されている施設を最大限に利活用するという目標である。

3-2 プロジェクトの資金調達

建設プロジェクトに関わる資金調達にはさまざまな手法があるが、ほとんどの場合、事業主体の自己資金に加えて銀行などからの借入金（融資）に依存するため、借入金の調達方法が

プロジェクトの成否に大きく影響してくる。

◆投資と融資

投資と融資は区別して認識すべきである。投資とは、一般的には資金を無担保・無保証・返済予約無し・無金利で提供し、プロジェクトで発生した利益の配当や事業終了後の残余財産で資金回収を図るものである。融資とは、いわゆる貸付けのことで、資金提供側が債権を持ち、資金調達側が利払いおよび元本の返済義務を負うものである。すなわち、元本の回収や利払いは、投資に優先して行われることになる。会計上では、図4-5に示すとおりで、資金調達側において投資は資本で、融資は負債である。ただし、生じた金利は費用となる。また、資金提供側では、いずれも投資またはその他の資産として資産の部に計上される。

この項では、資金調達について、融資を中心に説明する。

◆コーポレート・ファイナンス

コーポレート・ファイナンスとは、融資対象となる企業自体の信用力（与信）や土地などを担保として、融資対象となる企業全体のキャッシュ・フローを返済原資とする資金調達方法である。すなわち、事業からの利益の有無にかかわらず、債務弁済額が借入人の他の財産および保証者に遡及（リコース）する借入れの仕組みであり、リコース・ローンという。通常の企業に対して行われる融資はこのタイプである（図4-6左）。

◆プロジェクト・ファイナンス
（ストラクチャード・ファイナンス）

プロジェクト・ファイナンスは、ストラクチャード・ファイナンスの一種でもあり、一般にノンリコース・ローンを利用したファイナンスの仕組みである（図4-6右）。近年、建設プロジェクトや不動産開発にプロジェクト・ファイナンスが使われることが多い。ノンリコース・ローンは非遡及型の借入れの仕組みである。すなわち、借入人は責任財産からのキャッシュ・

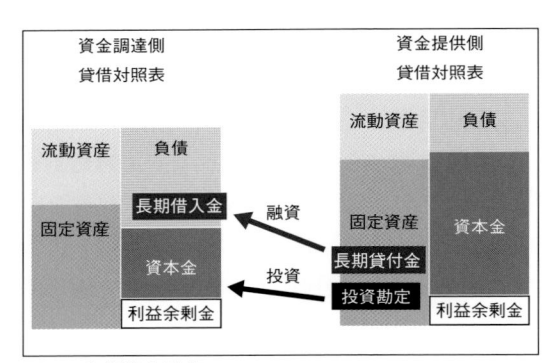

図4-5 ●投資と融資

■金銭の現在価値の考え方

現在、手元にある100万円を5%の年利率で銀行に預ければ、10年後この100万円は約162万円になる。この162万円を将来価値（FV）という。逆に考えると、将来の100万円の価値は、現在の何万円に当たるかという考え方が、現在価値（PV）の考え方である。右の表で示すように10年後の100万円は、現在価値で見ると約62万円ということになる。ここで利用した5%の利率は割引率（Discount Rate）という。この考え方は、時間を合わせてより適正な価値評価を行うために利用される。

低金利の時代には、重要視されないきらいがあるが、資金調達コストが高くなると影響が大きくなる。建設関係で考えると、LCC（ライフサイクル・コスト）の評価に関して用いられる考え方である。

計算方法については、複利計算であるため料率表を利用するか、表計算ソフトの計算式を利用する。

n 年後	割引率	
	5%	10%
1	952,381	909,091
2	907,029	826,446
3	863,838	751,315
4	822,702	683,013
5	783,526	620,921
10	613,913	385,543
15	481,017	239,392
20	376,889	148,644

100万円の現在価値

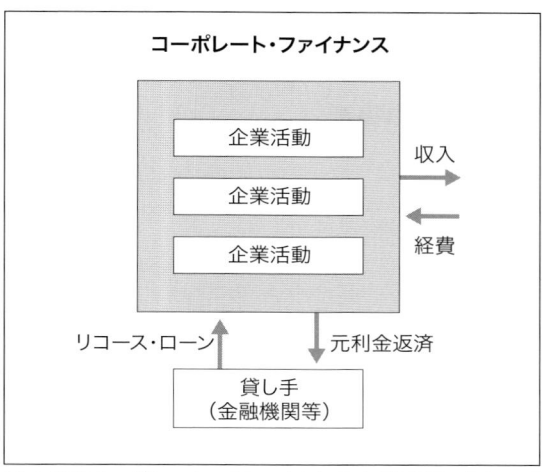
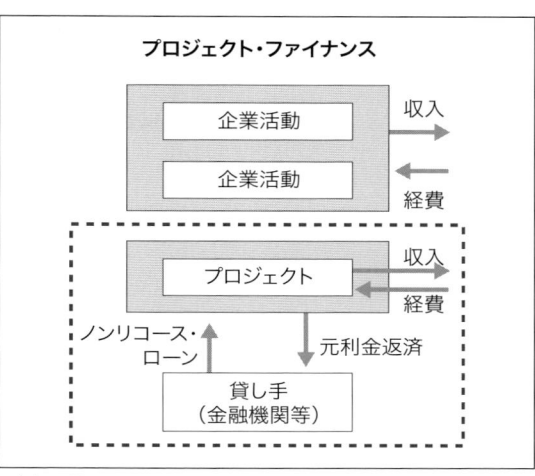

図4-6 ●コーポレート・ファイナンスとプロジェクト・ファイナンス

フローのみを返済原資とし、その範囲を超えた返済義務を負わないとされる場合が多い。責任財産限定型ローンまたは責任財産限定特約付ローンなどと呼ぶこともある。

基本的な構成は、図4-7のようにプロジェクト会社を中心とした概念となる。

この場合は、不動産証券化スキームを導入し、必要なファイナンスを実施する例が多い。ただし、これらの契約関係やプロジェクト関係者は、プロジェクトにより多様である。

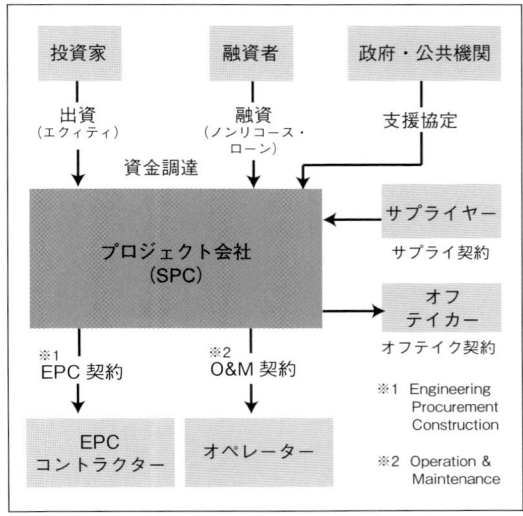

図4-7 ●基本的なプロジェクト・ファイナンスの構成

●**不動産証券化のスキーム**

不動産証券化とは、SPV（Special Purpose Vehicle）などを利用し、証券を発行して投資家から資金を集めて不動産に投資し、そこから得られる賃料収入などの収益を投資家に配分する仕組みである（図4-8）。

SPVのうち、法人格を有するものが、SPC（Special Purpose Company）であり、株式会社や合同会社、もしくは資産流動化法に基づき設立された特定目的会社（TMK：Tokutei Mokuteki Kaisha）などが該当する。

実際に組成される不動産証券化のスキームは法令などに基づくことになり、以下のようなものがある。

・「投資信託及び投資法人に関する法律」に基づく不動産投資法人および不動産投資信託（J-REIT）
・「不動産特定共同事業法」に基づく不動産特定共同事業
・「資産の流動化に関する法律」に基づく特定目的会社（TMK）
・合同会社を資産保有主体として、匿名組合出資などで資金調達を行うGK-TKスキーム（合同会社－匿名組合方式）

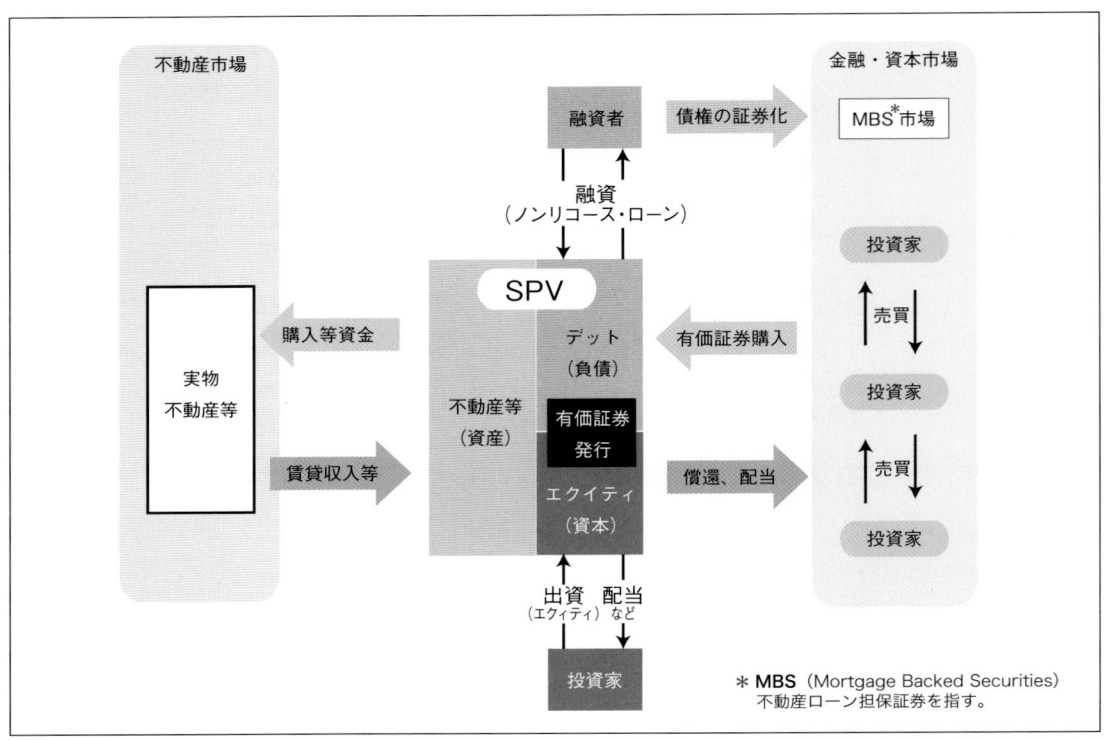

図4-8 ●不動産証券化のイメージ

●プロジェクト・ファイナンスの導入理由

プロジェクト・ファイナンスが利用される主な理由を考えると、以下のようなものが挙げられる。

- コーポレート・ファイナンスを行う場合、事業者の与信枠*が問題になる。1つの会社が与信をもって調達できる融資額には限度があり、どんなに好機があろうとも融資を受けられない可能性がある。プロジェクト・ファイナンスの場合、与信枠にとらわれないノンリコース・ローンの利用で、この<ruby>枷<rt>かせ</rt></ruby>をはずすことができる。

- コーポレート・ファイナンスを利用する場合、その資産および負債は財務諸表のバランス・シート（貸借対照表）上に表れ（オン・バランス）、プロジェクト・ファイナンスの場合は、バランス・シートから切り離すこと（オフ・バランス）が可能になる。

- 投資家あるいは融資者にとっては、プロ

ジェクト・ファイナンスの手法を用いることで、他の事業による損失などによって事業母体が倒産しても、当該事業は影響を受けることはなくなり、リスクを回避できることになる。すなわち、倒産隔離が確保できる。

- SPVを用いることで、外部からの出資を受けやすい構成となり、投資家が単独で手がけることができないような規模のプロジェクトでも投資リスクを分散させることができる。

- 税制上の優遇措置を受けられることも多い。

  ＊与信枠
  融資などの限度枠のこと。

◆不動産流動化・証券化の主体

証券化に関わる主体は以下のとおりである。

○オリジネーター（Originator）

証券化に限らないが、土地や既存建物を提供する主体をオリジネーターという。

○アレンジャー（Arranger）

証券化を実現するために各段階の実務の調整を行う主体のこと。具体的には、不動産の処分に関しての助言、証券化ストラクチャーの構築検討、デュー・デリジェンスの外部関係者への委託支援、会計士・弁護士・不動産鑑定士・信託銀行・証券会社などの各専門家の選定支援などを行う。ストラクチャー決定後は、資産担保証券の引受先や融資先の選定などを行う。通常、アレンジャーは、証券会社・銀行・信託銀行などの金融機関や金融・不動産などの専門コンサルタントなどが担う。

○不動産投資顧問会社

流動化・証券化が制度化され、個人を含む投資家がこの市場に参入してきている。そのような投資家を保護するためにも、資格要件を満たした投資顧問会社のみが投資顧問業を営業することができる。基本的に不動産ファンドを組成するのは不動産投資顧問会社となる。

○信託銀行

信託銀行は、特定目的信託を扱うほか不動産信託・土地信託方式での受益権も流動化できる。

◆信託受益権（土地信託）

土地所有者が契約に基づき、信託銀行に土地を信頼して託すことによって不動産開発を行う方式を土地信託方式という。土地の所有権は信託銀行に移転し、信託期間終了後にもとの土地所有者に戻ることを受託した信託銀行は、資金を調達して賃貸施設などを建設し、管理・運用を行う。

その事業から得られた利益から信託報酬を控除した残りを授権者に信託配当として支払う。この土地信託方式から利益を受ける権利を信託受益権という。この他に、不動産管理信託・不動産処分信託・不動産設備信託などの信託方式がある。これらの信託受益権は売買が可能である。

◆プロジェクト・ファイナンス導入の条件

投資家や融資者が承諾してプロジェクトに参画するためには、事業計画が適切であること、リスクも適切に把握され対処方法も計画されていること、利益を上げられることなど、多くの条件がそろわなければならない。近年、環境に対する取組み方が条件になる場合も出てきている。以下に、いくつかの要件を示す。

・事業計画が適切であること。事業計画書は投資家および融資者から要求されるが、第三者の客観的な検証が求められることも多い。
・事業から十分なキャッシュ・フローが得られること。事業計画をもとに作成された想定キャッシュ・フローを分析した結果が投資家および融資者にとって満足なものでなければならない。

参考

■証券化（Securitization）とは

流動化および証券化という言葉について、法律上の定義はない。一般的に、保有資産から生まれるキャッシュ・フローを裏付けにして資金調達を行うことを流動化という。中でも、その資金調達において、社債・株式などの有価証券（ABS: Asset Backed Securities）を発行する場合は証券化という。

証券化によって投資家は当該資産から生じるキャッシュ・フローを市場での流通が可能な小口の有価証券として購入・売却できること、また裏付けとなる資産を売買するよりもはるかに迅速に取引ができることになる。この場合、流動性が高まるといえる。また、発行者側から見ると投資家から広く資金を集めることが可能であり、銀行からの融資より一般的に低コストでの資金調達が可能となる。しかし、裏付けとなる資産についてのリスクが存在し、元利が保証されたものではないこととなる。

証券化される資産は、不動産だけではなく、債権や事業、更には知的財産なども対象になるが、本書では、不動産の証券化についてのみ取扱う。

- 借入金の利払いおよび元本返済、ならびに投資に対する配当および残余財産の分配などによる投資リターンが妥当であること。
- EPC契約*などが適正で、プロジェクト期間に想定される事象が網羅されていること。

> **＊EPC契約**
> 設計エンジニアリング (Engineering)、調達 (Procurement)、建設 (Construction) を含む、建設プロジェクトの建設工事請負契約を指す。

◈ プロジェクト・ファイナンスにおける留意点

● 建設工事契約に関する留意点

プロジェクト会社は、投資家からの出資およびノンリコース・ローンの合計額がその活動の原資となり、追加的に予算を充当することが容易にはできないことが多い。例えば、昨今の建設物価の上昇により、物価スライドによる工事費の増加を、プロジェクト・ファイナンスのスキームにて追加融資で補うことは困難である場合が多く、スキームの採用にあたり、融資者や出資者などの関係者とコスト超過への資金対策を十分に協議した上で採用することが望ましい。このような理由から、建設工事にかかるコスト

を確定させるために、プロジェクト会社は、工事施工者とEPC契約を締結し、工事金額を固定化しようとする。また、プロジェクト会社が事業継続が困難になった場合、融資者がその債権を先取的・優先的に確保する目的で、工事施工者が留置権を放棄するような契約をプロジェクト会社や融資者が要求する場合があり、その場合、工事期間中の支払回数を増やすことで、工事施工者のリスクを回避することも多い。

● プロジェクト会社設立前の留意点

プロジェクト会社成立をもって、プロジェクト会社は権利および義務の主体となり、それ以前に発生する費用については、当該プロジェクトの本来の資金源から支払われないことになる。一方、図4-9で示されるように、プロジェクト会社成立の前には、事業計画から施設の企画・設計、見積りなど多くの行為を行わなくてはならない。プロジェクト関係者おのおのがリスクを分析し、理解した上で、発生する費用に対する資金準備や支払方法などを決定する必要がある。

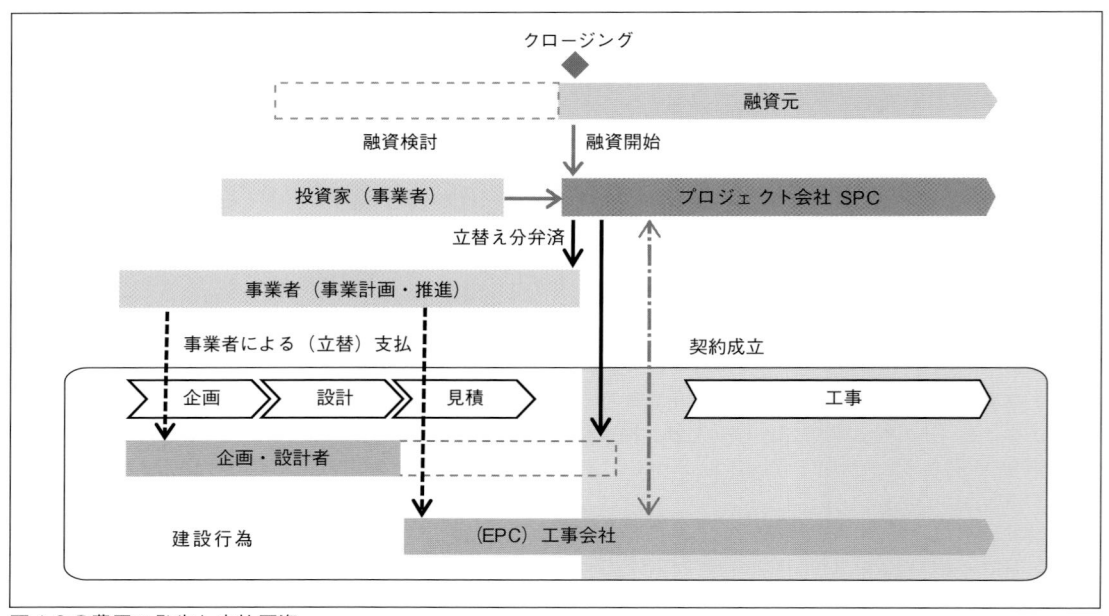

図4-9 ● 費用の発生と支払原資

3-3 不動産投資

◆ 不動産ファンド

　資産家・年金基金・政府系投資会社・保険会社などの投資家は、各種債券・株式などを含み、さまざまな対象に投資をしているが、その中に不動産への投資も含まれる。そのような投資を運用・管理するインベストメント・マネジメント会社が存在し、投資を企画し資金（ファンド：fund）を募る。一般的に、この資金を投資・運用・管理する組織をファンドと呼んでいる。不動産を投資の対象として組成されたファンドが不動産ファンドである。

　不動産ファンドが少数の投資家から資金を募る場合は私募ファンドと呼ばれる。これに対して、公募市場から資金を募るのが公募ファンドで、多くの不動産投資信託がこれに当たる。不動産投資信託は、REIT（リート）とも呼ばれ、J-REITとは日本版のREITである。

　2010年にはJ-REITと同様の仕組みながら、証券取引所に上場せずに投資家を機関投資家のみに限定した私募リートが誕生した。

　不動産ファンドが不動産への投資を行う場合に、ストラクチャード・ファイナンス（プロジェクト・ファイナンス）の仕組みが使われている。

● J-REIT・私募リート

　J-REITとは、投資家（個人・企業など）から集めた資金で不動産を購入（投資）し、その不動産の賃料収入などから得られた利益を投資家に配分する投資信託である（図4-10）。その運用は不動産の専門家に任せられており、投資家はこの利益を受け取る権利（投資口）を小口の資金で購入することができるスキームとなっている。これまで個人では難しかった大規模な事務所ビルなどへの投資でも比較的少ない金額から投資ができること、証券取引所に上場しているため株式と同じように売買が可能であること、利益の

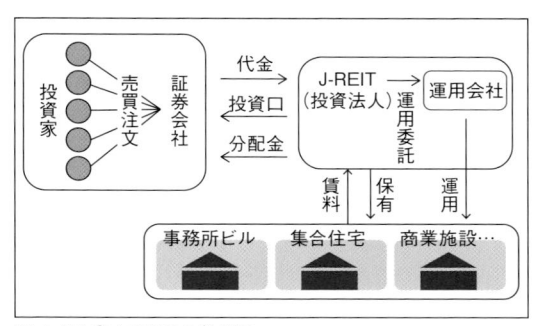

図4-10 ● J-REITの仕組み

90％超を配当とすると法人税が実質的に免除されるために配当性向が高いこと、安定性が高いことなどから、J-REIT市場は急成長している分野となっている。

　J-REITの多くは、東京証券取引所などに上場しているため、一般投資家も東京証券取引所などで不動産投資証券を売買することが可能である。2023年12月末時点におけるJ-REITの時価総額は約15.8兆円、J-REIT上場銘柄数61と急拡大している。当初の事務所ビル・集合住宅・商業施設に加え、医療福祉施設・物流施設など、多様な施設を保有している。

　現時点では日本のJ-REITは時価総額ベースでは米国に次ぐ2位にまで成長しているが、REIT市場の歴史が長い米国と比べると時価総額ベースで約10.8％程度と小さく、これからの成長が期待できる分野となっている。

◆ 投資用不動産評価の手法

　不動産投資について理解しておく必要があるのが投資用不動産評価の手法である。

　不動産の代表的な評価手法は、原価法・取引事例比較法・収益還元法の3手法とされている。バブル期までは取引事例比較法を重視する傾向にあったが、対象不動産から生まれる収益を価格決定の基盤とする収益還元法を重視する考え方が、徐々に国内マーケットに浸透していった。収益還元法には、単年度の収支をもとにする「直接還元法」と連続する投資期間にわたるキャッ

シュ・フローを予測する「DCF (Discounted Cash Flow) 法」がある。

●直接還元法・DCF法

直接還元法とは、一期間の純収益を還元利回りで還元して価格を求めるもの。例えば、純収益1億円の不動産の場合、4%の利回りで還元すると、1億円÷4%＝25億円となり、この不動産価値は25億円と推定される。

DCF法については、ある一定期間の純収益と将来時点における売却価値を現在価値に割り引いて計算したもの（詳細は以下の［参考］DCF法を参照）。

◆投資判断基準

投資家がどのような投資・運用を目指すのか、すなわち期待するリターン、許容可能なリスクの質・量・投資期間・投資規模などが投資判断の基準となる。一般的に不動産ファンドは期待リターンとリスクによって、Coreファンド・Value Addファンド・Opportunityファンドに大別される（図4-11）。

その基準への適合性検討の方法には以下のよ

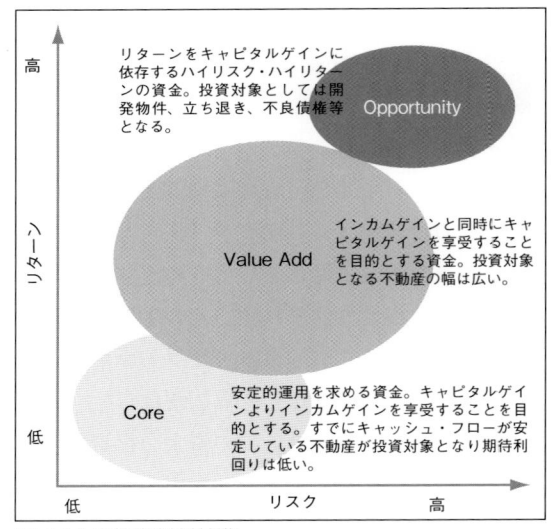

図4-11 ●投資判断基準

うな方法がとられている。

● ROA：総資産利益率

ROA (Return on Assets) は、事業に投下されている資産がどれだけの利益を獲得したかを示す財務指標である。また、事業の効率性と収益性を同時に示す指標でもある。

ROA＝利益÷総資産額×100

■DCF法

投資期間に相当する各期の純収益や投資期間終了後の復帰価格（売却価格）を予想し、期待利回りで割り戻す手法である。

図では、8年目に売却することを仮定して、8年目までの各年の予想キャッシュ・フローに9年目以降に入るべきキャッシュ・フローを復帰価格（売却の予想額）として加えた合計が価格時点の価格となる。ただし、Discount Rate（現在価値）の還元率で割り引いた値が使用される。

DCF法（直接還元法も同様であるが）では、事業の純収益から価格が導かれるため純収益の適正な把握が必要である。純収益は、総収入から総費用を控除して求めるものなので、収入と費用の分析と評価が重要である。ただし、価格設定の際には、実際の収入・費用ではなく、対象不動産の潜在的能力を反映して安定化したものを利用する。実績値を有する安定化している不動産であれば比較的容易に予想ができて理論的な価格

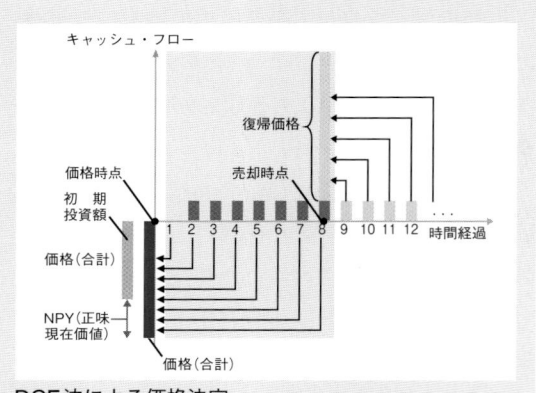

DCF法による価格決定

になり、空室率の逓減、更新時の賃料改定などを織り込んだ計画が立てられるという長所と、新築など実績値のない対象不動産などの場合の予想の不確実性、将来の売却価格を予想するために恣意的になる可能性などをはらんでいるという短所がある。

● ROI：投資利益率

ROI (Return on Investment) は、投下した総投資額に対してどれだけの利益を生み出せるかを示す財務指標である。

ROI＝利益÷総投資額（自己資本＋長期負債）×100

指標の値が高ければ、多くの利益を生み出していることになる。企業における投資判断の「ハードル・レート」として設定される数値でもある。

● ROE：自己資本利益率

ROE (Return on Equity) は、自己資本のみの総投資額に対してどれだけの利益を生み出せるかを示す財務指標である。

ROE＝利益÷総投資額（自己資本のみ）×100

または、以下の算出方法もある。

ROE＝1株当たり利益（EPS (Earnings Per Share)）÷1株当たり純資産額（BPS (Book-value Per Share)）

● CCR：自己資金収益率

CCR (Cash on Cash Return) は、自己資本投資額に対する単年度のキャッシュ・フローの割合であり、借入金を併用する場合には他人資本（借入金など）を除いた自己資本に対する利回りを求める。投下した資本がどれだけの利益を生んでいるのかを測る際に使われる基本的な指標とされる。計算式は以下のとおりである。

CCR＝利益÷自己資金×100

キャッシュ・オン・キャッシュと類似する利回り法では、キャップ・レート（Capitalization Rate）、イールド（Yield）といわれる借入金を控除しない総合還元利回り法も使われる。

不動産においては、一般的に融資を受けられるため、ROIでは不動産投資全体の効率性を図ることができるが、実際は自己資金の利回りをきちんと把握した上で、投資判断する必要から、不動産投資においてはROIよりもCCRを重視

した投資が行われる。

● イールド・ギャップ

イールド・ギャップ（Yield Gap）とは、投資利回りと長期金利の差を示したもの。例えば不動産利回りが8%で、一方、銀行からの借入金利や国債利回りなどが3%であれば、その差5%がイールド・ギャップとなる。

例えば、1億円の不動産投資において8%の収入があれば、800万円となる。これに対し、1億円の借入金に対して支払うべき金利は1億円の3%の300万円となり、800万円の賃料収入から300万円を引いた500万円が収入となるため、1億円の500万円で5%がイールド・ギャップとなる。

● IRR：内部投資収益率

IRR (Internal Rate of Return) とは、ある資産に投資をしたときに、それからもたらされる将来のキャッシュ・フローと資産の価格とを等しくする割引率のこと。IRRは、投資額と投資に伴う収益額が同金額となる場合に0%となり、収益額が投資額を上回る場合にプラスとなる。投資額が同じ場合、収益額が多いほど、収益の回収が早いほど高くなる。

原則として、IRRを指標（ハードル・レート）として用いる投資家が多い。

IRRには以下の注意点がある。

・IRRには利回りの観点しかないため、投資規模（利益総額）が考慮できない。
・IRRを検証する際に、投資期間に留意する必要がある。

● NPV：正味現在価値

NPV (Net Present Value) とは、投資によって将来発生するキャッシュ・フローの現在価値から初期投資額を差し引いた差額により投資の意思決定を行う方法のこと。「NPV≧0」が投資すべきどうかの判断指標となる。その際IRRと同時に検討される場合が多い。

●エクイティ・マルチプル

エクイティ・マルチプル (Equity Multiple) とは、投資期間終了までに自己資本投資額に対し配当や償還されたキャッシュ・フローの合計額の自己資本投資額に対する倍率である。すなわち、投資期間中に資本を何倍にしたかという数値で、IRRに対する検証手段となる。

●プロフィット・レート（売却差益率）

プロフィット・レート (Profit Rate) は売却価格からプロジェクト・コストを差し引いた売却利益をプロジェクト・コストで除したもので、プロジェクト自体の収益性が把握でき、開発案件を中心に用いられている。

●レバレッジ

投資総額のうち、自己資金を除いた借入金額がレバレッジ (Leverage) を使った投資となる（図4-12）。

不動産投資においては、借入を行うことで自己資金を超えて大きな投資ができるため、レバレッジという形で、「自己資金÷総投資額×100」により、どれだけの自己資金で投資を行っているのか計算する。例えば、投資総額1億円で、自己資金が1000万円であれば、10倍の投資を行っていることとなる。投資家にとって、高いレバレッジを利用することによって、投資のリターン効率を上げることができる。ただし、リターン効率を上げる半面、損失を出した場合の影響も著しく高くなる。

ローリスク・ローリターンの場合は、投資判断基準として、キャッシュ・オン・キャッシュが使われることが多い。一方で、ハイリスク・ハイリターンの場合は、幾つもの指標を組み合わせて判断することが多い。

◆融資者の判断

融資は、提供した資金の元本を回収し、かかる金利を得ることによって利益を得る事業形態である。したがって、まずは貸付金利の利率が重要な要素となる。その利率は、リスクの観点から回収の確実性・安定性と深い関連がある。端的にいえば、リスクが低い案件には、低い利率の融資がつくし、リスクが高ければ金利も高くなる。また、ある一定水準以上のリスクがあれば融資が成立しない。

融資もリスクと金利の条件が異なる階層が設定されることもある。「シニア（優先）→メザニン（中間）→ジュニア（劣後）」と区別される。シニアの返済順位が優先されるが、貸付利率は低くなる。ジュニアは逆である。

3-4 民間の資金および能力を活用する公共事業

公共施設などの建設・運営・管理などを民間の資金・経営能力・技術的能力を活用して行う手法をPFI (Private Finance Initiative) と呼ぶ。ほとんどの場合、資金調達はプロジェクト・ファイナンスの手法を使って実施される。

PFIは英国で考案された手法であるが、英国以外での実施事例も多い。海外では事業者選定に際し、候補者に経済的負担をかけることが多

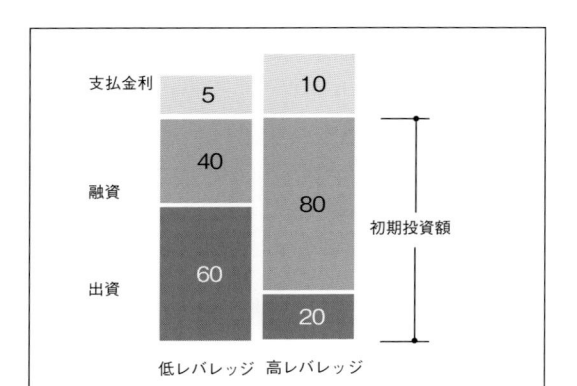

初期投資総額＝100とした場合、事業収入が同じ30だとすると、低レバレッジケースの利益は 30-5=25 であり、出資60に対するリターン率は 25÷60=41.6%となる。一方、高レバレッジケースでは、利益は 30-10=20 で、出資に対して100%の高いリターン率が得られる。

図4-12●レバレッジの効果

かったことなどから、実施されるプロジェクトが限定されるようになっている。最近ではPPP（Public Private Partnership）などの民間活力の利用が多くなっている（図4-13）。

　日本では、PFI法（民間資金などの活用による公共施設などの整備などの促進に関する法律：1999年7月）が施行され、数多くの案件に導入されている。

　2024年3月現在で、内閣府の調べによれば、PFI事業数は1,004件（国95件、地方851件、その他58件）、契約金額ベースで8兆6千億円にまで達している。

◆ PFIの一般的仕組み

　日本におけるPFIの一般的な構成を、図4-13で示す。一般的なPFIの構成（図4-14）は、「3-2　プロジェクトの資金調達」で示した図4-7とほぼ同様である。ここでは、公共発注者は対等な事業契約に基づき民間事業者が組成したSPV（Special Purpose Vehicle）から公共的サービスの提供を受ける。その導入により、公共発注者の事業コストの削減やより廉

価で質の高いサービスの提供が目指されている。更には、これまで「官」が行っていた事業を「民」が行うことにより、「民」での新たな事業機会の生成、官民の関係上での新たな役割分担、パートナーシップの形成も期待されている。

　「民間預金等の活用による公共施設等の整備等に関する事業の実施に関する基本方針（2013.9.20閣議決定）」において、事業の性格は国の基本方針に沿ったものであることが、以下のように求められている。

- ・公共性のある事業であること（公共性原則）
- ・民間の資金、経営能力および技術的能力を活用すること（民間経営資源活用原則）
- ・民間事業者の自主性と創意工夫を尊重することにより、効率的かつ効果的に実施すること（効率性原則）
- ・特定事業の選定、民間事業者の選定において公平性が担保されること（公平性原則）
- ・特定事業の発案から終結に至る全過程を通じて透明性が確保されること（透明性原則）
- ・各段階での評価決定について客観性がある

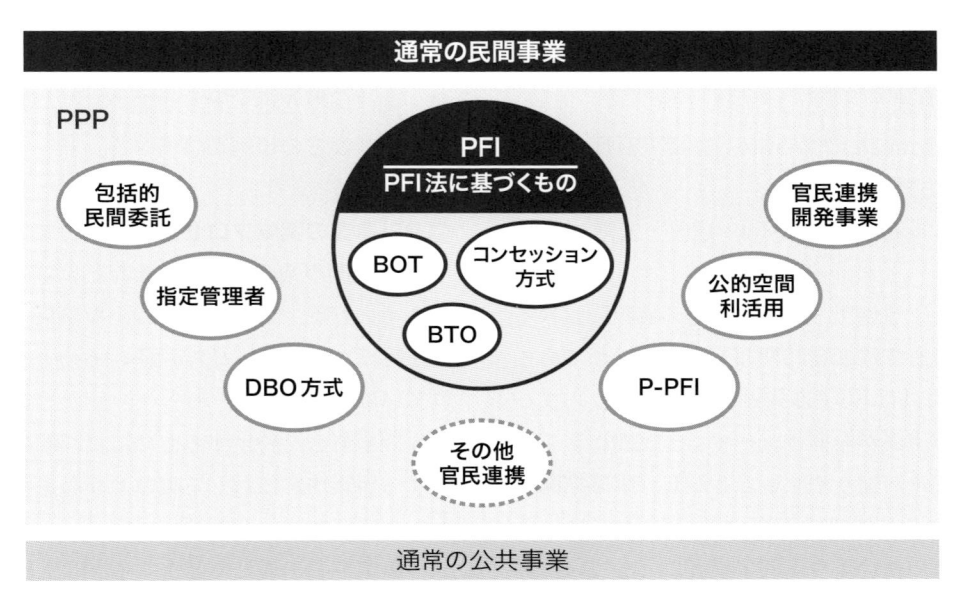

図4-13 ● PPPとPFIの概念図（国土交通省「官民連携の1stステップ」2023年度版）より作成

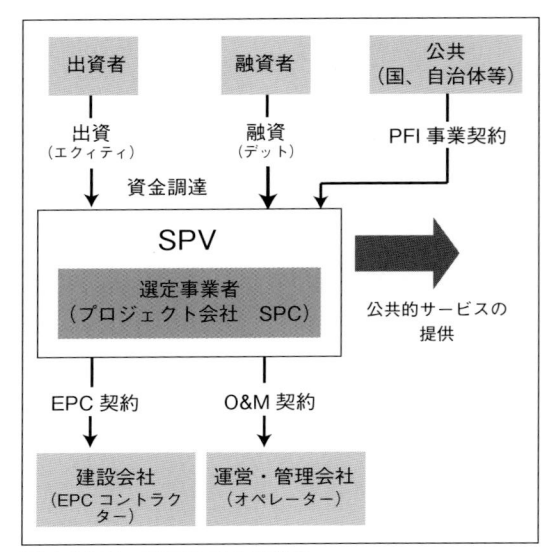

図4-14 ●一般的なPFIの構成

こと（客観主義）

- 公共施設などの管理者などと選定される事業者との間の合意について、明文により、当事者の役割および責任分担などの契約内容を明確にすること（契約主義）
- 事業を担う企業体の法人格上の独立性または事業部門の区分経理上の独立性が確保されること（独立主義）

◆ PFIの事業方式

PFIの代表的な事業方式は以下のとおりである。

● BTO方式

Build Transfer Operate：建設・譲渡・運営

● BOT方式

Build Operate Transfer：建設・運営・譲渡

設計・工事施工・管理・運営の過程における施設の所有権移転の時期などによる分類である。

一般的にはBOT方式がPFI事業者のノウハウや創意工夫が発揮されやすく、民間による経営の効率化が図りやすい。しかし、事業期間に公共発注者が施設を所有するBTO方式のほうが補助金の執行面や民間事業者にとっての税制面で有利な場合が多いことから、BTO方式が

大半を占めているのが現状である。

➡第2章「1-1 発注方式」

◆ コンセッション事業

コンセッション事業とは、高速道路・空港・上下水道などの公共施設などについて、施設の所有権は公共が保有しながら、運営権を特別目的会社として設立される民間事業者に売却し、運営を任せるものである。民間事業者は、公共施設などの利用者から利用料金を受け取り、運営にかかる費用を回収する独立採算型事業として運営し、事業利益を獲得する。経営の自由度が高いため、品質の高いサービスを維持しつつも、費用削減や収益増加策の導入により、より効率的な事業運営が可能となることが期待されている。

公共発注者としては、運営権の売却による債務削減やマーケットリスクの転嫁が可能となる。民間事業者は、民間の創意工夫により収益・利益の拡大が期待されるとともに、運営権を担保とした資金調達が可能となるなどの長所がある。

従来のPFI方式との大きな違いは、事業主体が公共ではなく、民間事業者が経営主体となることである（図4-15）。

現状のコンセッション事業としては、仙台空港・関西国際空港・大阪空港のほか、大津市の水道事業などの事例が該当する。

◆ PFI事業の実施プロセス

ある民間事業者がPFI事業者として特定されるための評価・判断および公正な事業者選定などを行うためのプロセスが図4-16のように示されている。

民間事業者を特定するためには、候補者が提案する事業内容に対して次のような比較検討が行われる。

- 事業期間を通じて発生する財政支出を、従来型の施設を直接建設・運営する場合と

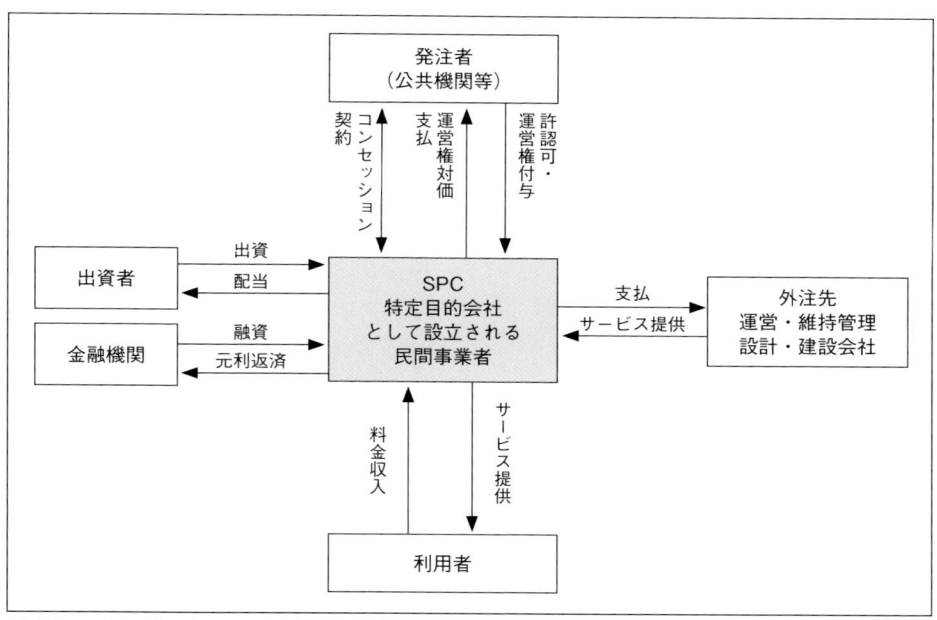

図 4-15 ●コンセッションの事業スキーム

PFI事業を導入した場合とで算出し、現在価値に換算して比較が行われる。

・ 得られるであろうサービス水準が定量的に比較できない場合も多く、客観性を担保した上での定性的な比較も行われる。更に、市場調査やVFM (Value for Money) を加えて総合評価が行われた上で、その事業が

特定事業の選定
ステップ1　民間事業者からの発案
↓
ステップ2　事業の発案
↓
ステップ3　実施方針の策定および公表
↓
ステップ4　特定事業の評価・選定・公表
↓
民間事業者の募集および選定など
ステップ5　民間事業者の募集・評価・選定・公表
↓
ステップ6　協定等の締結など
↓
PFI事業の実施
ステップ7　事業実施・業績監視など
↓
ステップ8　事業の終了

図 4-16 ●一般的な PFI のプロセス
出典：内閣府ホームページ（www8.cao.go.jp/pfi）

PFI事業として特定される。

◆ PPPを利用した公共事業について

PPP (Public Private Partnership) とは、行政と民間企業が連携し、おのおのの強みを活かすことによって、より効率的で有効な公共サービスの提供を実現し、地域の価値や住民満足度の最大化を図る制度である。上述のPFI事業やコンセッション事業もPPP事業の1つである。

PPPの主な事業形態としては、アウトソーシング型と地域協働・連携型の2つに分類される。

・ アウトソーシング型：業務委託：指定管理者・定期借地・PFI事業・コンセッション事業など

・ 地域協働・連携型：事業提携・補助金・助成など

➡第2章「1-1　発注方式」

■ VFM（Value for Money）

PFI 事業の実施のための基準の 1 つとされている VFM は、「支払いに対して最も価値の高いサービスを供給する」という考え方である。英国会計検査院（NAO：National Audit Office）は、PFI 事業における VFM の獲得方策として以下の 4 つの方策を報告している。

　①明確なプロジェクトの目的の設定
　②適切な調達プロセスの適用
　③最良な契約の最適なタイミングでの実施
　④契約の正当な実施

公共部門自らが実施する場合の事業期間を通じた公的財政負担の見込み額の現在価値である PSC（Public Sector Comparator）と、PFI 事業として行った場合の事業期間を通じた公的財政負担の見込み額の現在価値である PFI 事業の LCC（Life Cycle Cost）を比較することが VFM 評価の基本とされている。併せて、PSC と PFI 事業の LCC が同等である場合や公的財政負担の範囲が異なる形態の PFI 事業の場合を含めて、以下に挙げる要素は評価にあたっての重要なポイントである。

　①サービス自体の水準・質の向上
　②事業自体の効果・有効性
　③官民による的確なリスク分散

PFI 事業は一般的に長期にわたるものであり、開始された後の事業期間を通じての事業自体のマネジメントや維持・管理、あるいは第三者による事業に対する業績監視といったものも、VFM を評価していく上で重視しなければならない。

4 CRE戦略・PRE戦略

4-1 CRE戦略

◆ CRE戦略の概論

　CRE（Corporate Real Estate：企業不動産）戦略とは、2008年に国土交通省が公表した「CRE戦略を実践するためのガイドライン（案）」および「手引き（案）」のなかで、企業価値向上の観点から、経営戦略的視点に立って企業不動産の見直しを行い、不動産投資の効率性を最大限向上させていこうとする考え方と定義されている。企業不動産を単なる管財として捉えるのではなく、企業価値の最大化を図るための経営資源に対してどのように投資・運用していくかという観点に立った戦略となっており、保有コストおよび資産価値の2面からアプローチすべきものとされている。

　また、日本ファシリティマネジメント協会（JFMA）からは、2015年に『CREマネジメントハンドブック 2015 JAPAN』が発行されている。

　国土交通省のCREガイドラインを踏まえ、より実践的なマネジメント手法の説明や事例紹介がなされている。

　企業不動産のうち遊休化した土地や老朽化した建物を放置しておくことは、経営資源の活用を怠ることにつながり、近年ではステークホルダーから経営の怠慢として経営責任を問われる場合もある。このように、CRE戦略は経営リスクと直結するものであり、しかるべき時期に適切な投資・運用を行うことが求められる。

　また、会計の側面からもCRE戦略は重要な位置付けとなる。2006年に減損会計の適用が義務付けられ、土地・建物の簿価と時価に一定の乖離が見られる場合は、減損処理により特別利益・特別損失が計上されること、また、投資不動産や遊休不動産は時価開示が求められ、決算ごとに保有不動産の評価内容が公開されることになった。企業として、保有している資産は積極的に活用し利益を生み出す必要があること、不要な資産は再編により貸借対照表（BS：バランス・シート）をスリム化する必要があること、これらの方針を経営戦略としてまとめたものがCRE戦略である。

➡第4章「2-3 財務」

　国土交通省のCREガイドラインにて、CRE戦略の特徴を以下のとおり示している。

- 不動産を単なる物理的生産財として捉えるだけでなく、「企業価値を最大限向上させるための（経営）資源」として捉え、企業価値にとって最適な選択を行うこと。
- 不動産に係る経営形態そのものについても見直しを行い、必要な場合には組織や会社自体の再編も行うこと。
- ICTを最大限活用すること。
- 従来の管財的視点と異なり全社的視点に立った「ガバナンス」と「マネジメント」を重視すること。

　また、CRE戦略の導入による直接的な効果としては、以下5点が挙げられる。
① コスト削減
- 拠点統廃合や一元管理などによる効率化
② キャッシュ・イン・フローの増加
- 収益機会損失の改善
③ 経営リスクの分散化・軽減・除去
- 減損への対応、業務の外部化
④ 顧客サービスの向上
- 不動産の適正配置による利便性向上

⑤コーポレート・ブランドの確立
　・著名物件の所有によるブランディング
　さらに間接的な効果として以下2点が期待できる。
⑥資金調達力アップ
　・価値向上、キャッシュ・フロー改善による調達力向上
⑦経営の柔軟性・スピードの確保
　・容易かつ的確な経営判断の実現

◈ CRE戦略の動向

●経営指標の改善

　CRE戦略の対象となる主な資産は、BSの有形固定資産に計上されている土地・建物および構築物である。企業が保有している土地・建物の比率はそれぞれ異なるが、一般事業法人で10〜30％程度、不動産会社で20〜50％程度と、資産全体の中で大きな比率を占める。これらの資産をどう活用していくかにより生み出される利益が増減し、企業価値に大きな影響を及ぼすことになる。主な経営指標であるROAやROEは、BSの資産を圧縮することで改善でき、資産コストの削減は利益の創出につながり、これ

らの指標の改善に直結する（図4-17）。

➡第4章「3-3 不動産投資」

● CREの多様な活用方法

　企業不動産には、さまざまな活用方法がある（図4-18）。土地については、担保としての活用の他に、土地賃借による低リスクの運用や、建物を建設し収益を上げる方法もある。また、総合設計のような容積を緩和する手法や、都市再生特別地区や地区計画などの都市計画手法や法定再開発など、合意形成に時間はかかるが、

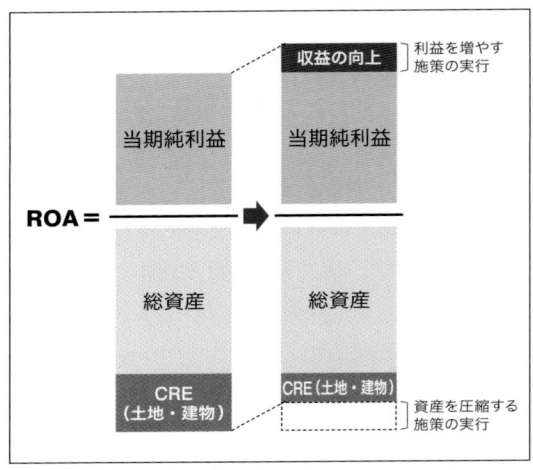

図4-17 ●ROAの改善

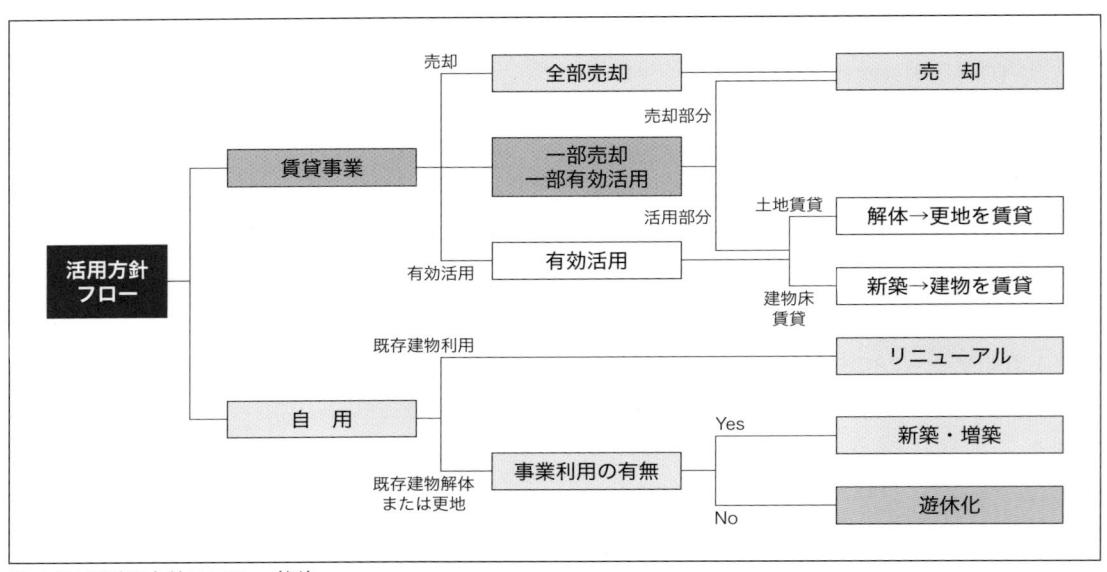

図4-18 ●活用方針のフロー（例）

土地の潜在的な価値を上げる方策もある。建物については、床を賃貸することで収益を上げることが基本となるが、改修工事などにより周辺物件との差別化を図ることや、用途変更などにより収益性を高める手法もある。その他の活用方法として、売却や買換えの選択肢もある。不動産が生み出す利益よりも本業の利益が高い場合、売却により得られた資金を本業へ投資することで企業価値の向上につながる。買換えについては、建設期間の収入減を避けることができる他、一定の条件を満たせば事業用資産の交換・買換特例による圧縮記帳（節税）が実現できる長所もある。建築的な手法のみならず、不動産や財務会計における知識も活用することで、幅広いCREのマネジメントが可能となる。

● CREの調達手段

企業不動産を調達する手段は、自用の場合、主に所有と賃借に分けられる。所有は購入コストがかかりBSが膨らむが、長期的なキャッシュ・フローの抑制には効果的である。賃借は損益計算書（PL）への負担が大きいが、フレキシブルなニーズに対応できるメリットがある。以前は、BS圧縮のため本社を所有から賃借へ変更（セル＆リースバック）する事例も見られたが、IFRS（国際財務報告基準）の導入によりリース資産もBSに計上されることとなり、近年、財務会計よりも働き方改革や生産性向上の観点で所有形態を判断する場合が増えている。

➡第4章「2-4 建設プロジェクトの財務・会計」

● CRE戦略の実施体制

CRE戦略を実践するためには、企業内の実施体制の整備が重要である。建物を管理する部署は総務や管財部門または関連子会社であることが多いが、CRE戦略の推進には、人事・財務・経理・経営企画・営業部門などとの合意形成が必要であり、全体を統括し、CREを所掌する取締役や執行役員の存在が必要となる。これらの社内体制を整備することで、迅速かつ的確な判断・実行が可能となる。もし、社内の人的資源が不足している場合や、社内にノウハウを有する人材がいない場合は、外部提携による委託先の選定や、外部からの人材調達なども考慮する必要がある。CMrとして、発注者の体制を見極め、適切な助言・支援を行うことが求められる。

● ESG投資

近年、運用の際に環境・社会・ガバナンス（企業統治）といった非財務情報を考慮する「ESG投資」が拡大している。2015年9月に年金積立金管理運用独立行政法人（GPIF）がPRI*（Principles for Responsible Investment：責任投資原則）へ署名し、本格的にESG投資を始めたことが発展の大きな契機となっている。企業は、従業員の能力開発への取組み、サプライヤーとの公平で倫理的な関係の構築、地域社会への貢献を行うことで、株主に対して長期的利益を提供することが必要とされている。これに伴い、気候関連財務情報開示タスクフォース（TCFD）にて環境・気候変動に関する情報開示を求められている。これらの活動目的がSDGs、目的達成の手段がESGである。ESG投資は、財務情報における従来からの投資の1つだけでなく、Environment（環境）、Social（社会）、Governance（ガバナンス）などの非財務情報も考慮しつつ、収益を追求する投資手法である。CRE戦略の立案にあたり、ESGへの取組みは避けては通れない。CREはEnvironment（環境）のみに注目されがちであるが、社会・ガバナンスの観点も含め、投資戦略を提案する必要がある（図4-19）。

*PRI
国連が各国金融業界に向けて提唱したイニシアティブで、機関投資家の投資意思決定プロセスに受託者責任の範囲内でESGの視点を反映させるべきとしたガイドラインである。
➡第3章「7-1 環境マネジメントの動向」

◆ CRE戦略の課題

CRE戦略で最も重要なポイントは、しかる

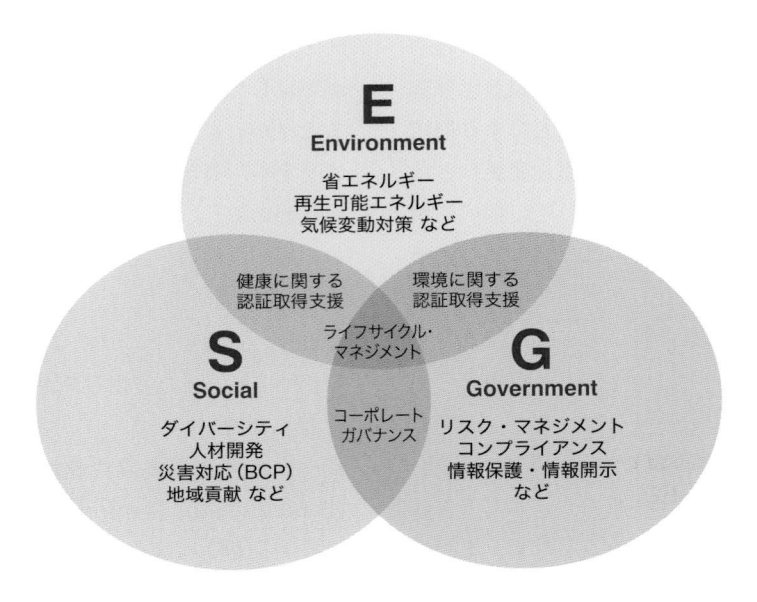

図4-19 ● ESGを切り口としたマネジメント

べき時期に迅速かつ的確な判断を行い、施策・投資を実施することである。これを妨げる要因は大きく2つあり、「資金の手当て」と「人材の確保（社内体制の構築）」である。

　資金の手当てについては、CRE戦略の実行にあたり、建替えや改修、売却や購入など、多額の資金投下が必要となる。また、保有建物の大規模改修にかかる投資も大きく、改修計画どおりに投資が実行されない場合も多い。事後保全（トラブルが起きてから対応する）による費用の増加や、老朽化による収益損失、資産価値の目減りなどが懸念される。CMrとして、単に投資金額の提示に留めるのではなく、資金調達の手法（可能性）についても提案することが必要となる場合もある。例えば、資産の売却、土地の活用、借地権による権利金や前払地代の設定など、事業スキームを駆使した調達手法も合わせて提案することで、マネジメントの幅が広がり、CRE戦略の実行・推進に寄与することになる。

　もう1つの課題である人材の確保（社内体制

の構築）について、不動産を専業としない一般の事業法人は専門知識を有した人材が社内にいないことが多く、場当たり的な判断をしてしまうことや、逆に判断の機会を逸することもある。CMrの責務として、発注者の経営判断に資する説明責任（アカウンタビリティ）が求められる。経営への説明資料として、的確に判断に必要な数値や根拠などを簡潔に纏めることが必要である。CRE戦略の意思決定については、その後のCM業務へ流れていく起点となる重要な段階であることから、発注者の経営判断の材料となることを十分意識して資料の作成に臨みたい。

◆ 今後に向けた展望

　CRE戦略は、経営からのニーズに対して柔軟に対応できる内容であるべきであり、建替えや改修、売却や購入など、あらゆる手法について検討しておくことが求められる。今後のストック型社会への転換や建築費高騰の構造的な問題を鑑みると、建物の利活用は新築から改修へ方針転換を図る場合が増えることが予想され

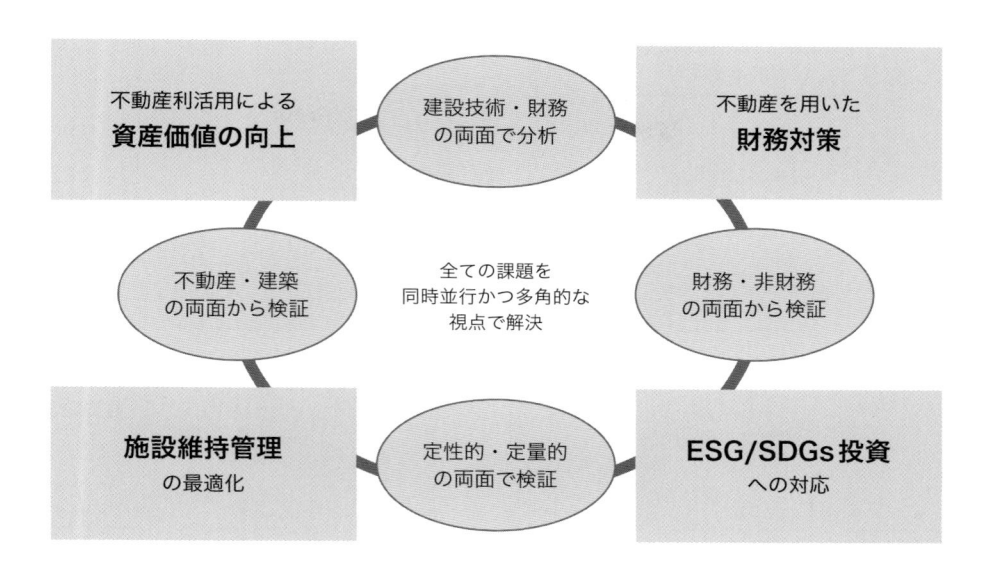

図4-20 ●CRE戦略立案のアプローチ

る。経年を重ねた建物へのライフサイクル・マネジメントはより重視され、資産価値向上の観点でより高い精度のマネジメントが求められる。改修計画の立案は、新築とは異なり難易度が上がる。遵法性調査や劣化診断、改修に伴う仮設計画など、精緻な建物調査が必要となり、工事費についても新築のような坪単価などで測ることは難しい。改修計画の精度を高めるとともに、単に改修計画を立案するのみではなく、さまざまな代替案となる選択肢を提示し、最良のプランを発注者に提供することに務めたい。

建物に関する課題は、「機能面」「財務面」「管理面」「対外面（ステークホルダーへの説明）」などさまざまであり、これらの課題を同時並行に解決していくとともに、実行性を担保する必要がある。実行性のない計画はただの空論となるため、信頼性の高いコスト・マネジメント、現実的な施工計画の検討、精度の高い基本計画など、合理的な根拠とともに、CRE戦略を実行していくことが求められる（図4-20）。

4-2 PRE戦略

◆ PREの概論

日本の不動産の資産規模は、国土交通省の推計によれば約3055兆円[1]、その中で公的な主体が所有するのは約1008兆円[2]、うち地方公共団体が所有するのは約702兆円[3]とされている。

> ＊1 内閣府「国民経済計算（令和3年度）」より住宅、住宅以外の建物、その他の構築物および土地の総額を示す。
> ＊2 ＊1について、一般政府が保有するもの。
> ＊3 ＊2について、一般政府における1994年度〜2022年度までの総固定資本形成のうち、地方政府が占める割合で按分したもの。

国や地方公共団体が公的不動産（PRE：Public Real Estate）を保有する目的は、第一には公共サービスの提供をはじめとする施策目的を達成するためである。特に高度経済成長期においては、公共施設に対する需要の拡大を背景として、土地を買い進め施設の建設を進めてきた。

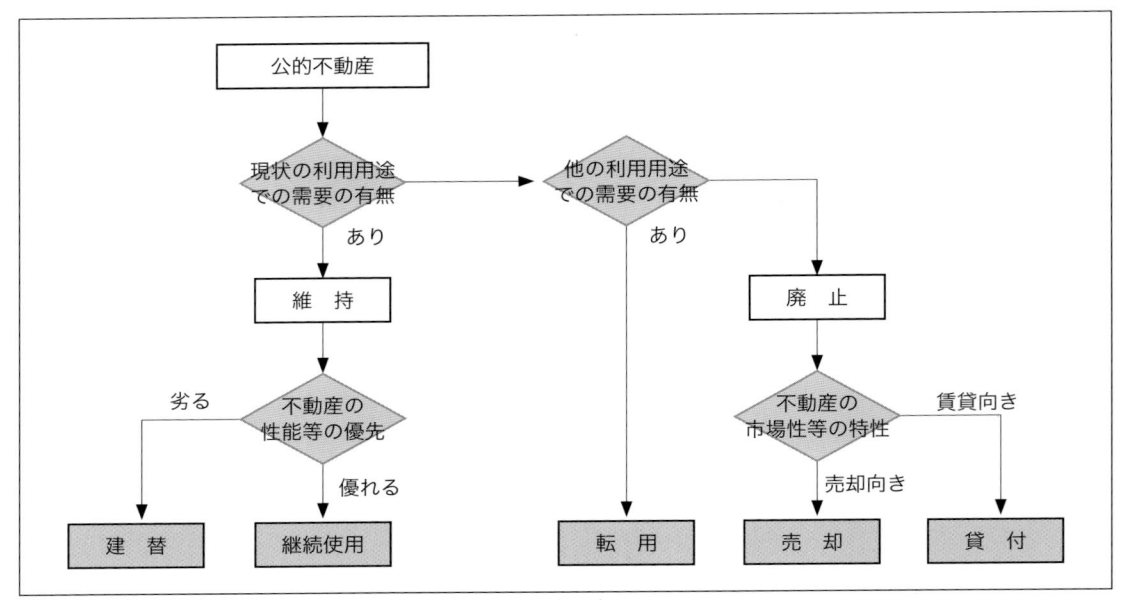

図 4-21 ● PRE の利活用を考える上での類型検討の基本的な流れ
出典:「PRE 戦略を実践するための手引書（2012.3 改訂版）」公的不動産の合理的な所有・利用に関する研究会（2012 年 3 月）

しかし近年、PREを取り巻く社会環境は変化している。人口減少により施設の総量の見直しが求められるとともに、少子高齢化により必要とされる公共サービスも変化している。高度経済成長期に建てられた施設は更新時期を迎えているが、一方で、財政制約の高まりにより、行政運営のいっそうの効率化が求められている（図4-21）。

このため近年では、民間の資金やノウハウを活用して、PREの有効活用を進めようとする機運が地方公共団体を中心に高まっている。民間発注者が土地を賃借して商業開発や住宅整備を進めたり、民間の収益事業と必要な公共サービスを複合化したりすることにより、開発コストや管理コストを削減するとともに、求められる都市・生活サービスを効果的・効率的に提供するなどが期待されている。

民間発注者にとっても、PREの民間活用が進むことで、建設業をはじめ、不動産業・施設管理運営業・金融機関といったさまざまな分野の発注者にとって事業展開の幅が広がることにな

る。また、民間企業が保有する施設に公共がテナントとして入ることによって、安定性の高い収益源が確保できるといった長所もある。ただし、施設の用途や運営のスキームに制約が課せられたりすることがあるなど、事業を行っていくにあたり留意点があることにも注意する必要がある。

◈近年のPREの動向

PREをめぐっては次のような動きがあり、PREの民間活用の機運はますます高まると考えられる。

● PPP／PFIの推進

1999年に成立したPFI法は、最近でも公共施設など運営権（コンセッション）制度や民間提案制度など、民間の裁量を更に拡大する仕組みが整備されてきている。財政の制約が厳しくなる中、PPP／PFIによる民間資金などの活用推進は重要な施策として位置付けられている。

●公共施設など総合管理計画などの策定・改訂

地方公共団体は、公共施設などの総合的か

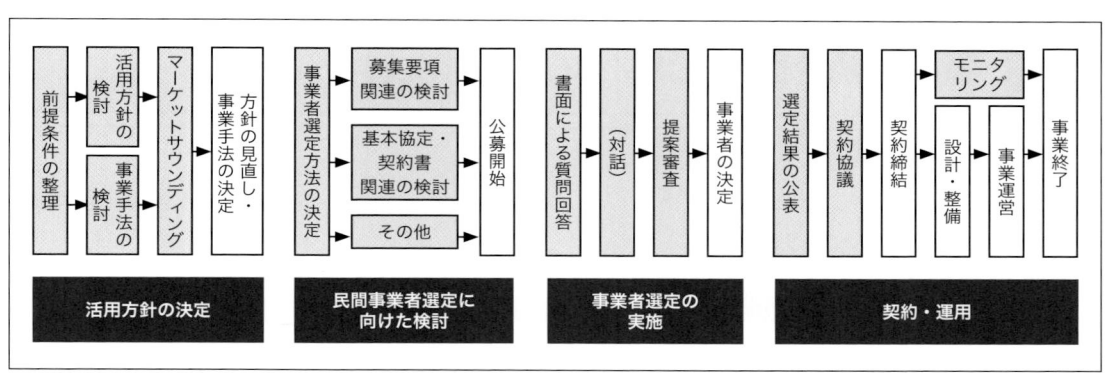

図 4-22 ●事業構想から契約・運用までの流れ
出典：公的不動産（PRE）の民間活用の手引き　～民間による不動産証券化手法等への対応～
国土交通省土地・建設産業局不動産市場整備課（2018年3月改訂）

つ計画的な管理を推進するための計画（公共施設など総合管理計画）を策定し、その計画に基づき PRE も含めた公共施設などの運営・管理・更新などを適正に行うこととされている。

● **コンパクトシティの形成推進**

人口減少・少子高齢化を受けて、都市機能を適正な規模に集約・再配置するコンパクトシティ形成が推進されており、2014年度には立地適正化計画制度が創設された。PRE は、施設の再配置の際などに活用が期待される。

また、不動産の再生・活用を進めるための資金調達の手段として、不動産証券化手法が広まっている。これは、PRE を民間活用する場合に事業者が必要な資金を調達する手法としても有効であり、金融機関などからの借入れ、株式・社債の発行などの手法と組み合わせることで、多額の初期投資を行うことが可能になるなど、PRE の民間活用推進に寄与することが期待される。

◆ **今後に向けた展望**

PRE の利活用を推進しようとする動きは、今後いっそう高まることが想定される。また、そのための手法は、PPP／PFI のいっそうの活用や不動産証券化手法の導入など、選択肢が広がるとともに高度化することが考えられる。

図4-22は、行政側の発意により、不動産証券化の手法を使って PRE の利活用を進める際の、事業構想から契約・運用までの主要な流れを表している。事業の適切な遂行といった従来の観点のみならず、投資家保護の観点からも透明性の高い運用が求められており、それぞれのプロセスには、会計・税務・法務、更にはアセット・マネジメントといった分野の専門家が必要となってくる。その中で、証券化された不動産が投資家の利益にも資する仕様となるよう、建設においても公平なマネジメントが必要となり、CMr は、第三者の目線として活躍することが期待される。

5 事業継続計画（BCP／BCM）

5-1 BCP／BCMの概要

◆背景

近年、地震をはじめ地球温暖化や気候変動の影響で、台風・洪水・火山噴火などの自然災害が増加している。例えば、2011年の東日本大震災、2018年の西日本豪雨、2019年の台風19号、2021年の伊豆山土石流災害、2024年の能登半島地震などが挙げられる。また、COVIT-19などの感染症のパンデミックも、企業にとって大きなリスク要因となっており、これらの災害が企業の事業活動に大きな影響を与える可能性が高く、事業継続計画（BCP）や事業継続マネジメント（BCM）の戦略が必要かつ重要となってきており、建物の強靱化が求められる。

◆CMrへの期待と役割

発注者が求めるCMrへの期待は多岐におよび、BCP策定から具体的な建物の事前対策立案まで発注者のニーズとプロジェクトの特性に従って一貫して支援することが重要である。

CMrは発注者が実施するBCP策定においては専門的な知識をもとに助言を行い、具体的な建物の事前対策立案においては、発注者の立場に立って支援することが求められる。

◆BCP／BCMとは

●BCP

BCP（Business Continuity Plan）とは、大地震などの自然災害、感染症のまん延、テロなどの事件、サプライチェーン（供給網）の途絶、突発的な経営環境の変化など、不測の事態が発生しても重要な事業を中断させない、または中断しても可能な限り短い期間で復旧させるための方針・体制・手順などを示した計画である（図4-23）。

●BCM

BCM（Business Continuity Management）とは、BCP策定や維持・更新、事業継続を実

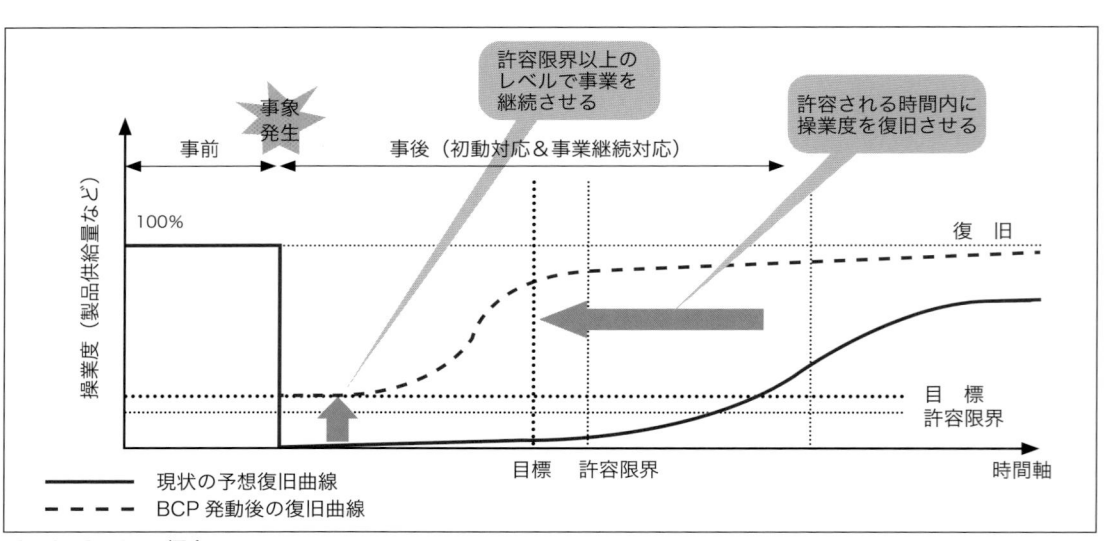

図4-23 ● BCPの概念
出典：「事業継続ガイドライン」（内閣府、2013年8月）

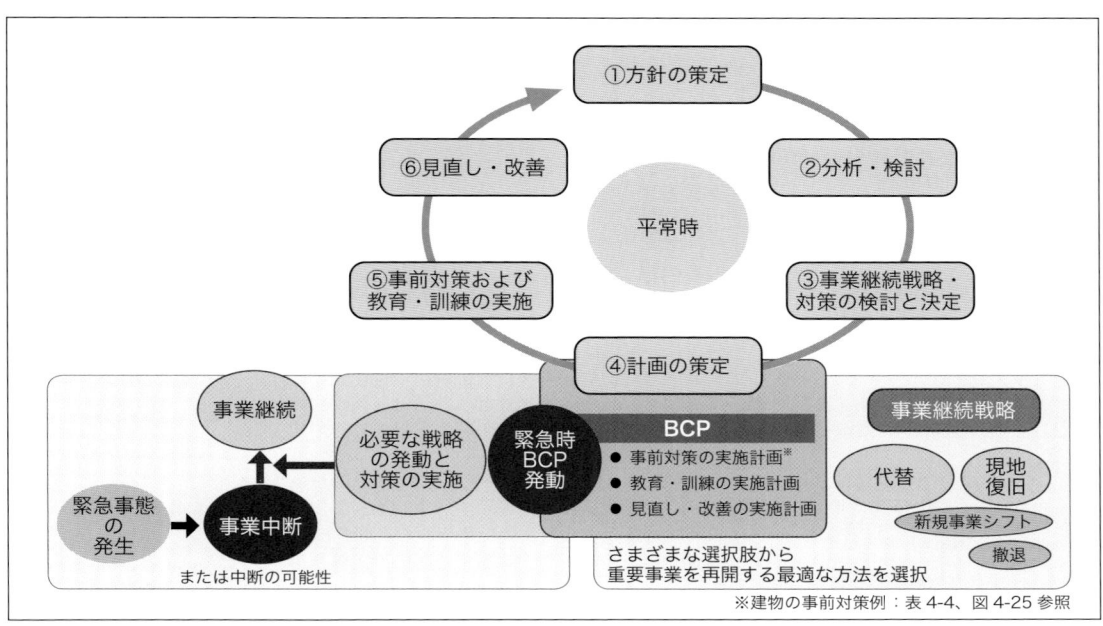

図4-24 ● BCPとBCMの関係
「事業継続ガイドライン第三版解説書」（内閣府、2014年7月）より作成

現するための予算・資源の確保、対策の実施、取り組みを浸透させるための教育・訓練の実施、点検、継続的な改善などを行う平常時からのマネジメント活動のことである。

● BCMの実施手順

　図4-24に示すようにBCPはBCMに包含される関係になる。

　BCMを進める実施手順は以下となる。

①方針の策定

　BCMの基本方針の策定およびBCMを策定・実施するための体制の構築を行う。

②分析・検討

　有事に継続すべき重要業務や、それらを復旧すべきかなどを分析する「事業影響度分析」および優先的に対策を検討すべきリスクを特定する「リスク分析・評価」を行う。

③事業継続戦略・対策の検討と決定

　重要業務を復旧すべき時間内に復旧・継続させるための事業継続戦略の検討を行う。

④計画の策定

　③の戦略・対策を踏まえ、以下1〜4の計画策定を行う。BCPはここに位置付けられる。

　1. 事業継続計画（BCP）

　2. 事前対策の実施計画

　3. 教育・訓練の実施計画

　4. 見直し・改善の実施計画

⑤事前対策および教育・訓練の実施

　計画に従った事前対策および教育・訓練の実施を行う。

⑥見直し・改善

　BCMの有効性低下やBCPの陳腐化を防ぐため、見直し・改善を行う。

5-2 建築物のBCPとCMr

◆ BCP関連法、指針などの改正、強化

　2011年の東日本大震災では、ホールなどの高天井の脱落、エレベーターのカウンターウエイトやエスカレーターの落下、設備機器の破損や落下、家具転倒による建物被害を受けた。

　その結果、企業などの事業活動が停止・中断・

表4-3 ● BCP関連の法、指針などの改訂

項目	名称	内容	時期
BCM／BCP	事業継続ガイドライン第五版（内閣府）	事業継続の取組みのあり方の指針	2023年3月改訂
国、地方自治体	都市再生特別措置法の改正	都市の防災に関する機能の確保を明記 安全で魅力的なまちづくりを推進するため一部を改正	2012年7月1日施行 2020年9月一部改正施行
	東京都帰宅困難者対策条例	帰宅困難者対策を総合的に推進する条例	2013年4月1日施行
耐震改修	耐震改修促進法（建築物の耐震改修の促進に関する法律）	改訂内容：不特定多数の人が利用する建物（病院、店舗、旅館など）、避難への配慮が必要な建物（学校、老人ホームなど）のうち大規模な施設に、耐震診断実施の義務付けなど	2013年11月25日施行
高天井の天井脱落対策	特定天井（建築基準法施行令改正）	天井脱落対策の規制強化天井脱落対策に係る基準を定め、新築建築物などへの適合を義務付け 6m超の高さにある200㎡超の吊り天井を対象として特定天井と指定	2014年4月1日施行
	学校施設における天井等落下防止対策（文部科学省）	学校施設における天井等落下防止対策について、点検と対策の手順を示す「学校施設における天井等落下防止対策のための手引」が作成	2013年8月7日作成
昇降機	耐震基準等強化（建築基準法施行令改正）	耐震強化、地震時等管制運転装置の設置義務等が追加	2009年9月28日施行
		耐震性の更なる強化を目的として、エレベーター、エスカレーターなどの脱落防止措置などに関する改正	2014年4月1日施行
建築設備	建築設備耐震設計施工指針	建築設備の耐震性の技術指針設備配管の耐震支持規定などを強化	2014年9月25日発行
家具転倒防止	オフィス家具類・家電製品の転倒防止対策に関する指針（東京消防庁）	オフィス家具類・家電製品の転倒防止対策に関する指針	2006年3月発行
	家具類の転倒・落下・移動防止対策ハンドブック（東京消防庁）	地震時の負傷を防止、避難障害の発生を防ぐための家具類の転倒など防止対策パンフレット	2024年1月発行

停滞を受けた。これを受けて、BCP・耐震性能の強化を目的として、法令・指針の改正、ガイドラインなどの見直しや強化が行われた。主な内容を表4-3に示す。

◆ 建物の事前対策

直面する潜在的な脅威として、地震・雷・水害などの自然災害、建物・設備機器の物理的劣化、感染症・テロ行為・人的ミスなどがリスクとして想定される。

これらのリスクが発生した場合、建物破損・電力・上下水・通信などのインフラ途絶、火災・設備機器の破損・故障・運転停止などの障害が建物に発生する。

これらの障害に備え、発注者は事前対策立案のフローに従い「事前対策の実施計画」を策定し、CMrは必要に応じてその支援を行う。目標復旧時間や目標復旧レベルを達成する前提として早急に実施すべき事前対策は、実施が遅延しないように留意しなければならない。

● 事前対策立案のフロー

建設プロジェクトにおいて建物の事前対策立案の一般的な実施手順は以下となる。

①発注者が要求するBCPに従った基本方針の確認

発注者が要求するBCPを確認し、計画建物のBCP上の位置付けや災害時に事業継続が必要な重要業務の有無などを確認する。

②計画方針の策定

基本方針に従い、耐震性能や構造形式、イン

表4-4●建物の事前対策（例）

耐震対策・浸水対策など	電気設備・空調衛生設備の対策
①耐震対策 ・旧耐震基準の建物の耐震診断・構造補強 ・制振構造・免震構造の採用 ②津波・豪雨に対する浸水対策 ・重要諸室・重要機器を浸水レベルよりも高い位置に設置 ・防潮板の設置、重要設備室扉を防水扉化 ③エレベーターの耐震化 ・現行法規・指針への適用 ・耐震クラスSの採用 ④天井の耐震化 ・特定天井の耐震化、重要室天井の耐震化 ⑤非構造部材の耐震化 ・家具什器の転倒防止 ・設備機器の耐震化 ⑥防災備蓄倉庫の計画	⑦停電対策 ・非常用発電機および燃料タンクの設置 ・発電機燃料の多重化（デュアル・フューエル） ⑧電力供給の多元化 ・電力2系統引込み・太陽光発電併用・コージェネレーション設備併用など ⑨通信の確保 ・電話回線の2重化、複数の通信事業者との契約 ⑩重要機器対策 ・重要機器用のUPS（無停電電源装置）を設置 ・空調電源を確保 ・重要機器を浸水レベルよりも高い位置に設置 ⑪断水対策 ・受水槽容量の確保 ・井水利用 ・ペットボトルの備蓄（備蓄スペースの確保） ⑫下水破損対策 ・緊急汚水槽によるトイレの継続利用 ・マンホールトイレの設置

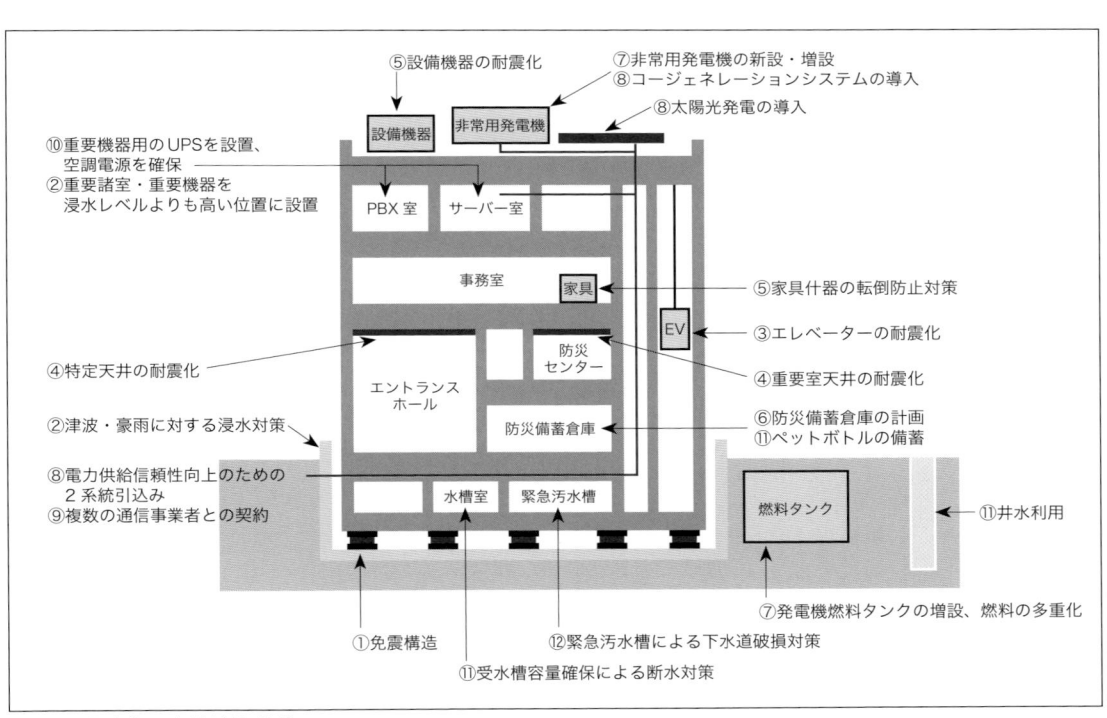

図4-25●建物の事前対策（例）

フラ計画などコストやスケジュールに与える影響の大きい建物の基本的な計画方針を検討する。

③具体的な対策案の策定

具体的な建物の仕様を検討し、建物の事前対策案を策定する。(参考例：表4-4、図4-25)

◆建築物の強靱化

建築物の強靱化は、自然災害や社会インフラ事故に対するレジリエンス（回復力）を向上させるために必要不可欠である。建物の基本性能の向上により建物の被害を最小限に抑えるだけでなく、インフラが途絶した場合にも迅速な機能回復を図り、建物利用者の生活や経済活動を守ることが求められるようになっている。

CMrは必要に応じて発注者が要求するBCPに沿って事前対策の実施計画を支援するとともに、建物完成後の運営・管理により建物のレジリエンスを維持できることにも注意を払う必要がある。例えばレジリエンスの向上にはインフラ機能のバックアップ、機器の冗長化などが有効であるが、運営・管理が過度な負担とならず、将来の更新・増強などに備えて設置スペースや機器の搬出入動線が確保できることを各段階で検討することが重要である。

CMrは建築物の強靱化を実現するために、さまざまな技術や知識を活用し、事業構想・基本計画から運営・管理まで発注者を支援する役割を担う場合も多くなっている。

6 契約

6-1 CMrと契約

◆ CMrと契約の関わり

契約は、「二人以上の当事者の意思表示の合致によって成立する法律行為」である。すなわち、2人以上の当事者が行う合意のうち、法的な拘束力を持つことを期待して行われるもののことを表すものである。契約を行う場合、原則として、誰と契約するか、どのような内容で契約するか、どのような方式で契約するかなどは自由である。これを「契約自由の原則」という。

CMrが、このような「契約」に関わる局面は、主に次の4種類に分類できる（図4-26）。

①CM業務委託契約

CMrと発注者との間でCMrがCM業務を履行し発注者がその報酬を支払うことを取り決める場合

②業務再委託契約*

CMrがCM業務の一部を第三者に業務委託するために契約を交わす場合

＊業務再委託契約
実際の契約では、「業務委託契約」などの名称である。ここでは便宜上、業務再委託契約の名称で説明する。

③建築設計・監理等業務委託契約*

発注者と設計者・監理者の間で、設計者・監理者が設計業務・監理業務を履行し、発注者がその報酬を支払うことを取り決める場合

＊建築設計・監理等業務委託契約
この名称は、建築士の関与が義務付けられた建築プロジェクトを対象としたものである。ここでは説明の関係上、建築士の関わるプロジェクトに絞って説明する。

④工事請負契約

発注者と工事施工者との間で、工事施工者が工事の完成を約束し、発注者がその工事の完成に対する報酬を支払うことを取り決める場合

①と②はCM業務を行うに際しCMr自らが行う契約である。これに対し、③と④はCMrが契約当事者とはならない。しかしながら、その契約内容について発注者より助言を求められることもある。

①のCM業務委託契約は、CM業務を行う場合に必ず発生する契約である。CMrは、CM業務を適切に行うため、契約内容（特に、業務委託書の内容）を十分に理解しておかなければならない。

②の業務再委託契約は、CMrが受託したCM業務の一部を第三者に委託（再委託）する場合に発生する契約である。

③と④は発注者がCMr以外の当事者と行う契約である。多くの場合、CMrはこれらの契約に対しては、その契約内容についての技術的な助言の範囲で支援を行う。CM業務委託契約の内容によっては、CMrが発注者の契約業務に直接関与しない場合もあり得る。

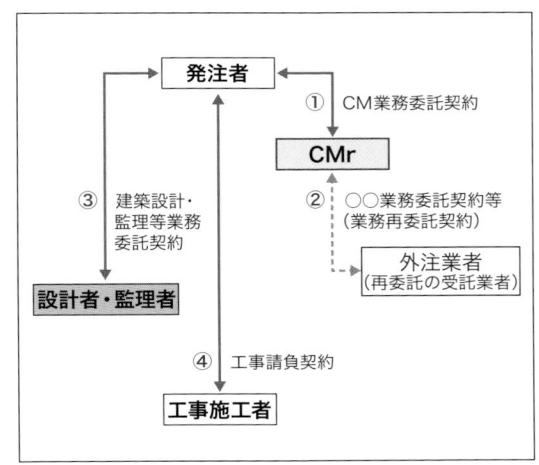

図4-26 ●契約の分類

このような場合も含め、CMrは自らが受託したCM業務の対象である建設プロジェクトの推進において、プロジェクト構成員の契約内容を十分に理解しておかなければならない。

◆ 契約類型と法的責任

　民法と建築士法・建築基準法・建設業法などの法律は、それぞれ異なる法律の分類に属している。民法は、国民同士（民民の間）の権利や義務を定めた「私法」と呼ばれる法の分類のうちの一般法である。日本の民法では典型契約として、贈与・売買・交換・消費貸借・使用貸借・賃貸借・雇用・請負・委任・寄託・組合・終身定期金・和解の13種類の契約を定めている。しかし実際には、契約自由の原則から、全体的にも部分的にも典型契約に合致しない契約も存在し、それらは非典型契約と呼ばれている。また、契約に含まれる要素を個別的にみると典型契約に属しているとみられるものの、全体的にみるとそれが相互に結びついており当事者が一体的なものとしてみている契約も存在し、これらは混合契約と呼ばれている。

　民法においては、このような典型契約を規定することによって、当事者間で締結された契約内容が不明になることを防ぎ、契約によって発生した権利義務が不明な場合にはそれに対処できるように備えている。

　民法などが属する私法には異なる法律の分類として公法がある。公法は国や地方公共団体と国民との間の権利・義務の関係を定めている。

　例えば、CMrがCM業務を行う過程において、もしも建築士法違反などを犯し国家から一定の処罰が課せられるような事態が起こったとしても、そのことが直ちに、民法が定める契約関係（契約によって生じる権利・義務の関係）に影響を及ぼすわけではない。契約関係を前提とした何らかの債務不履行が起こって初めて、債務不履行を根拠とした損害賠償の責任が発生する。

　契約関係におけるCMrの法的責任は、建築士法などの公法の範疇ではなく、民法（私法）の範疇に属する。

　なお、民法のうち債権関係の規定は、1896年に制定されて以降、約120年ぶりに大改正され、2017年6月2日に公布・2020年4月1日に施行された。これにより従来の瑕疵担保責任が廃止され、新たに売主または請負者の責任が契約不適合責任として定義された。

◆ 法的性質

● 工事請負契約

　④の工事請負契約は、民法が規定する請負契約の代表的なものである。

　請負とは、「当事者の一方（請負者）がある仕事を完成することを約し、相手方（発注者）がその仕事の結果に対して報酬を支払うことを取り決める契約」（民法第632条）である。工事では、請負者がその工事施工を設計図書どおり完成することを約束し、発注者がその報酬（請負代金）を支払うこととなる。請負者は工事施工が完成した後、目的物に何らかの欠点や欠陥（契約不適合）があった場合、発注者に対して賠償責任（契約不適合責任）を負う。

　なお、印紙税法では、請負契約の成立を証するために作成された契約書はその工事価格（契約金額）に応じて1通ごとに印紙を貼り付けなければならないと規定している。

● 設計契約

　③の建築設計・監理等業務委託契約のうち、設計契約は、民法に定められている契約類型のうち、委任を準用する準委任契約（民法第643条、第656条）または請負契約（民法第632条）のどちらに該当するのかについて2つの説がある。準委任契約と考えれば、設計者は善管注意義務違反による責任を負うに過ぎないが、請負契約と考えれば、目的物に何らかの欠点や欠陥（契約不適合）があった場合には契約不適合責

任を負う。

なお、印紙税法上は、設計契約は請負に関する業務として分類されている。このため、建築設計業務委託契約（設計契約を含む建築設計・監理等業務委託契約の場合を含め）を締結する場合には、基本的に契約金額の総額に対応した印紙を貼り付けなければならない。

● **CM業務委託契約・監理業務委託契約**

設計契約とは異なり、①のCM業務委託契約と監理業務委託契約（③の建築設計・監理等業務委託契約の一部）は、社会通念上、準委任契約と考えられており、原則として印紙の貼付けも不要である。委任契約（民法第643条）とは、依頼者（委任者）が受任者（受託者）に対して、ある特定の法律行為をしてもらうように委託し、受任者がその委託を受けることを承諾することによって効力を生じる契約である。法律行為ではなく事実行為を委託する場合の契約のことを準委任契約という。

①のCM業務委託契約として、ピュアCMを対象とした日本CM協会の「CM業務委託契約約款・業務委託書」がある。これは準委任契約を基本として実務上のさまざまな事項を考慮し

て作られている。

建築設計関係専門団体は連携して「四会連合協定 建築設計・監理等業務委託契約約款」を作成している。ここでは、監理業務委託契約を準委任契約であるとしている。

CMrが必要に応じて行う②の業務再委託契約は、その契約内容によって法的性質は異なるものの、準委任契約か請負契約またはその両者の法定性質を有する混合契約に該当すると考えられる。

◆ **契約と書面**

民法改正により、要物（消費賃貸・使用賃貸・寄託）契約がなくなり、書面によらない消費者貸借契約のみが要物契約と解されている。ただし、実際の契約では、多くの場合、当事者間で書面を交互に交付して行われる。

①のCM業務委託契約については、その契約内容が建築士法や建設業法の規定外の契約、つまり建築士法に定められた建築士としての業務を含まない場合、あるいは建設業法における工事請負契約に該当しない場合、民法上は書面を必要としない。しかしながら実際には、他の契

参考

■**公共工事・民間工事において広く用いられている契約約款**

建設業法では、法律自体に請負契約の適正化のための規定（法第3章）をおくとともに、それに加えて、中央建設業審議会（中建審）が当事者間の具体的な権利義務の内容を定める標準請負契約約款を作成し、その実施を当事者に勧告する（法第34条第2項）こととなっている。この規定に基づき中建審が策定した標準請負契約約款として「公共建設工事標準請負契約約款」「民間建設工事標準請負契約約款（甲）」「民間建設工事標準請負契約約款（乙）」「建設工事標準下請契約約款」がある。

「公共建設工事標準請負契約約款」は、ほとんどの公共土木・建築工事に適用されているが、民間建築工事に関しては、「民間建設工事標準請負契約約款（甲）・（乙）」はあまり使用されておらず、「民間（七

会）連合協定工事請負契約約款」が広く用いられている。これは、日本の建設業界を代表する7つの公益／一般社団法人が協力して「民間（七会）連合協定工事請負契約約款委員会」を結成し、社会情勢の変化、関連法令や基準など制定・改廃、建築技術の進展などに対処し、契約・約款に関わる調査・研究・検討を重ね、常に約款・契約書式の公正と契約の適正化に努めるなどして編纂したものである。「民間（七会）連合協定工事請負契約約款委員会」では、さまざまな建築工事の発注方法に適応した「民間（七会）連合協定小規模建築物・設計施工一括用工事請負契約約款」「民間（七会）連合協定リフォーム工事請負契約約款」「民間（七会）連合協定マンション修繕工事請負契約約款契約書関係書式」などの発刊・改正も行っている。

約と同様に委託者と受託者の間で書面を使った契約が行われている。契約の締結に関しては、当事者の義務・責任などが定められているほか、当事者同士の契約上の合意事項として、各種の諸条件を文書化して記名捺印し、これを委託者と受託者双方が持ち合うことが一般的である。

②の業務再委託契約においては、当事者の資本金および委託する業務内容の2つの点から、その契約が、下請代金支払遅延等防止法（以下［参考］下請代金支払遅延等防止法を参照）の適用を受ける取引きに該当する場合がある。該当する場合には、発注に際し、下請代金や納品日、支払期日など法定の事項を記載した書面を交付しなければならないとされている。

③の建築設計・監理等業務委託契約のうち、設計契約と監理契約の締結に際し、建築士法では、契約前に建築士事務所は重要事項について書面を交付して業務を依頼しようとする者（以下、依頼者）に説明し（建築士法第24条の7）、更に、契約後に業務の内容を記した書面を依頼者に交付することと定めている（建築士法第24条の8）。ただし、契約書の内容に建築士法で求める内容が記載されている場合は、業務の内容を記した書面を別途交付する必要はないと解されている。

④の工事請負契約は、建設業法において契約締結に際しては一定の事項を記載した書面を互いに交付しなければならないとされている（建設業法第19条1項）。

◆ 契約と契約約款

契約は原則として合意内容に従って法的な拘束力を生む。各当事者は合意内容に従って契約を履行しなければならない。建設プロジェクトにおいて契約のために取り交わされる書面は、通常、契約書および契約約款、ならびに契約対象の業務または工事内容を詳細に示した業務委託書・仕様書・設計図などから構成される。

契約書は、契約件名・業務、業務や工事の場所、契約金額や実施期間などが示され当事者の記名捺印などが行われる頭書部分と、依頼者と受託者との間に発生する権利・義務の関係などの具体的な条項を列記した契約約款の部分とに分けて作成される場合がある。

契約書とは、本来、契約が締結される事案ごとに個別に作成されるものである。しかし、日本の建設プロジェクトでは、工事請負契約、建築設計・監理等業務委託契約、CM業務委託契約などの一般的な契約について、あらかじめ標準的な契約条文を作成しておき、個別の契約において、それらの契約条文を利用することが行われている。

参考

■下請代金支払遅延等防止法

下請取引の公正化および下請事業者の利益保護を目的に、1956年に制定された法律第120号を指す。この法律では、取引きを委託する事業者の資本金、受注する事業者の資本金などによって、親事業者と下請事業者を定義した上で、親事業者が下請事業者への優越的地位を濫用して、下請事業者に対し代金の支払いを遅らせて下請代金を減額するなどの行為を取り締まっている。

なお、建設工事では、建設業を営む者が業として請け負った「建設工事」を、他の建設業を営む者に請け負わせる場合にはこの法律は適用されない（第2条第4項）。ただし、建設業者が業として販売する建設資材の製造を他の事業者に委託することは製造委託に該当し、また、建築士事務所が業として提供する建築物の設計図の作成を他の事業者に委託することは情報成果物作成委託に該当するため、この法律の対象となる。

6-2 CM業務委託契約の種類

建設プロジェクトの関係者は多岐にわたり、関係者間には複数の契約が存在する。発注者が結ぶ一般的な契約に限定しても、調査業務委託契約、設計業務委託契約、監理等業務委託契約、工事請負契約などプロジェクトの進捗に伴い、幾つもの契約が発生することになる。

CM業務委託契約もこれらの契約の1つである。このCM業務委託契約についても、契約種別や契約内容の違いなどの組み合わせにより、幾つもの契約形態が存在している。したがってCM業務委託契約を締結する場合は、

- ・CM種別による契約の違い
- ・契約期間による契約の違い
- ・CM業務内容による契約の違い
- ・業務報酬の算出方法による契約の違い
- ・発注者（公共・民間）による契約の違い

などを考慮して適切な契約形態を選択し、適切な契約書を作成する必要がある。

● CM種別による契約の違い

代表的なCM種別として「ピュアCM」と「アットリスクCM」がある。

CMrが発注者の支援者としてマネジメント業務のみを行う「ピュアCM」は、民法上の準委任契約と考えられるが、発注者とCMrの当事者間で、CM業務の契約内容を何らかの仕事の完成を約束する請負契約とすることも可能である。ただし、一部でも請負契約とした場合、債務不履行責任だけではなく、CMrがその契約目的物に関する契約不適合責任も負うことになるため、注意が必要である。

例えば、CMrが専門工事会社と工事請負契約を締結し、発注者に対して工事施工に関する何らかの約束をする「アットリスクCM」の場合には、CM業務契約の全部または一部が工事請負契約とみなされる可能性がある。

→第4章「15-2 アットリスクCM」

●契約期間による契約の違い

1つのプロジェクトに対して1つのCM業務委託契約を締結するのが原則ではあるが、プロジェクトの段階ごとに順次個別の契約を結ぶ方法もある。長期にわたるプロジェクトでは、プロジェクトの途中でCM業務の内容・期間などが変わる場合もあり、CM業務委託契約を変更できるように考慮しておくことも有効である。

また、例えば発注者が全国的に店舗展開をしていて複数の販売店整備プロジェクトに対するCM業務を行う場合は、CM業務の対象が複数の建物となる。このような場合、CM業務委託契約を包括的に結ぶ場合、地域ごとに結ぶ場合、建物ごとに結ぶ場合など選択肢は多い。

このような場合には、それぞれの契約形態の違いによる特徴（長所・短所）を整理し、事前に発注者に対する十分な説明が必要となる。

● CM業務内容による契約の違い

CMrは契約書作成において、発注者とCMrとの間に発生する権利・義務の関係をできるだけ明確にしなければならない。その上で、CM業務委託契約の内容に従い、プロジェクトにおけるCMrの位置付け、業務範囲・責任範囲をできるだけ明確にプロジェクト関係者に周知する必要がある。

CM業務委託契約書では、業務の内容・範囲・履行期間、CMrの位置付け（発注者・設計者・監理者・工事施工者などとの関係）、業務報酬と支払方法、権利義務の譲渡、秘密の保持、著作権・再委託の扱い、業務報告、損害の負担、契約の解除などの項目について定めておくことが必要である。

CM業務内容は、CMrがプロジェクトにどの段階から参加するか、設計施工一括方式やECI方式などのプロジェクト実施方式の違いなどによって異なることが多い。また、CMrが提供するマネジメント業務の内容によって契約内容は

異なる。契約対象となる業務内容は契約書の一部を成す「CM業務委託書」に記載されることが多く、そこではCM業務内容をできるだけ明確に記載する必要がある。

なお、工事施工の実施に関して、工事施工体制の違い（総合建設会社へ一括発注する場合、複数の専門工事会社に分離発注する場合など）、工事施工者の選定方式の違い（一般競争・指名競争・特命など）によってもCM業務内容が異なる。これらについての方針も契約締結前に発注者と打ち合わせの上、CM業務委託書に反映し、「CM業務計画書」などにも記載しておく必要がある。

●業務報酬の算出方法による契約の違い

業務報酬については、CM業務全体を一括して総価で契約する場合と、業務量などに応じて報酬額が変わる場合がある。また、遠隔地への交通費やその他経費などを実費精算とする取り決めを行う場合もある。

発注者との間であらかじめ定めた目標の達成度に応じて、インセンティブ（報奨）を受領する取決めを行う場合もあるが、その場合は「CM業務委託契約書」において達成度の評価方法・インセンティブの計算の基準を明確にしておく必要がある。

業務報酬を発注者に提示するときは、①直接人件費・②直接経費・③間接経費・④特別経費・⑤技術料など経費および利益・⑥消費税という項目に分けて提示するなどして、業務報酬の内容をなるべく明確化することが望ましい。

●発注者（公共・民間）による契約の違い

公共プロジェクトにおいてCM業務委託契約を締結する場合には、CMrの業務範囲と発注者の監督・検査業務などとの関係について、会計法や地方自治法などの現行制度との整合性に注意を要する。

また、契約が長期にわたる場合、年度ごとの支払額などについては発注者との事前確認が必要となる。

<table>
<tr><td>6-3</td><td>CM業務委託契約約款・業務委託書</td></tr>
</table>

日本CM協会は、「CM業務委託契約約款・業務委託書」を2007年11月に作成し公開した。その後2009年6月に改定の後2022年7月に改訂版を公開している。この「CM業務委託契約約款・業務委託書」は、「契約約款」の部分と「業務委託書」の部分から構成されている。

実際の契約を行う場合にはこの「CM業務委託契約約款・業務委託書」に加えて、契約当事者・報酬・履行時期などを明記した「CM業務委託契約書」が必要となる。「CM業務委託契約書」の書式に関してはそれぞれの契約における条件などによって大きく異なることが想定されるため、日本CM協会では「CM業務委託契約書」の標準書式は作成していない。

◆「CM業務委託契約約款・業務委託書」の構成

前述の日本CM協会が定めた「CM業務委託契約約款・業務委託書」の前半部分である「CM業務委託契約約款」（以下、「CM約款」）は全22条で構成されている。CM業務の性質上、「四会連合協定 建築設計・監理等業務委託契約約款」に内容的に近い部分がある。

●「CM約款」の要点

- CM契約の内容を記載した書類は、「CM業務委託契約書」「CM業務委託契約約款」「CM業務委託書」の3種類から構成される。
- 「CM約款」では、CM契約を準委任契約であると解釈している。準委任契約における主たる義務とは、善管注意義務（民法第644条）である。
- 発注者には、CM契約に基づき実施したCM業務についての報酬支払義務がある。
- 協議によって決定した事項については、不

要なトラブルを避けるためにも、原則として、当事者は共同して速やかに書面を作成する。

・CM契約に基づく権利・義務の譲渡などは原則禁止とする。

・CMrは、CM業務に関連した内容について守秘義務がある。

・CM業務の成果が著作物に相当する場合の扱いには注意が必要である。

・一括再委託は禁止し、一部再委託は発注者に事前に説明し、承諾を得る必要がある。

・CM業務の進捗状況について、CMrには、発注者への説明・報告義務がある。

・CM業務内容の追加・変更についてはCMrと発注者が協議をして決める。

・CM業務における矛盾などについては、CMrと発注者が協議し解消する。

・合理的な理由があれば、履行期間の延長とCM業務報酬の増額を請求できる。

・CM業務報酬の支払時期は、当事者双方であらかじめ合意しない限り、CM業務完了後である。

・当事者は契約に違反した場合でも、責めに帰すべき事由のないことを立証できれば、損害賠償の責任を負わない。

・発注者は、いつでもCM契約を解除できる。

・CMrからCM契約を解除できる場合について定めている。

・契約が解除されても、契約解除のときまでに終わっているCM業務の成果を、発注者は利用できる。

・契約解除において一方の責めに帰すべき事由があれば、相手側は損害賠償請求ができる。

◆ 「CM約款」で定めていない事項

「四会連合協定 建築設計・監理等業務委託契約約款」では、第4条で、その最終成果を表現した図書・仕様書など(これらを「成果物」という)の委託者への交付を義務付けており、第23条で、「成果物の内容に契約不適合があった場合の受託者の責任」について規定を設けている。これに対して、「CM約款」では、善管注意義務をもってCM業務を行い、CM業務の進捗状況についての説明・報告の義務があるとの表現にとどめ、成果物やそれらの交付義務については特に定めていない。また、「CM約款」では、成果物の契約不適合についての規定もない。つまり「CM約款」ではCM業務委託契約は準委任契約であり、成果物を契約目的物とする請負契約とは異なると解釈している。したがって「CM約款」ではCMrは契約不適合責任を負わない。

「四会連合協定 建築設計・監理等業務委託契約約款」や「民間連合協定 工事請負契約約款」では、設計業務、調査・企画業務、工事施工の「中止権」について定めている。これに対して、「CM約款」では、中止権については特に定めていない。なお、「四会連合協定 建築設計・監理等業務委託契約約款」においても、監理業務の中止権については定めていない(四会連合設計約款第24条と第25条)。

発注者がCMrの債務不履行に対して損害賠償を請求できる存続期間については、この『CM約款』では特に定めていない。

6-4 CM業務委託書

◆ CM業務委託書の位置付け

前述の日本CM協会が定めた「CM業務委託契約約款・業務委託書」の後半部分にあたる「CM業務委託書」(以下、「CM業務委託書」)は「CM約款」とともに契約書の一部を構成し、発注者から委託されるCM業務の内容を具体的に示すものである。

◆ 「CM業務委託書」の前提

「CM業務委託書」は、CM業務へのニーズの高い民間の建築プロジェクトを対象とし、ピュアCMを前提としている。また、工事施工の発注についても一括または、建築工事と主要な設備工事（電気・給排水衛生・空調・昇降機程度）の分離発注を想定して作成されている。なお、「CM業務委託書」を更に細分化された分離発注に利用することも可能である。その場合は、契約前に、想定される業務量や業務内容を精査し、「CM業務委託書」の内容調整が必要となるので注意を要する。

◆ 「CM業務委託書」の構成

全72項目の業務委託項目があり、共通業務と建設プロジェクトの各段階に合わせ、「1. 基本計画におけるマネジメント」「2. 基本設計におけるマネジメント」「3. 実施設計におけるマネジメント」「4. 工事施工におけるマネジメント」の4要素で構成されている。多様な発注方式に対応するため、共通業務において各方式に対応する業務項目を整理している。

◆ CM業務項目の選定

CM業務内容は、CMrの関与する時期や発注者の要求に応じて、調整することを想定しており、総括表にて取捨選択が可能な構成になっている。業務内容や契約条件、発注者の要望により組合せも異なるため、必要に応じて項目を選択して使用する。各項目がそれぞれ1つの業務を表しているが、相互に関連する業務もあるため、単一業務のみではCM業務として成立しない場合がある。実際の業務ではプロジェクトの進捗や状況の変化に対応し、段階ごとに受託することも想定されるほか、プロジェクト実施方式の検討業務などが付加される。

6-5 CM業務報酬

◆ CM業務に対する報酬

CMrの業務は、設計者・監理者・工事施工者の業務からは独立したものであり、CM業務の対価は設計費用や工事費とは、別に予算化するべきである。

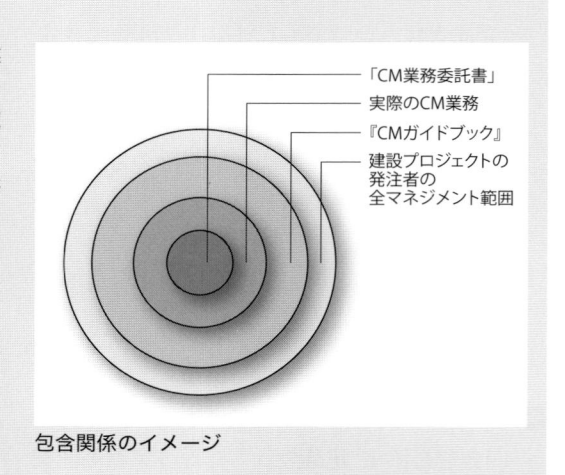

CM業務の対価は、業務内容によって千差万別である。

◆ CM業務の対価の算出方法

CM業務の対価の水準および算出は、CMrが提案し、発注者がそれを検討・調整した後に、合意するという手順で行われる。

● 構成

CM業務の対価は、次式で表すことができる。

CM業務の対価 ＝ ①直接人件費 ＋ ②直接経費 ＋ ③間接経費 ＋ ④特別経費 ＋ ⑤技術料など経費および利益

● 算出方法

CM業務の対価のうち、直接人件費・直接経費ならびに特別経費は積上げで算出し、間接経費や利益は直接人件費に一定率を乗じて算出する方法が一般的である。以下に上式の各項目の内容とその算出の考え方について示す。

① 直接人件費

CM業務に直接従事する者の人件費で、給与・諸手当・賞与・退職給与・法定保険料などが対象となる。算出にあたっては、CM業務に直接従事する者それぞれの日単位あるいは時間単位の人件費に、CM業務の遂行に必要な延べ人数あるいは延べ時間数を乗じて得た額の総和となる。

② 直接経費

CM業務を遂行するために直接必要な経費で、印刷製本費・複写費・交通費・協力コンサルタントに支払う外注費用・アプリケーション使用料を含むコンピューター費用などが対象となる。算出にあたっては、

- 上記対象費用の想定実費の積上げ
- 過去のプロジェクトの実績値
- 建築設計・監理等業務のような類似業務費用の算定基準

などによって求められた、各対象費用の総和となる。

③ 間接経費

CM業務を提供する会社が、会社を運営・管理していくために必要な経費で、人件費・福利厚生費・修繕維持費・事務用品費・通信費・地代家賃・調査研究費・研修費・減価償却費・保険料などが対象となる。一般的には、実績に基づき直接人件費の金額にある掛け率を乗じて算出される。

④ 特別経費

特に指定した出張経費・特許使用料・その他特別に必要となる経費の合計である。算出は、想定実費の積上げで行われる。

⑤ 技術料など経費および利益

CM業務を提供する企業の技術力や各種のノウハウに対して支払われる費用および利益である。

● 報奨

民間プロジェクトの中には、報奨（インセン

参考

■ CM業務費用の算定方法

CM業務の対価を決める方式としては以下の2つに大別される。

[定額方式]

業務の内容、範囲を事前に確定し、その対価として算定された一定額を合意し契約締結する方式である。

[実費精算方式]

必要な業務遂行のためにかかった費用を業務終了時に精算する方式である。通常、費用算定の礎になる日額単価や経費の計算方法は、あらかじめ定めておき、精算時に、稼働日数を乗じて確定させる。

上記のいずれの方式においても報奨（インセンティブ）を契約条件として組込むことは可能である。

また、直接経費部分のみを実費精算する方式や対価全体を工事費に対する料率（％）で決定する方式など、実際にはさまざまな方法が用いられている。一般的には、発注者の依頼により、業務内容の提案とともに対価の提案を行い、それをもとに協議・交渉等を経て発注者とCMrが合意するという形態が広く行われている。

ティブ）契約が採用される場合がある。報奨は、CMrが業務を提供した結果として、品質・コスト・工期などについて事前に設定された目標値を達成、または上回った場合に支払われるもので、CMrのプロジェクト遂行に対する意欲向上を引き出す手法として欧米で用いられてきた方式である。

報奨を設定する場合には、どの時点の管理目標値を基準とするかを明確にする必要がある。

6-6 建築設計・監理等の業務報酬

◆ 建築設計・監理等の業務報酬基準

建築士法第25条の規定に基づき、建築主と建築士事務所が建築設計・監理等の契約を行う際の業務報酬の算定方法などを示したものとして業務報酬基準がある。この業務報酬基準は、2024年1月国土交通省告示第8号により定められたものである。

発注者と設計者・監理者が設計・工事監理などの契約を行う際の業務報酬は、契約当事者の合意に基づき定められる。各設計者が定めている場合もあるが、国土交通省がその目安として定めた2024年1月国土交通省告示第8号の業務報酬基準を用いて算定する場合が多い。

7 デュー・デリジェンス

7-1 デュー・デリジェンスとは

デュー・デリジェンス (Due Diligence) は、DDと略され、直訳すると「当然支払うべき注意義務」となる。不動産に限らず、投資家（購入者）が投資判断（購入判断）を行うために必要となる事項に関する調査全般を示す名称である。

M&A（企業の合併・買収）においては、対象企業の財務・税務・法務・人事などの経営実態を調査することでリスクを把握し、定量的な企業価値を評価するものである。具体的な調査の範囲は購入対象の企業などにより異なるが、DDは専門性が高く調査する範囲も広いため、公認会計士や弁護士をはじめとした専門家の協力を得ながら進めるのが一般的である。

図4-27●企業をとりまくデュー・デリジェンスの種類

7-2 不動産における デュー・デリジェンス

日本の不動産市場においては、バブル崩壊後の1990年代後半に不動産の証券化の動きが始まり、2001年にJ-REITが初めて上場された。

こうした動きの中で不動産を信託するための審査やノンリコース・ローンを調達するための審査に客観的な調査が必要となりDDの概念が導入され、不動産取引においてエンジニアリング・レポート (ER：Engineering Report) が作成されるようになった。

不動産を対象としたDDは、対象不動産に関して、「法的リスク」「経済的リスク」「物理的リスク」の3つの側面において調査される。調査は、各分野の専門家である弁護士・公認会計士・不動産鑑定士・建築士などの専門家により実施されることとなるが、調査結果は、それぞれが独立したものではなく相互に関連して利用される。これらのうち、建築士などが中心となり実施する「物理的リスク」の調査をまとめた報告書がERと呼ばれるものである。不動産におけるDDの概念を図4-28に示す。

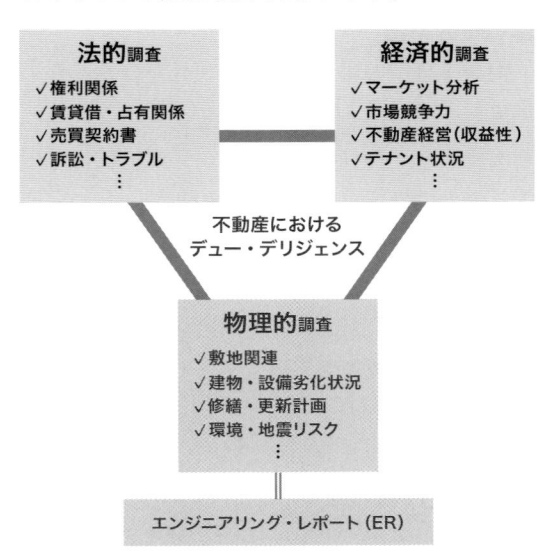

図4-28●不動産デュー・デリジェンスの概念

◆ 法的調査

対象不動産に関係する権利関係の調査、敷地

境界の確認、テナントなどの賃貸借契約内容の調査、売買契約書の確認、対象となる資産区分の調査などを実施し評価する。また、建築基準法や消防法などの法令に対して違反などがないかなど、建物自体の遵法性評価まで含むこともあり、調査内容は多岐にわたる。

なお、各種法令は常に改正もしくは見直しされているため、不動産投資時に限らず不動産所有期間中においても定期的な情報収集と確認を行うことが必要である。

◆ 経済的調査

対象不動産における将来の収益力や支出を評価し現在の価値を客観的に算出することで、対象不動産の経済的価値を把握するために行われる。具体的には、周辺の不動産マーケットの動向調査や分析、立地条件や地域特性の調査、入居者やテナントの調査、経営調査（入居率や賃料の推移）、将来の売却時の見込み価格の算出などが行われる。

◆ 物理的調査

対象不動産の劣化状況や遵法性をはじめとし、環境・土壌汚染・地震にかかるリスク評価などを実施する。それらに加えて、中長期的に運用する場合の修繕更新費用や耐用年数などの経済的な側面についても盛り込まれるのが一般的であり、対象不動産取得に関する物理的側面のリスクを洗い出した上で、それらの影響を是正費用や修繕更新費用などの支出として示している。

7-3　ERの概要

前述のとおり、不動産におけるDDのうち、物理的調査の結果をまとめたものがERであり、①劣化診断・中長期修繕更新費用・遵法性調査などからなる建物状況評価、②アスベストなど

有害物質調査・ビル管理法（正式名称：建築物における衛生的環境の確保に関する法律）関連の確認を行う環境リスク評価、③土壌リスク評価、④地震リスク評価などで構成されている。なお、ERについては公益社団法人ロングライフビル推進協会（BELCA）と日本ビルヂング協会連合会（BOMAJ）が「不動産投資・取引におけるエンジニアリング・レポート作成に係るガイドライン」を公表しており、現在の日本における標準となっている。

ERの主な調査事項を表4-5に示す。主となるのは建物状況調査であり、立地・建築・設備・構造・更新改修の状況を調査した上で、再調達価格や修繕更新費用を試算することになる。

表4-5 ●エンジニアリング・レポートの構成

調査項目	調査内容
建物状況調査	立地概要 建築概要 設備概要 構造概要・設計基準
	更新・改修履歴 更新・改修計画
	遵法性
	緊急を要する修繕更新項目費用
	短期修繕更新費用 （1年間程度）
	中長期修繕更新費用 （10〜20年間程度）
	再調達価格の算定
建物環境リスク評価	アスベスト
	PCB
	その他
土壌汚染リスク評価	土壌汚染の可能性
地震リスク評価（PML）	簡易分析
	詳細分析

ERの対象範囲は時代とともに変化している。表4-5の内容に加え、構造偽装問題や東日本大震災、アスベスト関連の規制強化の影響を受けるなど、時代の変化に応じて求められる調査範囲は変化するため、ER作成の目的に合わせて事前に調査報告の範囲を確認することは重要である。

7-4 ERの位置付け

　不動産取引時に作成するERでは、作成の委託者が売却側か購入側かで視点が異なる。中長期修繕更新費用をはじめとしたERで評価されるリスクは、全て金額に換算され（不具合・違法部分の是正費用など）、リスクの定量化により取引が不成立となる場合も少なくない。このような仕組みからERは購入側で作成する場合が多いといえる。

　また、J-REITや各種投資ファンドなどでは、ポートフォリオの入れ替えやリファイナンスの時にERが検討される。新たに物件を取得する場合などでは、中長期修繕更新費用が想定と大きく乖離することにより取引が不成立となる場合も考えられる。

　比較的規模の大きな物件の不動産取引の場合、取引に関わる当事者は多岐にわたる。特にJ-REITや私募ファンドなどの証券化スキームを活用する場合には、投資家の他に、融資を行う銀行、証券化の受託業務を担う信託銀行、格付け機関、不動産鑑定会社など、さまざまな関係者が存在することになる。これらの当事者の要求に基づき、投資家保護の観点で当該不動産の物理的な状況を的確に捉えて第三者へ説明責任を果たすためにERが必要となる。

　一般的にERは、不動産の投資・取引（現物や信託受益権の売買）を目的に作成されるが、事業用不動産を保有する企業では、保有資産の健全性の確認や各種の社内検討を目的としてERの作成を依頼する場合もみられる。このような場合には、依頼者の具体的な目的に沿った調査・評価項目となることが重要となる。

7-5 ERの主項目における評価手法と留意点

◆ 遵法性評価

　遵法性調査では、対象とする敷地・建物が建築基準法などの現行法規に適合しているか否かを確認するもので、現地調査の他、登記簿・公図・建物図面・建築確認通知書・検査済証などの資料を収集し検討される。特に、竣工後に増改築・大規模改修・用途変更などが行われている場合には注意が必要である。検査済証があっても、竣工後の改修などにより遵法性の確保ができていない場合やテナント区画内で遵法性の確保に問題がある場合には、ERで問題を指摘されることが多い。例えば、テナント区画内において間仕切変更に伴う排煙面積や内装不燃などの調査が行われて指摘対象となることがある。

　ERでは局所的な調査をもって全体を類推し評価することとなる。例として、現地調査では建物を代表する基準階のみを調査対象とすることがほとんどであり、賃貸事務所などにおいては、空室がない場合は専有部が調査対象外となることもある。資料確認においても、築年数の古い建物の場合には申請時の副本が散逸している場合も多く、増改築や未申請増築の経緯などが不明なこともあり、資料収集ができないと評価が難しい場合も多い。したがって、調査範囲外で遵法性に問題がある可能性もあるため、建物のどの部分を対象として導かれた評価であるかの確認が必要である。

　また、既存不適格建築物の場合には、現状のまま使用することは支障がないが、将来の是正費用や改修費用が多額になる場合もあるため、注意が必要となる。

　遵法性の評価は、時代とともに厳しくなっており、ERに占める遵法性評価の位置付けは極めて大きいといえる。

◆経済的評価（修繕更新費用）

経済的な評価としては、修繕更新費用が主に用いられており、修繕更新計画は、項目ごとの費用と劣化診断を踏まえた計画年により構成されている。具体的には、現地調査での劣化状況などの評価に基づき、緊急性の程度に応じて①緊急修繕更新費用、②短期修繕更新費用、③中長期修繕更新費用が算定される。①緊急修繕更新費用は遵法性や安全上の問題で速やかに是正が必要な項目について算定される。②短期修繕更新費用は緊急性は小さいものの概ね1年以内には是正が必要な項目を対象に算定される。③中長期修繕更新費用は今後、概ね10〜20年間程度で建物・設備に必要となる修繕更新費用を算定する。なお、ERにおける修繕更新費用の算出では、現状の建物・設備の性能を維持することを前提とし価値向上のための改修などは対象外となる。

中長期修繕更新費用算定にあたっては、工事施工者やメーカーなどから見積りを取得するケースは少なくBELCAなどの専門団体の指針や過去のデータなどを基とし、現地調査などの実態を捉えて評価される場合が多い。なお、ERにおいては供用期間が設定されていない場合が多いため、計画期間の最終年まで費用計上されている場合が多い。

建物や設備についての耐用年数調査が行われる場合、専門団体や建築学会指針に従い、立地・設備設置箇所・劣化状況などを鑑みて修繕・更新周期の評価が行われることが一般的である。

ER作成において、短時間の現地調査で建物全ての劣化状況を把握することは困難であるため、施設管理者へのヒアリングやアンケートによる補足調査が行われることが多い。しかし、築年数の古い建物などでは、修繕・改修履歴が残っていない場合や施設管理者が変わりヒアリングでは確認できない場合も多く、そのような場合には、評価が厳しくなされる場合もあること

に留意する。

◆環境リスク評価

アスベスト・PCB・オゾン層破壊物質（フロン・ハロン）・危険物・特殊薬液などの使用（保管）状況についての調査が行われる。このうち、主要な物質はアスベストとPCBである。アスベストは1975年以前の鉄骨建物に耐火被覆として多く使われていた経緯があり、PCBは1972年以前の建物について、変圧器やコンデンサの絶縁油に使用されていた。一般的にERの調査では、製造年代や既往資料などから机上で評価され、試料などの分析調査は行われないことが多い。

アスベストについては飛散の可能性からレベル1〜3の3段階に分類されているが、調査会社により言及される範囲に違いがあるため、注意して確認することが必要である。

◆土壌汚染リスク評価

土壌・地下水汚染の有無について調査し土壌汚染の可能性を評価するもので、地歴調査などにより確認する。土壌汚染調査に関する関連法規には土壌汚染対策法がある。この中では事前調査や対策の基準が定められており、一定要件の土地所有者などに対して状況調査と調査結果の報告を義務付けている。土壌汚染の調査・対策費用は高額となる場合が多くあり、対象地の資産価値が低下することもある。契約締結後に想定外の土壌汚染が発見された場合にトラブルに繋がる可能性があるため、注意が必要である。ERにおける調査は可能性を評価するものであるため、場合によっては詳細調査を行う必要があることに留意する。

◆構造に関する評価（地震リスク評価）

構造に関しては、地震リスクに対する評価が行われており、予想最大損失率（PML：

Probable Maximum Loss) を用いて評価する。これは建物使用期間中で予想される最大規模の地震 (再現期間475年相当＝50年間で10%を超える確率) によって予想される最大の物的損失額 (被害額) の再調達価格に対する割合で示されるものであり、3つの指標 (PML1・PML2・PML3) がある。

地震リスク評価は、不動産の投資・取引において、投資判断や地震保険加入検討などの基準となっており、J-REITの各投資法人が保有する物件のPML値は有価証券報告などで確認することができる。

1981年以降の建築基準法 (新耐震設計法) により設計された建物は、PMLが10〜20%程度になることが一般的だが、それ以前の旧建築基準法により設計された建物では、PMLが20%以上となることも多く存在する。PMLが不動産評価基準とされる場合、PMLが20%以上と判断されている建物は証券化の格付けが低下する可能性があるため、証券化する場合などにおいては、不動産価値向上を目的とした耐震補強によりPML値を低下させる場合も考えられる。

PMLはもともと保険業界で使われてきた指標であり、耐震診断とは目的や評価基準が異なる。人命保護を目的とした耐震性の評価が求められる場合には、耐震診断を行う必要がある。

8 保険

◆プロジェクト関係者のリスク対策

建設プロジェクトにおける関係者にはリスクが存在する。そのため、それぞれが十分にリスク対策を取らないと最終的にそのリスクが発注者に返ってくる可能性がある。

以下に国内プロジェクトに関わるリスクと保険について記載する。海外プロジェクトについては各国の付保規制について確認する必要がある。

◆工事施工者以外のリスク対策

CMrおよび設計者・監理者の業務上のリスクを回避するために、それぞれに専門家賠償責任保険がある。

●CMrにおけるリスクと保険

CMrの契約は、発注者の支援者としてのマネジメント業務という観点から、一般的には民法上の準委任契約といわれている。準委任契約において負うべき責任の中で最も注意しなければならないのは「善良なる管理者の注意義務(善管注意義務違反)」であり、業務上起こり得る事故(過失)に対する損害賠償請求へのリスク対策としては「CM賠償責任保険」がある。

ここでいうCM賠償責任保険は、日本CM協会が保険契約者となる団体保険である。

そこでは、開業遅延に伴う発注者の逸失利益損害を補償するなど、建築家賠償責任保険にはない補償も行っている。例えば、「プロジェクトにおける関係者の作業のやり直し、不具合の改善による損害賠償(ただし、CMrが委託者からの具体的な指図と明らかに異なる内容で関係者に指図したことによって発生した場合、またはCMrの書面による不適切な助言によって発生した場合に限る)」や「プロジェクトの完成遅延による営業阻害損害賠償(ただし、CMrが委託者からの具体的な指図と明らかに異なる内容での関係者へ指図や、CMrの書面による不適切な助言によって、設計図または施工図の内容に欠陥が生じ、設計図または施工図の再作成および工事のやり直しが発生し、完成が遅延した場合に限る)」などが補償対象となっている。

●設計者・監理者におけるリスクと保険

建築設計業務で設計者が行う設計図書などの作成や、監理業務で監理者が行う施工図等の承認で発生する事故(過失)による損害賠償請求において、その損害のリスク対策としては「建築家賠償責任保険」がある。

その契約方式は、日本建築家協会・日本建築士事務所協会連合会・日本建築士会連合会のそれぞれが保険契約者となる団体保険である。

設計業務の対象は、建築基準法に規定される建築物と工作物であり、設計図書という成果物に対する契約不適合責任を問われる場合があるので注意を要する。

●建設コンサルタントにおけるリスクと保険

土木設計業務および地質調査業務の成果物の契約不適合によって損害賠償請求をされた場合のリスク対策として建設コンサルタンツ協会が保険契約者となる団体保険である「建設コンサルタント賠償責任保険」がある。

建築設計の建築家賠償責任保険と同じように、業務の成果物の責任を問われる場合がある。

CMr・設計者・監理者および建設コンサルタントに関する保険については、それぞれのプロジェクト構成員が責任主体となり、保険加入者

表4-6 ●工事施工者における主なリスクと保険（一括発注方式）

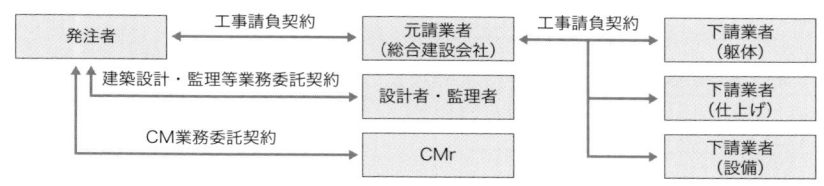

①工事施工中のリスク

リスク	第三者賠償リスク			労働災害リスク			受注者倒産リスク			発注者倒産リスク			工事物件損傷リスク		
保険商品	請負業者賠償責任保険			労災総合保険／傷害保険			履行ボンド／保証保険			取引信用保険			建設工事／組立／土木工事保険		
被害者	関係者／第三者			元請／下請従業員			発注者／元請業者			元請業者／下請業者			元請業者		
対象	責任主体	保険加入	被保険者	責任主体	保険加入	被保険者	責任主体	保険加入	被保険者	責任主体	保険加入	被保険者	責任主体	保険加入	被保険者
発注者	—			—			—		○	—			—		
元請業者（総合建設会社）	○	◎	○	○	◎	○	○	○	—	○	▲(※)	○	○	◎	○
下請業者（専門工事会社）	○	△	○	○	×	○	○	×	○	○	▲(※)	○	○	△	○

②引渡し後のリスク

リスク	施工瑕疵リスク			PLリスク			その他のリスク		
保険商品	瑕疵保証責任保険			生産物賠償責任保険			火災／機械／施設賠償責任保険 等		
被害者	発注者			第三者／発注者			第三者／発注者		
対象	責任主体	保険加入	被保険者	責任主体	保険加入	被保険者	責任主体	保険加入	被保険者
発注者	—			—			○	○	○
元請業者（総合建設会社）	○	▲	○	○	◎	○	—	—	—
下請業者（専門工事会社）	○	▲	○	○	△	○	—	—	—

③通年でのリスク

リスク	サイバー攻撃リスク		
保険商品	サイバーリスク保険		
被害者	関係者／第三者		
対象	責任主体	保険加入	被保険者
発注者	—	—	—
元請業者（総合建設会社）	○	○	○
下請業者（専門工事会社）	○	○	○

〈保険加入欄〉
　◎ 元請加入保険で下請も被保険者とすることができるもの　　○ 加入者のみが補償対象となるもの　　△ 元請手配が一般的となるもの
　▲ 保険会社の個別審査により建設業の加入が困難なもの（※近年、引受け基準が低い簡易型の取引信用保険も販売開始された）
　× 保険加入できないもの　　— 保険がないもの
〈責任主体・被保険者欄〉
　○ 対象となるもの　　— 対象とならないもの

および被保険者となる。

◪ 工事施工者のリスクと保険

　建設工事に関わる保険の種類はかなりの数が挙げられる上、工事施工の発注方式によって保険を手配する主体および保険の対象が変わる。
　発注方式（プロジェクト実施方式）ごとの主なリスクと保険については表4-6、表4-7のとおりである。
　建設プロジェクトにおいては、一連の各段階でいろいろな視点でのリスクを考える必要がある。

● 工事施工におけるリスクと保険

○ 第三者賠償リスク

　対応する保険商品は「請負業者賠償責任保険」となる。請負業務の遂行に起因して生じた事故などによる対人・対物事故について、請負者が負担する法律上の損害賠償責任を担保する保険である。
　一括発注方式であれば元請業者が入る保険で下請業者を被保険者とすることが可能である。被保険者間の賠償責任については特約にて担保可能となる。工事施工を分離発注方式とした場合、各請負者がこの保険を手配する必要

表4-7 ●工事施工者における主なリスクと保険（分離発注方式）

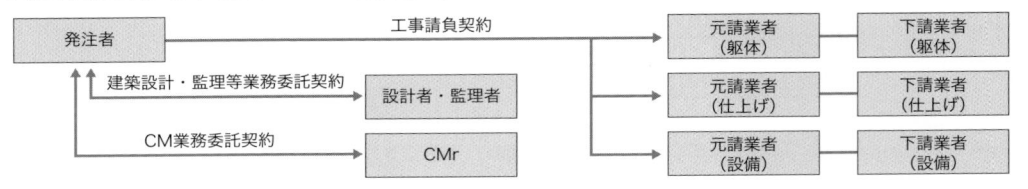

① 工事施工中のリスク

リスク	第三者賠償リスク			労働災害リスク			受注者倒産リスク			発注者倒産リスク			工事物件損傷リスク		
保険商品	請負業者賠償責任保険			労災総合保険／傷害保険			履行ボンド／保証保険			取引信用保険			建設工事／組立／土木工事保険		
被害者	関係者／第三者			元請／下請従業員			発注者／元請業者			元請業者／下請業者			元請業者		
対象	責任主体	保険加入	被保険者	責任主体	保険加入	被保険者	責任主体	保険加入	被保険者	責任主体	保険加入	被保険者	責任主体	保険加入	被保険者
発注者	—	—	—	—	—	—	—	—	○	—	—	—	—	—	—
元請業者（一括発注時元請）	○	○	○	○	○	○	○	○	—	○	▲(※)	○	○	○	○
下請業者（一括発注時下請）	○	●	○	○	●	○	○	●	—	○	▲(※)	○	○	○	○

② 引渡し後のリスク

リスク	施工瑕疵リスク			PLリスク			その他のリスク		
保険商品	瑕疵保証責任保険			生産物賠償責任保険			火災／機械／施設賠償責任保険 等		
被害者	発注者			第三者／発注者			第三者／発注者		
対象	責任主体	保険加入	被保険者	責任主体	保険加入	被保険者	責任主体	保険加入	被保険者
発注者	—	—	—	—	—	—	○	○	○
元請業者（一括発注時元請）	○	▲	○	○	○	○	—	—	—
下請業者（一括発注時下請）	○	▲	○	○	●	○	—	—	—

③ 通年でのリスク

リスク	サイバー攻撃リスク		
保険商品	サイバーリスク保険		
被害者	関係者／第三者		
対象	責任主体	保険加入	被保険者
発注者	—	—	—
元請業者（一括発注時元請）	○	○	○
下請業者（一括発注時下請）	○	○	○

〈保険加入欄〉
　○ 加入者のみが補償対象となるもの
　▲ 保険会社の個別審査により建設業の加入が困難なもの（※近年、引受け基準が低い簡易型の取引信用保険も販売開始された）
　× 保険加入できないもの　　— 保険がないもの
〈責任主体・被保険者欄〉
　○ 対象となるもの　　— 対象とならないもの

が生じる。

○ 労働災害リスク

　対応する保険商品は公的保険として「政府労災保険」、民間保険として「労働災害総合保険」や「傷害保険」がある。「労働災害総合保険」は請負者が請負業務で労災事故を発生させた場合に政府労災保険の上乗せ補償をする保険である。
　建設工事の場合、一括発注方式であれば下請業者も自動的に担保される。分離発注方式とした場合、各請負者が個別に保険手配する必要がある。

○ 受注者倒産リスク

　対応する保険商品は「履行保証保険」や「公共工事履行保証証券（通称：履行ボンド）」が挙げられる。受注者（保険契約者）の債務不履行により、発注者（被保険者）が被る損害を補償する保険である。

○ 発注者倒産リスク

　対応する保険商品は「取引信用保険」となる。請負者が請負業務を遂行中に発注者が倒産した場合、もしくは下請業者が請負業務を遂行中に元請業者が倒産した場合の売掛金を保証する保険である。一般的に従来は保険会社の

個別審査により建設業の加入は困難であった。しかし急激な社会環境や経済環境の変化による倒産リスクの高まりにより、簡易型の取引信用保険の販売を始める保険会社もある。簡易型の取引信用保険では「個別審査が不要」や「保険料が安価」など、特に2次受け3次受けの下請業者（中小事業者）が、より加入しやすくなっている傾向がある。

○ 工事物件損傷リスク

対応する保険商品は「建設工事保険」「組立保険」「土木工事保険」となる。引き受ける工事の種類により保険の名称が異なる。工事の過程において発生した事故によって工事の目的物に生じた物的損害を補償する保険である。分離発注方式とした場合、各請負者は個別に保険手配をする必要がある。

● 引渡し後におけるリスクと保険

○ 施工における契約不適合リスク

対応する保険商品は「瑕疵保証責任保険」である。引渡し後の契約不適合の保証により被保険者が被る損害を補償する保険である。一般的に保険会社の個別審査により建設業の加入は困難な状況が続いている。

○ 住宅瑕疵担保責任保険

法律上の資力確保義務を有する住宅事業者に対して、2009年10月1日以降、特定住宅瑕疵担保責任の履行の確保等に関する法律（住宅瑕疵担保履行法）に基づき、新築住宅を引き渡す場合に住宅瑕疵担保責任保険への加入または供託が義務化された。住宅瑕疵担保責任保険は、新築住宅の請負者や売主（住宅事業者）が契約不適合責任を確実に履行するための資力確保措置として設定された責任保険である。この保険は一般の損害保険とは異なり、国土交通省が指定する保険法人（住宅保証機構㈱など5社）の取り扱いとなる。保険の対象となる損害は、住宅の基本構造部分の契約不適合に起因して、住宅の基本的な耐力性能もしくは防水性能を満たさない場合の事故により、住宅事業者が住宅取得者に対し契約不適合責任を負担することによって被る損害である。

住宅事業者が倒産等の事由により契約不適合責任を履行できない場合についても、住宅取得者に対して直接保険金が支払われる。

○ PLリスク

PL（Product Liability：製造物責任）は欠陥のある製造物を消費者等に提供した場合に、製造業者等が問われる法律上の賠償責任である。PL法上の賠償責任の他に民法上の不法行為による賠償責任もある。対応する保険商品は「生産物賠償責任保険」である。引き渡し後に発生した事故などにより負担する法律上の損害賠償責任を担保する保険である。契約不適合責任は担保されない。

○ サイバー・リスク

近年のDX化の推進に伴い、企業の情報セキュリティに関する事故として「サイバー攻撃」によるものが増えてきており、業種・業態を問わずサイバー・リスクが高まっている。また2022年4月1日に改正個人情報保護法が施行され、一定の基準を満たす個人情報の漏えいが発生した場合、「個人情報保護委員会への報告」と「漏えい対象となった被害者本人への通知」が義務化された。この法改正により、サイバー攻撃の発生時には賠償責任によって被る損害だけでなく、各種費用（原因調査・被害範囲特的などにかかる費用）への備えが必要となっている。一般的にサイバー・リスク保険は、事業活動を取り巻くサイバー・リスクを1つの保険で包括的に補償し、損害賠償請求や調査費用だけでなく、コンピューター・システムの復旧費用や再発防止費用等が補償の対象となることが多い。これらは下請業者は補償対象には含まれないため、各企業ごとに保険を手配する必要がある。

○その他リスク

建物が引き渡された後、発注者は所有者となる場合が多いが、そのリスクは建物自体という「モノ」のリスクと、建物の「運営・管理」リスクが存在する。火災保険・機械保険・施設賠償責任保険はこれらのリスクを担保する代表的な保険であり、発注者(所有者)が保険を手配する必要がある。

8-2 CM賠償責任保険

◆団体保険契約

CM賠償責任保険は日本におけるCM業務の普及と発展に向け、専門家であるCMrの職能を補完し、その経済的負担のリスクを軽減する目的で創設されたものである。

CM賠償責任保険は日本CM協会会員を対象とし、会員が任意に加入できる団体契約方式の保険であり、会員個々の年間CM業務の全てを包括した1年更新の保険である。

この団体保険は加入者ごとの保険成績を制度全体で運営するため、長期的・安定的な保険制度であり、会員全体のリスク・マネジメントを支援できることが特徴である。

◆保険内容

●保険加入資格要件

この保険に加入できるのは、以下のいずれかとなる。

・日本CM協会の団体会員
・日本CM協会の個人会員が所属する法人
・日本CM協会の個人会員で、かつ個人事業主であるもの

●保険対象業務範囲

国内におけるCM業務で、「CM業務委託契約書およびCM業務委託契約約款に基づいて行

う、CM協会の定める標準業務」が、補償の対象となる。具体的には、日本CM協会が定める「CM業務委託契約約款・業務委託書」に記載された業務に合致する業務を指す。

●保険契約約款

保険契約約款は共通約款と特約条項からなり、必要に応じてオプション特約条項などを付加する。

・専門的業務賠償責任保険普通保険約款
・コンストラクション・マネジメント業務特約条項
・オプション特約:免責条項修正特約条項(コンストラクション・マネジメント業務用)

プロジェクトに関する製品・半製品・部品・工作物などの財物の不具合または仕上がり不良について、プロジェクトに関するこれらの財物の引渡し後、回収・検査・修理・交換その他の措置を講ずるために要した費用について負担する賠償責任は免責となっているが、このオプション特約条項を付帯することで、補償対象とすることができる。

●保険金支払対象事故

CMrが国内で実施した業務において、善管注意義務違反による「債務不履行責任」、または「不法行為責任」に基づき以下の損告賠償請求を受け、その結果CMrが損害賠償責任を負担した場合に保険金が支払われる。

○物理的費用損害

プロジェクトにおける関係者の作業のやり直し、不具合の改善による損害賠償(CMrの不完全履行)

○営業阻害損害

プロジェクトの完成遅延により、引渡しを受ける者の営業阻害損害賠償(開業遅延に伴う過失利益)

○第三者に対する有形損害

CM業務の遂行に起因して発生した第三者の

身体の損害、財物の損壊に対する損害賠償

● 保険金支払の種類

CMrは契約関係のある業務の委託者に債務不履行責任が発生するが、委託者を除くプロジェクト関係者にCM業務において損害を与えた場合は、当事者が委託者に損害賠償を請求し、委託者はCMrに賠償請求を行う。

支払われる保険金の種類としては、損害賠償保険金・争訟費用保険金・協力費用保険金がある。

● 免責事項

一般的な免責事項（普通保険約款）と専門職業人保険に対する追加免責事項（CM特約条項）から構成される。

被保険者が業務を遂行するにあたり、通常の手続きに反していることまたは通常の手続きを省略していることを認識しながら遂行した行為や、被保険者の履行不能または履行遅滞に起因する賠償責任などは免責となっている。

● 保険料

CMrの年間業務報酬額に料率を乗じて算出し、報酬額に応じた逓減方式とする。また、保険金支払限度額と免責金額の組合せにより保険料が決まる。

● 紛争解決

保険賠償事故の紛争解決には助言・指導を行う中立的な第三者機関として、事故審査委員会を設置して対応する。

8-3 履行ボンドと履行保証保険

◆ 建設プロジェクトにおけるボンド

● 履行保証保険と履行ボンドの違い

ボンドとは、債券や保証証券を意味する。一般的に、債券とは社会的に一定の信用力のある発行体が資金を調達する際に発行する有価証券のことを指す。

履行ボンドは、実質的には金融機関などが発注者に対して請負者（受注者）の連帯保証人となることである。履行保証保険では、倒産などにより請負者が工事施工または業務の続行が不能となった場合に、金融機関などが発注者に対して保険金を支払うが、履行ボンドでは金融機関などは連帯保証債務を履行することとなる。

● 日本の公共プロジェクトにおける履行保証制度

中央省庁・地方公共団体が工事施工者や設計者などに発注する公共事業の履行を損害保険会社や銀行などの金融機関などが保証する制度で、正式には「公共工事履行保証制度」という。工事施工者や設計者は、金融機関などによる業務履行能力や工事完成能力の審査を経て保証証券の発行を受け、保証を得た上で業務を受託したり工事施工を請負う。金融機関などは設計または工事施工の途中でこれらの会社が倒産した場合、別の会社に依頼して設計・工事施工を完成させるか、契約金額の相当額（事前に割合が決めてある）を発注者に対して支払うことを保証する制度である。

公共プロジェクトなどにおいて、契約を締結する場合、契約保証金を納付する必要があるが、中央省庁・地方公共団体を被保険者とする履行保証保険契約または公共工事履行保証契約（履行ボンド契約）を活用すれば、契約保証金の納付が免除されることになる。

● CMrが参画するプロジェクトにおける履行ボンドなど

公共プロジェクトにおいて、CMrとして業務を受託する場合、前述の契約保証金の納付を求められる場合があり、その場合は、履行保証保険証や履行保証契約証などの履行ボンドなどを提出することで契約保証金の納付に代えることができる。これは工事施工の請負や設計業務の受託と同じ仕組みである。

公共プロジェクトにおいては参画する設計者や工事施工者も履行ボンドなどの提出が求められる場合があるので、CMrは業務の一環とし

表4-8 ●保険で適用されるリスクとされないリスク一覧

種類		具体的リスク	既存保険		保険の名称	補償額の目安（単位：円）
			※公共	※民間		
企画・設計・工事段階	契約違反	入札者の契約締結不能	○	×	（公共工事）入札保証保険	入札金額の3%〜5%程度
		受注者の履行不能	○	×	（公共工事）履行保証保険・証券	契約金の10%程度が目安
		CMRの不完全履行	△		CM賠償責任保険	500万〜1億 で加入者選択
		設計者の不完全履行	△		建築家賠償責任保険	1000万〜5億位 で加入者選択
		施工者の不完全履行	△		請負業者賠償責任保険	1億位〜5億位で加入者選択
		工期遅延	×			
		事業中止（用地取得含む）	×			
	間違い	CMミス	△		CMR賠償責任保険	500万〜1億 で加入者選択
		設計ミス	△		建築家賠償責任保険	1000万〜5億位 で加入者選択
		施工ミス	△		請負業者賠償責任保険	1億位〜5億位 で加入者選択
	倒産	発注者倒産	▲		（簡易型）取引信用保険	オーダーメイド。簡易型の場合100万〜500万程度が多い
		受注者倒産	○	×	履行保証保険	契約金の10%程度が目安
		下請け会社倒産	×			
	事故	作業員の死傷（労働災害）	○		労働災害総合保険・傷害保険	死亡1000万〜5000万位が目安
		建物の損壊	○		建設工事保険・組立保険	請負金額（内訳）が基準
		運搬中の製品・資材損傷	○		運送保険	製品・資材の仕切値
		第三者に対する事故	○		（請負者）賠償責任保険	1億位〜5億位 で加入者選択
		製品の不良による事故	○		生産物賠償責任保険	1億位〜5億位 で加入者選択
		環境を汚染（排水,不法投棄）	×			
	災害	火災・爆発による損壊	○		建設工事保険	復旧費が目安
		風災・水災による損壊	○		建設工事保険	復旧費が目安
		天災（地震・洪水）による損壊	×			
		盗難	○		建設工事保険	復旧費が目安
	その他	市場の変化（資材高騰等）	×			
		金利変動	×			
		設計要件変更	×			
		現場変更多発	×			
		近隣クレーム	×			
		遺跡調査	×			
		地盤調査・地盤補強工事の瑕疵	△		地盤保証制度	補修費用の一定割合
		土壌汚染	×			
引渡し後	不具合・災害	瑕疵	○	△	住宅瑕疵担保責任保険	補修費用・調査費用
		火災・爆発	○		火災保険	復旧費が目安
		地震	△		地震保険	5000万が限度
		盗難	○		火災保険	復旧費が目安
		水漏れ	○		火災保険	復旧費が目安
通年	その他	サイバーコム	○		サイバーリスク保険	賠償責任は5000万〜3億位、調査費用は1000万〜5000万位で加入者選択の場合が目安

て適切な履行ボンドなどが提出されていることを確認する必要がある。

　民間プロジェクトでは履行ボンドなどが一般的でなく、履行を担保する仕組みが未だ確立されていない。CMr自身の履行を保証する仕組みの必要性も当然であるが、金額の大きい契約では履行不能となった場合はプロジェクトに対する影響が大きく、工事施工者の倒産などの履行リスクの担保について、CMrとして事前に検討した上で発注者にリスクを説明し潜在的な

リスクを最小限に抑える方策が求められる。

8-4 保険に関わる近年の動向

◆発注方式の多様化に伴うリスクと保険

　近年においては、発注方式の多様化に伴い建設プロジェクトのリスクも広がりつつある。

　PFIの場合は、建設リスクだけでなく引渡し後の運営・管理リスクも民間企業が担うことに

※発注者が公共か民間かの区分　　◎100%適用　○ほぼ適用　△一部適用　×なし

保険料の目安	摘要（保険による補償範囲等）
個別審査	公共工事のみを対象に保証制度がある。一般的に財務面の個別審査を受ける必要がある。
個別審査	公共工事のみを対象に保証制度がある。一般的に財務面の個別審査を受ける必要がある。
業務報酬料の0.1%～5.0%	CMAJの委託契約書記載業務の範囲内。
業務報酬料の0.1%～0.3%	建築物の設計監理業務が対象。（建築士会・事務所協会・JIA※ それぞれの団体が保険制度を設立）
請負金額の0.3%程度	下請け先を共同被保険者として損害賠償保険に加入することが可能。
	制度的には「開業遅延保険」があるが引受けは困難、違約金については一般的に契約書に記載される。
	中止決定時点までの業務を精算するのが一般的である。
業務報酬料の0.1%～5.0%	CMrが間違った助言を発注者に行い、それにより損害が発生した場合などが対象となる。
業務報酬料の0.1%～0.3%	設計ミスで建築物に外形的かつ物理的な滅失・損傷事故が発生した場合などが対象となる。
請負金額の0.3%程度	施工ミスにより生じた事故により損害が発生した場合などが対象となる。
個別審査。簡易型の場合5万～30万程度が多い	一般には取引信用保険があるが建設業者の加入はハードルが高い。一方近年販売開始となった簡易型の取引信用保険は個別審査不要、低廉な保険料設定等により中小の建設会社が加入しやすい場合も多い。
個別審査	公共工事のみを対象に保証制度がある。一般的に財務面の個別審査を受ける必要がある。
	元請のリスクとなる。
請負金額の0.2%程度	死亡の他、後遺障害の等級に応じて補償。傷害保険は政府労災の加入に関係なく支給される。
請負金額の0.3%程度	下請け先を共同被保険者として損害賠償保険に加入することが可能である。
請負金額の0.1%程度	遅延は対象とならない。
請負金額の0.3%程度	加入者別（施設所有者、設計者、CMr、請負者）にそれぞれの保険が用意されている。
請負金額の0.1～0.3%程度	仕事の結果に起因する起因する対人対物事故や製品・商品のPL事故が対象となる。
	制度としては「環境汚染賠償保険」があるが引き受けは困難である。
請負金額の0.3%程度	損害発生直前の状態に復旧させるために要する費用が対象となる。
請負金額の0.3%程度	損害発生直前の状態に復旧させるために要する費用が対象となる。
	工事保険の特約で追加できる可能性はあるが、かなり高くなる。
請負金額の0.3%程度	工事材料・仮設材が対象。設計図書・帳簿などは対象外。
	インフレ条項を契約書に記載することはあるが、官民問わず適用例が少ない。
	支払い条件により受注者の負担額が大きくなることがある。
	発注者からの要求内容が変わった場合はやり直し費用が発生する。
	現場変更に要する人件費および経費は支払われていないのが現実である。
	騒音と安全に関するクレームが多い。
	土地所有者の負担で調査を行わなければならない。
1地盤当たり3万程度	住宅事業者が住宅保証機構の保険会社と契約。調査または工事の契約不適合により住宅の不動沈下が対象となる。
	土地所有者の負担で処理しなければならない。
1住戸当たり5万～10万位	官庁工事では公共工事履行保証保険のオプションとして、住宅以外でも契約不適合に関する保証がある。
構造により異なる	
構造・地域により異なる	住宅が対象。火災保険への加入が原則必須となる。
構造により異なる	
構造により異なる	
一般的に業種と売上高によって算出。数十万～数百万位	サイバー攻撃による損害賠償金のみならず、各種費用（調査費用、再発防止費用、見舞金等）が補償されることが多い。

※建築士会：日本建築士会連合会、事務所協会：日本建築士事務所協会連合会、JIA：日本建築家協会

なるため、設計・工事施工のリスクだけでなく、運営・管理のリスクにも対応する賠償責任保険や火災保険などの手配が必要となっている。

●発注方式の多様化に伴う保険対応

　上述の背景により、PFIや施設管理付設計施工一括方式（DBO方式）が拡大していくことも予想され、設計・工事施工以外のリスクに対応した保険の要望は今後ますます高まっていくことが予想される。

　これらの複雑化・拡大化するリスクに対して

は、商品化された保険単体では適切なリスク対策ができない場合があり、昨今では事例としては少ないものの、これらのリスクに対して、保険会社との個別の交渉によって作成されるオーダーメイドの保険で対応する場合が見受けられるようになってきた。

　例えば、特定の業種に対する保険が幾つもある場合には、それらの商品化された保険を統合し、一定の範囲におけるリスクを包括するオーダーメイドの保険（特定業種対応型）で対応す

る方法、あるいは特定のプロジェクト対象物（建築物や土木工作物）の設計・工事施工における建設保険から運営・管理における損害賠償保険を包括するオーダーメイドの保険で対応する方法などがある。

◈ 高度の専門的業務に関わるリスクと保険

専門的職業には高度の専門知識と技能を要求され、有資格者による業務独占などが保証されている半面、一般的職業よりもより高度な注意義務を要求されるため、注意義務を怠り、過失や過誤を招き、その結果として純粋経済的損害を与えた場合には、その他の職業より法律上の賠償責任を負う可能性が高い。

一般的な請負者賠償責任保険や生産物賠償責任保険は、事業活動において第三者の身体障害や財物損壊などを補償するが、身体障害や財物損壊を伴わない経済的損害は通常補償されない。そのため、身体障害や財物損壊を伴わない純粋経済的損害を補償するE&O保険（エラーズ・アンド・オミッション（Errors & Omissions）保険）が近年発達した。

● E&O保険

専門的職業賠償責任保険を総称してE&O保険と呼ばれることが多い。職務の遂行上の過失や怠慢によって第三者に経済的損害を与えたことに起因して、法律上の賠償責任を負うことによって生じた損害を補償する。主に弁護士・税理士・建築士などの国家資格を必要とする専門職業人を対象とした保険として普及した。

CM賠償責任保険・建築家賠償責任保険などもE&O保険の一種である。近年では建築確認・検査業務などにも対象を拡大してきている。

◈ 近年の建築家賠償責任保険の対応について

前述のとおり、「建築家賠償責任保険」は設計業務・監理業務で設計者・監理者が行う設計図書作成などにかかる事故（過失）による損害

賠償を補償する保険である。これまでは建築物の滅失・破損がない場合は保険金の支払い対象外であったが、近年、日本建築士会連合会・日本建築士事務所協会連合会・日本建築家協会などの団体において、建築物の滅失・破損がなくとも建築基準法などにおける一定の基準を満たさなかった場合に発生する損害賠償責任を補償する「法令基準未達補償」および「構造基準未達補償」がオプション特約として追加された。

「法令基準未達補償（建築基準関連法令の基準未達による建築物の滅失または破損を伴わない瑕疵に関する特約条項）」においては、建築物の外形的かつ物理的な滅失または破損の有無にかかわらず、設計業務などの過失で「所定の建築基準関連法令に定める基準」を満たさないために、法律上の損害賠償責任を負担することによって被る損害が補償される。例えば「北側斜線規制や高度地区に関する規定に抵触して住宅を設計し、改修工事が必要となった（建築基準法および都市計画法の基準を満たさない）」場合などが補償対象となる。

「構造基準未達補償（構造基準未達による建築物の滅失または破損を伴わない契約不適合に関する特約条項）」においては、建物の外形的かつ物理的な滅失または破損の有無にかかわらず、構造設計業務の過失で「建築基準法 第20条1、2、3号建築物」について、「建築基準法第20条に規定する構造基準」を満たさないために、法律上の損害賠償責任を負担することによって被る損害が補償される。

◈ 保険で適用されるリスクとされないリスク

建設プロジェクトに関わる一般的な保険を対象とする「保険で適用されるリスクとされないリスクの一覧」を表4-8に提示する。

9 ライフサイクル・マネジメント（LCM）

9-1 LCMとは

LCM（ライフサイクル・マネジメント）とは、建物の企画段階から、設計・工事施工・運営・管理・解体にわたる全生涯（ライフサイクル）に着目し、マネジメントを行うことをいう（図4-29）。建物を保有するためには、建設費などのイニシャル・コストに加え、劣化した部位を元の機能や性能に回復させる修繕更新費や、定期的な点検やメンテナンスにより劣化や不具合を予防する保全費、その他、エネルギー費・管理費など、建物の生涯にわたり多くの費用を要する。それらの投資によって便益や効果が生み出されるが、投資が適切でない場合にはリスクの顕在化や損失につながることも起こりうる。このように、将来を見据えて建物の機能・性能を維持・向上するための戦略を検討し、効果的な投資を行うことで、建物の価値の最大化につなげることができる。

近年、建物の価値の評価軸はより幅広く変化してきている。機能性や収益性のみならず、環境配慮・事業継続・社会貢献など、投資対効果と優先順位を考慮の上でバランスの取れた投資計画に収斂させていくことが肝要である。図4-30にLCMによる建物価値の最大化の概念を示す。

◆ LCMの必要性

図4-31は、国内の建設投資額を新築と修繕・改修に分けて集計したものである。バブル崩壊以降、日本の建設投資は漸減し、リーマンショック後の最大の落ち込みを経て増加に転じてきた。その間も修繕・改修の投資額は増加が続いており、全建設投資に占める修繕・改修の投資額の比率も増加が続き、将来もこの傾向が継続すると予測される。また、国内の建築ストックの総量は83.8億㎡、人口1人当たり66.7㎡にのぼる※。このストック社会へのシフトの背景の中で、使用に伴い劣化していく償却資産としての建物を適切に運営・管理していくことが求められている。

企業活動においても、人・情報・モノ・カネといった経営資源のうち、モノの重要な要素であるファシリティ（施設）を含むCRE（企業不動産）を、そのライフスパンを捉えて価値を最大化し、最大限に活用することによって企業価値そのものの向上につなげていくことができる。

※国土交通省『建築物ストック統計』（2022年）による。

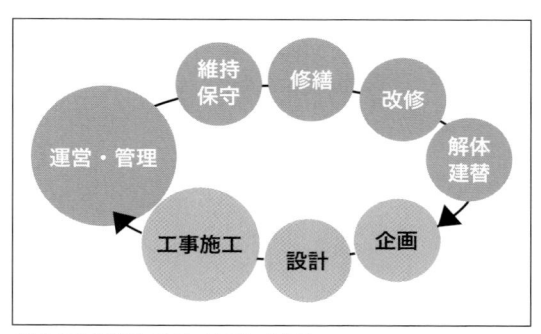

図4-29 ●建物のライフサイクル

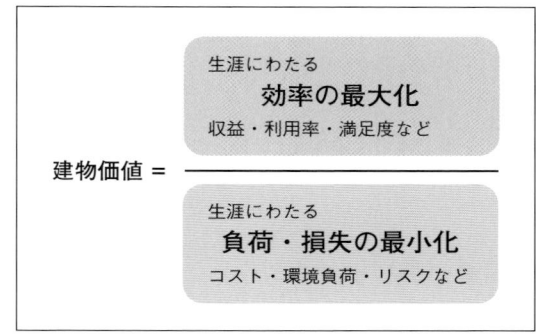

図4-30 ● LCMによる建物価値の最大化の概念

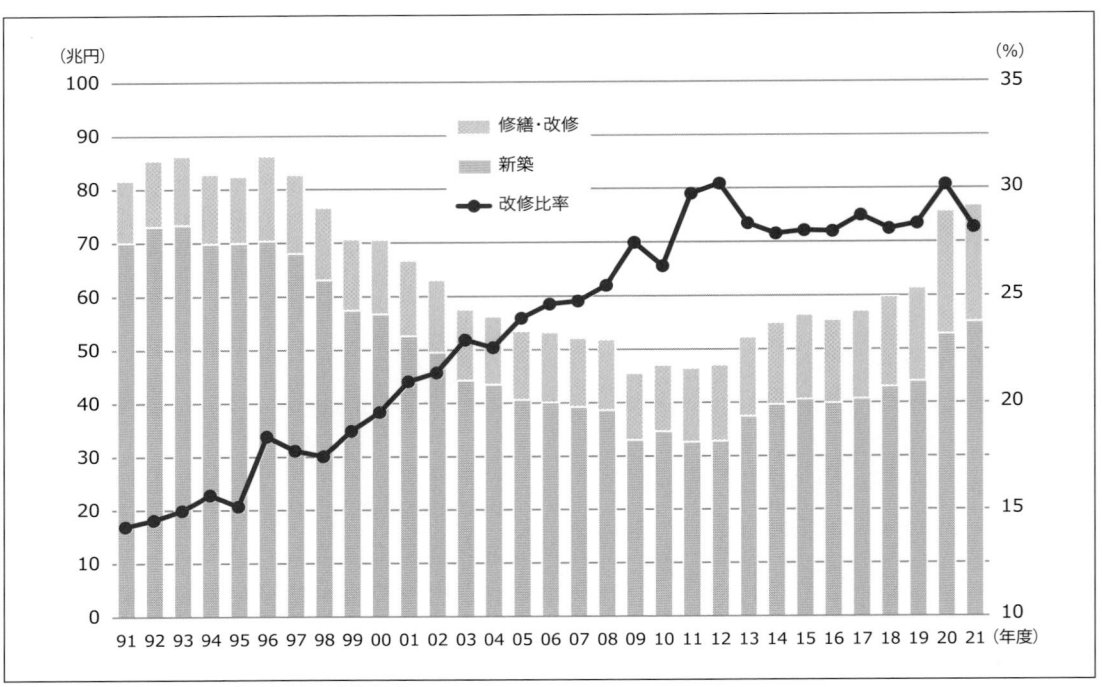

図 4-31 ●日本の建設投資と新築・改修比率
出典:『建設工事施工統計』(国土交通省、2022 年)よりグラフ化

◆価値・効果の最大化

　建物価値を最大化するためには、事業者・所有者などの目的に対して、建物がもたらす効果を、常に高い水準で維持・向上する必要がある。

　建設時は最新の設備を有し、事業の目標に合った建物も、竣工後は技術の進歩や利用者ニーズの変化とともに徐々に陳腐化が進み、利用率や収益などが低下していく。生涯にわたり建物の効果を維持・向上するためには、物理的劣化への対応に加え、利用者ニーズに合わせたグレードアップや改善活動を物理的劣化への対応と合わせて実施していくことにより、社会の期待に応え、不動産市況の要求水準に合った仕様・性能を持つ良好な建物とすることができる。その結果、収益の確保、資産価値の維持・向上、建物の長寿命化につなげていくことが可能となる(図4-32)。

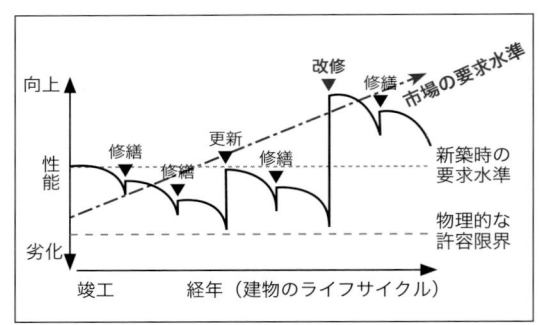

図 4-32 ●時代のニーズに合ったグレードアップ
出典:『ビルのライフサイクルマネジメント』
ロングライフビル推進協会 (BELCA)、2015 年

◆負荷・損失の最小化

　建物の価値や性能・機能の維持・向上を図る一方で、建物の生涯にわたって発生する負荷・損失を最小限に抑えていく取組みも重要である。具体的には、LCC (ライフサイクル・コスト) の低減と長寿命化、安全性と事業継続性の向上、遵法性の確保、有害物質などの環境リスク対策、CO_2排出抑制などの環境負荷低減などが挙げられる。

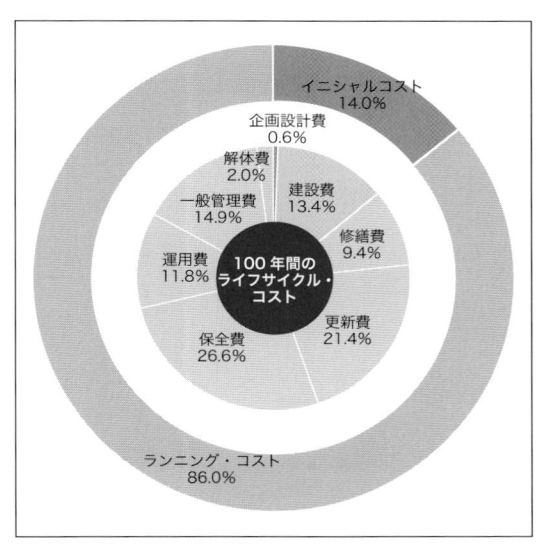

図 4-33 ● LCC の構成例
出典：『ビルのライフサイクルマネジメント』
（ロングライフビル推進協会（BELCA）、2015年）より作成

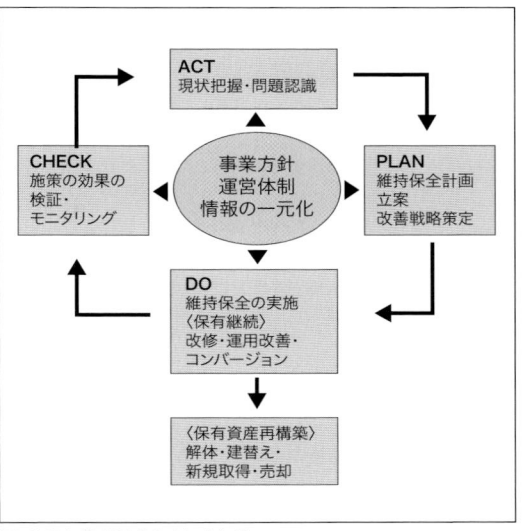

図 4-34 ● PDCA サイクル

● LCCの低減

　LCCとは、事業構想から設計・工事施工・運営・管理・解体までに必要とされる建物の生涯費用のことをいう。建物のコストとしては、初期投資額（イニシャル・コスト）に注目しがちであるが、建物の寿命が長くなるほど、LCCに占める運営・管理のコスト（ランニング・コスト）の割合が増大していく。

　建物のLCCの構成例を見てみると、図4-33のとおりで、モデル建物（100年間使用）におけるイニシャル・コストはLCCの14%となっている。建物の用途や耐用年数によって値は変化するが、ランニング・コストが初期投資に比べ総じて大きい。したがって、建物の事業構想から運営・管理のコストの合理化を考慮に入れて検討し、LCCの最小化に配慮した計画を立案する。また運営・管理においても、建物の価値最大化を最小の投資で実現するために、PDCAの管理サイクル（図4-34）によって、LCMを戦略的・継続的に実施していくことで、建物の生涯にわたる総合的なコスト・パフォーマンスの向上を図ることができる。

● リスクの低減

　建物所有にかかるリスクへの対応も、ライフサイクルにおける損失を最小化する重要な検討項目となる。昨今は地震や水害などの災害リスクへの対応をBCP（Business Continuity Plan）として検討する事例が増えている。また、建物の環境性能に関しても年々要求水準が高まる中、保有リスクが高まることへの対応を迫られる場面も見られるようになってきた。LCMにおける主なリスクを表4-9に示す。これらのリスクを予測し、あらかじめ対策を講じていなければ、リスクが顕在化した際に大きな被害をもたらし、場合によっては建物の存続にかかる事態を生じさせる。したがって、建物を安全に運営・管理していくためには、関連するリスクの特定・分析・評価・対処・検証といった、リスク・マネジメントの手法を取り入れ、リスクが顕在化した際に発生する損失（時間・コストなど）を最小限に抑える取組みを行うことが肝要である。

➡第3章「8 リスク・マネジメント」

● 建物の長寿命化

　建物に関わる負荷・損失の最小化に資するも

表 4-9 ● LCM におけるリスク

リスクの種類	概要
資産保全リスク	物理的劣化などにより建物価値が低下していくリスク
事故リスク	物理的劣化などにより、建物の閉鎖や利用者への損害を伴う事故が発生するリスク
市場リスク	市場条件や事業環境の変化により、当初の事業目標が達成できないリスク
コストリスク	物価上昇などにより計画時より費用が増加し、当初の事業目標が達成できないリスク
利用者リスク	利用者（テナントなど）起因による物損や風評被害などが発生するリスク
災害リスク	災害発生に伴い、建物価値の消滅・減少・機能停止などに陥るリスク

出典：『ビルのライフサイクルマネジメント』
（ロングライフビル推進協会（BELCA）、2015年）より作成

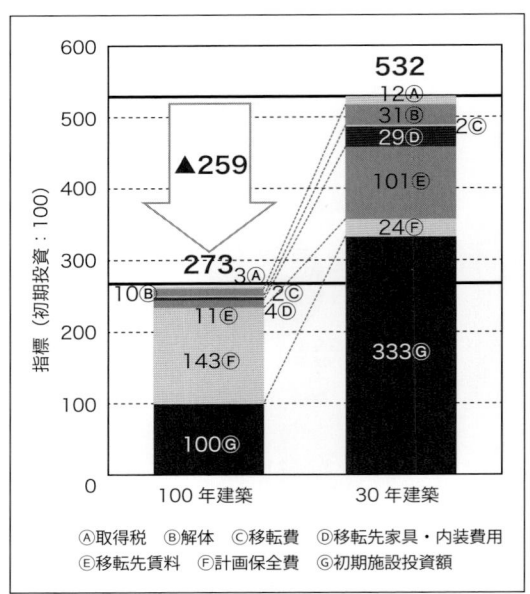

図4-35 ● 30年ごとの建替えと100年長期使用の比較
（初期投資額を100とした場合）
『解説 ファシリティマネジメント 追補版』（FM推進連絡協議会編、2009年）より作成

う1つの視点として、長寿命化対策が挙げられる。建物が短命に終われば、建設費などのイニシャル・コストに対する使用期間中の年当たりコストは大きくなる。建物を丁寧に維持・保全し、長寿命化を目指すことで、この年当たりコストを低減することができる。図4-35に、30年ごとに建て替える場合と100年長期使用する場合のシミュレーション事例を示す。初期投資額を100として指数比較した場合、100年間の長期使用によりLCCを大きく縮減できるとの結果となっている。

こうした経済的な合理性に加え、経済情勢の変化、地球温暖化への対策、廃棄物抑制・リユース・リサイクルなどへの機運の高まりを背景に、持続可能な社会の実現に資する発注者（事業者・所有者）の社会的責任としても、建物の長寿命化は必要な視点となりつつある。

● LCCO₂の低減

2018年 の IPCC (Intergovernmental Panel on Climate Change：気候変動に関する政府間パネル）では、2050年頃にCO₂排出量をネットゼロにすることが世界的な目標となっている。日本においても、2030年度に温室効果ガス排出を2013年度比46%削減することを目指

し、建築物の省エネ基準適合の義務化やZEB・ZEHの普及促進、更に既存ストックに対しても環境性能の向上を目指した省エネ改修の促進などの施策が順次講じられている。各企業に対しても、カーボンニュートラルに向けた取組みを環境報告書などで定量的に公表することが求められ、投資家はその取組みを評価し、企業価値に反映されていく動きとなりつつある。企業活動におけるCO_2排出には建築物関連が多くの割合を占めることが多く、排出抑制への取組みは必須となってきた。

建物にまつわるCO_2排出は、建設・改修・解体時に排出されるエンボディド・カーボン（図4-36）と運用時に排出されるオペレーショナル・カーボンに大別される。運営・管理時の環境性能については、すでに既存の環境認証制度での算出・評価される仕組みが確立されているが、エンボディド・カーボンについては評価手法の確立はこれからである。今後はこれらのライフサイクルを捉えたLCCO₂の削減に向け

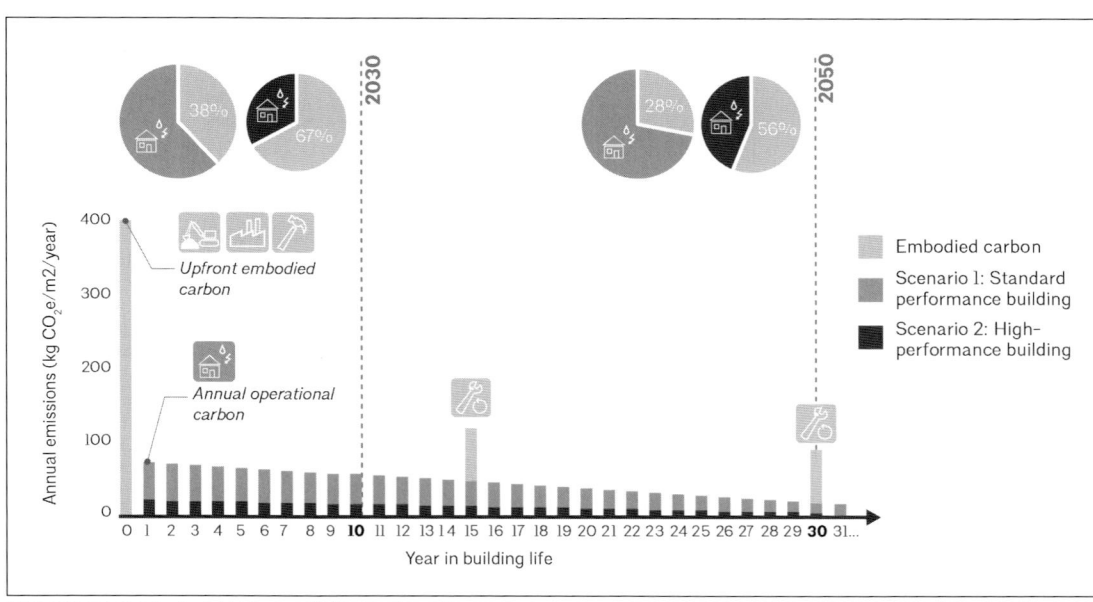

図4-36 ● LCCO2におけるエンボディド・カーボン
出典：『Embodied Carbon Toolkit for Architects』(AIA/Carbon Leadership Forum編、2021年)

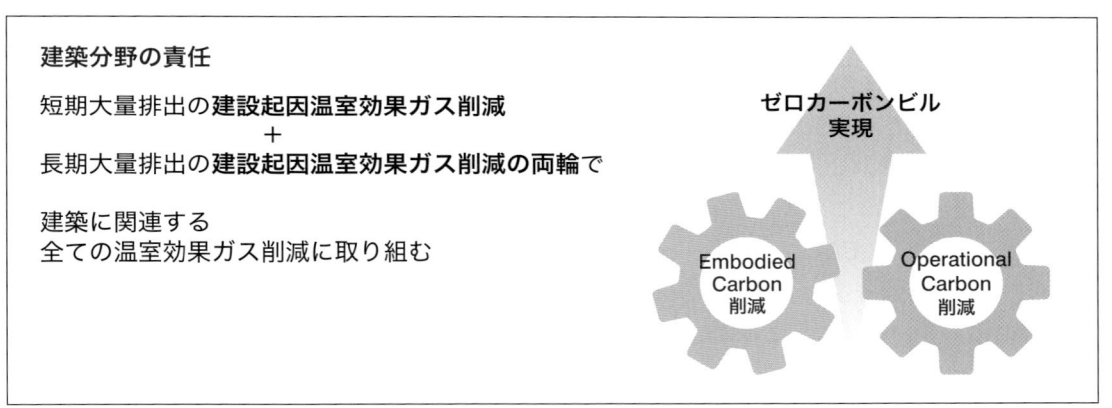

図4-37 ● LCCO2削減に向けた建築分野の責任
『ゼロカーボンビル（LCCO2ネットゼロ）推進会議報告書』（住宅・建築SDGs推進センター（IBECs）、日本サステナブル建築協会（JSBC）、2023年）より作成

た取組みが求められ、LCMの活動の主要な位置付けとなる（図4-37）。

9-2 LCMの実践

●建設プロジェクトにおけるLCM

　質の高いLCMを実践するためには、建物のライフサイクルにおける各段階で、ライフサイクルの全体像を見通しながら、先見性を持って計画を策定し、実行していく必要がある。

●事業構想・基本計画におけるLCM

　立地条件が建物のライフサイクルに影響するため、用地選定の際からLCMの視点を持つように配慮する。災害リスク（地震・水害・土砂災害など）は、リスク対策費やリスク顕在化時の対処など、建物生涯にさまざまな影響を及ぼす。また敷地の環境条件についても、部材の劣化度やエネルギー消費などを左右する要素となる。こうした立地要因のLCCに留意し、事業性や用

地取得費用などを総合的に検討しながら、適切な敷地を選定する。

また、将来を見越した適切な規模設定や、建物寿命の目標設定、改修やコンバージョン（機能転換）への対応可能性、増築や建替時の想定などを検討し、事業構想や基本計画に盛り込んでおくことで、実現性を高められる。

● 設計におけるLCM

LCMに寄与する建物本体の性能は、基本設計・実施設計で多くのことが決定される。また、将来の修繕更新工事や機能拡張の可能性を考慮し、可変性のある空間づくりや、些細な工事施工も容易にする仕組みをあらかじめ想定しておくことも重要となる。更に、個々の部材や機器の選定などにおいては、イニシャル・コストとランニング・コストの比較検討を行いながら、LCC全体を俯瞰し最適な仕様を決定していく（LC評価）。こうした取組みにより、物理的・社会的劣化に最小限の投資で対応することが可能となり、LCCを低減し、社会的価値を維持しやすい建物を計画することができる。

● 工事施工におけるLCM

工事施工では、設計意図が建物に反映されているか確認を行う。維持保全が容易にできるよう配慮されているか、想定外の道連れ工事*を生じる納まりとなっていないかなど、施工図等の検討を行うことで、設計意図に基づく性能を具現化させる。

> **＊道連れ工事**
> 改修を目的とした工事に対して、工事対象となる部位・設備以外で発生する復旧・撤去を要する工事を指す。

● 運営・管理におけるLCM

建物が完成し、竣工・引渡しを迎えると、建物の生涯にわたる運営・管理へと移行する。ここでは、建物の性能を最大限に高めながら、効率的な維持保全に努めていくことが重要となる。LCMの業務内容について①〜⑤に列記する。

① 中長期修繕計画の策定

建物の運営・管理において、効果的なLCMを実施するためには、建物のライフサイクルで必要となるさまざまなコストを事前に把握し、適切に対応していく必要がある。LCCに関する判断基準を持たず、問題発生時に場当たり的な対応を繰り返していくと、非効率な投資が重なり、損失の増大や建物価値の低下を招くことにつながる。

LCCの最適化を図るためには、日常の維持保全方針、部材・機器の物理的・社会的劣化対応方針、市場条件や事業環境の変化への対応の方針、建物所有・運営リスクへの対応方針などをあらかじめ検討する。これらの運用方針を明確化し、中長期修繕計画を策定することで、建物のライフサイクル・コストを大局的に把握することができる。更に、長期計画を踏まえ、実際の経年劣化や市場条件などへの変化へ対応する中期的取組み、年度予算との整合を図るための短期的取組みを、重層的かつ有機的に連携させることで、効果的なLCMの実現が可能となる。

このようにCMrは、より経営的な視点で建物所有者に寄り添い、保有資産の健全性の維持と価値の最大化に向けた支援・助言を行うことも大切な業務の1つと言える。また、このような支援を継続することで、毎年の修繕投資や大規模修繕などの改修プロジェクトを適切なタイミングで効果的に実行に移していくことができる。

② 調査・診断

中長期修繕計画は、竣工・引渡し後に運用を開始し、築年数の経過に伴い内容の見直しを行う。また、修繕計画を持たない建物に対して調査・診断を実施し（表4-10）、改めて計画立案を行う場合も多い。こうした既存建物の修繕計画の見直し・立案に際しては、現状把握を行い、問題点を明確化する必要がある。

表4-10 ●修繕計画立案のための調査・診断

調査・診断	概要
物理的劣化診断	部位別劣化状況を把握し、残余寿命と修繕更新の優先度を判定する。
社会的劣化診断	現状の建物性能と最新の市場要求性能を比較し、機能向上を要する項目を診断する。
遵法性診断	建物の現状の法適合性を検討し、違法性の有無、既存不適格項目などを診断する。
BCP 診断	地震や水害などの災害時の建物安全性や事業継続性を調査する。（第4章「5 事業継続計画」参照）
環境性能診断	CO_2 排出量・$LCCO_2$ などの建物の環境性能を診断する。（第3章「7 環境マネジメント」参照）
有害物質調査	土壌汚染・アスベスト・PCB などの有害物質の有無を判定する。

CMrは、これらの調査・診断によって得られた情報から、既存施設が抱える問題点を専門的知見に基づいて把握し、建物所有者の事業判断に資する分析や見解として示すことで、ステークホルダーに対する説明責任を果たし、合理性のある確かな方針策定に向けた支援につなげることができる。

③改修（リニューアル・コンバージョン）

修繕計画に沿った年度ごとの定常的な実施とは別に、建物の全体にわたる改修項目をまとめて実施するリニューアルや、ニーズに合わせ用途を変更するコンバージョンによって、社会的な要求水準に合致させる改修を行うことがある。こうした大規模な改修工事は、戦略的に実行すれば新築同様の建物に再生することも可能である。計画にあたっては、建物を利用しながら行う工事による騒音・振動や工事動線などの制約、用途変更や増築に伴う法的な遡及事項など、大規模な改修工事特有の制約条件などを総合的に検討する必要がある。

CMrは、一連のLCMの取組みによって整理された情報と、個別の制約条件、発注者の意向などを踏まえた最適解を導き出し、合意形成を経て改修プロジェクトの実現に向けて推進していくことになるが、このような新築プロジェクトにはない技術的な難しさを伴うことが多く、独特のノウハウを必要とする。前述の通り、ストック社会への転換とともに、国内の建設投資における修繕・改修の比率は今後も増え続けていくことが予測され、今後はCMrの職能として不可欠なLCM・改修技術の向上への取組みがいっそう求められていくことになるであろう。

④情報管理

運営・管理におけるLCMの基礎資料として、情報管理を徹底する必要がある。図面・諸官庁手続き資料・点検記録・修繕更新履歴・設備台帳など、建物に関する資料や情報を整理・集約して、体系的に管理することが、適切なLCMの遂行のための重要な基礎情報となる。近年では、これらの保全情報をBIMに連携してファシリティ・マネジメントに活用し、情報の一元化と最新情報へのアップデートを図り、経営者や外部の委託先・発注先などへの適時・適切な情報共有、後任の施設管理者への確かな情報継承を可能にした取組みも進んでいる。

⑤維持保全・エネルギー管理

その他の運営・管理におけるLCMの項目として、施設グレードに合致した体系的な維持保全（清掃・設備保守・警備など）の実施、コミッショニング*やチューニング*による建物性能を最大限引き出すエネルギー・マネジメントなどの取組みが挙げられる。

*コミッショニング
➡第3章「3-2 品質マネジメントの手法と理論」
*チューニング
建物の快適性や生産性を確保しつつ、設備機器やシステムの運用方法を改善すること。

➡第3章「7 環境マネジメント」、第4章「10 施設管理」

9-3 施設群のLCM

　複数の建物を所有する企業などでは、施設単体ではなく保有する施設群として、総合的なマネジメントを実施する。施設ごとに個別にLCMを実現しても、必要なコストや得られる効果は個々の施設の立地・用途・規模や市場条件などにより大きく異なる。限られた予算を効果的に施設群に配分するためには、効率の低い建物の売却などの手段を講じながら、それによって得られた資金を効率の高い重要な施設に振り分けるなどの選択と集中を行う場合がある。

　また、施設群へ効果的に予算を配分するために、ポートフォリオ全体における個々の施設と、施設ごとの部材・機器の優先度を検討する。本社機能・防災拠点・高収益施設など、事業目的に対する重要度の高い建物や、故障や機能停止が安全性・機能・信頼性に大きく影響する部位・機器を優先するなど、戦略的に修繕の仕様・性能を設定し、効果的な資金投下を行う。

　CRE／PREなど施設群を対象としたLCMは、前述の保有不動産の維持保全に留まらず、経営的戦略に基づき、保有資産の組み替えなども含めた出口戦略や総合的なポートフォリオ戦略へと発展させていくことができる。

→第4章「4　CRE戦略・PRE戦略」

10 施設管理

10-1 施設管理の概要

建設プロジェクトの完成は、発注者にとって事業運営の開始であり、完成した建物を長期間活用していくこととなる。また、多様化する現在の需要に対して、建物（施設）の計画的な管理と、その実施結果の評価、施設管理の体系化などが求められる。完成後に行われる一般的な施設管理の体系図（例）を図4-38に示す。

近年では、CMrがプロジェクトの事業構想・基本計画より、発注者の施設管理に求める期待をくみ取り、これを建物の基本設計・実施設計に反映していくことが重要となっている。また、建物完成後においても、CMrが継続して発注

者を支援することによる長所は大きい。

施設管理は、施設全体のバランスを考え、効率的で質の高いものでなければならない。また、施設管理は、建物・設備の維持保全（警備・清掃など）を総合的にマネジメントし、快適な環境や安全・安心、不動産の資産価値を維持するためのものである。同時に、施設管理を行うための諸条件を設定し、施設の機能・性能を最大限に活かすとともに、ランニング・コストの低減を目指すことも重要である。

一方、施設管理を行う際に膨大な情報を取り扱うことになることから、近年ではICTを活用した施設管理システムの導入により、合理的・効率的な施設管理を行う例が増えている。

これらの情報を一元的に蓄積・処理すること

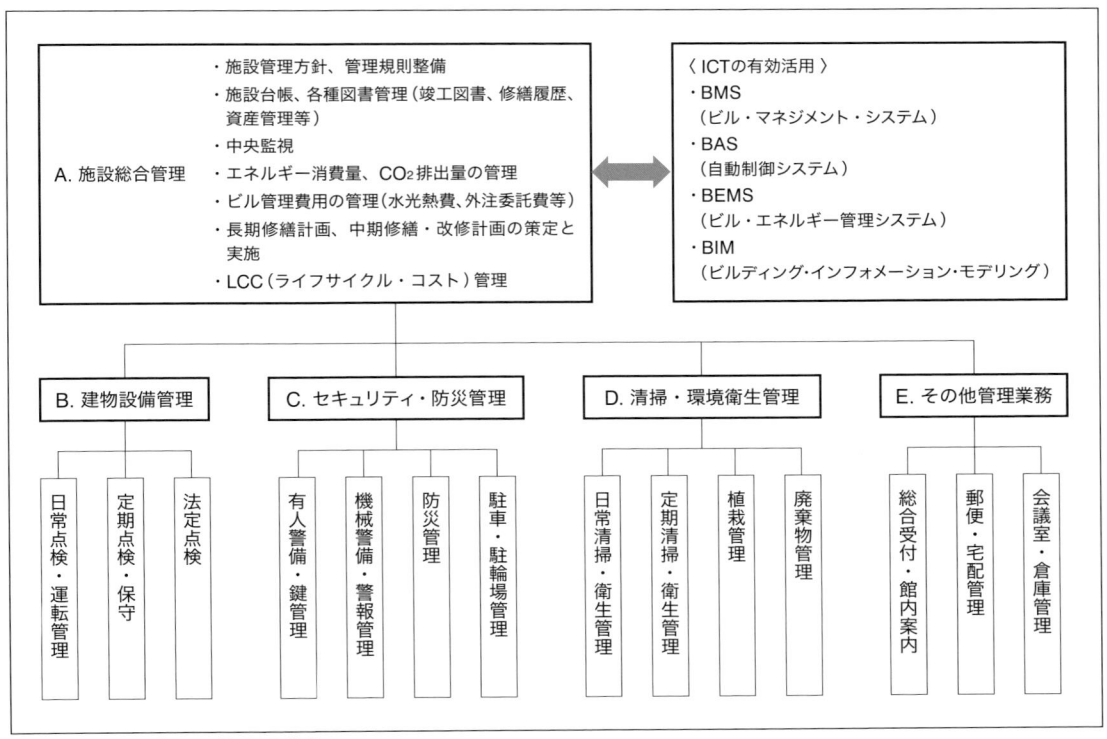

図4-38 ●施設管理の体系図（例）

で、管理業務のいっそうの効率化やコストの削減、また施設維持戦略における意思決定の迅速化を図ることが可能となる。特に、これらICTの活用の中で「BIMによる竣工図書」あるいは「維持管理用にカスタマイズされたBIM」は、日常の管理業務はもちろんのこと、将来の改修やコンバージョン（用途変更）などにおいても有効となる。

10-2 建物用途に応じた施設管理

　社会の施設管理に対する要求は、ますます多様化してきている。建物の用途やその果たすべき機能によって、抱える課題や利用者のニーズは大きく異なる。したがって、施設管理においては、建物用途に応じた快適で利便性の高い施設環境づくりが重要である。

　事務所・医療施設・商業施設・宿泊施設・文化施設・スポーツエンターテインメント施設・共同住宅、近年では物流施設・データセンターなど、多様な用途の施設があるが、共通した施設管理の要点は以下のとおりである（図4-38）。

A. 施設総合管理
- 施設管理方針・管理規則の整備
- 施設台帳・図書管理・修繕履歴の保管
- エネルギー消費量・CO_2排出量の管理
- 長期修繕計画・中期修繕（改修）計画の策定と確実な実施（予防保全の視点）
- LCC（ライフサイクル・コスト）の低減計画の策定と実施
- ICTや高度な機器を活用した先進的維持管理（BMS・BAS・BEMS・BIMなどの有効活用）
- 近年のウェルビーイング（健康・快適）への取り組み（WELL認証、CASBEE–ウェルネスオフィスの取得など）

B. 建物設備管理
- 設備管理（日常・定期・法定点検）
- 建物・設備診断・耐震診断

C. セキュリティ・防災管理
- 安全性の確保
- ニーズに応じた多様な警備
- 消防計画の策定、防災訓練の実施

D. 清掃・環境衛生管理
- 建物の美観・快適性の維持・向上管理
- 清掃計画の策定と実施
- 廃棄物の削減計画の策定と実施

E. その他管理業務
- 総合受付・案内
- 館内運搬業務（郵便・宅配管理）
- 会議室・倉庫などの管理

　建物用途に応じた施設管理の体系図を早期に構築し、基本設計または実施設計から施設計画に反映することが、総合的なLCC縮減のポイントとなる。

➡第3章「6-4 施設管理に関わるマネジメント」

◆ エネルギー管理

　エネルギー管理においては、日常のエネルギー消費状態にとどまらず、環境対応（省エネルギー・脱炭素（CO_2排出量削減））を指向した戦略的な管理が求められる。

　世界的な規模で進む深刻な地球温暖化を背景に、施設の省エネルギー化が強く求められている。建物のLCCに占める水光熱費（運用費の一部）は決して小さくないため、カーボン・ニュートラルなど世界的な温暖化ガス削減目標や日本のエネルギー政策面からも省エネルギーへの取組みが重要である。

　省エネルギーを考えた効率的な運用および管理は以下の3点から捉えることができる。

①日常管理における省エネルギー
②小規模投資による省エネルギー

③各設備機器を高効率な設備（システムを含む）に更新・改修することによる省エネルギー

①を実行するためには、日常の巡視点検と運転監視を通して、エネルギー消費状況を分析・評価し、その効率性を判断することが求められる。そのためには、エネルギー消費に関わるデータを適切な周期で収集し、診断・監視する必要がある。また、中央監視設備や、BEMS（Building Energy Management System）を活用し、エネルギーのデータベース作成と設備制御システムを統合することにより、エネルギー管理をより効果的に進めることが可能となる。

②と③に関しては、各設備機器類の更新計画と合わせ、省エネルギー予測と投資計画による費用対効果を見定めた、改修（投資）計画とする必要がある。

➡第3章「7 環境マネジメント」

◆ 建物設備管理

設備を安定的に、長く稼動させるためには、日々の維持保全業務が重要である。空調や昇降機など設備の安定性は、建物の価値を維持するための重要な要素である。これら設備を常に最良の状態に維持し、効率的に運転させるためには、日常的な管理や定期的な各種点検・法定点検が必要である。

● 各種点検

資格者（技術者）が定められた点検作業項目表に基づき、定期的に建物各部・設備の巡回点検（外観目視）を行い、履歴を残す。

・電気設備
・空調設備
・給排水衛生設備
・昇降機設備
・防災設備
・外壁（主にタイル仕上げ）・屋上防水

・その他の建物部位・設備・外構

● 予防保全と事後保全

不測の事故を未然に防止し、建物各部・設備の安定した維持稼働を確保し、長寿命化を図るためには、各種の点検による保全が重要である。

保全は、予防保全と事後保全に大別される。予防保全とは、事故が起こる前に計画的に実施する保全である。事後保全とは、故障発生の都度に修繕・更新を行う保全である。

予防保全には、ある一定周期で部品や消耗品を交換する「時間基準保全（TBM：Time Based Maintenance）」と、動作状態の監視によって異常発見を早期に予知して部品交換、設備などの修繕・更新を行う「状態基準保全（CBM：Condition Based Maintenance）」がある。予防保全により、老朽度が的確に評価できる。

事後保全だけでは、事故による損失は大きなものとなる。適切な予防保全の処置を施すことで、修繕コストや機器の性能低下によるエネルギー消費量の増加を防ぐことができる。

◆ セキュリティ管理・防災管理
● セキュリティ管理

建物（施設）のセキュリティ管理の方法には、警備員が常駐して行う「常駐管理」のほか、「機械警備システム」「監視カメラシステム」「入退出管理システム」「キーシステム」などがある。近年、建物と人の安全性・防災に対するニーズは強まる傾向にあり、セキュリティ管理の必要性がますます高まっている。

その中でもソフトターゲット（不特定多数者が集合する大規模集客施設）のセキュリティ管理も重要な要素となっている。盗難・事故・災害などのこれまでの脅威から、情報セキュリティやテロ対策まで、多様なセキュリティ管理に関するリスク・マネジメントが求められる。

一方でホスピタリティも加味した警備ニーズが高まっている。建物の性格によっては、利用者・入居者との重要な接点でもあり、人的対応も考慮した快適な対応が求められる。

○防火管理

消防法に基づき、管理権限者の下に防火管理者を選任し、消防計画を策定する必要がある。

○災害対策

地震・台風・集中豪雨・雪害などの対策のための防災組織や、行動基準を消防計画および自衛消防組織に盛り込み、施設の利用者とともに日頃の訓練を実施する必要がある。

◆ 環境衛生管理と清掃

● 環境衛生管理

近年では、建物の環境衛生管理が重要視され、ビル衛生管理法をはじめとするさまざまな法令の整備が進んでいる。

環境衛生管理では、以下の管理が重要である。

- 空気環境測定
- 水質検査（飲料水・雑用水）
- 貯水槽清掃
- 排水槽清掃・汚水槽清掃
- グリース・トラップ清掃
- ダクト清掃
- 廃棄物処理
- 防虫・防鼠

植栽管理は、剪定・施肥・薬剤散布・除草・給水など、樹種と季節に応じた最適な管理を行う必要がある。

● 清掃

清掃には、「日常清掃」「定期清掃」「特別清掃」「廃棄物処理（分別・リサイクル）」などがある。快適な環境を維持するため、施設の日常清掃、床などの定期清掃、窓・外壁などの特別清掃をはじめ、廃棄物処理など、多様な業務がある。建物の種類や用途、床材・壁材などの特性など

も十分に考慮・検討して、最適な清掃計画を策定する必要がある。

特に衛生面への対応が求められる医療施設・医薬品工場・食品工場などでは、特殊な清掃業務があり、それらに対応する認定制度なども整備されている。例えば、厚生労働省の定める院内清掃業務基準を満たしていることを示す一般財団法人医療関連サービス振興会の「医療関連サービスマーク制度」がある。

最近では、SLA（Service Level Agreement）とKPI（Key Performance Indicators）による管理、建築物清掃管理評価資格制度を活用した評価などを取り入れている事例もある。

10-3 施設管理のプロセス

施設管理において注意すべき事項を以下に示す。

◆ 法定資格者の選任と管理体制

法定資格者である電気主任技術者の選任は電気事業法、警備保安担当者については警備業法に従うなど、法令を遵守しなければならない。また、法定資格者以外の要員（運転監視の設備管理者など）を内部で確保するか、外部に委託するかの検討に当たっては、管理する範囲を明確にした管理体制の構築が重要となる。

◆ 施設の利用規定（館内細則）

建物の安全・快適・利便・効率を図るための基準として、「施設の利用規定」（館内細則）が作成される（**表4-11**）。この規定は、建物の利用者に対しては便宜を提供することを基本としながらも、利用する上で守らなければならない事項を定めるものである。

この規定を遵守して、利用者に対しては常に誠実に対応しながら、秩序ある利用を促す啓蒙

表4-11 ●施設の利用規定（館内細則）

1 施設関連
①設備などの運転条件に関する規定
②警備保安・防火・防災などの規定
③資源の分別・廃棄・リサイクルに関する規定
④省エネルギー規定
2 利用関連
①入退館標準・鍵管理・施設利用規定
②駐車場などの各施設の利用規定
③火気の取扱い（直火の使用禁止など）に関する規定
3 費用関連
①共通費用と個別費用に関する規定
②施設共用業務に対する入居者按分負担費に関する規定
4 その他必要な事項

活動を行うことが施設管理者の重要な役割である。

◆記録と報告

施設管理に必要な記録と報告事項を以下に示す。

○日常業務報告・運転日報

エネルギー需給日報・各種設備運転日報・温湿度記録日報、管理関係日報・月報・年報などがある。

○エネルギー使用状況・省エネルギー報告

電力・上水・ガス・油などのエネルギー消費状況を個別に毎日記録し、目標値との差異分析とフィードバックによって改善に結び付ける。これらデータの効率的な管理と記録においては、前述のとおり、BEMSなどのICTの活用が不可欠となっている。

10-4 施設管理における課題

近年の施設管理の現場における主な課題として、以下の3点が顕著となっている。

①人手不足

施設管理を担う人材の高齢化が進み、将来の施設管理を担う人材の育成が進んでいない。

②資源価格の高騰

感染症蔓延や地政学リスク、大幅な為替変動の影響により資源価格が高騰し、電気代や備品代など施設管理の原価コストが高騰している。

③DX化による業務効率化

①および②の課題を克服すべく、ICTの活用による施設管理業務の効率化が求められている。

例えば、清掃ロボットや警備ロボットの導入、高度なシステム（BMS・BAS・BEMS・BIM）を活用した先進的な施設管理手法導入への変革が急務である。

11 CMrが押さえておくべき近年の主要な法改正

11-1 法改正の背景とCMr

　建設プロジェクトに関わる法令は多岐にわたり、立地・規模・用途など、さまざまな条件により適用される法令やその範囲は異なる。またその時々の社会情勢に対応すべく新たな法令の制定や新基準を盛り込む改正が繰り返し行われてきた。

　これら法令の制定や改正に至る背景は、自然災害・人的災害などの被害によるものから新たな社会問題への対応、社会からの要請などさまざまである。古くは1973年の熊本県の大洋デパート火災を受けた消防法の改正、1978年の宮城県沖地震による耐震基準の強化があり、またその後の環境問題ともいえるシックハウス問題やアスベスト処理に対応する新法令の制定、バブル崩壊後の規制緩和の流れを受けた民間検査機関への建築確認申請業務の開放、消費者保護対策としての住宅品質確保促進法の制定、2011年の東日本大震災による耐震対策などの諸法令の改正など、さまざまな背景から法令の制定や改正が実施されてきた。

　近年では環境施策の促進に伴い、木材利用手段の拡大などを目的とした耐火基準の性能規定化（合理化）や、建築物省エネ法による省エネルギー性能確保の義務化とそれに伴う規定の見直しで大きく改正が進んでいる。建築基準法においては性能評価にてある程度の知見が蓄積された方法を政令・告示化することにより適法化する手法が広がっているのも、近年の法改正の特徴である。

　また建設業を取り巻く就業人口の減少への担い手3法の改正によって建設業界でも働き方改革を推進する法整備が進められている。

　法改正の情報は常に最新法令の動向を把握するのみでなく、改修などの既存建物を取り扱う場合にも必要となる。対象建物が法改正による既存不適格の有無によっては計画実現の成否をも左右することになるために、プロジェクトの初期でこれらの確認を行うことが重要である。

　各法令への一義的な対応は設計者・工事施工者などの各主体が担うことになるが、CMrはこれらを統合・調整する立場として関係法令を十分に把握する必要がある。またコンプライアンス意識の高まりから発注者のCMrへの期待は今後ますます高まり、CMrが発注者の立場から設計者・工事施工者などプロジェクト構成員に対して助言や支援を行う必要がある。

　本書では建設プロジェクトに関わる法令のうち建築基準法と近年関心が高まっている建築物省エネ法、更に建築士法や建設業法を中心に最近の法改正や新法令を紹介する。より詳しい解説については各省庁のHPのほか、建築士の3年ごとの定期講習において配布される国土交通省住宅局建築指導課によるテキストなどが参考になる。CMrが実務を行う上で、これらの法令を十分に把握し、より広範囲に理解することが前提であり、さらには社会要請や社会環境の変化などによる法令の制定について、CMrはその内容と背景を常に把握していく必要がある。

11-2 脱炭素社会実現に向けた法改正

　近年の改正の大きな動きとして、2022年6月17日に公布された「脱炭素社会の実現に資するための建築物のエネルギー消費性能の向上

に関する法律等の一部を改正する法律」があ
る。これは2050年のカーボン・ニュートラル、
2030年度の温室効果ガス46％排出削減（2013
年度比）の実現に向けて、建築物の省エネ性能
のいっそうの向上を図る対策の抜本的な強化や、
建築物における木材利用の更なる促進に資する
規制の合理化などを講じるものであり、建築物
省エネ法・建築基準法・建築士法を中心に見直
しを行うものである。

1979年に制定した「エネルギーの使用の合
理化等に関する法律」（以下、旧省エネ法）では、
工場・事業場および輸送・機械器具とともに住
宅・建築物のエネルギー使用の合理化を進めて
きた。建築物の省エネルギー性能に関する規制
では、2003年の非住宅大規模建築物（2,000㎡
以上）に対する届出義務制度から規制が始まり、
以後中小規模建築物および住宅へとその対象を
広げた。さらなる建築物の省エネの推進のた
め、2015年7月には省エネ法から建築物部門
を独立させた「建築物のエネルギー消費性能の
向上に関する法律」（以下、建築物省エネ法）が
成立し、2017年4月より省エネ基準への適合
が2,000㎡以上の非住宅建築物では義務となり、
2021年4月には義務対象が300㎡まで引き下
げられた。

最近の法改正により建築物省エネ法では
2025年4月に全ての建築物に対し原則省エネ
基準への適合が求められることとなる。それに
先立ち2024年4月には2,000㎡の非住宅建築
物に対しては省エネ基準が引き上げられ、用途
に応じBEI（一次エネルギー消費量）を0.75〜
0.85以下とすることが必要となる。

今後は2030年までに義務基準をZEH・ZEB
水準※へ引き上げることを予定しており、段階
的に規制が強化されることとなる。その他にも
誘導基準の強化、省エネ改修の促進などが進め
られているため、CMrとしても図4-39のロード
マップなどを参考として今後の流れに注意する

必要がある。

※住宅：強化外皮基準＆BEI≦0.8、非住宅：BEI≦0.6
〜0.8、定義は地球温暖化対策計画、第6次エネルギー
基本計画（2021年10月22日）による。

また建築基準法でも省エネ対策を目的として、
大きな改正が2025年4月に施行される。省エ
ネ対策により階高が高くなることや、以下の小
規模木造建築物に対する規制などが変更となる。

①木造旧4号特例範囲を非木造と同じ平屋かつ
200㎡以下に縮小（新3号）

②壁量や柱の小計基準の実態荷重による算定へ
の見直し

③構造計算が必要な2階以下木造建築物規模を
300㎡以下引き下げ

④簡易な構造計算でできる範囲を、高さ13m
以下で軒高9m以下から、階数3以下で高さ
16m以下に拡大

なお④の改正に伴い建築士法において二級建
築士・木造建築士の業務範囲の変更がなされて
いるので、併せて確認をしておきたい。

11-3 防耐火規制の枠組みの合理化（建築基準法）

省エネルギー対策のもう1つの動きとして木
材の積極的な活用がある。木材を活用するにあ
たって制約となる建築物の耐火要求については
何度かの法改正を経て再整理されてきた。詳細
な合理化の改正が多くなされてきたが、ここで
は大幅な変更となった防耐火規制の枠組み変更
を紹介する。

2018年（平成30年）改正において図4-40の
ように耐火要求が条文の規制目的別に整理され
たことは近年の改正趣旨を理解する上で重要で
ある。木材利用のほか、既存ストックの活用、
密集市街地などでの安全性確保を目的として、
これまで一律に耐火建築物とすることが求めら
れてきたが、規模（法第21条）・用途（法第27

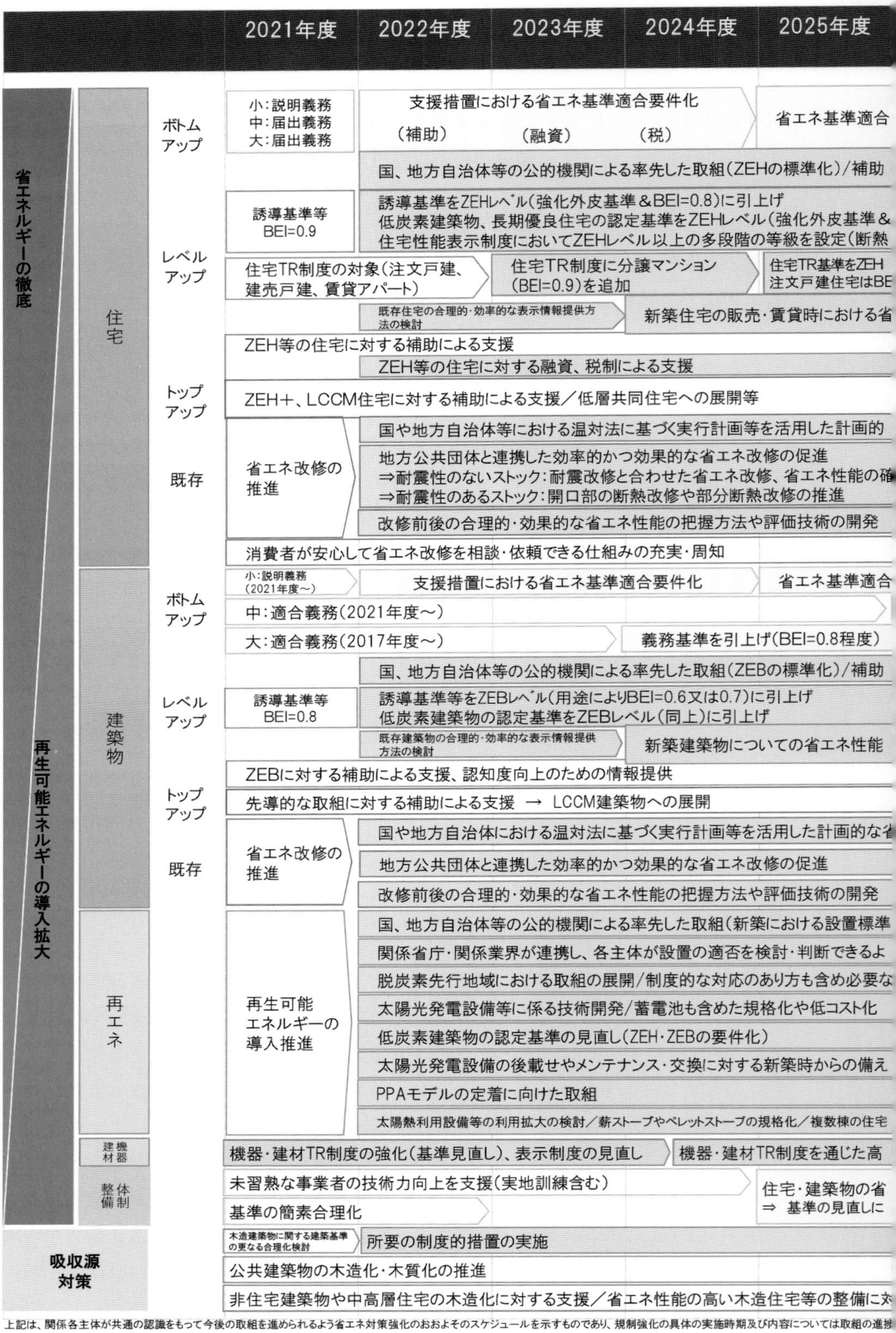

図4-39（参考）脱炭素社会に向けた住宅・建築物における省エネ対策等のあり方・進め方に関するロードマップ

			2021年度	2022年度	2023年度	2024年度	2025年度

省エネルギーの徹底 / 再生可能エネルギーの導入拡大

住宅

ボトムアップ（小:説明義務／中:届出義務／大:届出義務）
- 支援措置における省エネ基準適合要件化（補助）（融資）（税）／省エネ基準適合
- 国、地方自治体等の公的機関による率先した取組（ZEHの標準化）/補助

レベルアップ（誘導基準等 BEI=0.9）
- 誘導基準をZEHレベル（強化外皮基準＆BEI=0.8）に引上げ
- 低炭素建築物、長期優良住宅の認定基準をZEHレベル（強化外皮基準＆…
- 住宅性能表示制度においてZEHレベル以上の多段階の等級を設定（断熱…
- 住宅TR制度の対象（注文戸建、建売戸建、賃貸アパート）／住宅TR制度に分譲マンション（BEI=0.9）を追加／住宅TR基準をZEH 注文戸建住宅はBE…
- 既存住宅の合理的・効率的な表示情報提供方法の検討／新築住宅の販売・賃貸時における省…

トップアップ
- ZEH等の住宅に対する補助による支援
- ZEH等の住宅に対する融資、税制による支援
- ZEH＋、LCCM住宅に対する補助による支援／低層共同住宅への展開等

既存（省エネ改修の推進）
- 国や地方自治体等における温対法に基づく実行計画等を活用した計画的…
- 地方公共団体と連携した効率的かつ効果的な省エネ改修の促進
  - ⇒耐震性のないストック：耐震改修と合わせた省エネ改修、省エネ性能の確…
  - ⇒耐震性のあるストック：開口部の断熱改修や部分断熱改修の推進
- 改修前後の合理的・効果的な省エネ性能の把握方法や評価技術の開発
- 消費者が安心して省エネ改修を相談・依頼できる仕組みの充実・周知

建築物

ボトムアップ
- 小:説明義務（2021年度〜）／支援措置における省エネ基準適合要件化／省エネ基準適合
- 中:適合義務（2021年度〜）
- 大:適合義務（2017年度〜）／義務基準を引上げ（BEI=0.8程度）
- 国、地方自治体等の公的機関による率先した取組（ZEBの標準化）/補助

レベルアップ（誘導基準等 BEI=0.8）
- 誘導基準等をZEBレベル（用途によりBEI=0.6又は0.7）に引上げ
- 低炭素建築物の認定基準をZEBレベル（同上）に引上げ
- 既存建築物の合理的・効率的な表示情報提供方法の検討／新築建築物についての省エネ性能

トップアップ
- ZEBに対する補助による支援、認知度向上のための情報提供
- 先導的な取組に対する補助による支援 → LCCM建築物への展開

既存（省エネ改修の推進）
- 国や地方自治体における温対法に基づく実行計画等を活用した計画的な省…
- 地方公共団体と連携した効率的かつ効果的な省エネ改修の促進
- 改修前後の合理的・効果的な省エネ性能の把握方法や評価技術の開発

再エネ（再生可能エネルギーの導入推進）
- 国、地方自治体等の公的機関による率先した取組（新築における設置標準…
- 関係省庁・関係業界が連携し、各主体が設置の適否を検討・判断できるよ…
- 脱炭素先行地域における取組の展開／制度的な対応のあり方も含め必要な…
- 太陽光発電設備等に係る技術開発／蓄電池も含めた規格化や低コスト化
- 低炭素建築物の認定基準の見直し（ZEH・ZEBの要件化）
- 太陽光発電設備の後載せやメンテナンス・交換に対する新築時からの備え
- PPAモデルの定着に向けた取組
- 太陽熱利用設備等の利用拡大の検討／薪ストーブやペレットストーブの規格化／複数棟の住宅

機器建材
- 機器・建材TR制度の強化（基準見直し）、表示制度の見直し／機器・建材TR制度を通じた高…

体制整備
- 未習熟な事業者の技術力向上を支援（実地訓練含む）／住宅・建築物の省… ⇒ 基準の見直しに…
- 基準の簡素合理化
- 木造建築物に関する建築基準の更なる合理化検討／所要の制度的措置の実施

吸収源対策
- 公共建築物の木造化・木質化の推進
- 非住宅建築物や中高層住宅の木造化に対する支援／省エネ性能の高い木造住宅等の整備に対…

上記は、関係各主体が共通の認識をもって今後の取組を進められるよう省エネ対策強化のおおよそのスケジュールを示すものであり、規制強化の具体的な実施時期及び内容については取組の進捗…

図4-39 ●（参考）脱炭素社会に向けた住宅・建築物における省エネ対策等のあり方・進め方に関するロードマップ（2021.8）（国土交通省社会資本整備審議会第46回建築分科会 資料1-3）より抜粋

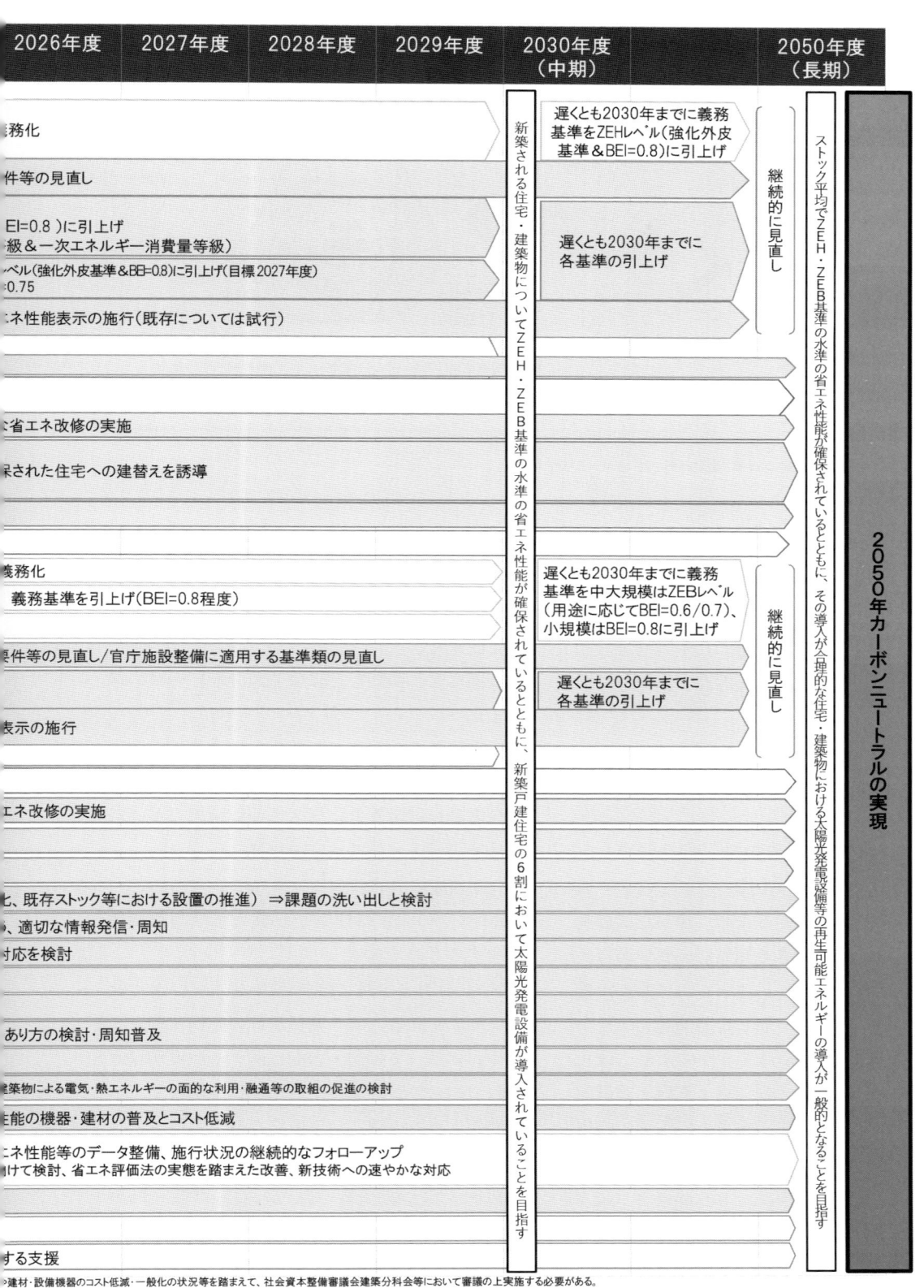

2026年度	2027年度	2028年度	2029年度	2030年度 （中期）		2050年度 （長期）

新築される住宅・建築物についてZEH・ZEB基準の水準の省エネ性能が確保されているとともに、新築戸建住宅の6割において太陽光発電設備が導入されていることを目指す

ストック平均でZEH・ZEB基準の水準の省エネ性能が確保されているとともに、その導入が合理的な住宅・建築物における太陽光発電設備等の再生可能エネルギーの導入が一般的となることを目指す

2050年カーボンニュートラルの実現

義務化

件等の見直し

EI=0.8 ）に引上げ
級＆一次エネルギー消費量等級）
ﾍﾞﾙ（強化外皮基準＆BEI=0.8）に引上げ（目標2027年度）
=0.75

エネ性能表示の施行（既存については試行）

遅くとも2030年までに義務基準をZEHレベル（強化外皮基準＆BEI=0.8）に引上げ

遅くとも2030年までに各基準の引上げ

継続的に見直し

に省エネ改修の実施

保された住宅への建替えを誘導

義務化

義務基準を引上げ（BEI=0.8程度）

遅くとも2030年までに義務基準を中大規模はZEBレベル（用途に応じてBEI=0.6/0.7）、小規模はBEI=0.8に引上げ

遅くとも2030年までに各基準の引上げ

継続的に見直し

築件等の見直し/官庁施設整備に適用する基準類の見直し

表示の施行

エネ改修の実施

化、既存ストック等における設置の推進）⇒課題の洗い出しと検討

、適切な情報発信・周知

対応を検討

あり方の検討・周知普及

建築物による電気・熱エネルギーの面的な利用・融通等の取組の促進の検討

性能の機器・建材の普及とコスト低減

エネ性能等のデータ整備、施行状況の継続的なフォローアップ
けて検討、省エネ評価法の実態を踏まえた改善、新技術への速やかな対応

する支援

※建材・設備機器のコスト低減・一般化の状況等を踏まえて、社会資本整備審議会建築分科会等において審議の上実施する必要がある。

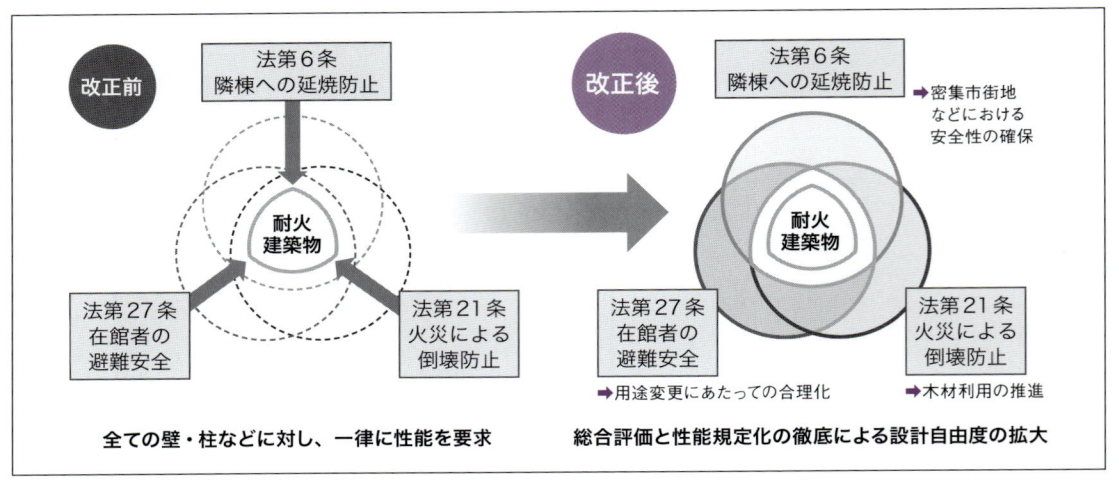

図4-40 ●防火関連規制の考え方
(改正建築基準法に関する説明会(第1弾)概要資料、2018年)より作成

条)・立地(法第61条)という条文ごとの目的を明確にした性能が規定化された。この性能を達成できる場合は耐火建築物以外とすることができ、燃え代設計などを採用した木質構造建物の実現により、木材利用の可能性が広がった。

<h2>11-4 建築士法</h2>

CMrはプロジェクトの中で、設計者やコンサルタントなどの選定にも関わり、またその成果物の内容確認も実施するため、建築士法に基づく設計者の業務に関する知見が必要である。

建築士法は2005年11月に明らかになった構造計算書偽造問題に端を発した諸問題を改善することを目的として2007年6月に大きく改正されている。構造設計一級建築士資格・設備設計一級建築士資格の創設、建築士の罰則の強化、定期講習受講の義務付けなどがなされたのはこの改正によるものである。

近年では2015年および2018年に施行された2度の主要な改正がある。

2015年に施行された改正は建築設計三団体(日本建築士会連合会・日本建築士事務所協会

連合会・日本建築家協会)が共同でまとめた「建築物の設計・工事監理業務の適正化及び建築主等への情報開示の充実に関する提案」をもとにした改正で、
①書面による契約などによる設計などの業の適正化
②管理建築士の責務の明確化による設計などの業の適正化
③免許証の提示などによる情報開示の充実
④建築設備士に係る規定の整備
などが規定された。

2018年の改正は建築士試験の実務経験要件に関するものである。

また2021年9月に施行された「デジタル社会の形成を図るための関係法律の整備に関する法律」によって押印・書面に関する制度が見直されている。設計図書・構造計算証明書・工事監理報告書への押印が不要となり、重要事項証明書の交付に代えて電子メールなどによる提供も可能となった。この施行に合わせて「ITを活用した建築士法に基づく設計受託契約等にかかる重要事項説明実施マニュアル」が改訂され、コロナ禍において暫定措置として認められてきた、オンライン重説(テレビ会議などのICT を

活用した重要事項の説明）が恒久的に認められることになった。

CM業務と関連のあるところでは建設業法や宅建業法などの改正が挙げられる。押印不要については同年1月に先行して確認申請書などの建築基準法による書式において実施されている。

11-5 第三次・担い手3法

CMr業務に関わる重要な法令として、建設工事の発注方式に関する事項などを定めた「建設業法」があり、「公共工事の品質確保の促進に関する法律（品確法）」と「公共工事の入札及び契約の適正化の促進に関する法律（入契法）」をあわせて近年改正が行われている。建設業の就業者人口の減少が見込まれる中で、建設業の担い手の育成、建設業の労働環境の向上などを目的とした改正である。品確法や入契法は公共工事に関わるものであるが、民間工事においても発注方式に関して参照される規定でもあるため、CMrとして把握しておきたい内容である。

これらの改正は、2014年の「担い手3法」、2019年の「新・担い手3法」、2024年の「第三次・担い手3法」として、近年で3度実施された。2014年の「担い手3法」においては予定価格の適正な設定、ダンピングの防止対策、建設業の担い手の中長期的な育成・確保のための基本理念や具体的措置を規定した。その後の5年間の成果と新たな課題対応として2019年に新・担い手3法が公布され、3年かけて施行された。新・担い手3法においては「働き方改革の推進」「生産性向上への取り組み」「災害時の緊急対応強化と持続可能な事業環境の確保」の3点を主に改正が行われている。この中では発注者の責務として適正な工期設定を求めており、完全週休2日制や2024年問題ともいわれる働き方改革関連法による建設業の時間外労働上限規制に基づき、CMrにおいてもプロジェクト・スケジュール設定においては注意が必要となった。

この2度の改正を経てさまざまな成果が得られたが、厳しい就業条件を背景に依然として就業者の減少が著しく、建設業がその重要な役割を将来にわたって果たし続けられるように、現場の担い手の確保に向けた対策の強化が急務となっている。これらの課題に対応し、持続可能な建設業の実現を目的とし2024年6月に「第三次・担い手3法」として「担い手確保」「生産性向上」「地域における対応力強化」の3点を主に、関連する法律の改正が行われた。

11-6 その他関係法令

冒頭でも述べたように、法令は災害・事故の再発防止や新たな社会要請に対応すべく、新設・改正が絶えず行われる。これまでに挙げた改正以外についても抜粋して紹介する。

● 消防法

消防法の近年の改正では設備点検時の死亡事故を受けた二酸化炭素消火設備の基準などの変更（2023年施行）、大規模倉庫火災を受けた同様施設の防火シャッター構造要件の追加（2019年施行）、糸魚川市大規模火災を受けた飲食店などへの消火器具設置強化（2019年施行）がある。民泊に対する要件の整理（2018年施行）、小規模社会福祉施設へのスプリンクラー義務化（2015年施行）などの新しい施設へ対応した改正もなされている。

● バリアフリー法

正式名は「高齢者、障害者等の移動等の円滑化の促進に関する法律」という。2018年12月のユニバーサル社会実現推進法の公布・施行や2020年東京オリンピック・パラリンピック競

技大会を契機として整備が進められた。ハード面のみならず「心のバリアフリー」としてソフト対策を強化され、建築物では教育実践のため、公立小中学校がバリアフリー基準適合義務の対象とされた（2021年施行）。その他劇場などの客席をバリアフリー法の対象施設へ追加（2022年施行）や、法令ではないが、建築設計標準の改訂がなされ、車いす使用者便房の必要有効寸法の拡大や身障者駐車場の必要有効高さの規定がなされた（2021年公表）。

　また2025年6月からは、車いす使用者用便房、車いす使用者用駐車場、劇場における車いす使用者用スペースの規模に応じた設置個所の規定が施行令に追加される予定である。

● 盛土規制法（旧宅造法）

　2021年の静岡県熱海市の盛土崩壊による土石流災害を受けて「宅地造成等規制法」で規制する造成の対象を広げ、「宅地造成及び特定盛土等規制法」として抜本的に改正された（2023年施行）。宅地造成においてもこれまでの規制に加え、中間検査制度の追加などの改正がある。

● 大防法、石綿則（アスベスト対策強化）

　大気汚染防止法（大防法）と石綿障害予防規則（石綿則）が改正されアスベスト対策が強化された。2020年の公布後3か年かけて施行されており、レベル3建材の規制対象への追加（2021年施行）、アスベスト事前調査結果の報告の義務化（2022年施行）、有資格者によるアスベスト事前調査・分析の義務化（2023年施行）の規制が追加されている。

　紹介した以外にも建設プロジェクトの用途・規模・立地条件などに応じてさまざまな法令が関わり、随時改正や新規立法がなされている。詳細は専門の書籍、各省庁の情報発信に委ねるが、いずれの場合も建築基準法・建築士法・建設業法の改正に比べると対象が限定的である場合が多く、逆に言えば発注者や設計者にとって

盲点となってしまう場合も考えられる。必ずしもCMrが詳細まで熟知しておくことは求められないが、一方で発注者や設計者に対してこれらの法令への対応を確認する必要が生じる場合もあり、CMrは網羅的にこれらの法令の存在と動向を把握しておくことが望ましい。

12 都市計画と地方創生

12-1 都市計画

本書では、CMrとして事業構想・基本計画などに必要な都市計画の手法の概要に関して、基礎的な概要を紹介する。

◆都市計画手法の活用

建築物は建築基準法による用途・容積率・斜線制限などの形態規制を受けるが、都市計画手法を活用し、公開空地の確保など公共的な貢献を行う場合、形態規制を緩和することが可能となる。

地方公共団体や地元住民からまちづくりへの貢献（空地確保、地域に不足する用途・機能の整備、公共公益施設の整備、都市基盤の整備など）を要望され、これに対応する必要がある場合や、発注者が事業性向上のために容積率の緩和や斜線制限の緩和を要望している場合に、都市計画手法の活用が有効となる。

◆プロジェクト単位の都市計画手法

以下にプロジェクト単位で活用することが可能な主な都市計画手法を紹介する。いずれも、公共施設の整備状況、敷地の利用状況などに応じて、土地の高度利用や都市機能の更新・増進、市街地の整備改善などを目的として、建築物の形態規制を緩和する手法（表4-12）で、都市計画手続きが必要となる。

●高度利用地区

土地が細分化され公共施設整備が不十分な地区などにおいて、敷地などの統合を促進し、小規模建築物を抑制するとともに有効な空地を確保する。このように土地の高度利用と都市機能の更新が図られることを前提に、容積率制限と道路斜線制限が緩和される制度である（図4-41）。

一般的に容積率の最高限度は、建ぺい率の制限強化、壁面の位置の制限、広場の設置などに基づく有効な空地の確保や、地方公共団体が誘導すべきと考える用途の割合などに応じて定められる。また、壁面の位置の制限は、利用者の通行に供する空地や、植込み・芝生などを整備する空地などを確保できるよう定められる。

なお、高度利用地区は市街地再開発事業の適用要件の1つに位置付けられているため、市街

表 4-12 ●プロジェクト単位の都市計画手法の比較

●：緩和可能、×：緩和不可

項目（建築基準法条文）	用途（第48条1～12項）	指定容積率（第52条1項）	建ぺい率（第53条1項）	道路斜線（第56条1項1号）	隣地斜線（第56条1項2号）	北側斜線（第56条1項3号）	日影規制（第56条の2）
高度利用地区	×	●	×	●（特定行政庁許可）	×	×	×（※）
特定街区	×	●	●	●	●	●	●
再開発等促進区を定める地区計画	●（特定行政庁許可）	●	●（60%が限度）	●（特定行政庁許可）	●（特定行政庁許可）	●（特定行政庁許可）	×（※）
都市再生特別地区	●	●	×	●	●	●	●（第4項は適用）
（参考）総合設計制度	×	●（特定行政庁許可）	×	●（特定行政庁許可）	●（特定行政庁許可）	●（特定行政庁許可）	×（※）

※特定行政庁の条例により別の定めがある場合がある

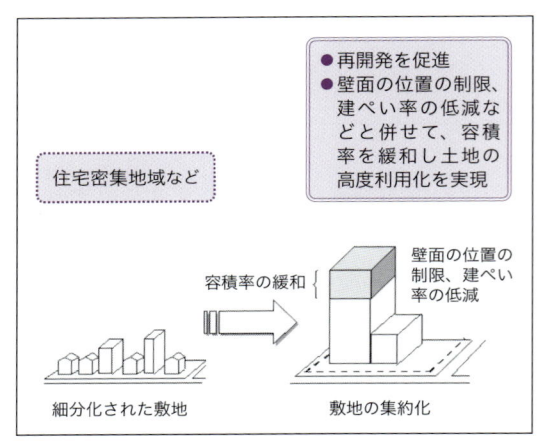

図4-41●高度利用地区のイメージ
出典：東京都都市整備局HP

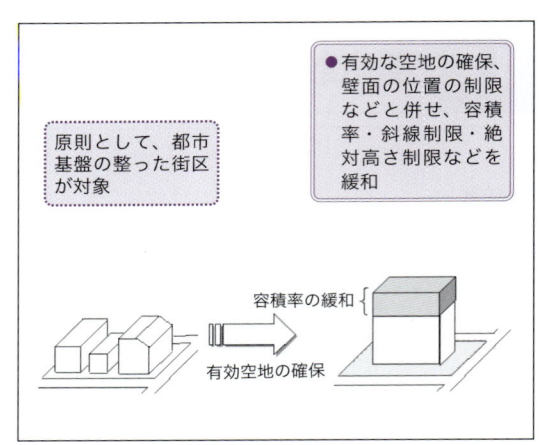

図4-42●特定街区のイメージ
出典：東京都都市整備局HP

地再開発事業と併用して活用されることが一般的である。

●特定街区

　一定以上の幅員の道路に囲まれた街区において、良好な環境と健全な形態を有する建築物を整備し、併せて有効な空地を確保することにより市街地の整備改善が図られることを前提に、容積率制限・斜線制限などの制限規定を緩和する制度である（図4-42）。

　容積率の最高限度は、有効空地の確保の割合や地方公共団体が誘導すべきと考える用途の割合に応じて定められることが一般的であるが、公共公益施設の整備や歴史的建造物の保全・修復も評価対象である点が特徴的である。また、高さや壁面位置の制限は、道路における採光、周囲への日影、落下物による危険性などを考慮して定められる。

●再開発等促進区を定める地区計画

　工場跡地などのまとまった低・未利用地区などにおいて、都市基盤整備と建築物の一体的な整備により土地利用の転換が円滑に推進されることを前提に、用途地域の見直しも見据え、用途制限・指定容積率制限・斜線制限などの制限規定を緩和する制度である（図4-43）。再開発等促進区を定める地区計画においては、土地利用の転換にあたって基本となる道路や公園など

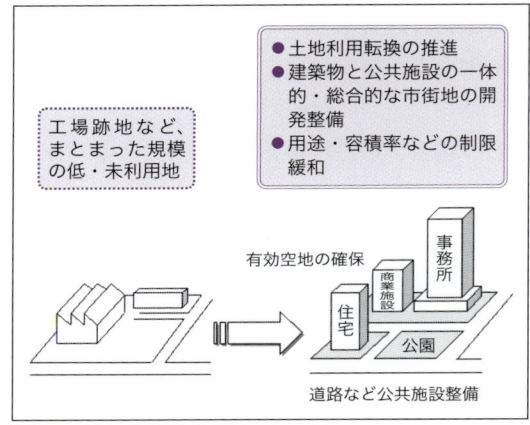

図4-43●再開発等促進区を定める地区計画のイメージ
出典：東京都都市整備局HP

（いわゆる「一号施設」）を定めることが必要となる。

　一般的に用途の制限は地区計画の目標に応じて決定される。容積率の最高限度は都市構造上の位置付けや整備する一号施設、地域への寄与の程度などを総合的に勘案して決定される。また、高さの最高限度は近隣への日影の影響やスカイラインの考え方により決定される。

●都市再生特別地区

　緊急かつ重点的に市街地整備を促進すべき地域である都市再生緊急整備地域内において、国が定める地域整備方針に沿った事業などを迅速に実現するため、既存の用途地域などを適用除外とする制度である。

民間事業者の創意工夫に基づく計画提案を踏まえて定めることが望ましいとされ、容積率や高さの最高限度などについては他の制度における積上げ型の運用ではなく、都市再生の効果などに着目した柔軟な考え方の下に定めることが望ましいとされている。

参考として東京都内の都市再生緊急整備地域を示す（図4-44）。

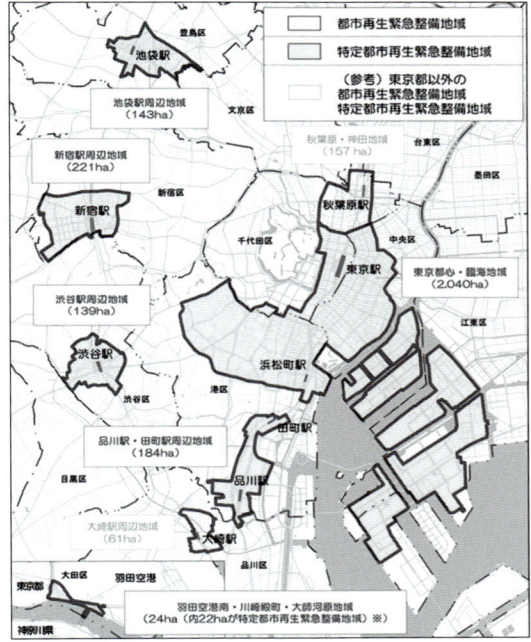

※羽田空港南・川崎殿町・大師河原地域の面積については東京都内分を掲載

図4-44●都市再生緊急整備地域
出典：東京都都市整備局HP

●その他

都市計画手続きを伴う都市計画手法とは異なるが、形態制限の緩和が可能な手法として総合設計制度や一団地・連担建築物設計制度も挙げられる。

総合設計制度は一定割合以上の空地を有する場合に、特定行政庁の許可により容積率制限や斜線制限を緩和できる制度である。都市計画手続きが不要であり、都市計画手法より小規模な敷地でも適用が可能である（図4-45）。

一団地・連担建築物設計制度は、複数建築物からなる計画の場合に、複数建築物を同一敷地内にあるものとみなして形態制限を適用する制度である（図4-46）。

なお、これら都市計画手法の活用の前提として、地域特性や地域課題への対応が必要となることが多い。例えば東京都においては、環境都市づくりへの対応としてカーボンマイナスの推進や緑化の推進、防災都市づくりへの対応として大規模災害時における建築物の自立性確保や帰宅困難者のための一時滞在施設の確保、福祉の都市づくりへの対応として子育て支援施設や高齢者福祉施設の整備などの取組みを積極的に行うことが定められている。

これらの都市計画手法は、都市計画法に基づく都市計画決定手続きを経て決定されるが、高

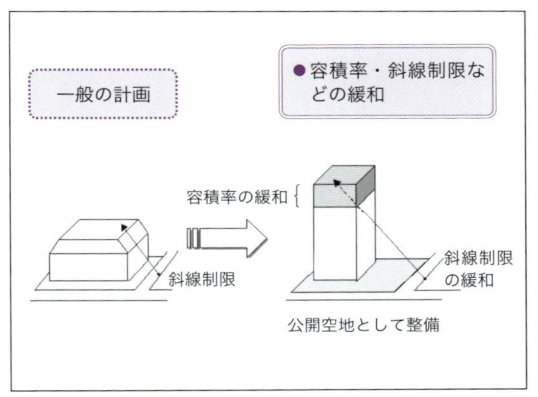

図4-45●総合設計制度
出典：東京都都市整備局HP

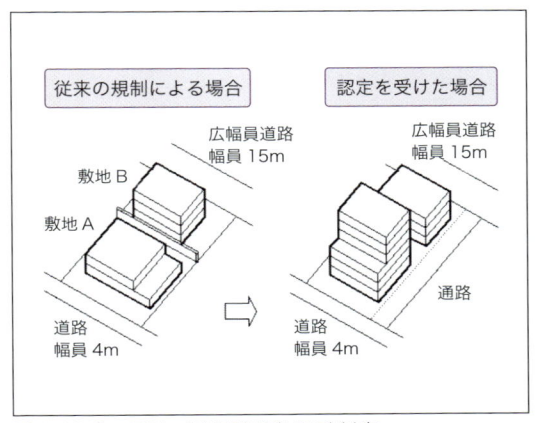

図4-46●一団地／連担建築物設計制度
出典：東京都都市整備局HP

度利用地区・特定街区・再開発等促進区を定める地区計画は市区町村（東京都特別区においては、1ha超の特定街区と3ha超の再開発等促進区を定める地区計画については東京都、都市再生特別地区は都道府県（政令指定都市の場合は市））が決定する。地方自治体ごとに独自の運用基準などを策定している場合があるので、個別の確認が必要である。

◈ 地区単位の都市計画手法（地区計画）

地区計画は、地域住民の参加により地区の特性にふさわしいまちづくりを誘導する都市計画手法で、建築物の形態を規制するだけでなく緩和する場合もある。以下に形態制限の緩和が可能な主な地区計画について解説する。

○容積適正配分型地区計画

区域を区分して、建築物の容積を適正に配分することができる制度で、指定容積率を超える容積率の設定が可能である。

○高度利用型地区計画

適正な配置および規模の公共施設を備えた土地の区域において、指定容積率を超える容積率の設定および道路斜線制限の緩和が可能な制度である。

○用途別容積型地区計画

住宅立地誘導のため、住宅を含む建築物に限り指定容積率を超える容積率の設定が可能な制度である。

○街並み誘導型地区計画

統一的な街並みを誘導するため、前面道路幅員による容積率低減や道路・隣地斜線制限を適用除外とする制度である。

12-2 地方創生

本書では、CMrとして建設プロジェクトの事業構想・基本計画などに必要な、地方を中心

に求められる「地方創生」に関する新しい取組みの概要を紹介する。

◈ 地方創生が必要とされる背景

急速に進む少子高齢化に加え、特に地方は東京一極集中など大都市への人口流出もあり、著しい人口減少に見舞われている自治体も多く存在する。国では「まち・ひと・しごと創生法（2014年、現在は廃止）」のもとに、「長期ビジョン」「総合戦略」「基本方針」を定め、人口減少・超高齢化・空き家急増など、日本が直面する大きな課題に対して、政府一体となって取り組み、各地域がそれぞれの特徴を活かした自律的で持続的な社会の創生を目指している。

一方で、2020年以降コロナ禍を契機とした働き方改革により、サテライト・オフィスの開設やテレワークを活用した移住・滞在の動きなど、ライフスタイルの変化に伴う新たな人の流動が活発となり、地方は行政を中心に新たな取組みや対応を求められている。

今後、都市と地方の新たな関係性を構築していく中で、計画・設計、工事施工、運営・管理まで建設プロジェクト全般において総合的な視野を持つCMrは、地方においてもその広い知見を活かし、都市と地方のより良い共存を進めていけるような能力を発揮することが期待されている。

◈ CMと地方創生

最近では、単なる建設プロジェクトの基本計画・設計・工事施工のマネジメントだけではなく、事業構想での事業性検討やこの事業による地域への波及効果検証など、まちづくりや地方創生に関わるような領域まで、CMrによるマネジメントが期待されている。

参考

■CMrが参画した地方創生に関わる事例など

①地域拠点・防災拠点の整備

既存庁舎の老朽化対策や防災性向上などを目指した建替工事や改修工事において、地域住民の交流の場となるとともに、まちづくりの拠点や防災拠点となるように、各地でさまざまな取組みが行われている。

〈事例〉

・中土佐町公共施設群高台移転プロジェクト

庁舎・消防署・保育所の3つの公共施設群の老朽化および南海トラフ巨大地震を想定した津波対策のため、高台へ移転するプロジェクト。町の目指す「防災テーマパーク」の実現を支援している。

・丹波山村役場新庁舎

築50年に近づく村役場の庁舎建替計画とともに、村の活性化に向けた支援を実施し、「村民のための地方創生」に取り組んでいる。

②観光資源の発掘

歴史的建造物を含め、老朽化した施設をリニューアルして魅力を引き出し、宿泊・観光施設・オフィスなどへの転換を図る。

〈事例〉

・NIPPONIA

歴史的建築物の活用を起点に、その土地の文化資産を尊重したエリアマネジメントと持続可能なビジネスを実践している。

・ADDress

多拠点生活というライフスタイルを拡げることで、地域の活性化に貢献する取り組んでいる。

③産業拠点の整備

地方での起業や就業を支援する上で産業拠点の整備は重要で、特に産業創発拠点の整備は地方都市にとって非常に重要であるが、運営・管理や利用者が伴わない、いわゆる「ハコモノ施設」とならない配慮が必要である。

〈事例〉

・やまがたクリエイティブシティセンター Q1

市民・企業・行政が連携し、創造性を産業へとつなぎ、新たな経済活動や人材創出を図りながら持続可能な都市をつくる。

④災害復旧対応

地震・津波・暴風雨などが都市や地域に甚大な被害を及ぼした事案において、早急な復旧を行いながら、更に強靭なまちづくりを進める必要がある。また地域の拠り所となる施設や文化財などの被害に対しては、復旧の象徴として、常に地域に寄り添うことが必要であり、早期の活用とともに、復旧の過程を見せることで、機運の風化を防ぐことも期待される。

〈事例〉

・熊本城復旧事業

2016年4月の熊本地震によって甚大な被害を受けた熊本城の復旧プロジェクト。躯体補強から屋根・石垣など現状復旧にとどまらず、未来を見据えた復元のためのさまざまな技術が取り入れられている。

・東広島市災害復旧関連事業

2018年7月の豪雨災害の復旧工事の途上で、再度被災した市域での広域災害復旧プロジェクト。今後も想定される広域災害の復旧工事における体制づくりなども支援している。

※詳細については、日本CM協会「CM選奨受賞プロジェクト紹介」(https://cmaj.org/index.php/ja/award/digest)を参照。

13 ICT（情報技術）

13-1 ICT（情報技術）の最新動向

◆建設プロジェクトとICTやAIの進展

近年はハードウェア・ソフトウェア・ネットワークなどの技術進歩が著しく、安価で高機能なサービスやAI（Artificial Intelligence：人工知能）などの最新技術を利用できるようになってきた。それに伴い、ICTが関連する発注者からの要望やプロジェクトで利用するシステムやツールも、従前より多様化している。そのため、最新動向を把握した上で、建設プロジェクトの遂行に必要な機能を、必要なスペックで、効率よく準備できるかが、以前にも増して重要であると言える。ここではCMrとして把握しておくべきICTの動向と建設プロジェクト運営に用いられるICTツールについて紹介する。

◆IoTやAIの進展

IoT（Internet of Things：モノのインターネット）は、インターネットに接続されたコンピューター・センサー・通信機器などを相互に連携させることである。例えば、監視カメラの映像や点群スキャナ（LiDAR）で取得した3次元情報は、建物などの静止物の現況把握だけでなく、自動車やロボットなどの衝突回避にも利用されている。温度や照度のセンサー情報はリアルタイムで空調・調光に活用される。近距離で信号を発信する端末であるビーコンやスマートフォンで得られた位置情報は、部屋や座席の利用率算出に用いられる。

上述のような仕組みを統合管理して、運用効率化や利用者の安全性・快適性の向上を実現しようとする建物は、一般に「スマートビルディング」と呼ばれる。多種多様なIoTデバイスの情報を収集・分析しつつ、他サービスとの連携や、設備制御の機能を提供する「建物OS」も開発が進んでいる。

機械学習や深層学習と呼ばれる言葉に代表されるAIは、これまで人間が行っていた業務を代替するものとして期待されている。例えば、過去や現在のデータを用いた将来予測や最適化だけでなく、執筆・作曲・画像生成などの生産的な活動をも、習熟した人間並みもしくはそれ以上の品質で行えるようになってきている。更に、近年普及し始めた生成AIは、利用者のAI導入の抵抗感を下げつつ、自然かつ高度な予測・回答を可能にしている。セキュリティの観点から機密情報は入力しない、出力された情報を鵜呑みにしないなどの注意点を押さえた上で活用する必要がある。

◆ソフトウェア利用形態の変化

クラウド・サービスの普及に伴い、多種多様なサービスを、使う分だけ最小限の初期投資で利用できるようになった。特にSaaS（Software as a Service）と呼ばれるサービス群では、従来PCにソフトウェアをインストールして利用していた機能を、Webブラウザ上でインストール作業を行わずに利用できる。クラウド・サービスには初期導入の手間を減らせるほかにも、不具合対応などのサポートをアウトソースできるメリットもある。それぞれのサービスで提供される部分と、自分たちで管理しなければいけない部分を意識し、サービスを組み合わせて利用することが重要である。

◆ 仮想空間とメタバース

仮想空間とメタバースは、広くデジタル技術を利用して作成された架空の世界のことを指し、現実空間での制約を超えたさまざまな体験を得る場として期待されている。近年は開発技術が発達しただけでなく、VRゴーグルやARグラスなどのデバイスが安価で手に入りやすくなったため、一般ユーザー向けのサービスも増えている。例えば、アバターを通じて臨場感のあるWeb会議を行えるものや、ユーザーが作成したBIMやその他3次元オブジェクトの中を歩き回れるものなど、映像の質感や機能が異なるプラットフォームが多数展開されている。

◆ デジタルツイン・PLATEAU

デジタルツインは、現実空間の情報を仮想空間上にデジタル表現したものの総称である。自動車産業では高精度な自動車のデジタルツインを作成することで、デジタル空間上で走行テストを行うなどの手法が確立している。国土交通省が主導しているPLATEAUは、日本全国の都市デジタルツイン実現プロジェクトで、都市活動のプラットフォームデータとして3D都市モデルを整備し、データをオープン化するプロジェクトで、収集・統合された分析情報をWebビューワーで確認したり、データをダウンロードして利用することができる。

13-2　建設業界での最新動向

◆ 自動設計・自動施工

前述「IoTやAIの進展」のとおり、従来は人が行っていた作業がコンピューターに代替されつつある。更に建設業においては、慢性的な人手不足や高齢化、更に2024年からの残業規制に対応するために人・コンピューター・ロボットが効率よく協業する体制を構築する、もしくは業務自体を自動化・効率化することが求められている。

基本計画・基本設計・実施設計では、諸室のレイアウトや家具の最適配置を計算して図面化したり、3Dデータを用いることで干渉チェックや法令遵守のチェックが行えるようになっている。また、立面図や架構の情報からファサードのパース画像を生成するなど、総合（建築）の検討にAIを活用する事例も現れ始めている。

工事施工ではロボットやカスタマイズした建機を用いた自動施工の技術が普及し始めており、複数の建機を自動操縦して土木工事を行うシステムや、工事現場で鉄筋鋼材や耐火吹付材などの資機材運搬を行うロボットが実装されている。特に2021年からは民間企業の「建設RXコンソーシアム」が設立され、業界全体で資本と技術を集約し、標準化を進める動きが強まっている。

◆ 行政手続きのデジタル化

従来書面で行っていたさまざまな行政手続きが電子化されている。うち建設業に関わるものとしては、建築確認申請の電子化・BIM化が挙げられる。電子申請では図面などを含む申請用ファイルをWebで送信するだけで完了するため、書類印刷や折込作業、窓口提出の手間を減らすことができる。また、2025年からBIM確認申請が試行され、最終的にはAIを活用したより効率的な建築確認の実現が予定されている。

◆ 建設プロジェクトで利用されるICT

建設業においてもクラウド・ストレージを用いたドキュメント共有や、Web会議・チャットシステムの利用などが進んでいる。これらは個々に利用するだけでなく、例えば会議の録画データをクラウド・ストレージに保存し関係者間で共有するなど、連携して利用することで効率的な活用ができる。また、プロジェクト関係

者でドキュメントを順番に回覧するなど、特定の業務をWeb上で自動化するワークフロー・システム、タスク・リストやガント・チャートなどを用いたスケジュール・マネジメント機能を提供するプロジェクト・マネジメントツール、人間がコンピューターで行う作業を自動化するRPA（Robotic Process Automation）も利用が進んでいる。資機材や部材の調達においては、見積り取得から契約、請求書送付や支払いまでの一連の流れを電子化するEC調達システムが、一部の総合建設会社などで利用され始めている。

本章で列挙したシステムやツール、それらを取り巻く動向は日進月歩で変化している。そのため、ある時採用した組合せを数年間変更なく利用し続けられることは稀である。しかし、個々の手段が変わったとしても、プロジェクトの情報を取りまとめ、プロジェクトが円滑に遂行される状況を構築するというCM業務の目的は変わらない。CMrはこのことを意識して、都度プロジェクトの要求や体制を考慮した手法選定を心がけるべきである。

13-3 BIM

◆ BIMとは何か

BIM（Building Information Modeling）という言葉はすでに業界ではよく聞く言葉となった。BIMは使われる状況や主体によって意味が変わるため、国土交通省は2024年3月、「建築分野におけるBIMの標準ワークフローとその活用方策に関するガイドライン（第2版）」（以下、BIMガイドライン）では、以下のように言葉の定義を行っている（図4-47）。

○ BIM（Building Information Modeling）

コンピューター上に作成した主に三次元の形状情報に加え、室などの名称・面積、材料・部材の仕様・性能、内外装の仕上げなど、建

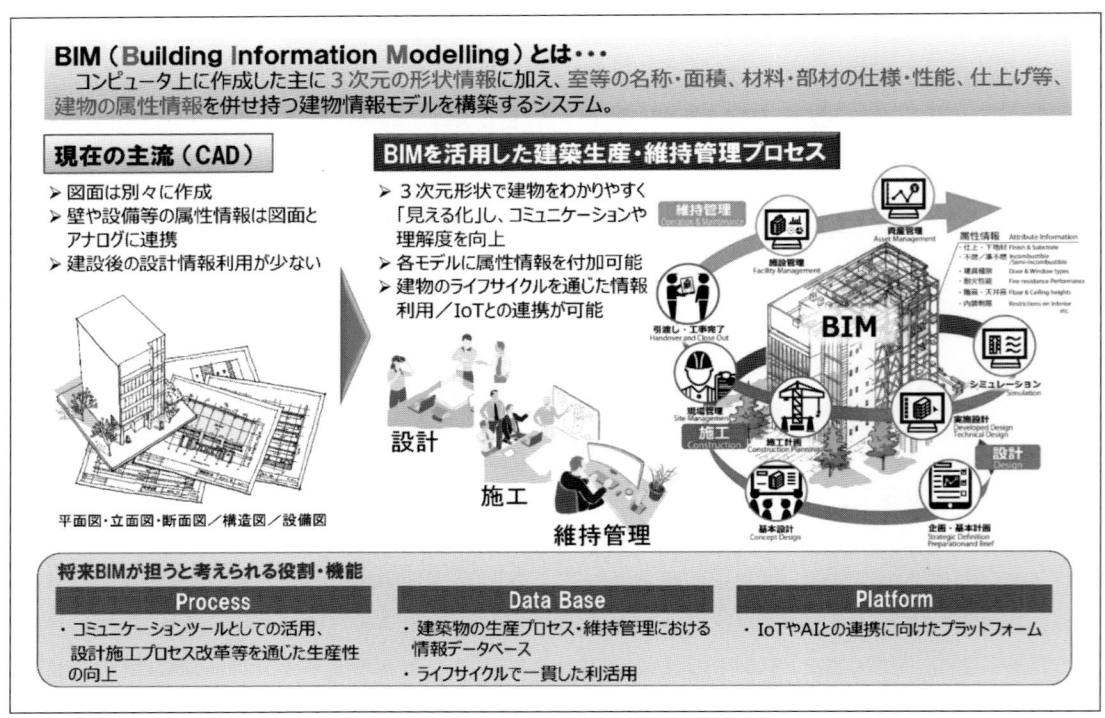

図4-47 ●建築BIMとは
出典：国土交通省「建築分野におけるBIMの標準ワークフローとその活用に関するガイドライン（第2版）」

築物の属性情報を併せ持つ建物情報モデルを構築するもの

業界ではBIMの定義を共有し、さまざまな検討を進めている。当初は設計や工事施工が中心であったBIMも都市データや運営・管理、確認申請への活用などが検討されている。建築や都市の情報をBIMに紐付けることは業界や社会にとって大きな意味がある。BIMに移行することで建物情報をストックすることが可能になり、ライフサイクルでマネジメントやビジネスなどを行うためのビッグデータとなる。

◆ BIMはデータベース

BIMはモデリング時に情報を付加して構築するという意味であり、「Building」には、建物だけではなく、都市計画や基盤整備なども含んでいる。国内ではBIMは建築分野、BIM/CIM（Building / Construction Information Modeling, Management）は建築・土木分野を指すことが多いが、海外では建築分野も土木分野もBIMである。モデルとは主に形状を表しているが、そこに付加する情報は位置情報・仕様（材質や色など）・性能・価格など多岐に及ぶ。形状と情報を一体化し、データベースにしたものがBIMなのである。これらのモデルに付与された属性情報や、モデルに紐付けられた設計図・写真・測量データ・点群データ、その他工事に関係する外部ファイルなどを体系的に一元管理し、発注者の事業経営や施設管理の効率化が進んでいる。

◆ 建築BIM推進会議

国土交通省は官民が一体となってBIMの活用を推進し、建築生産プロセスおよび運営・管理における生産性向上を図るため、学識経験者や関係団体からなる「建築BIM推進会議」を2019年6月に設置した。これまで設計や工事

施工の視点で議論されることの多かったBIMを建築生産プロセスを通じて議論し、中長期的な課題を整理している。日本CM協会も「建築BIM推進会議」の発注者関係団体の委員として参画し、発注者の立場でのBIM活用について提案している。

◆ 発注者とBIM

BIMを普及・推進するためには、発注者の積極的なBIM活用が重要である。設計や工事施工、運営・管理など、建物のライフサイクルを通じて建物情報を運用していくためには、発注者がEIR*（発注者情報要件）やBEP*（BIM実行計画）を正しく運用することが求められる。発注者がBIM活用の有効性を認識できる施設用途としてデータセンター・病院・工場など、運営・管理が複雑なものが挙げられる。

> ＊EIR (Employer's Information Requirements／発注者情報要件)
> 特定のプロジェクトにおいて、発注者として求める、BIMの運用目的、納品するデータの詳細度要求、プロジェクト実施中のデータ共有環境の要求など、受託者がBIMに関わる業務を実施する上での必要事項を示したものである。
>
> ＊BEP (BIM Execution Plan／BIM実行計画書)
> 特定のプロジェクトにおいてBIMを活用するために必要な情報に関して、受託者（設計・工事・維持管理など）が提示する取り決め。BIMを活用する目的、目標、実施事項とその優先度、詳細度（LOD Level of Development）と各段階の精度、情報共有・管理方法、業務体制、関係者の役割、システム要件などを定め、文書化したものである。

→第2章「5 工事施工におけるマネジメント」

◆ 設計BIMと施工BIM

設計と工事施工ではBIMの活用方法が異なる。前者は発注者の与条件を建物に具現化するために設計することを目的としたBIMであり、後者は設計図書をもとに工事施工することを目的としたBIMである。前者では部位別（壁・床・天井など）にBIMを捉えるが、後者は工種別（鉄骨工事・建具工事など）でBIMを捉える。また、設計から工事施工に向けて情報の精度や詳細度（LOD*）が上がっていく特徴を持つ。設計

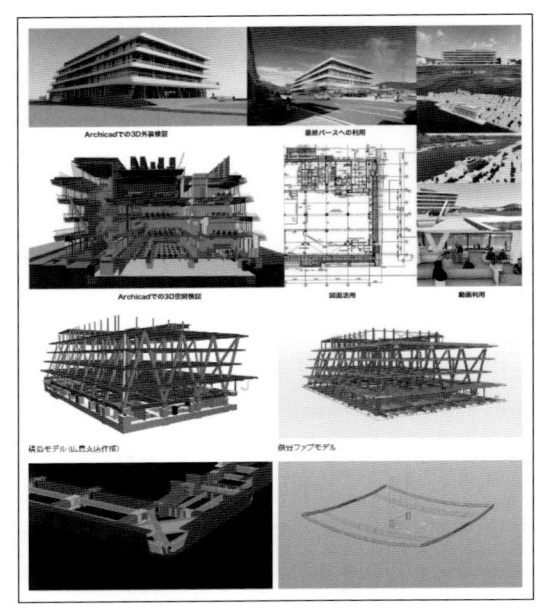

図4-48●設計BIMと施工BIMの連携事例

から工事施工への建築情報の連携は建築BIM推進会議などで検討が進んでいるが、多様な発注方式への対応や工事施工者の基本設計・実施設計などへの参画など、まだ課題は多い。設計BIMと施工BIMを連携させるためにも前述のEIRとBEPの運用は不可欠である（図4-48）。

* **LOD (Level of Detail/Development)**
BIMモデルの作成および活用の目的に応じたBIMモデルを構成する、BIMの部品（オブジェクト）の形状および属性情報の詳細度合いを示すものである。

◆ライフサイクルBIM

海外のBIMは発注者を中心として進められている。ISO19650はBIMを使用して構築された資産のライフサイクル全体にわたって情報管理を行うための国際規格であり、建物という資産をライフサイクル全般にわたって情報管理するためにBIMを活用している。そのために必要なのがEIRやBEPである。これらの要件書の作成などを発注者の立場で支援する業務をBIMガイドラインではライフサイクル・コンサルティング*業務として定められている（図4-49）。CMrは発注者がBIMの活用を望んでいる場合、これらの背景を把握し、的確に業務を実施する必要がある。

* **ライフサイクル・マネジメント／ライフサイクル・コンサルティング**
建築生産プロセスだけでなく、維持管理や運用段階も含めたライフサイクルを通じ、建築物の価値向上の観点からマネジメントする手法と、そのために発注者を支援する業務である。

◆コンピューテショナル・デザイン

BIMを軸に建築の情報を扱うことでデザインにさまざまな可能性をもたらすことになる。

デジタル・ツールを駆使することで、設計における敷地環境の調査や、形態・環境・工事施工・コストなど多岐にわたっての最適化・合理化が

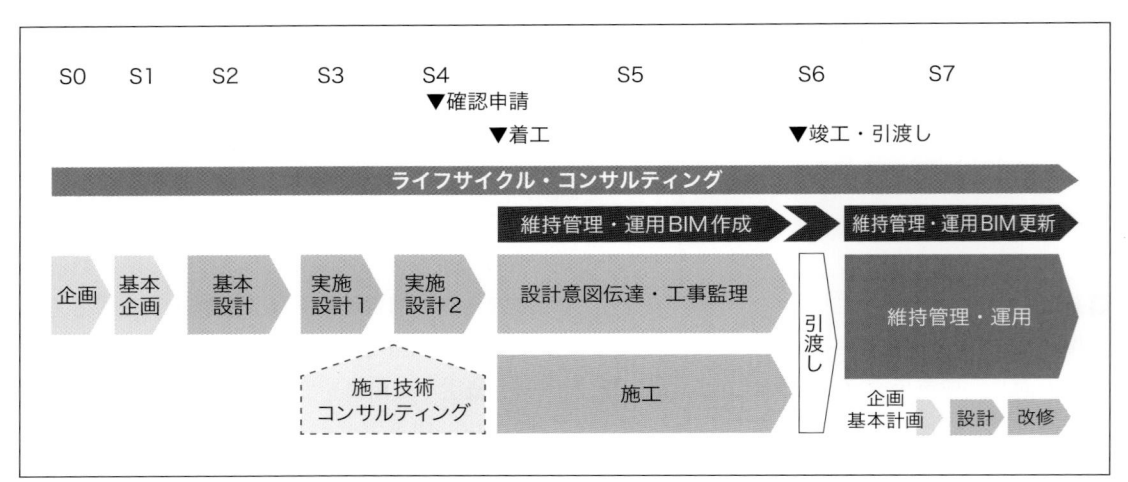

図4-49●標準ワークフローと業務区分
「建築分野におけるBIMの標準ワークフローとその活用に関するガイドライン（第2版）」（国土交通省）より作成

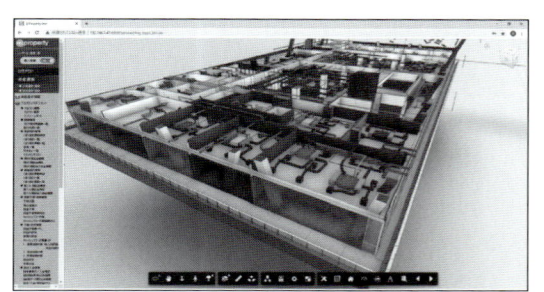

図4-50 ●コンピューテショナル・デザインの例

可能となる。「多くの情報を、より早く処理する」ことで、従来では考えられなかった情報量の処理を可能とし、より「工学的」で「高品質」な設計・工事施工・運営・管理を実現できる。

複雑な形態を工事施工が可能な合理的な形態へ調整することで、部材とコストのバランスの取れた最適な設計・工事施工を可能とする（図4-50）。

◆ ビジュアライゼーション

以前は発注者に完成イメージを共有する手段はCG（Computer Graphic）だった。BIMが導入されても静止画としてCGが求められることは多いが、レンダリング技術が格段に向上し、BIMから簡単な操作で動画を作れるようになっている。また、BIMデータをBIMソフトウェアを使わずにWeb上で発注者や工事施工者などに共有する仕組み（CDE：Common Data Environment）も出てきている。また、BIMはVR（Virtual Reality）*にも簡単につなげることができ、空間把握に大きく役立っている。

＊**VR**
仮想現実。ゴーグルや立体メガネなどを利用しCGなど3次元空間にあたかもそこにいるかのように体験できる技術。

◆ シミュレーション

利用者の快適性や建築空間の性能に関する検討を行うことで設計品質の向上を目指している。BIMを活用した風・温熱・光・音の環境シミュレーションも一般的に行われている。

また、新技術の効果予測を行い、採用の可否を判断することができる。

人の行動を予測して、動線計画と関連した出入口数の検討、また火災シミュレーションと連動した避難検証にも利用することができる。

◆ BIM確認申請

建築BIM推進会議では確認申請のBIM活用を推進しており、2025年度にはBIM図面審査、2028年度以降にはBIMデータ審査と具体的なスケジュールが設定されている。確認申請にBIMを義務付けることで工事施工における建築情報の標準化につながることが期待されている。

BIM図面審査はBIMデータから出力されたIFC*データとPDF図面の提出により、図面間の整合チェックが不要となり、審査期間の短縮に寄与できる。また、BIMデータ審査とはIFCデータを審査に活用し、審査に必要な情報が自動表示されることにより、更なる審査の効率化（審査期間の更なる短縮）が期待されている。

＊**IFC**
buildingSMART Internationalが策定する建築資産業界に関する標準化されたデジタル記述のオープンな国際規格（ISO 16739 1：2018）である。

◆ デジタル・ファブリケーション

BIMは3次元情報を持っており、メーカーやファブリケーター*とデータのやり取りを行うことで、設計の各段階でも実物同様のモックアップを検討することが可能となった。すでに、米国などでは3Dデータによる仕様決めと工事発注も行われている。日本でも職人の技術をロボットが習得し、質の高い工事施工の実現と熟練工不足の解消に向けた研究が進められている。自動車などの製造業ではすでに当たり前に使われているロボットも、今後は工事施工への導入が加速していくと予想される。また、人間だと手間のかかる作業の効率化やアルゴリズムによる自動施工、3Dプリンターの活用などクリエ

イティブな場面でも活用が進んでいる。

◈ 3Dスキャナー・3Dプリンター

3Dスキャナーの技術は飛躍的に進化し、今まで入力するのが困難であった既存建物や樹木・地形などがコンピューター上で再現できるようになった。建物の改修時に室内や機械室を3Dスキャニングして図面化することも行われている。

ドローンといわれているUAV (Unmanned Aerial Vehicle)＊と合わせて、空中から既存の建物をスキャンし、3Dデータ化することも一般的になった。

また、点群スキャナーなどのリモートセンシングの技術がスマートフォンに実装され始めており、小さな空間であればスマートフォンで3Dスキャニングすることができるようになっている。

3Dプリンターに関して、設計分野では都市模型や部分ディテール・モデル、更に古建築・スタジアムなど特殊な建物の表現に活用されている。大きく分けて石膏タイプと樹脂タイプがよく使われているが、現在は金属やガラスといった実用になる素材の3Dプリンターも普及し始めている。

13-4 マネジメントとBIM

◈ BIM

設計者から工事施工者へとプロジェクト情報を受け渡す際、設計情報が途切れがちだが、プロジェクトの初期から完了まで、その情報を断ち切ることなく進めることが可能なBIM体制をつくることで、わかりやすい設計手法と工程の「見える化」が可能である。

部材の割付寸法や色彩の選定などを事前に計画・設計においてBIMモデルを使い検討することにより、最適な施工計画をあらかじめ推測することによって、現場管理を円滑に進めることができる。

また、BIMモデルを利用し、図面で見えてこない部分を工事施工者と共有しながら施工計画を最適化し、品質の高い建物づくりに取り組むことも可能となる。工事施工者が生産設計をBIM化しているのは、工事計画の検討時間が短縮され、このコストメリットが大きいからともいえる。

CMrは、設計者のBIMモデルと工事施工者のBIMモデルをうまく利用することで、問題点の把握や工法・工程の確認を行うことができる。また、発注者との協議などに空間の情報や部材の属性などを示すことができる。

◈ BIMのマネジメント

BIMプロジェクトの開始時に、発注者や設計チームと打ち合わせを行い、入力のスケジュールや担当、BIMを採用する範囲、モデルの詳細度 (LOD) への対応などをあらかじめ定めるのがBEPである。CMr、または別のBIMマネジャーがBIM実行計画に基づき、BIMプロジェクトを実行する場合が多い。

BIMデータをクラウドに置き、関係者間で情報をやり取りすることで、工事施工の進捗管理を行っている現場も海外には存在する。

英国ではBIMマネジャーは、プロジェクト全体のデータ・マネジメントをする立場にあり、発注者に最も近いところにいる。BIMがプロジェクトの各工程をつなぎ、データを共有することでBIMマネジャーがプロジェクト全体を適切な方向に制御している。

日本では、設計・工事施工とも受託者に任せ

てしまう傾向があるので、BIMによるマネジメントという意識が発注者に稀薄であることがBIM導入の障壁となっている。欧米では、すでにBIMの導入段階は完了し、BIMでプロジェクトやデザインをどうマネジメントするかの段階に入っており、設計者はBIMやプログラムのコーディング*が必要になってきている。

> **＊コーディング**
> プログラム言語を使いプログラムを組むこと。

◆コスト・マネジメントとBIM

BIMの面積や数量算出を活用し、与条件をもとにプロジェクトの早期から精度の高い工事費概算の算出ができる。工事施工者の見積数量について、設計図書と見積書の食い違いについてBIMモデルを通じて確認し、価格交渉の根拠として活用するなど、コストに関してプロジェクト関係者との円滑な合意形成を図ることができる。

BIMは単なる工事費の試算に留まらず、事業構想・基本計画から設計・工事施工・運営・管理の建物ライフサイクルを通じて資産価値を最大化するために活用できる。

◆FMとBIM

建物そのものの資産価値を高めるために建築生産の情報を施設管理につなげるシステム開発がなされている。建物の運用に対して最適な情報を発注者や関係者に提供していく重要なツールがBIMである。建物の設計や計画のためのBIMモデルのほか、FMにおいてBIMモデルを利用するには、プロジェクトの早期から運営・管理に関する情報を発注者と共有し、目的に合わせたBIMモデルを準備するためのEIRを作成する必要がある。

◆BIMの展望

3D関連の機器は数多く開発され、3Dで考える、表現する、構築するといったことが一般的になってきている。日本では国土交通省がi-Construction*を打ち出し、調査は3Dスキャン、GPSによる無人建機、検査もドローンで行うことなどが盛り込まれている。建築分野でも国土交通省の建築BIM推進会議にて、さまざまな検討が進み、更にPLATEAUなどの都市データの検証も進められている。技術的な部分では3Dスキャナー・3Dプリンター・ドローン・ロボット・生成AIの活用など、いくつかの点がつながり始め、線になりつつある。

建設業界ではさまざまな標準化に取り組んできた実績があり、その評価は一様ではないが、建設業界のデジタル・トランスフォーメーション（DX）のためには建築情報の標準化は避けられない。BIMの活用範囲も今後大きく変わっていくと考えられる。

> **＊i-Construction**
> 国土交通省が推進する土木・建築でのICT利用による現場での生産性向上の取り組み。

13-5 情報セキュリティ

CM業務に限らず、全てのビジネスにおいて、情報セキュリティ関連の事故・事件（セキュリティ・インシデント）が企業に与える打撃が非常に大きい時代となっている。

◆CM業務におけるセキュリティリスク

企業における働き方改革やDX推進活動はコロナ禍を経て、テレワークとクラウド利用を前提とした新たなデジタル・ワークスタイルのステージへ移行し、それに伴いプロジェクトの運営にも変化が生じている。

新たなデジタル・ワークスタイルは、柔軟で多様な働き方を実現し得る一方で、情報の取り扱いを誤ると重大な情報セキュリティ・インシデントが発生するリスクが想定される。

CMrが取り扱うプロジェクト情報での具体

的なセキュリティ・リスクとして、顧客情報が
もし外部に漏れてしまった場合に起こりうるリ
スクの例を以下に挙げる。

- 事業計画における非公開情報の漏えい
  ⇒プロジェクトの進行に影響を与える。
- 予定価格の漏えい
  ⇒予定価格ありきの入札となってしまい、
  公平性を欠くとともに、競争原理を欠
  いた入札となる。
- データセンターなどの企業中枢を扱う建
  物図面の漏えい
  ⇒テロの標的になりかねない。
- プロジェクト関係者の個人情報の漏えい
  ⇒個人情報保護法違反を問われる恐れが
  ある。

こうした情報漏えいがCMrによるものであ
る場合、CMrは発注者もしくはプロジェクト
関係者から損害賠償を求められる可能性が生じ
ると同時に、社会的信用を失うことにも通じる。

◆発注者・CMrの情報管理

企業が守るべき情報セキュリティ関連の法令
はセキュリティ・インシデントの内容や特性に
よりさまざまなものがあり、社会的背景の変化
に伴い、関連する法令の制定および改正が行わ
れてきた。

代表的なものとして「不正アクセス禁止法」
（1999年制定）、「個人情報保護法」（2003年制
定）、「サイバーセキュリティ基本法」（2014年
制定）などがある。2022年4月には改正個人情
報保護法が施行され、個人情報に関する個人の
権利・利益の拡充、企業の責務の追加、法例違
反時の罰則強化などが図られている。

また、情報セキュリティ関連の法令の中でも
比較的身近な個人情報保護法では、個人情報の
管理について第20条で以下のように定められ
ている。

【第20条】安全管理措置
個人情報取扱事業者は、その取り扱う個人
データの漏えい、滅失又はき損の防止その他
の個人データの安全管理のために必要かつ適
切な措置を講じなければならない。

更に、上記の事業者に求められる措置につい
て、ガイドライン※にその検討手順と措置の内
容が定められている。

- ・組織的安全管理措置
- ・人的安全管理措置
- ・物理的安全管理措置
- ・技術的安全管理措置

※特定個人情報保護委員会編 「特定個人情報の適正な
取り扱いに関するガイドライン（事業者編）」を指す。

以上4つの側面から情報管理の措置を講じる
ことにより、その安全性が高まるとされている。
加えて、第21条以降では、従業者の監督や委
託先の監督にも触れられており、正社員のみな
らず、契約社員・パート社員・派遣社員も含め
て、安全管理を遵守するよう、必要かつ適切な
監督をしなければならないと定められている。

企業活動のみならず建設プロジェクトでもセ
キュリティ・インシデントを起こさないための
対策を検討する際に、これら法令とガイドライ
ンに沿って対策を検討することで、より抜けの
ない対策を構築することが期待できる。

◆企業における取組み

クラウド化が普及する以前は、企業の情報資
産は社内のデータサーバー内に保管されている
ことが一般的であった。

昨今ではクラウドに対する企業の考え方にも
変化が現れ、基幹システムやファイルサーバー
をはじめ、メールやスケジューラーといったア
プリケーションもクラウド化する場合が増えて
いる。具体的にはBOX・Office 365・Gmailな

どのクラウド・サービスが該当する。

　企業の情報セキュリティという側面では、クラウドで情報資産を利用するという時代の流れに加え、リモート・アクセスの標準化、利用デバイスの多様化という状況への対応が求められる。また、ワークプレイスが社内に限らなくなったことで、これまで守るべき情報資産が社内ネットワーク環境だけでなく、社外のインターネット環境に分散して点在する状況となってきた。

　従来までの情報セキュリティの考え方は、社内ネットワークなどの自らが管理する部分と社外のインターネット環境などの自らの管理外の部分とを切り分け、この2つの部分の間にファイアウォールなどの「境界」を設けた上で、強固なセキュリティ対策を講じて内部を守るという境界防護型の考え方であった。

　しかし、近年ではクラウド化により社内と社外の「境界」が曖昧になってきており、従来のような社内ネットワーク環境のみを対象とした境界防護型のセキュリティ対策では対応が困難になってきている。そのため社内外の全てのネットワーク環境をセキュリティ対象としたゼ

ロトラスト型のセキュリティ概念も広まりつつある。

　デジタル庁による最新の国内におけるセキュリティ・インシデント調査によると、管理ミス・紛失・置き忘れ・誤操作といった従来からの内部からの情報漏えいによる要因から、ウイルス感染・不正アクセスなどの外部からの攻撃による要因が増加している。

　近年ではマルウェアによる感染が急拡大した。マルウェアは感染したパソコン内のメールアドレスや内部の情報を搾取し、感染したパソコン所有者になりすまして取引先企業や顧客へ被害を拡大させ、自社業務の停止や取引先からの社会的な信用を失う事案が増えたことで、サイバー攻撃対応が重視される1つの契機となった（図4-51）。

　こうした状況を踏まえ、企業においても情報セキュリティに対する信頼性を高めることを目的として、ISMS（Information Security Management System：情報セキュリティ・マネジメント・システム）やプライバシー・マーク（Pマーク）などの第三者認証機関による情報セキュリティの認証取得が定着してきている

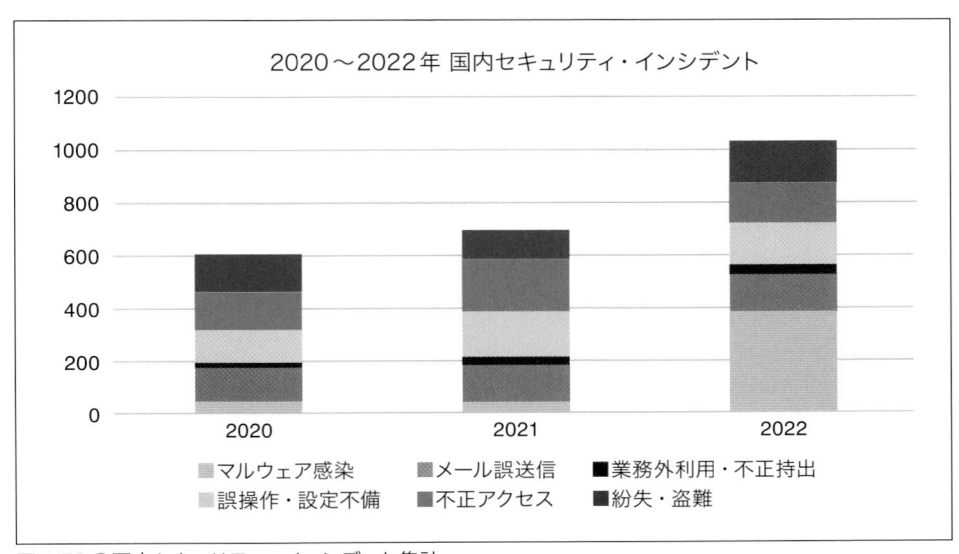

図4-51 ●国内セキュリティ・インシデント集計
デジタル庁HP「民間企業によるゼロトラスト導入事例」より作成

が、デジタル庁の調査結果にもあるように、従来までの内部からの情報漏えい対策に加えて、不正アクセスやマルウェア感染への情報セキュリティの対策が課題となっている。

　具体的には、コンプライアンスの遵守や最新の情報セキュリティに対応するための部会などを経営陣を含む体制で立ち上げ、

- コンプライアンス遵守の浸透活動
- ネットワーク上のアクセス常時監視
- 新たなデジタルワークスタイルに対応したセキュリティ検討
- OSの最新化やセキュリティパッチの更新
- 二要素認証などの高度なセキュリティ導入
- マルウェア感染時の対処指針策定

などの対策を広く行い、信頼性を高める活動に取り組む企業・団体が増えてきている。

　建設プロジェクトにおいては、専門分野の高度化により多種多様な企業の参画が期待される。プロジェクトチームでの情報リテラシーの向上により、リスクを回避することも重要である。

14 安全管理

14-1 建設プロジェクトにおける安全管理

◆ 安全管理とCMr

建設プロジェクトにおいては、建設工事に従事する労働者が被災した場合だけなく、爆発・火災・倒壊などの事故が発生したり、第三者へ影響をもたらした場合は、マスコミに大きく報道される。例えば、橋梁落下や道路陥没といっ

た事故では、その原因・責任が不確定な時点でも、工事施工者ではなく、発注者が矢面に立つ事案が増えているが、これは建設業に特有の請負形態に起因するところが大きい。

CMrは工事施工に直接的に携わるものではないが、災害・事故の防止と働きやすい職場環境の確保は、発注者を支援するCMrとしても極めて重要な事項である。

なお、全産業における労働者の死亡災害のう

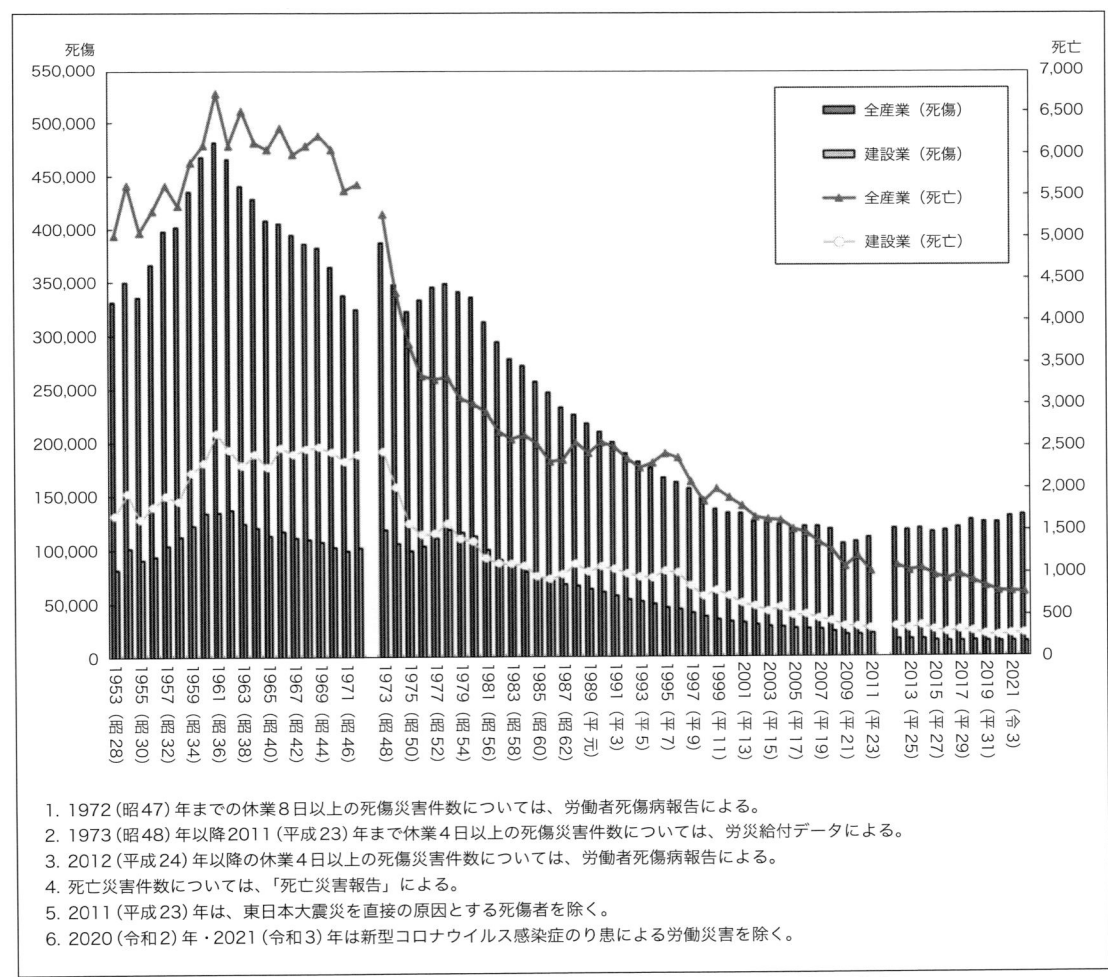

1. 1972 (昭47) 年までの休業8日以上の死傷災害件数については、労働者死傷病報告による。
2. 1973 (昭48) 年以降2011 (平成23) 年まで休業4日以上の死傷災害件数については、労災給付データによる。
3. 2012 (平成24) 年以降の休業4日以上の死傷災害件数については、労働者死傷病報告による。
4. 死亡災害件数については、「死亡災害報告」による。
5. 2011 (平成23) 年は、東日本大震災を直接の原因とする死傷者を除く。
6. 2020 (令和2) 年・2021 (令和3) 年は新型コロナウイルス感染症のり患による労働災害を除く。

図4-52 ●建設業における労働災害の発生状況 「労働災害統計」(建設業労働災害防止協会)より作成

ち建設業の占める割合は約36%、死傷災害の割合は約11%であり、高い比率を占めている（図4-52）。

14-2 安全計画

◆建設業の阻害要因

建設業において、災害・事故などを未然に防ぐ対策を困難にしている要因として、

- 一品生産のため同一性の原理が活かしにくく、規格化・標準化が難しい。
- 屋外生産のため直接的に気象条件の影響を受け、計画的な工事施工が難しい。
- 総合生産のため、作業は契約形態などの異なる作業員の混在形態をとる。
- 移動生産のため、労働力の変化が大きく、良質な労働力の適時な確保が難しい。

などが挙げられる。

◆考慮すべき事項

「労働災害は予防可能である」ということを前提に考える。また、安全管理は「災害が発生してから対策を考える」のでは意味がなく、未然防止のための管理、すなわち「先手管理」でなければならない。

CMrは、現場の安全衛生の向上に向けて、特定元方事業者が選任した統括安全衛生責任者などを確認する意味でも、安全計画の立案から実施までの留意点を把握し、必要に応じて発注者を支援する。

◆安全衛生管理計画のフロー

作業所の安全衛生管理計画は、災害発生の仕組みを理解し、以下の点に留意して発生要因の態様に応じた防止対策を考えることが望ましい。

- 過去の災害統計や災害事例などを調査し、当該作業場において予測される災害の種類

の対策を盛り込む。

- 関係法規や基準などは最低基準であるということを前提に安全な工法を考える。
- 新工法・新機械などを採用する場合は、事前の安全検討を十分に行う。
- 元方事業者の全社・支店などの方針を踏まえ、工事の安全衛生目標を設定する。更に、工事ごとに重点実施事項を策定し、具体的な実施計画を作成する。
- 実施計画ごとに実施責任者を決め、管理項目の設定および管理帳票などを定める。
- 作成された安全衛生管理計画書は、工事施工に関わる全ての関係者に周知する。

14-3 労働安全衛生法と元請責任

CMrが安全関連法令にかかる責任を負うことは多くないが、関連する法令の理解は必要である。

安全衛生管理体制は、生産管理組織に組み込まれることが不可欠であり、労働安全衛生法においては、個々の企業における自主的活動を促進するための「管理体制（個別管理体制）」と、建設業および造船業を特定事業と位置付けた上で1つの場所において工事請負契約下の複数企業の混在作業を対象とした「管理体制（統括管理体制）」の2つに区分して規定している。

◆事業者の責務

労働安全衛生法では、労働災害を防止するための措置義務者を「事業者」と定めている。ここでは事業者とは「事業を行う者で、労働者を使用するもの」と定義されており、工事施工に関与する元方事業者および全ての関係請負人に対して、それぞれ自社の労働者を保護する安全措置義務を課している（労働安全衛生法第20条～第25条の2）。

これは、前述の「個別管理体制」に適用される。

◆ 元方事業者の責務

複数の専門工事会社を同一の場所で使用する者を「元方事業者」として、関係請負人である専門工事会社を指導する義務を課している（同法第29条）。

これは、後述の元請責任と合わせて「統括管理体制」に適用される。

◆ 元請責任と統括管理

1つの場所で多数の関係請負人の労働者が混在して作業を行う場合、相互の連絡および調整が十分に行われないことなどによって労働災害が生じることから、元方事業者が施工管理（統括管理）することを義務付けている。

● 特定元方事業者等の講ずべき措置（労働安全衛生法第30条）

これは、「混在することによって生ずる労働災害防止の措置義務」とされ、特に建設業と造船業については元方事業者の措置としている。実施事項は以下のとおりである。

・ 協議組織の設置および運営を行うこと
・ 作業間の連絡および調整を行うこと
・ 作業場所を巡視すること
・ 関係請負人が行う労働者の安全または衛生のための教育に対する指導および援助を行うこと
・ 仕事の工程に関する計画および作業場所における機械・設備などの配置に関する計画を作成するとともに、当該機械・設備などを使用する作業に関し、関係請負人が労働安全衛生法などで定められた措置についての指導を行うこと
・ その他、当該労働災害を防止するため必要な事項

● 注文者の講ずべき措置（同法第31条）

これは、「自己が所有する設備等の貸与義務」とされ、例えば、外部足場や型枠支保工などの注文者（多くの場合は元方事業者）が設置した建設物などを専門工事会社が使用することがほとんどである。この場合、建設物などを使用する専門工事会社は、これらに十分な管理権限を有しないため、元方事業者が責任をもって管理を行い、法定の基準に適合するものでなければ貸与してはならないことを規定している。

● 特定作業を行う注文者の講ずべき措置（同法第31条の3）

これは、「特定作業の作業間の連絡・調整義務」とされ、建設機械（例えば、杭打機、機体重量3トン以上のパワーショベル、吊上げ荷重3トン以上の移動式クレーンなど）を用いる作業全体を統括する元請会社は、必要な作業間の連絡・調整の措置を講じなければならない。

● 機械等貸与者等の講ずべき措置（同法第33条）

貸与された機械（高所作業車など）による労働災害を防止する責任は、当該機械の貸与を受けた「事業者」にあるが、機械の所有権が機械等貸与者（多くは元方事業者）にあるため、労働災害防止上必要な措置を講じ難いことがある。そこで、元方事業者の責務として、機械などの点検・補修・整備などを行い、使用する専門工事会社に機械などの能力・特性などを記した書面を交付するなどの措置を同条1項で規定している。

◆ 効果的な安全衛生教育

災害防止活動にかかる設備面での改善は少しずつ向上しているが、災害や事故の発生は「人の行動」によるところが大きい。これを防ぐための手法として安全衛生教育などがあるが、労働安全衛生法は、作業に従事する労働者に対する安全衛生教育（労働者の雇入れ時の教育、作業内容変更時の教育、危険・有害業務に従事する労働者に対する特別教育）の実施を事業者に対し義務付けている。

図4-53 ●毎朝の平均台で体調の見える化

図4-54 ●災害事例CGの一場面

しかし、法的要求事項を満たすことのみが安全担保ではない。より効果的な教育・訓練の技法の実施は、安全施工により近づける大切な施策である。

最近の傾向として、作業員の行動特性に着目した「安全の見える化」への取組みも進んでいる。日頃取り組んでいる安全活動を「見える化」することにより、作業員の安全意識が高まるだけでなく、統括安全衛生責任者等からも安全な作業の遂行状況が確認できることに加え、各専門工事会社の更なる取組みの活性化を期待できる。

以下に、「安全の見える化」の例を示す。

●健康状態の「見える化」

毎朝のラジオ体操の後に平均台を歩行し、大勢の目でその日の体調を確認している（図4-53）。平均台を歩行できなかった人にはヒアリングを行い、体調に応じた作業に配置転換をする。

●災害の「見える化」

労働災害の多くは被災者本人の安全ルールの不知・無視や不安全行動などが原因で発生しており、類似の災害が繰り返される傾向にある。こういったヒューマンエラーによる繰返し災害の軽減には、映像の視聴が1つの手段となる。

更に、実写では再現が難しい「災害発生の過程とその瞬間」をCGアニメーションで視覚的に再現することにより、見る者に災害の恐さと安全対策の必要性を伝達している（図4-54）。

◆マネジメント・システムの導入

2001年にILO（国際労働機関）が、唯一の国際基準として、「ILO労働国際安全衛生マネジメントシステム」に関するガイドラインを策定している。日本ではこれに準拠し、厚生労働省と建設業労働災害防止協会が「建設業労働安全衛生マネジメントシステム」の運用を推奨している。これは、建設現場において安全衛生方針の表明、安全衛生目標の設定、安全衛生計画の作成・実施・運用、日常的な点検および改善、システムの監査および見直しなどの一連の過程を定め、連続的かつ継続的に実施する安全衛生管理に関する仕組みであり、工事施工者の自らの意思において自主的・継続的に取り組む組織的な安全衛生活動である。このマネジメント・システムは、Construction Occupational Health and Safety Management System の頭文字を表すCOHSMS（コスモス）と呼ばれている。

工事施工者は、このシステムに準拠した仕組みの運用によって、潜在的危険性を除去、低減するための努力を継続的に行うことが望まれている。

14-4 CMにおける安全衛生管理

前述のとおり、CMrにとって安全衛生管理は重要であるものの、アットリスクCMなどの特別な場合を除き、CMrは工事請負契約を前提とする元請ではない。そこで、安全衛生管理にかかるCMrの立場・責任と留意事項について以下に概説する。

◆ CMrと安全衛生管理

● 安全衛生管理における立場

CMrは、発注者の立場から、設計・工事施工をはじめとする各種のマネジメント業務を行うため、仮設計画・安全管理などに関与はするものの元方事業者とは異なり、建設従事者に対する安全配慮義務を有しているわけではない。

しかしながら、被災した建設従事者あるいは遺族が民事上の損害賠償請求を行うにあたり、その対象が被災者の直接雇用主や工事請負契約の当事者である元方事業者だけでなく、可能性は低いものの、無理な設計変更や工期短縮があった場合は、発注者やCMrも対象となり得ることは否定できない。

● 安全衛生管理上の法的責任

CMrが、CM契約に基づき発注者（委託者）に対して提供する業務は、発注者が行う設計・工事施工に関する各種のマネジメント業務の全部または一部を支援するものである。

よって、発注者がCMrの提供する業務に基づいて自ら建設事業を実施する場合、一括請負方式における統括安全衛生管理義務をはじめとした特定元方事業者の責務は、発注者から直接工事を請負った工事施工者が負うことになり、CMrはその責任を負うことはない。

すなわち、CMrは発注者および特定元方事業者のいずれとも工事請負契約を締結していない以上、労働安全衛生法に定める統括安全衛生管理の業務を行う義務は生じない。同様に、建設業法の下請保護規定（技術者の配置、下請代金の支払、下請負人の指導など）や廃棄物処理法上の排出事業者など、いわゆる元請責任を負うこともないと考えられる。

◆ CMrの安全衛生管理活動

● 安全衛生計画の審査、統括安全衛生責任者の支援

作業所における「安全」は本来、労働安全衛生法で要求される職務をこなすものではなく、工事関係者の安全意識の高揚、危険・有害要因の除去・低減、注意喚起や指導・協力が不可欠であり、安全活動は工事施工の期間中を通して絶えず実施されなければならない。

そこでCMrは、必要に応じて建設プロジェクトを担う各特定元方事業者の安全衛生計画について助言し、必要に応じて全体的な調整を支援することが求められる。また、現場全体への「安全」の周知にも協力し、必要な活動が行われるように配慮しなければならない。

例えば、安全衛生管理に関し、以下の事項が

参考

■国土交通省の見解

「CM方式活用ガイドライン」（国土交通省、2002年2月7日）では、「CMrは、建設業法に基づく元請責任、労働安全衛生法に基づく統括安全衛生責任者の設置など、基本的には元請責任を負わないものと考えられる」としている。

更に、「アットリスクCM（CMrが、発注者のマネジメント業務に加え、全体工事の完成に関するリスクを負う場合）で、CMrが専門工事会社と直接に工事請負契約を締結し、工事請負人のような性格を帯びる場合には、CMrに対する建設業法等に基づく元請責任の適用の可能性について検討する必要がある」としている。

CMrに期待される場合もある。

・発注者に対する協力要請を行うこと
・発注者の緊急連絡体制を確立すること
・安全および環境の負荷を確認すること
・安全書類の法的適合を確認すること
・工事施工者の安全活動に対する評価を行うこと

◆ CM業務における留意事項

CMrは、円滑な工事施工と無事故・無災害を達成するため、以下の内容に留意する。

●適正な統括安全衛生管理義務者の採用

建設工事において、発注者は労働災害防止の観点から、統括安全衛生管理の責務履行を確保する必要がある。

よって、発注者が労働安全衛生法の規定に基づき、複数の特定元方事業者から統括安全衛生管理義務者を指名するにあたり、CMrはあらかじめ発注者に対し、統括安全衛生管理の業務を果たすことのできる管理能力を有する工事施工者を採用するよう助言することが望ましい。

●適切な現場代理人の配置

少なくとも統括安全衛生管理義務者となる特定元方事業者の現場代理人については、一定水準の能力・知識などを保有していることが不可欠である。

よって、CMrは発注者に対し、建設業法上の技術者配置は当然ながら、労働安全衛生法に基づく「職長・安全衛生責任者教育」の修了者を配置するなどの助言をすることが望ましい。

●過度な分離発注への配慮

一般的に、多数の工種に分けた分離発注は、統括安全衛生管理の遂行を妨げる恐れがある。一方、分離発注する特定元方事業者の数を少なくすることは、発注の重層化を引き起こす一面もあるが、統括安全衛生管理の実効性を高めるものとなる。

●アットリスクCM

アットリスクCMにおいて、CMrが専門工事会社などと工事請負契約を締結する場合には、建設業法に基づく元請責任（下請指導義務など）、労働安全衛生法に基づく統括安全衛生責任者の設置などのほか、廃棄物処理法に基づく排出事業者としての責任などがCMrに適用されると解釈し、従来の一式請負方式と同様の措置を講ずることが求められる。

➡第4章「15-2 アットリスクCM」

15 CMの更なる多様化

15-1 オープンブック

◆オープンブック

従来の「一括請負（ランプサム）契約方式」において、元請会社は下請会社となる専門工事会社の選定方法および発注金額については自由裁量権が与えられ、これらの情報を発注者に開示する義務はない。しかし昨今の「透明性」や「公正性」に重要性を置く社会的な要請もあり、「オープンブック」の採用が推奨される場合が少なくない。「オープンブック（Open Book）」とは「明白なもの、何も秘密がないこと」の意味であるが、建設工事における「オープンブック」とは、工事費を元請会社に支払う過程において、元請会社が発注者に全てのコスト（工事原価）に関する情報を開示することを意味する。下請会社への発注におけるコスト競争力確保を図るため、元請会社が各専門工事会社を競争入札により選定する過程から、契約・発注、更に支払いまでの、一連のプロセスの発注者への開示が求められることになる。

◆オープンブックでの契約方式

オープンブックにおける発注者と工事施工者（元請会社）間の契約は基本的に「コスト＋フィー契約」が採用され「コスト」と「フィー」の対象は個々の契約で定められる。一般的にコストとは各専門工事会社に発注される直接工事費・各種仮設工事費・現場経費等を含む「工事原価」を指し、フィー（報酬）とは工事施工者（元請会社）の「利益（通常は一般管理費に含まれる）」を指す。このように、単にコストにフィーを加算して支払う契約は「実費精算方式」と呼

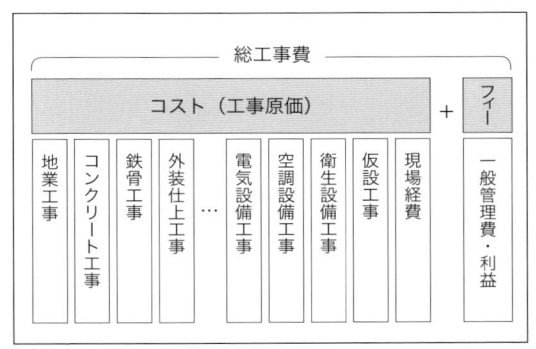

図4-55 ●コスト＋フィー契約（例）

ばれることもある。

この契約方式ではコストの透明性の確保が図られ、発注者は実際の工事原価を把握できるという利点はあるが、専門工事会社への発注がほぼ完了するまで全体の工事金額を正確に把握することが難しく、予算超過などのリスクが高くなる（図4-55）。

◆オープンブックの運営

●オープンブック実施体制

オープンブックは従来の一括請負方式と比べ、発注者による工事施工者（元請会社）や個々の専門工事会社（下請会社）の選定・評価・発注・支払いなどの業務への関与が増加することから、発注者は多くの場合CMrを採用して、発注者の工事推進に関わる業務の支援を依頼する場合が多い。なお、公共工事におけるオープンブックの採用事例での検討項目は以下のとおり。

・全体予算編成、リスク関連費用（予備費）の取り扱い
・発注者の会議体・報告・決済などの規則整備
・発注者に提出される書類の整備
・工事原価の算出根拠や証拠書類の確認体制

・契約に基づく進捗管理・支払管理

これらの業務を日常的に推進するためには、発注者およびCMrを含むプロジェクト構成員の業務負担が増大するため、実施にあたっては適切な人材配置と工事推進組織への支援体制が必要となる。

●オープンブック実施要領書

オープンブックの実施にあたって、CMrは発注者とその他のプロジェクト構成員の責任・役割と実施手順などを書面化した実施要領書を作成し、発注者の承諾を受け、これに基づき適正にプロジェクトを運営していく。

●専門工事会社の選定・契約

専門工事会社の選定方法について、発注者とCMrで詳細を取り決めることが必要であり、専門工事会社の選定手順および関連帳票（契約伺いや選定理由書など）については、あらかじめ実施要領書にて確認・合意しておく。

公共工事では、地元企業の優先活用が条件となる場合があるので、工種・規模・履行内容などを考慮し、適切な発注量を検討した上で候補企業を選定する必要がある。選定フローの例を図4-56に示す。

CMrは選定の評価項目として、①発注工種・発注量、②地元企業性（本店・支店所在地の確認）、③企業遂行能力（専門性・調達能力の評価）、④施工実績、⑤見積価格、⑥その他（設計要求仕様の理解度など）を考慮し、選定理由書を作成した上で発注者から承諾を得る。

●進捗・出来高管理と監査

発注者とCMrは、オープンブックでの工事推進チームによる原価を管理する会議を定期的に（毎月1回程度）開催し、予算に対する各専門工事会社の発注・契約の執行状況、支払いの進捗状況、追加変更の状況、将来の見通しなどについて確認する必要がある。

オープンブックを採用した公共工事では、専門工事会社への発注・請求・支払状況が適切かなどを確認するため、発注者は第三者機関による監査を依頼する場合がある。監査項目としては、プロセス監査と会計監査がある。

・プロセス監査では、専門工事会社の選定から契約までの業務プロセスを確認する。
・会計監査では、専門工事会社などへの支払額、CMrが必要とする人件費等の経費の確認などを行う。

公共工事におけるオープンブックでの発注者・CMr・第三者監査による承諾・確認のフロー事例を図4-57に示す。

◈オープンブックの留意事項

● CM契約との関係

オープンブックでの「コスト＋フィー契約方式は、ピュアCMおよびアットリスクCMのどちらの契約においても採用可能である。支払金額とその対価の公正さを明らかにするため、CMrは発注者に対して、一般的に、以下の業務を行う。

・CMrと専門工事会社（「ピュアCM」の場合は元請会社の場合もある）との契約条件および契約金額を発注者に明らかにする。
・専門工事会社の領収書が添付された、出来

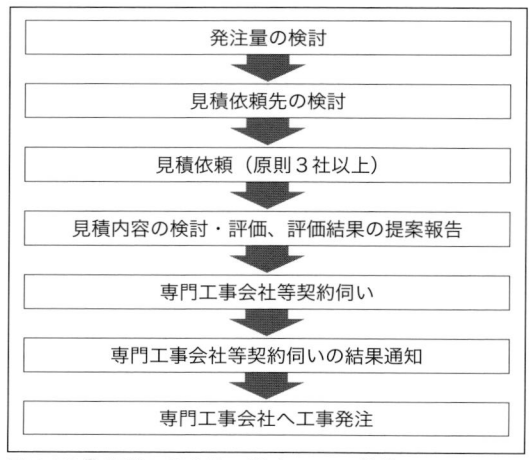

発注量の検討
↓
見積依頼先の検討
↓
見積依頼（原則3社以上）
↓
見積内容の検討・評価、評価結果の提案報告
↓
専門工事会社等契約伺い
↓
専門工事会社等契約伺いの結果通知
↓
専門工事会社へ工事発注

図4-56●専門工事会社の選定フロー（例）

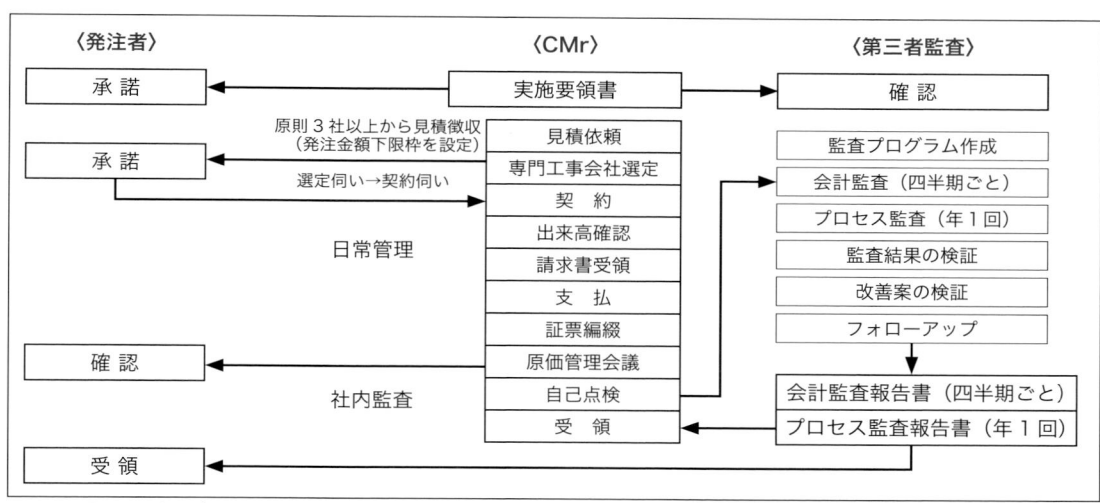

図4-57 ●オープンブック承諾・確認フロー
（石巻市水産物地方卸売市場石巻売場建設事業（アットリスクCM）での事例）

高払いによる実際の支払代金を発注者に明らかにする。

・共通仮設費・現場管理費などについては、例えば月次での実費精算を行い、労務費・材料費・外注費などの全てのコストを発注者に明らかにする（ただし、事務処理の煩雑さに鑑みて、現場管理費などは「一括契約」とする場合も現実的には多い）。

・発注者から第三者への監査依頼があれば、CMrは監査業務の遂行への技術的支援を行う。

● GMPの採用

海外において、オープンブックはコストの競争力や透明性を図るためにコスト＋フィー契約方式として採用されているが、米国などでは、「GMP*付のコスト＋フィー契約方式」を採用して、最終工事原価の総計がGMP以下で収まった場合には、その差額を両者間で決められた比率にて分配するなどの「インセンティブ報酬条項」を導入して、工事原価の予算超過などの不確実性の排除を図る事例がある。

> ＊GMP
> Guaranteed Maximum Priceの略で工事費の上限保証金額を意味する。

15-2 アットリスクCM

◆ アットリスクCMの概要

ピュアCMでは、発注者が工事施工者（元請会社）としての総合建設会社や、場合によっては個々の専門工事会社と個々に直接契約し、CMrの業務は着工前の発注支援業務に加えて、着工後の安全・環境・品質・工程・コストなどの管理に関わるマネジメントを行う、いわゆる「準委任」業務と定義され、予算超過や工事遅延などのへの直接的な請負リスクを負わない。これに対し、発注者に代わりCMrが専門工事会社と直接契約し、マネジメントばかりでなく、「工事施工に関わる請負リスクも負う」という、これまで工事施工者（元請会社）が担当してきた業務も含むCMがある。これはピュアCMに対してアットリスクCMなどと呼ばれる。

なお、東日本大震災後の復興事業におけるCM事例では、総合建設会社がCMrとして契約し、工事施工の請負リスクを負うことから、アットリスクCM契約は工事請負契約に準じ、建設業法が適用されるものと見なされている。

●アットリスクCMの進め方

　アットリスクCMでもCMrは、工事着工前までの期間は、ピュアCMと同じ業務を実施し、発注者への支援を行う。その後にCMr主導でオープンブックを前提に専門工事会社の選定を行う。発注者の承諾後、CMrが各専門工事会社と工事請負契約を結ぶ（通常は一括請負契約）。

　実施設計がまとまり、詳細見積により工事費総額がほぼ確定できる段階、もしくはある程度の主要な専門工事会社への発注が進んだ段階で、CMrは発注者に対し工事費の上限保証価格としてのGMPを提示する。その後、発注者との間で、契約条件とGMPを合意した時点から、CM契約は、マネジメント業務を含むGMP付きのコスト＋フィー契約方式に移行し、CMrが安全・環境・品質・工期・コストに関する請負リスクを負い、竣工後の契約不適合責任も負うこととなる。また、アットリスクCMは設計施工分離方式と設計施工一括方式のどちらのプロジェクト実施方式においても適用可能である。設計施工分離方式の場合のアットリスクCMの時系列的な流れを例示する（図4-58）。

●GMPの考え方

　アットリスクCMにおいて、CMrはGMPの合意を前提でプロジェクトを進めていくが、発注者とGMPを合意する時期と内容の判断が難しい。

　発注者としては、着工後速やかにCMrに完成に至る請負リスクを負担してもらいたいが、CMrの立場からみれば、実施設計が完了し、詳細見積を行い、主要工種の発注目途がついていることが前提条件となる。GMPの合意時期を早くするか遅くするかで、発注者とCMrの利害は相反する。合意に至るためには十分な協議を行い、詳細な契約条件について双方で確認しておく必要がある。

●リスクの考え方

　GMP合意に際し、CMrは発注者に対し未発注分の工事費と現場経費および工事完成に必要な費用を見込んだ最終予想工事費を提示する。GMP合意以降、発注者とCMrそれぞれが負担するリスクの内容は変化する。

　発注者は、GMP合意後に生じる可能性のある発注者起因の追加変更分の予算とプロジェク

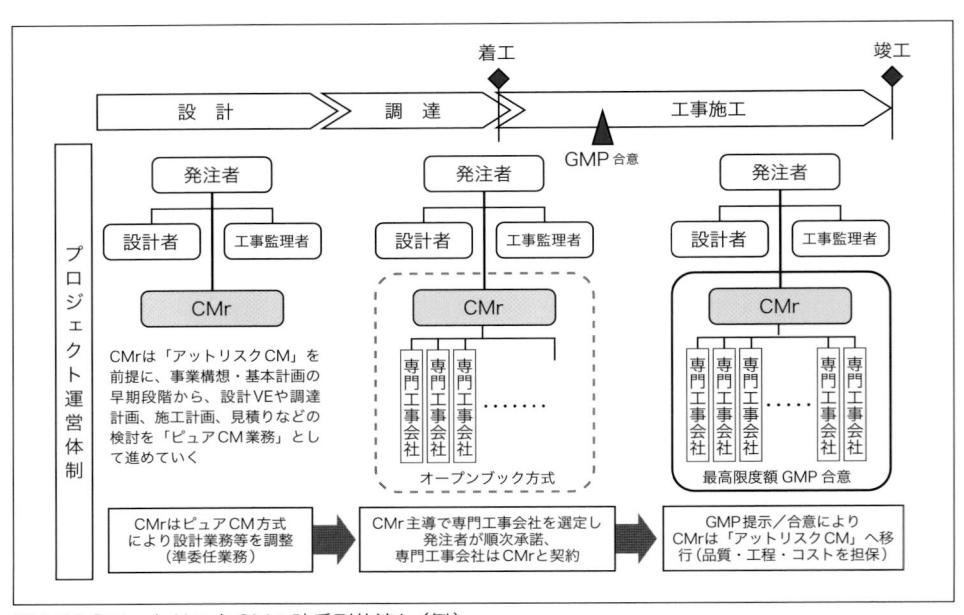

図4-58 ●アットリスクCMの時系列的流れ（例）

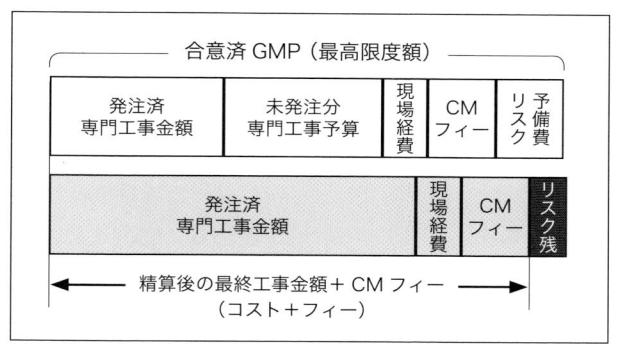

図4-59 ● GMP合意／精算後の金額推移（例）

ト全体に対する予備費（コンティンジェンシー）を別途に見込むプロジェクト予算の作成が必要となる。これに対しCMrは、GMP提示時に、①CMr起因による見積間違いや見積落とし（Error & Omission）、②積算予測が不可能な事象（Unforeseeable）のための予備費をGMPに計上しておく必要がある。

その上で、工事完成後の最終工事費＋CMフィー（コスト＋フィー）がGMPを下回れば、差額分を契約で定められた分配方法に基づき発注者に返却する。もしCMrの責任で最終工事費がGMPを上回れば、その超過分はCMrの負担となる（図4-59）。

◆東日本大震災後の復興事業における「アットリスクCM」方式

東日本大震災後の復興事業では、UR都市機構（独立行政法人都市再生機構）を中心に総合建設会社を活用した3つのタイプのCM方式が採用されている。

○フルパッケージ型

UR都市機構が市町村より事業全般を受託し実施する「アットリスクCM」（大規模な土木工事）で東北地方の12市町・19地区で実施

○設計施工型（施工型）

UR都市機構の支援を受け市町村が実施する「アットリスクCM」＋「管理CM」（比較的小規模な土木工事）

○その他

UR都市機構のCM方式にならい市町村が実施する「アットリスクCM」（大規模な建築工事など）

これらのCM方式では、地元企業の優先活用、GMP付きのコスト＋フィー契約方式の採用、オープンブック方式の導入、設計施工VEの活用などが契約条件となっており、契約書や実施要領はUR都市機構とそれぞれのプロジェクトで「アットリスクCM」を受託するCMrで協議・調整の上、合意している。

CMrの構成員は、総合建設会社が建設コンサルタントなどとコンソーシアムを組み、「実施設計＋工事施工」を担当する事例が多いが、土木工事と建築工事で工事費や工期への対応は多少異なる。東日本大震災後の復興事業の事例では、CMフィーは概ね10%前後となっている。「アットリスクCM」に対応した保険が当時はなかったため、総合建設会社は、建設（土木）工事保険に特約としてCM業務に関する賠償保険を付加した個別保険などで対応した。

◆ 「アットリスクCM」の課題

アットリスクCMは、本来のコスト＋フィー契約方式で行う場合と従来の一括請負契約方式

として行う場合の、いわば中間に位置するプロジェクト実施方式と考えられる。日本ではその取扱いについてはまだ不明瞭な点が多く、採用にあたってはプロジェクトの個別条件に応じ、慎重な検討が必要である。

主な課題は以下のとおりとなる。

○ CMrの法的責任

日本ではアットリスクCMの法的位置付けは必ずしも明確ではなく、アットリスクCMに対応した標準契約約款・運用マニュアル・CM保険などはまだ整備されていない。総合建設会社がCMrを担う場合、発注者はCMrに請負責任と同等の責任を求める傾向にある。係争事例や判例がほとんどない状況において、CMrの善管注意義務違反による債務不履行責任と工事施工での請負責任とを明確に区別することは難しい場合がある。

○ GMPの合意時期

原則として実施設計完了時が望ましいが、着工時や主要工種の発注完了時など、プロジェクトの個別条件および発注者の意図などに左右される。

○ CMrが提案するVE／CDの取扱い

当初に仮合意したVE／CD提案については、GMP合意以降に、インセンティブ報酬の対象として扱うか否か明確に区分しにくくなることがある。

○ GMP以内に工事費が収まった際の差額の取扱い

妥当性の検証方法、差額の返還・分配方法（発注者へ全額返還または発注者とCMrが一定比率で分配など）について契約時に取り決めておくことが必要である。

○ 関係者の理解

プロジェクト構成員が従来の一括請負契約とアットリスクCMの違いを正しく理解している必要がある。

アットリスクCMにおいて、リスクとしての工事完成責任を伴う場合、日本では総合建設会社がCMrとなる場合が多い。専門工事会社の選定など、従来の一括請負契約方式で請負者に与えられた裁量権は、アットリスクCMでは制約される。CMrとして専門工事会社の選定には公正な競争性を図るため、自社の関連会社や協力会社を優先して発注することは好ましくない。同様にCMrが自ら専門工事会社となることについては利害相反となるため、特別な事情がない限り避けなければならない。このように、いかに中立性・透明性を図るかが重要となる。

また、アットリスクCMは、GMP合意時の設計図書と契約条件に基づく契約であり、その時点でGMPに含まれない項目は、全て契約書に明記することとなる。それ以降に生じる変更は、主に発注者の事由によるものとなるが、契約書に基づく品質・工期・工事費などへの影響を含め、発注者とCMr間で別途協議の対象となる。

15-3　土木におけるCM

◆ 土木におけるCM方式導入の経緯

1996年のWTO政府調達協定の発効による一般競争入札の導入に伴い、国は、品質確保の切り札としてCM方式の導入を推奨し、幾つかのケース・スタディも行っている。そしてその後、国の道路事業やダム事業においてピュアCM方式が試行的に導入されている。

更に2019年に改正品確法（「公共工事の品質確保の促進に関する法律の一部を改正する法律（2019年法律第35号）」）が公布・施行された。公共事業の品質確保、コスト低減、透明性の高い契約などが求められ、公共発注者の責務がより拡大したといえる。公共発注者におけるCM方式導入普及の可能性が高まったともいえる。

一方で公共事業、特に土木分野におけるCM方式の導入事例は、災害復旧・復興事業が主である。2011年の東日本大震災以降の災害復旧・復興事業においては、特に以下のようなCM方式が提案され、試行錯誤を繰り返しながらも実施に移されている。

● アットリスク型CM方式（UR方式）

UR方式は、自治体がUR都市機構と協定を締結し、UR都市機構が総合建設会社・建設コンサルタントなどからなるコンソーシアムに、アットリスク型CM方式を発注するものである。コンソーシアムの代表企業となる総合建設会社の主導により、プロジェクトが進行している。

➡第4章「15-2 アットリスクCM」

● ピュア型CM方式

ピュア型CM方式としては、岩手県釜石市で採用された方式が参考事例となる。これは、市が直轄で行うこととなった復興事業において、民間企業である建設コンサルタント会社が通常の発注者支援業務の域を越えてCM業務を行っているものであり、事業方式の提案、国からの予算獲得支援、設計施工者への発注支援、設計施工の監督業務まで網羅的に実施している。

● コーディネート型CM方式

コーディネート型CM方式は、ある1つの自治体の中で、輻輳する多くの復興事業の情報を共有し調整する役割を担っているもので、宮城県女川町で導入されているものが代表的なものである。ピュア型CM方式の場合と同じく、通常の発注者支援業務の域を越えて、民間の建設コンサルタント会社が業務を行っており、プログラム・マネジメントまたはプロジェクト・マネジメント業務とも呼ばれ、広義のCM方式の一種である。

● 事業促進PPP

事業促進PPPは、2012年に国土交通省東北地方整備局が発注した三陸沿岸道路事業における導入事例が最初である。工区ごとに国の職員と民間企業の技術者からなるCMR*チームを結成し、事業マネジメントを実施しているものである。このCMRは、国の職員と、事業監理・用地・調査設計・工事施工の民間の専門家集団で形成されており、民間からは建設コンサルタント会社と総合建設会社から人材を拠出している。

更にこの事例以降、災害復旧・復興事業に限らず、2013年の国土交通省関東地方整備局発注の東関東自動車道水戸線道路事業、2014年度には首都圏中央連絡自動車道（大栄～横芝）道路事業など、事業促進PPPの発注が国土交通省を中心に積極的に行われている。これらの状況を鑑み、国土交通省は2019年に「国土交通省直轄の事業促進PPPに関するガイドライン」を策定し、2021年には一部改正を行った。

＊CMR
UR都市機構においては、コンストラクション・マネジャー（CMr）を「CMR」と表記しているため、本項ではそれにならい全て「CMR」と表記する。

◆ 土木におけるCM方式の概要

図4-60は、事業構想の段階から、計画・調査・調達（設計者・工事施工者の選定）・設計・工事施工・運営・管理へとプロジェクトが進むに連れて、各段階における事業の戦略性や柔軟性が変動していく様子を模式的に示したものである。すなわち、狭義のCMよりも戦略性が高く、更に事業の絵姿を描いていく最上流段階（ストラテジー・マネジメント）においては、従事するCMrとしても高い見識や柔軟性を求められるということである。

土木分野のCM方式を考えた場合には、この3つのどの段階のマネジメント業務を実施しているのか、発注者とCMrが担う役割分担・責任範囲の違いでマネジメント・ビジネスの類型が異なってくることになる（図4-61）。

いずれにしても、CMrの判断に基づき設計者・工事施工者に対して指示した内容について

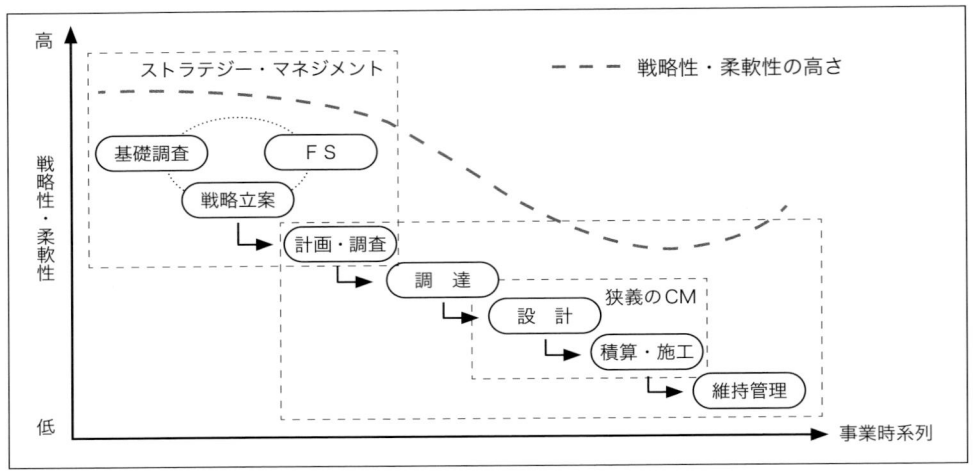

図4-60 ●各事業段階におけるマネジメント・ビジネス

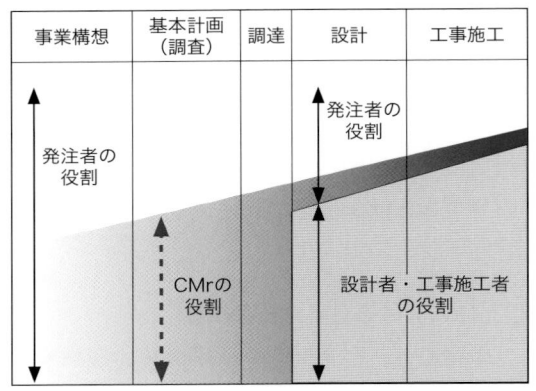

図4-61 ●各事業段階における発注者・CMr・設計者・工事施工者の役割分担

は、常に発注者の最終判断・承認に委ねられている。このため、CMrは業務の実施にあたり常に善管注意義務を果たすことを求められるのは、土木も建築と同様である。

◆ 土木におけるCM業務の担い手

プロジェクトの早期においては、対象とする構造物が建築でも土木でもCMrとしての業務に大きな差異はない。事業を構築していく能力が第一に求められる。一方、設計・工事施工においては、CMrはハード面での技術が必要となるため、それぞれの分野の技術者からなるチームを結成し、発注者支援を実施できる体制を構築する。

◆ 建築におけるCM業務との相違点

土木CMの場合、事業の初期段階においては事業そのものの組立てを、事業の実施段階においては設計・工事施工の知識を求められる。

特に、プロジェクトの早期において受託するCMrは、発注者として何がどの時点で求められるのかを予測し見極められる能力が求められ、併せて関連法規などの知識も必要となってくる。

◆ CM方式と事業促進PPPの相違点

国土交通省は「国土交通省直轄の事業促進PPPに関するガイドライン」において、CM方式(本ガイドラインではPM方式も含む)は、「技術職員がいない又は著しく少ない発注者が導入する場合がある」としており、事業促進PPPととCM方式は、導入する背景や目的に異なる点があるとしている。更に事業促進PPPはあくまで直轄職員が柱であるともしている。また現状では、事業促進PPPの契約形態は「準委任契約」ではなく「請負契約」が一般的である。

一方で、事業促進PPPは「全体事業計画の整理」「測量・調査・設計業務等の指導・調整等」「地元および関係行政機関等との協議」「事業管

理等」「施工管理等」のマネジメント業務を発注者と一体となって行うものであり、CM方式（PM方式）に類似するものといえる。契約形態においても、成果物に対し報酬を支払う「請負契約」ではなく、業務上の行為に対して報酬を支払うCM方式と同様の「準委任契約」とする場合も今後検討される可能性がある。国が発注する、広義の土木CMといえる事業促進PPPの普及は、土木CMの普及を醸成すると考えられる。

◆土木におけるCM方式導入の課題

事業促進PPPも含め、土木CMの普及は、建築CMと比較すればさまざまな課題がある。国土交通省の2020年12月に行った「公共事業におけるピュア型CM方式活用実態調査」によれば、日本全国47都道府県において、公共事業で土木CMを導入した例は、約80％が東北地方（岩手県・宮城県・福島県）であり、導入実績のない都道府県も多数見られる。また事業区分においては全体の約60％が災害復旧である。更に発注者の構成は約70％が都道府県であり、「技術職員がいない又は著しく少ない発注者」に該当する市区町村は約10％である。国土交通省は、特に技術職員が減少している小規模な地方自治体へのCM方式導入を検討しており、地方自治体への普及活動が公共CM、更には土木CMの促進につながると考えられる。

土木CMの普及に向けた課題を2点挙げる。第1に、土木工事は主に公共事業であることから、特に技術者が不足している市区町村を主とした地方自治体にCM方式への理解を深める必要がある。2021年の国土交通省による「CM方式活用事例集」によれば、地方公共団体の土木部門の職員数はピーク時より激減している。また、規模の小さい市区町村ほど技術系職員が少ないまたはいない状況である。このような自治体に土木CMの有効性を理解してもらうことが

肝要である。

第2の課題は地域の担い手の開拓と育成である。担い手の確保・育成は、「国土交通省直轄の事業促進PPPに関するガイドライン」にも記載されている。発注者と受注者の相互理解が、地域の担い手の開拓と育成を促進し、土木CMの普及につながるものと考える。

15-4 住宅・小規模建築におけるCM

◆概要

住宅などの比較的小規模な建築物にCMを活用する場合、ピュアCMと設計を組み合わせたDM（Design&Management）方式でプロジェクトを推進する事例がある。ここでは、総合建設会社に工事施工を一括発注せずに分離発注方式で行うCMについて解説する。

DM方式で分離発注する場合、設計事務所が設計者（監理を含む）とCMrを兼任することが多く、特に小規模な設計事務所では同一の設計者がCMrを兼務する場合もある。CMrの独立性という観点から望ましくないとの見方もできるが、従来の設計施工一括方式と比較すると、発注者により近い立場で課題の解決を図るという長所がある。特に住宅のような小規模建築ではDM方式がプロジェクト実施方式の1つとして有効に機能している場合も多い。

DMチームによる各種の支援、建築生産プロセスや工事費の透明性確保などが代表的な発注者の利点である。

●DMチームの立ち位置

プロジェクト組織図（図4-62）に示すようにDMチームは準委任契約（設計を除く）により発注者を支援する。

●発注者の立ち位置

発注者は設計・工事発注・工事施工など、DMチームから各段階において必要な支援を受

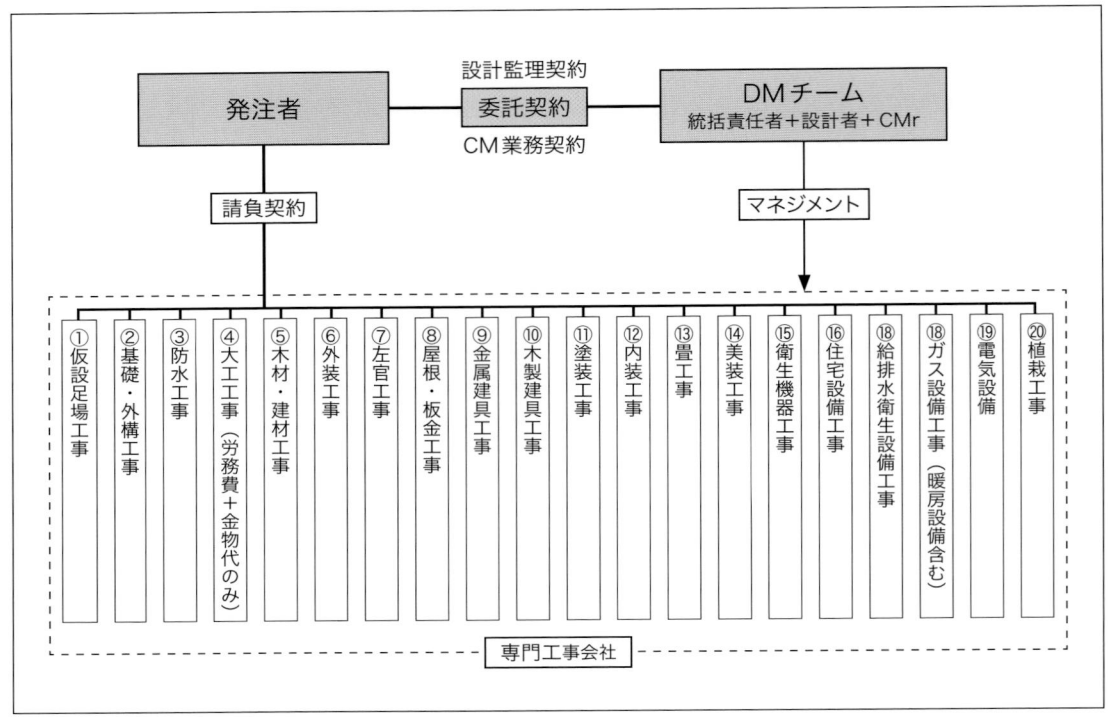

図4-62●DM方式でのプロジェクト組織図（例）

け、建築プロジェクトを推進する。

●各専門工事会社の立ち位置

各専門工事会社は元請となり発注者と工事請負契約を交わし工事施工を実施する。分離発注方式では現場監督が複数存在することになり、工種ごとにそれぞれの職長などがその職責を担う。請負契約の場合は当然であるが、各専門工事会社が無過失責任も負うことになる。

●説明責任

CMrは、各工事施工者の立ち位置・責任範囲・リスクなどをわかりやすく記した書面を発注者に交付するなど、CMrには説明責任を果たすことが求められる。特にBtoC*の観点からの有効な書面の整備が重要である。予備費などの分離発注方式特有の予算管理については、事前説明を欠かすことができない典型例である。

＊BtoC
「Business to Consumer」の略。企業：Businessと消費者：Consumerの取引のこと。

◆ 住宅・小規模建築のマネジメント

●調達マネジメント

工事施工者の選定は競争原理が働くように工種の細分化を行い、1つの工種に対し複数の専門工事会社を募って発注説明会を開催する。発注説明書・設計図書・金額抜予算書などを交付して見積書を徴収・精査する。最終的に見積比較表にまとめて発注者を支援する（図4-63）。

木造住宅における大工の選定は、発注者に対する施工品質を確保するために、技術力や資質を重視して特命での選定となる場合もある。その場合は、木材・建材を木工事の請負範囲から切り離し、労務費での発注を基本とすることがある。コスト・マネジメントの観点でみると、大工の労務費が高めになることに躊躇しがちだが、CMrの常駐管理が難しい小規模建築において、施工品質を確保するために必要な対応策の1つにもなる。

CMrは、工事施工者の選定後に各工事施工者

<h3 style="text-align:center">○○の家新築工事見積比較表</h3>

業者名 ＼ 工種	仮設足場	基礎	防水(コーキング)	防水(FRP)	大工	木材(請負)	木材(注文)	建材	屋根板金	金属建具	金属工事	木製建具	塗装	タイル	左官	外装	内装	内装(鏡)	畳	家具	美装
㈱○○総業	120,000																				
㈱△△建設足場	120,000																				
□□建業		2,043,000									308,000										
㈱××		1,650,000									260,000	140,000									
㈱○建設		1,850,000																			
□○工業㈱													250,000								
㈱×○建材店						1,382,720	643,877	980,014		1,100,000	168,000					1,090,000		15,800			
㈱□○△						1,437,054	736,495	1,178,105								1,490,250					
(有)○△アルミ										1,200,000	190,000										
東北△□㈱										1,200,000											
(有)×□ガラス										1,200,000											
㈱△□×商店									496,015												
○○板金店									500,000												
(有)□×○板金工業									510,000						1,236,440						
(有)○□工業									490,000												
㈱△□□									424,890												
(有)○×□												457,225							740,000		
△木工所												464,000								625,000	
㈱○□屋												495,000							754,000		
×○塗装店													274,873								
㈱△□塗装店													425,010								
○×□塗装													402,907								
×□工房																					
(有)□○内装																	215,000				
△○内装																	239,850				
××商会																	241,618				
㈱□□□室内																	300,000				
□□○商店																			180,000		

図4-63●見積比較表（例）

図4-64●工事施工者選定の支援（発注者説明会）

に対して契約説明会などを開催して発注者の契約締結を支援する。

●品質マネジメント

工事施工ではCMrが現場定例会議の開催支援を行い、工事施工の確認・調整を図る。

分離発注方式では前工程と後工程の取合いや引継ぎの調整が重要である。監理者も施工状況を確認するが、後工程の工事施工者もCMrの立合いのもと前工程の施工状況を確認する。例えば土台敷きの前に大工による基礎工事の施工状況の確認、クロスなどの仕上工事の前に内装専門工事会社による下地の施工状況の確認など、実際に後工程に携わる専門工事会社が前工程の施工状況を直接確認し、不備があれば是正を行った後に引き継ぐことが大切である。

●コスト・マネジメント

○設計のコスト・マネジメント

一般的に住宅などの小規模建築の予算は限られていることが多く、工事費の予算管理が重要な意味を持つ。

基本設計の後半には代表数量による概算予算書を作成する。設計内容と予算に差異があれば設計内容を見直すなど調整を行う。なお概算予算書は可能ならば専門工事会社などからの参考見積りなどの情報も反映させることが望ましい。

実施設計の後半には積算数量による予算書を

作成し、詳細に内容の確認をして十分な調整を図る。

○工事施工のコスト・マネジメント

各専門工事会社への支払いを出来高完成払いとすることで、発注者の完成に関するリスクを低減することができる。また、事前に着工から竣工までの支払い予定表を作成し、発注者への報告・承認を実施することで、発注者の資金調達を支援することにつながる（図4-65）。

●スケジュール・マネジメント

マスター・スケジュールは、CMrが作成し全ての専門工事会社との調整を図る。更に週間工程を調整し各専門工事会社に周知徹底する。住宅などに関わる専門工事会社は少規模な会社や一人親方も多いので、密に連絡を取り工程を遵守する工夫が必要である。

また、SNS（Social Networking Service）やメーリングリストなどを活用し、日々の連絡や報告など、各専門工事会社間の直近の情報を常に共有しておくことが重要である。

●工事保険などの注意点

○住宅瑕疵担保履行法

住宅瑕疵担保履行法は、建設業許可を持つ請負者に対し契約不適合部分を保証する資力を義務付けるものである。しかし住宅の分離発注方式において住宅瑕疵担保保険のみでは十分とは言えない。例えば一人親方など建設業未登録事業者の工事施工の補償が必要になるため、責任保険と任意保険を組み合わせた保険の活用を検討する必要がある。

○分離発注方式に対応する建物補償制度

工事施工の事故や完成引渡し後の契約不適合にも適切に対応するためには、工事保険を工事施工者任せにせずに、CMrがリスク管理の1つとしてマネジメントすべきである。

ただし、CMrが各専門工事会社の工事保険などの加入状況や内容の全てを把握し、竣工後まで追跡するのは現実的ではないため、分離発

工事名称：○○○の家 新築工事						工期	自		平成28年3月7日					至		平成28年8月11日	
工種名	会社名	消費税抜	消費税込								支払い月						計
				請求	支払済分	請求	3月	請求	4月(3月分)	請求	5月(4月分)	請求	6月(5月分)	請求	7月(6月分)		
仮設工事	株式会社○○○	760,640	821,491						198,180						623,311		821,491
解体工事	株式会社○○○仙台営業所	2,430,000	2,624,400						2,430,000								2,430,000
仮設足場工事	株式会社○○○○	1,900,000	2,052,000										2,052,000				2,052,000
内装工事	有限会社△△△内装	830,000	896,400												896,400		896,400
金属内装工事	有限会社△△△△	3,800,000	4,104,000								3,898,800				205,200		4,104,000
大工工事	□□木工	1,476,000	1,594,080						180,576		1,333,800				79,704		1,594,080
建材・置床工事	株式会社○○建材店	5,681,257	6,135,758						490,428		3,270,923				2,374,407		6,135,758
家具・木製建具工事	□□木工所	4,380,000	4,730,400												4,730,400		4,730,400
塗装工事	○○塗装株式会社	788,000	851,040												851,040		851,040
タイル・左官工事	株式会社○○	2,196,000	2,371,680								672,030				1,699,650		2,371,680
畳工事	××商店	46,000	49,680												49,680		49,680
美装工事	東北○○サービス	141,000	152,280												152,280		152,280
住宅設備工事	株式会社○○仙台営業所	6,767,000	7,308,360												7,308,360		7,308,360
給排水衛生設備工事	○○設備工業株式会社	4,300,000	4,644,000								3,283,200				1,360,800		4,644,000
電気設備工事	有限会社△△電気	4,304,000	4,648,320						1,337,904		1,539,000				1,771,416		4,648,320
ガス工事	仙台○○株式会社	1,800,000	1,944,000						1,004,946						939,054		1,944,000
防水工事	株式会社○○工業	4,980,000	5,378,400								4,617,000				761,400		5,378,400
ガラス工事	株式会社○○○	140,000	151,200												151,200		151,200
仮設・養生	予算取り	352,000	380,160												380,160		380,160
竣工図書作成・記録写真等	株式会社○○設計	100,000	108,000		50,000		25,000								33,000		108,000
竣工図制作費	株式会社○○設計	150,000	162,000		75,000		37,500								49,500		162,000
リスク調整費		1,500,000	1,620,000														－
工事費合計		48,821,897	52,727,649		125,000		62,500		5,642,034		18,614,753		2,052,000		24,416,962		50,913,249
設計監理料	株式会社○○設計	6,102,737	6,590,956		3,500,000		2,000,000								1,066,656		6,566,656
CM分離発注業務料	株式会社○○設計	6,102,737	6,590,956		2,510,000		2,000,000								2,056,656		6,566,656
計		65,909,561			6,135,000		4,062,500		5,642,034		18,614,753		2,052,000		27,540,274		64,046,561
（特記）※総工事金額が増減した分に関しては、工事完了検査終了時に改めて計算し、報酬を増減させて頂きます。																	

図4-65●支払い予定表（例）

注方式に対応できる建物補償制度を検討していく必要がある。

15-5 ワークプレイス・コンサルティング

CMが発注者支援を核とした業務であれば、ワークプレイスづくりにおいても発注者の組織経営・事業運営を直接・間接に支援するだけではなく、そこで働く人たちにも直接・間接に関わることになる。

ワークプレイス（働く場）は、2010年くらいから大きく変化してきている。この章では、「ワークプレイス検討の背景」「ワークプレイスづくりのプロセスと傾向」、ワークプレイスづくりと切り離せない「働き方（ワークスタイル）改革とチェンジ・マネジメント」について概観する。

◼ ワークプレイス検討の背景

マクロかつ中長期視点で世界と日本を見ると、大きな変化を認識せざるを得ない。2050年代には世界人口が100億人を超え、人口はインド・中国・ナイジェリアの順番となり、日本は10位圏外となる。日本の人口は減り続け、2050年には1億人を切るという推計もある。日本は少子高齢化社会の最先端国となり、通常の労働人口に加えてAIや機械の力を借りないと、経済大国を維持できなくなる懸念もある。それは逆に、AIや機械と共存しながら経済を発展させるモデル大国となれる可能性でもある。

特に人口ピラミッドが大きく崩れる日本では、老齢従属人口（支える人と支えられる人のバランス）が、1950年の1対10（10人の就労者が1人の老齢者を支える）から、2050年には7対10になると言われており、「60歳定年」という社会慣習はほとんど意味をなさなくなる。個人として「学ぶこと」と「働くこと」を何度も繰り返しながら、企業の従業員や派遣・契約社員という既存の働き方に加え、起業家・自営者・個人事業主などとしての働き方が多様化することが予想される。

技術革新も更に加速する。1台のPCが全人類の能力総和を超える「シンギュラリティ」は、当初2045年頃と言われていたが、前倒しになる可能性もある。特に2022年頃から話題の生成AIの登場で、シンギュラリティは現実味を帯びてきた。AIや機械と一緒に仕事する未来はすでに始まっている。

人々の価値観の多様化も進んでおり、地球温暖化と環境問題などは、特に若年層の意識や行動に大きな変化を与えている。モノやコトを所有するのではなく共有するという共有経済（Sharing Economy）も若年層に浸透しつつある。そしてVUCA（Volatility・Uncertainty Complexity・Ambiguity）の時代背景において、感染症や紛争などが世界経済に大きな影響を及ぼし、人々の意識や行動に大きな変化をもたらしている。

ワークプレイスも、そこで働く人たちの意識や行動と密接に関係しており、それらの変化がワークプレイスの与条件となりうる「背景」として押さえておきたい。

◼ ワークプレイスづくりのプロセスと傾向

「期日までにオフィスを移転させたい」という短期の相談・依頼もあるが、ワークプレイスづくりは事業構想から入り、経営判断を仰ぐ上申書づくりも支援するのが望ましい。ワークプレイスの完成後は、社員・職員が長く使い続けることができるよう、安定した運営・管理までを見通した中長期的な視点が重要である（図4-66）。

● ワークプレイスづくりのプロセス

○ 構想・上申

ワークプレイスづくり（オフィス移転・改装）

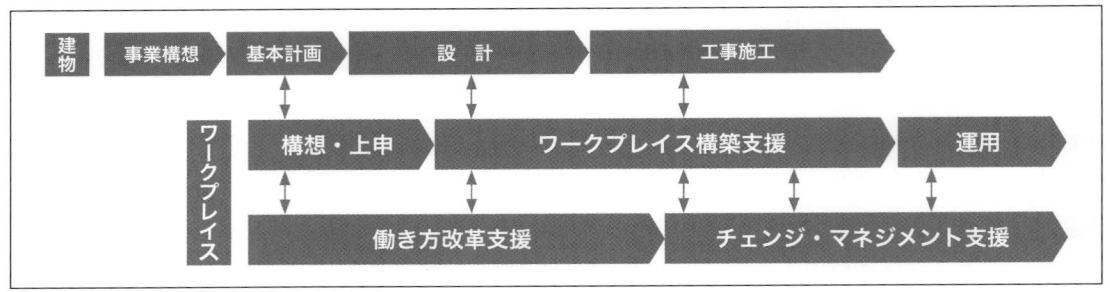
図4-66 ●ワークプレイス構築ステップ

は発注者の事業の一環であり、経営方針や事業戦略をよく理解した上で最適な事業の「絵」を描く必要がある。まずは現状のワークプレイスを確認・調査し問題点や課題を理解した上で、発注者の事業戦略や働く人たちのニーズに即した将来の目指すべきワークプレイス像を立案する。

また、建物本体への要望も整理しながら必要な諸室面積などを算出し、レイアウトのシミュレーション、プロジェクトの概算算出や工期想定などを行い、複数の選択条件を作成して経営判断を支援する。

○ワークプレイス構築支援

CMrは、「構想・上申」と「働き方改革支援」で検討した新しいワークプレイスの計画を具体化し、運用まで発注者を支援する場合がある。この業務は、ワークプレイスの要件確認・基本計画・設計・調達・工事施工・引越しのプロセスで構成されている。(図4-67)。

「要件確認・基本計画」では、プロジェクト方針確立（承認体制・調達・情報共有）、現状調査・必要面積検討・与条件ヒアリング・トップインタビュー・基本計画策定・与条件整理・スケジュール策定・予算検討・参考コスト報告などを行う。

「設計マネジメント」では、内装設計・家具計画・設備計画（電気・空調・AV・セキュリティ）のレビュー、概算コストの算出、長納期品の確認、VE／CDの検討などを行う。

図4-67 ●ワークプレイス構築支援の流れ

「調達マネジメント」では、発注方式の確定、見積参加事業者の選定、見積要項書の作成、見積説明会の開催、入札の実施、委託先との交渉、契約締結支援、原状回復工事に関わる交渉、実行予算の報告などを行う。

「工事施工・引越しマネジメント」では、全体施工体制の構築、工事監理方針や施工計画の確認、全体スケジュールとの調整などを支援し、工事施工マネジメント・追加変更管理・各種検査立ち会い・引越しマネジメント・最終コスト報告などを行う。

いずれも新築工事・改修工事・テナント工事などの全体スケジュールと密接に連携して進める。

○運用

入居後のワークプレイスを中長期的な運用に合わせて調整していく段階である。まずは移転後2〜3か月を目途に入居後評価を行い、問題点や課題を整理する。単にワークプレイスのハード面の評価だけでなく、当初の狙いに即してワークスタイル（働き方）に変化が認められたかの評価をすることも重要である。ワークプレイスとワークスタイルを一対と捉え、調整して定着化を図るための更なる提案をすることも、この段階の重要な業務である。

●ワークプレイスづくりの傾向

まず、一般的なオフィスにおけるレイアウト変遷の流れを再確認してみる。組織構造が明確なピラミッド型で、組織図をそのまま床に貼り付けたような形の島型対向式は、縦型の指揮命令系統がはっきりした組織には最適のレイアウトであった。

しかしながら「モノ」から「コト」の時代になり、縦割り組織では解決が難しい問題を組織横断的に解決せざるを得ない状況になると、人の動きと島型対向式の間に少しずつギャップが生まれてきた。更には、度重なる組織改編や人事異動に伴うレイアウト変更のコストがかさむという問題も生じた。そこで登場したのがユニバーサル・プランである。組織構造によるレイアウトへの影響を最小限に抑え、組織改編や人事異動があっても、レイアウトは変えず人と荷物を動かすだけという運用方法がユニバーサル・プランである。

2020年頃から主流となりつつあるのは、いわゆるABW（Activity Based Working）である。この傾向は、組織と人がどのような動き方で価値創造を行っていくかという行動様式の変化に起因している。1人の社員・職員の1日を見てみれば、始業時から終業時までずっと自席で仕事をしている人は少数派で、午前中は課内打合せと自席で資料づくり、昼食後はプロジェクトごとのメンバーで集まって打合せ、15時以降はテレワークに切り替え在宅勤務などと、1日の業務内容や業務場所は変わる。

つまり、その時々の活動（Activity）によって、最適な場所やメンバーを選んで仕事を進めるワークプレイスがABWである。さまざまな業務に適した場所や設備を設置し、働く人が能動的に場所と時間を選んで仕事をできるのが、ABWに即したワークプレイスづくりである。

ABWは、執務席をフリーアドレス（共用席）で運用することが多い。必要人数分の固定席に加えて、打合せのための共用席を用意するだけのスペースがあれば別だが、利用効率化のために固定席をなくして、全てを共用席にするという考え方である（図4-68）。

ただし、1人1席の固定席からABW（フリーアドレス）への移行には、働く人たちの不安や抵抗がつきものであり、意識面と行動面の支援（チェンジ・マネジメント）が必要である。

◆働き方改革とチェンジ・マネジメント

最近では、働き方改革や目指す働き方の議論を伴わないワークプレイスづくりはほとんどな

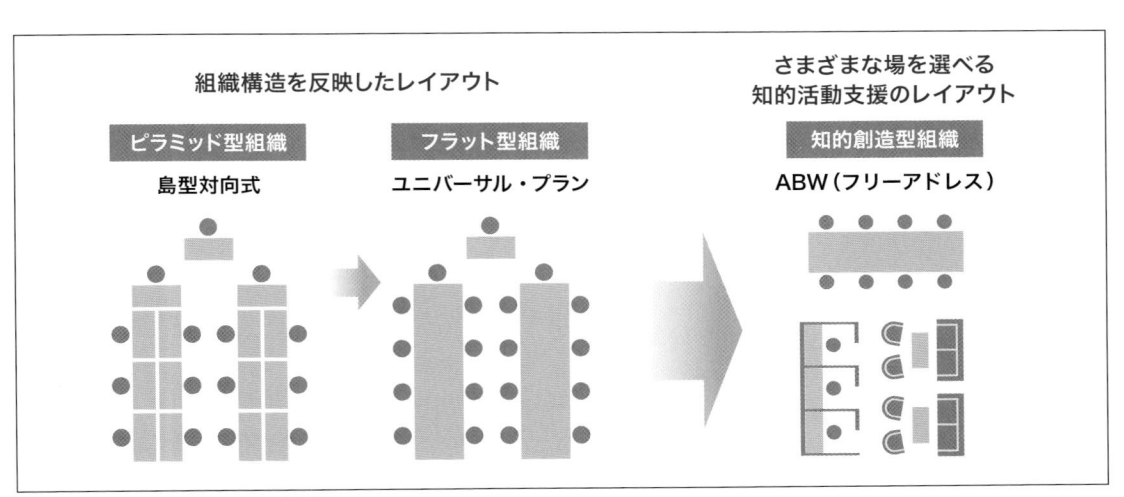

図4-68●ワークプレイスの変遷

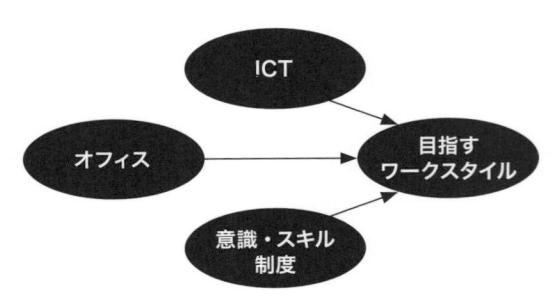

図4-69 ●働き方改革の促進

く、ワークプレイスとワークスタイル（働き方）は、新しいオフィスの構築では対を成しての検討となる。働き方の検討を先に行い、次にこれを実現するためのワークプレイスの検討を行う。

オフィス移転・改装は、働き方に対する社員・職員の意識を高める絶好の機会であり、納得感を醸成し、巻込みを図るための施策を入念に準備・実行する（図4-69）。働き方の議論を伴うワークプレイスづくりは、「構想・上申」から始める。まずは「働き方改革支援」で目指す働き方と施策を経営課題として定め、次の「チェンジ・マネジメント*」で、目指す働き方を実現させるための社員・職員向けの支援を行う。

オフィスやICTは働き方改革や業務効率向上のきっかけにはなるが、それらを活用する人の意識・行動の変化が重要である。チェンジ・マネジメントは、人の意識・行動の変化を促すためのコミュニケーション・プログラムである。新しい働き方とワークプレイスを十分に活用しパフォーマンスを出せるよう社員・職員にコンセプトを伝え、チェンジ・リーダーを育て、無関心層を感化するためにさまざまなコミュニケーション手法を活用して意識・行動の変化をマネジメントしていく。

ワークプレイスとワークスタイルの分野でチェンジ・マネジメントが重要になってきたのは比較的最近である。以前は、従前の問題点や課題を改善する程度のワークプレイスづくりだったが、ABW・フリーアドレス・デジタルワーク・テレワークなどの従前からの変化が大きい改革的施策が重要視される傾向があり、社員・職員の意識・行動の変化に対する不安の払拭や抵抗感の軽減などが必要になってきたためである。

チェンジ・マネジメントの手法としては、トップメッセージからタウンホール・ミーティング、ワークショップやチェンジ・リーダー育成プログラム、スキルアップトレーニングやパイロットオフィス構築・体験などさまざまであり、対象となる組織や人に合わせて組み合わせて計画・実行する。

特に最近は、トップダウン型・統制型のチェンジ・マネジメントではなく、「自ら変わる」という意識変化を促すための「Employee Experience（EX）」型のチェンジ・マネジメント・プログラムを行うこともある。前者が「意識を変え、行動を変える」という図式であるのに対して、後者は「行動を変え、その結果として意識が変わる」という手法であり、さまざまな新しい働き方を事前に体験して、「そういうことだったのか！」という気づきを促す手法である。1つの例だが、2020年からのCOVID-19は、TV会議やWeb会議などに関心の低かった組織でも活用せざるを得なくなり、使ってみると「こういう会議もある」と意識が変わっていくことも、EX型の典型である。

ABWやDXなどの大きな変化を受けて、ワークプレイス・コンサルティングにおけるチェンジ・マネジメントの重要性がますます大きくなる（図4-70）。

＊チェンジ・マネジメント
（Change Management）
組織を「現状」から「目指す姿」へと移行させ、期待できる成果を達成するための変革推進手法。

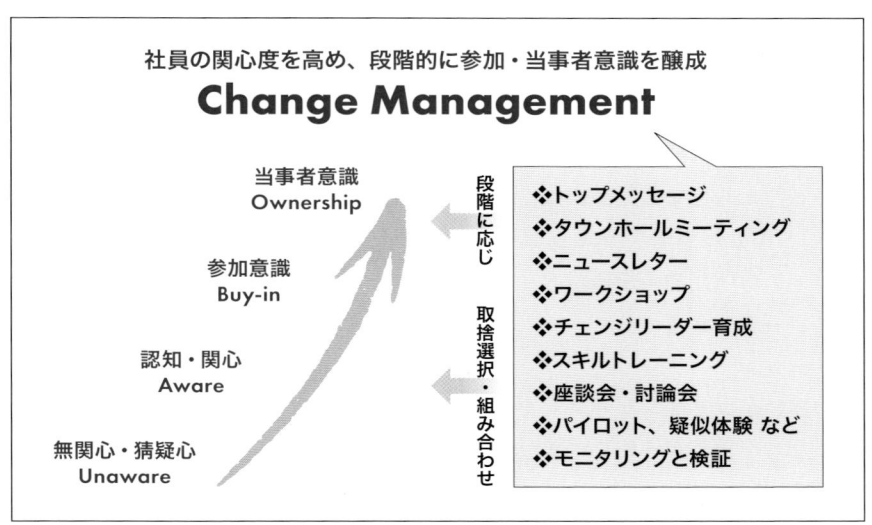

社員の関心度を高め、段階的に参加・当事者意識を醸成
Change Management

当事者意識
Ownership

参加意識
Buy-in

認知・関心
Aware

無関心・猜疑心
Unaware

段階に応じ　取捨選択・組み合わせ

❖トップメッセージ
❖タウンホールミーティング
❖ニュースレター
❖ワークショップ
❖チェンジリーダー育成
❖スキルトレーニング
❖座談会・討論会
❖パイロット、疑似体験 など
❖モニタリングと検証

図4-70 ●チェンジ・マネジメントのプログラム

15-6 グローバル・プロジェクトにおけるCM

◆ グローバル・プロジェクトの状況

　近年、製造業を中心とした日系企業の海外事業展開（アウトバウンド）とともに、外資系企業による製造拠点・ホテル・データセンターなど日本への投資（インバウンド）が活発化している。各企業にとって異国での事業運営や施設建設は経験が少なく、言語・風習・文化・法令などの違いからさまざまな課題に直面することになる。特に施設建設においては、現地の法令・慣習などを理解し、プロジェクトを的確にマネジメントすることによって、発注者が求める施設建設を確実に実現することが重要となる。

● 日系企業による海外投資の近況

　日系企業はグローバルな市場での競争力を高めるために、海外への投資を進めている。その背景には、少子高齢化や人口減少のなどの影響による日本の市場の縮小や、巨大市場を持つ経済大国や経済成長を遂げている新興国などでの新たな市場の開拓があると考えられる。また、為替変動や地政学面でのリスクの分散の観点から複数の国への投資を行う場合も多くなってきている。

　新たな投資先として、米国や欧州に加え、新興市場である東南アジア・アフリカ・中東地域への注目が集まっている。そのような市場多様性の拡大により成長機会が増大している。

● 外資系企業による日本への投資の近況

　近年、グローバルなビジネス環境の変化や為替の変動などに伴い、多くの外資系企業が日本市場を注目している。この動向は日本の安定した経済活動を支える基盤と革新的な技術力に起因しており、製造業・観光業はじめ多岐にわたる分野での投資が活発に行われている。特に技術分野では、自動車産業や半導体・デジタル産業、およびエネルギー関連産業において多くの外資系企業が大きな施設投資を行っている。

◆ アウトバウンド・プロジェクト

　海外における建設プロジェクトを円滑に進めるためには、現地の文化・慣習・規制などを十分に理解しながら、今後に起こり得る海外プロジェクト特有の課題を把握し、事前にその対策を検討しておくなど、最適なマネジメントがよ

りいっそう重要となる。

●海外プロジェクト特有の課題

　日系企業が海外で建設プロジェクトを進める際に直面する特有の課題は以下のようなものがある。これらの課題に対処するためには、現地の事情を理解し、柔軟な思考とコミュニケーション能力、現地の専門知識の習得など、幅広い包括的なアプローチが必要である。

○コミュニケーション

　言語や文化の違いがコミュニケーションに障害を生むことになる。言語がうまくできないとプロジェクト関係者との円滑なコミュニケーションの確立が難しく、その意思疎通の制約を克服するためには、現地文化や商習慣を把握し地域に精通した専門家などが必要となる。

○法的制約

　国ごとに法的制約や建築規制などは異なるため、これらを正確に把握することが重要である。特に建設に関する許認可や労働法などはプロジェクトの進行に直結する重要な要素になるため、CMrは現地の法的専門知識を習得し、正確な法的手続きを理解することが求められる。

○現地文化や商習慣

　異なる国や地域での建設プロジェクトは、多岐にわたる要因が絡み合うのが常である。現地における文化・風土や建設慣習、地域ごとの法的要件などがプロジェクトをより複雑なものにしている。CMrはこれらの要因を的確に把握し、それらに基づいた戦略を策定する必要がある。

○現地人材・ネットワーク

　現地でプロジェクトを遂行するには、現地人材の協力が必要となる。現地で資質を持った人材を確保することも重要である。文化や言語の違いがある中で効果的な連携を図るためには、現地の労働市場や教育制度を理解する必要もある。

●海外におけるCM業務

　海外におけるCM業務は、日本の契約慣習や建設文化、設計・工事施工の技術レベルなど、日本の常識とは異なる環境での対応となる。これらの異なる環境に対する深い理解と、それに基づく戦略的なアプローチ、国際的な専門性と地域の特有性への適応力がグローバル・プロジェクトのCM業務の成功につながることとなる。

○契約

　日系企業が日系の総合建設会社に設計や工事施工を発注する場合には、日本で利用されている契約約款に基づいて契約を行う場合もあるが、現地の企業へ発注する場合は、その国の規定されている契約書式や国際契約約款（FIDIC・JCTなど）が利用されることが多い。特に海外では契約によって業務内容や契約条件が詳細に規定されるため、発注・契約においてプロジェクト構成員のリスクを把握し、発注者と受注者との調整を図りながら、適切に契約を締結する必要がある。

○設計・工事施工の技術

　設計や工事施工の技術や基準は建設する国や地域によって異なっており、その内容を理解した上でその国で実現できる最適な技術を採用する必要がある。特に発展途上国など保有する建材品質や建設技術が低い場合には、むやみに高い技術を要求せずに、現地事情に沿いながらその工法や対策を検討する必要がある。

　また、マスター・スケジュールの立案の際には、建設する国の文化や宗教に関わる背景を理解して検討する必要がある。

○保険

　国際的に保険制度が整備されている建設市場では、プロジェクトを滞りなく完了させるための保証としてさまざまな手段が取られている国や地域が多い。

・パフォーマンス・ボンド（履行保証）*
・アドバンスペイメント・ボンド（前渡金保証）*

・リテンション・ボンド（留保金保証）＊

これらの手段はプロジェクトの円滑な進行を保証するものとなる。

> ＊パフォーマンス・ボンド
> （Performance Bond：履行保証）
> 工事請負業者が債務不履行に陥ったときに、発注者が被る損害の補填を担保する、銀行またはその他の金融機関が発行する保証措置。
> ＊アドバンスペイメント・ボンド
> （Advance Payment Bond：前渡金保証）
> 工事請負業者に支払った前渡金の返還を保証する、銀行またはその他の金融機関が発行する保証措置。
> ＊リテンション・ボンド
> （Retention Bond：留保金保証）
> 契約完了後、保証期間中に見つかった契約不適合を請負者が修復しない場合など、契約の正当な履行のために発注者を保護するための保証措置。

◆インバウンド・プロジェクト

外資系企業による日本への投資プロジェクトにおいては、発注者が想定している業務内容やプロジェクト体制を理解するとともに、発注者に日本における独特の建築生産システムの特徴を説明し、その差異に関して理解を得ることが重要となる。CMrは発注者と良好なコミュニケーションを通して要求条件を的確に把握し、最適なマネジメントを遂行する必要がある。

●日本の建築生産システムの特異性と対応

日本の建築生産システムが海外と比較して特異であることを理解し、発注者である外資系企業が想定しているマネジメント体制や発注方式は日本の発注者の想定と異なっている場合があることに留意が必要である。

○発注方式

設計と工事施工の分離発注だけではなく、設計と工事施工を専門分野ごとに分離して発注を行い、横ぐしを刺した包括的なマネジメントをCMrに委託することを慣習としている発注者も多く存在する。日本のように組織設計事務所や総合建設会社への一括発注方式や、設計施工一括発注方式を行うことに理解を示さない場合があることに留意が必要である。

○支払条件

海外ではプロジェクト期間中の支払いを出来高払いによって行うことが広く認識されており、日本で広く普及しているプロジェクトのマイルストーンに合わせて支払方法に馴染みがない場合もある。設計者・工事施工者の選定時までに、いずれの方法で支払いを実行するかの確認が必要となる。また、出来高払いを採用する場合には、出来高の確認から合意に至る手法に加え、出来高相当の金額からどのような算定方法により留保を講じるかについてもよく協議する必要がある。

○プロジェクト体制

発注者である外資系企業の建設プロジェクト組織は、PMO（Project Management Office）＊のもとに担当領域や専門分野ごとに担当者が構成・配置されており、日系企業のプロジェクトよりも大きな組織となることが多い。CMrはPMOとしての機能を担う場合や、一部の領域や分野を担当する場合など、いろいろな場合があり得るため、その役割と業務形態・責任範囲等を早期に明確にする必要がある。また、発注者の承認権限者が日本国外にいる場合もあり、その承認手続きや時期など、事前に把握して調整を行う必要がある。

> ＊PMO
> 組織の中で個々のプロジェクトの運営・推進に関する積極的・統括的な支援を行う部門や部署を指す。

●外資系企業のCM業務への期待

母国とは異なる建設生産システムのもとで進められる建設プロジェクトに関して、発注者の立場で専門性の高いマネジメントを行うCMrへの期待は極めて高い。また、日本における現地法人や日本企業と合弁会社の設立や信託不動産化など、多様なスキームによって投資を行う外資系企業が多く存在するため、プロジェクト関係者の円滑な合意形成を図るためにCMrに建設に関する助言などのアドバイザリー支援を

求められることも多くなっている。

　日本に初進出する外資系企業は、日本における慣習的な建設生産システムが見通せないことが多いため、日本企業が発注者となる場合より詳細かつ明快な説明責任を期待されることにも留意する必要がある。一方で、日本企業の建設プロジェクトにおけるCM業務とは異なり、プロジェクト組織への人材派遣型のCM業務を想定している場合が多く、その業務内容や対応人数・時間、責任範囲などは業務開始前に十分に調整を行う必要がある。

〈第4章　参考文献〉
③ 発注者の事業運営
　『都市・建築・不動産企画開発マニュアル』（エクスナレッジムック）2年ごとに更新されており、常に新しい情報が盛り込まれている。
　「PFI・指定管理者制度、市場化テスト等の官民連携手法の効果的な活用と適切な選定等について」関係省庁連絡協議会、2008年
　総務事務次官通達「地方公共団体におけるPFI事業について」2005年
　「PFI事業に係る民間事業者の選定及び協定締結手続きについて」関連省庁連絡会議幹事会、2003年
　「地方税法附則第11条第25項及び第15条第51項の規定に基づく不動産取得税、固定資産税及び都市計画税の特例措置について」関連省庁連絡会、2005年
　「PFI事業に係る民間事業者の選定及び協定締結手続きについて」内閣府民間資金等活用事業推進室、2005年
　「PRE戦略を実践するための手引書」公的不動産の合理的な所有・利用に関する研究会
　「公的不動産（PRE）の民間活用の手引き～民間活用による不動産証券化手法等への対応～」国土交通省土地・建設産業局不動産市場整備課、2018年3月改訂

⑬ ICT（情報技術）
〈参考Webサイト〉
デジタル庁HP
国・地方ネットワークの将来像及び実現シナリオに関する検討会（第2回）
　URL：https://www.digital.go.jp/councils/local-goverments-network/5805a275-3e16-4296-8a94-6557b58c6a4c
　民間企業によるゼロトラスト導入事例（P8の図版）
　URL：https://www.digital.go.jp/assets/contents/node/basic_page/field_ref_resources/5805a275-3e16-4296-8a94-6557b58c6a4c/dd52a824/20231124_meeting_network_casestudie_03.pdf

⑮ CMの更なる多様化
　「第3回マネジメントを活用した事業推進検討会資料」UR都市機構、2014年
　「建設産業の現状と課題－2.1東日本大震災からの復興の現状と課題」『建設経済レポート』62号、建設経済研究所、2014年

「UR都市機構における復興支援の取り組み」『建築コスト研究』第81号、建築コスト管理システム研究所、2014年
W. Strang, The Risk in CM "At-Risk", CM eJournal, CMAA, 2002
釜田佳孝『建築のプロが悩むCM法律問題Q&A』大成出版社、2012年
渡会英明「発注者代行業務の応用・活用による地域マネジメントビジネスへの展開」第34回建設マネジメント問題に関する研究発表・討論会、2016年
佐橋義仁『建設事業マネジメント論－CMの本質とは－』建設技術研究所、2016年
「国土交通省直轄の事業促進PPPに関するガイドライン」国土交通省、2019年、2021年一部改正
平井親一「国土交通省直轄の事業促進PPPに関するガイドラインについて」『建設マネジメント技術』9月号、経済調査会、2019年
「CM方式活用の手引き（改訂版）」建設コンサルタンツ協会、2019年
「地方公共団体におけるピュア型CM方式活用ガイドライン」国土交通省、2020年
「公共事業におけるピュア型CM方式活用実態調査」国土交通省、2020年
「CM方式活用事例集」国土交通省、2021年
「令和5年度建設コンサルタント白書」建設コンサルタンツ協会、2023年
〈参考Webサイト〉
国土交通省HP
　「CM方式活用ガイドライン」2002年
　「石巻市水産物地方卸売市場石巻売場建設事業　実施要領書」2014年
UR都市機構HP
　「第3回マネジメントを活用した事業推進検討会資料」

第5章

コンストラクション・マネジメントと日本CM協会

1 CMの歴史（国内・海外）

1-1 国内CMの歴史

◆ はじめに

経済動向・社会状況の変化とともに数十年以上の歴史を有する米国・英国などの先進国と比べて、日本におけるCMの歴史は比較的浅いが、近年では着実に独自の展開を始めている。

◆ 1970年代から1980年代まで

日本のCMの歴史は1970年代の初頭、建設省（現 国土交通省）・関連団体・建設企業などが新たな管理方式として着目し、米国に調査団を派遣した頃に遡る。しかし、日本の契約慣行や商習慣にはなじみにくいという見解から、当時は日本企業による海外プロジェクトでの取り組みが報告される程度であった。

1980年代の後半から建設需要が増大し、プロジェクトが大規模化・複雑化したことにより、一部の総合建設会社による従来型の請負体制の見直し、CM組織の新設、自社開発プロジェクトにおけるCM方式の試行などの事例が見受けられた。

◆ 1990年代

1990年代前半のバブル経済の崩壊により、民間工事を中心に建設投資が低迷し、公共工事で入札制度改革が議論された。建設コストの低減と透明性の確保が建設産業における課題となり、1992年の中央建設業審議会の答申で新たな発注方式の1つとして総合管理方式が提言され、1993年に建設省が指名競争入札から一般競争入札への移行を表明した。

1993年の日米建設協議の改定案において、米国政府は日本の建設市場における外国企業の参入障壁を指摘してCMの試行にも言及した。WTO（世界貿易機関）の国際調達基準への対応として、日本政府は1994年に「公共工事の入札・契約手続の改善に関する行動計画」を発表し、発注の適正化と国際調達基準による調達を掲げた。1995年には建設業の長期的な展望として「建設産業政策大綱」がまとめられ、CM方式における事業の選定、業務の評価、発注者との役割分担、建設産業での可能性などに言及された。

日本建築学会では、1993年に「PM（Project Management）特別研究委員会」が設置され、大学・関連団体・企業の有識者が集まり、PM/CMに関する議論が行われた。1995年に日本建築積算協会の「BSIコストスクール」においてPM/CMに関連する講座が提供された。日本建築家協会では、建築家の業務に関する検討、顧客満足度に関する調査を経て、1998年に『CMガイドライン』、2002年に『PMガイドライン』、更に2000年に『PMマニュアル』が刊行され、建築家のPM/CMへの関わりが検討された。

建設省は1999年にプロジェクトマネジメント研究会を発足し、公共事業へのPM手法の導入が検討された。また一般財団法人先端建設技術センターは、PMI（Project Management Institute：米国PM協会）東京支部の設立を支援している。同年に財団法人エンジニアリング振興協会もPM導入の調査・研究を経て『プロジェクト＆プログラムマネジメント標準ガイドブック』を発行し、2002年に資格制度を開始した。同協会は、1980年代から海外のPMに関する研究を重ね、1998年にJPMF（日本プロジェクトマネジメント・フォーラム）を立ち上げ、

PMの啓蒙・普及に努めた。また、1999年には一般社団法人プロジェクトマネジメント学会が発足し、業種を越えたPMに関する調査・研究が行われた。

2005年に財団法人エンジニアリング振興協会と日本プロジェクトマネジメント・フォーラムは、NPO法人の日本プロジェクトマネジメント協会（PMAJ）として統合され、2011年より一般社団法人エンジニアリング協会として活動している。

1990年代後半になると、CMに取り組む設計事務所や専門コンサルタントが建設産業の関心を集めた。当時の特徴として、民間プロジェクトにおける総合建設会社と専門工事会社の選定・発注・契約への新たな取組みが報告され、外資系の建設企業によるPM/CMも、外資系の発注者を中心に実績を重ねた。

◆ 2000年代

2000年になると国土交通省が「CM方式研究会」を発足し、2002年に『CM方式活用ガイドライン』が刊行された。

2001年には、日本コンストラクション・マネジメント協会（以下、日本CM協会）が発足した。国土交通省は、一般財団法人建設業振興基金に委託して「CM方式導入検討委員会」を設置し、日本CM協会の協力のもと地方公共団体におけるCM方式の導入を検討した。その後の2003年に『地方公共団体のCM方式活用マニュアル試案』が刊行され、公共プロジェクトにおけるCM方式の普及・促進が図られた。日本CM協会は、2003年3月に「（暫定）認定コンストラクション・マネジャー」を認定し、資格制度の運用準備に着手した。

国土交通省は、入札契約方式の改革における総合評価方式の普及・促進とともに、2007年よりCM方式モデルプロジェクトの運用を開始した。これはCM方式を活用する地方公共団体を対象に、CMアドバイザーの派遣や、CM方式の導入費用（委員会運営費など）の支援などを行うもので、日本CM協会もCMアドバイザー派遣などで協力を行った。2007年度は3事業、2008年度は継続を含む6事業が実施され、以降も継続している。

◆ 2010年以降

2011年に発生した東日本大震災は、復興事業と防災強化を中心に公共工事に大きな影響を与え、アットリスクCMなどが採用された。2014年に制定された「改正公共工事品質確保促進法」においても、公共工事の品質確保、建設生産の担い手の育成・確保、多様な入札契約方式の導入などが促進されている。

更に2015年に国土交通省から「発注関係事務の運用に関する指針」が提示され、工事監督業務などにおける発注関係事務の一部または全部を民間に委託するCM方式が定められている。同時に国土交通省は「多様な入札契約方式モデル事業の概要」や「地方公共団体等におけるCM方式活用事例集」をまとめ、「東日本復興CM方式の検証と今後の活用に向けた研究会」を設置している。

2018年には国土交通省において「CM方式（ピュア型）の制度的枠組みに関する検討会」が開催され、その成果として2020年9月に「地方公共団体におけるピュア型CM方式活用ガイドライン」が取りまとめられた。このガイドラインではCMrの業務内容や業務報酬の積算の考え方、選定方法などの記載に加え、CM業務委託契約約款やCM業務役割分担表が添付されており、地方公共団体がピュア型CMを利用しやすい環境が構築された。

今後の日本のCMは、公共プロジェクトにおける入札契約方式の多様化、民間プロジェクトにおける発注者ニーズの高度化、企業活動における国際化などの流れを受けて、官民および国

内外を問わず業務領域・市場規模が拡大すると見込まれている。

1-2 海外CMの歴史 ―米国のCM

◆ はじめに

先進国とされる米国でもCMの定義はさまざまで、米国CM協会 (CMAA：Construction Management Association of America)・米国建築家協会 (AIA：American Institute of Architects)・米国建設業協会 (AGC：Associated General Contractors of America) などの専門団体が独自の解釈を行っている。

米国の代表的なCM専門団体である米国CM協会は、「An Owner's Guide To Construction Management」他においてCMは、「特定の入札契約方式ではなく、建設プロジェクトに適応可能なマネジメント技術 (執筆者和訳)」と位置付けられており、発注者の要望に柔軟に対応する多様なプロジェクト実施方式と解釈できる。

リスク・マネジメントの観点からCMの歴史を考察すれば、役割分担と責任区分が重視される契約社会において、発注者が経済動向・社会状況の変化を踏まえてコスト・品質・スケジュールに関わるリスクの負担割合と優先順位に取り組んできた歴史ともいえる。

◆ 20世紀以前

欧米ではマスター・ビルダーが伝統的に設計・工事施工の担い手であったが、15世紀以降の教会建築などにおいて設計と工事施工が分離された。米国では1857年のAIAの設立により、設計と工事施工の職能が確立された。マスター・ビルダーが担ってきたマネジメント技術も、この頃に緩やかに分離されたと考えられる。

◆ 1900年代から1950年代まで

産業革命に伴う技術革新は米国でも製造業などにマネジメント技術の進歩をもたらし、Frederick Taylorによる生産性の向上やHenry Ganttによるバーチャートの開発の引き金となった。建設プロジェクトにおける設計者と工事施工者には、新たな技術 (空調・昇降機・カーテンウォール・電話など) を有する製造者・専門工事会社との協働とともに、新たなマネジメント技術が要求された。

工事契約における実費精算方式 (Cost plus fee方式)、石油プラント建設におけるプロジェクト調達方式、マンハッタン計画におけるプランニング手法などの試みは建設プロジェクトにおけるマネジメント技術の先駆的な事例の一部である。

◆ 1950年代

数度の世界大戦による軍事産業の発展は、マネジメント技術に更なる進歩をもたらし、PERT (Program Evaluation and Review Technique) や CPM (Critical Path Method) などのスケジュール管理手法が開発された。

建設プロジェクトでは設計と工事施工の分離の原則に基づくプロジェクト実施方式において、設計者と工事施工者がそれぞれのマネジメント技術を実践していた。

◆ 1960年代

NASAのアポロ計画を代表とする軍事産業・宇宙開発は、ネットワーク・EV (Earned Value)・VE (Value Engineering)・WBS (Work Breakdown Structure) などの新たなマネジメント手法を創出し、現在のプロジェクト・マネジメントの基礎が確立された。米国PM協会の設立も、この時期である。

CMはこの時期に導入された。産業の急速な発展に伴い建設プロジェクトが大型化・複雑化

し、従来型のプロジェクト構成員（発注者・設計者・工事施工者など）によるプロジェクト管理に限界が生じ、更には、労働者不足・建設費高騰などによるインフレ懸念が深刻化し、建設プロジェクトの予算超過・品質低下・工程遅延などが、発注者の不満を助長した。

ファスト・トラック方式はこの発注者の不満に応えるプロジェクト実施方式として、発注単位を細分化し、全体の設計終了以前に細分化された発注単位で必要な許認可を取得して順次施工する方式である。設計と工事施工のプロセスが重なり合うことにより、工期の短縮・設計への施工性の導入が可能になる。この方式ではCMrが請負者ではなく発注者の代理人などとして、委任的な立場でマネジメント技術を提供し、工事費の透明性とスケジュールの最適化を実現した。

ニューヨークのワールド・トレード・センター建設工事は、ファスト・トラック方式を用いた代表的なプロジェクトである。発注単位を100以上に分割して工期短縮と工事費低減を実証した同プロジェクトは、CMの歴史における重要なマイルストーンと位置付けられる。

◆ 1970年代

連邦調達庁（GSA：General Service Administration）は、1960年代の後半からファスト・トラック方式を一部で導入し、1970年代の前半にCM（ピュアCM）としてガイドラインを作成している。その後、連邦政府機関のみならず州政府機関による公共プロジェクトでCMが普及し、民間プロジェクトにも定着した。

CMの普及によりCM職能が確立され、CM業務の環境整備とともに、大学教育においてCM専門課程が相次いで開設された。

◆ 1980年代

グローバル化・情報革新・顧客重視志向・企業組織変革などのビジネス環境の変化により、軍事産業・宇宙開発で発展したマネジメント技術が、プロジェクト・マネジメントとして一般に幅広く受け入れられた。パーソナルコンピューターの普及とともにプロジェクト・マネジメント・ソフトウェアも普及した。PMIによりプロジェクト・マネジメント知識体系（PMBOK：Proiect Management Body of Knowledge）が刊行され、資格制度（PMP：Project Management Professional）が創設された。

しかし1970年代の後半には一部でファスト・トラック方式の弊害も生まれた。細分化によるプロジェクトの成否はCMrの能力・資質に大きく影響されるため、プロジェクト終了時まで工事費が未確定、設計と工事施工の調整不足による業務の手戻りと品質の低下、スケジュール調整の不備による工程遅延などの発注者の不満も一部で報告された。これらのリスクにより紛争処理業務も増大し、結果的に発注者の負担となった。

これらの発注者の不満に対して、CMrが工事費の上限額（GMP：Guaranteed Maximum Price）を保証して発注者のリスクの一部を負担するCMが導入され、一般的にアットリスクCMと称されている。

◆ 1990年～2000年代前半

プロジェクト実施方式は更に多様化し、責任一元化（Single Responsibility）をキーワードとするデザイン・ビルドが新たなプロジェクト調達方式の1つとされた。

CMも継続して発展し、ピュアCMでは、単一の建設プロジェクトから同一の発注者による複数のプロジェクト群へ、また、大規模で複雑な建設プロジェクトへと業務対象を拡大し、プログラム・マネジメントと称されている。アットリスクCMは、責任一元化の観点で共通

性をもつデザイン・ビルドとともに、多様化する発注者ニーズ（工事費の上限保証によるコスト管理、設計と施工を包括した責任一元化など）に適応するプロジェクト実施方式として期待されている。

◆ 2000年代後半〜2010年代

2008年頃からの経済不況により発注者の技術者が減少し、他方では建設プロジェクトにおける経済性と合理性が要求された。その結果、建設プロジェクトに関わるCM（ピュアCM）とプログラム・マネジメントへの期待が、特にインフラ関連施設（交通・電力）・複合用途施設・環境配慮施設などで増大した。また、2000年代後半から2010年代にかけて一般的に「代替調達方式」（Alternative Delivery Methods）といわれるデザイン・ビルドとアットリスクCMの民間プロジェクトと公共プロジェクトでの導入が増加した。更にプロジェクトの早期において CMr・設計者・専門工事会社が協働して関与する IPD（Integrated Project Delivery）方式*も増加し、設計プロセスの合理化・短縮化に関わる特徴と、役割分担・責任区分の明確化に関わる課題が議論された。

マネジメント教育について、2015年に米国工学系高等教育課程認定機関（ABET）は米国 CM 協会との連携で学士課程の教育課程を認証し、CMrの高等教育とキャリア形成が更に発展した。

> **＊IPD（Integrated Project Delivery）方式**
> プロジェクトの成果を最適化し、所有者の価値を高め、無駄を省き、設計・製作・工事施工の全段階を通じて効率を最大化するために、全ての参加者のオ能と見識を共同で活用するプロセスに、人材・システム・ビジネス構造・実務を統合する手法を指す。IPDの手法は、さまざまな契約形態に適用することができ、IPDチームには、発注者・設計者・工事施工者という基本的な3者の枠を大きく越えたメンバーを含めることができる。どのような場合でも、統合プロジェクトは、初期設計段階から竣工引渡しまで、発注者・設計者・工事施工者の間で、非常に効果的なコラボレーションが行われることが特徴である。

◆ 2020年代前半

コロナ禍の影響で建設投資が一時的に減少し、デザイン・ビルドとアットリスクCMの需要も一時的に減少した。

コロナ禍の終結が見えてきた段階で、米連邦議会が2021年に可決した大型インフラ投資・雇用法案の「Infrastructure Investment and Jobs Act」により、米国政府が主導するインフラへの大規模な投資が行われている。大規模で急激な投資の増加により、コロナ禍で縮小した建設生産・建築市況が追い付かず、建設用資材のサプライチェーン崩壊や専門技術者の不足が想定工期や建設予算の不確実性につながり、発注者に不安をもたらすなど、建設プロジェクトの運営・推進に大きな課題を生み出している。

このような環境下で、最近はデザイン・ビルドとアットリスクCMへの需要がコロナ禍以前の水準に回復している。今後もプロジェクトの遅延・中断のリスクを抑えるためにデザイン・ビルドとアットリスクCMへの要望はさらに伸びることが予想される。

1-3　海外CMの歴史 ─英国のCM

◆ はじめに

1980年代の初めまでの発注方式は設計施工分離に基づく一括発注方式が主流で、一般には JCT（Joint Contracts Tribunal）*標準契約約款に基づき実施設計完了後に工事施工者が選定され、設計者が発注者の代理などとしてマネジメント業務を行っていた。

CMの初期の事例として、1970年代の後半から St. Martin Properties（不動産会社）による London Bridge City 開発プロジェクトが挙げられる。CMrをニューヨークに本社のある Leher McGovern 社が担当して建設事業の全体を統括し、英国の Laing Management 社が

マネジメント・コントラクター（MC）として工事施工の管理を行った。

以降の入札契約方式の変遷は独自に発展したMC方式と米国から導入されたCM方式に大別される。

> ＊Joint Contracts Tribunal
> 1931年に建設プロジェクトの契約の標準化を目的に英国で設立された組織で、今日まで多様な標準書式やガイドラインなどを整備している。

◆ 1960年代から70年代まで

戦後の英国では、建築の工業化・大型化の進展に伴い、組積造からコンクリート造や鉄骨造へと構造が変化し、煉瓦は外装材として用いられるようになるなど構法が変わり、1960年代には帝国単位からメートル法への移行に伴い煉瓦などのモジュールが変わるなど建築生産に大きな変革があった。この時期には「トラディショナル」と呼ばれる設計施工分離方式に代わるプロジェクト実施方式が考案され、1967年にJCTがプライムコスト・コントラクト方式を導入した。これは、限られた設計内容で工事契約を結び、設計と工事施工を同時に進めることができる方式で、その結果、契約時の工事金額と設計完了後の工事金額が変わる可能性が高まり、最終的な総工事費は竣工まで分からない仕組みとなっている。

1960年代からは、総合建設会社が設計施工者として設計図書と仕様書を作成し、それに基づいた工事施工が、比較的単純な工事や標準化された技術を用いた工事で行われた。このプライム・コントラクト方式が次第に広範な建設プロジェクトにも適用され、現在の設計施工一括方式へと進化した。

1970年代初頭の英国の建設業界では、建設会社の半数以上が専門工事会社であった。標準的な工事件数の約3分の1は、これらの専門工事会社が担当し、大型工事では、全体の受注率が70％にも達した。比較的大規模な専門工事会社は入札により選定され、小規模な専門工事会社は設計者により指定・推薦されることが一般的であった。設備工事など技術的に高度な専門工事会社は、設計にも関与するようになり、専門工事会社の技術力が生産効率を向上させた。一方で、元請となる総合建設会社は景気低迷の中で下請となる専門工事会社の管理に対する業務量を増大させた。

1970年代には、建設業界の生産性が悪化し、80年代に回復したものの、業界は課題を抱えていた。建設業界は設計と工事施工の分断に加えて、多くの専門工事に細分化され、各々の方針が一致しない場合には生産性が低下すると指摘された。これにより、伝統的な設計施工一括方式も、ますます好まれなくなった。

◆ 1980年代前半：MC方式の発展と衰退

英国の許認可は、一般的に都市計画法による「開発許可」と建築基準法による「建築確認許可」に分かれる。開発許可の取得後に着工し、詳細設計を並行して段階的に建築確認許可を得ることも可能である。

MC方式は開発許可の取得とファスト・トラック方式の採用を併用するプロジェクト実施方式の1つである。設計と工事施工を並行することにより、大幅な工期短縮と自由度の高い設計変更を実現した。例えば、英国のBovis Construction社は1920年代よりMarks & Spencer'sの百貨店の店舗建設を実費精算方式で受注していたが、1980年代以降は全国の大型店舗にMC方式を採用している。

1980年代の前半の不動産ブームにより、工期短縮が図られるMC方式は不動産会社に受け入れられ、民間の大規模な複合用途ビルなどで広く採用され、多くの総合建設会社がMC方式に参入した。一方で公共工事および小規模な民間工事では、従来型の請負方式（一括発注方式）が引き続き採用された。

MC方式は同時に幾つかの問題も顕在化させ、

1987年のブラックマンデーによる不動産ブームの終焉とともに当時のMC方式は減少した。1990年に英国のレディング大学が発刊した調査レポートにMC方式の課題が抽出されている。

- 発注者にリスクが転嫁されることが十分認識されていなかった。
- 法的な位置付けが不十分であった。
- 標準契約書式が整備されていなかった。（JCTの標準契約書式は1987年に初版発行）
- 一部に専門工事会社との取決めが不明瞭な事例があり、発注者のコスト負担増と不信感を高めた。
- 専門工事会社への厳しい支払条件により、発注者に金利負担が上乗せされる事例があった。
- 設計完成度の低さ、経験・能力・責任感の欠如、発注者の承認の遅れなどにより、設計変更増加・工期遅延・品質低下・工事費増加が生じた。
- 専門工事会社への過度なリスク転嫁（工事遅延・瑕疵担保・仮設責任・資機材調達・クレーム処理など）による紛争問題が多発した。

◆ 1980年代後半以降： MC方式からCM方式への変遷

1980年代の半ばにロンドンの金融街では外国資本によるビッグバンが起き、ブロードゲートやドックランドなどの大規模な開発計画が発表された。これらのプロジェクトを運営するのに従前のMC方式では限界があるため、米国のCM方式を導入し、MC方式の経験を踏まえて英国の建設産業に合致したCM方式（ピュアCM）が採用された。

CMrは設計者・積算士（QS：Quantity Surveyor）と協働し、発注者はCMrを通して大規模かつ複雑なプロジェクトで直接的なマネジメントが可能となるが、専門工事会社と直接契約を結ぶため、発注者の業務は従来型の請負方式やMC方式より飛躍的に増大した。

英国のCM方式の特徴の1つとして専門工事会社の発注区分が挙げられる。MC方式では多数の専門工事に細分化して発注されたが、CM方式ではより大きな発注単位（仮設・基礎・躯体・外装・内装・設備・外構程度）に分割し、それぞれの発注単位の元請けとなる専門工事会社（Trade Contractor）は、更に複数の専門工事会社と下請契約を締結し、実施設計の技術支援と工事施工を実施している。

CMrが発注者・設計者および発注単位ごとの専門工事会社との調整により工事全体の統括管理業務を実施し、専門工事会社が高い技術力・管理能力を提供したことにより、CM方式への信頼性は高まった。特に、仮設工事を担当するLogistic Trade Contractorが新たに育成され、工種の隙間を埋める役割を果たしている。

もう1つの特徴は、商業用途などの賃貸施設において発注者（所有者）の要求による躯体工事・外装工事を先行し、テナントの要求による内装工事を分離するシェル＆コア方式の採用により、CMrは本体工事と同時にテナント工事でも契約面・技術面・管理面でフレキシブルな対応が求められ、業務領域を拡大した。

◆ 1990年代

建設業界における各業種の断片化が進み、これが対立と非効率を引き起こし、発注者の要望に応えることが難しくなったという反省から、1994年にはレイサム卿（Sir Michael Latham）のレポート「コンストラクティング・ザ・チーム」、1998年にはイーガン卿（Sir John Egan）のレポート「リシンキング・コンストラクション」が発行され、建設業界の改革が進められた。これらの報告書では、入札による価格競争よりも、透明性のある長期的なパートナーシップを

築き、持続的に品質と生産性を向上させることが重要とされた。

これらのレポートは、英国の建築生産システムを詳細に分析し、以下のような問題点を提示している。

• 設計者は一般的にアーキテクト・構造エンジニア・設備エンジニアなどから構成されているが、専門工事会社に設計責任が発生する可能性がある。

• 設計において構造エンジニアは、専門工事会社が構造架構をどのように組み立てているかに頼り、設備エンジニアは、専門工事会社に製品の情報を提供してもらう必要がある。

• 設計と工事施工が分離されている限り、工事施工のための調整を事前に行うことは難しく、着工後に多くの時間と労力が必要になり、品質に影響を与えている可能性がある。

• 工事施工が始まる前に、より施工性を考慮した調整を行うべきであり、そのためには専門工事会社が設計に積極的に参加する必要がある。

これらのレポートによれば、発注者が革新的な設計を求める場合、最も適したプロジェクト実施方式はCM方式であるとされている。CM方式は、全ての専門工事会社と直接契約したい発注者にとって適したプロジェクト実施方式であり、ただし、強力なリーダーシップとチームワークが必要とされる。

当時のCM方式の事例に国会議事堂議員会館（Portcullis House, 1989-2000）がある。このプロジェクトではLaing Management社がCMrを担当し、41の異なる専門工事に分離発注された。

◆ **2000年代**

2000年代のCM方式の実績は、過去10年で

減少傾向にあるが、工事金額は10〜100億円程度に集中しており、大型プロジェクトを運営に集中されている。複数の建設プロジェクトを運営する発注者による継続的な採用が多く、不確定要素が多い長期で大規模なプロジェクト、大型店舗や共同住宅などの同種で複数のプロジェクトなどで採用されている。また、発注者が同一のCMrを継続して採用することによるマネジメント技術の習熟度の向上、業務の効率化・標準化などが長所として報告されている。

CM方式の採用により、設計者は本来の設計業務に専念でき、CMrと専門工事会社の早期参画により、実施設計に施工性の導入が可能となった。契約面では、CM方式における発注者とCMr、および専門工事会社との標準契約書式とガイドラインが2002年にJCTから発刊された。専門工事会社との契約は、工事費・工期の事前合意に基づく変更条項付きの一括請負型が多い。

CM方式においては、専門工事会社の管理責任と契約リスクが従来型の下請契約より高まるが、発注者・CMrとの合意に基づき早期に参画することにより、専門的な能力を有効に発揮できる場が与えられ、苦情・不具合・係争などの問題も減少している。また、発注者の要請により、GMP付きや工期保証付きのアットリスクCMも増加傾向にある。

◆ **2010年代以降**

2008年頃の世界的な金融危機は英国の建設産業にも大きな影響を与え、建設プロジェクトの着工件数の急激な減少とともにCM方式も減少し、従来型の請負方式や設計施工一括方式が増加した。

CM契約について、一般的に利用されているJCT標準契約書式に加えて、2011年にCMrが発注者の代理権限を有する「標準契約款」（発注者とCMrおよびCMr専門工事会社）が発刊

415

された。MC契約でも、発注者が交付した設計図書に基づきMCが工事施工のマネジメントを行う「標準契約約款」が発刊されている。

2016年にJCTは、2011年版を基本的に踏襲しながら、2015年に改正された法律を反映するなど標準契約約款を改訂している。

英国を拠点とするNBS（National Building Specification）とRIBA（Royal Institute of British Architects）が2012年から行っている調査によれば、MC方式が全体の1%であり、CM方式は3%から2022年に2%へ減少した。

最近のCM方式の事例にThe Peninsula London（2017-2023）がある。Sir Robert McAlpine社がCMrを担当し、83の専門工事に分離発注された。発注者がCM方式を採用した理由として、4年間にわたる工事施工の着工前に設計を完了することが不可能であり、工事施工中も設計、特に内装工事に関わる設計を検討し続けたいと考えたとされる。発注者がCMrを起用することで、全ての専門工事会社と直接契約することが可能となった。各専門工事会社は、PCSA（Pre-construction Services Agreement）に基づいて設計を行い、設計完了後に工事契約が結ばれた。CMrの主な役割は、設計プロセスでの施工性の検証と施工計画の提案、専門工事会社との契約前の準備、工程への助言、QSとの協働による専門工事会社の入札調整、PCSAの管理、専門工事会社による設計の協力などであった。工事施工中は、CMrが監理者のような役割として、専門工事会社のマネジメント、工程・コスト・品質の検証、安全と効率の確認、リスクの評価、設計変更への対応、専門工事会社の設計内容の確認・調整などを担当した。

2 CMの今後

2010年代から2020年代前半にかけて、CMは国内で急速に普及浸透した。特に都市部や民間大手企業の建設事業を中心に、CMを採用することは、半ば常識化しつつあると言ってもよい。公共事業においても、2014年の改正品確法の施行を皮切りに、民間ほどではないにしろ、多くの案件でCMが採用されている。2020年代中盤の現時点で、CMは建設生産の一定領域において、完全に定着したといっても過言ではない。ただ、これは全国一律というわけではなく、その広がり具合には格差があることもまた現実である。

そのCMrが活躍する建設生産市場は、現在、空前の繁忙を呈している。コロナ禍などが影響した世界的なサプライチェーン再編による国内投資回帰が活発なことと、高度成長期以降に建設された全国の主要施設が償還期を迎えて次の切り替え時期に差しかかっていることが重なって需要を押し上げているからである。この状況は、しばらく継続するものと予想されている。

一方で、労働人口減少と少子高齢化がこれからの日本社会全体の問題となり、特に建設産業において、その度合いが顕著になっている。建設に関わる就業者数と企業数は、それぞれピーク時の7〜8割であり、少子高齢化の割合も、他産業に比べて高い現況にある。

これを受けて、2019年に続き、2024年6月にも新・担い手3法である品確法・建設業法・入契法（公共工事の入札及び契約の適正化の促進に関する法律）が改正された（第三次・担い手3法（品確法・建設業法・入契法の一体的改正））。働き方改革の推進、生産性向上への取り組み、災害時の緊急対応の充実強化、持続可能な事業環境の確保、調査・設計の品質確保が大きな改正趣旨となっている。

このような背景に加え、多様化・複雑化する事業目標や、気候変動を背景とした社会環境への対応、自動化に向かうDXへの対応などが主要テーマとして加わってくる状況下で、建設プロジェクトの推進に必要とされる課題解決の力はますます高度化している。

これら複雑に絡む課題解決を担っていく一翼として、CMrは大きな期待と責任を有する立場にある。まずは第三次・担い手3法の改正趣旨に沿って、建設プロジェクトを発注者の立場で適正に推進支援し、生産性向上に資する役割を果たしていくことである。そして、多様化・複雑化する発注者の要求に的確に対応していく能力を備えていけば、CMは必要不可欠な存在として認識されるようになる。また、テレワークの急速な普及で得られた、CMrの建設プロジェクト推進における「情報ハブ／ファシリテーター」としての役割を、より強化して存在価値を高めていくことも重要になる。

さらに現在、建設生産にDXの波が到来している。少子高齢化と働き方改革による就業環境の変化から、DXなどを活用した建設プロジェクト全般を通した生産性向上は必ず達成しなければならない命題である。したがって、これからの建設プロジェクトの推進に必要とされる要素は、現実（リアル）の世界ではマネジメント、デジタルの世界ではBIMなどがさらに進化したDXになると予測される。CMrがこれらの発展に貢献していく重要な立場にあることは間違いない。

3 一般社団法人日本コンストラクション・マネジメント協会

3-1 設立

　一般社団法人日本コンストラクション・マネジメント協会（以下、日本CM協会）は、日本においてコンストラクション・マネジメント（以下、CM）という建設生産方式とコンストラクション・マネジャー（以下、CMr）という職能を確立し普及させていく目的で、2001年4月16日に設立された団体である。

　CMrに限らず、発注者・設計者・建設コンサルタント・工事施工者（総合建設会社および専門工事会社）・資機材製造会社、更に公共・民間の発注者や産官学の有識者あるいは建築・土木の垣根もなく、多くの分野の会員が在籍している。

　個人会員を基本に各種の委員会が、資格制度の運営、教育プログラムの実施、CM選奨の表彰など幅広い活動を行っている。

　東北（仙台）・東海（名古屋）・北信越（富山）・関西（大阪）・中国四国（広島）・九州（福岡）に支部があり、支部総会をはじめ、講演会・講習会の開催や会員交流などを通じ、地域におけるCMの普及・発展を目指している。

3-2 基本理念

　日本CM協会では、以下の基本理念を2009年12月17日に制定し、会員の活動規範としている。

　日本CM協会は、「健全な建設生産システムの再構築」と「倫理観をもったプロフェッショナルの育成」を目標に活動すること、ならびにCMの健全な普及発展をはかることを通して、本協会に対する社会の信頼を得ていくために、ここに基本理念を定める。

【目的】
1．日本CM協会は、建設分野におけるCM手法の発展と普及を目指し、会員相互が協力することを宣言する。

【活動規範】
2．日本CM協会は、本会会員（以下会員という）がCM業務を遂行する上で遵守すべき倫理を定める。
3．日本CM協会は、CMに関する学術・芸術・技術の交流の場としての学術団体的機能とCMの普及・発展を目指す実務的協会機能を合わせ持つ。
4．日本CM協会は、CMの普及・発展のみならず、建設生産システムの多様な展開に貢献する。

【社会との関係】
5．日本CM協会は、関連団体との連携をはかり、また、社会との交流に努め、開かれた協会を目指す。

【運営】
6．日本CM協会は、常に情報公開に努め、透明性の高い活動ならびに組織運営を行う。
7．日本CM協会は、会員の活動の自由を尊重する。

3-3 組織

CMの普及と発展を図るため、日本CM協会では、各種委員会を設置し活動している（図5-1）。

3-4 主な事業

◆認定コンストラクション・マネジャー（CCMJ）資格制度

CMの担い手であるCMrを認定する制度で、日本で唯一のCMに関する資格制度である。CCMJ資格は、国土交通省の「ピュア型CM方式活用ガイドライン（2020）」にも引用されており、多くのCMr選定プロポーザルなどにおいても参加資格要件とされるなど、CM業務の遂行において必須といえる公的に認知されている資格である。

●資格制度の目的

- 日本におけるCM職能の適切な発展普及に寄与する。
- CM職能を目指す人の指針となる。
- CMに関する教育のガイドに寄与する。
- CM市場の適正な発展に寄与する。

●CCMJ資格試験

日本CM協会は、2004年度より認定コンストラクション・マネジャー資格試験を実施している。CM業務をなし得る者を協会として選考・認定するため、知識試験および能力試験を実施し、合格の上で登録申請した者は登録証を交付され、「認定コンストラクション・マネジャー（CCMJ：Certified Construction Manager of Japan）」と称することができる。知識試験のみ合格した者は、「ACCMJ（Assistant CCMJ）」の合格書が付与され、次年度以降の受験時に、5年間の知識試験が免除される。

CCMJ登録者数は1,613名（2024年12月1日現在）に達しているが、資格・試験委員会では、登録者数のさらなる増加を目指し、2016年には受験料の値下げを行い、2022年度からは、試験実施方法として、全国の約300箇所の試験会場でパソコン画面に表示された試験問題に対してマウスやキーボードを用いて解答するCBT方式（Computer Based Testing方式）を導入している。

●資格更新のためのCPD制度

変動する社会環境の中で発注者のニーズは多様化し、それに伴いCMrに求められるサービスの内容も変化していく。したがって、CMrは常に最新の知識を習得し、能力を高め、経験を積み重ねていかなければならない。

CCMJ資格者は、CMrとしての継続的な能力開発を行っていくことが重要で、日本CM協会が制定しているCPD研修制度を通じて、CM知識・能力・経験を高めていくことが求められる。5年間の資格有効期間の更新に際して、必要なCPD（Continuing Professional Development）ポイントを履修することが義務付けられている。

◆CMスクール

日本CM協会主催のCMスクールは、すでにCMrとして活躍している者、またこれからCMに取り組もうとする者を対象にして、さまざまな分野の専門家を講師に迎えて、基礎的・実践的な知識と技術を学ぶ場を提供している。このスクールを通じて、実際のプロジェクトにおいてCM業務を遂行できる能力を持つCMrを育成し、健全でかつ質の高いCMが日本に普及することを目指している。

CM業務を遂行するために必要な基礎的・実践的な知識と技術は、単に建設物の設計や工事施工の知識と技術に留まらず、事業計画・発注戦略など、さまざまな分野がある。このスクールでは、特に重要と考えられる分野を抽出し、その分野について体系立てた学習が可能となる

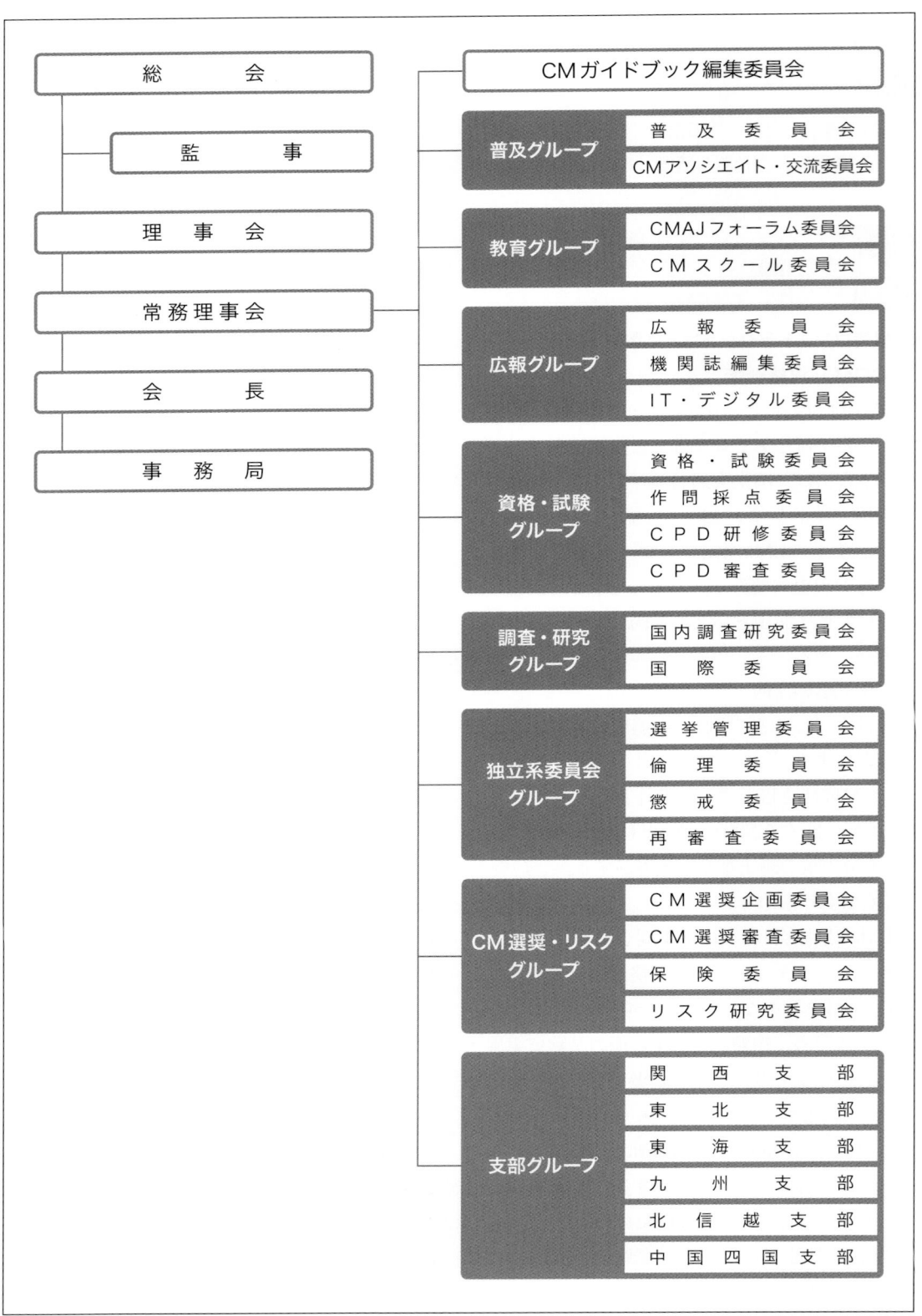

図5-1 ●日本CM協会の組織図　　（2024年6月現在）

ようなカリキュラム構成となっている。

　近年は全国どこからでも受講できるように CMスキルアップ・セミナーと称してオンラインで講座を開催している。講座数は例年8講座であるが、受講者は、必要と考える分野の講座を選んで受講することができる。また、社員教育の一環として活用している企業もある。なお、講習会場において対面でワークショップも行う従来開催してきた形式のCMスクールも並行して開催している。

　また例年、これからCMに取り組もうと考えている者を主な対象としたCMガイドブック集中講座を開催している。基本的な知識を深めるための知識編は講義動画をオンデマンド配信し、問題解決編はオンラインによるリアルタイム講義とワークショップ形式で開催している。

◆ CMAJフォーラム

　CMAJフォーラムは、会員・非会員を対象に最新のCM関連情報を適時に提供することを目的に、年8回程度開催している。近年は日本全国から参加が可能となるようオンラインによるフォーラムを開催しており、CM選奨受賞プロジェクトを主体としたCM事例の紹介をはじめ、会員のスキルアップに資するテーマ、各支部と連携した地域で求められる旬なテーマなど、多岐にわたる情報を提供している。

◆ CM選奨

　CMに関する業績を幅広く募り、優れた成果を上げた事例を選奨して、国内におけるCMの普及発展、健全な建設生産システムの再構築、倫理観を持ったプロフェッショナル育成に資する目的で、2013年からCM選奨制度を運用開始した。

　公共・民間、土木・建築、住宅・非住宅、新築・改修などを問わず、CMの幅広い領域において優れた成果を上げたプロジェクトを対象と

している。また、専業のCMの業績に限定せず、発注者・設計者・工事施工者・研究者・学生など、プロジェクトに参画する多様な主体によるCMの実践事例も含むこととしている。

　以下の各賞が設けられている。

　CM選奨：CMの手法を活用し、良好な成果を上げた業績を対象とする。

　優秀賞：CM選奨を受けた事例の中で、総合的に優れた成果を上げた業績を対象とする。

　特別賞：CM選奨を受けた事例の中で、優れた特徴を持つ業績を対象とする。

　毎年6月に開催される定時総会後、表彰式が執り行われている。

　2013年度以降のCM選奨を受賞した全プロジェクトの詳細版が、本書の巻末に記載されているIDとパスワードをWebサイトで入力することにより閲覧することができる。

◆ 普及活動とCMアソシエイト

　普及委員会および各支部において、CM方式の普及を目的とした公共CM活用セミナーを開催している。このセミナーは国土交通省の後援を受け、主に全国の自治体関係者を対象に、公共工事における入札契約方式の多様化に伴うCM方式の活用事例などを紹介している。

　また、会員の枠を超えてCMの裾野を広げる目的でCMアソシエイト事業を行っている。アソシエイトへの登録は無料で、公務員・学生・教育研究関係者・発注者・施設管理者など、さまざまな立場の会員が登録しており、日本CM協会の各種の活動やイベントの情報などを随時配信している。また例年は学生エッセイコンテストの開催や、業界紙主催の建設技術展への出展・パネルディスカッションを開催している。その他、著名人と若手CMrによる座談会などを開催し、その動画を協会のホームページで公開している。

◆ CM賠償責任保険

CM賠償責任保険は、日本におけるCMの健全な発展と普及に向け、専門職業人であるCMrの職能を補完し、その経済的負担リスクを軽減する目的で、日本CM協会会員を対象とする保険制度として2008年4月に創設された。

CMでは、発注者をはじめとする建設生産に携わる関係者との信頼構築が不可欠であり、CMrの責任負担能力と経営基盤安定化による信頼構築のために、CM賠償責任保険の果たす役割は大きいといえる。

保険内容の向上を目指して制度改定を行っており、現行制度の保険加入タイプは22パターンがあり、保険金の支払限度額は3億円まで増額されている。

◆ CM市場実態調査

国内におけるCMの市場規模やCM業務の実情を、官民を問わずさまざまな発注者や建設業界関係者に認知してもらうために2018年度より継続的なアンケート調査を実施している。調査はCCMJ資格者が所属する会社と建設コンサルタンツ協会のPM専門委員会所属会社を合わせた約400社を対象としており、調査結果は、国内唯一の客観的統計資料として例年2月に公表している。

3-5 沿革

2001年	4月16日	日本コンストラクション・マネジメント協会設立
2001年	11月24日	関西支部設立
2002年	11月11日	東北支部設立
2004年	3月16日	東海北信越支部設立
2004年	9月10日	九州支部設立
2004年	10月21日	『CMガイドブック』出版
2005年	3月20日	第1回認定コンストラクション・マネジャー試験実施
2005年	6月15日	東海支部設立
2005年	6月20日	北信越支部設立
2007年	4月18日	第1回CMAJフォーラム開催
2007年	12月20日	『CM業務委託契約約款・業務委託書』出版
2008年	4月1日	CM賠償責任保険発効
2008年	4月14日	CMスクール開校
2009年	6月15日	『CM業務委託契約約款・業務委託書の解説』出版
2009年	12月9日	一般社団法人日本コンストラクション・マネジメント協会　設立登記
2010年	3月31日	日本コンストラクション・マネジメント協会　解散
2010年	4月1日	一般社団法人日本コンストラクション・マネジメント協会　実質スタート
2010年	12月24日	『CMガイドブック 改訂版』出版
2012年	3月10日	『建築のプロが悩むCM法律問題Q&A』出版
2013年	6月14日	第1回CM選奨表彰
2017年	12月30日	『CMガイドブック第3版』出版
2021年	6月18日	『日本CM協会創立20周年記念誌』発行
2022年	8月30日	『CM業務委託契約約款・業務委託書の解説 改訂版』出版
2022年	12月21日	中国四国支部設立

（日本CM協会に関する内容は、2024年12月末日時点に基づく）

〈第5章　参考文献〉

① CMの歴史（国内・海外）

『日本CM協会機関誌』Vol.23、2009年4月

「中央建設業審議会建議」

「建設産業政策大綱」建設省経済局建設業課・調査情報課・建設振興課・労働資材対策室監修、1995年

「公共工事の品質確保の促進に関する法律　基本方針の改正について」国土交通省関東地方整備局、2014年

「発注関係事務の運用に関する指針」公共工事に品質確保の促進に関する関係省庁連絡会議、2015年

「地方公共団体等におけるCM方式活用事例集」国土交通省

Engineering News-Record, June 26/July 3, 2023,
　　June 12/19, 2023, June 27/July 4, 2022,
　　June 13/20, 2022, June 21/28, 2021,
　　June 7/14, 2021, June 22/29, 2020, June 8/15, 2020,
　　June 17, 2019, June 10, 2019, June 18, 2018,
　　June 16/23, 2014, June 4, 2012, June 11, 2012

The American Institute of Architects, *Integrated Project Delivery: A Guide*, AIA National, 2007

A survey of buiding contracts in use during 2001, RICS, 2010

A report exploring managerial skills, training and the impact of the recession, CIOB

The Reading University Report, 1990

"A Code of Practice in Construction Project Management"

"Real Estate in Corporate Strategy"

Construction Management Guide 2002, JCT

Building, 20 July 1990, 18 January 1991, 29 March 1996, 27 November 1998, 35 December 2006, 11 May 2001

Building PROCUREMENT, December 1996

Estates Gazette, 16 March 2002

Christopher Powell, *The British Building Industry Since 1800: An Economic History*, Spon Press, 1980

Michael Latham, *Constructing the Team*, 1994

John Eagan, *Rethinking Construction*, 1998

Construction Management Guide 2016, JCT

National Construction Contracts and Law Survey, NBS, 2012, 2015, 2018

RIBA Construction Contracts and Law Report, RIBA, 2022

一般社団法人日本コンストラクション・マネジメント協会

索引

『CMガイドブック 第4版』 執筆者リスト

執筆・編集者 (五十音順)

編 集 長	吉田　敏明	(一社)日本CM協会 常務理事・㈱三菱地所設計
編集委員	川原　秀仁	(一社)日本CM協会 会長・㈱ALFA PMC
	七里　夏海	㈱三菱地所設計
	高草　大次郎	(一社)日本CM協会 常務理事・阪急コンストラクション・マネジメント㈱
	服部　裕一	(一社)日本CM協会 常務理事・日建設計コンストラクション・マネジメント㈱

監修者 (五十音順)

監　　修	石田　航星	早稲田大学
	大森　文彦	大森法律事務所
	西野　佐弥香	京都大学
	廣江　信行	廣江綜合法律事務所

執筆者 (五十音順)

東　利彦	日建設計コンストラクション・マネジメント㈱
粟飯原　薫	日建設計コンストラクション・マネジメント㈱
家崎　武司	明豊ファシリティワークス㈱
和泉　智也	鹿島建設㈱
岩﨑　圭佑	戸田建設㈱
植松　陽介	阪急コンストラクション・マネジメント㈱
宇津橋　喜禎	(一社)日本CM協会 常務理事・㈱建設エンジニアリング
岡田　学	阪急コンストラクション・マネジメント㈱
加々井　千裕	㈱山下PMC
笠原　健一	㈱山下PMC
金谷　和幸	(一社)日本CM協会
鎌田　元信	レンドリース・ジャパン㈱
城戸　隆宏	日本郵政建築㈱
工藤　玲	㈱三菱地所設計
久保　朋岳	㈱日本設計
黒田　主悦	シービーアールイー㈱
古川　伸也	日建設計コンストラクション・マネジメント㈱
小暮　恒介	日建設計コンストラクション・マネジメント㈱
小原　嶺	東京海上日動火災保険㈱
小松　智之	㈱三菱地所設計
佐久間　周一	日建設計コンストラクション・マネジメント㈱

篠塚 俊樹	コンストラクション・マネジメント オフィス 川清商店	
清水 達広	㈱日積サーベイ	
菅野 朋子	聖橋法律事務所	
鈴木 雄一	㈱アクア	
高 明彦	㈱三菱地所設計	
田中 晃太	㈱山下PMC	
谷口 強志	(一社)日本CM協会 常務理事・㈱久米設計	
津國 眞明	独立行政法人都市再生機構(元 国土交通省:執筆時)	
富田 昌廣	鹿島建設㈱	
南雲 要輔	㈱the Power of Design	
西村 貴裕	㈱山下PMC	
野﨑 文香	㈱山下PMC	
能村 商栄	明豊ファシリティワークス㈱	
平野 雅之	阪急コンストラクション・マネジメント㈱	
蛭田 真斗	㈱三菱地所設計	
深井 有子	阪急コンストラクション・マネジメント㈱	
福手 拓人	㈱三菱地所設計	
古田 穣	元 明豊ファシリティワークス㈱	
本間 貴史	㈱本間総合計画	
増田 昭夫	㈱NTTファシリティーズ	
松尾 利彦	㈱三菱地所設計	
新屋アンドレ盛次	㈱三菱地所設計	
宮﨑 丈彦	オーバーシーズ・ベクテル・インコーポレーテッド	
村田 達志	㈱山下PMC	
森野 祐介	㈱プラスPM	
八木 孝之	㈱梓設計	
八木澤 直人	㈱久米設計	
安井 謙介	㈱日建設計	
山中 圭悟	㈱三菱地所設計	
淀野 修司	㈱三菱地所設計	

編集協力者

岡田 まどか	㈱三菱地所設計	
南口 千穂	㈱南風舎	
大野 友子	㈱南風舎	

(所属は2024年12月現在)

CMガイドブック 第4版

2025年2月20日　第1刷発行

著者・発行者	**一般社団法人日本コンストラクション・マネジメント協会** 〒108-0014　東京都港区芝5-26-20　建築会館6階 電話：03-5730-7791　FAX：03-5443-3965
発売元	**水曜社** 〒160-0022　東京都新宿区新宿1-31-7 電話：03-3351-8768　FAX：03-5362-7279
編集・製作	**南風舎** 〒101-0051　東京都千代田区神田神保町1-46　斉藤ビル 電話：03-3294-9341　FAX：03-3294-7386
印刷・製本	**壮光舎印刷**

ISBN978-4-88065-575-8　C3052　¥7000E

CM選奨事例ページ閲覧方法

① 右のQRコードを読み取ってCM協会HP
「CM選奨事例ページ」のログイン画面に
入ってください。
https://cmaj.org/index.php/ja/booklogin

② 下のシールをはがし、記入されているIDとパスワードを
ログイン画面に入力してください。

◀ここからはがしてください

このシールをはがすと
**CM事例をご覧いただくための
IDとパスワード**が記載されてい
ます。
一度はがすと元に戻すことは
できませんのでご注意ください。

CMガイドブック第4版